AF554354

LES ALPES

DESCRIPTION PITTORESQUE

DE LA NATURE ET DE LA FAUNE ALPESTRES.

LES ALPES

DESCRIPTION PITTORESQUE

DE LA NATURE ET DE LA FAUNE ALPESTRES

PAR

FRÉDÉRIC DE TSCHUDI

TRADUIT

PAR LE Dr VOUGA

PROFESSEUR D'HISTOIRE NATURELLE A NEUCHATEL.

Seule édition française autorisée par l'auteur.

BERNE

LIBRAIRIE DALP.

STRASBOURG

TREUTTEL ET WÜRTZ.

Et à Paris, chez E. JUNG-TREUTTEL, successeur de TREUTTEL et WÜRTZ, rue de Lille, 19.

1857.

STRASBOURG, TYPOGRAPHIE DE G. SILBERMANN.

LES ALPES

DESCRIPTION PITTORESQUE

DE LA NATURE ET DE LA FAUNE ALPESTRES.

LES ALPES

DESCRIPTION PITTORESQUE

DE LA NATURE ET DE LA FAUNE ALPESTRES

PAR

FRÉDÉRIC DE TSCHUDI.

Seule traduction autorisée par l'auteur.

BERNE
LIBRAIRIE DALP.
STRASBOURG
TREUTTEL ET WURTZ.
Et à Paris, chez E. JUNG-TREUTTEL, successeur de TREUTTEL et WURTZ, rue de Lille, 19.
1859.

Cette traduction a été faite, jusqu'à la page 513, par M. le docteur VOUGA, professeur d'histoire naturelle à Neuchâtel, et à partir de la page suivante par M. le professeur SCHIMPER, conservateur du Musée de Strasbourg.

STRASBOURG, TYPOGRAPHIE DE G. SILBERMANN.

TABLE DES MATIÈRES.

INTRODUCTION.

PREMIÈRE PARTIE.

LA RÉGION MONTAGNEUSE

(2500' à 4000' au-dessus du niveau de la mer).

CHAPITRE PREMIER.

CARACTÈRES GÉNÉRAUX DE LA RÉGION MONTAGNEUSE.

CHAPITRE V.

LES QUADRUPÈDES DES MONTAGNES.

MONOGRAPHIES ET DESCRIPTIONS PARTICULIÈRES.

I. LES ABEILLES DANS LES MONTAGNES.

II. LA TRUITE DE RIVIÈRE.

III. LES COULEUVRES DANS LES MONTAGNES.

IV. LE MERLE D'EAU (*cinclus aquaticus*).

V. LA GÉLINOTTE.

DEUXIÈME PARTIE.

LA RÉGION ALPINE

(4000' à 7000' au-dessus du niveau de la mer).

CHAPITRE PREMIER.

Pages.

III. LES MOUTONS DES HAUTES MONTAGNES.

IV. LES CHEVAUX.

V. LES CHIENS DES MONTAGNES.

TABLE DES GRAVURES.

INTRODUCTION.

Le monde alpin au milieu de pays cultivés. — Son caractère étrange. — Difficulté de son étude. — Grandeur et variété des phénomènes qu'il présente. — But et étendue de notre tâche.

En avant sur les monts, vers ce pays que j'aime,
Au milieu de ces bois, muraille sombre et blême!
En avant sur les monts, à travers le ravin
Creusé par le torrent qui se soulève en vain!
Foulons le doux gazon de ces verts pâturages :
Sous ces bosquets aux doux ombrages,
Fleurissent les roses sauvages.

Quoi de plus hardi, de plus majestueux que la chaîne des Alpes centrales, s'élevant au milieu du continent d'Europe comme une barrière destinée à séparer les contrées vastes et peuplées qu'habitent les races romaniques et germaniques? Sur leurs versants s'est développée et s'est épanouie une civilisation qui a soumis la nature et ses forces, et couvert de riches moissons le sol fertile qu'elle a conquis. L'homme et ses cultures ont même pénétré au milieu des Alpes. Le peuple suisse, établi entre les mille rameaux de la chaîne et sur son versant septentrional, y développe son immense activité. Il y possède des villes florissantes, où la science, le commerce et l'industrie témoignent de sa saine et de sa puissante civilisation, des villages populeux et aisés, autour desquels prospèrent, à l'abri des libertés politiques, l'industrie et l'agriculture.

Les avant-monts, les vallées moyennes et supérieures de la chaîne, sont couverts de hameaux et de métairies. Accompagnée de ses troupeaux, une population active s'avance en conquérante au milieu des montagnes. Semblable à une phalange de bergers, elle couvre pendant l'été toute l'étendue de cette chaîne colossale, et pénètre partout où quelque misérable pâturage peut nourrir son bétail, où ses huttes peuvent trouver quelque abri. Mais ici déjà la nature commence à résister à l'homme qui aspire à la dominer, et au-dessus des dernières terrasses herbeuses qui lui servent encore le tribut s'étagent, toujours grandioses et éternellement libres, les massifs et les sommets des hautes Alpes.

Cette nature primordiale et indomptable repousse avec froideur et fierté les efforts de l'homme qui veut la soumettre. Le maître intelligent de la terre lui devient étranger. La puissance de l'intelligence, enveloppée dans une aussi frêle enveloppe, se brise au brutal obstacle de la matière, le cœur cesse de battre, la poitrine de se gonfler, sous l'étreinte du froid, de la tempête; en un mot, cette nature reste elle, toujours extraordinaire, toujours étrangère, éternellement libre, au milieu de pays florissants et populeux.

Les Alpes sont l'orgueil du Suisse, qui a sa patrie à leurs pieds et dans leurs vallées. L'action qu'exerce leur voisinage sur son existence va extrêmement loin. Elles sont en partie les conditions de sa vie sociale et politique, de son caractère physique et moral. L'habitant de la Suisse aime les Alpes par instinct, les fibres les plus intimes de son cœur l'attachent à elles, et lorsqu'il en est séparé, ses souvenirs, ses espérances, le transportent au pied de ses chères montagnes. L'affection qu'il leur voue est bien plus grande que la connaissance qu'il en a.

On cherche aujourd'hui à tracer à la locomotive cosmopolite une voie à travers le col le plus abaissé des Alpes centrales. Déjà les fils télégraphiques le traversent, ainsi que des routes superbes ouvertes depuis longtemps et parcourues chaque année par des milliers de touristes de toutes nations; les savants du pays, aussi nombreux que dignes de leur nom, ont mille fois atteint les sommets neigeux de ces pics, dans des courses où les guide leur esprit d'étude, et cependant les Alpes sont encore enveloppées d'un profond mystère. Leur étonnante architecture, leur structure géologique, la formation de leurs crevasses et de leurs glaciers, leur influence sur les phénomènes périodiques dont elles sont le théâtre, leurs rapports avec les organismes qui les animent, leur passé, leur avenir, voilà autant d'énigmes dont la solution est à peine attaquée. Des massifs puissants n'ont pas reçu l'empreinte du pied de l'homme et supportent des pics sans nom, qui n'ont encore retenti que du sifflement du vol du *Lœmmergeier*. Des mers de glace déroulent pendant des lieues des flots solides où le voyageur n'a jamais risqué son pied, qu'il n'a même jamais contemplés. Nul naturaliste n'a étudié les animaux et les plantes de ces îles rocheuses, isolées au milieu des glaciers. Entre les bras déchiquetés des hautes Alpes existent des vallées que le chasseur seul parcourt, et qui sont plus inconnues que les côtes d'îles perdues au milieu des océans, ou que les rives du Nil et du Mississipi. Il y a plus, nous sommes loin de connaître à fond la partie des Alpes qui nous est accessible et que nous foulons du pied. La nature de l'écorce minérale, les phénomènes glaciaires, la végétation, les lois météorologiques et celles qui règlent la répartition de la température, le développement organique dans ses rapports avec la nature du sol et son altitude, voilà autant de phénomènes que nous ne comprenons pas encore. Nous ne sommes arrivés qu'aux portes du sanctuaire, et bien peu y frappent sérieusement en demandant l'entrée. Cependant, ce que nous devons à ces hommes infatigables qui se sont consacrés à la recherche de la vérité est déjà si considérable, souvent si étonnant et si riche d'avenir !

Telles ces montagnes s'élèvent majestueuses et solitaires au-dessus de la plaine, telles les pensées divines dont elles sont l'expression surplombent de toute leur hauteur notre vie et nos pensées journalières. Les idées toujours si mesquines que nous nous faisons de l'univers s'élargiraient, si plus souvent nous les revivifions par la méditation de la pensée créatrice dont ces monts sont les types éternellement sublimes ; nous nous sentirions plus heureux, si nous ranimions plus souvent nos sentiments par leur contemplation.

C'est lentement que l'humanité travaille à recueillir ce trésor. La science de la nature pose péniblement depuis des siècles ses jalons sur le chemin du vrai ; elle observe, compare, scrute et scrute encore, conclut, et fait entrer le fait acquis dans l'échafaudage de ses systèmes. Pareille à l'entomologiste qui fixe sur son siége chaque nouvel insecte, elle inventorie minutieusement toute nouvelle découverte dans le catalogue de ses acquisitions ; elle cherche, sans que rien l'arrête, à arriver à la conception des grandes pensées dont la création est l'expression, et voit souvent l'édifice, fruit du travail de longues années, ébranlé jusque dans ses fondements. Ce n'est que lorsque la science a achevé son silencieux et invisible travail que les conceptions nouvelles qui en sont le fruit deviennent la propriété de l'humanité ; c'est alors seulement que le penseur découvre quelqu'un des liens mystérieux qui réunissent toutes les parties d'un vaste ensemble.

La montagne est si variée dans ses aspects, si riche en phénomènes remarquables et curieux, que chaque excursion qu'on y tente, y trouve sa récompense. Depuis les forêts qui s'étalent à ses pieds et les collines qui l'encadrent, jusqu'aux sommets brillants qui la couronnent, la chaîne des Alpes nourrit une multitude d'êtres vivants dont la distribution est déterminée par des conditions climatériques invariables. Elle offre souvent, sur un espace incliné de quelques milles carrés, une succession de formes organiques qu'on ne peut poursuivre dans le bas pays qu'en parcourant des centaines de milles. Quelques heures de marche séparent à peine la dernière forêt de châtaigniers, près de laquelle le scorpion d'Italie rampe entre les pierres, des plantes chétives et des animaux des régions polaires.

La position intermédiaire des Alpes entre le nord et le sud de l'Europe, leur configuration si variée selon les localités, leurs phénomènes météorologiques et climatériques si différents sur chaque point, sont la condition et la cause de cette grande richesse de développement organique qui les caractérise, et persiste même jusqu'au milieu de leurs glaces, qui, au premier coup d'œil, semblent si fatales à tout être doué de vie. Quelle chaîne non interrompue d'espèces ne doit pas exister entre le *Læmmergeier*, qui, flottant dans la nue, épie sa proie au fond de quelque abîme, et la podurelle, qui s'agite dans les fissures capillaires d'un glacier désert ; entre l'agile et prudent chamois et l'organisme microscopique qui colore la neige rouge ?

Essayons donc de faire entrer dans un menu ensemble ce monde grandiose des Alpes, les animaux qu'il nourrit et les phénomènes qu'il présente. Quand nous ne réussirions qu'à en faire comprendre quelque partie, ce serait déjà pour nous un encouragement à observer sans relâche ces montagnes, afin d'en acquérir une connaissance qui soit au niveau de l'affection que nous leur portons dans nos cœurs, comme au berceau de la liberté et de la nationalité helvétiques.

PREMIÈRE PARTIE.

LA RÉGION MONTAGNEUSE

(2500 à 4000' au-dessus du niveau de la mer).

CHAPITRE PREMIER.

CARACTÈRES GÉNÉRAUX DE LA RÉGION MONTAGNEUSE.

Coup d'œil général. — Limites des régions. — Le plateau. — Richesse de la région montagneuse. — Région montagneuse indépendante. — Le Jura. — Zone montagneuse adossée. — Vallées et routes. — Bassin du Rhône. — Oberland bernois. — Les Grisons. — Labyrinthe romantique. — Variété dans le paysage. — Les lacs du pied de la chaîne et leurs environs. — Anciens fonds de lacs. — Cascades. — Forêts caractéristiques. — Formations calcaires inférieures. — Terrasses. — Climat. — Cours des vents. — Leur lutte et leur entrée dans les vallées. — Vents locaux. — Le föhn. — Ses avant-coureurs et ses effets. — Température des hauteurs pendant l'hiver. — Le brouillard. — Caractère du paysage sous la neige. — Modifications éprouvées par la couche de neige. — L'homme et les animaux pendant l'hiver. — Fin de l'hiver. — Le printemps, la saison la plus bruyante dans la montagne. — Réveil de la vie dans la nature. — Progression du printemps. — Les torrents et leurs dévastations. — Les avalanches et leurs dangers. — Les éboulements de montagnes. — Curiosités de la montagne. — Fontaines de mai. — Grottes et cavernes. — Sources d'air. — Glacières naturelles.

Les Alpes suisses, dont les chaînes et les innombrables chaînons sillonnent la Suisse, forment une partie importante de ce grand trait de relief qui, sur plus de 300 milles de longueur, couvre en Europe une surface d'au moins 8000 milles carrés. A partir de la côte de Gênes, ce haut pays s'étend à travers le Piémont, la Lombardie, la Suisse, le Tyrol, l'Illyrie, jusqu'au fond de l'empire ottoman, en envoyant au loin des ramifications vers l'Italie, l'Allemagne et la France. La partie suisse de ces hautes montagnes renferme les chaînes les plus élevées et la plupart des massifs les plus puissants. Après celui du Mont-Blanc, le point culminant de l'Europe, citons entre autres celui du Mont-Rose, dont le sommet le plus élevé, qui atteint 14,429', est entouré de plusieurs autres dont l'altitude surpasse 14,000'.

Nos Alpes, dont les cols s'élèvent en moyenne à 7600', forment la grande barrière rocheuse qui sépare le nord du midi de l'Europe; leurs innombrables déchirures et ramifications donnent une image admirable de la croûte terrestre tout entière, et portent distinctement les traces de l'action des longs bouleversements auxquels notre planète doit sa configuration actuelle. Par sa masse et son étendue cette chaîne est devenue un monde à part, caractérisé par des conditions et des phénomènes naturels particuliers. Les éléments du sol n'y sont pas de même nature que dans la plaine; ces formations de tout âge, superposées d'après des lois en partie encore ignorées, donnent aux phénomènes qu'y présente la nature un cachet distinct qui leur est propre.

Les météores, le ciel, les vents, la température, les animaux et les plantes, les lacs et les ruisseaux, diffèrent de ce qui existe dans la plaine, et leur ensemble forme un monde à part qui se distingue par sa beauté autant que par sa grandeur.

Dans la montagne, les aspects sont variés à l'infini, se modifient à chaque pas, et changent complétement à des niveaux qui ne diffèrent que d'un millier de pieds. Il en est de même des animaux et des plantes, de l'atmosphère, du climat, de la nature tout entière, qui dans la plaine ne se modifie que sous l'influence de distances énormes, de sorte que, sur un espace restreint, la montagne présente une infinie variété de phénomènes, et parmi ceux-ci beaucoup lui sont propres et ne sont pas possibles ailleurs.

Dans les Alpes, les phénomènes si variés ne sont pas partout les mêmes, et si les transitions sont insensibles, on peut cependant signaler des différences tranchées, reconnaître des zones limitées. C'est l'altitude et non la composition minérale du sol qui les détermine. Le niveau a une influence bien plus grande sur la nature que la substance qui compose la montagne. Pour embrasser d'un coup d'œil non-seulement sa faune, mais l'ensemble de ses productions, il est indispensable d'établir les limites de ces zones, qui sont aussi distinctes les unes des autres que la montagne l'est elle-même du pays qui s'étale à ses pieds. Ces limites ne sont cependant pas absolues : elles dépendent de la direction des chaînes, et pour les établir on doit tenir compte d'une multitude de circonstances. Sous ce rapport, ce ne sont pas les animaux qui fournissent les jalons, car la liberté de leurs mouvements leur permet de s'élever et de s'abaisser tant qu'ils trouvent des conditions favorables d'existence. Les plantes qui tiennent au sol indiquent les bornes des zones, quoiqu'elles soient encore soumises dans leur distribution au caprice des éléments. Ainsi il n'est pas rare de rencontrer à 1500′ et même à 1200′, au bord des rivières et des ruisseaux, des colonies de plantes alpines qui ne croissent à l'ordinaire qu'entre 5000 et 6000′, et dont les graines, entraînées par les eaux, se sont développées plus bas dans la plaine. Ces petites plantes de l'alpe y sont étrangères au milieu d'une flore plus riche, et ne semblent apparaître que pour indiquer le chemin qui conduit à ces terrasses où leurs sœurs ont leur patrie et ornent modestement la prairie solitaire.

Les hautes montagnes se dressent rarement immédiatement au-dessus du bas pays, quoique ce soit une particularité des chaînes calcaires qui s'élèvent du fond de la vallée vers les hauts sommets par des pentes très-escarpées. Les gigantesques reliefs des Alpes envoient au loin des avant-monts et des collines qui semblent les unir à la plaine. Cette région n'est pas encore un étage de la chaîne : elle n'en donne qu'un avant-goût et s'élève en général jusqu'à 2500′. Les animaux et les plantes y sont ceux de la plaine, et c'est des particularités locales, de la nature du sol et de l'exposition, bien plus que de l'altitude, que dépendent leurs conditions d'existence. C'est plus haut seulement que la région montagneuse se dessine d'une manière tranchée et finit par se lier à la région alpine.

La région montagneuse s'élève jusqu'à 4000′; elle comprend des chaînes de peu d'élévation ou la base de grands massifs, et renferme le plus de plantes et d'animaux. Les conditions les plus favorables au développement de la vie, une surface aussi étendue que variée dans ses aspects, s'y allient au caractère montagneux. Il est rare d'y rencontrer les traces de cette nature désolée qui s'élève au-dessus d'elle; tout y est vivant et pittoresque. Plus haut se sont rassemblées les eaux des glaciers et des lacs alpins, auxquelles se sont jointes ces mille sources qui sortent de quelque rocher, et qui, réunies, s'y écoulent en cascades. C'est la pente qui domine les villages du fond des vallées, c'est la région des forêts épaisses dont la présence permet la culture des champs et l'établissement de prairies fertiles. Ce n'est que dans de profonds ravins, sur les flancs exposés, au nord des montagnes, qu'on rencontre çà et là une tache de neige qui persiste pendant l'été, reste de quelque avalanche du printemps qu'a minée un petit ruisseau, encore faut-il pour cela que la région montagneuse fasse suite à l'alpe et n'en soit pas indépendante.

Dans ce dernier cas, la zone montagneuse comprend les rameaux latéraux et les avant-monts des hautes chaînes; nous la voyons s'étendre en larges chaînes couvertes de forêts de sapins et de bois taillis, qui ne présentent pas de pyramides considérables et sont en quelque sorte indépendantes des Alpes. Celle de ces chaînes isolées la plus élevée et qui représente le mieux la zone montagneuse indépendante, a plus de soixante-douze lieues de longueur sur une largeur qui varie de six à douze. C'est le Jura, si pauvre en eau, la barrière naturelle qui sépare la Suisse de la France et s'étend du sud-ouest au nord-est, entre le Rhône et le Rhin.

Le Jura est essentiellement formé d'assises calcaires qui renferment çà et là du fer, et dans lesquelles abondent les pétrifications animales et végétales. Cette chaîne apparaît comme un long rempart de 2 à 3000′ d'élévation, dont de nombreuses vallées longitudinales rompent la monotonie. La plupart de ses sommets restent au-dessous des limites de la région montagneuse; quelques-uns seulement s'élèvent jusqu'à la région alpine; ce sont : le sommet qui surplombe la vallée de Dappes, 4538′; le Noirmont, 4802′; le mont Tendre, 5173′; la Dôle, 5175′; Chasseron, 4958′; Chasseral, 4955′; la Hasenmatte, 4460′, et d'autres encore. Dans le canton de Vaud et dans celui de Neuchâtel, le Jura est formé de chaînes parallèles, entre lesquelles s'étendent des vallées longitudinales et des plateaux élevés dont le climat est froid, et dont le sol ingrat ne produit plus de blé et ne fournit à leurs habitants que de maigres récoltes de pommes de terre. Les vallées ne nourrissent pas beaucoup de bétail et sont souvent remplies par des marais tourbeux qui leur donnent un aspect de tristesse et de monotonie qui est étrangement interrompu par la présence de grands et riches villages industriels, tels que le Locle, 2835′, et La-Chaux-de-Fonds, 3071′, dont l'élévation au-dessus du niveau de la mer est aussi considérable que celle du sommet du Brocken dans le Harz.

Les Alpes et le Jura sont mis en communication par le Jorat, chaîne de collines qui s'étend entre les lacs de Genève et de Neuchâtel, et dont quelques points culminants (3600′) atteignent la région montagneuse. Dans le reste de la Suisse, les chaînes basses s'abaissent rapidement et deviennent des collines, ou s'appuient à la région alpine et y constituent ce que nous appellerons la région montagneuse adossée. C'est cette large base des Alpes, avec ses mille ramifications, ses vallées, ses lacs, ses plateaux, ses terrasses, ses gorges encaissées, ses cols entaillés dans les chaînes, que nous étudierons en premier lieu. Cette zone, qui s'étale entre 2500 et 4000', renferme les parties des Alpes les plus attrayantes et les plus pittoresques, et entre autres un grand nombre de ces vallées réputées pour leur beauté qui s'enfoncent par une pente douce dans l'intérieur de ces massifs colossaux et sévères qui les enserrent et les dominent de leurs parois verticales. Dans ces hautes vallées montagneuses il ne s'est pas développé, comme dans le Jura, une industrie puissante; on n'y rencontre que de pauvres villages, et sur les flancs de la vallée des chalets isolés, des fenils et de légères constructions destinées à abriter le bétail.

Les grandes routes qui conduisent en Italie suivent les vallées et sont souvent le théâtre de scènes de genre qui contrastent d'une manière singulière avec la solitude d'une grande nature. Certaines vallées sont animées par un courant continu d'étrangers qui se dirigent en pèlerins vers les cascades, les glaciers ou les sommets célèbres. Les convois de marchandises et des files de mulets animent pendant toute l'année les routes qui traversent la chaîne; mais en automne les vallées hantées par les touristes deviennent désertes, et leurs élégants hôtels se dressent tristement pendant l'hiver en face de ces Alpes qui font leur fortune. Il en est de même de ces bains si nombreux, où une source minérale ou thermale attire en été des centaines d'hôtes étrangers.

Le bassin du Rhône donne issue, sur chacun de ses versants, à de nombreuses vallées qui sont tantôt de vastes cirques à parois verticales, tantôt des couloirs presque souterrains. La vallée principale elle-même prend au-dessus de Bregen ce caractère. Souvent elles s'enfoncent par une pente douce à cinq ou six lieues dans l'intérieur des massifs alpins et, enserrées entre des pics et des crêtes élevées, elles constituent de vastes districts complétement isolés. Au sud de la chaîne bernoise, ces vallées sont moins étendues et s'élèvent plus rapidement vers la région alpine et bouleversée. Leur fond est toujours occupé par le lit semé de cailloux et de blocs polis d'un torrent qui reçoit les eaux des trois versants et rejoint, à travers une gorge souvent très-étroite et escarpée, la rivière ou le lac qui remplit la grande vallée. La partie méridionale du canton de Berne n'est pas moins abondante en vallées de toute espèce qui débouchent dans toutes les directions vers les deux grands lacs qui en occupent le centre. Sous ce rapport, les autres parties de la Suisse présentent moins de variété, en tant qu'elles ne sont pas immédiatement adossées aux hautes Alpes. En revanche, le pays des Grisons est si riche en vallées qu'il n'y a qu'une portion relativement très-restreinte de son territoire qui n'appartienne pas à la région montagneuse. Ce canton est aussi le plus abondant en animaux caractéristiques des Alpes, et, au point de vue de l'histoire naturelle, c'est un sol inépuisable. Nulle part les chaînes ne sont plus enchevêtrées, les vallées plus attrayantes, la végétation plus luxuriante. L'histoire y embellit encore de ses souvenirs une nature déjà si pittoresque. Des vallées fertiles et gracieuses, de vastes nappes de forêts qui tapissent les montagnes aux pentes escarpées, des gorges obscures d'où s'échappent, en cascades bruyantes, les torrents écumants, y varient à chaque instant les aspects. Souvent même les châteaux de la noblesse rhétienne s'élèvent comme de vrais nids d'aigle au sommet des rochers escarpés au pied desquels bondit le torrent.

La vallée supérieure de la Reuss présente aussi des contrastes analogues; cependant le canton des Grisons, avec ses vallées au nombre de plus de cent cinquante, passera toujours pour le pays montagneux par excellence, celui où la nature étale le plus capricieusement ses beautés et ses horreurs, et où les contrastes sont les plus tranchés.

Les montagnes ne s'y dirigent pas vers des chaînes principales et ne tardent pas à s'y confondre. Les sommets les plus élevés sont à l'extérieur, tandis qu'à l'intérieur le pays, dont le caractère tient à la fois du nord et du sud, est couvert de mille rameaux entrecroisés, et présente aux regards un ensemble difficile à dominer, à la formation duquel prennent part d'innombrables chaînes, des plateaux, de hautes vallées, des cluses, des cols abaissés, des sommets isolés et dénudés, des forêts, des terrasses herbeuses, des vallées obscures, jonchées de rochers éboulés.

Aussi le caractère du paysage change-t-il à chaque pas dans cette région. Le voyageur qui suit le lit brumeux d'un ruisseau où écume une eau verdâtre, n'a à droite et à gauche que des éboulis descendus des parois escarpées de la vallée, où végètent quelques buissons et que couvrent des blocs moussus. Son horizon se rétrécit, le sentier devient de plus en plus rapide et pierreux, les parois de la vallée se rapprochent, quand tout à coup, arrivé au sommet du col, il voit l'horizon s'étendre et à ses pieds s'étaler une verdoyante vallée qui encadre le cristal d'un lac. Les pyramides dénudées des montagnes semblent s'être écartées par respect pour cette nature silencieuse et mélancolique. Des forêts de hêtres et de sapins atteignent çà et là le bord de l'eau limpide, dont le miroir reproduit leur image et celle des montagnes où brillent quelques taches de neige. Au delà du lac, la primevère d'un vert éblouissant s'élève insensiblement jusqu'aux Alpes qui ferment le paysage à l'arrière-plan

Le pourpre enflammé du soir
S'étend là-haut de cime en cime,
Et tu le vois, comme un miroir,
Briller au loin sur cet abîme.

Ces nuées, teintes de feu,
Courent en troupe vagabonde
Se perdre dans l'horizon bleu
Qui se reflète au loin sur l'onde.

Ces lacs inférieurs sont loin de ressembler aux lacs alpins. Leurs bords sont partout pittoresques et gracieux, la couleur de leurs ondes varie à l'infini et n'est pas encore expliquée; tantôt ils sont d'un bleu d'azur, tantôt d'un vert clair ou foncé, d'autres fois leur eau semble blanchâtre. On ne connaît pas exactement leur profondeur et la nature de leur fond, qui est probablement rempli de rochers et de fissures d'où s'échappent des sources. Les habitants de la vallée attribuent aux eaux de leur lac une profondeur immense, et les peuplent de poissons monstrueux, obéissant ainsi à cette propension naturelle vers le mystérieux et l'extraordinaire. Des rochers qui dominent le lac tombent quelquefois en cascades des torrents dont les eaux jaunâtres troublent au loin ses eaux. Ailleurs un ruisseau se précipite du sommet d'un rocher et se résout en une colonne vacillante de rosée avant d'atteindre l'onde que ne troublent jamais ses eaux toujours limpides. Quelque colline avancée, quelque promontoire rocheux, s'avancent vers l'intérieur du bassin, dérobent aux yeux des baies solitaires et cachées, ou forment quelquefois des îles couvertes de verdure. Des chalets, des huttes de pêcheurs, des hameaux, s'élèvent sur la rive, et leurs habitants trouvent leur vie en exploitant en même temps les eaux du lac ou les pentes herbeuses des monts qui l'encadrent.

La plupart des cirques à fond plat qu'on rencontre en remontant les vallées de la région montagneuse, et peut-être aussi les vallées de la région supérieure, ont dû être le fond de lacs aujourd'hui écoulés. Les montagnes ont leur destinée aussi bien que les peuples. Les eaux courantes rongent à la longue les digues transversales qui retiennent les eaux des lacs au-dessus des étages inférieurs des vallées, vers lesquels elles s'écoulent peu à peu. Partout où ces barrières sont épaisses et résistantes, on remarque que le lac s'y termine, tandis qu'il se retire lentement à son extrémité opposée. Aussi le voyageur éprouve-t-il une vive surprise lorsque, après avoir gravi la digue, il voit tout à coup à ses pieds un de ces bassins aux eaux calmes et aux bords hardiment découpés.

Sous ce rapport, le pays d'Obwalden se fait remarquer par ses trois lacs étagés. Le lac d'Alpnach s'enfonce profondément dans la partie inférieure de la vallée; au-dessus de lui, le charmant lac de Sarner est supporté par le second gradin, et enfin, sur le troisième gradin, entouré de tous côtés de crêtes élevées, s'étale le petit lac de Lungern, à moitié desséché maintenant par une galerie creusée artificiellement à travers le Kaiserstuhl.

Le pays du Hasli est formé de gradins étagés analogues, quoique moins larges et dépourvus de lacs. Lorsque les crêtes, d'où s'écoule l'eau des lacs supérieurs et celle qui provient de la fonte des neiges, sont très-escarpées, le ruisseau devient cascade. Aussi la plupart des vallées suisses creusées dans les formations calcaires, qui présentent les escarpements les plus abruptes, sont-elles embellies par des cascades. C'est par douzaines qu'après des orages ou à l'époque de la fonte des neiges on les compte suspendues aux parois des vallées; la plupart tarissent pendant l'été. Les vraies chutes d'eau permanentes, ces décorations si admirables, sont de vraies individualités, caractérisées par des formes, des couleurs et des bruits particuliers, par une masse d'eau, un encadrement, une illumination et un murmure propres à chacune d'elles. L'une gronde mélancolique et sourde au fond d'une espèce de grotte, cavité profonde qu'elle a elle-même creusée et que remplit à demi la masse puissante de ses eaux, qui s'écoulent par le couloir qu'elles se sont taillé dans le roc. Jamais rayon de soleil n'en éclaire le fond. Le soir, quand le couchant s'enflamme, la partie supérieure de la chute semble un courant de lave liquide, tandis que du fond de l'antre humide s'élèvent des nuages de vapeur que le courant d'air entraîne capricieusement au loin, le long des pentes de la montagne. Telle autre cascade est cachée par quelque sombre forêt de sapins, et apparaît tout à coup comme un vêtement blanc, aux plis appliqués contre une large paroi de rochers. Celle-ci semble suspendue dans le vide : une dalle de schiste en saillie dirige ses eaux au delà du rocher; la hauteur est-elle grande, les ondes se séparent, comme au Staubbach, dans la vallée de Lauterbrunnen, et se transforment en une pluie de perles étincelantes qui semble à peine atteindre le sol, et reconstitue rapidement le ruisseau, qui, après cette chute immense, continue à s'écouler en murmurant, comme si rien ne s'était passé.

Ces cascades, nombreuses dans la région montagneuse,

existent encore très-haut dans les Alpes. De loin et pendant la nuit elles ont quelque chose de fantastique ; elles se balancent avec un murmure sourd aux flancs des rochers, comme les ombres nébuleuses aux formes indécises et changeantes que rêvait Ossian. De jour, quand le soleil les éclaire, elles semblent des panaches étincelants, aux formes sans cesse nouvelles, ondoyant aux flancs des monts. Ailleurs, des torrents à peine nés roulent de terrasse en terrasse leurs ondes écumantes, formant ainsi deux, trois et même un plus grand nombre de cascades superposées, dont chacune est à la fois membre d'un admirable ensemble et d'un tout qui a son entourage, sa hauteur et sa largeur propres. Tantôt la cascade apparaît dans toute son ampleur, tantôt une forêt de sapins noirs, un rocher, un massif de buissons en dérobent une partie à la vue. Il n'est pas une de ces mille cascades qui se ressemblent, mais chacune d'elles est toujours un élément qui, plus que tout autre, contribue à animer un paysage dans la montagne.

Dans la région montagneuse, les forêts ne s'étendent en grandes nappes que dans les districts peu habités, où la nature a conservé quelque chose de sa toute-puissance primitive. A l'ordinaire, ce ne sont que des lambeaux ou des bandes appliqués au flanc des monts, des triangles à larges bases dont les sommets se rétrécissent, se ramifient et n'atteignent les hautes régions que comme des bandes amincies et souvent interrompues. Plus les forêts s'élèvent, plus la nature inorganique oppose de résistance à leur extension ; des arêtes rocheuses les séparent, des pentes couvertes de débris éboulés empêchent leur accroissement, les avalanches y tracent leurs sillons, les torrents, en rongeant le fond des ravins, finissent par les engloutir, les pierres et les gros blocs qui tombent des hauteurs les dévastent, et enfin les chèvres détruisent souvent la jeune pousse lorsqu'elle commence à apparaître.

Il n'est pas rare, dans les Alpes, de voir disparaître toute végétation arborescente au delà du fond de la vallée ; les pentes en sont trop escarpées, et les éboulis partiels qui se répètent souvent, détruisent les jeunes arbres disséminés qui ont pu s'y fixer. Dans de favorables expositions, le bois taillis recouvre de son feuillage clair les pentes de la zone montagneuse, et s'élève même plus haut; généralement et surtout sur les revers septentrionaux, l'uniformité des teintes n'est interrompue que par des bandes de bois noirs, tandis que les buissons tapissent les escarpements rocheux et les parois des gorges, et s'élèvent très-haut, partout où ils peuvent prendre racine entre les pierres. En revanche, dans la région montagneuse non adossée aux Alpes, les forêts sont beaucoup moins interrompues; elles tapissent les pentes adoucies jusqu'aux sommets arrondis qui les couronnent, et ne cèdent le terrain qu'à des prairies sèches ou marécageuses et à des champs cultivés, disséminés çà et là.

Les pentes des montagnes calcaires sont en général très-abruptes; elles s'élèvent presque sans transition à partir du fond de la vallée qu'elles encadrent de leurs escarpements. Si ces montagnes sont fortement accusées à leur base, elles le sont moins à des niveaux supérieurs. Lorsqu'on a gravi le pénible sentier qui conduit au-dessus de leur socle, on parvient à des terrasses verdoyantes assez étendues, à des pâturages où semble s'être arrêté, pour reprendre haleine, le génie puissant qui a construit la montagne. Souvent ces prairies se prolongent sans s'élever dans des enfoncements du massif, terminés par des cirques que les avalanches ont à demi comblés d'une neige sâlie de laquelle s'échappe un petit ruisseau au joyeux murmure. Des huttes, de petites maisons, des hameaux même, quand l'espace le permet, animent par leur présence ces plateaux élevés, silencieux et verdoyants, qu'entourent les forêts de sapins qui ont retrouvé le sol qui leur convient.

Diverses circonstances exercent une influence marquée sur le caractère et la nature de la végétation dans la région montagneuse. Ce sont : la température moyenne de l'année, les températures extrêmes des mois et des jours, la direction des vents, l'épaisseur de la couche de terre végétale, la nature minérale du sous-sol, sa richesse en sources, la température du sol, la direction des vallées, l'orientation des pentes, la diminution de la pression atmosphérique, la quantité et la répartition de l'humidité atmosphérique. Sur le revers septentrional de la chaîne le caractère alpin est plus prononcé que sur le revers méridional et apparaît déjà à des niveaux inférieurs; cette différence est frappante, surtout lorsqu'on considère les deux points également élevés, dont l'un, au sud de la chaîne, est en regard de la plaine, et dont l'autre, au nord, est tourné vers les hautes Alpes.

Lorsque les vallées sont exposées au vent du nord ou voisines de lacs et de grandes rivières qui fournissent beaucoup d'humidité à l'atmosphère, leur température est plus froide que celle de vallées plus élevées, protégées contre l'action des vents et ouvertes au midi.

Ainsi, le climat du Jura, dont les sources ont une température qui varie de 8°,50 à 6°, est rude et froid sur son revers septentrional, et ne peut être comparé au climat de localités des cantons d'Uri, du Valais ou des Grisons situées au même niveau. L'élévation plus ou moins considérable de la température dans une vallée dépend de plusieurs circonstances, parmi lesquelles la direction, l'exposition et les vents dominants sont les plus importantes. Il est même rare que dans les vallées sinueuses la température soit partout égale, car les courants d'air que détermine dans l'atmosphère la tendance à l'équilibre de chaleur, sont sans cesse arrêtés dans leurs mouvements par des obstacles. Souvent de hautes crêtes empêchent le vent de passer d'une vallée dans l'autre et abritent parfaitement certains cirques où la température se maintient plus égale, circonstance des plus favorables à la végétation et au développement organique qui en est la conséquence. En revanche, les cols, et surtout ceux qui mettent en communication de grandes vallées, sont continuellement balayés par les vents. Ces courants aériens tendent naturellement à s'écouler par les canaux dont le niveau est le plus bas; aussi sur les cols l'air est-il toujours en mouvement, tandis qu'il est calme autour des hautes sommités et dans le fond des vallées.

Plus l'air des vallées voisines peut s'échauffer par l'action solaire ou se refroidir au contact des glaciers, plus le vent est fort sur les cols. Ces courants atmosphériques sont cependant des forces qui n'agissent que dans certaines directions dépendantes de la forme des vallées. Les chaînes entrecroisées et les parois que frappe le vent changent et modifient sa direction; renvoyé d'obstacle en obstacle, il finit par acquérir une direction opposée à celle qu'il avait primitivement; ainsi il n'est pas rare que le vent du nord entre dans une vallée par le midi, le vent d'ouest par l'est; mais, malgré cela, les habitants se trompent rarement sur la nature du vent.

Lorsque le vent qui règne dans les hautes couches atmosphériques n'est pas un vent régulier et constant, il arrive fréquemment que l'air des vallées est agité par des courants qui se meuvent dans des sens différents, sens dépendant de circonstances locales qui modifient l'action de la chaleur sur l'air renfermé dans les vallées. Ces courants inférieurs conservent longtemps leur direction, malgré l'augmentation d'intensité du vent général; aussi n'est-il pas rare de voir les nuages supérieurs fouettés rapidement et entraînés vers le nord par le vent du sud, tandis qu'au-dessous d'eux les nuées sont immobiles au flanc des montagnes, ou même s'avancent lentement vers le midi. Le vent général finit cependant par l'emporter, et pénètre dans la vallée après une lutte signalée par des bourrasques irrégulières, occasionnant des tourbillons qui peuvent devenir dangereux, tellement le vent local est opiniâtre dans la résistance qu'il oppose au courant général. Si les parois des vallées sont profondément entaillées et déchirées, ces lacunes en facilitent naturellement l'entrée au vent supérieur, qui s'y précipite avec violence et y détermine de véritables ouragans. Lorsque, au contraire, les vallées sont encaissées des deux côtés par de hautes chaînes, les vents ne peuvent les balayer que vers le sens de leur direction, de sorte que dans le Valais les vents d'est ou d'ouest sont les seuls régnants, comme ceux du nord et du sud dans la vallée que traverse le Rhin avant d'atteindre le lac de Constance.

La forme et la direction des vallées y provoquent souvent des courants aériens, lors même que dans la plaine l'atmosphère est calme. Chacune d'elles a son vent local et particulier. Sur le revers méridional du Jura, par exemple, il porte le nom de Joran ou de Montaine. La chaleur solaire réfléchie par les rochers réchauffe la masse d'air qui remplit la vallée; cet air se dilate, s'élève et pénètre souvent dans les petites vallées supérieures, où il détermine de nouveaux courants, et après le coucher du soleil il redescend refroidi vers les parties inférieures.

Dans beaucoup d'endroits, lorsque le temps est serein, ces courants ascendants et descendants naissent à heure fixe. Dans le voisinage des champs de neige ou des glaciers, l'air refroidi à leur contact s'écoule continuellement sous forme de courant vers les parties inférieures. Par un temps calme, chaque enfoncement, chaque bras de vallée, chaque cirque devient la source d'un courant d'air, tantôt plus froid, tantôt plus chaud que celui qui remplit la vallée principale dans laquelle il se déverse.

Dans toutes les Alpes suisses, à l'exception peut-être de quelques localités, le vent le plus connu et le plus puissant par ses effets est le föhn, qui dans le Tessin a reçu le nom de foyn. Ce n'est pas un vent local : c'est un vent général européen, ou plutôt africain. Les régions polaires sont probablement le point de départ des vents glacés du nord, l'Atlantique celui des vents pluvieux d'ouest; c'est des déserts arides et brûlants de l'Afrique que provient l'ardent sirocco. Il semble que le courant d'air chaud, arrivé à la chaîne des Alpes, devrait passer à une grande hauteur au-dessus de leurs vallées; mais ce n'est pas ce qui a lieu : au contact des neiges, la température des couches d'air chaud en mouvement du sud au nord s'abaisse; elles deviennent plus pesantes et se précipitent dans les vallées. Ce phénomène est d'autant plus brusque que les glaciers sont refroidis et la température des vallées abaissée, de sorte que l'équilibre de température ne peut se rétablir que d'une manière violente. C'est ce qui explique pourquoi le föhn est surtout fréquent en hiver et au début du printemps, ainsi qu'il résulte d'observations exactes. Dès que l'action solaire a réchauffé l'air des vallées, le föhn cesse de les balayer et ne se fait plus sentir que dans les hautes régions. C'est par la même raison que le föhn souffle avec beaucoup plus de violence pendant la nuit que pendant le jour. Les phénomènes météorologiques qui accompagnent et précèdent l'invasion du vent du midi sont des plus remarquables: une brume légère aux teintes changeantes couronne les cimes au midi; le soleil disparaît sans éclat sous un horizon enflammé, et longtemps encore il empourpre de ses rayons les nuages immobiles. L'air de la nuit reste lourd; de temps en temps un souffle plus froid semble l'ébranler. La lune s'entoure d'un cercle rougeâtre; l'atmosphère acquiert une transparence parfaite qui semble rapprocher les monts; l'horizon prend des teintes violacées. On entend au loin le bruissement du vent dans les forêts élevées; le mugissement sourd des torrents déjà grossis se renforce par le silence de la nuit: tout dans la nature semble respirer l'attente et l'inquiétude.

Quelques bourrasques, auxquelles succède tout à coup un repos complet de l'atmosphère, précèdent l'arrivée du vent du midi; en hiver, ces premiers flots aériens sont âpres et froids, car ils ont perdu leur chaleur au contact d'immenses champs de neige; mais ils ne tardent pas à être suivis d'autres flots d'air chaud, qui souvent deviennent de vrais ouragans, qui balaient pendant deux ou trois jours le pays avec une intensité variable, et mettent la nature tout entière en mouvement. Les torrents se gonflent et entraînent des arbres arrachés; des blocs énormes sont précipités des hauteurs; les toits des chalets s'envolent au loin, et la contrée tout entière est en proie à la désolation. C'est dans les vallées les plus rapprochées du mur méridional que le vent du midi est le plus violent, car c'est là que le torrent d'air chaud vient se briser et perdre une partie de son impulsion en frappant les premiers obstacles qui l'arrêtent.

Les animaux souffrent sous l'influence de ce vent, dont la chaleur et la sécheresse irritent la fibre avant de la détendre.

Les chamois sont inquiets et se cachent sur le revers septentrional des montagnes ou dans le fond des cirques. Les vaches, les chevaux et les chèvres sont en proie à une espèce de malaise et cherchent un air plus frais pour rafraîchir leurs palais et leurs poumons desséchés. Les oiseaux semblent avoir déserté les forêts et les champs; l'homme lui-même partage cet état pénible : il a le système nerveux irrité et l'esprit inquiet. C'est le moment de veiller au foyer et d'en éteindre le feu. Dans beaucoup de vallées, des surveillants vont rapidement de maison en maison s'assurer de l'extinction des feux, car il suffirait d'une malheureuse étincelle pour allumer le bois des maisons desséché par le vent et provoquer d'affreux incendies.

Quoique le föhn soit le plus dangereux des vents qui soufflent dans les montagnes, il est le bienvenu chaque printemps. Il détermine la fonte d'énormes masses de glace et de neige, et change ainsi subitement l'aspect du pays. Dans la vallée de Grindelwald il suffit de deux heures de föhn pour faire disparaître une couche de neige de plus de deux pieds d'épaisseur. C'est le vrai messager du printemps; son action pendant vingt-quatre heures est plus puissante que celle du soleil pendant quinze jours, car la couche de vieille neige durcie sur laquelle ont glissé inutilement les rayons solaires s'amollit et se fond sous son souffle. Pour beaucoup de hautes vallées profondément encaissées, il est la condition du printemps, comme en automne, dans la plaine, celle de la maturité du raisin. Si de temps en temps sa chaleur vivifiante n'y balayait pas la neige nouvellement tombée, telle vallée élevée serait sans été et sans vie, et ne tarderait pas à devenir le réservoir d'un glacier à la marche rapide.

Dans le canton d'Uri, où le vent du midi règne souvent et longtemps, les glaciers descendent moins bas dans les vallées, et les pâturages sont plus vite accessibles que dans d'autres parties des Alpes dont l'altitude est la même. En outre, il est fort heureux pour les habitants et leurs récoltes que ce vent sec et chaud détermine l'évaporation rapide d'une partie de l'eau provenant de la fonte des neiges, de sorte que les régions inférieures sont mises à l'abri des inondations. En revanche, il faut peu de temps au föhn pour dessécher les fleurs des pommiers et détruire ainsi tout espoir de récolte. Les hêtres et le blé noir ne réussissent pas non plus sur les pentes qu'il balaie souvent. Ce vent singulier règne à l'ordinaire en même temps que le vent du nord, ou la bise, qu'il combat et finit par vaincre. L'agitation des nuages témoigne du conflit entre les deux courants aériens. Si au föhn succède le vent du nord ou le vent d'est, ils déterminent la condensation de la vapeur d'eau en suspension dans l'atmosphère, et provoquent ainsi des pluies très-abondantes.

Souvent, en automne et au commencement du printemps, le vent du midi caresse pendant des semaines de son souffle tiède les hautes Alpes, qui jouissent d'un ciel magnifique, tandis que dans les vallées inférieures l'air est calme ou légèrement agité par le vent du nord. Il en résulte des phénomènes remarquables : en décembre et janvier les forêts supérieures sont dépouillées de neige, ainsi que les pentes herbeuses où fleurissent les gentianes printannières entourées par des essaims de mouches et frôlées par les lézards, tandis qu'au-dessous d'elles, près du ruisseau glacé, les branches des sapins gémissent sous le poids de la neige qui les fait fléchir. D'autres fois, les régions supérieures jouissent d'un ciel pur et d'un soleil magnifique, tandis que les vallées sont remplies d'un brouillard épais qui s'élève partout au même niveau, immobile ou ondulant, et au devant duquel les sommités se dressent dans tout leur éclat au milieu d'un ciel transparent. Que le vent du nord vienne alors à s'élever, et l'appareil tout entier de cet admirable spectacle disparaîtra aussitôt : l'océan de brouillard, tout à l'heure immobile, déchiré par le vent, s'enfuira au delà des crêtes, laissant derrière lui une atmosphère transparente, sèche et froide. Souvent le vent du nord a une autre action : il condense les vapeurs invisibles accumulées par le föhn dans les couches aériennes supérieures, et les transforme en nuages dont les masses obscurcissent peu à peu l'horizon, glissent rapidement le long des pentes des montagnes et finissent par se résoudre en pluie ou en neige.

Dans la région inférieure, c'est pendant l'automne qu'il est le plus facile d'observer la formation et les mouvements capricieux des nuages. Dans les régions supérieures, c'est un fait de chaque jour, qui donne souvent lieu à des phénomènes curieux ou attrayants par leur beauté. Tantôt les nuées s'étendent en nappes au-dessus des marais et des ruisseaux, tantôt elles fuient le long des montagnes en masses toujours nouvelles et toujours différentes, couronnent les sommets ou semblent s'enfoncer dans les profondeurs des vallons. Lorsque d'épais nuages remontent rapidement une vallée, souvent ils s'arrêtent au-dessus du col qui la termine, ou au-dessus de quelque découpure de la chaîne qui la limite, s'y accumulent et y forment un mur de plusieurs milliers de pieds de hauteur. D'un côté s'ouvre une vallée inondée de lumière et de chaleur, tandis que de l'autre tout s'efface au milieu de nuages obscurs. Souvent même le courant d'air les pousse vers l'atmosphère lumineuse, mais ils disparaissent et s'évanouissent sans en troubler la limpidité. Ces nuages ne sont pas favorables aux plantes et aux animaux; ils humectent le sol et refroidissent l'air. Cependant au printemps ils contribuent pour beaucoup à la fonte des neiges, en empêchant le rayonnement nocturne.

Quelques semaines avant l'époque où l'hiver commence dans la plaine, il annonce son approche dans la région montagneuse par des tentatives infructueuses. Déjà en octobre et en novembre des flocons de neige commencent à tomber, le froid glace le ruisseau, la givre s'attache aux buissons; mais la glace et la neige ne peuvent résister à l'action d'un soleil encore puissant. Cependant les jours diminuent, et voici qu'un matin tout a disparu sous une couche de neige sur le revers méridional des Alpes; sur certaines pentes bien exposées la lutte dure encore, le soleil et le föhn résistent au souffle glacé de l'hiver. La neige prend définitivement pied sur les prairies sèches et les pentes tournées au nord, puis sur celles qui regardent le midi, et finalement elle couvre tout le pays d'une couche uniforme, sous laquelle les routes et les sentiers sont effacés, et pénètre même, à travers les branches des sapins, jusqu'au sol de la forêt.

Les détails du paysage, les inégalités de surface disparaissent sous la couche de neige et font place à des lignes molles et uniformes qui donnent à la vallée tout entière l'aspect d'un fond de cuvette. Les ruisseaux sont glacés et les cascades transformées en gigantesques colonnes de cristal appliquées aux parois de rochers; çà et là seulement une surface rocheuse, toujours balayée par le vent, n'est pas ensevelie sous la neige. C'est avec peine que le pâtre se fraie une route vers l'étable bien close où ruminent ses vaches. Les poules sauvages, qui, immobiles sur le sol pendant la chute de la neige, s'étaient laissées ensevelir, se sont dégagées et picotent près des fenils solitaires quelque grain oublié, tandis que les écureuils, les hermines, les martres, les lièvres et les renards osent à peine quitter leurs gîtes et leurs trous. Ils n'aiment pas cette couche de neige épaisse, molle, dans laquelle ils s'enfoncent et laissent des traces qui pourraient les trahir; mais à la première nuit claire elle aura pris un autre caractère : elle devient dure et solide; souvent, après une journée chaude, elle se couvre d'un vernis de glace, ou prend l'aspect cristallin à la suite de vents froids : ce n'est plus pour le pays un mol vêtement d'un blanc mat, mais une cuirasse éclatante, dure comme l'acier, à la surface de laquelle des millions de cristaux réfléchissent la lumière et brillent d'un éclat éblouissant. Les quadrupèdes ont retrouvé un sol assuré sur ces champs qui crépitent sous leurs pas, et ils font pendant la nuit de longues excursions à travers monts et vaux. Leurs traces, à peine indiquées, se croisent en tous sens au milieu des forêts et des champs; chaque coup de vent emporte des millions de cristaux de glace, couvre de cette blanche poussière d'immenses surfaces, efface les empreintes des pas, ou, si la couche glacée est très-solide, les remplit de feuilles desséchées ou des semences des pins. Sur les cimes élevées et les arêtes rocheuses, le souffle âpre du vent enlève la neige poudreuse, et les monts semblent enveloppés de fumée ; une partie de la neige entraînée tourbillonne dans l'air sous forme de petits nuages de cristaux brillants, tandis que les masses plus pesantes, fouettées par la brise, tombent du haut des cimes, rebondissent de roc en roc en nuageuses cascades et se perdent enfin dans les profondeurs.

Les jours, les semaines s'écoulent, et toujours un froid vif, clair et monotone règne dans la montagne. La première neige est tombée des arbres, le givre aux longues aiguilles l'a remplacée ; puis la neige retombe et le givre lui succède encore. Il revêt de ses cristaux effilés et de sa blancheur mate la nature tout entière, se suspend aux rameaux des arbres et des buissons, décore capricieusement la fontaine et le pieu solitaire, indicateur de la route, jusqu'à ce qu'un brouillard humide ou un rayon doré du soleil d'hiver vienne faire écrouler ses édifices aériens et les remplacer la nuit suivante par la couche mince d'un émail glacé. C'est alors que les habitants des vallées, munis de haches et de traîneaux, se rendent dans leurs forêts. Les sapins et les hêtres tombent menaçants, les troncs ébranchés descendent comme des flèches les couloirs rapides. D'un pied sûr, des chevaux vigoureux, aux formes osseuses, les entraînent au galop vers les villages, en suivant les pentes et les ravins nivelés par la glace. Pendant la nuit, le renard fait entendre ses glapissements au milieu des buissons, tandis que de jour la voix des chiens de chasse et la détonation du fusil retentissent au milieu de cette nature sans mouvement. Peut-être y entendrait-on les battements précipités du cœur d'un lièvre depuis longtemps poursuivi, ou le bruit du vol allourdi d'un tétras effrayé. Le merle d'eau siffle au bord du ruisseau, le pinson de neige et le roitelet gazouillent dans les buissons leur gaie chansonnette.

Tous les bruits de la vie sont d'autant plus vifs et joyeux que la nature elle-même est plus solitaire et silencieuse. Mais au milieu de cette nature enveloppée d'une couche neigeuse, ce que nous regrettons avant tout, ce sont ces lacs de la montagne à la surface d'azur, aux eaux limpides et aux mystérieuses profondeurs. Ils viennent de se congeler : un miroir vert les a recouverts, et n'a pas tardé lui-même à s'enfoncer sous le vaste linceul.

Des zéphyrs tièdes et chauds annoncent le printemps. Ils viennent en aide au soleil dans l'œuvre lente et pénible qui consiste à détruire le linceul qui voile la terre. Déjà l'œuvre avance, mais un jour de tourmente va recouvrir l'ancienne couche d'une nouvelle neige; ce ne sera qu'un faible obstacle, car une fois la croûte de vieille neige durcie amollie et détruite, la nouvelle venue n'oppose pas de résistance à l'action du soleil. Les forêts et les buissons se débarrassent de leur incommode fardeau; la verdure apparaît et s'émaille bientôt de fleurs blanches, bleues et jaunes. Le vent et les eaux commencent à bruire dans la montagne. D'abord pendant une heure ou deux seulement au milieu de la journée, puis pendant l'après-midi, puis le soir et pendant la nuit, et enfin jour et nuit. Les eaux s'écoulent, ruissellent, murmurent, grondent et mugissent au loin. Les rochers suintent l'eau par toutes leurs fissures, les ruisseaux se fraient une voie à travers la neige et la glace qui obstruent leur lit. Chaque terrasse, chaque champ de neige fournit un affluent; imbibés des eaux qui les inondent, les pilastres de glace des cascades se détachent des murs de roc, et tombent avec un bruit de tonnerre au fond des grottes que se sont creusées les chutes d'eau; de gros blocs de glace, lentement minés par les filets d'eaux, s'affaissent avec mille craquements et tombent avec fracas du haut des roches. Puis on entend au loin le sourd mugissement des avalanches, les détonations des glaciers qui se crevassent; les blocs de pierre que la gelée a isolés des massifs s'en détachent au dégel; les champs de neige sans soutien glissent ou se rompent. Le printemps annonce déjà sa présence par les mille bruits de la nature morte. Ce ne sont partout que murmures, craquements, détonations, mugissements, sifflements et rumeurs sourdes dans le lointain.

Le monde des êtres vivants ne reste pas en dehors de ce vacarme, à l'exception des plantes, ces organismes voués au silence éternel. Les pics et les merles, les geais et les pics, les mésanges et les bécasses, les grives et les roitelets, les aigles et les hibous, les moineaux, les coucous, les bastavelles et les tétras sifflent, crient, coassent, chantent, s'appellent et saluent le printemps sur tous les tons. La chauve-souris, la martre, l'écureuil, le blaireau, puis les grillons et les crapauds, les cigales et les scarabées, les bourdons, les abeilles, les guêpes, les mouches, tous font entendre des voix et des bruits auxquels ne tardent pas à faire diversion ceux qui proviennent des animaux domestiques, le bêlement des chèvres, le hennissement des chevaux, le mugissement des taureaux, l'aboiement des chiens, le chant matinal des coqs, et puis les mille sons des cloches et clochettes, les chants des enfants et des bergers. Le printemps est l'époque où la nature est la plus bruyante, la plus retentissante, la plus variée dans ses voix.

La lutte avec la mort a commencé déjà,
Mais la vie aura la victoire!
Et les fers rigoureux que l'hiver nous forgea
Se fondent en rosée expiatoire.

Déjà j'entends au loin les cloches des troupeaux
Répondre à l'aube matinale;
Les cascades des monts, aux murmurantes eaux,
Laissent flotter leur onde glaciale.

Toujours muet, le règne végétal complète à sa manière, en développant silencieusement ses feuilles et ses fleurs, le spectacle du réveil des forces vivifiantes, qui de jour en jour acquièrent plus de puissance. Lorsque, grâce au föhn, au soleil et à la pluie, la neige a disparu, le tapis végétal ne donne encore aucun signe de vie. Les prairies et les pâturages ont une teinte jaune pâle ou rouge brun. Peu de jours suffisent pour que, à partir du fond de la vallée et du voisinage des sources, les prairies prennent une teinte d'un vert clair, qui devient de plus en plus vif et foncé. Les noisetiers laissent s'échapper une poussière dorée; les fleurs jaunes des pas-d'âne recouvrent d'un tapis brillant les coteaux sablonneux et argileux, l'érable commence à verdir avant tout autre arbre, et dix-huit jours après le premier indice de végétation dans les prés, les cerisiers fleurissent dans les régions inférieures et les hêtres commencent à verdir dans le fond des vallées.

A partir de la floraison des premiers cerisiers jusqu'à celle de ceux qui occupent la limite supérieure, il s'écoule trois semaines, de sorte que le printemps ne commence qu'au milieu de mai à la hauteur de cette limite (4000'). Les hêtres n'y sont complétement feuillés que plus tard, tandis qu'en automne la chute des feuilles, qui commence dans les forêts supérieures, emploie beaucoup moins de temps pour se propager jusqu'à la région basse. A la limite supérieure de notre région, la durée du feuillage est donc limitée à une centaine de jours, tandis qu'elle est de plus de cent cinquante jours dans la partie basse. On admet pour le Jura que la végétation ne commence, dans la partie inférieure de la zone montagneuse, que de trente à quarante-deux jours plus tard que dans la plaine; pour la partie supérieure, ce retard est de quarante-deux à cinquante-cinq jours.

On devrait essayer de décrire chaque année la marche progressive du printemps, absolument comme on fait une relation de voyage. On verrait alors le printemps apparaître dans les parties de la Suisse qui touchent à l'Alsace, atteindre Zurich en quatre à six jours et se diriger vers les vallons; déjà il s'élève sur les revers exposés au midi, lorsque le fond des vallées est encore comblé par la neige; il la fait fondre, remonte lentement les pentes des montagnes, pénètre dans les hautes vallées et atteint enfin, au milieu de l'été, les hautes Alpes. Il y fait à peine une station, revient sur ses pas et redescend les monts poursuivi par l'hiver. Dans le canton de Glaris, on admet que, tout étant égal d'ailleurs, une différence de niveau de 70 à 80 pieds provoque un jour de retard dans l'apparition du printemps, et une diminution dans la température moyenne de 1/8° R. En général, la température moyenne des points dont le niveau augmente de 500', diminue d'un degré.

Le tableau suivant donne les températures moyennes aux différents niveaux :

Entre 1000′ et 2500′	la température moyenne de l'année varie de			+ 17°	à	+ 12°
» 2500′ » 4000′	»	»	»	+ 12°	»	+ 6°
» 4000′ » 5500′	»	»	»	+ 6°	»	+ 4°
» 5500′ » 7000′	»	»	»	+ 2°	»	+ 0
» 7000′ » 8500′	»	»	»	— 1°		

L'été n'a le temps d'exister que dans la zone montagneuse et la partie inférieure de la zone alpine ; l'automne y rougit encore les forêts de ses teintes empourprées, et y étale ses fruits à noyaux et à pépins. Dans la zone alpine supérieure il n'y a jamais d'été, le printemps et l'hiver y sont en éternel conflit.

Pendant l'été et une partie de l'automne les phénomènes naturels les plus dangereux et les plus redoutés dans la région qui nous occupe, sont dus à l'action des torrents. Les torrents sont plus terribles par leurs effets que les orages et les avalanches, qui vont se perdre à l'ordinaire, sans causer de dommage, dans des ravins ou des entonnoirs profonds.

Si, pendant l'été, il tombe subitement ou à la longue une très-grande masse d'eau sur les montagnes, ou si, en automne, un ouragan de föhn fond rapidement de grandes quantités de neige nouvelle, et est suivi d'averses violentes, en peu d'heures les ruisseaux se transforment en torrents impétueux. Partout du haut des terrasses ils tombent en bruyantes cascades et comblent de leurs eaux leurs larges dégorgeoirs. Lorsqu'il n'a pas plu de longtemps, le lit de ces torrents est complétement desséché ou tout au plus parcouru par un petit ruisseau limpide ; l'étranger est frappé de sa largeur, des pierres qui le jonchent, des masses énormes de décombres qui le bordent et des blocs cyclopéens qui l'endiguent ; il le poursuit du regard et aperçoit souvent des entailles de soixante à cent pieds de profondeur que les eaux se sont creusées dans le rocher, et plus haut, dans les forêts, les larges ravins qu'elles ont tracés dans leur course. Il est peu de spectacle plus effrayant que celui de ces eaux en démence.

Dans le haut de la montagne, on voit les eaux descendre en

flots jaunâtres des pâturages à pente douce. Dans leur course rapide elles entraînent inévitablement de la terre qui les noircit, du sable, des galets, des blocs énormes, des sapins tout entiers. Déjà elles menacent la vallée; souvent un obstacle les arrête, et alors, sortant de leur lit, elles se dirigent, à travers des prairies et des champs, vers la rivière qui coule au fond de la vallée. Le bruit de leur chute, les craquements des blocs qu'elles heurtent en les charriant, se répercutent au loin et remplissent de terreur les habitants du voisinage. Armés de perches, de crocs et de pelles, ils accourent sur les digues et s'efforcent de maintenir la liberté du lit du torrent, en empêchant toute obstruction. Tout ce qui peut porter une pelle est à son poste, et au fracas du torrent s'unissent les cris des travailleurs. Celui qui, au milieu d'une nuit de détresse, a assisté à ce spectacle, ne l'oublie plus.

Peu d'heures suffisent pour couvrir de plus de dix ou quinze pieds de décombres des prairies fertiles, et les transformer pour toujours en amas inféconds de pierres et de sable, au-dessus desquels les sommets des arbres fruitiers se dressent tristement. Souvent le torrent change subitement de direction, entraîne des maisons et des granges, et détruit en quelques instants la fortune et l'espoir de familles entières. Les dévastations des torrents, auxquelles il est quelquefois impossible de s'opposer, ont déjà changé en désert mainte vallée suisse jadis verdoyante et fertile; il semble même que, malgré de puissants endiguements, prolongés souvent fort avant dans la montagne, l'importance des ravages dus à l'action des eaux et favorisés par un mauvais aménagement des forêts, est plutôt en voie d'augmentation que de diminution.

Il n'y a qu'un seul phénomène qui surpasse en horreur ces inondations périodiques, ce sont les éboulements de montagnes. Celui du Conto ensevelit, en 1618, le gros bourg de Plurs et le village de Scilano; 2430 personnes périrent, et il n'échappa au désastre que trois personnes et une seule maison. Les deux éboulements des Diablerets, en 1714 et 1749, couvrirent de trois cents pieds de décombres les pâturages de Chéville et de Leytron, et firent périr des bergers et des troupeaux[1]. La chute du Rossberg, en 1806, ensevelit les villages de Goldau, Buzingen, Ober- et Unterröthen et Loverz, et causa la mort de 475 personnes. Le Felsberg menace depuis des années de s'écrouler d'un jour à l'autre dans la vallée, et ses sommets sont en mouvement.

Ces catastrophes ont acquis une célébrité européenne. Un grand nombre d'autres éboulements moins importants, tels que celui de la Bernina, qui ensevelit sous ses décombres le hameau de Rascharaida, des hommes et du bétail, celui qui détruisit Mombiel dans le Prettigau, et d'autres encore, ont été moins connus. Heureusement ces cataclysmes sont rares. En revanche, il se fait des descentes de terrains, des éboulis de rochers, et cela sur un grand nombre de points, ce qui prouve d'une manière évidente la destruction lente, mais continue, du grand mur des Alpes, qui tend insensiblement à rentrer à l'état chaotique. Un de ces éboulis partiels a ruiné, en 1805, une bonne partie du petit village de Buscrein, près de Schiers; un autre, en 1795, a précipité dans le lac une portion du village de Väggis; d'autres menacent encore aujourd'hui l'existence de plusieurs localités.

La nature, toujours si féconde et si variée dans ses créations,

[1] Lors du premier éboulement des Diablerets, un pâtre valaisan fut enseveli sous les masses éboulées d'une façon très-curieuse. Un gros bloc de rocher s'adossa à sa hutte et la protégea de telle sorte contre les masses éboulées que, quoique couverte de quelques centaines de pieds de décombres, elle ne fut pas écrasée. Le malheureux vécut dans cet affreux cachot, pendant des semaines et des mois, d'une provision de fromage, sans air frais et sans lumière, toujours en proie aux angoisses d'une mort imminente. Chaque jour il travaillait à se frayer une voie au milieu de la masse énorme de débris qui entourait sa prison; enfin il trouva un filet d'eau, le suivit, creusa le sol pendant des semaines, et réussit heureusement à se dégager. Amaigri par la faim, le travail et les angoisses, demi-nu, couvert de contusions, il frappait un beau matin à la porte de sa demeure, située dans la vallée. Sa femme et ses enfants reculèrent épouvantés à la vue du soi-disant esprit de leur père, et on dut recourir à l'intervention du ministre pour leur expliquer ce mystère. (*Note de l'auteur.*)

a doté les montagnes de curiosités qui en augmentent encore l'attrait mystérieux.

Partout à la base des massifs des Alpes existent des sources d'eau vive, souvent assez puissantes pour former à leur sortie du rocher des ruisseaux assez considérables, ainsi que des sources minérales froides ou chaudes, parmi lesquelles les eaux acidules très-nombreuses jouent un rôle important. On y rencontre en outre de ces fontaines intermittentes si intéressantes qu'on connaît vulgairement sous le nom de fontaines de mai. Elles doivent sans doute leur origine aux eaux qui proviennent de la fonte des neiges et remplissent les réservoirs souterrains par les orifices ordinaires desquels elles ne peuvent s'écouler à mesure, en sorte qu'elles se fraient de nouveaux débouchés à des niveaux supérieurs. Souvent aussi les lacs alpins, plus abondamment alimentés qu'à l'ordinaire, s'élèvent au niveau de fissures, dans lesquelles leurs eaux se précipitent sous forme de fontaines de mai, après avoir circulé dans les canaux souterrains dont est percée la montagne. On peut citer comme exemples intéressants de ce genre de sources : Le Hundsbach, dans la vallée postérieure de Väggi, qui est en communication évidente avec les *Karrenfeldern* alpins ; la fontaine miraculeuse sur l'Engstlenalp, qui pendant l'été coule régulièrement et avec la même abondance de huit heures du matin à quatre heures du soir ; le Dürrenbach, dans la vallée d'Engelberg, ruisseau qui, du mois de mai au mois de septembre, jaillit par plusieurs ouvertures au milieu d'une verte prairie, avec une quantité d'eau suffisante pour faire mouvoir un moulin ; enfin, au val d'Assa, dans la basse Engadine, une source remarquable qui sort d'une grotte creusée dans le calcaire, à plus de trois cents pas de profondeur, et tombe dans un large bassin, d'où elle s'écoule comme un gros ruisseau. Elle commence à jaillir à neuf heures du matin, et s'arrête trois fois pendant la journée, à des intervalles de trois heures.

Les grottes existent en grand nombre dans toutes les chaînes des Alpes et offrent souvent à l'observateur des phénomènes dignes de l'intéresser. Rien n'est plus variable que leur aspect.

Tantôt ce ne sont que des sinuosités des parois de rochers couvertes par des saillies en forme de toits, tantôt des grottes fermées qui ont reçu le nom de beaumes (*balm*) dans l'Oberland bernois, ailleurs ce sont plutôt des gorges étroites, dont les bords finissent par se rapprocher au sommet, et qui se prolongent par des crevasses et des fissures très-avant dans la masse de la montagne, et peuvent même la traverser de part en part comme de vrais tunnels. A l'ordinaire, la légende rattache à leur existence celle de missionnaires ou d'hommes en odeur de sainteté. Quelquefois même une chapelle ou un ermitage s'élèvent dans le voisinage. L'intérieur de ces cavernes est souvent singulier. On y découvre des couloirs étroits, de profondes excavations, des bassins souterrains remplis d'eau; des ruisseaux les traversent et disparaissent dans des crevasses de plus de mille pieds de profondeur qui s'enfoncent au loin dans le sein de la montagne.

Dans certaines grottes il existe des vestiges qui prouvent qu'anciennement elles ont servi de lieu de refuge ou de retraite à des brigands. On y trouve des médailles provenant des Romains et des anciens Germains; ailleurs des ossements pétrifiés, des débris de mollusques, des gallets arrondis de grauwacke et de serpentine, minéraux inconnus dans le voisinage, ou bien des débris d'animaux de proie qui depuis des siècles ont disparu de la contrée, ou enfin, comme c'est surtout le cas dans le Jura, des masses de neige et de glace qui ne fondent jamais. Dans la plupart des grottes les parois sont revêtues de concrétions calcaires et renferment des stalactites; celles de la Grotte sainte (*Il Cuol sanct*), près de Fettau, sont particulièrement belles, et le peuple croit reconnaître dans ces admirables productions calcaires un autel naturel avec ses cierges et ses vases.

Peut-être les soupiraux naturels, qui existent partout dans les montagnes, sont-ils plus remarquables encore. Ce sont des fentes étroites et très-profondes, ouvertes dans le rocher et pourvues d'une ouverture supérieure qui peut manquer quelquefois. Pendant l'été et par le beau temps, il s'en échappe un fort courant d'un air très-froid. En hiver, au contraire, l'air y pénètre de l'extérieur et leur température intérieure est plus élevée. Ces soupiraux (*Windloch*) sont très-fréquents dans les Alpes. On peut les observer au-dessus du Seelisberg, sur l'Emmetenalp, dans l'Isen et le Schächenthal, dans le canton d'Unterwald, à la Blummatt sur le Panzerberg, à Hergiswyl, sur le Pilate, près de Quarten au lac de Wallenstadt, dans le Klönthal, sur la Meerenalp, la Guppenalp, la Nayealp, près du col de Chaude, où le courant d'air qui sort du soupirail, appelé la *Tanna a l'aura*, a souvent une intensité aussi forte que celui qui s'échappe d'un soufflet de forge.

Des observations exactes ont prouvé que ces ouvertures soufflantes existent surtout dans des montagnes très-disloquées, sur des talus d'éboulement, ou appliqués contre des parois de rochers verticales et compactes (la nature de la roche n'influe aucunement sur le phénomène; elle peut être également calcaire ou granitique). Il est probable que l'appareil soufflant consiste en un canal plus ou moins vertical, en communication avec un autre conduit plutôt horizontal; les ouvertures du premier sont nombreuses, et placées à l'endroit où les matériaux éboulés, en tout cas perméables à l'air, s'appliquent à la paroi de rochers, tandis que l'ouverture soufflante est celle de l'autre conduit. L'air renfermé dans les vacuosités de l'intérieur du talus, qui sont en communication avec les conduits principaux, prend la température assez basse du sol, température qui en hiver est supérieure à celle de l'atmosphère, tandis qu'elle lui est de fort inférieure en été. C'est pourquoi en hiver l'air chaud s'échappe par les ouvertures supérieures de la cheminée, tandis que l'air froid y rentre avec plus ou moins d'intensité par l'ouverture inférieure, le soupirail en question. Voilà pourquoi, dans cette saison, le courant d'air se dirige de l'extérieur à l'intérieur, et cesse d'être appréciable au commencement et à la fin de l'hiver, époques où les différences de températures de l'air extérieur et intérieur ne sont pas assez fortes pour provoquer le phénomène. En été, au contraire, l'air froid de l'intérieur du sol, comprimé par la pression de l'air chaud de l'atmosphère qui pénètre dans le talus par le haut, s'échappe avec violence par l'ouverture inférieure, surtout si le temps est sec. Des observations plus exactes ont fourni la preuve que la température de l'air expulsé n'est pas identique à la température moyenne du lieu, mais bien plus basse et fort variable pendant la durée de l'été, puisque de 9° R. elle tombe quelquefois à 4 et même à 2° R., alors que la température varie de 15° à 20° R. Saussure a expliqué ce phénomène par l'abaissement de température que doit faire subir au courant d'air l'évaporation rapide de l'eau de pluie qui, pénétrant dans le sol, entre en contact continuel avec l'air en mouvement dans les vacuosités du terrain. L'air souterrain, dont la température est peut-être de 5° à 8° R., peut se refroidir ainsi jusqu'à 3° et même 2°. Plus l'air qui pénètre d'en haut est sec, plus il se charge de vapeur, plus il est humide et moins il absorbe. Aussi, lorsque le temps est beau, le souffle qui sort du sol est-il très-vif et très-frais, tandis qu'il l'est moins à l'approche du mauvais temps. La température de l'air dans le voisinage immédiat de l'orifice étant plus basse, il s'y forme et il s'y maintient souvent de la glace jusqu'à la fin de l'été.

Les vachers utilisent à l'ordinaire ces soupiraux pour la conservation de leur lait, de même qu'à Gordevio, dans le val Maggia, et ailleurs dans le Tessin, on construit autour d'eux des caves qui sont excellentes pour y conserver du vin. Ces courants d'air ne laissent pas que d'avoir de l'influence sur les animaux et les plantes. Lorsque l'homme ne les utilise pas, il n'est pas rare qu'un renard ou une marmotte en fasse une des nombreuses ouvertures de son gîte souterrain. Les plantes ne prospèrent pas dans le voisinage de ces orifices ; quelques mousses aux teintes sombres, quelques lichens supportent seuls ce vent glacé.

C'est à des dispositions du sol analogues que doivent leur existence ces grandes et admirables glacières naturelles qui se trouvent à des niveaux de beaucoup inférieurs à la limite des neiges éternelles. Ces grottes renferment pendant des mois, et souvent pendant toute l'année, des masses considérables de glace. Ainsi, par exemple, la grande glacière de Saint-Georges, située sur le revers du Jura, dans les environs de Rolle, à 2562′ au-dessus du lac de Genève, renferme à l'ordinaire plus de 2000 quintaux d'une glace qui se forme même en été par la congélation de l'eau qui suinte de la voûte. La plus belle et la plus considérable de ces glacières est le *Trou-du-mouton*, près du lac de Thoune, caverne qui s'ouvre dans une paroi de rochers de 1500′ de hauteur, à une altitude de 5604′ au-dessus du niveau de la mer; elle pénètre très-profondément dans l'intérieur du rocher, où des masses de glace, aux formes les plus bizarres, y sont amoncelées. Malgré son aspect peu attrayant, par les temps d'orage ou d'excessive chaleur, troupeaux et bergers y cherchent un asile, et il n'est pas rare d'y trouver réunis un millier de moutons.

CHAPITRE II.

LA VÉGÉTATION DANS LA RÉGION MONTAGNEUSE.

Esquisse botanique. — Altitudes diverses des végétaux. — Grisons. Tessin. Valais. Uri. Schwytz. Berne. Glaris. Allemagne. Pyrénées Caucase. Équateur. — Les forêts. — Une forêt vierge en Suisse. — Les conifères. — Chênes et hêtres. — Érables. — Un arbre historique. — Les fleurs dans les forêts et les taillis. — Les buissons. — Influence de la nature géologique du sol sur la végétation. — Richesse de la flore dans la zone montagneuse. — Les forêts dans leurs rapports avec la faune et la flore.

Dès qu'il s'agit du développement organique dans la région montagneuse, il devient impossible de fixer d'une manière précise et mathématique la limite qui sépare la région montagneuse de la région inférieure des collines. Sur le revers méridional des Alpes la végétation de l'heureuse Italie remonte bien plus haut que celle du plateau suisse sur leur penchant septentrional. Les plantes y croissent encore à plusieurs centaines de pieds au-dessus du niveau supérieur qu'atteignent les espèces identiques au nord de la chaîne. Dans le canton des Grisons la même espèce s'élève à 4 ou 500′ plus haut que dans celui de Glaris. Au Tessin la vigne atteint 2000′, dans les Grisons, à Tusis, situé à 2300′, et même à Truns, à 2660′, on trouve encore des ceps. Dans le pays de Vaud la limite supérieure du vignoble atteint à la côte 2738′, à Campertongo, en Piémont, 3093′. Dans le Valais, où les vignes s'étagent en terrasses et grimpent le long des corniches des parois de rochers, leur culture est presque aussi dangereuse que la récolte du foin dans les Alpes, et s'élève jusqu'à 2500′. Gub, au-dessus de Neubrück, dans la vallée de la Viége, paraît être le point le plus élevé de la Suisse où l'on cultive encore la vigne.

Le touriste admire dans le petit village de Stalden, au confluent des deux Viége, les bosquets de pampres qui s'inclinent sur la route, et surtout un énorme cep de vigne, de plus d'un pied de diamètre, qui enlace de ses replis l'abondante fontaine du village. Le maïs parvient à la même hauteur. Sur le revers méridional du Mont-Rose il y a encore des vignes à 2750′, tandis que dans la Suisse septentrionale elles disparaissent entre 1500 et 1700′ (à Saint-Gall à 1600′, à Berne à 1900′, au bord du lac de Côme à 1540′). Au delà du Cenere et au Mont-Rose, le châtaignier, qui ne paraît pas s'accommoder des sols calcaires, prospère encore à 3000′ (c'est-à-dire plus haut que le noyer sur le revers septentrional); à Castelmur (Bergell) à 2810′; à Saint-Gall il n'atteint que 1630′.

Dans le Tessin, le mûrier blanc croît encore à 2900′; dans les Grisons il s'élève rarement à 2300′; près de Cama il monte à peine à 1136′. Le maïs, le tabac, les asperges, même les abricots, les pêches et les coings prospèrent dans les Grisons jusqu'à 2500′, le noyer jusqu'à 3540, les fruits à pépins jusqu'à 3800, le poirier et le froment jusqu'à 4350, le seigle, les pommes de terre, les choux, l'avoine, l'orge, le chanvre et beaucoup d'autres plantes potagères s'élèvent encore plus haut en pleine région alpine.

Dans la vallée de Bergell commence, près de Porta, une forêt de châtaigniers qui monte jusque sur les terrasses élevées de Soglio (2990′), où se montre déjà l'arole, ce représentant de la végétation arborescente des hautes régions. Dans le Valais, les bois de sapins et les taillis s'élèvent bien au delà de la limite de notre zone, et la pomme de terre les dépasse encore de 200′ (4200′). Dans le canton d'Uri, au contraire, les arbres fruitiers ne dépassent pas 2800′. A l'exception du cerisier qui atteint 3300′, le hêtre et le pin sont loin d'atteindre la région alpine; ils disparaissent déjà à 3500′, pour faire place à des formes naines.

Cette diminution rapide de la puissance de la végétation dans les montagnes du canton d'Uri est d'autant plus frappante que les fonds de la vallée et les collines qui bordent le cours inférieur de la Reuss sont couverts d'une profusion des plus admirables noyers. Les vallées de Schwytz et d'Obwalden ont un climat plus rude, de sorte que le contraste entre leur végétation et celle des montagnes est moins frappant. La culture de la pomme de terre réussit encore par exception sur le sommet du Rigi, à 5550' de hauteur, ainsi beaucoup plus haut que dans les Grisons, où le climat est cependant infiniment plus doux. On aurait tort de tirer de ces faits exceptionnels des conclusions générales relativement au niveau qu'atteignent les végétaux sauvages. Les plantes cultivées sont souvent capricieuses; on peut les faire prospérer à des hauteurs surprenantes, en les soignant convenablement et en les cultivant dans des endroits choisis, à l'abri de toutes les influences qui augmentent l'âpreté du climat et auxquelles sont exposées les plantes qui croissent en liberté. Ainsi, dans la vallée de Grindelwald, où les cerises ne mûrissent qu'au mois d'août et où le noyer et le chêne ne prospèrent plus, il est possible, à la faveur de certaines précautions qui consistent surtout à semer des cendres sur la neige, d'obtenir aussi vite qu'à Berne, non-seulement des choux et des légumes, mais même des asperges. Partout les habitants des montagnes les plus intelligents ont recours à de semblables pratiques.

Au delà du col de Balme, pour accélérer la fonte des neiges, ils ne dédaignent pas de couvrir au printemps leurs champs de morceaux d'ardoise qu'ils ont soigneusement recueillis et entassés pendant l'été au bord de l'Arve. Plus haut, dans la vallée valaisanne de Matter, près de Winkelmatten, les habitants transportent et étendent de la terre sur de gros blocs de rochers, et y établissent ainsi de petits jardins dans lesquels les pommes de terre et les blés mûrissent longtemps avant le moment où les mêmes plantes, cultivées en plein champ, arrivent à leur maturité.

Dans le canton de Glaris, la vigne, le pêcher et l'abricotier s'élèvent jusqu'à 1700', le noyer, le prunellier et les haricots jusqu'à 2600', les pommiers, les chicorées, les oignons et le blé sarrazin jusqu'à 3000', les cerisiers et le froment jusqu'à 3000', tandis que les pommes de terre, les légumes et les plantes textiles pénètrent jusque dans la région alpine. Quant aux végétaux sauvages, l'érable de montagne, le sapin rouge, l'arole, l'alisier et le sorbier, ils dépassent les limites de la zone montagneuse et pénètrent souvent profondément dans la zone alpine. Il ne faut pas perdre de vue que le même arbre s'élève de 500 à 800' plus haut sur les pentes exposées au midi que sur celles qui le sont au nord, de sorte que, pour apprécier sa limite, il faut prendre un terme moyen.

Le hêtre, dont la présence embellit les forêts, existe encore dans les Alpes septentrionales sur des points où la température est plus froide que sur d'autres dans les Alpes centrales où il ne prospère plus. Ce bel arbre disparaît, ainsi que le tilleul, l'ormeau, le frêne et le peuplier noir, à 250' au-dessus de notre zone. L'if et le genévrier ne dépassent pas 3000', le chêne s'arrête à 2600', et peut à peine être considéré comme un arbre propre à la zone montagneuse. Dans le canton de Saint-Gall, le noyer atteint 2216', le maïs 2340', l'orge 3380', le hêtre 4310', la pomme de terre 4586'. Dans le Jura, à 3400', la culture des céréales cesse complétement, les arbres fruitiers disparaissent à 3100' et les chênes y deviennent rares; à 3700', on ne peut plus cultiver qu'un peu d'avoine et de millet; l'avoine ne dépasse pas 3300'; le noyer cesse à 2200' de mûrir ses noix, et à 3700' le sapin rouge devient rare.

La comparaison des niveaux auxquels parviennent les arbres de nos montagnes avec ceux qu'ils atteignent dans les diverses chaînes de montagnes qui existent en Allemagne, fournit des résultats singuliers et inattendus. Ainsi, dans la forêt de Thuringe et en Silésie, le hêtre atteint à peine 3000', tandis que le chêne prospère encore à un niveau supérieur de 3 à 400' à celui qu'il atteint chez nous. Dans le Caucase, le chêne ne dépasserait pas 2700', tandis qu'il existerait encore à 5400' dans les Pyrénées qui sont cependant sous la même latitude.

Sous l'équateur, où les plantes alpines existent encore à plus de 14,000′, les bois à larges feuilles s'élèvent encore à 10,000′. Le niveau de notre zone montagneuse y correspond à la zone des fougères arborescentes et des figuiers, et à la hauteur où chez nous commence la zone alpine, d'admirables magnoliers, éricées, camelliées, protées, bignoniées et mimosées étalent encore leurs brillantes corolles au milieu d'une végétation luxuriante.

En comparánt les limites supérieures du développement de certains végétaux importants, on y découvre des gradations intéressantes. Le noyer s'élève dans la partie septentrionale des Alpes suisses à un niveau moyen de 2500′ et maximum de 2900′, la température moyenne étant de 7°,3 c.; dans les Alpes centrales, où la température moyenne est la même, il atteint 2700′, au maximum 3600′; enfin, dans les Alpes méridionales (Mont-Blanc et Mont-Rose), où la température moyenne est de 6°,7 c., il s'élève à 3600′. Le cerisier atteint en moyenne dans la Suisse septentrionale 3500′, quoique certains pieds isolés y croissent encore à 4580′; dans les Alpes bernoises, cette limite monte à 3900′; dans les Grisons, elle atteint un maximum de 4500′; dans le Valais, de 4164′; dans le val de Saint-Nicolas, les derniers cerisiers se trouvent au-dessus d'Herbrigen, à 3965′. Le hêtre croît encore dans la Suisse septentrionale à une altitude moyenne de 4200′; la température moyenne annuelle y étant de 4°,1 c., dans certaines expositions il s'élève même à 4800′. Dans les Alpes bernoises, la limite est à 3700-3900′; dans le Tessin, à 4666′. Dans le Valais et les Grisons, où le sol est formé de schistes cristallins, les hêtres sont très-rares; au Mont-Rose, ils atteignent 4500′.

Le niveau supérieur moyen de la culture des céréales est, pour le nord de la Suisse, 2700′ (temp. moy. 7° c.), pour les Alpes bernoises, 4000′ (temp. moy. 5° c.), pour les Grisons, 4000-4400′, pour le Mont-Rose, 4500-5000′. La limite supérieure qu'atteignent en général ces végétaux est, dans le nord de la Suisse, 3400-3500′, dans les Alpes bernoises, 4700′, à Réalp, au pied du Gotthard, 4750′, dans les Grisons, 5700′. A Bodemie, sur le revers méridional du Mont-Rose, il croît encore du seigle et de l'avoine à plus de 6096', quoique la température moyenne n'y soit que de + 2°,2 c. En général, l'orge et l'avoine s'élèvent bien plus haut que le froment.

Ce sont surtout les forêts qui déterminent le caractère du paysage; aussi donnent-elles à notre région un aspect particulier. La zone montagneuse suisse est beaucoup plus boisée que le plateau, où le sol cultivable a été depuis longtemps affecté à d'autres cultures. La physionomie des forêts dans la montagne varie considérablement, suivant les pentes qu'elles tapissent. S'il y a en Suisse une forêt qui mérite le nom de forêt vierge, c'est assurément la grande forêt appelée Dubenwald, située à l'entrée de la vallée de Tourtemagne, en Valais. Un jour ne suffirait pas pour en faire le tour. Pendant deux heures et demie le sentier qui conduit à la vallée passe au-dessous d'un dôme de verdure, soutenu par une colonnade sans fin. Des milliers de sapins et de mélèzes s'y dressent desséchés, et — de même que dans les forêts des tropiques — les lianes enlacent les troncs, et les orchidées laissent tomber des branches leurs grappes de fleurs comme des lustres dans l'obscurité de la forêt; des buissons de ronces, de roses et de clématites que n'émonda jamais la hache, forment un inextricable fourré; les fraisiers prennent racine sur les troncs pourris et poussent des jets de un à deux pieds; des lichens aux longs filaments verdâtres sont suspendus aux rameaux, au milieu desquels le coq de bruyère et la gélinotte poussent leur cri d'amour, tandis qu'immobiles le lynx et le chat sauvage y épient leur proie. Les avalanches et des incendies considérables ont déjà dévasté souvent les parties supérieures de cette grande forêt, où des troncs à demi-consumés ou brisés par l'ouragan attestent que la fureur des éléments déchaînés ne contribue pas moins que l'impéritie humaine à la destruction des forêts.

Dans toute la région montagneuse suisse, dans le Jura comme au Tessin, dans le Valais aussi bien que dans l'Appenzell, les conifères forment l'élément essentiel des forêts. Parmi les arbres de cette famille, c'est le sapin, et plus particulièrement le sapin rouge au sombre feuillage, qui domine par son abondance, soit au point de vue de l'extension horizontale, soit à celui de sa répartition verticale. Dans quelques districts seulement le mélèze semble le disputer au sapin par sa fréquence. Cet arbre paraît ne pas exister dans d'autres parties de la Suisse, à moins, comme cela arrive maintenant fréquemment, qu'on ne l'y ait naturalisé par des plantations. Il abonde dans les forêts élevées du canton des Grisons, tandis que dans les forêts inférieures c'est le sapin qui domine et communique à la contrée tout entière quelque chose de son aspect sévère.

Des sapins blancs au feuillage plus clair, des pins à l'écorce rouge, aux branches élevées et élancées, terminées par de fortes feuilles en aiguilles, des genévriers aux tiges effilées, quelques ifs aux troncs massifs, n'interrompent que rarement les grandes forêts de sapins au milieu desquels ils disparaissent çà et là. Comme au Valais, où cet arbuste croît au milieu des mélèzes, la sabine (*juniperus sabina*) existe en assez grande abondance dans les forêts inférieures, et empeste l'atmosphère de son odeur désagréable. On trouve çà et là des sapins blancs énormes, véritables géants dont la taille ne le cède en rien à celle des plus gros sapins rouges. Sur la Schwändialp dans l'Unterwald, à 4000′ de hauteur, on a abattu, en 1852, au printemps, un sapin blanc parfaitement sain, dont le tronc avait vingt et un pieds de circonférence à la base et mesurait encore huit pieds et demi de tour à cent pieds du sol.

L'épithète *extirpé*, applicable aux cerfs et aux castors, peut l'être aussi aux forêts de chênes de la Suisse qui couvraient jadis de leur ombrage les collines et le pied des montagnes. Aujourd'hui il existe encore des chênes majestueux, admirables de beauté et de vigueur, mais ils sont disséminés et deviennent de jour en jour plus rares; tout au plus forment-ils encore de petits bois de quelque étendue, comme il en existe sur le penchant méridional de la montagne de Chaumont, dans le canton de Neuchâtel. De jeunes plantations de chênes, telles que celles qui existent sur le revers septentrional de l'Etzel, dans le canton de Schwytz, sont bien peu abondantes. En revanche, de vastes surfaces plantées de hêtres élancés interrompent partout de leur vert clair le vert foncé des bois de sapins. Dans la plus grande partie du canton des Grisons, qui est pauvre en bois feuillu, mais d'autant mieux partagé en fait de forêts de sapins, les hêtres n'apparaissent que rarement par grandes masses et atteignent encore, près des chalets de Kunkel, un niveau de 4000'. Il en est de même dans certaines vallées sauvages d'Uri, d'Obwald, d'Appenzell et de Berne. On regrette aussi leur absence dans quelques parties du Jura. Il est assez curieux d'observer que le hêtre ne prospère pas dans toutes les vallées qui descendent du Saint-Gotthard; le fait peut tenir à ce que ce massif est souvent balayé par le föhn.

De même que le chêne et le tilleul sont les plus beaux arbres du bas pays, le hêtre et l'érable sont les plus remarquables de ceux de la région montagneuse. Le tronc du hêtre est élancé, de couleur claire et ne porte pas de mousse; il s'élève droit comme une colonne, et les contournements brusques de ses branches trahissent seuls la ténacité des fibres de son bois. La verte coupole de son feuillage abondant et cependant transparent invite à un joyeux retour les chantres des forêts. Le hêtre étant l'espèce la plus répandue dans les bois feuillus, sert plus que tout autre arbre à distinguer les saisons par les aspects qu'il présente. L'épanouissement de ses bourgeons, l'apparition des masses vertes de son feuillage, les changements de teintes qu'elles présentent lorsque l'arrière-saison les flétrit, la nudité absolue de ses rameaux, accompagnent pas à pas le temps dans sa marche; aussi l'homme a-t-il voué au hêtre plus d'attention et d'affection qu'au sapin, dont l'aspect ne change jamais.

Outre le hêtre, les différentes espèces d'érables sont de vrais joyaux au milieu des arbres de la forêt; mais on les détruit beaucoup à cause des excellentes qualités de leur bois, et on a peu l'habitude de les replanter. Il n'est pas rare de rencontrer des bois d'érables ordinaires, aux branches étalées au loin et isolés, dont la taille est très-considérable (il en existe un dans le Melchthal dont le tronc a plus de trente pieds de tour). On peut ajouter que l'arbre le plus célèbre de la Suisse, l'arbre vraiment historique, est un érable. Près de la chapelle de Trons s'élève encore, ébranché d'un côté, mais de l'autre verdoyant et fleuri, un érable, vrai doyen parmi les érables, sous lequel, en 1424, fut conclue l'alliance appelée *ligue grise*. La partie inférieure de son tronc est excavée et percée à jour. La piété populaire l'a entouré d'un mur protecteur.

L'érable est un enfant de la montagne qui ne descend jamais dans la plaine, et il constitue encore de petits bois à des niveaux très-élevés. Le montagnard aime à le planter près du chalet et de l'étable à cause de sa beauté, et il le ménage partout sur les pentes exposées aux avalanches, à cause de la résistance qu'il leur oppose. Deux espèces de la même famille, le plane et le petit érable, sont rares et plutôt propres à la plaine.

Le tilleul aux fleurs parfumées, chez lequel la vigueur s'unit à la grâce, le frêne élancé, l'aulne au tronc droit, le bouleau blanc au feuillage léger et tremblant, le tremble toujours en mouvement, l'ormeau mélancolique, le peuplier noir, ne vivent guère en famille, et sont tantôt épars dans les buissons et les bois de sapins, tantôt entremêlés aux hêtres, dont ils rompent agréablement l'uniformité.

Les tilleuls, les noyers et les érables ombragent aussi à l'ordinaire les pelouses où les habitants des montagnes ont l'habitude de se réunir et de tenir leurs assemblées. Un violent orage a brisé, il y a quelque temps, l'énorme tilleul, quatre fois centenaire, qui s'élevait à Appenzell sur la place destinée aux réunions populaires. Le noyer qui pendant des siècles a orné à Stanz le champ des manœuvres, a fourni plus de trente toises de bois à brûler, indépendamment du tronc et des grosses branches.

On ne trouve guère dans l'intérieur des forêts que des plantes de petite taille et une multitude de mousses, de lichens et de champignons qui redoutent la lumière. Les buissons ne s'y développent pas, à l'exception pourtant des rosiers sauvages, aux feuilles profondément sinueuses. Au bord des forêts et au milieu de certains pâturages, l'on trouve des clématites et des cytises qui, sur le revers méridional du col du Trient, par exemple, ornent au mois de juillet les forêts de leurs grappes fleuries, d'un jaune éclatant.

En revanche, les buissons se développent en abondance sur les bords sablonneux ou rocailleux des ruisseaux; ils tapissent modestement les rochers escarpés et les gorges où les arbres ne peuvent se fixer, et se couvrent d'une multitude de baies comestibles, qui mûrissent entourées d'une profusion de labiées, de crucifères, de rosacées, de hicraciums et de scrophulariées. Les arbres forestiers, conifères ou autres, sont aussi accompagnés de plantes favorites, qui s'attachent les unes à telle espèce, les autres à telle autre. Dans les bois feuillus, ce sont les renonculacées, les gentianes, les rubiacées et les synanthérées qui dominent par le nombre des individus. Dans les bois de conifères, ce sont surtout les renonculacées, les orchidées, les oxalidées, les rubiacées, les pyrolacées, les scrophulariées et les synanthères qui constituent le tapis végétal. Sur les rochers, quelques saxifrages, des thyms, des campanules, des hieraciums, des graminées et des silènes végètent partout où un peu de terre peut soutenir leurs racines. Dans les prairies cultivées et les pâturages de la région montagneuse, dont la végétation est généralement bien plus variée, la flore dominante est celle de la région des collines.

Des observations exactes ont démontré que la végétation des plantes phanérogames ne dépend pas seulement des localités, de l'altitude et de l'orientation, mais est aussi déterminée par la nature géologique du terrain. Les terrains cristallins, les sols calcaires ou schisteux, la molasse ou le nagelflüh, ont chacun leurs plantes de prédilection, et souvent cette préférence devient une idiosyncrasie. La nature minérale du sol exerce donc une influence importante sur le caractère de la flore. Les éléments minéraux de la couche de terre végétale formée par la désagrégation de la roche sous-jacente et la décomposition de la première végétation de cryptogames qui la recouvrait, ne déterminent pas à elles seules la nature du tapis végétal ; elle dépend encore d'autres influences qui doivent leur origine au caractère particulier de la formation géologique considérée dans son ensemble. Les montagnes calcaires, par exemple, s'élèvent immédiatement et d'une manière abrupte au-dessus des vallées, les sources y sont plus abondantes au pied des escarpements que sur les points élevés ; elles sont plus déchirées, s'éboulent en débris plus volumineux, présentent des terrasses plus escarpées que les montagnes de la formation de schiste, dont les pentes sont plus douces et plus régulières. Il en résulte que dans les montagnes calcaires le sol semble aride, malgré une plus grande richesse en espèces végétales ; la végétation cesse déjà à des niveaux inférieurs à ceux qu'elle atteint dans les montagnes formées de schistes, dont les larges surfaces couvertes de plantes ne sont ni aussi verdoyantes ni aussi pittoresques que les gradins et les bandes herbeuses des formations calcaires. On a démontré que les graminées, les campanulacées et les légumineuses diminuent proportionnellement plus vite sur les calcaires que sur les schistes, tandis que les saxifrages et les crucifères y sont plus abondantes.

La flore des rochers et des terrains d'éboulis calcaires est plus variée que celle des pâturages, les plantes de la plaine ne s'élèvent pas aussi haut sur les terrains calcaires que sur les sols schisteux, et enfin le calcaire possède un plus grand nombre d'espèces particulières. Ainsi, la bruyère rose (*erica carnea*) y couvre de vastes surfaces, le rhododendron hérissé, la gentiane ciliée (*gentiana ciliata*), l'astrance majeure (*astrantia major*), le bois gentil (*daphne mezereum*), le dryade à huit pétales (*dryas octopetala*), recherchent surtout ce terrain, tandis que le rhododendron ferrugineux, l'azalée rampante (*azalea procumbens*) croissent de préférence sur les schistes. Le châtaignier ne croît nulle part sur le terrain calcaire.

Les familles végétales les plus nombreuses en espèces dans la région montagneuse sont : les papilionacées, les rosacées, les crucifères, les renonculacées, les alsinées, les ombellifères, les gentianées, les aubiacées, les labiées, les scrophulariées, les synantherées, les campanulacées, les orchidées, les salicinées, les graminées et les cypéracées. Certaines d'entre elles sont caractérisées par plus de cinquante à soixante espèces dans l'étendue de notre région.

On peut déjà conclure de cette énumération quelle est la richesse du tapis végétal qui couvre les montagnes de la Suisse, et n'est pas loin de compter mille espèces phanérogames. Ce tapis n'est pas partout le même, et a toujours un caractère spécial et différent lorsqu'on le considère dans les marais, les landes, les pâturages, les prairies, les champs, les buissons, les forêts, les rochers et les terrains d'alluvion. Il y aurait des livres [1], et vraiment de fort intéressants, à écrire sur tout ce qui se rattache à ce tapis végétal, car, tout en faisant la part du hasard et de l'inconnu, on ne peut méconnaître dans la distribution des végétaux à la surface du sol l'influence de certaines lois qui proviennent de l'action combinée des agents chimiques, physiques, géologiques et météorologiques.

Probablement nos botanistes sauront-ils soumettre à l'inves-

[1] Le bel ouvrage publié en 1849 par M. Jules Thurmann, sous le titre modeste d'*Essai de phytostatique*, renferme des données extrêmement intéressantes sur l'influence qu'exercent sur la distribution des végétaux du Jura et des régions voisines la nature géologique et chimique du sol, son état d'agrégation, l'exposition, l'altitude, la température moyenne du lieu, etc. Voici comment l'auteur énonce lui-même le but qu'il avait en vue, en résumant et coordonnant dans ce laborieux travail ses nombreuses observations sur les faits de dispersion végétale : « J'ai, en premier lieu, cherché à démontrer que dans la contrée qui fait l'objet de cette étude, il existe entre la dispersion des espèces et les roches sous-jacentes des rapports appréciables, de façon que la première se montre constamment comme l'expression d'une certaine manière d'être des secondes; ensuite, sans prétendre que l'action chimique des roches sous-jacentes soit nulle sur les phénomènes physiologiques de la végétation, j'ai essayé d'établir que les grands faits de dispersion observés ne sont pas le résultat de cette influence chimique, mais celui de l'état mécanique des détritus de ces mêmes roches.

(*Note du traducteur.*)

tigation scientifique tous ces faits de phytostatique, lorsqu'ils auront fini de recueillir et de déterminer les plus infimes de nos mousses et de nos algues, comme cela a déjà eu lieu pour certains points, dont nous possédons des flores locales qui promettent beaucoup pour l'avenir.

CHAPITRE III.

LES ANIMAUX INFÉRIEURS.

Limite des zones de répartition des animaux. — Les animaux conquérants du sol. — Rapports existants entre les différentes classes du règne animal. — Les scorpions. — Les insectes. — Insectes nuisibles dans les montagnes. — Les lottes. — Perches. — Ombres de rivière. — Brochets. — Saumons. — Genre de vie des poissons. — La grenouille ordinaire et ses destinées. — La grenouille brune. — Les crapauds, salamandres et tritons. — Les orvets. — L'unique serpent venimeux dans la montagne et son genre de vie. — Le grand lézard vert. — Tortues dans la vallée de la Reuss.

Dans les hautes montagnes, le règne animal offre à l'observateur un champ d'études bien plus vaste que le règne végétal, et là, comme partout, ce sont des milliers et des milliers d'animaux articulés qui jouent le plus grand rôle dans la composition de la faune. En somme, le règne animal est sous la dépendance du règne végétal, car tous les animaux vivent aux dépens des plantes, ou se nourrissent d'autres animaux; voilà pourquoi les forêts, ces stations où la végétation atteint son maximum de développement, sont en même temps les points les plus habités par les animaux. Non-seulement la substance organique n'est nulle part à la surface de la terre plus abondamment accumulée que dans les forêts, mais elle s'y forme et s'y accroît sans cesse, sous l'influence d'une végétation puissante et d'une décomposition permanente. Les forêts sont ainsi les plus vastes magasins ouverts aux herbivores et indirectement aux carnivores; elles cachent et protégent leurs hôtes en même temps qu'elles les nourrissent. Aussi hébergent-elles une multitude de fourmis, de scarabées, de chenilles, de mouches, de guêpes, de punaises, de vers, de crapauds, de grenouilles, de salamandres, d'oiseaux, de souris, d'écureuils, de blaireaux, de lièvres, de renards, etc.

S'il est déjà difficile de fixer les limites d'altitude des zones en parlant de la répartition des végétaux, les difficultés de la tâche augmentent encore lorsqu'il s'agit d'établir ces régions relativement aux animaux qui les habitent. On sait que la faim, les poursuites, le froid, le chaud, exercent une influence considérable sur l'habitat des animaux, en tant que cela les force à émigrer et à se transporter pour un temps plus ou moins long dans d'autres localités, souvent très-différentes. C'est surtout l'hiver qui détermine ces migrations vers les régions inférieures. Les oiseaux se transportent très-facilement d'un point à un autre; il devient fort difficile de fixer les limites de leur répartition verticale. Certains d'entre eux habitent la Suède, la Sibérie, l'Italie, la Grèce et l'Afrique, en même temps que nos montagnes; beaucoup de petites espèces et même quelques grands oiseaux de proie semblent être partout indigènes, au fond des vallées comme sur les sommets glacés des Alpes, à l'équateur aussi bien que dans le voisinage du pôle. Cependant, en tenant compte des lieux où nichent et habitent de préférence les animaux, on peut, d'une manière générale, les considérer comme liés à des régions déterminées, surtout si l'on prend pour point de départ l'habitat de certaines classes. Après avoir esquissé à grands traits le sol qui supporte et nourrit les animaux, essayons de parler, quand ce ne serait que d'une manière générale, de la population si variée qui habite la région montagneuse, car elle est bien plus semblable à celle des collines inférieures qu'à celle qui la domine.

Il ne faut pas s'attendre à rencontrer dans les montagnes la foule bruyante de créatures dont une nature féconde a animé les forêts tropicales; il n'y existe pas même autant d'espèces que dans la plaine. Les montagnes sont hostiles à l'extension de la vie; plus elles sont élevées, moins elles renferment d'êtres vivants; plus leur sommet se rapproche et plus la vie disparaît sur leurs flancs. Même déjà à leur pied des éboulis sans cesse renouvelés, des parois escarpées, de sombres crevasses, interrompent de toute part l'extension de la végétation. En revanche, la plante et l'animal sont des puissances conquérantes. Partout sur la roche délitée s'incruste une couche grisâtre, d'invisibles lichens; la pierre meurt et la plante germe sur ses débris. Puis, malgré les escarpements et ses horreurs, les animaux envahissent la montagne sans que rien les puisse arrêter; des millions d'insectes, d'araignées et de crustacées s'attachent aux parois de rochers les plus abruptes et les plus dénudées, qui, vues de loin, semblent absolument désertes; ils se plaisent au milieu des éboulis et dans les vallées sauvages et inhabitées, jonchées de blocs brisés, entre lesquels rampent des vers, des mollusques et des reptiles. Les oiseaux, les mammifères même y pénètrent aussi, de sorte que, dans toute l'étendue de la région montagneuse, il n'y a pas une place, quelque petite qu'elle soit, qui n'offre l'espace et les conditions nécessaires au développement de certaines espèces d'animaux.

Il faut l'avouer, les animaux inférieurs de notre région et des montagnes de la Suisse, en général, sont loin d'être tous découverts et connus. Les types plus parfaits de la faune touchent de plus près à l'homme et sont beaucoup plus faciles à connaître que l'immense quantité des invertébrés. Parmi ces derniers, qui comprennent les articulés, les vers, les mollusques et les zoophytes, les articulés occupent la place la plus importante relativement à leur nombre. Ils ont été mieux étudiés que les autres invertébrés, qui nous sont encore en partie inconnus et ne paraissent pas compter dans les montagnes beaucoup de formes spécifiques particulières. Nous ne possédons même qu'une connaissance imparfaite des articulés de la région montagneuse. Parmi les trois classes de ce groupe, les insectes, les arachnides et les crustacés, sont les insectes qui à leur tour l'emportent par la variété et le grand nombre d'espèces et d'individus, ainsi que cela résulte des recherches de l'infatigable Dr Heer, qui a fait l'étude la plus approfondie de la faune du canton de Glaris. Ce canton renferme dans toutes ses régions 5600 espèces d'animaux, savoir : 213 vertébrés, 5000 articulés, 50 vers, 100 mollusques et 200 zoophytes. Les articulés forment donc presque les neuf dixièmes de la faune. Dans ce nombre, 300 espèces appartiennent au groupe des arachnides, 50 à peu près à celui des crustacés. Les insectes sont en revanche au nombre de 4600; on compte parmi eux 1500 coléoptères, 1000 diptères, 800 lépidoptères, autant d'hyménoptères, 100 nétroptères, 100 porthoptères et 300 hémiptères.

Dans l'évaluation approximative du nombre des articulés qui habitent la totalité de la région montagneuse en Suisse, nous pouvons nous en tenir à ce chiffre, car, si d'une part il doit être diminué de celui des espèces qui n'habitent que les parties basses du canton de Glaris, il doit être augmenté du chiffre des espèces qui vivent dans la zone montagneuse des chaînes méridionales des Alpes. A propos des arachnides, nous citerons comme un fait curieux la présence du scorpion d'Europe dans quelques-unes de nos vallées méridionales. Cet insecte malfaisant de la plaine italienne remonte sur le flanc des montagnes surabaissées du Tessin et pénètre même jusqu'au val Bergel, dans le canton des Grisons. Il vit çà et là dans les vieux murs et les troncs pourris des châtaigniers. Son venin semble cependant avoir perdu beaucoup de son énergie dans des régions déjà froides, et nulle part on ne l'y craint. Il nous a été impossible d'apprendre s'il habite oui ou non le Valais.

Parmi les insectes, c'est l'ordre des coléoptères qui est représenté par le plus grand nombre d'espèces, puis ceux des diptères, des hyménoptères et des lépidoptères. Les trois autres ordres, les névroptères, orthoptères et hémiptères, n'ont proportionnellement que peu de représentants au milieu du grand nombre d'insectes qui peuplent l'air, les eaux, la surface et même l'intérieur du sol. Pendant l'hiver, les insectes disparaissent presque tous, au mois de janvier, à une altitude de 4000 pieds; ce n'est qu'avec peine qu'on découvre sur la couche de neige durcie quelque araignée transie; quant aux mouches et aux punaises, elles sont introuvables. Au printemps, la scène change comme par enchantement; le premier souffle du föhn rappelle à la vie une multitude d'insectes qui avaient passé l'hiver endormis, soit à l'état parfait, soit à l'état de chrysalide. Chaque jour de föhn en augmente le nombre, de sorte qu'au bout d'une chaude semaine de printemps des myriades d'insectes tourbillonnent partout dans l'air. Au pied des montagnes, les différentes familles apparaissent successivement, tandis que dans les hautes régions, où l'été est très-court, c'est tous ensemble que renaissent les insectes. Pour se faire une idée de leur nombre immense, il suffit d'observer un instant les joyeux essaims de ces baladins aériens et de ces élégants acrobates. Partout ils s'agitent. Des punaises bondissent à la surface des mares et plongent dans les flaques d'eau, ou courent, ornées de leurs brillantes élytres au milieu des pierres; des milliers de pucerons couvrent les feuilles et les chaumes; les prairies fourmillent de joyeuses sauterelles et de petites cigales sautillantes; le fourmilion épie du fond de son entonnoir l'insecte qui passe et le couvre d'un jet de sable; les cigales spumeuses se balancent aux tiges flexibles, les prairies et les coteaux retentissent du bruit strident que les grillons et les criquets produisent en frottant leurs élytres, et ce bruit n'est peut-être nulle part plus fort que dans la zone montagneuse. Des millions de mouches, de cousins et de taons tourbillonnent dans l'air et s'attroupent au-dessus des fleurs et des buissons. Près des ruisseaux, les libellules aux yeux énormes passent et repassent en bruissant dans leur vol égaré, tandis que, plus légères, les demoiselles aux ailes bleu d'acier se posent sur les plantes aquatiques. C'est par essaims que des abeilles et des guêpes de toute espèce sortent des fentes du terrain, de dessous les pierres, des fissures des planches qui garnissent les huttes et les étables; d'autres se dégagent des vieux troncs pourris ou des rugosités de l'écorce des arbres, et à peine sont-elles délivrées, que déjà elles se livrent des combats meurtriers et acharnés, dans lesquels se distinguent surtout les guêpes ichneumones et les espèces qui déposent leurs œufs dans le corps d'autres insectes. Des bourdons de toute espèce traversent en tous sens les forêts et les monts, à la recherche du suc des fleurs récemment épanouies. Les guêpes et les frêlons poursuivent leur proie de leur dangereux aiguillon ; les fourmis construisent leurs demeures, en transportent les matériaux, et courent sans s'arrêter le long de leurs petits sentiers ou de leurs grandes routes militaires. D'innombrables scarabées montent aux arbres, courent à terre sous les buissons et les pierres, se rassemblent autour des animaux morts ou dans les excréments des vaches, nagent dans les étangs, les ruisseaux et les mares, ou traversent l'espace de leur vol pesant.

Fleurs vivantes, des papillons aux mille couleurs, les plus charmants entre tous les insectes, voltigent de calice en calice, se balancent en planant au-dessus des lacs et des prairies, tournoient autour des rochers et des arbres, et animent encore le crépuscule. Les taillis, les forêts de conifères, les saules, les chênes, les rosiers sauvages, les épines-vinettes et les aubépines de notre région, fournissent un asile assuré aux chenilles, à beaucoup de bombyz, de noctuelles, de géomètres, de tortrix et de teignes; aussi les papillons nocturnes y sont-ils très-abondants. Les couleurs admirables des papillons de jour, leur vol joyeux et facile, leur vie qui semble tout'entière consacrée au plaisir, tout cela en a fait les joyaux de la faune, de sorte qu'un grand nombre d'entre eux sont connus et aimés de tous ceux dont ils réjouissent les regards; tels sont, par exemple, le machaon et son cousin plus pâle, la queue d'hirondelle, l'amiral, l'aurore, les nacrés, les morios, les apollons, l'incomparable iris, la tête de mort, ce papillon qui fait entendre un cri lorsqu'on le saisit, et qui s'introduit dans les ruches à la recherche du miel, les paons de jour et de nuit.

Quelle infinie variété, quelle richesse immense de formes dans le monde ailé des insectes!

De même que les graminées parmi les végétaux, les insectes constituent à eux seuls le fond et la grande masse des animaux, et cela a sa raison d'être; car, de même que les herbes servent de pâture aux herbivores, les insectes constituent la nourriture essentielle d'un grand nombre de vertébrés. Parmi les insectes eux-mêmes et les autres articulés, beaucoup d'espèces sont uniquement destinées à en détruire d'autres.

Chacun connaît les dévastations que provoquent un bon nombre d'insectes parmi les végétaux, et particulièrement parmi ceux qui sont cultivés. Les chenilles de certains papillons et les larves de coléoptères rongent les troncs des arbres forestiers, le feuillage, les fleurs et les fruits des arbres fruitiers et des légumes. Le hanneton devient dans certaines années le fléau de mainte contrée, qu'il dévaste, soit à l'état d'insecte parfait, en rongeant les fruits et les bourgeons, soit à l'état de ver blanc, en détruisant dans les prairies les racines des herbes, qui bientôt jaunissent et sèchent. Les hannetons apparaissent souvent dans la plaine en nombre immense, et sont, pour les vallées du revers septentrional des Alpes, des hôtes aussi dangereux que les sauterelles l'ont déjà été dans les vallées méridionales. Le hanneton disparaît à mesure que le sol s'élève, de même que plusieurs autres insectes nuisibles, et entre 3000 et 3300', il est extrêmement rare d'en rencontrer. Certaines régions entre 2000 et 3000' en sont déjà délivrées. Dans le Jura, il ne s'élève guère au-dessus des forêts de chênes. Dans les environs de Saint-Gall (2081'), l'humidité qui caractérisa les années 1816 et 1817 le fit presque disparaître. Andest (4000'), dans les Grisons, est le point le plus élevé où le hanneton ait été rencontré. Dans les vallées méridionales, il s'élève régulièrement à 600 et 800' de plus que sur les revers nord; la taupe et la musaraigne sont ses ennemis jurés.

L'embranchement des animaux vertébrés offre à l'observateur des phénomènes bien plus intéressants que les précédents. S'il est incomparablement plus pauvre que les autres groupes en espèces et en individus, il leur est supérieur par le développement de ses types et leur intelligence; aussi a-t-il été l'objet d'études scientifiques plus complètes. Les vertébrés touchent de bien plus près à l'homme, sur lequel ils exercent une action favorable ou fâcheuse, et ils sont plus fortement individualisés que les invertébrés.

Parmi les quatre classes de vertébrés, ce sont les poissons et les amphibies qui sont le moins représentés dans la région montagneuse. Les mammifères sont un peu plus nombreux en espèces. Quant aux oiseaux, ils y présentent à eux seuls plus d'espèces que les trois autres classes réunies, ce qui tient à la fois à l'étendue considérable de la région habitée par chaque espèce, et à la présence de grandes forêts dans cette partie de la chaîne.

La région montagneuse n'offre plus de bassins considérables et de larges cours d'eau. Tous les grands lacs de la Suisse sont à un niveau inférieur, celui de Brienz (1736'), le plus élevé, reste à 7 ou 800' au-dessous de la limite inférieure de la région qui nous occupe. Des ruisseaux peu importants, mais d'autant plus nombreux, et de petits lacs en sont les seuls réservoirs, de sorte que les poissons n'y trouvent que fort peu d'espace propre à leur existence.

C'est dans les baies profondes, aux eaux vertes et rapides, qui découpent les bords des lacs, souvent dans la profondeur des étangs cachés au milieu des montagnes, que vit la lotte (*lota vulgaris*), poisson dont la forme rappelle celle du serpent bigarré et tacheté de plaques noires ou vertes sur un fond d'un vert jaunâtre. La lotte y est assez abondante; elle vit de frai et de petits poissons, et remonte même dans les rivières et les gros ruisseaux. La finesse et la délicatesse de la chair de la lotte l'exposent à maintes poursuites; son foie est tout ce qu'il y a de plus distingué en fait de mets provenant des poissons. Ce joli poisson porte de petits barbillons à la mâchoire inférieure; il n'est nulle part très-abondant, quoiqu'il se reproduise en quantité inouïe; le brochet le pourchasse avec ardeur; il est rare d'en pêcher dans les lacs alpins, de plus d'un pied de longueur et du poids de deux à trois livres, quoique dans le lac de Genève on en ait pris de plus de trois pieds de longueur, qui pesaient dix livres. La perche (*perca fluvialis*) n'est pas rare dans les lacs et les ruisseaux. Elle est l'ennemie vorace et jurée des grenouilles et des tritons. Sa nageoire dorsale est épineuse et ses flancs sont dorés; il est rare qu'elle devienne aussi pesante que la lotte; sa chair est estimée. Les Romains l'appréciaient déjà, ainsi que cela résulte de citations de poëtes latins.

La première année on pêche la perche en quantité innombrable dans les lacs des Alpes. On a essayé, et souvent avec succès, de l'acclimater dans les lacs les plus élevés des Alpes.

Le petit véron (*phoxinus varius*) et le chaboisseau (*cottus gobio*) habitent la plupart des ruisseaux limpides, dont le courant n'est pas trop rapide; souvent on rencontre ce dernier dans les fossés, où il nage aussi rapide qu'une flèche sur le fond graveleux ou entre les filaments vert foncé des plantes aquatiques. Les ruisseaux et les lacs nourrissent encore : la tanche (*tinca chrysitis*), dont le dos est vert obscur et le ventre d'un blanc doré; le naze (*chondrostoma nasus*), aux flancs argentés et au dos noirâtre; l'ablette (*aspius alburnus*), aux reflets métalliques verts et or, qui devient d'un bleu d'azur lorsqu'elle a cessé de vivre; c'est un poisson peu estimé, dont la chair est remplie d'arêtes, ainsi que celle du ronhon (*leuciscus rodens*).

L'ambre d'Auvergne (*thymallus vexillifer*), qu'on pêche encore jusque près de Wasen (2864') dans la vallée de la Reuss, et qui remonte dans l'Inn jusqu'à Steinsberg (4525'), d'où il a chassé les truites. Ce poisson habite souvent en grandes troupes les ruisseaux limpides et les eaux profondes et ombragées, mais il a dans le balbuzaro, les plongeons et les loutres, de dangereux ennemis. — Un seul des lacs de notre zone, qui a à peine une lieue de tour (le lac d'Omeinaz, au pied du Schweinsberg, dans le canton de Fribourg, 3270'), renferme une espèce de poisson blanc qui ne se retrouve que dans les fleuves du nord de l'Europe, et n'a pas été signalé ailleurs en Suisse : c'est le *leuciscus jeses*. On l'y nomme *wantuse*, et sa chair jaunâtre, grasse et délicate, quoique remplie d'arêtes, est très-estimée.

Ce poisson atteint souvent dans ce lac une longueur de plus d'un pied et demi et un poids de deux livres; il a le dos bleu, les flancs d'un gris argenté; il nage très-vite, et se reproduit avec beaucoup de facilité. Quel curieux hasard, quelle suite singulière d'aventures il a fallu, pour amener ce poisson, des fleuves du

Nord dans le Rhin, de là dans l'Aar, et par l'intermédiaire de la Sarine, aux eaux tièdes dans ce lac des montagnes où il a trouvé une nouvelle patrie.

Les brochets sont plus abondants que les espèces que nous venons de passer en revue, et ces rois des eaux douces, caractérisés par leur voracité, la force, la rapidité de leurs mouvements et la finesse de leur ouïe, sont très-dangereux pour les autres habitants des eaux. La première année leur couleur est verte; plus tard il se forme sur ce fond des taches noirâtres. Leur large gueule renferme un appareil redoutable, formé de plus de 700 dents, longues, aiguës et recourbées en arrière. L'œil est grand, aplati et cerclé de jaune; la chair blanche, ferme, est aussi saine que savoureuse. A l'époque du frai, les femelles, qui contiennent plus de cent cinquante mille œufs, les déposent dans les endroits peu profonds qui bordent les lacs, de sorte qu'on peut les tuer à coups de fusil. Au bord des lacs des montagnes, on aperçoit souvent, avant le lever du soleil, les feux des chasseurs qui y ont bivouaqué. Au point du jour, ils commencent à se promener le long des rives, le fusil chargé de plusieurs petites balles et dirigé du côté de l'eau. Bientôt le miroir azuré se ride doucement au-dessus du brochet qui, à quelques pouces de la surface, s'approche pour frayer au milieu des herbes. Le chasseur tire en dirigeant son feu à une main en avant du point où l'eau est agitée. Il est très-rare que la balle, qui perd beaucoup de sa force en traversant l'eau, blesse le poisson; mais l'explosion l'étourdit, de sorte qu'il reste immobile pendant quelques instants; le chasseur en profite pour attirer sa proie sur la rive, à l'aide d'une branche, et l'assommer. Dans le lac du Klönthal (2640'), il n'est pas rare de prendre et de tirer de cette manière des brochets de douze à quinze livres. Dans les lacs de Truns et de Laxes, aux Grisons, dans celui de Thalalp (3398'), dans le canton de Claris, où les brochets et les tanches, introduits depuis une centaine d'années, ont prospéré, on en pêche aussi de fort beaux échantillons.

Dans les lacs de la plaine, il existe des brochets de vingt ou trente livres, qui peuvent bien être âgés de soixante à quatre-vingts ans. Les dévastations que provoquent des monstres de cette taille doivent être terribles. Il n'est pas rare que de gros brochets attaquent des oiseaux d'eau et même des rats ; ils avalent les grenouilles, les souris et les couleuvres. On prétend même qu'ils saisissent les chiens et les chats. Le vieux Gessner, notre père à tous, raconte l'histoire d'un brochet qui mordit la lèvre inférieure d'un mulet, au moment où il s'abreuvait au Rhône; le quadrupède effrayé recula, et ce ne fut qu'avec peine qu'il put, en secouant la tête, se débarrasser de son ennemi. Il y a plus; ces requins des eaux douces ont même attaqué des baigneurs, et ravi à la loutre la proie qu'elle venait de saisir.

Le poisson le plus fréquent et le plus intéressant de la région montagneuse est sans contredit la *truite de rivière*, dont nous parlerons plus bas, ainsi que la truite saumonée. Son cousin germain le saumon (*solmo solar*), le plus grand de nos poissons, est un animal voyageur singulier, qui habite tantôt la mer, tantôt les eaux douces. Au mois d'avril, quelquefois plus tard, les saumons quittent les profondeurs de l'Océan glacial, suivent les côtes de Norvége et pénètrent en troupes innombrables dans les fleuves de l'Allemagne, qu'ils remontent lentement réunis en colonnes, en tête desquelles nagent les plus gros mâles. Arrivé à Bâle au mois de mai, le saumon remonte le Rhin, franchit les rapides de Laufenburg, grâce à la puissance de sa queue, pénètre dans les rivières au mois d'août, traverse les lacs sans s'y arrêter, remonte leurs affluents en franchissant les digues et rateliers, et finit par entrer dans les ruisseaux, dont les eaux s'écoulent en écumant sur leur lit de gravier; il atteint ainsi, après ce voyage extraordinaire, le centre de la région montagneuse.

C'est là qu'il fraie depuis le mois d'octobre au mois de décembre, après quoi il regagne la mer par grandes troupes, en descendant les rivières. L'été suivant, guidés par un instinct mystérieux des localités, les saumons quittent les côtes scandinaves, et malgré les nombreux filets qui leur barrent le passage, et qu'ils réussissent souvent à percer, ils savent retrouver les endroits où ils ont l'habitude de pondre leurs œufs.

Ces œufs, déposés au nombre de vingt à trente mille, dans des enfoncements du gravier ou du sable, éclosent au bout de dix semaines. Les jeunes saumons se dérobent aux regards au milieu des pierres et croissent rapidement; ils rejoignent le Rhin et puis la mer, et ils y restent jusqu'au moment où ils deviennent adultes: ils rentrent alors dans les fleuves. Il n'y a des saumons que dans les rivières qui se jettent dans le Rhin au-dessous de Schaffhausen. Ils pénètrent dans la Linth jusqu'au pont de Panten, 3012′ au-dessus de la mer. En 1833, dans la Reuss[1], au milieu de la vallée d'Urseren, on en prit un qui, pour arriver jusque-là, avait dû remonter les rapides et les chutes nombreux que domine le pont du Diable. Lorsque les saumons ont pénétré aussi haut que possible dans les ruisseaux, les pêcheurs cherchent à leur barrer le passage, à l'aide de rateliers, de nasses ou de filets, nommés loups. On prend ainsi des saumons de vingt-cinq à trente livres, et même de cinquante dans les grandes rivières de la plaine. A l'époque du frai il est facile de reconnaître le mâle à la présence d'un prolongement cartilagineux et crochu qui termine la mâchoire inférieure et pénètre dans une cavité correspondante du maxillaire supérieur. Les saumons argentés mâles possèdent aussi, quoique moins développé, ce crochet qui disparaît après l'époque du frai.

Le saumon argenté (*salmo lacustris*) remonte le Rhin jusque dans les Dalles supérieures, car il n'est pas rare d'en prendre à Trus, dans le canton des Grisons, qui pèsent de douze à dix-huit livres. En octobre 1852, on en captura à Ruvis, sur le Rhin antérieur, un exemplaire de vingt-neuf livres. La truite saumonée (*salmo trutta*), paraît remonter le Rhin jusqu'au village de Splugen (4430′) et pèse de trois à douze livres. Quant à la truite de rivière,

[1] Dans la Reuss, rivière qui descend du val de Travers dans le lac de Neuchatel, on prend de temps en temps des saumons qui y remontent pour frayer, en même temps que les truites saumonées qui habitent le lac.

on la trouve dans tous les lacs des montagnes, au fond desquels elle épie les petits poissons, qui deviennent sa proie.

Quoique dans les montagnes la pêche ne soit pas improductive, il ne s'y trouve qu'un petit nomdre d'individus qui fassent de la pèche leur unique profession. La pèche exige de la patience, de la persévérance, un corps endurci aux fatigues, une connaissance parfaite des lieux, et surtout des mœurs des poissons. Ces animaux ont leurs caprices, leurs habitudes, leurs traditions, aussi bien que ceux qui appartiennent aux classes supérieures. Aussi la connaissance exacte de ces particularités est-elle indispensable à celui qui veut pêcher d'une manière fructueuse. Les vieux pêcheurs ressemblent sous plus d'un rapport aux chasseurs de chamois. Ce sont à l'ordinaire des gens pauvres, qui se contentent de peu et ne s'inquiètent pas du temps; ils s'expriment laconiquement et sont silencieux comme leur proie, froids comme leur vêtement.

En somme, les poissons jouent un rôle peu important dans la nature animée. L'eau les cache et les dérobe aux regards. De temps en temps une truite vient se jouer à la surface miroitante de l'eau (au-dessus de laquelle on prétend qu'elle peut faire des sauts de 5 pieds de hauteur et de 12 de longueur). Il semble qu'en s'élevant ainsi au-dessus de son élément, la truite cherche à faire acte de présence dans la faune du pays, et à rappeler les rapports qui l'unissent aux autres animaux. Hors de là, elle ne cause ni bruit ni mouvement.

Combien il en est autrement des reptiles, ces animaux destinés à vivre dans deux éléments : ils rampent, épient leur proie, sautillent ou font entendre leur voix, et semblent les symboles, tantôt de l'indolence et de la paresse, tantôt de la ruse et de l'intrépidité, tantôt de la timidité et de la mobilité. Si, comme les poissons, ces animaux ne sont pas représentés par un grand nombre d'espèces, ils sont d'autant plus nombreux comme individus. Il en est peu dont l'homme cherche à tirer quelque parti : tous le craignent et le fuient; lui aussi n'aime guère ces êtres rampants, et recule à l'approche de beaucoup d'entre eux.

Les batraciens se font remarquer, parmi tous les autres reptiles, par leur mode de locomotion, leur voix et leur fréquence. La région montagneuse nourrit dans toute son étendue une quantité de grenouilles. La grenouille verte (*rana esculenta*) semble couverte d'un costume de chasseur, tandis que la grenouille des prairies (*rana temporaria*) est brune, avec des marbrures plus foncées, elle a les jambes allongées et bien musclées, de jolis yeux expressifs, entourés d'un cercle d'or, et une face fendue d'une large bouche ; tout cela en fait souvent une caricature humaine des plus comiques. Cette espèce est très-répandue dans toute la région montagneuse.

Les grenouilles aiment à s'accroupir, en plein soleil, au bord des lacs, étangs ou marais, immobiles, se laissant pénétrer de lumière et de chaleur. Que le bruit des pas d'un homme ou d'un animal vienne à frapper leur oreille délicate, à l'instant même, d'un bond puissant, elles atteignent l'eau, s'éloignent de la rive à l'aide de vigoureux élans, plongent, remontent à la surface, ou s'enfoncent dans la vase ou les herbes aquatiques. Dès le mois de juillet, elles font retentir la contrée de coassements impossibles et opiniâtres à désespérer un honnête homme. Du soir au milieu de la nuit, ce ne sont que cris entonnés par les plus vigoureux des chanteurs, et accompagnés par les réponses du chœur et d'éclatants tuttis. Cependant ce concert en lui-même n'a rien de pénible ni d'effrayant ; ses modulations variées sont plutôt l'expression d'un bien-être babillard, qui se traduit par des sons pleins, imitant quelquefois les éclats de rire ; sa durée seulement peut effrayer. Les centaines et les centaines de voix qui se font entendre, peuvent donner une idée du nombre des exécutants, encore faut-il tenir compte du fait que les mâles seuls forment ce chœur, car les femelles ne crient pas et se bornent à un coassement sourd. Dès que le soleil du printemps commence à répandre sa vivifiante chaleur, les grenouilles quittent leurs retraites.

C'est alors que commence la chasse aux grenouilles, qui a lieu le soir, à l'aide de torches allumées. On les prend par milliers, et d'un coup de ciseaux on leur coupe les cuisses, comme le morceau le plus délicat, puis on rejette ces pauvres bêtes mutilées avec tant de barbarie, et on les laisse se traîner jusqu'à ce que la mort vienne mettre un terme à leurs souffrances. Les pêcheurs et les chasseurs de grenouilles sont souvent assez ignorants pour croire que les cuisses repoussent à ces malheureuses bêtes. La reproductivité énorme des grenouilles neutralise les effets de leur destruction sur une aussi grande échelle. La femelle laisse échapper au fond de l'eau son frai, composé d'environ un millier de petits œufs d'un jaune noirâtre réunis en paquet, ou bien elle le fixe aux tiges des plantes aquatiques. Accroupie à quelque distance, elle veille sur ses œufs et exprime par de doux et légers coassements les tendres sentiments qui l'agitent. Sous l'influence du soleil, les petits œufs se gonflent, atteignent la taille de pois, et six jours après la ponte, il en sort un petit animal sans pattes, pourvu d'une queue et de branchies et d'une espèce de bec corné ; sa grosse tête, qui semble fixée au bout d'une tige, lui a valu, auprès des habitants des montagnes, le nom de *clou de cheval*[1]. Ces têtards s'agitent par milliers dans les eaux exposées au soleil, ils subissent une métamorphose remarquable, ils perdent leur queue, il leur pousse de petites pattes et ils deviennent de vraies grenouilles, exposées à perdre leurs jambes au printemps suivant.

Cette jeunesse si pleine d'espérance fourmille au bord de l'eau, au milieu de ses parents, ou grouille avec eux entre les feuilles immergées des plantes aquatiques. Qu'une mouche, un cousin ou une libellule s'approche en se balançant, la grenouille décochera subitement sur elle sa langue visqueuse, puis, rassasiée, elle se remettra à coasser ou à exécuter des tours remarquables de gymnastique nautique.

La grenouille verte ne s'éloigne jamais beaucoup de son élément, tandis que la grenouille brune, dont le corps est massif et les pattes très-longues, se plaît dans l'herbe et les buissons.

[1] Par la même raison, *tête de maillet*, dans le canton de Neuchatel.

Rien n'est plus fréquent que de l'apercevoir le soir, après une pluie chaude, sur les chemins, ainsi que les crapauds et des salamandres, comme elle à la chasse des limaçons et des insectes. — D'après nos observations, la grenouille verte ou rainette (*hila arborea*) ne se rencontre que rarement dans la région montagneuse.

Le crapaud ordinaire (*bufo cinereus*) est gris brun; il a la peau verruqueuse, le ventre volumineux, et vit dans des trous, entre les pierres, dans les forêts, les champs, les maisons, les écuries, près des rochers et des eaux. C'est un animal nocturne qui passe l'hiver sous terre, et n'a de beau que ses yeux intelligents, à iris d'un rouge brillant. Il détruit une grande quantité d'insectes nuisibles, et, sous ce rapport, son utilité n'est que trop souvent méconnue. La grenouille est un animal agile et élégant, comparée à cette créature mélancolique qui, si on la prend dans la main, n'a d'autre moyen de se défendre qu'un suc légèrement corrosif, qu'il lance à distance. C'est à tort qu'on regarde cet animal comme venimeux; quoique des personnes très-estimables nous aient assuré, à plusieurs reprises, que les crapauds atteignaient la grosseur d'une assiette, nous regardons le fait comme dénué de fondement. Les crapauds deviennent très-âgés et peuvent atteindre une taille de quatre à six pouces, mais j'ai vainement essayé de me procurer de ces exemplaires monstrueux que certaines personnes devaient avoir vu chaque jour pendant des mois, sans avoir osé les toucher, à cause du dégoût qu'ils leur inspiraient. On rencontre encore, quoique plus rarement, dans la zone montagneuse, le crapaud des jones (*bufo portentosus*), d'un olive grisâtre, couvert de tubercules bruns et rouges; il a une bande jaune sur le dos et des yeux verdâtres. Cette espèce, qu'on méprise et évite comme la précédente, est tout aussi utile, et détruit beaucoup de mollusques et d'insectes nuisibles.

Le crapaud à ventre orange (*bombinator igneus*) a la taille de moitié moindre; il a le dessus du corps d'un brun terreux, le ventre d'un orange vif, tacheté de bleu d'acier. Cet agile animal n'est que trop commun dans les étangs, les fossés et les mares des villages, et dès le mois de juin il y fait entendre jour et nuit ses deux notes monotones.

Il y a à peine quelques dizaines d'années qu'on a découvert en Suisse le crapaud accoucheur (*alytes obstetricans*), petit animal intéressant, dont la taille égale celle du crapaud à ventre orange. Il a un pouce et demi de longueur, le dos grisâtre, le ventre d'un blanc sale, orné de chaque côté d'une ligne de verrucosités blanches. Au moment où la femelle commence à pondre ses cinquante ou soixante petits œufs jaunâtres, le mâle s'approche et se les colle autour des cuisses, à l'aide d'un suc visqueux. Il traîne son fardeau pendant quelques jours, et dès que son instinct l'avertit que le moment de l'éclosion approche, il va à l'eau; les enveloppes des œufs éclatent et il s'en échappe de petits têtards. On a aussi observé, quoique exceptionnellement, des femelles aux cuisses desquelles étaient fixés des œufs. Ce crapaud est partout assez rare; un de nos amis l'a observé à plusieurs reprises dans le canton d'Appenzell, et cela dans la partie inférieure de la zone montagneuse, de même que le crapaud des Alpes (*bufo alpinus*), qui n'est probablement qu'une variété plus foncée du crapaud ordinaire. Ce crapaud, qu'on croyait n'habiter que des hauteurs de 6000', a été rencontré à 2500', et ce fait est en faveur de l'opinion prétendant que le crapaud des Alpes n'est pas spécifiquement différent du crapaud ordinaire.

Pendant la pluie, ou immédiatement avant, on voit apparaître fréquemment un animal long de cinq ou six pouces, noir, tacheté d'orange et muni d'une queue arrondie. C'est la salamandre tachetée (*salamandra maculosa*) qui, ordinairement, vit cachée dans la mousse, sous les pierres, dans des trous, dans des recoins humides qu'elle abandonne pour ramper lentement sur la terre; au moment de la reproduction, la salamandre se dirige vers l'eau et y nage à l'aide des oscillations de sa queue, non sans revenir souvent respirer l'air à la surface. Les montagnards, ainsi que déjà les anciens Romains, regardent comme très-venimeux cet animal, qui est des plus utiles par la chasse qu'il fait aux vers et aux insectes. Le suc blanchâtre qui s'écoule des glandes de la peau, lorsqu'on l'irrite, n'a aucune action sur l'organisme humain; inoculé à des oiseaux ou à de petits animaux, il les rend malades et les tue; c'est pourquoi la salamandre répugne aux mêmes animaux qui se nourrissent d'amphibies, à l'exception pourtant de la couleuvre à collier, qui mange sans inconvénient ces salamandres. La nature, dans sa prévoyance, tout en leur refusant, comme au crapaud, une allure rapide, les a mises à l'abri des poursuites, en les dotant de cette âcre liqueur.

Outre cette espèce, qui, de même que le crapaud à ventre orange, ne s'élève pas, dans le canton de Glaris, jusqu'à la zone montagneuse, on y remarque encore, entre 2000 et 7000', la salamandre noire (*salamandra atra*). Ce reptile atteint déjà son maximum de fréquence à 2500' dans certaines parties de la Suisse, tandis que partout ailleurs il habite de préférence la région montagneuse, dans la partie supérieure de laquelle il remplace l'espèce à taches oranges.

On retrouve encore çà et là, dans les mares des montagnes, mais non pas partout au même niveau, d'autres amphibies de la plaine : les tritons, animaux voisins des salamandres, mais plus élancés et dépourvus de glandes sous la peau; les mâles portent au-dessus de la queue une crête saillante formée par un repli de la peau. Le triton à crête (*triton cristatus*) a le dessus du corps d'un olive foncé et le ventre rouge orange, tacheté de noir. Le triton palmipède (*triton palmatus*) a le dos et les flancs d'un gris d'ardoise avec des marbrures noires, son ventre est jaune orange et sans taches. Ces tritons nagent par saccades au fond de l'eau; au mois de mai ils sortent souvent des étangs, et passent l'hiver enterrés dans des trous. Le triton bourreau (*triton carnifex*) et peut-être le petit triton (*triton exiguus*) sont rares dans les montagnes; le triton à flancs tachetés (*triton Vurfbunii*) y est plus commun, et s'élève même jusqu'à la limite supérieure de la région alpine.

Les serpents savent presque aussi bien se dérober aux regards, et ne se montrent pas plus souvent que les poissons et les salamandres. Ce sont de fort beaux animaux, souvent très-agiles et très-prudents. Ils ont leurs raisons d'être craintifs, défiants, et de se retirer dans des endroits solitaires, car, outre leurs ennemis naturels, les serpents ont encore à craindre les montagnards, qui, dans leur ignorance, les croient tous venimeux et les poursuivent à outrance. La buse, le geai, la cigogne, le blaireau, le putois et le hérisson recherchent avec avidité les serpents et dévorent même les vipères sans redouter leur venin. L'homme, qui éprouve une antipathie involontaire pour les serpents et tout ce qui les lui rappelle, tue même l'orvet, le plus inoffensif d'entre eux. Ce pauvre animal, que son organisation a fait ranger parmi les lézards, quoique extérieurement il ressemble davantage au serpent, est tout à fait dans l'impossibilité de mordre, et se borne à darder sa langue; il vit d'insectes et de vers, et met bas une douzaine de petits vivants. L'aversion innée qui rend l'homme cruel vis-à-vis des serpents, lui trouble en même temps la vue, car il faut être aveugle pour donner à l'orvet le nom de serpent aveugle (*Blindschleiche*); il possède bel et bien deux yeux très-apparents, à l'aide desquels il voit distinctement. Ce n'est que dernièrement que des observations exactes nous ont renseigné sur la manière dont les orvets passent l'hiver. Ils se creusent des espèces de terriers, consistant en boyaux souterrains et sinueux de trente à trente-six pouces de longueur, et en bouchent l'ouverture en automne au moyen d'herbe et de terre. Ces terrains renferment vingt ou trente orvets de tailles diverses; les uns sont enroulés, d'autres sont entortillés; il s'en trouve même d'allongés; tous sont roides et comme morts; les plus jeunes se trouvent au débouché du terrier, puis viennent des individus de taille moyenne, et enfin, dans l'étroit espace qui termine le souterrain, on trouve le mâle et la femelle. Il serait intéressant d'observer comment s'y prennent ces animaux sans pattes pour exécuter péniblement leurs curieux travaux souterrains, et éviter aussi habilement les difficultés que leur oppose souvent un terrain défavorable. Au printemps, toute la colonie réchauffée sort lentement de son trou.

Après cette espèce, qui est la plus abondamment répandue et

que poursuivent avec acharnement les couleuvres, les loutres, les chats et beaucoup d'oiseaux, signalons comme la plus fréquente, au point de vue du nombre des individus, la couleuvre à collier, serpent non venimeux, sans danger pour l'homme, et qui même, comme l'orvet, peut lui servir de nourriture. Ce serpent, qui vit de souris, de grenouilles et de poissons, n'en est pas moins en butte à de stupides persécutions. Tout ce qu'on peut lui reprocher, c'est, lorsqu'on le saisit, de faire jaillir de ses glandes anales un liquide infect, dont l'odeur persistante résiste aux lavages.

Les montagnes du Valais et du Tessin nourrissent peut-être, mais en petit nombre, les couleuvres fauves, vertes, jaunes et à taches carrées. La couleuvre lisse est assez fréquente dans le nord de la Suisse. Outre ce petit nombre de couleuvres, notre région ne renferme qu'une seule espèce de vipère : la vipère rouge; mais, en revanche, elle est des plus venimeuses. La seule autre espèce de vipère suisse, la vipère ordinaire, habite plutôt les Alpes que la région montagneuse, où elle est rare. La vipère rouge (*vipera Redii*), qui a reçu ce nom en l'honneur du naturaliste italien Redi, ne se trouve pas dans la Suisse orientale, mais elle est d'autant plus abondante le long du Jura, au Valais et dans le Tessin. Elle aime les lisières des forêts, les pentes rocailleuses et exposées au midi; elle devient assez épaisse et atteint la longueur de deux à trois pieds. Sa couleur varie du brun jaunâtre au rouge de cuivre; son dos porte, alignées sur quatre rangées, dont les deux intérieures sont souvent confondues, des taches d'un brun noirâtre, allongées et isolées. Les cas où ces taches n'existent pas sont rares. Le ventre est toujours couleur de chair. De même que l'espèce ordinaire, la vipère rouge ne porte pas d'écusson sur sa tête cordiforme, mais de petites écailles. Sa morsure est toujours dangereuse, accompagnée d'accidents graves, et se guérit lentement. La vipère ne mord que lorsqu'elle est irritée; l'endroit de la blessure est très-douloureux; il survient des évanouissements, de la roideur dans les membres, le visage change d'expression, la langue se tuméfie, il se manifeste des contractions du gosier et de la mâchoire inférieure, puis des vomissements, etc. La mort n'arrive que dans le cas où les remèdes ont été employés trop tard.

En Italie, où cette vipère est très-abondante, et sert encore aujourd'hui à la préparation de la fameuse thériaque, cette panacée universelle, on en prend même des milliers. La vipère nous rend plus de services en se nourrissant de souris, scarabées, vers, mouches, sauterelles et autres insectes nuisibles, qu'en entrant comme partie intégrante dans cette drogue qu'aujourd'hui encore on prépare à Naples sous la surveillance du gouvernement. Les couleuvres ont les mêmes mœurs; elles guettent et épient patiemment les souris, leur nourriture de prédilection, et sont à ce titre des êtres bienfaisants. C'est pourquoi on devrait soigner et protéger les couleuvres et les crapauds, au lieu de les détruire d'une façon si insensée. Leur chair, de même que celle des vipères et de la plupart des reptiles, est à la fois très-nourrissante, saine et de bon goût.

La présence, dans notre région, de jolis lézards aux vives allures est plus attrayante que celle des grenouilles et des serpents. Sous ce rapport encore, la partie méridionale de la Suisse est habitée par un plus grand nombre d'espèces et un nombre infiniment plus considérable d'individus que la partie septentrionale. Le lézard des souches (*lacerta sœpium*) habite la plaine, les collines et une partie de la région montagneuse. Dans la vallée d'Urseren, aux pentes rocailleuses et bien exposées, cette espèce paraît manquer, ainsi que les autres lézards, les crapauds et les grenouilles. Notre lézard est un petit animal écailleux, aux yeux brillants, brun et orné sur le dos de dessins variés; il vit dans les haies et les broussailles, sur les côteaux et les murs exposés au soleil; il y épie les sauterelles et les mouches, et se retire dans son trou avec une rapidité inconcevable dès qu'il croit voir s'approcher quelque danger. Cette espèce n'est ni rare ni commune; elle jouit, comme l'orvet, de la faculté singulière de reproduire ses parties perdues, de sorte que, lorsque, par suite d'accident, le lézard a perdu sa queue, qui lui sert à la fois de balancier et d'instrument de suspension, elle ne tarde pas à repousser. Au mois de juin, le lézard des souches pond dans la mousse ou dans une fourmilière cinq à huit œufs blanchâtres, arrondis, et de la taille d'œufs de moineau. Les jeunes en sortent au mois d'août, et, à peine nés, ils courent et grimpent aussi agilement que leurs parents. Pendant l'hiver, ces petits animaux, faciles à apprivoiser, gisent engourdis sous des pierres ou dans des trous, dont ils se dépêchent de sortir dès que la neige est fondue. Ils ont les mouvements si rapides et semblent si insaisissables, que le peuple des campagnes les regarde souvent comme des êtres ensorcelés; ailleurs ils passent pour être venimeux.

Dans le midi et l'ouest de la Suisse, sur le revers du Jura en particulier, on rencontre en abondance une espèce qui n'existe pas dans la Suisse orientale. C'est le lézard des murailles (*podarcis muralis*), dont la taille est un peu plus forte et la couleur plus foncée que dans l'espèce précédente; il s'élève jusqu'à 3800'. Le lézard à ventre rouge et le lézard de montagne, petite espèce à dos brun et à ventre jaune, quelquefois même complétement noire, appartiennent plutôt à la région alpine qu'à celle qui nous occupe, et vivent dans les pentes de rochers ou sous les vieux troncs. Le plus beau et le plus grand de tous nos lézards est le lézard vert (*lacerta viridis*); sa taille, presque double de celle du lézard ordinaire, atteint ordinairement un pied, et s'élève même de quinze à dix-sept pouces. Il n'habite que la partie méridionale du canton de Vaud, le Valais et le Tessin, et, de même qu'en Italie, on l'y rencontre aussi dans la plaine. Cet animal est des plus élégants et présente toutes les nuances intermédiaires du vert clair au vert obscur; après chaque changement de peau, il change de couleur, de sorte qu'on en a distingué en Suisse six variétés différentes. L'âge paraît aussi exercer une grande influence sur sa couleur. Il vit d'insectes de toutes espèces, de vers, de limaçons, et même de jeunes lézards. On ne l'a jamais observé au nord du Saint-Gothard. Dans le Tessin et le Valais, c'est le plus commun des lézards, même jusqu'à 4000' d'altitude. Au mois d'août, il n'est pas rare de rencontrer, dans des endroits secs, un grand nombre de coquilles d'œufs brisées, dont les petits viennent de sortir. Ces œufs sont presque aussi gros que ceux des pigeons. Pour se développer, ils ont besoin à la fois de l'humidité, qui les empêche de se rider et de se dessécher, et de la chaleur, nécessaire au développement du germe. C'est ce qui explique pourquoi le lézard pond ses œufs, pendant la nuit, dans la mousse humide, ou dans de petits enfoncements du sol, qui, pendant la journée, sont exposés à l'action solaire et baignés de rosée le matin. Les œufs de beaucoup de lézards possèdent une propriété peu connue et pourtant curieuse : ils brillent dans l'obscurité d'une lueur phosphorescente.

Tous ces lézards passent l'hiver engourdis dans des trous, jusqu'au moment où le soleil les réveille et les fait sortir de leurs cachettes. Lors de leur première apparition ils sont poudreux et couverts de terre ; pendant dix ou douze jours ils restent à demi engourdis et leurs mouvements sont lents ; ce n'est qu'avec la chaleur que leur mobilité s'accroît et que leur genre de vie redevient ce qu'il est habituellement. Les lézards jouissent moins que les salamandres et les tritons du pouvoir de reproduire leurs parties perdues. La queue, les pieds, les pattes, même les yeux qu'on leur a arrachés, repoussent à ces animaux, tandis que chez les lézards la queue seule se reforme, et encore n'est-ce qu'imparfaitement.

Les poisons minéraux n'ont que fort peu d'action sur les lézards, tandis que les venins animaux en ont une très-puissante. Ainsi, pour tuer un lézard il faut employer vingt fois plus d'acide prussique que pour faire périr un chat, et encore la mort du lézard n'arrive-t-elle qu'au bout de plusieurs heures. La morsure d'une vipère, au contraire, les tue instantanément. Il suffit même de faire mordre à un lézard la peau vireuse d'un triton ou d'une salamandre, pour provoquer chez lui des vertiges, la paralysie et enfin la mort. Les lézards ne sont pas moins sensibles à l'action du froid, et meurent dès que la température descend à 4° R.

La classe des tortues manque de représentants dans les montagnes et les vallées de la Suisse. Il est d'autant plus surprenant qu'on ait rencontré à plusieurs reprises, dans la partie basse du canton d'Uri, des tortues vivantes appartenant à l'espèce européenne, la tortue bourbeuse, tortues qui ne paraissent pas avoir été abandonnées. Dans un domaine voisin d'Altorf, une tortue grecque vit en pleine liberté depuis plus d'un siècle, de sorte que l'existence de ces reptiles ne serait pas incompatible avec notre climat.

Si ces tortues étaient réellement indigènes en Suisse, au lieu d'y être arrivées par suite de circonstances fortuites, elles y auraient sans doute pénétré depuis l'Italie, en remontant le cours du Tessin. Or, à notre connaissance, on n'en a jamais découvert dans le canton du Tessin; et, quand cela serait, il resterait impossible de s'expliquer comment ces reptiles auraient pu traverser le Saint-Gothard pour arriver dans la vallée de la Reuss. Dernièrement encore, une tortue grecque a été prise dans la forêt de Bremgarten, près de Berne, et Wagner rapporte, dans ses *Helvetia curiosa*, qu'il y a des tortues dans le petit lac de Weiden, près de Zurich. Aujourd'hui elles n'y existent plus, quelque abondantes qu'elles aient pu être, à des époques antérieures, sur certaines collines et montagnes de la Suisse, où l'on retrouve encore de nos jours leurs débris à l'état fossile[1].

[1] On a découvert, dans les terrains molassiques de la Suisse, quatre genres voisins des emys, deux des testudos, un voisin du genre actuel trionyx, dans le lignite et le grès, et un crocodile. Parmi les animaux supérieurs, ce sont les pachydermes qui sont représentés dans cette formation par le plus grand nombre d'espèces. Il en existe douze, réparties sur neuf genres, et toutes, sauf une espèce de rhinocéros, sont des espèces perdues.

CHAPITRE IV.

LES OISEAUX DANS LA MONTAGNE.

Rôle des oiseaux dans la nature. — Oiseaux sédentaires et de passage. — La Suisse, rendez-vous des oiseaux du Nord et du Midi. — Destruction des oiseaux en Italie. — Canards sauvages. — Poules d'eau. — Hérons. — Bécasses. — La petite outarde. — Perdrix et pigeons sauvages. — Le coucou. — L'alcyon. — La huppe. — Les pies. — Sitelles et grimperaux. — Les martinets. — Les engoulevents. — Les becs-croisés. — Les gros-becs. — Bruants et alouettes. — Les pipits. — Les mésanges. — La nonnette de montagne. — Les haquets. — Troglodytes et roitelets. — Absence de beaucoup d'oiseaux chanteurs. — Le rouge-gorge et le rouge-queue. — Les bergeronnettes. — Les pies-grièches. — Les grives. — Les merles de roche. — Rare apparition du merle bleu et du merle rose. — Les étourneaux. — Le loriot. — Le rollier. — Les geais. — Les corbeaux. — Caractères des chouettes. — Le moyen-duc. — Le hibou scops. — La hulotte. — La chevêchette. — La chouette Tenymalm. — La chevêche et son emploi à la chasse. — Extension des chouettes. — Oiseaux de proie diurnes. — L'autour. — Le faucon pèlerin. — Le hobereau. — La cresserelle. — La buse ordinaire. — La buse bondrée. — L'aigle Jean-le-Blanc et l'aigle criard. — Le catharte alimoche au Salève. — Vautours-griffons tués en Suisse. — Rapports existants entre les divers groupes d'oiseaux. — Leur séjour d'hiver. — Vie et chant des oiseaux dans les forêts. — Cadavres des oiseaux.

Considérés au point de vue du nombre des espèces et des individus, ce sont les oiseaux qui, parmi les animaux supérieurs, jouent le rôle le plus important dans la composition de la faune de la région montagneuse. Au premier abord, ils frappent l'observateur par leur grand nombre, leur vol rapide, leurs chants ou leurs cris; par leurs passages, par la variété de leurs types et de leurs couleurs, ils contribuent puissamment à animer la montagne et à en égayer le silence On peut parcourir des lieues sans rencontrer un seul autre vertébré, mais jamais on n'est privé aussi longtemps de la joyeuse présence des oiseaux. Ce sont les vrais représentants de la vie, de la jeunesse et du mouvement dans la nature. Sans eux, la montagne serait sans attrait et mortellement triste.

Partout l'homme éprouve le besoin de sentir autour de lui le souffle de la vie : la matière brute l'oppresse, la solitude l'attriste; il se trouve comme délaissé au milieu d'une nature sans animaux ; il retrouve en eux l'action de forces semblables à celles qui l'animent, et il consent à partager avec eux le bonheur de la liberté et la douce habitude de l'existence. Si les forêts étaient muettes, si les prairies, les rochers et les bords des ruisseaux étaient délaissés par les bandes joyeuses des oiseaux, nous sentirions vivement le manque de ces intermédiares qui mettent notre existence en rapport avec celle des êtres inférieurs, et même avec celle du monde inorganique. Il en résulterait dans l'économie de la nature une perturbation fatale, qui modifierait les rapports existants entre tous les êtres qui composent l'animalité, et provoquerait le désordre le plus complet. Les animaux inférieurs, insectes et autres invertébrés, les reptiles, les souris même, s'augmenteraient malheureusement dans des proportions énormes, de sorte que l'existence de beaucoup de végétaux serait plus ou moins compromise, ainsi que celle d'une partie des mammifères, qui, directement ou indirectement, seraient privés de leur nourriture. Les oiseaux, considérés comme intermédiaires entre les différentes classes du règne animal, jouent un rôle immense.

Dans l'esprit des lois éternelles qui président à la vie de la nature, les oiseaux sont destinés à être, à leur manière, les défenseurs de l'ordre, les conservateurs de cette admirable économie. En enlevant les restes des animaux morts, aussi bien qu'en détruisant les mouches, les fourmis, les coléoptères perforants et les chenilles, si nuisibles aux forêts, les oiseaux empêchent la substance animale d'acquérir une prépondérance qui deviendrait bientôt perturbatrice. Dans des cas particuliers, cependant, il est souvent impossible de déterminer exactement quel est le rôle et la signification de certaines familles et de certaines espèces; il en est même qui sont plus nuisibles qu'utiles, mais alors le but utilitaire de l'existence de cette famille est subordonné à ses rapports organiques avec d'autres familles, entre lesquelles elle sert d'intermédiaire, de sorte qu'en définitive elle concourt aussi à la formation de l'ensemble harmonique du monde des oiseaux.

La zone torride, si largement partagée dans la distribution des êtres organisés, renferme la grande majorité des oiseaux existants. La plaine, dans notre zone tempérée, est derechef plus riche en espèces que la région montagneuse; elle en nourrit plus du double. En revanche, dans la montagne, le nombre des espèces sédentaires est proportionnellement plus considérable que dans la plaine, où dominent par leur fréquence les espèces de passage. Dans la montagne, les oiseaux de passage forment à peine la moitié du total des espèces sédentaires, parmi lesquelles cependant il en est un bon nombre que la rudesse du climat fait disparaître pour quelque temps. Le même fait se reproduit dans la région alpine, et dans la zone des neiges éternelles, en regard de douze espèces d'oiseaux sédentaires, il n'en existe plus que deux qui soient de passage.

Les circonstances locales ont pour résultat de faire disparaître presque complétement de la zone montagneuse les grands oiseaux coureurs, de même que les oiseaux de marais et les palmipèdes. En revanche, les gallinacées y sont plus abondants et sédentaires. Nombre d'oiseaux, qui, dans la plaine, sont stationnaires, deviennent, dans la montagne, des oiseaux errants; il en est même, comme les pinsons et les merles noirs, dont les femelles seules disparaissent en hiver, tandis que les mâles restent pendant toute l'année.

La position intermédiaire de notre patrie, entre les régions froides et le bassin méditerranéen, en fait à la fois le rendez-vous et la station extrême de la plupart des oiseaux d'Europe. C'est à cette situation que nous devons d'être visités par des hôtes étrangers, tantôt partis des bords de la mer Glaciale, tantôt des plaines brûlantes de l'Égypte. Le canard eider, le canard casarka de Sibérie, le canard de mielon, le cygne sauvage, la chouette harfang, plusieurs plongeons, oies et mouettes des régions polaires, rencontrent dans notre pays le flammant d'Afrique, l'ibis falcinelle, le héron pourpré de la mer Noire, l'hirondelle de mer de la mer Caspienne, le court-vite isabelle d'Abyssinie.

La plupart de ces oiseaux n'apparaissent que fortuitement; ce sont des individus qui ont été entraînés par les vents, incommodés lors de la ponte, ou même qui se sont tout à fait égarés; ainsi un vol mémorable de cent trente pélicans fut observé, en 1768, sur le lac de Constance. En automne et au printemps, il s'opère en Suisse un échange régulier et particulier d'oiseaux. Au moment où disparaissent nos cigognes, nos hirondelles, tous les oiseaux chanteurs qui ne vivent que d'insectes, les engoulevents, les coucous, les cailles, les grives, les bergeronnettes, les traquets, les pies-grièches, les loriots, pour chercher dans le Midi des quartiers d'hiver plus chauds, qui leur offrent une nourriture abondante, il nous arrive régulièrement du Nord, pour hiverner chez nous, un certain nombre d'oiseaux, tels que les pinsons d'Ardennes, les linottes de montagne, les sizerins, les venturons, les litornes, les mauvis, les freux, les corneilles mantellées, et une quantité de canards, de harles, de cygnes, de grèbes, de plongeons et de mouettes. Les étourneaux et les alouettes, qui reviennent déjà du Midi à la fin de février, retrouvent ces habitants du Nord, et pourraient leur confier des nouvelles d'Afrique à emporter sur les côtes de la mer polaire. Certaines espèces ne font que traverser notre pays, sans s'y arrêter régulièrement; tels sont les grues, les oies cendrées, ordinaires, rieuses et cravants, les pluviers, les bécasses, les vanneaux, les spatules, les chevaliers et beaucoup d'autres oiseaux.

Les oiseaux de passage irrégulier apparaissent tantôt au printemps ou en automne seulement, tantôt restent plusieurs années sans revenir. On peut admettre, d'une manière générale, que le nombre des espèces qui nous arrivent du Nord en automne, contrebalance celui des espèces qui passent l'hiver dans le Midi. D'après les observations faites jusqu'à présent, il y aurait en Suisse un peu plus de 80 espèces sédentaires, et environ 236 espèces de passage régulier et accidentel; 117 espèces disparaissent pendant l'hiver et sont remplacées en automne par 110 espèces venues du Nord, mais ces dernières ne comptent pas à beaucoup près un aussi grand nombre d'individus que n'en comptaient les espèces qui ont émigré au Midi. Si la diminution du nombre des espèces qui habitent la plaine en hiver est insignifiante, elle devient d'autant plus sensible dans la montagne, car les oiseaux de passage la quittent sans être remplacés, puisque les nouveaux arrivés du Nord s'arrêtent en majeure partie dans le bas pays, près des rivières, sur les grands lacs, dans les marais très-étendus de la Suisse occidentale, ou dans les champs et les taillis du plateau.

Des milliers d'oiseaux animent nos champs et nos forêts, nichent et passent en repos l'hiver dans notre pays; mais il n'en revient qu'un petit nombre dans les vallées où ils sont nés, auprès du buisson ou du rocher qui protégea leur jeune âge. Quelques-uns périssent épuisés par les fatigues du voyage, d'autres, en plus grand nombre, deviennent la proie des oiseaux voraces qui les poursuivent; mais c'est la chasse que leur fait l'homme qui en détruit le plus. C'est en Italie surtout que le goût de la chasse a dégénéré en une passion furieuse qui y est devenue endémique. On n'y prend pas seulement les bécasses, les cailles, les grives, les ramiers et autres gibiers, mais on y poursuit aussi sans relâche, à leur passage, les hirondelles que chez nous chacun protége, les gobe-mouches si jolis, les rossignols, les petites espèces de becs-fins. Dans ce pays des citrons, jeunes et vieux, marchands, artisans, prêtres et nobles, munis de trappes, de filets, de fusils, d'éperviers ou de chouettes, font aux oiseaux une guerre à mort. Sur les bords du lac Majeur, on prend chaque année près de 60,000 oiseaux chanteurs. A Bergame, Vérone, Chiavenna, Brescia, c'est par millions qu'on les détruit, et pourtant ce sont en majeure partie de petits oiseaux auxquels chez nous personne ne pense à faire de mal, et qu'on protége bien plutôt à cause de leur chant délicieux. Voilà pourquoi l'Italie, le pays de la musique et du chant, est si pauvre en oiseaux-chanteurs, de même que le canton du Tessin, où depuis longtemps la chasse se pratique à l'italienne, si bien que le moineau même y est devenu une rareté. Les oiseleurs du Tessin et de la Valteline remontent les vallées jusqu'au Saint-Gotthard et aux Alpes des Grisons, pour arrêter, dès la frontière, les petits oiseaux à l'aide de filets meurtriers et trompeurs.

C'est là la raison de la diminution inquiétante et croissante des oiseaux insectivores, observée depuis longtemps en Suisse[1]. La chasse aux oiseaux est bien plus dommageable qu'utile au canton du Tessin. Il s'y délivre annuellement, il est vrai, plus de 1500 permis de chasse qui n'y coûtent qu'un franc, mais chacun peut y prendre les oiseaux à l'aide de gluaux, de lacets, de filets, de trappes, de chouettes et même de grands engins nommés *rocoli*. Au delà du Cenere, le *rocoli* couronne toutes les collines, et il n'est pas rare de voir un seul *rocolador* prendre pendant une belle journée d'octobre plus de 1500 petits oiseaux.

Il est facile de calculer la grandeur de la perte de temps et de forces pruductives que doivent provoquer ces habitudes dans un pays encore si arriéré au point de vue industriel, et on se rend compte de l'influence fâcheuse qu'exerce sur le caractère du peuple un carnage aussi grandiose et aussi général, en observant la brutalité dont on fait preuve envers les animaux en Italie,

[1] On s'est souvent demandé, en Allemagne, à quoi tient la diminution des oiseaux insectivores et l'augmentation croissante de la vermine? Faut-il peut-être l'attribuer à la diminution des haies, à l'extirpation des buissons, à l'exploitation des forêts, et surtout à l'habitude qu'on a d'en faire disparaître tous les vieux troncs pourris, dans lesquels aiment à nicher les pics, les mésanges et autres oiseaux qui pondent leurs œufs dans les trous des arbres. La seule raison plausible du fait doit être cherchée en Italie, et peut-être même dans les environs de Halle et autres endroits, où l'on mange les alouettes et même les hirondelles à la brochette.

en même temps que l'état florissant du brigandage dans ce beau pays. Dans la Suisse allemande, au contraire, l'art de l'oiseleur est fort peu en honneur, et ne fait de victimes que parmi quelques espèces de gros-becs et de grives. Les postes d'oiseleurs sont fort rares, surtout dans les montagnes. On n'y chasse au fusil que des tétras, des perdrix, des pigeons, des grives, des cailles, des bécasses, des canards et quelques grandes espèces de proie. Les petits oiseaux, les alouettes même y sont assez en sûreté; les hirondelles sont sous l'égide de la piété populaire, et dernièrement encore, en 1852, le canton de Vaud a promulgué une loi qui les protége, tandis qu'en Italie on n'a pas honte de les prendre au moyen d'hameçons munis d'une plume blanche, qu'elles saisissent lorsqu'elles sont occupées à bâtir leurs nids.

La région montagneuse ne renferme que fort peu de lacs de quelque étendue; aussi ne possède-t-elle qu'un petit nombre d'oiseaux aquatiques. Ils n'y rencontrent ni grandes surfaces couvertes de roseaux, ni larges bassins où ils puissent s'ébattre et se nourrir sans danger. En outre, les lacs des montagnes sont couverts de glace pendant plusieurs mois de l'année. Parmi les vingt-trois espèces de canards qui habitent en hiver les lacs de la Suisse, lacs qui sont pour plusieurs d'entre elles la limite d'extension méridionale, il n'en est qu'une, le canard sauvage (*anas boschas*), qui fréquente régulièrement les eaux des montagnes. C'est un fort bel oiseau, d'un brun très-clair, strié de lignes grises en zig-zag, qui porte sur l'aile un miroir bleu lapis. Le mâle a la tête et le cou d'un vert foncé à reflets brillants, un collier blanc, le bec verdâtre et les pieds oranges. Il est rare de rencontrer les canards en grand nombre au milieu des joncs des bords des lacs; ils sont très-sauvages, et se cachent dans les roseaux ou s'envolent verticalement en poussant un cri, dès qu'ils aperçoivent un homme; à l'ordinaire, ils sont occupés à plonger, la queue en l'air : ils fouillent du bec le fond de l'eau pour y trouver les insectes aquatiques, les vers, les petits poissons, les œufs de poisson et les plantes dont ils se nourrissent. Ils entrent aussi dans l'herbe, où ils recherchent les graines, les scarabées, les glands, les baies et les jeunes pousses d'herbe. Au mois d'avril c'est dans un nid informe rapproché de l'eau, ou même dans le nid abandonné d'une corneille, au milieu de la forêt, que la femelle pond une douzaine d'œufs d'un blanc verdâtre; elle les couve pendant vingt-six jours. Dans la vallée du Rhin, on recueille ces œufs pour les faire couver par des poules, mais il faut avoir soin de rogner de bonne heure les ailes des canetons qui en sortent, si l'on ne veut pas les voir se diriger sans bruit vers les eaux où les attend la liberté. Les canards sauvages sont la souche de nos canards domestiques, dont ils ne se distinguent plus dès la troisième génération. Ils fréquentent non-seulement les lacs de la région montagneuse, mais ils s'élèvent même jusque dans la région alpine inférieure. On en a vu et tué, par exemple, sur le lac d'Oberblegi (4390'). Le canard double macreuse (*anas fusca*), dont le plumage est d'un noir velouté et le bec jaune et fortement voûté, la sarcelle d'été (*anas querquedula*), qui fréquente au printemps tous les lacs de la plaine, la sarcelle d'hiver (*anas crecca*), plus petite encore, le canard siffleur (*anas penelope*), grand canard noir et blanc, le canard à iris blanc (*anas leucophthalmus*), le canard souchet (*anas clypeata*) et le canard à longue queue (*anas acuta*) ont été observés isolément dans la région montagneuse, ordinairement dans la livrée du jeune âge. La foulque (*fulica atra*) a le plumage gris d'ardoise, les pattes verdâtres et le front couvert d'une écaille blanche; elle est très-commune sur plusieurs lacs de la plaine; près de Lucerne, par exemple, il s'en trouve des centaines à demi apprivoisées, mais elle ne s'élève que rarement jusqu'aux lacs des montagnes. Cependant on l'a déjà signalée, près de ruisseaux, à une altitude considérable, à Schwytz même, près de la limite des neiges, dans le haut de la vallée de la Reuss, dans le Sernfthal, sur le Platenberg, au-dessus de Matt (3000').

Parmi les autres oiseaux aquatiques, le phalarope hyperboré (*phalaropus hyperborœus*) a été observé quelquefois dans la vallée d'Urseren; le grèbe castagneux (*podiceps minor*), petit grèbe fréquent sur nos lacs, l'a été à plusieurs endroits; dans la vallée d'Urseren, il pénètre aussi de temps en temps des grèbes cornus (*podiceps cristatus*), des hirondelles de mer épouvantail (*sterna nigra*), ainsi que des mouettes rieuses (*larus ridibundus*), qui se jouent dans l'écume de la Reuss. Le stercoraire pomarin (*lestris pomarina*), oiseau fort rare, a été tué sur la Furka, en octobre 1834, année pendant le courant de laquelle un autre individu de la même espèce fut pris vivant sur le lac de Zurich, où il était tombé à demi mort de fatigue. L'oie cendrée et l'oie vulgaire font quelquefois des haltes dans les montagnes; elles se sont arrêtées pendant un ou deux jours sur la Neuenalp, dans les Rhodes intérieures et dans la vallée supérieure de la Reuss, où en mars 1840, près d'Andermatt, on a tué plusieurs oies cendrées. Le plongeon imbrin (*colymbus glacialis*) est un hôte rare et extraordinaire, non-seulement des lacs des montagnes, mais aussi de ceux des hautes Alpes. Ce bel oiseau a deux pieds et demi de longueur, le dos noir tacheté de blanc, la tête et le cou d'un noir brillant; il habite le Grœnland, l'Islande et la mer Glaciale, ce qui ne l'empêche pas, ainsi que d'autres congénérés, de fréquenter assez régulièrement nos eaux pendant l'hiver. Il n'est pas rare de le prendre aux hameçons amorcés de petits poissons. Un individu de cette espèce, tué sur le lac de Saint-Maurice (5449'), est conservé à Coire.

Les oiseaux de marais apparaissent plus régulièrement, mais beaucoup d'entre eux ne s'arrêtent pas longtemps. C'est le cas du pluvier guignard (*charadrius morinellinus*), qu'on rencontre surtout au printemps, du petit pluvier à collier (*charadrius minor*), du grand pluvier à collier (*charadrius hiaticula*), et du pluvier doré (*charadrius auratus*). Le héron garzette (*ardea garzetta*) quitte parfois les bords de la Méditerranée pour ceux des grands lacs de la plaine, il est plus rare encore dans les régions élevées; il n'y a pas fort longtemps qu'il a été tué sur les bords du lac du Klönthal, à 2700'. Le héron pourpré (*ardea purpurea*) a été souvent observé dans la montagne à son passage du printemps; il est plus rare en automne. En octobre 1826, un individu de cette espèce a été tué dans la vallée d'Urseren, près d'Andermatt; un héron crabier, oiseau qui habite les provinces danubiennes, y fut aussi pris vivant. Dans les parties inférieures de la même vallée, on a signalé le bihoreau à manteau noir, oiseau originaire du sud-ouest de l'Europe; son plumage est gris et noir et son cri retentissant.

Ces oiseaux n'appartiennent pas, il est vrai, à la faune de la région montagneuse; nous ne les citons qu'à titre d'hôtes intéressants, dont personne n'aurait supposé possible la présence à ces hauteurs. Le héron gris (*ardea cinerea*) a le plumage d'un gris bleuâtre et porte à la partie postérieure de la tête une belle aigrette de plumes noires. Il n'est pas rare de le voir se promener gravement au bord des lacs et des rivières, à la manière des cigognes, à la recherche des poissons et des grenouilles. Dès qu'un passant s'en approche, il s'envole, le cou replié et les pattes largement étendues en arrière. Ces hérons nichent dans les rochers qui bordent les lacs des Quatre-Cantons et de Valenstadt, et pénètrent de là dans les montagnes, en pêchant le long des rivières. Immobiles sur leurs longues jambes, la tête tournée du côté du soleil ou de la lune, de manière à avoir leur ombre derrière eux, ces hérons happent les petits poissons qui nagent en foule dans le voisinage, attirés probablement par l'âcre parfum des déjections que les hérons projettent autour d'eux. Ils réussissent même, par la rapidité et l'inattendu des mouvements de leur cou, à saisir au vol les petits oiseaux qui passent à leur portée. Il faut au chasseur beaucoup de patience et de précaution pour s'approcher du héron à portée de fusil. La chair de cet échassier est presque immangeable, mais les plumes qui lui servent de parure ont quelque valeur. De temps en temps, le blongios (*ardea minuta*), petit héron brun, se montre au milieu des roseaux. Dans les environs d'Appenzell, au mois d'octobre 1853, on a pris à la main un fort joli blongios, arrivé probablement du Nord. Le sanderling variable (*calidris arenaria*), oiseau des régions les plus septentrionales, n'a été jusqu'à présent observé que dans la vallée d'Urseren. Il en est de même du courlis corlieu (*numenius phæopus*) et du chevalier aboyeur (*totanus glottis*).

Le genre bécasseau est sans doute mieux représenté qu'on ne le croit dans la zone montagneuse, car ces oiseaux ne vivent pas en grandes troupes et savent se dérober aux regards. Le chevalier col blanc (*solanus ochropus*), le bécasseau maubèche (*tringa cinerea*), le bécasseau Temmia (*tringa Temminkii*), le chevalier gambette (*totanus gambetta*), le bécasseau échasses (*tringa minuta*), le bécasseau cocorli (*tringa subarquata*) et le bécasseau à longues jambes (*tringa longipes*) ont été observés à leur passage, ainsi que les combattants (*machetes pugnax*), ces oiseaux si comiques au printemps, qui ont le cou orné d'un gros collier de plumes, et diffèrent tous les uns des autres par les teintes de leur plumage. Ils nichent dans la vallée du Rhin, mais probablement pas dans les montagnes.

Le bécasseau variable (*tringa variabilis*) a été observé à une époque avancée de l'été dans beaucoup de vallées bien arrosées. Dans celle de la Reuss, il est même assez commun en automne et au printemps. Cet oiseau, qu'on appelle vulgairement alouette de mer à collier, a la taille de l'alouette; son plumage d'hiver gris cendré devient, dès le printemps, brun rouge tacheté de noir. Il est encore plus commun sur les bords du lac de Constance. Le vanneau huppé, qui est loin d'y être rare, ne remonte pas souvent dans les montagnes. La famille des bécasses est beaucoup plus connue. La bécasse ordinaire (*scolopax rusticola*) est la seule du genre qui, bien qu'assez rare, fréquente la région montagneuse dans toute son étendue. Elle ressemble assez à la perdrix, mais elle s'en distingue au premier coup d'œil par son long bec et ses gros yeux. Il est assez rare de l'apercevoir dans les buissons et les clairières des forêts, car elle ne vole que le soir au crépuscule, en quête de vers et de larves d'insectes. Son vol est très-rapide, saccadé et souvent bruyant; il change très-facilement de direction, pour contourner les arbres et les buissons. Lorsque la bécasse est posée à terre, elle sonde le sol, et enfonce profondément dans la terre humide ou dans les déjections des animaux un bec long, pointu et des plus sensibles, afin d'en retirer les scarabées ou les vers; au moindre bruit elle s'étend à plat dans la mousse.

C'est en avril et en octobre que ces bécasses si singulières opèrent leur passage par petites troupes. Quelques paires restent en arrière et nichent dans nos forêts. Les bécasses, de même que les bécassines, ont souvent les os fracturés, et mettent en jeu, pour se guérir, un instinct des plus admirables : elles se tiennent immobiles, détachent, à l'aide de leur bec, de petites plumes de leur ventre et les appliquent une à une sur la blessure de la peau, de manière à en tourner toujours les tiges en dehors. Le liquide qui s'épanche de la blessure colle et réunit ces plumes, de manière à en former un véritable appareil solide, appliqué autour du membré fracturé. On sait que les bécasses passent pour une friandise, et qu'on les rôtit et les mange sans en avoir retiré l'intestin. On étend sur des croûtes de pain la matière qui s'en échappe par la cuisson, ou plutôt la masse intestinale elle-même, suffisamment écrasée. C'est incontestablement des bousiers à demi digérés, ou des nombreux vers intestinaux qui remplissent l'intestin de la bécasse, que provient le célèbre fumet du salmis.

Ce n'est que rarement, et toujours au printemps, que la grande ou double bécassine (*scolopax major*) fréquente les prairies marécageuses et les buissons de la région montagneuse inférieure. Cet oiseau a la taille de la tourterelle et le bec long de deux pouces et demi. La bécassine sourde (*scolopax gallinula*), dont la taille égale celle de l'alouette, n'est guère plus commune, de même que la bécassine ordinaire (*scolopax gallinago*). Les quatre espèces ont été signalées dans la vallée d'Urseren, ainsi que la barge rouge (*limosa rufa*), oiseau qui n'a été que rarement observé en Suisse, au moment où il se rend des bords de la Baltique aux rivages de la Méditerranée.

Le râle d'eau (*rallus aquaticus*), oiseau d'un brun verdâtre tacheté de noir, commun au bord des lacs de Constance, de Zurich, de Genève, peut être facilement observé sur les bords couverts de buissons de l'Inn et de la Reuss, quoiqu'il sache fort bien échapper aux regards, en se glissant au milieu des herbes et des broussailles. Son cousin germain, le râle des genêts (*rallus crex*) ou roi des cailles, est un peu plus commun, et habite, du mois de mai au mois de septembre, les champs de blé et les prairies. Il a dix pouces de longueur et le plumage très-analogue à celui de la caille, avec laquelle il aime à vivre. Le roi des cailles ne vole que rarement, mais il court entre les chaumes avec une adresse étonnante, et sait se dérober aux atteintes des chiens et des chasseurs, qui le poursuivent à cause de la finesse de sa chair. Son cri monotone, qui ressemble au bruit de la crécelle, retentit pendant une bonne partie de la nuit, pour le plus grand tourment de ceux qui habitent le voisinage. Dans les marais et les roseaux, au milieu desquels elles courent à la recherche des insectes et des larves, vivent encore quelques espèces de poules d'eau, qui, comme les autres espèces aquatiques, échappent le plus souvent à l'observateur. La plus fréquente est la poule d'eau ordinaire (*gallinula chloropus*), qui a le dos d'un brun olivâtre, le ventre gris d'ardoise et les pieds verts. La poule d'eau marouette (*gallinula porzana*), plus petite et pointillée de blanc, préfère les prés marécageux à tout autre séjour; elle est plus rare que la précédente, mais de toutes c'est la poule d'eau poussin (*gallinula pusilla*), qui est en même temps la plus petite et la plus rare.

Les oiseaux coureurs, qui visitent la Suisse en petit nombre, ne s'égarent que rarement dans les montagnes. Cependant le court-vite isabelle (*cursorius isabellinus*), oiseau très-rare et peu connu qui habite le nord de l'Afrique et l'Arabie, a été tué deux fois au pied du Jura. Il en est de même de la petite outarde (*otis tetrax*), oiseau étranger, de la taille d'un faisan, d'un brun pâle teinté de noir, qui quitte quelquefois en janvier le bassin méditerranéen pour nos collines et nos montagnes. Il y a plusieurs années qu'un individu de cette espèce fut tué dans le canton d'Appenzell, sur le Kamor, à une altitude de 5292′. Il a été considéré dans tout le pays comme une grande rareté.

Tous ces oiseaux n'entrent pas comme éléments dominants

dans la faune de notre région. Ils y sont plutôt des accidents, et préfèrent le séjour de la plaine. En revanche, plusieurs espèces de gallinacées et de pigeons sont sédentaires dans la montagne; mais leur présence y passe presque inaperçue au milieu du paysage.

C'est surtout au groupe des gallinacées qu'appartiennent les espèces vraiment caractéristiques de la région montagneuse; la caille, le seul oiseau de passage de cette famille, doit être signalée ici; quoiqu'elle habite de préférence les parties de la plaine couvertes de moissons, elle fréquente aussi les vallées herbeuses des montagnes. Souvent nous avons entendu son cri dans les champs de blé d'Airolo, dans le val Bedretto et dans le fond fleuri de la vallée d'Urseren; elle n'est pas rare non plus dans les vallées verdoyantes des Alpes rhétiennes, et c'est avec étonnement qu'au mois de juillet 1854 nous avons écouté son chant dans les avoines qui croissent encore au-dessus de Saint-Maurice, à 5800' d'altitude.

Le coq de bruyère, cet oiseau superbe, et la gélinote si jolie, dont nous parlerons plus tard avec plus de détails, habitent pendant toute l'année les forêts. Les coqs de bruyère s'élèvent à peine jusqu'à leur limite supérieure; sur la route du Saint-Gotthard on ne les rencontre plus au-dessus de Wasen, car, à partir de ce point, les forêts de haute futaie cessent brusquement. Ils descendent quelquefois des pentes du Jura dans les forêts de la plaine. Dans l'Oberland bernois, les coqs de bruyère ne sont pas rares dans les montagnes qui encadrent le lac de Thoune, dans la vallée de Frutingen et dans le Simmenthal; dans le canton de Zurich, ils habitent la chaîne de l'Allmann, et dans les autres cantons montagneux, on les rencontre partout au niveau de notre zone.

La perdrix ordinaire, qui est si abondante dans la plaine, n'habite pas au-dessus de la limite inférieure de la montagne, du reste assez abondamment pourvue d'espèces propres de gallinacées pour n'avoir que faire de celles du bas pays. On cite comme rareté six perdrix tuées dernièrement sur le Himmelberg (Appenzell, 3200'). Chose singulière, la perdrix rouge (*perdrix rubra*), oiseau de l'Europe méridionale et orientale, qui ne se distingue de la bastavelle des Alpes que par un grand plastron noir au-dessous du cou, fréquente aussi, quoique disséminée, le Jura vaudois et genevois.

Notre région est plus pauvre en pigeons qu'en gallinacées. Le pigeon colombin (*columba œnas*), qui porte sur chaque aile une double tache noire, et le ramier (*columba palumbus*), qui a la taille plus forte, le plumage gris bleu, la poitrine rousse et un croissant blanc au cou, sont des oiseaux beaucoup plus rares dans les montagnes que dans la région des collines. Dès la fin de mars à la fin d'octobre, ils habitent par paires les grandes forêts de sapins qui avoisinent les champs de blé, nichent sur les arbres les plus élevés, et font deux couvées. Leur naturel craintif et leur vol rapide les rendent fort difficiles à observer et à tirer. C'est à l'affût qu'on a le plus de chances de les atteindre. Chaque jour, dès le matin jusqu'au soir vers cinq ou six heures, les ramiers cherchent leur pâture dans les champs de blé et les prés, puis ils reviennent régulièrement vers la forêt se poser sur leur arbre; c'est alors le moment dont profite le chasseur à l'affût pour les abattre.

Dans les forêts inférieures, les pigeons colombins se perchent par douzaines, à la manière des corneilles, sur les branches les plus élevées des arbres. Les deux espèces citées, ainsi que la tourterelle sauvage, oiseau peu connu dans les parties centrales, septentrionales et orientales de la Suisse, ont été déjà abattues dans la vallée supérieure de la Reuss. Par un hasard singulier, un pigeon colombin a été tué, en novembre 1841, sur les montagnes de la vallée d'Urseren, après une chute de neige; son départ avait été sans doute retardé.

Toutes les forêts sont animées par la présence de charmants oiseaux grimpeurs aux mouvements pleins de vivacité; leur cri, leur manière de vivre, tout dénote en eux des êtres toujours actifs et inséparables des arbres. Quelques-uns sont de passage, mais la plupart sont sédentaires. Leurs alertes ascensions, leur babil, leur activité, la variété et la bigarrure de leurs couleurs, en font les perroquets de nos bois, perroquets sans doute modestes comme nos forêts comparées à celles des tropiques, mais quoique cela très-amusants et des plus gracieux. Le plus connu d'entre eux est le coucou (*cuculus canorus*). Dès le commencement d'avril, et à peine revenu d'Égypte, où il a passé l'hiver, le coucou annonce le début du printemps par un cri monotone qu'il pousse, les ailes pendantes, la queue relevée et étalée en éventail, la gorge enflée. Le mâle est le seul qui chante, car la femelle se borne à faire entendre un petit cri, krick-rick-rick, qui imite le rire. La voix du coucou n'est ni mélodieuse ni variée, mais on aime à l'entendre, elle parle au cœur. Il y a plus, elle joue dans l'existence des bergers et des paysans un rôle continuel, et se rattache à de singuliers préjugés. Malgré cela, beaucoup d'entre eux n'ont jamais vu le coucou, car cet oiseau est très-sauvage, farouche, inquiet et défiant. Le plumage du coucou ressemble à celui de l'épervier : il est gris cendré. Son ventre est blanc, rayé de barres transversales noires. Ses pattes jaunes portent comme celles des grimpeurs deux doigts en avant et deux en arrière. Sa taille égale celle de la tourterelle, mais ses ailes et sa queue sont plus longues. Après leur première mue, les jeunes femelles ont le fond du plumage brun rouge, ce qui les a fait considérer à tort comme appartenant à une espèce particulière. Les coucous ont le vol rapide et nageant; ils volent d'arbre en arbre, et sont toujours en quête des mouches et des chenilles qui rampent sur les branches; ils préfèrent les chenilles velues nommées ourses, dont les poils remplissent souvent leur estomac tout entier. Lorsque les chenilles des forêts se sont transformées en chrysalides, les coucous chassent dans les prairies aux scarabées et aux libellules, et, faute de mieux, ils se contentent de baies. A l'ordinaire, ils préfèrent les fourrés les plus épais, et s'évitent les uns les autres, de sorte que, dans une certaine étendue de pays, il est rare qu'il existe plus d'une paire de ces oiseaux. Le mâle et la femelle voltigent ensemble, et aiment à se poser au sommet des arbres ou des pieux. On sait que ces oiseaux, si utiles au point de vue forestier, ont une habitude exceptionnelle : ils ne couvent pas eux-mêmes leurs œufs, et sous ce rapport ils constituent une anomalie extraordinaire. Ils pondent leurs œufs dans les nids des becs-fins, particulièrement dans ceux des fauvettes des jardins et des roseaux, des traquets, des pipits et des bergeronnettes, où leurs petits provoquent le désordre. Le jeune coucou n'absorbe pas seulement à lui seul presque toute la nourriture destinée aux vrais enfants du nid, mais, grâce à sa taille et surtout à sa force, il n'est pas rare qu'il les expulse de la demeure qui leur était destinée, bien que déjà, avant d'y joindre son œuf, la femelle du coucou ait eu la précaution d'écarter du nid quelques-uns des œufs légitimes qui s'y trouvent. La mère adoptive du jeune coucou supporte tout cela, et se tourmente jusqu'à s'épuiser pour rassasier le vorace usurpateur. On ne connaît encore ni la cause ni le but de ces mœurs contraires aux lois de la nature, mœurs qui, parmi les oiseaux, ne se retrouvent peut-être que chez une espèce américaine.

Le fait que plusieurs espèces de coucous exotiques ne nichent ni ne couvent, rend improbable l'hypothèse en vertu de laquelle le coucou nicherait dans le Midi, et ne déposerait dans nos latitudes que des œufs tardifs provenant de superfétation. Ce qu'on sait de positif, c'est que le coucou ne construit pas de nid et ne s'occupe pas du sort de sa postérité. Voyons quelles sont les circonstances qui accompagnent cette particularité rare des mœurs des oiseaux.

A l'époque où la reproduction s'opère, on observe une grande agitation dans les allures de la paire de coucous. Ils sont sans cesse à voltiger, et le mâle semble, en vrai jaloux, ne pas perdre de vue sa compagne. Les œufs de cette dernière n'arrivent à maturité que lentement et à de grands intervalles; pendant six à sept semaines elle ne pond que quatre à six petits œufs, de sorte que le temps de leur incubation et celui que nécessiterait l'élève des petits occuperait les coucous pendant plus de trois mois, ou bien les premiers œufs auraient le temps de pourrir avant la ponte des derniers. Ce retard dans la maturité des œufs est déjà sans précédent. Avant que la femelle ponde un œuf parvenu à maturité, elle cherche à découvrir de son regard perçant les nids des rouges-gorges, des roitelets, des pipits et des becs-fins, si bien cachés au milieu des buissons; elle n'utilise pas les nids d'oiseaux de sa taille, tels que les grives ou les pics, tout au plus a-t-on déjà trouvé des œufs de coucous dans des nids d'étourneaux. C'est pour elle d'autant plus difficile qu'il s'agit de découvrir un nid renfermant des œufs récemment pondus, afin que l'incubation de tous ait lieu simultanément.

Qu'on se représente ce qu'il faut à cette mère d'activité et de soucis pour trouver ce nid dans des conditions favorables de position, d'origine, et contenant justement des œufs fraîchement pondus. Cependant presque toujours elle réussit dans ses recherches. Grâce à son instinct extraordinaire, surtout à son regard perçant, et cela sans qu'elle ait beaucoup à ramper au milieu des buissons, car sa queue allongée et ses pattes courtes doivent le lui rendre aussi pénible que de marcher sur le sol. Dans des cas rares, lorsque la maturité de son œuf la force à s'en débarrasser, la femelle du coucou l'adjoint à des œufs déjà vieux ou à moitié couvés, à défaut desquels elle le dépose dans un nid vide, mais cela seulement lorsqu'elle le sait récent et habité.

On prétend, et cela se comprend par la longueur du temps qui s'écoule entre deux pontes successives, que jamais coucou femelle ne dépose deux œufs de suite dans le même nid; les parents adoptifs ne pourraient pas rassasier deux jeunes coucous. Cependant, dans des cas rares, le même nid contenait deux œufs de coucou, mais probablement provenaient-ils de mères différentes. Une autre fois on rencontra à terre, à côté du jeune coucou éclos, un œuf de coucou sans doute tombé du nid.

Les œufs du coucou sont extrêmement petits, proportionnellement à la taille de l'oiseau qui les produit; à peine atteignent-ils la taille de ceux du moineau ou de la bergeronnette, et on dirait qu'ils ont été destinés à être couvés par un oiseau trois ou quatre fois plus petit. L'inconstance de leur coloration n'est pas moins curieuse. Tantôt ils sont jaunâtres, verdâtres, bleuâtres; tantôt ils sont pointillés, tachetés, striés; d'autres fois maculés de taches brunes ou grises, ou même uniformément teintés. Ces différences proviennent probablement du genre de nourriture consommée en dernier lieu par l'oiseau. Avant de pondre, la femelle du coucou examine longtemps et de loin les alentours du nid sur lequel elle a arrêté son choix. Elle sait parfaitement que les petits oiseaux la détestent, l'insultent et la poursuivent dès qu'ils l'aperçoivent; aussi attend-elle qu'ils se soient envolés; alors elle s'élance comme une flèche; elle débarrasse, si c'est nécessaire, les abords du nid, s'y pose et y pond son œuf. Lorsque le nid est contenu dans le creux d'un arbre ou d'un rocher, le coucou s'y introduit péniblement et en ressort de même. Lorsqu'il ne peut décidément parvenir à y entrer, il pond son œuf dans l'herbe, le saisit à l'aide de son bec et le porte dans le nid choisi. Souvent déjà des coucous femelles ont été tuées ayant encore leur œuf dans le gosier. Lorsque l'œuf est bien en place, la mère s'en va silencieusement et ne paraît plus s'inquiéter de son sort. Dorénavant les père et mère adoptifs s'en occuperont d'autant plus consciencieusement. Le coucou, très-petit au moment où il rompt l'enveloppe de l'œuf, grossit très-rapidement, et fauvettes ou roitelets ne tardent pas à avoir à nourrir péniblement un fils adoptif plus gros qu'eux-mêmes. Ils ne l'abandonnent presque jamais; on cite d'eux des traits de touchante fidélité : ainsi, par exemple, celui d'une bergeronnette qui laissa passer le moment de son départ à la fin de l'automne, et continua à nourrir un jeune coucou devenu trop gros pour pouvoir sortir du trou d'arbre dans lequel il était né.

Au groupe des grimpeurs appartiennent deux autres oiseaux plus rares, et qui, quoique très-différents, se font remarquer l'un et l'autre par la beauté de leur plumage; ce sont le martin-pêcheur (*alcedo ispida*) et la huppe (*upupa epops*). Le martin-pêcheur, l'oiseau royal dans les Grisons, *martino pescatore* au Tessin, a le dos d'un bleu azuré, brillant de reflets verts, la poitrine brun rouge, le bec long, la tête volumineuse, les pattes très-courtes, d'un rouge minium, et une queue courte qui donne à ce bel oiseau, au plumage léger, quelque chose d'étrange. Le martin-pêcheur vit par paires et n'abandonne jamais le ruisseau ou la rive du lac au bord duquel il s'est établi. Pourtant il semble plus commun en automne et en hiver que pendant l'été. Tantôt perché au-dessus des ondes écumantes du ruisseau, le martin-pêcheur secoue ses plumes, ainsi que les aigles ont l'habitude de le faire, tantôt immobile pendant des heures entières et posé sur une pierre ou un pieu, il attend le moment propice pour happer la truite ou la loche; alors il s'élance la tête en avant, tombe dans l'eau comme une pierre, nage à l'aide de ses ailes et ressort sa proie dans le bec; puis il l'emporte sur une pierre ou au milieu d'un buisson, et l'avale après l'avoir longtemps tournée et retournée du bec, de manière à la placer commodément la tête en avant. Cela fait, il ne tarde pas à en rejeter par la bouche les arêtes et les écailles. Cet oiseau a une existence qui n'est pas toujours des plus faciles. Pendant l'hiver, quand le ruisseau est gelé, l'alcyon en est réduit à chercher près des sources quelque insecte ou quelque sangsue. Souvent, quand il plonge, la glace l'empêche de remonter à la surface et il périt noyé; quelquefois il ne réussit ni à avaler le poisson, ni à le rejeter, et meurt étouffé.

Au mois de mai, le martin-pêcheur creuse dans les berges des trous profonds, semblables à ceux que les rats forment dans la terre; il les garnit de libellules et d'arêtes de poissons, et nourrit sa couvée de limaces, de larves et plus tard de petits poissons. Les martins-pêcheurs ne peuvent vivre en bonne intelligence; ils repoussent tout intru de leur domaine et le poursuivent au vol, en poussant des cris aigus; il est fort heureux pour les petites truites que chaque paire d'alcyons vive ainsi isolée. Ils habitent partout la zone montagneuse, et pénètrent même au delà.

Il en est de même de la huppe, oiseau singulier et assez rare, qui habite les forêts des montagnes et se tient de préférence à la lisière des bois, à portée des prairies et des pâturages. On le rencontre même dans la vallée d'Urseren, quoiqu'elle soit déboisée. La huppe est d'un jaune roux; sa queue noire est barrée de blanc; elle porte sur la tête une touffe de plumes jaunes bordées de noir, qui ont plus de deux pouces de longueur et peuvent s'étaler en éventail. Dès le printemps, les huppes arrivent par paires et pendant la nuit dans les forêts, où elles précèdent le coucou; elles disparaissent déjà au mois d'août.

La huppe se nourrit des mêmes substances que la bécasse; mais son genre de vie est tout particulier. La huppe court rapidement sur le sol, les ailes pendantes; elle y enfonce à chaque instant son long bec effilé, ce qui lui donne l'air de marcher appuyée sur un bâton; souvent elle s'incline et se relève de la façon la plus comique. Veut-elle observer attentivement ce qui se passe, aussitôt son éventail de plumes s'étale gravement, puis s'affaisse dès qu'elle veut s'envoler. Cet oiseau redoute extrêmement l'homme et les oiseaux de proie; effrayé, il cherche à se faire petit et se tapit sur la terre; perché, il sait se cacher au milieu du feuillage le plus touffu. La huppe lance en l'air et reçoit dans son bec ouvert les vers et les larves qu'elle vient de découvrir; elle aime à nicher dans les arbres creux; son nid et ses petits exhalent une fort mauvaise odeur due aux déjections qu'elle laisse s'y accumuler, ce qui n'arrive pas au martin-pêcheur. Son nom de huppe, *upupa*, lui vient de son cri monotone, houp, houp, houp. Son cri d'appel a quelque chose de plus rauque : rrae, rrrä.

La famille du groupe des grimpeurs qui est la mieux représentée dans nos forêts, est celle des pics, oiseaux bien connus des montagnards à cause de leur cri, de leurs mœurs et de leurs belles couleurs. Quoique les pics soient craintifs et rusés, il n'est pas difficile de les découvrir et de s'en approcher assez pour observer leurs labeurs. Ce sont, sans exception, des oiseaux sédentaires, dont la tenue et les allures sont partout uniformes. Ils volent vers un arbre, se cramponnent au tronc à dix ou douze pieds du sol, montent sans s'arrêter, et en frappant attentivement l'écorce du bec, jusqu'à ce qu'ils trouvent un endroit où elle soit attaquée par les insectes. C'est alors qu'appuyés sur les plumes roides et élastiques de leur queue, les pics frappent l'écorce des coups redoublés et vigoureux de leur bec en forme de coin, à l'extrémité tranchante. Dès qu'elle est trouée, ils dardent dans l'excavation une langue protractile, à pointe barbelée, et en retirent ainsi les larves ou les coléoptères qu'elle renferme. A l'époque de la ponte, les pics creusent un trou circulaire dans quelque tronc de hêtre ou de pin pourri à l'intérieur, et, sans même en garnir les parois de quoi que ce soit, ils y déposent leurs œufs d'un blanc lustré. Les hâchures du bois tombées au pied du tronc trahissent facilement la présence du nid à une élévation qui varie de vingt à soixante pieds. Pendant le reste de l'année, c'est tantôt un pic vert, tantôt un pic épeiche qui chaque soir prend possession du trou, lequel appartient alors au premier occupant. En hiver, lorsque la nature est partout déserte et silencieuse, il n'est pas rare d'entendre à plus d'une demi-lieue le bruit que font ces laborieux oiseaux, en frappant du bec les troncs et les branches desséchés.

Les différentes espèces de pics sont très-utiles aux forêts, car ces oiseaux vivent pendant toute l'année aux dépens des insectes parasites qui nuisent à l'accroissement des bois. La plus grande espèce du genre est le pic noir (*picus martius*), oiseau d'un pied et demi de long, d'un noir parfait, et dont la tête est d'un rouge cramoisi à la partie supérieure. Il habite les forêts de sapins, et n'est pas rare dans l'Emmenthal, l'Appenzell, les Grisons et le Jura. Les bûcherons le connaissent fort bien, et lui donnent différents noms, tels que celui de *piat de montagne* dans le canton de Fribourg, et de *pico nero* au Tessin.

Le pic vert (*picus viridis*) est plus connu ; il a la taille moins forte, le plumage vert, les joues rouges et noires, le dessus de la tête et la nuque d'un beau rouge. Le pic cendré (*picus canus*) lui ressemble ; il est plus petit et plus rare ; il a le front rouge et l'occiput gris. Le pic vert fréquente aussi les forêts de la plaine, surtout lorsqu'elles sont traversées par des ruisseaux ; en automne et en hiver, il s'aventure dans les vergers et grimpe même au tronc des gros noyers et des érables qui s'élèvent près des maisons habitées. Le pic cendré, au contraire, est plus abondant dans les forêts de la région montagneuse, surtout lorsqu'elles s'adossent aux Alpes. Tandis que les autres espèces ne quittent pas volontiers le tronc des arbres, le pic cendré voltige souvent au-dessus de terrains dénudés, pour y chercher, dans le fumier, les insectes dont il est friand.

Le pic épeiche (*picus major*), le pic mar (*picus medius*) et le pic épeichette (*picus minor*), à peine aussi gros qu'un moineau, sont trois espèces voisines, dont le plumage est d'un beau noir tacheté de blanc. Les mâles ont le sommet de la tête rouge, ainsi que le croupion, dans les deux premières espèces. Tous s'élèvent dans les montagnes jusqu'à la limite supérieure des forêts de hêtres, mais ils n'y sont pas très-communs, surtout l'épeichette, qui est inconnue dans plusieurs endroits, et préfère les buissons et les bois clair-semés aux bois de haute futaie. En automne, ces espèces descendent dans les vergers et se posent sur les vieux noyers. Il est assez facile de s'en approcher à portée de fusil, quoiqu'ils se cachent derrière les troncs, comme ont l'habitude de le faire à la vue de l'homme tous les oiseaux grimpeurs. Ces pics montent ainsi en décrivant une spirale autour des branches, jusqu'à ce que, las d'être inquiétés, ils poussent un cri et se dirigent, d'un vol lourd, lent et direct, vers un arbre situé à quelques centaines de pas. Le pic leuconote (*picus leuconotus*), qui habite le nord de l'Europe, n'a pas encore été observé en Suisse.

Le pic tridactyle ou à trois doigts (*picus trydactylus*) était jadis considéré comme une rareté, mais il a été dès lors signalé dans les forêts qui dominent le lac de Brienz, dans le Simmenthal, sur la Potersalp et le Kamor, dans la vallée du Rhin et de la Reuss, dans les Grisons et dans les forêts d'Uri, de Schwitz et d'Unterwald. Il est même assez abondant dans quelques-unes de ces localités. Cet oiseau est bigarré de noir et de blanc, ses yeux sont d'un blanc argenté; le mâle a le dessus de la tête jaune, tandis que la femelle l'a blanc strié de noir. Le pic à trois doigts est plus abondant dans les parties septentrionales de l'Europe et de l'Asie, qui nourrissent encore d'autres espèces tridactyles. Il n'apparaît qu'exceptionnellement dans les vallées basses et dans la plaine, où on l'a déjà tiré dans les forêts de sapins des environs de Saint-Gall. Il aime à vivre en compagnie des différents épeiches, qu'il n'abandonne pas, tandis que le pic noir a l'habitude de chasser de l'arbre qu'il exploite tout autre concurrent. Tous les pics, comme du reste les grimpeurs, sont des oiseaux vigoureux, vifs, prudents et très-utiles, mais fort difficiles à apprivoiser. Leur taille, leur couleur, leur genre de vie, en font des éléments importants de la faune de notre région, quoiqu'ils ne vivent nulle part par grandes troupes, leur reproductivité n'étant pas considérable.

Du mois de mai au mois de septembre, on rencontre parfois dans les montagnes un oiseau voisin et commun dans les vergers de la plaine, le torcol (*yunx torquilla*), soit qu'il s'égare quelquefois jusque dans les bois clair-semés des hautes régions, voire même dans la vallée d'Urseren, soit qu'on ne l'y observe qu'à l'époque du passage. Sa taille égale celle de l'étourneau, son plumage est varié de teintes grises, brunes et jaunes, striées de petites lignes noires. C'est une créature innocente et silencieuse[1], qui, sans précisément grimper, sautille dans le feuillage ou court sur les branches à la recherche des chenilles et des larves. De temps en temps, le torcol semble en proie à de vraies convulsions : il tord la tête, il hérisse ses plumes, étale sa queue, tourne les yeux, gonfle sa gorge et ne cesse de balancer sa tête; tout cela lui donne un air des plus comiques.

La sitelle d'Europe (*sitta europæa*), qui se rapproche à la fois des pics, des mésanges et des grimperaux, n'est pas rare dans les forêts; elle grimpe aussi facilement que les pics, tout en étant privée de l'appui que leur fournit leur queue rigide. Elle descend à l'ordinaire du sommet de l'arbre vers sa base, et, chose

[1] Le torcol n'est pas muet pendant toute l'année. Dès son arrivée au printemps, il fait entendre, des noyers sur lesquels il aime à se percher, un cri strident formé d'une série de *tuï* de plus en plus aigus. Au bout d'une quinzaine de jours, il cesse de se faire entendre. (*Note du traducteur.*)

curieuse, c'est au moment même où elle s'accroche au tronc, qu'elle prend cette position insolite. Infatigable, elle épluche les troncs, et, à l'aide de sa langue en forme de harpon, elle retire des fentes de l'écorce tous les insectes que son excellente vue lui fait découvrir. La sitelle aime à nicher au fond des trous qu'ont creusés les pics dans les arbres atteints de pourriture, la femelle préfère défendre l'entrée de son nid plutôt que d'abandonner sa couvée. Ce petit oiseau mesure près de six pouces de la tête à la queue; il a le dos d'un gris bleuâtre, la gorge blanche, les flancs de couleur rouille et le ventre jaunâtre. Il vit non-seulement d'insectes, mais aussi de graines et même de noisettes, dont il réussit à trouer la coquille à l'aide de son bec. Il est aussi difficile d'apprivoiser la sitelle que les pics.

Le grimpereau familier (*certhia familiaris*) vit à peu près dans les mêmes localités et dans les mêmes conditions; c'est un petit oiseau fort peu craintif, qui n'est guère plus gros qu'un roitelet; il a le bec arqué, le ventre blanc, le dos d'un gris foncé, pointillé de blanc, la queue rousse et les pennes alaires d'un brun rayé de jaune. De même que la sitelle, le grimpereau court le long des troncs d'arbres à la chasse des insectes, mais il remonte plutôt qu'il ne descend. Son activité, la vivacité de ses mouvements, son petit cri monotone, le font facilement remarquer. Trop faible pour fendre l'écorce de son bec effilé, il l'introduit comme une sonde dans les fissures de l'écorce, et remplace la force qui lui fait défaut par l'agilité de son allure et de ses sauts. Souvent il se sert de sa queue comme d'un point d'appui. Le grimpereau paraît ne jamais marcher sur la terre; on le prend quelquefois dans des trappes à mésanges amorcées de semences. Le tichodrome échelette est plutôt un oiseau des Alpes.

C'est à l'ordre important des passereaux qu'appartiennent le plus grand nombre des oiseaux de nos montagnes. Ce sont, parmi les omnivores, le groupe des corbeaux; parmi les insectivores, les genres nombreux des becs-fins; parmi les granivores, les mésanges, les alouettes et les gros-becs; enfin, parmi les chelidons, les hirondelles, les martinets et les engoulevents. La zone montagneuse ne possède que quelques types de cette dernière famille. Les hirondelles de rocher, de fenêtre et de rivage, habitent de préférence la plaine, et ne pénètrent dans les montagnes qu'en étrangères, bien qu'elles fréquentent régulièrement quelques vallées habitées et chaudes de notre région. L'hirondelle de cheminée (*hirundo rustica*) a le plumage bleu d'acier, la gorge rousse, la queue fourchue et les pattes couvertes de duvet blanc ; dès la fin de mars, elle arrive pour construire dans les chambres hautes et les allées des maisons de paysans son nid de terre durcie, à large ouverture. S'il survient un retour de froid, elle s'enfuit pour reparaître bientôt, et revenir au milieu de son vol rapide effleurer de l'aile le lac ou le ruisseau. L'hirondelle de fenêtre (*hirundo urbica*), qui construit toujours son nid en dehors des maisons et que chacun connaît, ne tarde pas à suivre sa sœur, et vient souvent chercher dans l'intérieur des maisons un tiède refuge contre les caprices d'un hiver opiniâtre. Enfin, en dernier lieu, nous voyons arriver l'hirondelle de rivage (*hirundo riparia*), oiseau de plus petite taille, dont les pattes sont nues et le plumage gris roussâtre ; elle niche au fond des trous qu'elle creuse péniblement dans les berges désertes des rivières ou dans les terres éboulées. C'est la première des hirondelles qui quitte le pays en automne. L'hirondelle de fenêtre semble être, de toutes, celle qui fréquente le plus régulièrement notre région. L'hirondelle de rivage a été trouvée une fois morte sur le Saint-Gothard, après une tourmente.

Le martinet de murailles (*cypselus murarius*) a le dessus du corps noir, le ventre gris et la gorge blanche ; il niche probablement plus souvent dans le bas pays que sur les hauteurs. Cependant il accompagne, même au delà de la limite supérieure de la région montagneuse, l'homme qui le protége, et cherche pour nicher les villages et les maisons ; il est encore abondant au village de Splugen, à 4480'.

Le martinet suspend sous les toits des maisons et des tours son nid hémisphérique, formé de brins de paille, de fragments d'écorces, de mortier et de bribes de bois, mastiqués et solidement collés à l'aide de sa salive. Dans le canton d'Appenzell, il prend quelquefois possession des caisses destinées à servir de nids aux sansonnets. Stupide et maladroit, le martinet tombé à terre se laisse prendre à la main, mais il devient furieux et cherche à enfoncer ses ongles courts et tranchants dans la main qui le saisit, et, le bec largement ouvert, il pousse des cris aigus. Ses pieds sont très-courts et ses ailes extrêmement longues, de sorte qu'il lui est presque impossible de s'enlever du sol; aussi se suspend-il volontiers aux murailles. Les martinets se réunissent en troupes pour poursuivre la cresserelle, leur ennemie jurée. A leur arrivée, au mois de mai, ils sont très-bruyants; mais ils disparaissent sans bruit dès le mois d'août. Les martinets se distinguent des hirondelles parce qu'ils ont les quatre doigts dirigés en avant, tandis que ces derniers ont trois doigts en avant et un en arrière, comme tous les oiseaux chanteurs.

Le martinet à ventre blanc (*micropus alpinus*) habite plutôt la région supérieure que celle des forêts, de même que l'hirondelle de rocher (*hirundo rupestris*). A ces oiseaux se rattache, par son aspect et ses mœurs, l'engoulevent (*caprimulgus europœus*) ou tête-chèvre, animal nocturne qui ne voltige que le soir au crépuscule, chassant aux scarabées et aux papillons de nuit. Les chasseurs de bécasses le tirent quelquefois dans les forêts. Il n'est pas rare de le trouver caché dans les étables à vaches et à chèvres, et ce fait, corroboré par la mollesse de son petit bec pointu et la largeur de son gosier, l'a fait soupçonner de s'attacher au pis des chèvres pour en sucer le lait. Pline émet déjà cette curieuse idée, qui, quoique erronée, s'est transmise jusqu'à nous.

Il est probable que l'engoulevent s'introduit dans les écuries parce qu'il y trouve en même temps des papillons de nuit, des insectes et une retraite commode; ce sont les mêmes motifs qui y guident les chauves-souris. Pendant le jour, cet oiseau utile, auquel ses grands yeux noirs et sa moustache roide donnent un air si étrange, dort profondément dans la bruyère, caché sous des touffes de myrtilles, ou tapi sur une branche basse, mais jamais à une grande hauteur au-dessus du sol. Il est alors fort difficile à découvrir, et ressemble à s'y méprendre à un morceau d'écorce. On peut s'en approcher à quelques pas sans interrompre son sommeil, lors même qu'il est réveillé, il n'est pas sauvage. Au moment où nous écrivons ces lignes, un joli engoulevent femelle de neuf pouces de longueur sautille dans notre cabinet. Nous le possédons depuis longtemps, et le bourrons chaque jour de vers et d'insectes, car il ne mange pas seul. Quoique nocturne, il ne laisse pas que de déployer une certaine activité pendant le jour; lorsque le soleil luit, il sort de sa cachette et s'étend près de nous, sur la portion échauffée du plancher; alors il étale sa queue en éventail et sommeille les yeux à demi fermés. Lorsque le soleil a cessé d'éclairer l'appartement, notre oiseau regagne lentement et pas à pas son coin de prédilection et s'y étend sur le plancher. Il n'aime pas à voler et saute si maladroitement qu'à chaque instant il tombe sur le flanc, et quoique fort et bien portant, il reste étendu à attendre qu'on le remette sur ses pattes. Dès qu'un étranger s'en approche, il se met à glousser doucement; du reste, il est parfaitement apprivoisé, il aime à se reposer dans une main chaude, et jette alors sur les assistants un regard amical de ses grands yeux noirs : c'est l'enfant gâté de la maison.

Ce n'est ni par la beauté de leur plumage, ni par l'agrément de leur chant que les différentes espèces d'hirondelles se sont acquis l'affection des hommes ; elles ne peuvent même s'apprivoiser, et cependant elles sont, aux yeux des montagnards, des oiseaux sacrés ; elles sont nomades, timides et peu intelligentes, et pourtant elles aiment à vivre au milieu de nous. Ce besoin, leur utilité incontestable, leur rôle de messagères du printemps annonçant le retour des beaux jours, tout les a rendues inviolables dans l'opinion du peuple ; c'est du brave peuple allemand que nous parlons ici, car, au delà des Alpes, c'est par centaines de mille qu'on les étrangle et qu'on les avale, comme tout autre être emplumé qui tombe entre les mains de l'Italien.

Les nombreux oiseaux qui forment le groupe des gros-becs

sont plus attrayants encore par leur vivacité, leur plumage élé gant, leur voix puissante et la disposition qu'ils ont à s'apprivoiser et à vivre en captivité. Ils forment un genre charmant.

Parmi tous les gros-becs, les becs croisés se font remarquer par leur taille, leur conformation singulière, leur plumage aux teintes variées et leur joyeux babil. Jeunes, ils sont d'un rouge entremêlé de jaune et de gris; en avançant en âge, les mâles deviennent rouge pourpre et gris brun sur le dos, les femelles vertes et jaunes. Notre pays en nourrit deux espèces, très-semblables par la couleur, les mœurs et l'impertinente indifférence avec laquelle ils affrontent le danger[1]. L'une est le bec croisé ou perroquet des sapins (*loxia pytiopsittacus*), l'autre (*loxia curvirostra*), le bec croisé des pins. Le premier ne fréquente qu'exceptionnellement les bois de sapins des montagnes, où il se suspend par les pattes aux cônes des sapins, dont la conformation de son bec lui donne toute facilité de détacher les semences cachées sous les écailles. L'autre disparaît souvent pendant plusieurs années consécutives, pour revenir tout à coup en grand nombre pendant l'hiver ou pendant l'été, à l'époque de la maturité des cônes de pins. Il niche en toute saison, voire même pendant les froids les plus vifs. Ces singuliers oiseaux grimpent et se suspendent aux branches des sapins, et se servent adroitement de leur bec comme d'un point d'appui, absolument de la même manière que les perroquets. Ils aiment à vivre réunis, sont très-alertes, mais ne laissent pas que d'être assez stupides. On peut en dire autant des bouvreuils (*pyrrhula vulgaris*), appelés aussi pivoines, innocents oiseaux fort peu sauvages, qui vivent de graines, de baies et de jeunes bourgeons. En hiver, ils quittent les bois et arrivent par troupes de huit à dix individus dans les jardins, où ils attaquent les grappes des sorbiers et les

[1] Ces oiseaux sont parfois si peu sauvages, qu'en ma présence un chasseur en tira trois de suite sur un prunier dont ils rongeaient les fruits, et cela sans que les autres parussent le moins du monde effrayés de la détonation.

(*Note du traducteur.*)

bourgeons des arbres fruitiers; souvent le dommage qu'ils causent ainsi est considérable. Pendant l'été, les bouvreuils vivent dans les forêts entremêlées d'essences diverses, et nichent sur les arbres de basse futaie. Lorsque l'hiver approche, ils quittent les bois et errent par grands vols, surtout les femelles, dans le bas pays. Nous avons cependant remarqué pendant l'hiver des vols de bouvreuils dans la zone montagneuse, mais il ne s'y mêlait jamais de femelles.

On aime à avoir en cage des bouvreuils, à cause de leurs belles couleurs, de leur douceur et de la facilité avec laquelle on leur apprend à siffler. Le gros-bec (*fringilla coccothraustes*) est un oiseau plus bruyant, plus inquiet et des plus défiants. Il a la tête forte, le gris brun domine dans son plumage, sa gorge est noire, ses ailes noires et blanches, son ventre couleur lie de vin; il a le derrière de la tête gris cendré et le bec énorme, d'une couleur bleuâtre pendant l'été, et de couleur chair pendant l'hiver. Cet oiseau parcourt les bois taillis à la recherche des faînes et des cerises sauvages, dont il casse les noyaux. Pendant l'hiver, il pénètre aussi dans les jardins, il y poursuit son œuvre muette sans se trahir par un cri, et il lui suffit de quelques heures pour détruire, avec les bourgeons, la récolte entière des espaliers, comme en été celle des cerisiers.

Nous citerons, comme un fait curieux, la capture d'un gros-bec qui eut lieu, en 1854, par un froid très-vif, sur le Saint-Gothard, à l'époque de Noël. Un oiseau voisin, quoique plus petit, le serin (*fringilla serinus*), n'habite que quelques vallées grisonnes. Le moineau franc et le friquet (*fringilla domestica* et *fringilla montana*) préfèrent également les villages et les buissons de la plaine, et ne pénètrent que çà et là dans la vraie région montagneuse. Le moineau franc, ce hardi et rusé parasite, semble vouloir progresser dans cette direction; depuis quelques années, par exemple, il s'est naturalisé dans le Sernfthal. Les friquets, dont le plumage est d'un brun tacheté de teintes plus foncées, et le sommet de la tête d'un rouge cuivré, sont plus communs dans les montagnes, mais ils les quittent en automne pour se rassembler dans la plaine en bandes tumultueuses. Le gros-bec soulcie (*fringilla petronia*) est un bel oiseau gris brun, qui ressemble au moineau; il a au-dessus de l'œil et à la gorge des taches jaunes, le bec jaune et le ventre blanchâtre; il est rare dans la Suisse orientale; on ne l'a signalé qu'une fois dans les montagnes du canton de Glaris. En revanche, il paraît être indigène dans les rochers du Jura.

Parmi les fringilles, il en est un qui abonde dans toute l'étendue de la zone des forêts, et les fait retentir des accents énergiques de son chant au timbre métallique. Le pinson (*fringilla cœlebs*) se plaît dans la verdure des buissons, comme dans les bois de haute futaie, dans les massifs de pins, comme sur les arbres fruitiers qui entourent les étables ou sur le sureau qui penche au-dessus du ruisseau; partout il chante sa joyeuse chanson, fidèle à l'asile qui lui fournit les baies et les graines qu'il préfère, et abrite son joli nid arrondi. Le pinson mâle est beau dans son plumage de noces; il est fort, agile, peu sauvage, parfois rusé et défiant. Tout en courant et sautillant sur la terre, il n'en observe pas moins les alentours, et pour peu qu'il remarque quelque chose de douteux, aussitôt il s'arrête et hérisse gravement son toupet. A chaque heure du jour, même après l'orage, toujours le chant éclatant du pinson retentit dans la campagne, joyeux surtout en avril et en mai. Plus tard, lorsqu'en juillet les chœurs aériens taisent leurs accents, l'appel aigu des pinsons : *fink*, *fink*, perce encore les buissons, et ils demeurent les gais compagnons de l'homme. Outre les graines et les semences, les pinsons avalent des mouches, des scarabées, des chenilles, des larves, des cousins et des petits papillons, ce qui les rend fort utiles. Dans la Thuringe, on établit parmi les pinsons plusieurs catégories, d'après leur genre de chant, et on évalue à un prix fort élevé ceux d'entre eux qui savent siffler certains airs. Nos montagnards, peu amateurs des oiseaux chanteurs, ignorent ce genre de luxe, et s'il leur arrive d'avoir chez eux un oiseau en cage, c'est plutôt un serin de Canarie, aux bruyants éclats de voix, qu'un de nos joyeux chanteurs nationaux.

En hiver, en automne même, le pinson d'Ardennes ou de montagne (*fringilla montifringilla*) nous arrive des forêts de bouleaux de la zone boréale, tantôt isolé, tantôt en grandes troupes, seul ou mêlé aux bruants et aux linottes. Cet oiseau n'a pas de voix, son plumage est bigarré, sa poitrine et les couvertures de ses ailes sont d'un brun jaunâtre, et pendant l'hiver son bec a la couleur de la cire jaune. On en prend beaucoup aux filets, et par un jour de neige il est facile d'en faire prisonniers plus d'une douzaine à l'aide d'un seul trébuchet. Ces pinsons s'abattent par troupes sur les routes, sur les fumiers devant les maisons et les écuries, et passent la nuit dans la forêt, perchés sur le sommet des arbres les plus élevés. Au printemps, ils reprennent leur vol vers le Nord; cependant on assure qu'ils nichent aussi dans l'Emmenthal.

Le verdier (*fringilla chloris*) a la tête grosse et l'air lourd ; il est jaune verdâtre, a le ventre, les ailes et la queue jaunes, avec les couvertures des ailes grises ; sa taille dépasse un peu celle du pinson. On l'observe çà et là sifflant, perché au sommet des grands arbres ; mais il ne paraît pas très-répandu dans les montagnes. C'est surtout au fond des vallées, près des saules et des aulnes, qu'il se plaît. S'il a été signalé dans le haut de la vallée de la Reuss, ce n'est sans doute qu'à l'époque de son passage.

La linotte (*fringilla cannabina*) est brun marron, le front et la poitrine du mâle sont cramoisis. Cet oiseau arrive en été en troupes bruyantes dans les bois taillis des montagnes, où il voltige aussi dans les champs cultivés, les prairies et les buissons; en automne, il redescend vers les vallées. Pendant l'hiver, on en remarque de petits vols dans les endroits pierreux ou humides plantés d'aulnes, de chardons et d'hiéraciums. A la fin d'octobre et au commencement de novembre, les linottes passent en masse par la vallée d'Urseren ; mais il est fort rare de les y observer au printemps.

A peine les linottes ont-elles quitté les montagnes basses, qu'elles y sont remplacées par des bandes de tarins (*fringilla spinus*), petits oiseaux verts à tête noire, qui se répandent dans les bois d'aulnes, dont ils recherchent avec avidité les semences. Il n'est pas probable que ces tarins nichent chez nous, car ce n'est qu'au printemps et en automne qu'on les observe à l'ordinaire, et toujours en grand nombre, surtout si les semences des bouleaux et des pins ont bien réussi. Pendant les froids de l'hiver comme pendant l'été, nous n'avons jamais vu de tarin dans les montagnes.

Les petits sizerins (*fringilla linaria*), ou petites linottes des vignes, sont aussi des oiseaux qui vivent en troupes, et ont, comme les linottes, la tête rouge et la poitrine de même couleur chez les mâles; ils sont un peu plus petits que les linottes, et s'en distinguent par leur gorge noire. En automne, ces sizerins se montrent souvent par troupes sur les haies et dans les buissons. A d'autres époques et à d'autres endroits, il est impossible d'en apercevoir. Ils vivent pendant l'été dans le petit bois qui protége Andermatt contre les avalanches, et y nichent régulièrement. Nous avons remarqué une fois, au moment de leur passage d'automne, et perchés sur un bouleau à branches pendantes, plus de soixante de ces jolis oiseaux, toujours en mouvement, quoique passablement stupides. Plus des trois quarts d'entre eux étaient de jeunes mâles, car sur huit qui tombèrent atteints par la grenaille, sept étaient des jeunes oiseaux, et un seul était adulte.

L'agile chardonneret (*fringilla carduelis*), ce superbe oiseau multicolore, est partout abondant dans la partie basse de la Suisse, comme dans les montagnes et même dans la vallée d'Urseren. On prétend que les chardonnerets appelés *de montagne* sont un peu plus gros et ont des couleurs plus brillantes encore que ceux de la plaine. Ce fait peut être quelquefois exact. Les chardonnerets ne sont pas craintifs, ils apprennent facilement à chanter de jolis airs et à exécuter certains tours; ce sont de gais et de charmants oiseaux de cage, qui, comme les tarins et les linottes, produisent avec les serins de Canarie des métis féconds.

On remarque fréquemment dans les montagnes basses un bel

oiseau d'un jaune d'or, le bruant jaune (*emberiza citrinella*). Il fréquente les champs d'avoine et se perche sur les arbres, dans le voisinage des endroits où l'on bat le blé. En automne, des centaines de ces bruants couvrent les champs fraîchement labourés. Dans les cantons du Tessin et des Grisons, nous l'avons rencontré pendant l'été, en grande abondance, dans toutes les vallées fertiles, ombragées et bien arrosées. Le bruant zizi ou de haies (*emberiza cirlus*), dont le dos est brun et le ventre jaune et blanc, est plus rare que le précédent, de même que le bruant de roseaux (*emberiza schœniclus*), qui a la tête noire, le dos brun et le ventre blanc. Ces trois espèces ont été signalées dans la vallée d'Urseren, soit qu'ils y fussent au moment du passage ou qu'ils y errassent. Il en est de même de l'ortolan, oiseau très-rare en Suisse, qui a été observé dans les jardins d'Andermatt et d'Hospital. L'oiseau que les Valaisans appellent ortolon, n'est par l'ortolan d'Italie, mais l'accenteur des Alpes, oiseau commun sur les sommités.

Dans certains districts et même vallées des montagnes, les alouettes paraissent manquer; ailleurs ce sont des oiseaux bien connus. L'alouette des champs (*alauda arvensis*) habite de préférence les prés et les champs, au-dessus desquels elle s'élève en tournoyant pour faire entendre du haut des airs sa gaie et ravissante chansonnette; elle ne nous quitte que du mois de novembre à celui de février, et passe l'hiver dans des contrées un peu plus méridionales. Dans les hivers doux, il n'est pas rare d'en observer de grands vols près de Morat et dans le canton de Vaud. L'alouette atteint la région alpine; elle habite encore la vallée d'Urseren et l'Engadine jusqu'au-dessus de Samaden, par 5362′ d'altitude. Il y a près de Fortezza, au-dessus de Lavin (4400′), une colline boisée où, à en croire la légende, les alouettes ne chantent jamais, parce que le peuple y commit jadis une perfidie envers son seigneur.

L'alouette lulu (*alauda arborea*) est plus petite et plus rare que la précédente; cependant on la rencontrerait sans doute souvent pendant l'été dans toute la zone montagneuse, perchée au sommet d'un hêtre ou d'un pin, ou peut-être se perdant dans la nue en chantant comme sa sœur des champs :

Poursuivant l'astre qui nous quitte,
Planant sur le monde endormi,
Empourpré des rayons
Que reflètent les monts;
Dans l'azur bleu qu'un souffle agite,
Plus haut! plus haut! l'air a frémi
Sous cette ombre éphémère,
Sous cette aile légère.

L'alouette lulu apparaît plus tard que cette dernière, et repart en octobre, époque où on la remarque régulièrement sur le Saint-Gothard. Elle ne construit pas son nid sur les arbres, mais dans les bruyères ou sur les buissons de la lisière des bois. La jolie alouette cochevis (*alauda cristata*) habite plutôt les régions chaudes, et n'apparaît qu'isolée dans les tièdes vallées des Grisons. Près de Coire, où on l'observe dans les jardins et autour des maisons, on l'appelle l'alouette huppée.

La soi-disante alouette des Alpes ou alouette à hausse-col noir (*alauda alpestris*), qui habite le Nord et s'égare parfois jusqu'en Hollande et en Allemagne, est tout à fait inconnue en Suisse.

Les pipits se rattachent aux alouettes par leur plumage et par la conformation de leurs doigts, mais ils s'en distinguent par leur genre de vie, car ils ne se nourrissent que d'insectes, et recherchent comme les bergeronnettes le voisinage des eaux, tandis que les alouettes vivent aussi de végétaux et de graines. Plusieurs espèces de ce genre habitent la montagne; il en est même une, le pipit spioncelle, qui préfère la région alpine à toute autre.

Le pipit des buissons (*anthus arboreus*) est un oiseau qui habite la plaine, la montagne, et s'élève même jusqu'à la limite des neiges. Le pipit farlouse (*anthus pratensis*), oiseau plus rare, de même que le pipit des marais (*anthus palustris*), appartient encore à la faune de la montagne. Le spioncelle fréquente, à partir du mois de mars, les pâturages humides et tourbeux si nombreux dans les montagnes, et y construit son nid au milieu des touffes de laîches et de linaigrettes, dès que la neige a disparu. Il n'est pas rare de l'y voir, au milieu des bergeronnettes, courir rapidement, puis, comme elles, s'arrêter tout à coup d'un air inquiet. Tous les pipits sont de bons chanteurs, surtout celui des buissons.

L'accenteur mouchet (*accentor modularis*), petit oiseau à poitrine gris d'ardoise et à dos rouge strié de noir, habite avec le troglodyte les broussailles des forêts, et se fait prendre chaque année sur le Saint-Gothard à son passage d'octobre. Si sa voix claire et infatigable ne le trahissait pas, il serait difficile de le découvrir au milieu des fourrés dans lesquels il vit solitaire et passe inaperçu. Malgré cela, son petit nid de mousse n'échappe pas toujours aux regards de la femelle du coucou, qui le charge souvent des soins de sa progéniture.

Parmi les petits oiseaux, ce sont les mésanges qui sont le mieux représentées dans notre région. Ces oiseaux vigoureux, très-vifs et en partie carnivores, vivent d'insectes, de graines et de baies. Leurs plumes sont longues, légères, molles et soyeuses; les teintes claires dominent dans leur parure. Les mésanges se reproduisent en grande abondance, elles volent vite, sautent obliquement, grimpent parfaitement, et se suspendent, la tête renversée, aux extrémités des rameaux; elles sont plutôt hardies qu'insouciantes, et vivent réunies en petites sociétés, lorsqu'elles ne sont pas occupées à pondre où à soigner leurs nombreux descendants.

Les mésanges nichent de préférence dans les trous d'arbres, et, à l'exception d'une espèce du Cap qui suspend son nid au bout des branches, elles vivent exclusivement dans la zone tempérée. Lorsqu'en automne on s'est promené longtemps dans les bois de sapins sans avoir rencontré un seul petit oiseau, on est surpris d'en apercevoir tout à coup une troupe bruyante et animée. C'est une bande errante de mésanges bleues, huppées, grandes et petites charbonnières, auxquelles se sont joints une demi-douzaine de roitelets. Cette troupe parcourt la sapinière et occupe à la fois cinq ou six sapins. Les mésanges scrutent les branches de haut en bas pour y découvrir des larves et des œufs; elles s'y accrochent, les nettoient, font entendre de tous côtés leur petit cri : *zit-zit*, et continuent laborieusement, sans s'inquiéter de la présence de l'homme, cette chasse aux insectes qui nous est si profitable. En quelques minutes, arbres et buissons sont épluchés par les petits gymnastes ailés, la troupe bruyante poursuit sa course vagabonde sans perdre un instant, et disparaît en un clin d'œil, ne laissant après elle que le silence habituel de la forêt.

La mésange grande charbonnière (*parus major*) est à la fois la plus commune, la plus connue et la plus grande de toutes. Cet oiseau hardi, infatigable, toujours en mouvement et élégamment nuancé, habite pendant toute l'année les buissons et les bois de sapins de la région montagneuse tout entière. Il fréquente aussi les haies et les vergers, où il nous régale de son cri aigu, et détruit une quantité de vermine, tout en sifflant ses trois notes sans jamais s'interrompre. Chose curieuse! la mésange est souvent saisie d'une rage insensée de meurtre; elle se précipite sur de petits oiseaux, leur crève les yeux et leur ouvre le crâne à coups de bec. En automne, on prend et mange une quantité de mésanges. La mésange petite charbonnière (*parus ater*) est plus inoffensive; elle a la tête et la gorge noires, le dos gris bleu, les joues blanches et le ventre d'un blanc légèrement rosé. Cette espèce vit par troupes dans les bois de sapins, et n'en sort que rarement. Son gazouillement strident n'est pas sans charme au milieu du silence toujours grave des sombres forêts de sapins. A ces mésanges s'associent souvent, mais en petit nombre, les mésanges bleues (*parus cœruleus*) jolis oiseaux à tête bleue et à gorge noire, dont le dos est vert olive et le ventre jaunâtre nuancé de bleu. Ces petits animaux, fort utiles aussi, sont toujours en mouvement, font retentir les bois de leur continuel *zit, zit, zit, querr,* et se suspendent aux rameaux, avec une adresse inconcevable, dans les postures les plus comiques. En automne, ils quittent les bois pour se rassembler dans les champs, les jardins et aux alentours des maisons.

La mésange huppée (*parus cristatus*) est plus commune encore dans les bois de sapins. Cet oiseau, à dos gris brun et à ventre blanc, aime à vivre en compagnie des petites charbonnières, et se trahit de loin par son cri rauque qui imite le bruit des bobines. Dès que la présence d'un objet inconnu l'intrigue, cette mésange redresse avec une gravité comique son magnifique toupet noir et blanc. La mésange à longue queue (*parus caudatus*) a le plumage nuancé de blanc, de noir et de rougeâtre, la tête blanche et une longue queue en forme de coin. Elle grimpe avec activité, construit à l'enfourchure des branches un nid ovoïde artistement tressé de mousses et de lichens allongés, et habite pendant l'été au milieu des bois taillis, où elle siffle doucement. En automne et pendant l'hiver, il n'est pas rare d'observer dans les prairies et les jardins de la plaine des troupes de mésanges à longues queues, auxquelles se sont joints d'autres mésanges et des roitelets. On croit que leur présence, dangereuse pour les bourgeons, présage le mauvais temps.

On n'a encore observé que dans quelques forêts moyennes et hautes des Grisons la nonnette de montagne (*parus cinereus montanus*), espèce particulière, inconnue dans le reste de la Suisse. Elle ressemble beaucoup à la nonnette cendrée (*parus palustris*) et paraît remplacer, à des niveaux élevés, cette espèce, qui préfère la plaine et les collines, est rare dans la montagne et ne semble pas dépasser la hauteur d'Andermatt, où on l'a observée dans les buissons des bords de la Reuss. La nonnette de montagne a la taille plus forte et le plumage plus gris que la nonnette cendrée, son chant n'offre rien de particulier ; elle habite de préférence la lisière des bois qui touchent aux pâturages alpins, et s'élève jusqu'à la limite supérieure des forêts, qu'elle n'abandonne que par les grands froids et les neiges abondantes. La mésange azurée, superbe oiseau des régions septentrionales, n'a jamais été signalée avec certitude dans nos hautes Alpes.

Toutes les espèces de mésanges indiquées, à l'exception de la nonnette de montagne, ont été trouvées dans la vallée d'Urseren. La mésange à longue queue ne s'y montre cependant qu'en automne et par paires isolées.

Les pâturages dénudés, les prairies, les champs, les terrains éboulés sont le séjour de prédilection des traquets, oiseaux insociables, toujours en mouvement. Ils ressemblent assez aux bergeronnettes, mais ils ont une queue plus courte dont ils frappent la terre; ils hantent surtout les endroits pierreux, se posent sur les mottes de terre, les pierres, les pieux et les buissons, et attrapent du bec les insectes qui passent à leur portée. Les traquets nichent à terre dans un petit enfoncement; ils ne savent pas chanter, et ne font que fredonner quelques notes ou pousser des cris qui ressemblent à des claquements; ils courent et sautent très-vite sur les champs ou au milieu des pierres, en étalant souvent leur large queue. Leur vol est des plus rapides. Les traquets sont d'utiles oiseaux, qui détruisent beaucoup de chenilles et de scarabées. Quoiqu'ils soient assez communs, on les connaît et les observe peu.

Le traquet motteux (*saxicola œnanthe*), appelé dans le Simmenthal rossignol de montagne, dans la Suisse française cul blanc, est le plus grand de tous les traquets; il a le dos gris, la queue blanche, pointillée de noir, la poitrine et la gorge rousses, les ailes noires. A peine est-il arrivé au mois d'avril, qu'il pénètre dans les montagnes après une halte de quelques jours sur les champs de la plaine, et y recherche les endroits marécageux et les sols tourbeux. Ce traquet est alerte et vigoureux, craintif et prudent; il balance sans cesse la queue comme les bergeronnettes. Lorsqu'il veut faire entendre les notes brèves et criardes de son chant, il se pose sur une pierre ou un piquet, puis se met à voler, en montant obliquement et en battant des ailes, et ne tarde pas à redescendre lourdement pour se reposer sur son perchoir. Très-abondant dans certains endroits, il manque souvent sur d'autres points.

Le traquet tarier (*saxicola rubetra*) s'élève assez haut dans les montagnes ; cet oiseau, un peu plus petit que le précédent, est plus abondant encore dans les grandes prairies humides, où il aime à se poser sur les ombellifères, les chardons, les arbrisseaux, et à faire entendre son chant ou plutôt son sifflet. Cet oiseau est brun foncé strié de blanc, il a la poitrine et la gorge rousses, la queue blanche, bordée de brun. Le printemps nous amène en même temps que le tarier, le traquet pâtre (*saxicola rubicola*), dont le dos est brun foncé, la gorge noire et la poitrine rousse. Il est plus petit et en beaucoup d'endroits aussi commun que les deux autres espèces, s'élève même plus haut dans les montagnes, en suivant les talus d'éboulements couverts de buissons, et passe en automne par grandes troupes dans la vallée de la Reuss et à travers le Saint-Gothard. Le traquet pâtre se tient toujours près du sol, il niche entre les pierres ou dans l'herbe et ne gazouille pas mal.

Dans toutes les haies et les buissons se cache le troglodyte (*troglodytes vulgaris*), petit oiseau à queue relevée qui sautille sans cesse et s'insinue comme une souris dans les trous qu'il rencontre. Au milieu de l'hiver, alors que tous les chantres emplumés sont silencieux, le troglodyte, tout en grelottant, n'en chante pas moins à gorge déployée sa courte et gentille chansonnette ; son plumage est très-chaud, son air est drôlatique et sa gaîté inaltérable.

Ce petit roitelet, vraie miniature d'oiseau, construit son nid avec autant d'art que de prévoyance ; il en approprie la forme au buisson, à l'arbre ou à la meule de foin qui doit l'abriter, et sait en choisir les matériaux de façon à le rendre presque méconnaissable, Malgré ces précautions, le roitelet ne réussit pas toujours à dérober sa demeure aux regards de l'impudent coucou, qui en éloigne les huit petits œufs pour y pondre le sien. Naturellement c'est une terrible besogne pour le troglodyte que de rassasier le jeune coucou, qu'il prend pour son propre petit, malgré une taille trois fois plus forte que celle des parents adoptifs.

Le roitelet ordinaire (*regulus flavi capillus*) vit en grand nombre dans les jeunes sapinières, et, quoique plus petit encore, il est aussi gai et éveillé que le troglodyte. C'est le plus petit oiseau européen ; il a à peine trois pouces et demi de longueur, le plumage vert et un bandeau jaune bordé de noir sur la tête. Pendant l'hiver, on le voit souvent voltiger comme un colibri autour des rameaux, et, tout en chassant les insectes, il fait entendre son zit-zit continu, interrompu de temps en temps par un léger gazouillement. Ces charmants petits oiseaux, qui, vrais cosmopolites, habitent l'Europe entière, des bords méditerranéens au cercle polaire, sautillent et voltigent d'arbre en arbre pendant tout l'été, se suspendent au bout des branches et sifflent sans s'arrêter. Ils sont si peu craintifs qu'ils se laissent presque prendre à la main. Le roitelet à triple bandeau (*regulus ignicapillus*) habite çà et là les forêts et s'y associe aux troupes nombreuses des roitelets ordinaires, les plus agiles et les plus gracieux parmi tous les citoyens emplumés des bois. Les deux espèces se construisent, au moyen de mousse et de brins de crin, de jolis petits nids très-serrés, qu'elles suspendent sous les feuilles des branches ; elles les garnissent de six à huit petits œufs couleur de chair, nuancés de teintes foncées et à peine aussi gros que des pois. Six de ces oiseaux liliputiens avec toutes leurs plumes ne pèsent qu'une once.

La vie et le mouvement qu'entretiennent dans les forêts des montagnes les fringilles, les pit-pits, les traquets, les alouettes et les mésanges, y tiennent lieu en quelque sorte des chants ravissants dont les différentes espèces de fauvettes font retentir les bois et les buissons de la plaine. Il n'y a qu'un petit nombre de ces chantres incomparables qui séjournent pendant l'été dans la montagne, car tous préfèrent les districts découverts et plus chauds. La fauvette babillarde (*sylvia curruca*) fait quelquefois exception à cette règle.

Au nord des Alpes, les becs-fins ne se hasardent que rarement sur les avant-monts, au delà de la région des collines. Peut-être s'élèvent-ils plus haut dans la Suisse transalpine et en particulier dans le canton du Valais où abondent les rossignols, sans que pour cela on doive les ranger au nombre des oiseaux propres à notre région. On peut en dire autant des becs-fins des roseaux, petits oiseaux qui savent dissimuler leur présence au milieu des roseaux et des buissons, et parmi lesquels le bec-fin phragmite (*sylvia phragmites*) remonte assez haut dans la vallée du Rhône. Le bec-fin rousserolle (*sylvia turdoides*), auquel sa taille plus forte a valu le nom de merle des roseaux, a été pris, peut-être à l'époque de son passage, dans la vallée d'Urseren. Le bec-fin des marais (*sylvia palustris*) a le dos d'un brun olive et le ventre blanc jaunâtre; son chant rivalise avec celui des fauvettes par sa puissance, par la variété et la douceur de ses modulations; cet oiseau atteint, sur les pentes qui dominent le lac des Quatre-Cantons, les limites de notre région; il préfère les oseraies, habite aussi les champs, les jardins, les chenevières, les plantations de haricots, et niche près des eaux, dans des fouillis de roseaux ou d'orties. Son chant admirable dure souvent des nuits entières, comme en général le gazouillement des autres fauvettes des roseaux.

Les excellents chanteurs du groupe des muscivores habitent tous les régions inférieures et surtout les petits bois entrecoupés de prairies. Seul le bec-fin pouillot (*sylvia trochilus*) suit les saules du bord des ruisseaux jusqu'à la limite inférieure de la région montagneuse; le bec-fin véloce (*sylvia rufa*), de même que le bec-fin Natterer (*sylvia Nattereri*), n'est pas rare dans les vallées rhétiennes, à des niveaux déjà élevés. En revanche, parmi les vermivores, quelques espèces font l'ornement des forêts des montagnes.

C'est le cas du rouge-gorge (*sylvia rubecula*), charmant petit oiseau très-familier qui, perché au sommet des arbres dans le taillis, fait entendre du matin au soir, en compagnie du merle et du pinson, les notes graves et sonores de son chant coupé en strophes. Ses grands yeux, son air posé, sa familiarité, en font le favori de son maître. Le rouge-gorge s'apprivoise parfaitement; en liberté, il niche deux fois par an et s'élève au-dessus des dernières forêts de hêtres, où il recherche les fourrés épais qui bordent les clairières. Dès le mois d'octobre les rouges-gorges s'en vont, et l'on entend souvent, pendant les nuits tranquilles, les chants joyeux que font retentir du haut des airs ces émigrants emplumés. Quelques-uns cependant ne nous quittent pas pendant l'hiver et se rapprochent des habitations. Le musée de Berne possède une variété de cette espèce à dos grisâtre, provenant des environs de Bex; une autre variété jaunâtre a été observée souvent près d'Hospital, dans la vallée d'Urseren.

Le bec-fin rouge queue (*sylvia thitys*) est aussi connu et aussi peu sauvage que le rouge-gorge; il voltige du mois d'avril à celui d'octobre, dans les villages, le long des murailles et des rochers, à partir des bois de la plaine, aimés des rossignols, jusqu'aux champs de neige, patrie de l'accenteur des Alpes; on a même observé ce bec-fin au glacier supérieur de l'Aar. Ces petits oiseaux alertes ont toujours la queue agitée, aiment à se poser sur les haies, les pierres, les toits et les murs, d'où ils font entendre leur chant monotone et même quelque peu mélancolique. Le bec-fin des murailles (*sylvia phœnicurus*) a le plumage plus bigarré et le chant plus agréable; il habite également dans toute l'étendue de la montagne, et de préférence dans les buissons et les prairies qui bordent les ruisseaux.

Ces deux oiseaux, surtout le premier, sont, de tous, les plus communs sur les sols jonchés de blocs et de pierres; ils sautillent sans cesse de pierre en pierre, en étalant leur queue, et poursuivent les mouches et les scarabées que leur vue excellente leur fait apercevoir de loin. D'après des renseignements exacts, le rossignol, qui n'est pas rare dans certaines vallées grisonnes à 3000', habiterait et nicherait même dans les buissons qui bordent la Reuss dans la vallée d'Urseren, l'une des plus élevées de notre région. Tous les oiseaux chanteurs de la Suisse traversent cette vallée intéressante au moment de leur passage, ainsi que le bec-fin orphée (*sylvia orphea*), qui est plutôt un oiseau de l'Europe méridionale.

Parmi les pies-grièches, ces singuliers oiseaux qui tiennent à la fois des oiseaux de proie et des oiseaux chanteurs, nous ne pouvons attribuer d'une manière positive à la zone montagneuse que la pie-grièche grise (*lanius excubitor*). Cet oiseau y est rare et manque même dans certains districts. C'est un bel animal de plus de dix pouces de longueur, qui a le dessus du corps gris bleu, un large trait noir sur les joues, le ventre blanchâtre, les ailes noires, tachetées de blanc; son bec noir est très-vigoureux, dentelé, crochu à l'extrémité et garni de poils roides à la base; ses pattes noires sont armées d'ongles tranchants. Ordinairement cet oiseau, dont la taille attire l'attention, se pose au sommet d'un arbre ou d'un gros buisson, d'où il observe attentivement le voisinage. Il laisse arriver les passants fort près de lui, soit qu'il ne les remarque pas, soit qu'il se figure échapper lui-même à leurs regards. Lorsqu'il s'enfuit, c'est d'un vol rapide et ondulé, pendant lequel il élève et abaisse sa queue. La pie-grièche vit d'insectes et de vers, elle poursuit les lézards, les orvets, les souris, tous les oiseaux de petite taille; elle ose s'attaquer aux perdrix, aux grives, voire même aux corneilles et aux geais; sans doute elle ne leur fait pas grand mal, mais elle réussit pourtant à les éloigner de son territoire, ainsi que les faucons.

Ce hardi voleur ravit souvent à l'oiseleur les oiseaux pris aux gluaux; il s'élance même contre les cages qui, renfermant des oiseaux chanteurs, sont suspendues en dehors des fenêtres. La pie-grièche grise, ainsi que les autres espèces de la même famille, a la singulière habitude de fixer aux épines, ou d'accrocher à la bifurcation des rameaux, les souris et les petits oiseaux, afin de les déchirer plus commodément. Elle niche pendant le mois de mai sur les arbres fruitiers et les épines blanches, pond cinq à six œufs d'un blanc verdâtre, pointillés de teintes foncées, et abandonne la région montagneuse en hiver pour descendre dans la plaine. Il n'est pas rare de l'entendre au printemps chanter d'une voix enrouée et quelque peu criarde; elle intercale dans son chant des notes plus douces et cherche souvent avec succès à reproduire les mélodies d'autres oiseaux. Se voit-elle observée, aussitôt elle s'envole vers la forêt en poussant un tschæk-tschæk, qui témoigne de sa colère.

La pie-grièche rousse (*lanius rufus*), dont la taille est plus petite, la pie-grièche écorcheur (*lanius spinitorquus*) au dos roux, de même que la pie-grièche à poitrine rose (*lanius minor*), n'ont été observées que rarement dans les montagnes, et manquent en tout cas dans une grande partie de cette zone, quelque fréquentes que certaines d'entre elles soient dans la plaine. Des représentants de cette dernière espèce, jeunes et vieux, ont été pris sur le Saint-Gothard.

De même que les rouges-queues animent de leur présence les fermes, les champs et les lieux déserts, les bergeronnettes, avec les martins-pêcheurs, les merles d'eau et les pit-pits spioncelles, fréquentent les bords des ruisseaux écumeux et rapides qui descendent des monts, et ont pour mission d'empêcher la reproduction excessive des insectes aquatiques. Sans cesse les bergeronnettes sautillent de pierre en pierre ou courent sur les rives, en balançant leur lonque queue horizontale. Elles font entendre pendant tout l'été un cri doux, agréable, non interrompu, et nichènt dans les trous ou entre les pierres des berges; pendant l'hiver, la plupart disparaissent, quelques paires seules restent en arrière. Comme on ne les tire ni ne les prend au filet, les bergeronnettes sont très-communes dans les montagnes. C'est le cas surtout de la bergeronnette jaune (*motacilla boarula* ou *sulfurea*), petit oiseau dont le dos est gris, le croupion vert clair, la poitrine jaune et la gorge noire; elle habite partout les montagnes et remonte très-haut dans les Alpes, en suivant les lacs et les torrents.

La bergeronnette printannière (*motacilla flava*), joli petit oiseau à dos verdâtre et à ventre jaune, ressemble au précédent, mais s'en distingue facilement par ses teintes plus vives et sa gorge blanche. On la rencontre çà et là dans les montagnes, plutôt dans les pâturages fréquentés par le bétail que près des ruisseaux; elle y sautille gaîment à la poursuite des insectes.

Dans certains endroits, la bergeronnette grise (*motacilla alba*) habite de préférence le voisinage des eaux qui arrosent les vallées basses et la région des collines, tout en étant pourtant commune dans certains districts montagneux. Une variété presque blanche de cette espèce a été observée près de Hospital. C'est le bas pays qui est le séjour de prédilection des gobe-mouches, petits oiseaux aux teintes sombres, dont le chant est moins agréable que celui des précédents, et qui se tiennent silencieusement perchés au sommet des arbres pour happer au vol les insectes qui passent à leur portée. Le gobe-mouche ordinaire (*muscicapa atrocapilla*) est le seul qui fréquente les jardins et les vergers des vallées des Grisons; il semble, du reste, ainsi que ses congénères, redouter les rigueurs du climat des montagnes. Le gobe-mouche gris (*muscicapa grisola*), qui est parfois très-abondant à la limite inférieure de notre région, disparaît rapidement à des niveaux plus élevés.

Le cincle (*cinclus aquaticus*) est un oiseau fort alerte et intéressant qui habite avec les bergeronnettes le bord des ruisseaux, où il est sédentaire. Nous donnerons plus tard quelques détails sur ses mœurs et son genre de vie.

Au groupe nombreux des oiseaux chanteurs appartient encore une famille qui contribue pour beaucoup à animer les forêts de nos montagnes, et les fait retentir de ses accents suaves et puissants. Il s'agit de la nombreuse famille des grives, oiseaux que leur taille et leurs formes rapprochent des corvides, tandis que leur voix mélodieuse les rattache aux fauvettes. Les grives sont essentiellement des oiseaux de passage qui se nourrissent de baies et d'insectes. Leurs allures dénotent la vivacité; elles vivent par troupes, et sont prudentes sans être précisément sauvages. Ce sont les seuls oiseaux de taille moyenne qu'on prenne en masse pendant l'automne à cause de leur chair excellente, sans que pour cela elles paraissent diminuer. La draine (*turdus viscivorus*), la plus grande espèce du genre, a près d'un pied de longueur; elle a le dos d'un brun olivâtre, la poitrine et le ventre couverts de taches triangulaires noires. La draine n'est pas rare dans les forêts en montagnes; elle fréquente surtout les bois où les sapins ne sont pas trop serrés. Les baies du gui, du sorbier sauvage et du genévrier, des larves, des vers et des coléoptères lui servent de nourriture. Pendant l'automne, les draines descendent des hauteurs en même temps que les grives ordinaires, et se rassemblent par troupes dans les prairies plantées d'arbres fruitiers ; en hiver, on les y observe encore, mais plutôt isolées. Cet oiseau n'est pas sauvage, on peut l'approcher facilement à portée de fusil, et, lorsqu'il prend la fuite, c'est d'un vol assez lourd et de peu de durée. Perché sur le sommet d'arbres élevés, il fait entendre pendant les mois de mai et d'avril son chant grave et puissant, qu'on ne peut cependant pas comparer, sous le rapport de la beauté, à celui de la grive musicienne (*turdus musicus*), oiseau qui lui ressemble par la forme et la couleur, bien que de taille plus petite et ayant le ventre plus bigarré. Chanteuse délicieuse, la grive musicienne aime la lisière des bois ou le sommet des arbres qui s'élèvent au-dessus des fourrés. C'est de là que pendant tout l'été elle salue de ses chants le lever et le coucher du soleil, et s'abat par petites troupes sur les prairies irriguées, où elle trouve les vers et les insectes qu'elle préfère. Elle niche deux ou trois fois pendant l'année sur les sapins ou dans les fourrés. Sa voix délicieuse, au timbre sonore, lui a valu le surnom glorieux de rossignol des forêts.

L'arrivée de la grive, ainsi que celle de la bécasse, annonce positivement la venue du printemps. Vers la fin de septembre, elle part pour les régions chaudes. Cependant quelques individus isolés passent l'hiver dans nos pays. En cage, la grive est très-vive et disposée à apprendre ce qu'on lui enseigne. Il en est de même du merle noir (*turdus merula*), bel oiseau très-rusé, répandu partout et connu de chacun, qui fait entendre, dès le matin et avant tous les autres, sa voix éclatante et sonore, dont les modulations inspirent souvent la mélancolie plutôt que l'allégresse. Maintenant déjà, au commencement de février et au moment où nous écrivons ces lignes, la voix du merle s'élève de la forêt de châtaigniers, encore sans feuilles, qui s'étend devant nos fenêtres. Pendant l'hiver, le merle, à la recherche des baies, descend par troupes des forêts des montagnes dans celles de la plaine. En oiseau prudent, il ne s'écarte guère des buissons, et, pour peu qu'on l'effraie, il s'enfuit d'un vol rapide. Presque toutes les femelles s'en vont à la fin de l'automne, tandis que les mâles continuent d'errer de buisson en buisson pendant les mois d'hiver. Dès la fin de mars, les nids de merles renferment des petits éclos. De même que les étourneaux et les pies, les merles captifs arrivent à prononcer quelques mots. Le merle à plastron (*turdus torquatus*), oiseau gris et noir, n'est pas rare dans les montagnes, et semble habiter aussi en été la portion basse de la zone alpine. On rencontre encore dans quelques parties des chaînes suisses le merle de roche (*turdus saxatilis*), joli oiseau assez rare, qui a deux pouces de moins que le merle, la tête et le cou gris bleu, le dos bleu foncé, le croupion blanc, le ventre d'un rouge orange et la queue couleur de rouille. Ce merle appartient plutôt à l'Europe méridionale, où l'on aime beaucoup à entendre son ramage nocturne, qui est fort agréable. Cependant on l'a observé dans quelques vallées rocheuses des Grisons, du Valais et du Tessin, au pied du Jura et du Salève. La litorne (*turdus pilaris*, le pied noir), grande grive brune et grise qui ressemble assez à la draine, hiverne en grands vols dans notre pays, et retourne au printemps vers la région froide, sa patrie. Ces oiseaux sont pourtant sédentaires dans les montagnes glaronnaises et dans les forêts élevées et froides du massif appenzellois; ils y nichent, ainsi que nous l'avons nous-même constaté. On les voit souvent voltiger aux flancs abruptes et dénudés des parois de rochers, et jusqu'à la zone alpine. Ces grives sont très-sauvages et fort difficiles à atteindre. Au commencement de septembre, nous en avons rencontré un très-grand vol dans des forêts d'essences variées, exposées au midi sur les avant-monts appenzellois. Elles étaient probablement descendues des hauteurs où elles passent l'été, car l'époque où elles arrivent du nord ne commence que plus tard, à la fin d'octobre. Dès leur arrivée, les litornes se disséminent dans la plaine et la zone des collines, où elles errent à la recherche des fruits du sorbier. Ces oiseaux, qui sont alors beaucoup moins sauvages que ceux du pays, persistent à rester perchés sur certains arbres, d'où l'on peut souvent en abattre successivement de six à dix avant que les autres s'envolent. Leur chair est très-délicate, et, à la fin de l'automne, leur chasse est fort productive.

Il nous reste à indiquer deux belles espèces voisines, qui sont plutôt des raretés dans la faune de nos montagnes. Le merle bleu (*turdus cyaneus*) est un oiseau sauvage, qui vit solitaire dans les montagnes de Dalmatie, et s'égare quelquefois dans le Tessin et même sur les flancs escarpés du Salève, où il niche. C'est un beau merle nuancé de bleu clair et de bleu foncé; il a plus de huit pouces de longueur, et son chant, qui a quelque chose de doux et de mélancolique, est un des plus beaux qu'on puisse entendre. Le martin roselin (*pastor roseus*) est un superbe oiseau fort rare, qui a le corps rosé, le cou, les ailes, la queue noirs, et la tête surmontée d'une aigrette. Il nous arrive quelquefois de l'Afrique, de la Perse ou des Indes, et on l'a déjà tué sur les bords des lacs de Thun et de Hallwyl, près de Berne et de Winterthur, dans le Simmenthal et dans les cantons d'Uri et de Glaris. Le merle mauvis (*turdus iliacus*), beaucoup plus commun, ne s'égare presque jamais dans les montagnes à l'époque où il arrive du nord pour passer l'hiver dans les forêts et les vignes du bas pays.

L'étourneau (*sturnus vulgaris*), voisin des merles et fort connu pour ses allures comiques, arrive en mars par grands vols. Cet oiseau, dont le babil rappelle celui des perroquets, est des plus familiers, et recherche le voisinage des hommes et des animaux domestiques; aussi fait-il grand vacarme dans les villages et les prairies. Dans certaines parties de la Suisse, on élève les étourneaux en liberté, et on leur prend souvent les petits, dont la chair est excellente. Ce singulier farceur imite le cri de presque tous les animaux : il miaule comme le chat, coasse comme les grenouilles, et apprend à parler distinctement, sans qu'on ait besoin de lui couper le fil de la langue. On affirme qu'une veuve de Saint-Gall possédait un étourneau qui savait dire distinctement l'oraison dominicale tout entière, prière usitée dans la maison au lieu du *Benedicite*. Pendant l'été, ils habitent les forêts et descendent souvent dans les pâturages, où on les voit courir sur la terre à la poursuite des sauterelles et des vers, ou voltiger autour du bétail, afin de s'emparer des taons et d'autres parasites. En automne, ils se rasemblent et disparaissent sans qu'on s'en aperçoive, tandis qu'au printemps ils arrivent par vols bruyants, quelquefois d'assez bonne heure, pour que les retours de froid et les neiges tardives en fassent périr un grand nombre. C'est l'époque où ces oiseaux inquiets et bruyants aiment à se rassembler dans les roseaux des étangs pour y passer la nuit et s'y livrer à leurs joyeux ébats. On ne sait pas encore précisément à quel niveau ils cessent de nicher dans les montagnes; nous ne les avons jamais observés à plus de 3200', et pourtant ils habitent tout l'ancien continent, du cap de Bonne-Espérance jusqu'aux rivages glacés de la Sibérie.

La transition des oiseaux chanteurs, et en particulier des merles, aux corvides a lieu dans un sens par l'intermédiaire des loriots, et dans un autre par les rolliers. Le loriot (*oriolus galbula*), oiseau plutôt méridional, n'est pas des plus rares dans les bois des montagnes qui sont voisins de nappes d'eau. Les loriots sont fort brillants; ils ont la taille du merle, mais avec les formes plus élancées. Leur plumage est d'un jaune brillant, leurs ailes sont noires; ils ont une raie de même couleur au milieu de la queue. Les loriots sont très-sauvages; ils savent parfaitement se cacher dans le feuillage et chantent à peu près comme les draines. Comme cet oiseau n'arrive chez nous qu'au mois de mai et repart déjà à la fin d'août, il passe pour plus rare qu'il ne l'est réellement. Le loriot niche dans le Jura; on l'a souvent observé dans les montagnes sauvages qui entourent le Sernfthal, dans le canton d'Uri et dans l'Oberland bernois, ainsi que dans la plaine suisse et surtout dans la vallée du Rhin. Au commencement de septembre, à l'époque de leur passage, les loriots sont si abondants sur le Saint-Gothard, qu'on peut en acheter à profusion pour 70 centimes l'exemplaire. En revanche, le rollier (*coracias garrula*), bel oiseau de la taille du geai, n'a été que très-rarement tiré dans notre pays à l'époque de ses passages. Des mâles adultes de cette espèce ont été signalés dans les rochers du lac des Quatre-Cantons, où peut-être il en niche de temps en temps quelques paires.

Le casse-noix (*nucifraga caryocatactes*) est un joli oiseau, dont le plumage brun foncé est pointillé de blanc comme celui de l'étourneau. Il est sédentaire dans les bois de hêtres et de chênes, et y erre isolé dans toute l'étendue et même au delà de la zone montagneuse; souvent il disparaît pour plusieurs années. Nous ne l'avons jamais observé en aussi grand nombre que dans les forêts d'aroles de la haute Engadine, où il est toujours très-commun. Pendant l'hiver, cet oiseau descend dans les bois de la plaine. Il se nourrit de préférence d'œufs et de petits oiseaux qu'il retient de la patte, pendant qu'à l'aide de son bec, il leur picote la cervelle; il vit aussi de glands, de faines, de noisettes et de graines d'arole, qu'il avale et emporte dans son gosier lorsqu'il n'a pas le temps de les ouvrir, pour les rejeter plus tard et les briser à coups de bec. Le casse-noix sait fort bien cacher ses provisions, mais il ne réussit pas toujours à les dérober aux écureuils qui en prennent leur part. Il aime à se percher au milieu des fourrés les plus épais, d'où il fait entendre son cri désagréable, kræh-gœrr; il n'est rien moins que sauvage, et sa hardiesse va souvent jusqu'à le rendre stupide. Dans certaines parties des Alpes, les montagnards l'appellent geai des sapins, ailleurs ils ne le connaissent pas. Sur la Geiszstafelalp (4500'), dans le canton de Glaris, on a pris au nid, à l'époque de Pâques, deux jeunes casse-noix qui, chose singulière, devaient provenir d'œufs pondus et couvés pendant l'hiver.

Le geai (*corvus glandarius*) est beaucoup plus commun dans toutes les parties inférieures et moyennes des montagnes. Sa taille est la même que celle du casse-noix ; son plumage est d'un jaune grisâtre, sa tête est tachetée ; il a les couvertures des ailes très-élégamment rayées de noir et de bleu. Les geais vivent à peu près comme les casse-noix, mais ils sont plus inquiets, plus prudents et sauvages. Ils sont sans cesse à sautiller et à balancer la tête ; tous leurs mouvements sont empreints d'un certain caractère d'élégance. Le geai vit d'insectes, de vermisseaux, d'épis mal mûrs et de fruits ; en captivité, on peut lui apprendre à prononcer quelques mots, à imiter le cri des animaux et le bruit de certains instruments. Tantôt c'est sur les arbres des forêts et des vergers, tantôt au milieu des taillis et des buissons qu'il construit son nid, et deux fois l'an il y pond de quatre à sept œufs tachetés de brun. De même que le casse-noix, le geai se met en quête des œufs et des jeunes oiseaux encore au nid ; quelquefois même il ravit les poussins de la perdrix et du tétras. En automne, il n'est pas rare d'observer des vols de huit à douze geais, qui errent dans les champs et les prés plantés d'arbres fruitiers. A la moindre apparence de danger, le geai s'envole en poussant un cri affreux, et souvent il se cramponne aux troncs des arbres à la manière des pics-bois. Sa chair est mangeable, quoique fort dure ; elle n'est cependant pas plus mauvaise que celle des vieux ramiers. L'organisation du geai le rapproche des corbeaux.

Les différentes espèces de corbeaux sont très-abondantes dans toute l'étendue des montagnes ; sous bien des rapports, ce sont des animaux utiles, mais leur couleur sombre et leur cri désagréable ne les font pas aimer. Ils fréquentent les endroits rocheux et les gorges plutôt que les forêts, vivent dans les prairies et près des villages, se rassemblent souvent en grandes troupes et font retentir au loin leur affreux croassement. Le plus grand et le plus important des oiseaux de ce groupe est le corbeau ordinaire, qui habite, par couples isolés, dans toute l'étendue de la montagne et même de l'alpe. Il y joue le rôle du catharte, et c'est lui qui, de concert avec les corneilles et les pies, dévore avec avidité et fait disparaître les animaux morts. Tout ce qui est mangeable lui est bien venu : il se repaît de fruits, de légumes, de souris, d'insectes, de vers, de grenouilles, et ne dédaigne pas même le fumier. Le corbeau poursuit aussi les petits oiseaux, les jeunes perdrix et même les levrauts ; il les emporte tantôt dans son bec, tantôt au moyen de ses griffes, et, sous ce rapport, c'est un oiseau qui nuit à l'accroissement du petit gibier.

Les corneilles et les choucas ne s'élèvent pas aussi haut que les corbeaux ; ces derniers aiment à séjourner près des maisons et des vieux murs. Leurs bruyantes légions couvrent au printemps et en automne les prés et les champs, où ils sont fort occupés à courir à la poursuite des insectes et des vers. Dès qu'ils soupçonnent quelque péril, ils s'envolent en criant, s'enfuient en bandes serrées qui opèrent parfaitement leurs changements de front sans se débander, et finissent par s'abattre de nouveau sur les rochers ou les pentes des monts. Pendant l'été, la pie, joli oiseau des plus prudents, fréquente aussi, seule ou par petites troupes, la région des montagnes, où on la rencontre, non dans les forêts touffues, mais plutôt près des villages, dans les prés, le long des ruisseaux et dans les buissons. La pie aime à se percher au sommet des arbres et sur le faîte des toits, où elle babille activement avec ses compagnes, sans cesser d'être ses gardes, malgré ses sauts et ses cris.

La pie ravit aussi aux petits oiseaux leurs œufs et leurs petits; elle les attaque même, les surprend souvent en traîtresse, et les chasse de sa présence. Elle enlève au paysan la viande qu'il laisse près de la fontaine ou les pommes qu'il oublie sur la fenêtre, puis, du haut d'un tronc de saule voisin, elle le nargue encore de ses accents criards et méchants. Dans le canton des Grisons on a souvent tiré des pies tout à fait blanches. Le choquard, bel oiseau à bec jaune, habite des régions plus élevées, mais pendant l'hiver, et même au mois de septembre, lorsque le temps se prépare à l'orage, il descend dans le bas pays, par exemple près du bourg d'Appenzell et de la ville de Coire, et fait retentir du haut des airs sa voix aiguë et criarde, qui est cependant moins désagréable que celle de la corneille.

Tous les oiseaux qui appartiennent au genre corbeau sont sauvages, défiants et très-prudents, de sorte qu'ils sont assez difficiles à tuer. En captivité, ils s'apprivoisent facilement, apprennent divers tours d'adresse, mais restent toujours malpropres, voleurs et voraces.

Nous voici arrivé, dans notre revue des hôtes ailés de la montagne, à l'une des familles d'oiseaux les plus singulières, celle des chouettes, oiseaux de proie nocturnes et mélancoliques, qui craignent le jour et les hommes, et auxquels la superstition populaire fait jouer un rôle dans maintes circonstances.

Les chouettes sont ordinairement invisibles, car les espèces mêmes qui chassent de jour savent parfaitement échapper aux regards. Immobiles pendant le jour dans les forêts, les ruines et les rochers, les chouettes ne se mettent en chasse qu'au crépuscule et au clair de lune, et rapportent d'ordinaire leur proie à l'endroit où elles ont élu domicile. Pendant le silence de la nuit, leur cri, qui inspire l'effroi, résonne au loin au milieu des rochers et des forêts. Souvent, en parcourant les bois, on remarque quelque chouette qui, près du tronc et les yeux étincelants, reste immobile sur sa branche comme si elle y était attachée. Elle laisse le chasseur approcher, et ne s'envole dans le fourré qu'à regret et comme malgré elle. Le plumage des chouettes est léger, mol, élastique, et assez chaud pour que ces oiseaux puissent résister aux frimas de l'hiver sans changer de climat. Presque toutes les chouettes ont la tête grosse et arrondie comme les chats, la face aplatie, deux gros yeux saillants et un bec court fortement crochu, à demi caché au milieu de plumes allongées qui ressemblent plutôt à des poils; cette face grotesque est bordée, ainsi que les oreilles, d'une collerette arrondie de plumes. La pupille de leur iris se rétrécit et se dilate chaque fois qu'elles respirent, de sorte que le voyant de leur œil paraît tantôt plus petit, tantôt plus grand. Leurs pattes courtes sont couvertes d'une couche épaisse de plumes qui les protégent contre les atteintes des petits animaux qu'elles saisissent. C'est d'un vol léger, et sans être entendues, qu'elles s'approchent de la proie. L'ouïe et la vue des chouettes sont excellentes ; le soleil les éblouit, mais elles voient aussi pendant le jour ; naturellement au milieu de l'obscurité de la nuit il n'en peut être de même ; c'est au crépuscule que leur vue est le plus perçante. Leur vol est trop lent et trop indécis pour qu'elles puissent saisir au vol de petits animaux. C'est pourquoi elles n'attrapent que des reptiles ou des animaux endormis ; quand elles sont affamées, elles chassent aussi de jour. Les chouettes accumulent des provisions pour les temps de disette, et en captivité, lorsqu'elles sont rassasiées, elles savent envelopper dans la peau les restes d'un animal et les cacher. Pendant la nuit, en imitant le cri de la souris, leur proie préférée, on réussit le mieux à les attirer à portée de fusil. Malgré leur lourdeur apparente, les chouettes ne laissent pas d'être rusées ; elles ont dans leurs allures quelque chose des singes et des perroquets, et ne semblent pas avoir des instincts sociaux.

Les chouettes restent mélancoliquement posées dans les ruines, sur les branches, ou au débouché des crevasses des rochers ; un petit nombre d'espèces seulement vivent en société. La famille des strigidées renferme des espèces de grande et de petite taille ; elle est représentée sur une très-grande partie du globe et à des niveaux très-différents. On divise cette famille en deux groupes, celui des ducs, qui ont au-dessus de l'oreille un pinceau de plumes redressées, et celui des hibous, qui en sont dépourvus. Les uns et les autres, par la chasse incessante qu'ils font aux souris, sont des oiseaux des plus utiles ; à ce titre, ils méritent tous nos égards.

On trouve le grand-duc dans toute l'étendue de la région montagneuse, mais toujours disséminé. Nous en parlerons plus tard avec détails. Sa force et sa hardiesse sont telles qu'il s'attaque même au renard. En revanche, il a à subir pendant le jour les insultes et les poursuites des corneilles. On a observé une fois un grand-duc qui, pour échapper aux atteintes de ses persécuteurs, avait été réduit à s'étendre sur le dos au milieu d'un pré, afin de leur opposer son bec et ses griffes dangereuses. A l'approche d'un passant, les corneilles s'enfuirent, et le grand-duc épuisé se laissa prendre à la main. Près de Châtel-Saint-Denis un grand-duc s'abattit sur un mouton au milieu d'un troupeau qui suivait la grande route. Ses griffes restèrent fixées au milieu de la toison, il fut pris et transporté vivant à Vevey.

Le plus commun des ducs est le moyen (*strix otus*), oiseau d'un pied de longueur et de trois pieds d'envergure. Il a le plumage d'un jaune rouille, entremêlé de blanc et bigarré de taches et de stries grises et brunes; sa poitrine d'un jaune plus clair, est semée de stries et de taches triangulaires foncées. Les pinceaux de plumes qui surmontent ses oreilles ont la hauteur d'une demi-tête, et lui ont valu le nom de hibou cornu. Son cri peut se noter comme suit: huuk-huuk-hoho. Le moyen-duc vit dans les forêts les plus touffues, et dépose ses quatre œufs dans quelque nid abandonné par les corneilles. En captivité, il ne tarde pas à s'apprivoiser; il dort pendant le jour, et, dès que vient le soir, il commence à se livrer à des contorsions, bat de l'aile, fait rouler les yeux, siffle et fait claquer son bec. Aux mois de mars et d'avril ces oiseaux se perchent souvent, par troupes de six à quatorze, sur des arbres ou des troncs de saules; ils préfèrent les forêts aux montagnes, et, quoique difficiles à observer, ils sont partout assez communs, surtout dans le Jura et au Valais. Ils prennent beaucoup de souris, et abandonnent en hiver les régions supérieures.

Le hibou scops (*strix scops*) est de la taille du merle; ses plumets sont courts et peuvent se replier en arrière; il a le plumage d'un brun grisâtre, finement strié de dessins foncés. Quoiqu'il soit assez commun en Allemagne, le scops est rare dans le nord de la Suisse et dans le Jura. Il passe l'été dans les Grisons, le Tessin, le Valais, et descend même dans les vallées inférieures et dans l'Oberland bernois. Aux Grisons, son cri, riu-tod-tod-tod-tod[1], l'a fait appeler oiseau des morts. Au printemps, pendant

[1] *Tod* signifie en allemand la mort.

les nuits éclairées par la lune, on peut, en imitant ce cri, attirer ce petit hibou qui, perché au plus épais du feuillage, y répond dès que le soleil est couché, ou voltige d'un vol léger et vacillant au milieu des buissons. Dans le Valais, on l'appelle *Jokkein;* au Tessin, *civetta cornuta*, et, de même qu'en Italie, on l'y apprivoise souvent pour s'en servir à attirer les oiseaux. Le scops s'y accommode de toute espèce de débris de table, et s'y achète souvent un ducat. Son habitude d'élever et d'abaisser les plumets, ses manières comiques, sa familiarité, tout fait de lui un charmant petit camarade de chambre.

De toutes les chouettes, c'est la hulotte (*strix aluco*) qui est partout la plus répandue dans les montagnes. Elle a un pied et demi de longueur et mesure près de trois pieds et demi d'envergure. Sa grosse tête porte deux grands yeux d'un brun foncé, son bec est jaune pâle ; elle a les couvertures des ailes teintées de blanc, le dos d'un gris roux strié de brun, le ventre blanc tacheté de brun, et les pattes recouvertes d'un épais duvet. Elle fréquente de préférence les vieilles forêts bien boisées de la plaine, et s'élève assez haut dans les montagnes. Vigoureuse comme elle l'est, la hulotte ose attaquer des levrauts, et, lorsque le besoin l'y pousse, elle remplit son estomac d'herbes, de mousse et de feuilles. La hulotte a beaucoup d'affection pour ses petits, êtres difformes aux iris rouges et au regard fixe et stupide. Au moindre danger, la mère se met à voltiger autour du nid en poussant des cris plaintifs. Cette espèce présente deux variétés : l'une a les teintes pâles, l'autre est plutôt d'un orange qui rappelle la couleur du renard.

La chouette Tengmalm (*strix dasypus*) est un véritable oiseau montagnard qui atteint la zone alpine. Le fond de son plumage est un gris brun pointillé de blanc, son ventre blanc est tacheté de gris. Cet oiseau a l'œil très-grand et muni d'une paupière clignotante bien visible ; il a neuf pouces de long et mesure un pied neuf pouces de largeur d'ailes. Les pattes sont très-fortement emplumées jusqu'aux ongles ; il crie peu et ne fait entendre qu'un léger kev-kev-kuuk-kuuk-kuuk. La chouette Tengmalm habite les arbres creux et les fentes des rochers garnis de buissons. Elle est particulièrement commune dans les bois de sapins des Grisons, et n'est pas rare dans les Alpes centrales. Chaque année elle niche sur le Saint-Gothard; dans la vallée d'Urseren on a trouvé une fois, dans une excavation de rocher, sept œufs de cet oiseau, nombre que n'atteint dans sa ponte aucun autre oiseau de proie. Cette petite chouette paraît avoir le naturel très-doux et l'humeur joviale. Elle ne vole que le soir, et passe la journée dans le plus épais du feuillage ou plutôt dans le creux des arbres, seule ou serrée contre d'autres individus de la même espèce. Dans le Klœnthal, au pays de Glaris, on en prit une fois huit dans une écurie; ce fait prouve qu'elle habite aussi les masures. Dans le Jura, la chouette Tengmalm passe pour une rareté.

Outre les espèces précédentes, nous possédons encore deux autres petites espèces de chouettes plus rares, qui apparaissent quelquefois dans les vallées méridionales des Alpes. L'une, la chevèche (*strix passerina*), est un peu plus petite que la chouette Tengmalm; elle lui ressemble par la couleur, mais elle n'a pas les pattes aussi emplumées, et sa queue et ses ailes sont plus courtes. On n'a encore signalé cette espèce que dans les forêts du Tessin, où on la nomme *civetta piccola*, et où on l'utilise encore plus fréquemment que le hibou scops pour la chasse des oiseaux. Apprivoisée, elle vit dans les maisons, poursuit les souris, et se nourrit de fruits, de polenta et d'autres aliments semblables. Les Italiens, ces oiseleurs passionnés, la portent en plein air, l'attachent sur un juchoir garni d'un coussin, et lui fixent à la patte un long cordon qu'on tire de loin, afin de lui faire exécuter ses sauts et ses singulières contorsions. Tout autour de la chouette on dispose des appeaux et des gluaux. Les petits oiseaux, curieux de ce spectacle, s'approchent par troupes : les rouges-gorges, les becs-fins, les fauvettes, les mésanges, les bergeronnettes, les pit-pits, les roitelets, voire même les draines et autres grives arrivent et restent pris au piége. On prétend que les pinsons se joignent à ces bruyants tapageurs, et crient aussi bravement que les autres, mais qu'ils sont assez prudents pour ne pas s'approcher de trop près des gluaux qui les attendent. Ce genre de chasse dure du mois de juillet au mois de novembre, et les Tessinois pénètrent même jusque dans les Grisons pour s'y livrer.

La chevèchette (*strix pygmea*), l'une des plus petites chouettes connues, n'a été signalée en Suisse que dernièrement. Elle nous arrive du Nord, et se retire bientôt dans les forêts des montagnes ; jusqu'à présent on ne l'a rencontrée que dans les cantons d'Uri, de Schwytz, aux Grisons, dans le Jura et dans l'Appenzell. A peine aussi gros qu'une alouette, ce petit oiseau est aussi comique que charmant. Il est d'un gris roussâtre, pointillé de blanc ; sa poitrine est blanche avec des stries brunes ; sa tête, plutôt aplatie qu'arrondie, a quelque chose de celle des faucons, et est entourée d'une collerette de plumes. La chevêchette a les allures plus vives que les autres chouettes; elle vole avec légèreté et rapidité, se nourrit d'insectes, de souris et de mésanges qu'elle a la précaution de plumer avant de les avaler. C'est pourquoi les petits oiseaux s'acharnent contre elle et la poursuivent avec fureur. Tœd-tœ-tœ-tœ rappelle assez bien son cri. En Allemagne, cet oiseau n'est pas rare dans la région des collines et au pied des montagnes.

A défaut d'espèces particulières, nos montagnes renferment ainsi un grand nombre de chouettes. Le hibou brachyote (*strix brachyotus*), oiseau du Nord, qui nous arrive avec les bécasses et reste chez nous pendant les hivers doux, et l'effraye (*strix flammea*), jolie chouette assez rare, sont les seules espèces suisses qui n'habitent pas la montagne. Dans la vallée d'Urseren on a observé le grand et le moyen-duc et la chouette Tengmalm ; dans le petit bois qui domine Andermatt, le petit scops et la chevêchette, et rarement, à son passage, le hibou brachyote, oiseau que nous avons nous-même chassé, en même temps que des bécasses, à 2500' d'altitude.

La chouette Tengmalm est probablement la seule qui s'élève au-dessus de la limite des forêts; quant à la hulotte, ses excursions nocturnes et silencieuses dans les hautes régions peuvent n'avoir pas encore été observées, et il serait fort à désirer que ces utiles et bienfaisants animaux fréquentassent aussi les pâturages élevés où abondent les souris.

C'est à tort que le peuple éprouve de l'aversion pour les chouettes et les considère comme des oiseaux de mauvais augure; malgré ce qu'elles ont d'étrange, la beauté de ces oiseaux égale leur utilité, et leur type est l'un des plus caractéristiques dans le règne animal. On ne les tire que par hasard, le plus souvent lorsque leur présence est trahie par les cris d'autres oiseaux. La bizarrerie de leur forme ne le cède en rien à celle de leur séjour et de leur cri nocturne, dont les modulations parcourent toute l'échelle des sons et la série des voyelles, depuis l'U le plus grave à l'I le plus aigu, et donnent le frisson lorsqu'elles s'échappent pendant la nuit du fond de quelque sombre ravin désert.

Les oiseaux de proie diurnes sont proportionnellement aussi nombreux dans la montagne que les oiseaux de nuit, tout en y étant moins variés que dans la plaine. Les mœurs de ces deux groupes de rapaces contrastent entre elles d'une manière frappante. Les oiseaux de proie diurnes sont entreprenants et hardis jusqu'à la folie; ils s'élèvent très-haut dans les airs, ont le vol puissant et rapide et la vue extraordinairement perçante. Ils attaquent tous les animaux dont ils peuvent s'emparer, et les saisissent, soit au vol, soit en se précipitant sur eux lorsqu'ils les voient à terre. Les rapaces diurnes sont aussi plus agiles et plus sanguinaires que les chouettes au tempérament hypocondriaque; leurs plumes sont plus raides et plus appliquées au corps. C'est le soir et le matin qu'ils choisissent pour leurs migrations; ils les exécutent par paires et rarement en petites volées, tandis que les chouettes ne se mettent en route qu'au crépuscule.

Souvent nous apercevons au-dessus de nos têtes, à une hauteur où il est à l'abri de nos coups, un oiseau de proie qui, la queue étalée, décrit de grands cercles, en poussant son cri, giack-giack, et puis, fatigué, nous le voyons se diriger vers la forêt, ou descendre cemme une flèche pour saisir sur le sol un oiseau, une souris, ou une hermine. C'est l'autour (*astur palumbarius*), l'un des voleurs les plus hardis et les plus impudents, la terreur des pigeons, des poules et des canards, et l'un des plus grands destructeurs du gibier, puisqu'il attaque même les lièvres, les tétras et les coqs de bruyère. Il enlève sa victime du milieu des villages, poursuit les poules jusque dans les cuisines, et, malgré son aveugle fureur, il réussit presque toujours à échapper au plomb, grâce à la rapidité de son vol, à sa prudence et à son agilité extraordinaires. L'autour est un vigoureux oiseau de près de deux pieds de longueur; il a le dessus du corps d'un gris cendré foncé, teinté de brun, au-dessus de l'œil un trait blanc, interrompu de stries brunes, et des taches blanches à la nuque. Son ventre blanchâtre est barré de raies noirâtres, sa queue est arrondie, ses jambes emplumées et ses pattes d'un jaune soufre. L'autour ne plane que par le beau temps; ordinairement il vole bas et très-rapidement, sans que ses ailes semblent se mouvoir. Il s'élance souvent sur les petits oiseaux de bas en haut ou de côté; quant aux poules et aux lièvres, c'est d'en haut qu'il les saisit et les emporte dans le premier buisson où il se croit en sûreté. Ce dangereux rapace habite pendant toute l'année l'espace qui s'étend de la plaine à la limite des forêts; il niche de préférence dans le bas pays sur de grands arbres, surtout lorsque ceux-ci s'élèvent à peu de distance des champs cultivés. L'autour attaque souvent les corneilles et les pies. Il plume les gros oiseaux avant de les déchirer; quant aux souris, aux taupes et aux petits oiseaux, il les avale tout entiers. Il construit son nid de branches vertes sur des sapins très-élevés et serrés, et y pond quatre œufs verdâtres de la grosseur d'œufs de poule. Les jeunes autours s'apprivoisent aisément, mais il leur reste toujours quelque chose de leur naturel féroce qui empêche qu'on ne les prenne en affection.

Les éperviers (*astur nisus*) ressemblent beaucoup aux autours, mais ils sont de moitié plus petits et leur rôle dans la nature est beaucoup moins considérable. Ils semblent devenir très-rares dans la partie supérieure de notre région. Dans les cantons d'Uri et de Glaris, on ne les rencontre même pas au-dessus des collines. Leur hardiesse, leurs ruses et leur rapacité en font de petits autours ; ils nichent dans des fourrés de grands sapins, traversent comme des flèches les vergers et les bois fréquentés par les petits oiseaux, et vont même attaquer les hérons.

L'oiseau de proie le plus commun dans la montagne est la cresserelle (*falco tinnunculus*). Il n'est guère plus gros qu'un geai ou une tourterelle; il a le dos d'un brun cannelle taché de noir, la gorge blanche, la poitrine rousse avec des stries noires, la tête et la queue grises, le bec noir fort crochu, les pattes jaunes et les ongles noirs. Pendant l'hiver, ce petit faucon erre dans la plaine ou disparaît; au printemps il se montre sur les avant-monts et s'élève très-haut dans les Alpes. Il habite aussi l'Asie et l'Amérique, niche sur les anfractuosités des rochers, dans de vieilles tours, et même au bord des bois de pins. En avril il pond de quatre à six œufs d'un brun jaunâtre pointillé de brun foncé. Après avoir niché au pied des montagnes, la cresserelle s'élève plus haut, et vit de serpents, de souris, de scarabées, de grillons, de crapauds, de salamandres. Elle attaque même les perdrix, les lajopèdes et les jeunes lièvres; quant aux petits oiseaux, elle les laisse ordinairement en paix. La cresserelle a le vol plus rapide que les busards, oiseaux presque inconnus dans les montagnes; elle est plus rusée, mais moins courageuse, et se fait remarquer par la vivacité et la mobilité de ses allures. Souvent elle plane longtemps au-dessus de sa proie avant de se précipiter sur elle, car elle a plus de difficulté que l'autour à la saisir au vol. La cresserelle ne se pose que rarement et à l'ordinaire vers le soir. Souvent on l'observe battant l'air de ses longues ailes pointues, et immobile au-dessus du terrain qu'elle inspecte, en poussant son cri aigu, gri-gri-gri. Il n'est pas rare non plus de la voir en guerre avec des corneilles et, à des niveaux plus élevés, avec des coracias, auxquels, il est vrai, elle ne réussit pas à faire grand mal.

Comme la cresserelle ne peut pas facilement prendre au vol les petits oiseaux, elle les poursuit jusqu'à ce que, épuisés, ils se cachent dans quelque coin où elle s'en empare. Au besoin, perchée sur une grosse pierre, elle happe les sauterelles ou se met en quête de nids dont elle mange les œufs. C'est un oiseau difficile à tirer, car il ne s'approche des huttes qu'avec précaution, et ne pénètre pas volontiers dans l'épaisseur des bois. Il s'apprivoise plus facilement que les espèces suivantes, et affectionne beaucoup son maître. J'ai eu longtemps dans ma chambre une jeune cresserelle femelle, qui se montrait plutôt familière et attachée que très-prudente. Au moment où j'entrais, elle ne bougeait pas de son perchoir avant que je lui eusse parlé amicalement et tendu la main, et, quand je travaillais à mon pupitre, elle aimait à venir se poser sur ma tête.

On a observé, nichant au-dessus de Meyringen, le faucon à pieds rouges (*falco rufipes*), petit oiseau de proie de l'Europe occidentale, qui, comme les pies-grièches, vit presque exclusivement d'insectes. Du reste, il paraît être en Suisse oiseau de passage, et s'y montre quelquefois au mois d'avril et de mai par petites troupes. Un grand vol de ces faucons couvrit un jour les vergers qui entourent le village vaudois de Noville; les habitants les prirent au premier abord pour des tourterelles, et en tuèrent quelques-uns; mais après avoir remarqué l'avidité avec laquelle ces oiseaux recherchaient les hannetons, ils les laissèrent en repos.

Outre les cresserelles qui sont partout communes, deux autres espèces de faucons nobles fréquentent encore, mais beaucoup plus rarement, les forêts et les rochers de nos montagnes. Le faucon pèlerin (*falco peregrinus*) a seize à vingt pouces de longueur, la tête et le dessous du cou d'un noir bleuâtre, le bec gris fortement crochu, le dos gris bleu rayé de bandes transversales noires, la poitrine blanche, tachetée de brun, la queue grise, les pieds jaunes. Cet oiseau, dont la taille surpasse celle d'une poule, parcourt d'un vol rapide les pâturages, à la poursuite des petits oiseaux. Le hobereau (*falco subbuteo*) est peut-être plus commun ; il a douze à quatorze pouces de longueur, le dos brun avec des reflets bleuâtres, la gorge blanche, les cuisses et l'abdomen couleur rouille, et les pattes jaunes longuement digitées. De même que le précédent, il n'habite chez nous que pendant l'été, et niche sur de grands arbres ou dans les rochers. Il est extrêmement redouté des petits oiseaux, quoiqu'il préfère les scarabées, les courtillières ou les larves d'insectes. Le faucon pèlerin a été tué pendant l'été de 1853 dans la vallée d'Urseren ; un des plus hardis et des plus prudents de tous les rapaces, il peut être observé çà et là dans les montagnes, depuis le fond des vallées jusqu'à la limite supérieure des forêts. Perché ordinairement au sommet d'une pointe de rocher ou d'une colline, il domine de là toute la contrée de son regard perçant. Ce faucon, qui aime à nicher dans les rochers de la région des collines et même des avant-monts, habite toute l'étendue de l'hémisphère boréal. Sa nourriture ne consiste guère qu'en oiseaux et surtout en perdrix, pigeons et petit gibier. Pressé par la faim, il chasse aux corneilles. Jamais il n'attaque les mammifères ni ne s'abat sur des animaux morts. Le faucon pèlerin se précipite perpendiculairement sur sa proie avec une vitesse inconcevable, et, si cela lui est possible, il la dévore toujours sur place. Un observateur attentif a évalué au chiffre énorme de dix milles anglais par minute la rapidité de son vol, lorsqu'il poursuit un oiseau ; d'autres admettent, peut-être avec plus de raison, qu'il parcourt cent cinquante milles anglais par heure. Il est si peu timide qu'il accourt au bruit de la détonation du fusil, et enlève, aux yeux du chasseur, la perdrix que celui-ci vient d'abattre. On assure qu'à Londres il s'établit par troupes dans les clochers des églises, afin d'être plus à portée des bandes de pigeons. Dans notre pays, il n'est pas rare de le voir voler d'un vol léger et rapide à une hauteur considérable, et on le distingue facilement des autres oiseaux de proie à son corps allongé, à ses longues ailes étroites et pointues, à sa queue mince et à son cri retentissant, kajack-kajack. Tout à coup il semble tomber de la nue ; puis, rasant le sol comme un trait, il effarouche les petits oiseaux qui ne lui échappent presque jamais. Pendant la nuit, le faucon reste perché au sommet d'un sapin ou sur une pointe de rocher.

Le hobereau est un diminutif du faucon pèlerin, et ne lui cède pas en fait de hardiesse, de ruse et d'étonnante rapidité. Souvent il plane des heures entières au-dessus du chasseur dont le chien d'arrêt quête dans les champs, et il saisit les alouettes, les bruants ou les cailles qui fuient devant le chien; quelques coups d'aile lui suffisent pour atteindre au vol les hirondelles les plus rapides. Sa gorge blanche et le trait noir qui traverse sa joue font reconnaître le hobereau même à distance; lorsqu'il vole, son corps mince et ses longues ailes effilées empêchent de le confondre avec d'autres faucons. Les deux faucons dont il vient d'être question sont des espèces de passage, qui appartiennent plutôt à la région des collines et sont plus communs dans le bas pays que dans les montagnes.

Les busards et les milans ne font que de rares apparitions dans notre zone. Le busard Saint-Martin (*circus cyaneus*), oiseau gris bleu, qui plane de préférence au-dessus des prairies et des champs cultivés, remonte de temps en temps dans la vallée inférieure de la Reuss. Quant au milan royal (*milvus regalis*), bel oiseau au plumage rougeâtre, il pénètre plus souvent dans les montagnes : un magnifique individu de cette espèce a été tué près du Pont-du-Diable (3900').

Nos montagnes sont habitées par deux espèces de buses, dont l'une, la buse commune (*buteo vulgaris*), est avec la cresserelle l'oiseau de proie le plus commun dans notre zone; elle en diffère d'ailleurs beaucoup par ses allures, car, de même que toutes les autres espèces du genre, elle a dans tout son être quelque chose de lourd, de maladroit et de paresseux.

Pendant des heures entières, la buse reste perchée et comme affaissée sur quelque arbre à la lisière de la forêt, et épie les souris, les amphibies, les limaces et les vers; enfin elle se décide à s'ébranler, elle prend le vol et se dirige lentement vers la campagne, ou s'élève et se met à planer en décrivant de grands cercles. Cet oiseau, qui mesure plus de deux pieds de longueur, est beaucoup moins dangereux pour les poules et les pigeons que la cresserelle qui a tout au plus quatorze pouces. Cependant il attaque courageusement les corneilles et les pies. La buse est brune, elle a le ventre blanc jaunâtre, marqué de taches et de lignes ondulées brunes, la queue grise avec des barres transversales plus foncées. L'espèce comprend des variétés brunes, noires et jaunes, dont chacune se présente assez souvent. Une variété blanchâtre, qui a déjà été observée à plusieurs reprises dans le canton de Schwitz et ailleurs, passait anciennement pour une espèce particulière. En Allemagne, les buses sont des oiseaux de passage qui, au mois d'octobre, se dirigent vers l'ouest par grandes troupes irrégulières, composées souvent de plus de cent individus, pour revenir, au mois d'avril, de leur vol alourdi, en nombre aussi considérable qu'elles étaient parties. Chez nous, la buse est un oiseau sédentaire et errant, qu'on ne rencontre jamais en grands vols. Dans toutes nos montagnes, on l'observe isolée, planant au-dessus des forêts et des rochers et poussant son cri perçant, hiæh-hiæh-hiæh. Ce n'est que lorsque le chasseur est bien caché qu'il peut tirer la buse, car, malgré ce qu'elle a de lourd, elle est sauvage et prudente. Le soir, il est plus facile de l'abattre pendant qu'elle est perchée sur son arbre. On a tort de faire la chasse aux buses; ces oiseaux, des plus utiles, détruisent une quantité de lézards, de serpents, de rats et de souris. Les buses ont beaucoup de patience; perchées sur une pierre, sur un buisson, ou même posées à terre pendant l'automne, elles attendent durant de longues heures qu'une souris ou une taupe vienne à remuer la terre à leur portée. A l'instant même la buse se précipite sur le tas de terre molle, et en retire dans ses griffes la taupe ou le mulot. Voilà pourquoi, en automne, ces oiseaux ont généralement les pattes et les pieds souillés de terre. Pendant les hivers rigoureux, les buses sont souvent fort à plaindre, car, même dans la plaine, leurs pattes nues gèlent. C'est le moment où affamées elles volent d'arbre en arbre, poussent des cris, et sont souvent plus de quinze jours sans nourriture. Si alors un autour plus habile vient à saisir un poulet ou un pigeon, la buse pourchasse son rival et lui ravit sûrement sa proie. On a trouvé parfois dans le jabot d'une buse sept à huit souris non encore digérées; Steinmüller, examinant l'estomac d'un de ces oiseaux, n'y découvrit pas moins de sept orvets, une larve de hanneton et quinze courtillières. Rien ne peut démontrer plus victorieusement l'utilité de ces oiseaux que de pareilles autopsies, et, si de temps en temps les buses s'emparent de quelque poulet, il est impossible de leur en vouloir.

La buse bondrée (*buteo apivorus*) est un peu plus rare; de taille à peu près égale, elle a le dos brun foncé, le ventre blanchâtre avec des taches brunes, les ailes d'un brun clair, traversées de bandes plus foncées; son plumage varie beaucoup selon l'âge, le sexe et la variété. La buse bondrée a les tarses jaunes emplumés jusqu'à la moitié de leur longueur, les ongles longs, mais peu crochus. Cet oiseau de proie habite les avant-monts de la vallée du Rhin et de l'Appenzell, les forêts de sapins de l'Emmenthal, les bords du lac de Brienz, la vallée de Frutigen, le pays de Glaris et les vallées moyennes des Grisons; dans le Jura il est plus rare. La buse bondrée aime à nicher sur des sapins élevés; elle mange des souris, aime beaucoup les abeilles et les guêpes, les chenilles, les scarabées, les sauterelles et les grillons; elle avale même des fruits et de jeunes épis, et dévaste les nids des petits oiseaux dont elle mange les œufs. C'est le plus stupide et le plus lâche des oiseaux de proie; il s'apprivoise facilement; il est si peu sauvage que parfois des enfants l'ont assommé à coup de pierres. La bondrée poursuit aussi les volailles, et, dans le bas pays, elle fait de grands ravages parmi les bécassines et les vanneaux.

Du mois de novembre au mois d'avril, la bondrée disparaît faute des insectes nécessaires à sa subsistance. En volant de son vol lourd et bas, elle fait entendre son cri, ki-ki-ki, qui suffit pour la faire distinguer de loin de la buse ordinaire.

Nous venons d'énumérer les oiseaux de proie de petite taille qui habitent nos montagnes; ce n'est qu'exceptionnellement que le faucon cresserellette (*falco tinnunculoides*) ou, en automne, la buse pattue (*falco lagopus*) s'y égarent; cette dernière espèce arrive du nord. Aucun des oiseaux cités n'est exclusivement particulier à la montagne; la cresserelle seule semble y être représentée par un plus grand nombre d'individus que partout ailleurs. Pendant l'hiver, dans ces régions élevées, il y a trop peu d'animaux pour suffire aux besoins de ces insatiables brigands des airs; aussi la cresserelle quitte-t-elle alors son séjour d'été, dont quelques aigles et lämmergeier restent les seuls dominateurs pendant la saison des frimas.

La région montagneuse est très-pauvre en aigles, car l'aigle royal et le lämmergeier, qui y apparaissent pendant les froids de l'hiver, appartiennent plutôt aux hautes régions. Quant au pygargue et au balbuzard, ce sont des oiseaux de la plaine, qui ne pénètrent dans les montagnes que par hasard et toujours pour peu de temps.

Le pygargue (*haliaëtus albicilla*) ou aigle de mer, grand oiseau dont la taille surpasse de beaucoup celle de l'aigle royal, nous arrive quelquefois du nord pendant l'hiver; il a le plumage brun nuancé de noir et la queue blanche. Le balbuzard (*pandion haliaëtus*) a le dos brun et le ventre blanchâtre; il est assez commun pendant l'été au bord des lacs et des rivières, construit son aire au sommet d'arbres élevés, et aime à planer au-dessus des eaux, d'où il enlève souvent et emporte dans ses serres puissantes des poissons de cinq à six livres. Cet oiseau ne paraît hanter la vallée d'Urseren qu'au moment de son passage. Dernièrement on y a tué un jeune aigle à tête blanche (*aquila leucocephala*). Un individu adulte de cette espèce, brun foncé, à tête et à queue blanches, a aussi été abattu près de Wasen (2900'). Ce bel oiseau a sa patrie dans les régions septentrionales de l'Europe et de l'Amérique. Une autre espèce, fort rare et plutôt méridionale, apparaît quelquefois en Suisse dans la région montagneuse inférieure. L'aigle Jean-le-Blanc (*aquila brachydactyla*) a une tache blanche au-dessus de l'œil, la poitrine rousse, le ventre blanc tacheté de brun, le dos brun foncé, et les pattes gris bleu, brièvement digitées. Deux exemplaires de cette espèce ont été tirés sur le Stockhorn, dans l'Oberland bernois, un autre près d'Altorf, un quatrième près de Glaris, et enfin un cinquième sur les hauteurs de Verdenberg, près de Buchs. Deux jeunes aigles Jean-le-Blanc ont aussi été pris vivants dans les Alpes qui entourent la vallée d'Œsch[1]. Lorsqu'il a les ailes étendues, cet aigle mesure cinq à six pieds et demi; il vit presque exclusivement de reptiles. Ses mœurs ont été peu étudiées, à cause de sa rareté; il est probablement plus commun au Valais, car cette grande vallée est de toute la Suisse la plus riche en reptiles. Il plane aussi quelquefois au-dessus des marais de l'Orbe.

L'aigle criard (*aquila nævia*), quoique encore rare, est cependant plus commun que le précédent. Il est originaire du midi de l'Europe, et, lorsqu'il pénètre en Suisse, il habite plutôt dans les montagnes que dans la plaine. C'est un bel oiseau de deux pieds à deux pieds et demi de longueur, qui a le dos brun foncé, les couvertures des ailes d'un blanc jaunâtre et les jambes emplumées jusqu'aux doigts. Il se nourrit surtout de souris et de grenouilles et se pose souvent dans les roseaux au milieu des oiseaux aquatiques, qui ne le craignent pas. L'aigle criard a le vol majestueux et très-élevé; il pond deux ou trois œufs tachetés de roux dans une aire vaste, qu'il construit sur de grands arbres. On l'a souvent signalé dans le canton de Berne; pendant les dix dernières années deux individus de cette espèce ont été tués dans le canton de Glaris. Dans celui d'Uri, on n'a encore observé que des jeunes. Dernièrement on a aussi tué pour la première fois, près de Schwitz, un aigle botté (*aquila pennata*), oiseau jaunâtre tacheté de brun, dont la taille ne dépasse pas celle de la buse. Cet aigle, originaire du midi et de l'orient, n'a jamais été observé en Allemagne. La région montagneuse ne nourrit donc

[1] L'aigle Jean-le-Blanc habite et niche dans le Jura. Un couple de ces oiseaux, qui nichait dans le bois de Chaumont, au-dessus de Neuchâtel, figure au musée de cette ville. (*Note du traducteur.*)

aucune espèce d'aigles qui lui soit propre et y existe d'une manière constante. L'oiseau royal n'y est qu'une exception. Notre zone est trop étroite et trop peu profonde, elle est trop accessible de tous côtés, pour servir de séjour à ces oiseaux au vol puissant.

Le catharte alimoche ou vautour d'Égypte (*cathartes percnopterus*) ne niche nulle part en Suisse, si ce n'est sur les escarpements calcaires du Salève, près de Genève. Ce vilain oiseau est d'un blanc sale; il a le bec allongé et faible, les ailes brunes, la gorge nue et jaunâtre, un goître hideux et des jambes assez hautes, emplumées jusqu'aux genoux. Il n'est guère plus grand qu'un corbeau, et, comme tous les vautours, il répand autour de lui une insupportable odeur de putréfaction. L'alimoche est paresseux; il a l'humeur triste et le plumage toujours sale et en désordre. Lorsqu'il marche ou vole, il ressemble au corbeau; son odorat est des plus développés, plus fin même que celui de l'aigle, mais en revanche sa vue est moins perçante. Le catharte ne vit en Suisse qu'isolé ou par paires; il se nourrit d'animaux morts, de grenouilles, d'insectes et des déjections de l'homme et des animaux, qu'il préfère à toute autre chose. Probablement il ne passe point l'hiver chez nous, où il atteint, près du Rhône, la limite de son séjour vers le nord. En Orient, on le révère comme un oiseau des plus bienfaisants, car il habite partout les villes et les villages, et il maintient la propreté des rues, en dévorant toutes les immondices que l'indifférence musulmane laisse s'y accumuler. Il suit par vols la caravane de la Mecque, et s'abat sur les ânes et les chameaux qui périssent en route. Cet oiseau a été capturé aussi dans les montagnes du district d'Aigle, mais il n'en reste pas moins une anomalie au milieu de la faune suisse.

Il en est de même du vautour griffon (*vultur fulvus*), grand oiseau de quatre pieds de longueur, de couleur brun rouge, qui atteint souvent la taille d'un cygne. Il a la tête et le cou garnis de duvet blanc, les grandes plumes des ailes et de la queue noires, le bec d'un gris plombé et les pieds d'un roux grisâtre.

Le vautour griffon habite les chaînes de montagnes de l'Asie et de l'Europe méridionale, et arrive quelquefois en deçà des Alpes. Il est probablement plus commun au delà de la chaîne, dans le canton du Tessin. En 1812, un chasseur aperçut un de ces grands oiseaux sur l'Axenberg, et réussit à l'atteindre. Plus tard, un jeune garçon rencontra, près de Lausanne, un de ces vautours qui était tellement alourdi par la nourriture dont il venait de se gorger, qu'il se laissa prendre après avoir été blessé d'un coup de pierre. En 1827, à l'époque de la Pentecôte, on observa dans les environs d'Altorf un couple de ces vautours; l'un y fut abattu, et l'autre alla se faire tuer, quelques jours après, dans le canton de Berne. Dans le courant de l'année, un troisième individu de la même espèce fut tué près d'Yverdon. Ces vautours, on le sait, ne sont rien moins que hardis et courageux; un épervier leur fait peur. Ils ne s'abattent guère que sur des animaux morts, et attaquent très-rarement des animaux vivants. Lorsqu'ils s'envolent à la découverte, ils s'élèvent en décrivant une large spirale jusqu'à des hauteurs incroyables, et redescendent de même. Ils semblent à peine être impressionnés par un froid de 12 à 15°. Les vautours ont quelque chose de lourd et de triste qui les rapproche bien plus des chouettes que des aigles et des faucons, et ils répandent toujours une odeur infecte. Chose singulière, la présence du vautour griffon a été plus souvent constatée en Suisse qu'en Allemagne.

Le vautour noir (*vultur cinereus*), le plus grand oiseau d'Europe, mesure quatre pieds de longueur et neuf pieds d'envergure; il a le dos brun foncé, le cou nu bleuâtre, entouré d'une collerette de plumes couleur d'ardoise ou brunes, et une touffe de plumes relevées au-dessus de chaque aile. Cet oiseau, qui habite les hautes montagnes du bassin méditerranéen, a le même genre de vie que le précédent. Il y a quelques années qu'il a été signalé en Suisse pour la première fois et tué près de Pfeffers.

Ces hôtes inaccoutumés de notre région nous amènent au terme de la revue des espèces qui appartiennent à la faune des montagnes. Son immense richesse nous a frappé, et cependant la plaine compte au moins deux fois autant d'espèces d'oiseaux. Un vingtième tout au plus des coureurs, des échassiers et des palmipèdes fréquente régulièrement les montagnes. Les fauvettes, les pluviers, les milans, les busards, les jaseurs, les gobe-mouches et les becs-fins n'y pénètrent presque jamais. Quant aux bruants, pies-grièches, pit-pits, hirondelles, éperviers, hibous, chouettes, faucons et buses, ils y sont représentés, tantôt par un petit nombre, tantôt par un chiffre plus considérable d'espèces. Les oiseaux les plus communs dans les montagnes, et en même temps ceux qui y caractérisent le mieux la faune, sont les pinsons aux accents éclatants et leurs congénères, les mésanges toujours agitées, les mystérieux coucous, les pics qui font résonner les troncs sous les coups de leurs becs, les gallinacés aux mœurs douces et paisibles; c'est là que les joyeuses bergeronnettes sautillent au bord des ruisseaux en agitant leur longue queue, que les grives chantent à pleine gorge, et que les roitelets et troglodytes se cachent sous les buissons. C'est la patrie des traquets toujours alertes, des pit-pits, des alouettes d'arbres, des rouges-queues et des rouges-gorges si familiers, des geais aux ailes bleues, des corbeaux et des volées de corneilles, auxquels s'associent, comme accessoires, les chouettes mélancoliques et les oiseaux de proie qui planent dans la nue.

Quelle étonnante richesse de formes dans ce monde ailé! Et pourtant, malgré l'insuffisance de nos observations à leur égard, nous reconnaissons dans chacun de leurs types une individualité nettement caractérisée. Chaque espèce a son tempérament, sa manière d'être, ses instincts spéciaux, ses facultés propres, peut-être même ses goûts et ses caprices. Il y a plus : chaque espèce se distingue des autres du même genre par quelque chose de particulier et de caractéristique qui nous frapperait souvent plus vivement, si nous savions davantage nous mettre à l'unisson de la nature et vivre avec elle. Peut-être l'état de malaise dans lequel s'agite aujourd'hui la société, nous ramènera-t-il de plus en plus vers la nature; peut-être serons-nous forcés de retremper dans la contemplation de son harmonie l'espérance que nous nourrissons au fond de nos cœurs de voir enfin l'harmonie triompher aussi dans le monde de la pensée. En attendant, cherchons à entrer dans cette voie et à y faire des progrès.

Les forêts sont de toutes les stations celles qui abritent le plus grand nombre d'oiseaux. En plaine, ils sont plus communs dans les champs, les marais et au bord des lacs, et ils se rapprochent de tous côtés des endroits habités. Dans les parties des montagnes où les forêts n'existent plus, elles sont remplacées, soit par des prairies ou des pâturages dans lesquels ne peuvent subsister qu'un petit nombre d'espèces, soit par des rochers ou des pentes herbeuses. Là aussi vivent et s'agitent proportionnellement beaucoup d'oiseaux. Il n'y a pas de talus d'éboulement, de champ de pierres, de gorge, où quelque espèce n'ait trouvé sa demeure et son séjour favori, annonçant par ses chants la présence de la vie, et traversant toutes les phases de son existence, depuis le moment que le jeune oiseau reçoit, en battant de l'aile, la becquée de sa mère, jusqu'au jour qu'il fait entendre son chant d'amour ou qu'il pousse un dernier cri d'angoisse sous la griffe de l'oiseau de proie, sous la dent de l'hermine ou du renard.

D'immenses étendues, où le sol dénudé n'est semé que de rocs entassés les uns sur les autres, semblent désertes à l'œil qui n'est pas initié à leurs secrets, et cependant des lichens, des mousses, des graminées s'attachent au roc, les vertes rosettes des saxifrages s'étalent, les clochettes des campanules se balancent au dessus de la couche mince de terreau qui résulte de la désagrégation du rocher. De petits vermisseaux y trouvent leur existence; les araignées, les fourmis et les punaises courent en tous sens sur les pierres réchauffées au soleil; les mouches, les cousins bruissent dans l'air; les papillons et les sylphes tourbillonnent autour des pierres que les scarabées gravissent péniblement, tandis que des lézards bruns et verts y prennent leurs ébats. C'est dans cette solitude que de charmants oiseaux ont leur séjour favori, et que vivent des milliers d'êtres, car la vie est toujours possible partout où la lumière, l'air et la chaleur parviennent à pénétrer.

Or, il n'y a pas un coin du monde qui soit désert, pour peu que la vie y soit encore possible; cette possibilité de l'existence se retrouvant partout dans notre région, la vie y est donc aussi une réalité. Dès qu'un dryas, un chaume, une fougère, un thym, peuvent s'accrocher au flanc abrupte des parois de rochers, la vie s'y développe et il s'y établit toute une série d'êtres, depuis la punaise ou le petit coléoptère qu'épie l'araignée, jusqu'à l'autour, ce rapace ennemi né de tous les oiseaux insectivores.

En Suisse, dans la région montagneuse, il n'existe nulle part d'espèces particulières d'oiseaux qui n'aient été signalées dans les pays voisins à des niveaux correspondants, et il en est fort peu qui n'apparaissent au moins de temps en temps dans la plaine. La plupart de ces oiseaux, surtout les petites espèces, vivent alternativement dans les montagnes et dans la zone des collines; pendant l'hiver, ils descendent dans les champs, les bois et les buissons du bas pays ou du fond des vallées, mais ils passent dans la montagne l'été, qui est pour eux la saison des chants, du plaisir et de la jeunesse. Semblables à de grands seigneurs qui se retirent dans leurs campagnes, nos oiseaux se rendent dans leurs forêts. Là ils trouvent nourriture, abri et gais camarades toujours prêts à s'ébattre et à chanter; mais, il faut le dire, si du matin au soir les forêts et les monts retentissent de joyeuses chansons, on n'y entend ni rossignol ni bec-fin philomèle, à peine quelque fauvette à tête noire s'y fait-elle écouter quelquefois. Mais enfin la bonne volonté, l'ardeur et la gaîté peuvent remplacer l'art et le talent.

Le matin, avant que des nuages rosés flottant à l'horizon annoncent le lever du soleil, avant même qu'à l'orient une pâle lueur indique sa présence, alors que les étoiles scintillent encore au ciel obscur, un léger gloussement descend du sommet de quelque vieux sapin; puis ce sont des notes brèves, des claquements de plus en plus rapides, enfin un éclat bruyant auquel succède une longue roulade de notes sifflantes. C'est le chant du coq de bruyère. Tout en chantant, le tétras roule les yeux, saute et trépigne sur sa branche. A ses pieds, les poules, cachées dans les broussailles, admirent silencieusement les extravagances de leur maître et seigneur. Mais d'autres bruits ne tardent pas à faire diversion. Quelques becs-fins de roseaux, logés dans le marais voisin, ont déjà commencé à chanter avant minuit, et s'encouragent d'autant plus que le lever du soleil approche. C'est alors que, secouant la rosée qui humecte son plumage noir, le merle s'éveille, aiguise son bec au contact du rameau, et de bond en bond s'élance au sommet de l'érable. Il semble s'étonner de voir la forêt endormie lorsque déjà le jour a succédé à l'aube blanchissante. Deux fois, trois fois, son cri retentit dans toute la vallée, au fond de laquelle quelques traînées de brouillards suivent le cours du ruisseau. Puis, d'une voix puissante, il adresse aux échos des strophes sonores, au timbre métallique, qui tantôt s'exhalent en notes joyeuses, tantôt s'éteignent en plaintives modulations. Alors tout ce qui a vie se réveille dans la montagne; au chant du merle succède dans la forêt le cri du coucou. Au-dessus des cheminées des villages commencent à s'élever bleuâtres les colonnes vacillantes de fumée, on entend les aboiements lointains des chiens de garde, puis les clochettes des vaches; tous les oiseaux délaissent les buissons obscurs, la terre, les rochers, et s'élèvent joyeux dans les airs pour saluer le matin et remercier cette bonne mère nature qui leur rend la lumière.

Tel petit oiseau qui s'envole maintenant sans souci, a passé une triste nuit d'angoisse; il était perché sur un rameau, la tête enfoncée au milieu de ses plumes, quand, dans son vol silencieux, la chouette l'a frôlé de son aile. Le putois a quitté la vallée, l'hermine est sortie de son rocher, la marte est descendue de son nid d'écureuil, le renard a traversé les buissons, et l'oiselet a vu passer bien près de lui ces cruels ennemis. Pendant de longues heures, tout dans l'air, sur le tronc, sur le sol, tout l'a fait trembler, et il est resté immobile sous les quelques feuilles de hêtre qui le cachaient et le protégeaient. Aussi, qu'il est heureux d'être désormais en sûreté, et de voler en pleine lumière!

Le pinson fait retentir sa voix par bruyants éclats, le rouge-gorge gazouille au sommet des mélèzes, le tarin dans les aunes, le bouvreuil et le bruant dans les buissons. Partout linottes, mésanges, chardonnerets, troglodytes et roitelets sifflent à leur façon, les ramiers roucoulent, les pics frappent les troncs. Parmi toutes ces voix, c'est celle de la draine qui domine et qu'on aime le mieux entendre après celle de l'alouette lulu, et surtout de la grive musicienne, dont le chant est inimitable. Que ce concert matinal est admirable sous ces dômes de verdure!

Impossible de rendre par des mots cette délicieuse musique des forêts! A chaque instant, presque à chaque pas, elle change de caractère, comme dans un orchestre où la voix d'instruments différents domine successivement. Tantôt c'est le petit cri des mésanges charbonnières, tantôt le babil des étourneaux ou les accents joyeux des pinsons, puis le chant des grives, le bruit des pics et leur cri prolongé, ou les éclats de voix des geais, puis silence complet; le cri enroué d'un autour affamé, qui plane dans l'air, a retenti, et aussitôt tous les chanteurs disparaissent au plus épais du taillis et se cachent dans le feuillage. La matinée se passe en chansons, vols vagabonds et chasses aux insectes, aux baies et aux graines. Le milieu du jour est l'heure la plus calme dans la forêt. Quelques chantres infatigables et les petits oiseaux, dont le chant est insignifiant et qui ne font qu'accompagner les vrais chanteurs, se font seuls entendre dans les bois. Vers le soir les chœurs se réveillent, mais ils n'ont plus leur fraîcheur et leur puissance matinales. L'approche de la nuit provoque chez les oiseaux de tout autres sentiments que l'approche du matin. Ce ne sont pas les ténèbres qu'ils saluent de leur ramage; la voix du soir s'adresse au soleil qui va disparaître, aux sommités embrasées, au paysage tout entier, qui palpite de vie et de chaleur. Peu à peu le silence se fait. Le merle seul, le plus matinal des chantres des bois, ne cesse pas de se faire entendre; longtemps même après le coucher du soleil, quand les dernières lueurs du crépuscule font place à l'ombre de la nuit, ses accents plaintifs retentissent encore à travers les sapins, et finissent souvent par dégénérer en un détestable charivari de cris aigus et perçants, auquel ne répondent plus que le chant des fauvettes de roseaux ou le cri attardé du coucou, jusqu'au moment où, du fond de quelque crevasse et des profondeurs des grands bois, éclate le *pue* d'une vieille chouette suivi d'un *hoho* prolongé. C'est alors que de tous côtés chouettes et hiboux commencent à pousser en chœur, sur tous les tons et avec tous les timbres, des cris épouvantables, dont l'effet est des plus saisissants. Que le soir est différent du matin dans le domaine de la montagne, comme dans la vie du corps et dans la vie de l'âme! Le matin nous ne sentons, dans la nature qui nous entoure, qu'activité, bonheur, espérance et confiance; mais le soir un souffle différent traverse le grand temple de Dieu, et nous inspire en même temps le sentiment d'un doux bien-être et celui d'une secrète angoisse : au milieu du repos nous pressentons l'inconnu, cet infini que l'homme voudrait sonder et qui remplit sa pensée! Quant à l'oiseau fatigué, il se contente de se tapir au milieu du feuillage humide de rosée.

Pour peu que l'on tienne compte du nombre immense des oiseaux de toute espèce, parmi lesquels il en est fort peu qui atteignent un âge avancé, on sera très-surpris de ne pas rencontrer plus souvent des cadavres provenant d'oiseaux morts de vieillesse ou de maladie. Ces êtres se retirent-ils, lorsqu'ils sont souffrants, au plus épais des buissons, se cachent-ils sous des pierres, dans des crevasses, pour dérober leurs corps aux atteintes de leurs persécuteurs? Cela peut être; mais nous devons admettre que le nombre des oiseaux qui meurent de mort naturelle est fort peu considérable. Les œufs déjà sont exposés à de nombreux accidents, et les petits, avant de prendre leur volée, ont beaucoup d'ennemis. Les oiseaux de proie diurnes et nocturnes, les renards, les chats, les martes, les pies, les hermines, sont constamment à la chasse des oiseaux, de sorte qu'il serait presque miraculeux qu'un de ces petits êtres sans défense pût échapper pendant des années à tant de poursuites. On rencontre le plus souvent des cadavres de corneilles, mais ils ne tardent pas à trouver des amateurs. Il est très-rare aussi d'observer des corps de grenouilles, de lézards, de poissons, de scarabées, à l'exception des hannetons, qui apparaissent en quantités immenses et ne vivent que peu de temps. La nature possède un système de police admirablement organisé, et elle a mille moyens d'éloigner bien vite un petit cadavre à l'aide des becs, des ongles, des dents et des pinces dont elle dispose.

CHAPITRE V.

LES QUADRUPÈDES DES MONTAGNES.

Les mammifères et leur nombre comparé à celui des autres vertébrés. — Pauvreté des montagnes. — Espèces perdues. — Les chauves-souris et leur genre de vie. — La chauve-souris ordinaire et la barbusselle. — Les hérissons. — Les musaraignes. — La taupe. — Rôle des carnassiers dans la nature. — Mœurs des loutres. — Les putois. — La fouine et son genre de vie. — La marte. — L'hermine. — La belette. — Les grands carnassiers et leur répartition. — Animaux qui passent l'hiver engourdis. — Les loirs, les lérots et les muscardins. — Les souris dans les montagnes. — Les lièvres. — Les bêtes fauves. — Cerfs et écureuils.

Il ne nous reste plus, pour achever le tableau de la faune des montagnes, qu'à y faire figurer ceux d'entre eux qui sont pour nous les plus attrayants et les plus utiles à connaître. Il est vrai que les mammifères n'y sont pas au premier plan, les oiseaux étant bien plus nombreux en espèces et en individus; mais la supériorité des mammifères sur tous les autres animaux et leur individualité plus fortement accusée contribuent à attirer particulièrement sur eux l'attention de l'homme.

Parmi les 430 espèces de vertébrés signalées en Suisse, les amphibies sont les moins nombreux en espèces (32), puis viennent les poissons (42), puis avec quelques espèces de plus les mammifères (45), tandis que les oiseaux comptent 310 espèces, c'est-à-dire presque trois fois autant que les trois autres classes réunies. Dans les montagnes, ce chiffre total diminue considérablement; mais, malgré cela, et sauf une petite modification en faveur des mammifères et aux dépens des oiseaux, la proportion entre les nombres des espèces de chaque classe reste à peu près la même. Il n'est pas improbable que, dans la suite des temps, ces rapports numériques viennent encore à se modifier en faveur des mammifères. Les oiseaux sont mieux connus et plus complétement étudiés que les mammifères, de sorte qu'on n'en signalera que difficilement de nouvelles espèces, tandis qu'il existe probablement parmi les chauves-souris, les musaraignes, ou même les souris ordinaires, des espèces qui n'ont pas encore été remarquées. D'après les observations faites jusqu'à présent, la Suisse posséderait trois ou quatre espèces spéciales de mammifères inconnues ailleurs; quant aux autres, elles existent aussi dans les pays voisins. L'Allemagne a sur notre pays l'avantage de compter dans sa faune le rat d'eau, le lapin sauvage, le hamster et quelques espèces de souris que nous ne possédons pas : nous nous plaisons à l'avouer, sans porter envie à notre sœur mieux partagée.

Au premier coup d'œil, notre patrie, et spécialement nos chères montagnes, semblent n'être pas défavorables à l'extension des mammifères. De grandes forêts, de vastes étendues de pays inhabitées, des districts montagneux presque inaccessibles, voilà ce qu'on y trouve; mais, après mûr examen, l'importance de ces avantages diminue de beaucoup. De tous côtés la culture enserre victorieuse le désert. Combien nos forêts ne sont-elles pas aujourd'hui éclaircies et parcourues! Les chalets se rapprochent de plus en plus des solitudes et des recoins les plus sauvages des montagnes. Les chasseurs et les vachers, les herboristes et les petits pâtres de chèvres pénètrent de toutes parts dans les entonnoirs et les labyrinthes rocheux de nos hautes Alpes. Partout où l'homme apparaît traînant à sa suite le fardeau de son existence, la nature ne cesse pas seulement de produire de nouveaux êtres, mais ceux qui existaient disparaissent ou diminuent dans une progression rapide. Nos droits politiques mettent entre les mains de tout honnête citoyen un fusil meurtrier. Et avec cela notre nature n'est vraiment pas d'une grande fécondité. Les forces productrices sont chez nous en lutte incessante avec l'aridité du sol et l'âpreté d'un climat que personne ne nous enviera.

Lorsque l'homme vient encore à se liguer avec le climat et le sol infécond, la nature devient avare de dons qu'elle ne prodigue et n'accorde jamais s'ils doivent rester inutiles.

Jadis le castor barrait de ses digues le cours de nos ruisseaux, et y construisait ses curieuses demeures. L'aurochs faisait plier les buissons des forêts sous le poids de sa masse, et le sanglier fouillait le sol au pied des chênes séculaires[1]. Leurs traces même ont déjà presque disparu. Il y a cent ans que le daim et cinquante que le cerf et le chevreuil habitaient nos forêts. Il est très-rare aujourd'hui qu'un sanglier arrivé d'Alsace succombe sous nos balles, et plus rare encore qu'un cerf de la Forêt-Noire poursuivi passe le Rhin à la nage et vienne faire une apparition dans nos forêts. La présence de castors dans la vallée de la Viége, en plein dix-neuvième siècle, semble fort improbable, quoique signalée par un estimable naturaliste. En revanche, malgré tous nos efforts, nous n'avons pas encore réussi à nous débarrasser de plusieurs espèces de grands animaux de proie, et, d'ici à quelques années, nous arriverons tout au plus à en diminuer le nombre sans pouvoir les extirper de notre territoire. Il faut le dire, le relief de nos montagnes leur est favorable, et longtemps encore les loups-cerviers, les ours et les loups se livreront dans nos Alpes à leurs déprédations nocturnes, tandis que nos voisins d'Allemagne en ont purgé leur pays.

La flore, de même que la faune des insectes et des reptiles, subit, comme nous l'avons déjà fait remarquer, des changements notables, selon les parties de la région montagneuse où on l'étudie; car dans les chaînes méridionales les plantes, les insectes et les reptiles ont déjà un caractère italien, et sont plus

[1] Les sangliers étaient encore si abondants dans l'Argovie à la fin du siècle passé que les habitants du district de Kulm cherchaient à les éloigner de leurs forêts en y battant le tambour. Ils s'en allèrent en effet pour revenir après 1830. En 1835, des laies mirent bas dans le pays, mais les sangliers ne tardèrent pas à être chassés et à disparaître. Dans le Jura vaudois, où ils semblent se reproduire, on en signale presque chaque année. A la fin de l'année 1854, on a tué deux sangliers dans le Jura bernois.

abondants en espèces et en individus que sur le revers nord des Alpes. Malgré l'insuffisance de nos études sur le Tessin et le Valais, ce fait est constaté; quant aux mammifères, les pentes septentrionales n'ont rien ou fort peu de chose à envier au revers méridional des Alpes.

Les chauves-souris constituent, comme on le sait, une transition intéressante entre les oiseaux et les mammifères. Ce sont, comme les chouettes parmi les oiseaux, des mammifères nocturnes et carnassiers tout aussi disgracieux et sauvages que les oiseaux de nuit. L'histoire naturelle des chauves-souris est encore loin d'être fondée sur des observations complètes, car le genre de vie nocturne de ces petits animaux et la difficulté de les découvrir au fond de leurs retraites, en rendent l'étude difficile; on s'occupe peu de ces êtres, qu'on déteste, sans savoir qu'ils sont nos bienfaiteurs; on les tue partout où on les rencontre et on dédaigne même de les examiner.

Chose étrange! l'homme éprouve une répulsion profonde et une insurmontable aversion contre un grand nombre de créatures qui n'ont d'autre tort que de lui être des plus utiles. Ainsi, il fuit ou détruit les crapauds et les salamandres qui le débarrassent d'une quantité de sauterelles, de vers, d'araignées, de mouches et de limaces; il poursuit de sa haine les orvets et les couleuvres, qui mettent des bornes à la multiplication excessive des souris et de la vermine; il en veut aussi aux taupes, aux chouettes et aux chauves-souris, qui sont pour lui de véritables bienfaiteurs et devraient, au contraire, être soigneusement protégées. Analogues sous ce rapport aux hirondelles, les chauves-souris sont de grands destructeurs d'insectes; un insatiable appétit leur fait dévorer des millions de scarabées, de chenilles, de papillons de choux et de papillons de nuit, de hannetons; les élytres dures des bousiers ne les protégent même pas contre les dents nombreuses et pointues des chauves-souris. Les observations qu'on a faites sur ces animaux captifs, ont démontré que, posés à terre, ils peuvent néanmoins s'envoler. Leur tact est si fin que, même privés de la vue, ils savent éviter par de brusques écarts tous les obstacles qu'ils rencontrent dans leur vol indécis. Ils n'ont sans doute ni l'aspect gracieux ni les mœurs familières des oiseaux captifs; ils restent sauvages, disposés à mordre et ferment immédiatement leurs grandes bouches rouges lorsqu'on les prend dans la main. Les chauves-souris s'apprivoisent très-difficilement, et en captivité elles refusent la nourriture qu'on leur présente. L'odeur de musc qu'elles exhalent, la peau mince et huileuse de leurs ailes, leur fourrure fauve, leurs cris et leurs glapissements, leurs petites queues et leurs ongles n'ont, il est vrai, rien de bien attrayant. Mais nous devrions néanmoins les laisser en repos continuant à nous rendre de bons et grands services. Les préjugés populaires en ont fait, de même que des crapauds, des salamandres et des couleuvres, des animaux venimeux. Elles ne le sont pas davantage que ces êtres inoffensifs, et n'éprouvent nullement le besoin de s'accrocher aux cheveux des gens, comme on le leur reproche à tort. Les hermines, les putois, les martes, les chats et surtout les chouettes, leurs ennemis mortels, les pourchassent déjà assez pour que leur multiplication excessive ne puisse devenir nuisible à l'homme, lors même qu'il les laisserait tranquilles.

Pendant l'hiver, nous ne voyons pas voltiger les chauves-souris; à peine, par des soirées très-chaudes pour la saison, en aperçoit-on quelques-unes, de sorte qu'on se demande où ces petites bêtes passent la saison froide.

Des oiseaux partiraient pour le midi, afin d'y trouver des insectes; de vrais quadrupèdes se creuseraient des terriers pour échapper à l'action meurtrière du froid. Il ne reste aux chauves-souris qu'à chercher un asile dans des recoins où la température se conserve égale et tempérée, et à y passer l'hiver plongées dans un sommeil conservateur. Les insectes qui leur servent de nourriture ont d'ailleurs disparu pendant l'hiver. Dès que le froid commence, les chauves-souris recherchent des cavités, des grottes creusées dans les rochers, de vieilles cheminées, des cachettes où la température reste tiède; elles s'accrochent au moyen de l'ongle du pouce de leurs pattes antérieures, et s'endorment serrées les unes contre les autres, jusqu'au moment où la chaleur du printemps les réveille. Leur sang, dont la température s'abaisse à 4° R., circule lentement dans leur petit corps. Les piqûres, brûlures ou coupures provoquent chez elles des mouvements convulsifs, mais ne peuvent les faire sortir de leur léthargie. Exposées à la chaleur, elles se raniment lentement. Lorsqu'on les retire de leur asile, pour les plonger dans un air tout à fait froid, leur sang commence à circuler plus rapidement, leur organisme tend à produire une plus grande quantité de chaleur animale, mais il ne tarde pas à s'épuiser. Leurs mouvements respiratoires de plus en plus accélérés finissent par les affaiblir, et ces petits animaux meurent bientôt, après avoir été en proie à de légères convulsions. Sous certains rapports, les chauves-souris ont la vie très-dure; sous d'autres, au contraire, elles sont très-délicates. La plus petite blessure les fait périr, tandis qu'elles résistent fort longtemps aux secousses électriques, ainsi qu'à l'action de la pompe pneumatique; il n'y a pas de mammifères qui puissent supporter plus longtemps l'abstinence.

Pendant l'été, ces souris volantes recherchent les endroits écartés et ténébreux, les crevasses des rochers, les vieux bâtiments, les recoins obscurs et cachés sous les toits et les arbres creux et les clochers. Elles se réunissent sous les tuiles et les chevrons, et la femelle y met bas deux petits, qu'à la moindre apparence de danger elle emporte avec elle suspendus à ses mamelles. En été, les chauves-souris vivent par paires; chaque ménage accapare un certain espace pour y chasser, et en éloigne tout concurrent à coups d'ailes, de griffes, et surtout à l'aide de dents très-effilées. Lorsqu'elles sont tombées à terre, les chauves-souris ne s'envolent pas facilement; elles se traînent jusqu'à la première muraille, le long de laquelle elles se hissent pour prendre le vol. En revanche, ce vol est rapide et assuré. De même que les hirondelles, elles changent subitement de direction et happent, sans jamais le manquer, l'insecte que leur œil brillant et perçant vient de remarquer.

Il est impossible d'indiquer positivement quelles sont, parmi une douzaine d'espèces, celles de nos chauves-souris indigènes qui habitent aussi la région montagneuse, car ces animaux n'ont encore été que fort peu observés, surtout dans la Suisse méridionale.

La chauve-souris ordinaire (*vespertilio murinus*), la plus grande du genre, a une queue de plus de deux pouces de longueur; elle voltige autour des villages, des huttes, au-dessus des prairies de la région montagneuse, et s'élève dans les Alpes jusqu'à la limite des forêts. Ses grandes oreilles lui ont valu le surnom de *souris à oreilles*. En automne elle disparaît. On en trouve souvent des troupes dans les clochers, les granges et les masures, où l'odeur musquée de leurs excréments trahit leur présence. Longtemps on a cherché en vain quel pouvait être leur séjour d'hiver. Dans le canton de Vaud, au château de Lucens, on en découvrit dernièrement un grand amas dans une cheminée sans emploi. Elles obstruaient complétement le canal qui renfermait de quoi remplir plusieurs corbeilles de ces animaux à demi engourdis. De même qu'un grand nombre d'oiseaux, la plupart des chauves-souris qui habitent en été les montagnes, se retirent probablement pendant l'hiver dans les bas pays, où la température est plus douce.

C'est dans les mêmes endroits, très-souvent aussi dans les forêts et surtout dans les arbres creux ou les fentes de rochers, que vit la noctule (*vespertilio proterus*), espèce de taille beaucoup plus petite, qui voltige d'assez bonne heure et vit par paires. Il en est de même de la barbastelle (*plecotus barbastellus*), autre espèce qui répand une mauvaise odeur et vit aussi, mais en plus petit nombre que la précédente, dans la zone montagneuse. On a observé dans les cantons d'Uri, de Schwitz, des Grisons, et plusieurs autres de la plaine, le petit fer à cheval (*rhinolophus hipposideros*), singulière espèce, dont le nez ressemble à un fer à cheval : la membrane qui le forme est percée d'une ouverture au fond de laquelle débouchent les narines. Elle est d'un gris roussâtre, vit surtout d'insectes aquatiques et plonge souvent dans l'eau. La conformation étrange de son nez pourrait bien être en rapport avec ce trait de ses mœurs. Dernièrement une variété blanche de cette espèce a été découverte dans le pays de Vaud.

On n'a encore signalé que dans le canton d'Uri la présence du grand fer à cheval (*rhinolophus ferrum equinum*), espèce dont la longueur est de deux pouces et demi, et qui est commune dans les carrières et les vieux châteaux d'Angleterre et de France. La chauve-souris de Natterer (*vespertilio Nattereri*) a trois pouces de longueur, le dessus du corps gris souris et le dessous gris clair. Ses oreilles allongées ont la forme d'un cœur. Cette espèce n'a encore été observée, et même rarement, qu'à Andermatt, derrière des volets. On y a aussi signalé l'oreillard (*plecotus auritus*). D'autres espèces de chauves-souris fréquentent probablement les montagnes, mais elles semblent ne pas y être très-abondantes.

Le hérisson (*erinaceus europæus*) est plus singulier encore, et habite la plaine, les collines et les montagnes jusqu'à la région alpine. Chacun connaît cet animal pacifique, couvert de piquants cornés blancs et bruns, qu'il peut redresser, sans pouvoir cependant, ainsi qu'on le croit souvent, les décocher à distance comme des flèches. Le soir, lorsque vient la nuit, il se hasarde à sortir du terrier qu'il s'est lui-même creusé entre les racines de quelque vieil arbre, et se dirige en vacillant vers les haies, buissons ou taillis, pour y chasser les vers, les petits oiseaux, les œufs, les lézards, grenouilles, serpents, scarabées, araignées, fruits et racines dont il fait sa nourriture. Malgré sa lenteur, le hérisson réussit à surprendre jusqu'à des souris. Il épie les taupes, et les saisit au moment où elles amoncellent la terre à l'extrémité de leurs souterrains; les jeunes rats passent pour être sa nourriture de prédilection. Lorsqu'il peut arriver à portée de poires ou de raisins, il s'en régale, et ce n'est pas sans raison qu'on assure qu'il se roule sur les fruits, de manière à enfoncer ses piquants dans leur chair et à les emporter ainsi dans sa retraite. Au mois de juin, la femelle met bas quatre à six petits, blanchâtres, aveugles, tantôt nus, tantôt déjà couverts de très-petits piquants. Lorsqu'elle est en captivité, elle les dévore tout de suite, tandis qu'en liberté elle les soigne et les nourrit de vers et de limaçons. Les hérissons se multiplient facilement et ont peu d'ennemis, car au moindre danger ils se roulent en boule et hérissent leurs piquants. En les harcelant de ses morsures, le renard réussit pourtant à profiter du moment où ils se déroulent et à les saisir au museau; le grand-duc les attaque aussi, malgré leurs piquants, les déchire et les avale même avec leur peau. Malgré les circonstances qui devraient favoriser leur multiplication, les hérissons ne sont nulle part très-communs. Le froid les fait beaucoup souffrir, surtout lorsqu'ils sont jeunes, et une quantité périssent et restent ensevelis dans les creux où ils passent l'hiver. Cependant ils ne sont pas rares. Dans certains cantons, comme dans ceux d'Uri et de Glaris, les hérissons n'habitent que le fond des vallées, et ne se trouvent pas sur les pentes des montagnes; dans d'autres, comme au Tessin, on n'a pas encore signalé leur présence. Les hérissons s'apprivoisent facilement; leur caractère craintif et prudent, les efforts souvent comiques qu'ils font pour s'enfuir, tout en fait des animaux amusants. Les chiens les attaquent avec fureur, mais ils ne tardent pas à reculer le nez ensanglanté, en poussant des cris de douleur. Il est douteux que les hérissons captifs fassent aux souris une chasse bien dangereuse, à en juger par l'habitude qu'avait un hérisson apprivoisé de manger tranquillement à la même assiette qu'une souris. De même que le blaireau, le hérisson passe l'hiver et les heures brûlantes de l'après-midi des jours d'été, endormi et roulé en boule dans le terrier profond qu'il s'est creusé à l'aide de ses ongles tranchants. Il s'engourdit souvent de bonne heure, et respire alors très-irrégulièrement, car il s'écoule quelquefois plus d'un quart d'heure entre ses inspirations, tandis que dans d'autres circonstances il respire trente à trente-cinq fois de suite sans interruption. Le hérisson nous offre encore une particularité curieuse, c'est la résistance extraordinaire qu'il oppose à l'action des venins, et la manière dont il s'y prend pour s'emparer des vipères. En chasseur prudent, il s'approche lentement et avec précaution de la vipère qui, confiante dans son venin mortel, n'a pas grande envie de prendre la fuite. Arrivé tout près, le hérisson flaire, pousse de son museau le dangereux serpent qu'il ne veut pas tuer de suite, puis il finit par le serrer entre ses dents pour l'irriter. La vipère se retourne alors, s'élance en sifflant et mord son ennemi partout où elle croit l'atteindre. Mais sans succès; notre hérisson a baissé la tête, il laisse le serpent mordre au milieu de ses piquants, et recommence opiniâtrement à serrer entre ses dents le corps du reptile; la vipère, au lieu de fuir, devient comme folle et s'épuise en vains sifflements et en morsures inutiles. Alors notre animal enhardi ose un peu lever le nez, et, sans jamais manquer son coup, il saisit entre ses mâchoires la tête du reptile, l'écrase d'un coup de dent, elle et tout son appareil venimeux, l'avale, puis se met tranquillement à dévorer le corps tout entier. Le hérisson aurait reçu dans cette lutte une demi-douzaine ou même un plus grand nombre de blessures dans des parties sensibles, telles que le museau, les oreilles ou la langue, qu'il ne s'en inquiéterait pas davantage. Ces blessures empoisonnées ne produisent aucune enflure, et il n'en souffre nullement, pas plus que les petits qu'il nourrit. D'autres poisons ne paraissent pas lui être plus dangereux. Il mange par centaines des cantharides, dont une seule déjà provoque chez le chien d'atroces douleurs, et il absorbe, sans en être incommodé, des doses assez fortes d'opium, de sublimé corrosif, d'arsenic et même d'acide prussique. La liqueur âcre qui s'écoule de la peau des crapauds, semble cependant ne pas lui plaire beaucoup, car, lorsqu'il en dévore un, il s'essuie le museau sur la terre après chaque coup de dent. Dans notre pays, on ne poursuit ni ne mange les hérissons; les détruire serait absurde, et ce serait perdre son temps que de les chasser pour s'en nourrir. Cependant les paysans ne permettent pas qu'ils s'établissent sous leurs chalets, car ils sont convaincus que le voisinage du hérisson nuit beaucoup à la fécondité de leurs vaches.

Les musaraignes des montagnes vivent non moins cachées que

les pauvres hérissons. Ce sont aussi des animaux nocturnes qui se tiennent dans les trous de souris ou les labyrinthes souterrains des taupes. Ces animaux sont peu étudiés et peu connus, même des naturalistes. Le paysan les regarde à tort comme des animaux venimeux et les pourchasse, quoiqu'elles vivent exclusivement de larves, d'insectes, de vers, de souris et d'animaux morts, et méritent à ce titre tous nos égards; elles n'accumulent pas non plus la terre à la manière des taupes. Les musaraignes sont excessivement voraces; il est presque impossible de les rassasier, et elles se dévorent entre elles. Le froid et la faim ne tardent pas à les faire périr. Les musaraignes ont l'instinct peu développé; leurs petits yeux voient mal, et c'est plutôt leur odorat qui les dirige, car elles sont sans cesse à flairer et ont toujours le museau en mouvement; elles sont cependant vives et alertes, et il n'est pas rare de les voir jouer au bord de l'eau, lorsqu'il fait du soleil, et même disputer à un lézard la possession de quelque insecte.

La musette (*sorex araneus*) est une espèce très-connue qu'on rencontre souvent au mois d'août morte au bord des routes, sans qu'il soit possible d'en découvrir la raison; la musaraigne leucodonte (*sorex leucodon*), jolie espèce dont le dos est brun rouge et le ventre blanc, et la musaraigne d'eau (*sorex fodiens*) habitent toute l'étendue de la région des collines et de celle des montagnes. Dans la vallée supérieure de la Reuss, on a découvert une variété blanche de la musette. La musaraigne d'eau, qui a le dos presque noir et le ventre blanc, vit de préférence au bord des ruisseaux; elle nage très-bien, recherche au fond de l'eau des sangsues, des larves et des œufs de poissons, et sait retourner les cailloux pour découvrir sa nourriture. On prétend même qu'elle s'accroche à de gros poissons et leur dévore les yeux. Peut-être la musaraigne naine (*sorex pygmea*), jolie petite espèce qui n'a qu'un pouce et demi de longueur et n'a pas encore été signalée dans notre pays, y habite-t-elle néanmoins, car en Allemagne elle a l'habitude de vivre sur les revers septentrionaux des montagnes. Pendant l'hiver, ces petits animaux ne s'engourdissent pas et mènent une vie misérable, ce qui explique pourquoi on trouve souvent des musaraignes gelées, que les chats dédaignent à cause de leur odeur musquée.

Les travaux d'une espèce voisine, la taupe (*talpa europœa*), frappent beaucoup plus au milieu des prairies et des pâturages. Cet animal fouisseur ne se borne pas à habiter la montagne; on le retrouve dans l'alpe, bien au-dessus de la limite des forêts. Cependant il manque dans la haute Engadine. Les paysans confondent souvent la taupe avec le campagnol, espèce de souris qui amoncelle aussi la terre à la surface des prairies. Rien n'est cependant plus facile que de les distinguer. La taupe a le corps cylindrique, presque informe, couvert de poils d'un noir bleuâtre brillant et doux comme du velours. Ses pattes antérieures sont élargies et semblables à des mains. Le campagnol a le dos brun marron ou d'un noir rougeâtre, et le ventre gris brun. La queue de la taupe est beaucoup plus courte que la queue de cette souris. Les deux espèces ont les yeux très-petits, profondément enfouis sous les poils du front. La taupe est un animal des plus utiles, qui appartient au groupe des insectivores et ne se nourrit que de matières animales. Le campagnol, au contraire, est un rongeur des plus dangereux, qui vit de racines d'herbes et de tubercules. Les taupiers distinguent au premier coup d'œil le monticule de terre amoncelé par la taupe, de celui qu'a produit le campagnol, car la terre remuée par la taupe est très-fine, tandis que celle que le campagnol a fait sortir de son trou est grossière et mélangée de boulettes terreuses.

Dans la Suisse orientale, sur le Randen par exemple, dans le canton de Schaffhouse, on a découvert une variété de taupe jaunâtre. Au canton de Vaud, il en a été signalé des variétés blanchâtres, orange, grises avec des taches foncées. Les taupes dont le dos est blanc et le ventre jaunâtre, sont en même temps de plus grande taille, leur fourrure est plus épaisse, et leur museau plus large est aplati et ressemble à un fer à cheval. On n'observe presque jamais la taupe à la surface du sol, quoiqu'elle vienne y chercher la mousse et les feuilles dont elle tapisse sa demeure souterraine; en hiver, elle aime à circuler entre l'herbe et la neige qui la recouvre.

La taupe creuse dans la terre de larges galeries qui s'entre-croisent. Du reste, que ferait-elle à la surface du sol? Ses yeux sont microscopiques et lui permettent à peine de distinguer le jour de la nuit, et puis sous la couche végétale elle trouve en abondance les larves et les vers dont elle se nourrit, et qu'elle n'avale qu'après en avoir détaché la terre à l'aide de ses pattes de devant; souvent aussi elle capture un crapaud, un triton, un lézard, une musaraigne ou une souris égarée dans son dédale de galeries souterraines, et elle en fait ses délices. Elle s'empare même de petits oiseaux, d'orvets et de couleuvres à collier, qu'elle attaque courageusement et ne lâche plus dès qu'elle les a une fois saisis, à moins qu'elle ne périsse dans la lutte. Victorieuse, elle les dévore avec une avidité qui prouve combien cette chair lui plaît. Tout à coup elle sort de son trou, donne un coup de dent à sa proie, rentre sous terre comme un trait pour reparaître un instant après et recommencer la même manœuvre; enfin elle s'enhardit et finit par ne plus lâcher sa victime. Ces attaques et cette tactique sont souvent pour l'observateur un spectacle des plus comiques. La taupe aime à rester dans les mines qu'elle dirige à travers les terres noires et fertiles, où abondent les vers; elle s'y meut assez rapidement, et y creuse sans cesse, même pendant l'hiver, de nouvelles galeries, à l'aide de son museau allongé en trompe et de ses pattes qui, comme l'animal tout entier, sont admirablement organisées pour fouir. La taupe dispute à ses pareilles la possession de ces demeures souterraines, et leur livre sous terre, à la surface du sol et même dans l'eau, des combats opiniâtres, pendant lesquels les rivales se mordent le museau et les mâchoires.

Le dommage que causent les taupes en amoncelant la terre dans les prairies, est presque insignifiant, car les taupinières sont très-faciles à niveler et renferment un terreau qui, étendu à la surface du sol, sert à le fertiliser; en revanche, les services qu'elles nous rendent en détruisant une aussi grande quantité d'insectes nuisibles, sont si importants que rien ne peut excuser les poursuites absurdes auxquelles ces petits animaux sont en butte de la part des paysans. Ils ont encore d'autres ennemis, tels que la belette et l'hermine qui s'introduisent dans leurs galeries, et la buse qui les guette à la sortie.

On s'est souvent demandé comment les taupes ont pu pénétrer dans la vallée d'Urseren, ce haut pays entouré de toutes parts d'une ceinture de rochers et de pentes escarpées, dominé par des montagnes couvertes de neiges, et dont le seul débouché, l'affreuse gorge des Schöllenen, est impraticable. A notre avis, il est impossible qu'un courageux couple de taupes, poussé par son instinct, se soit jamais décidé à quitter les prairies de la vallée inférieure de la Reuss pour remonter cette rivière pendant des lieues, et venir s'établir définitivement dans la vallée d'Urseren. Il a fallu des siècles à l'espèce taupe pour trouver le chemin de cette terre promise. C'est irrégulièrement, lentement, par saccades, qu'a eu lieu cette émigration, qui, partie du fond de la vallée, a traversé les oasis herbeux et les îlots d'humus qui existent çà et là aux flancs des rochers. Souvent les émigrants ont été arrêtés, sont revenus sur leurs pas, ont fait des marches de flanc, ou se sont traînés pendant l'hiver sur les pierres, au-dessous de la couche de neige, pour arriver enfin, après avoir probablement traversé les montagnes qui la dominent, dans cette vallée, au fond de laquelle les taupes se sont bientôt multipliées.

Tous les mammifères précédents appartiennent au groupe des carnivores, mais ils n'en sont pas moins des êtres inoffensifs qui se contentent de vivre de vermine, et entretiennent ainsi avec l'homme des rapports d'amitié. Malgré leur petitesse, ce sont des animaux très-importants, destinés à être les protecteurs de la végétation. De combien d'instincts divers la nature n'a-t-elle pas doué les animaux de cet ordre?

Dans l'air, les chauves-souris poursuivent pendant la nuit les insectes malfaisants qui ont échappé aux oiseaux chanteurs. Sur la terre, les mêmes insectes et les souris, ces animaux contre lesquels rien n'est à l'abri, ont pour ennemis les hérissons. Sous terre, dans l'eau même, ce sont les taupes ou les musaraignes qui les pourchassent. Partout dans la nature, nous trouvons la tendance à compléter et à perfectionner sans cesse son œuvre; la pensée créatrice se systématise, et loin d'être épuisée par la production des petites espèces de carnassiers, elle en produit de plus grandes et de plus parfaitement organisées, qui concourent avec les petites espèces à un but commun, la diminution des animaux nuisibles à la végétation. Mais des besoins plus pressants, une organisation plus parfaite, des sens plus développés, les rendent aussi dangereuses pour des animaux inoffensifs. Le besoin de nourriture animale domine tellement ces grands carnivores qu'ils manquent à leur destinée primitive, qui consistait à ne détruire que les ennemis de la végétation. Ils ont un instinct qui les porte à rechercher la chair vivante et le sang chaud, et ils manquent de l'intelligence nécessaire pour restreindre cet instinct. Immodérés, sanguinaires, cruels, ils deviennent des éléments perturbateurs au milieu de cette harmonie qu'ils devaient contribuer à maintenir. Ils sont aussi les ennemis naturels de l'homme, car ils n'en veulent pas seulement aux animaux qu'il protége et élève, mais à lui-même. Telle est la raison de la guerre éternelle qui règne entre l'homme et la bête féroce.

Parmi ces animaux de proie, il en est qui sont destinés à vivre dans l'eau et d'autres sur la terre. Les premiers sont naturellement peu nombreux dans une région où l'eau n'occupe qu'une très-petite surface; aussi ne pouvons-nous ranger positivement dans cette catégorie que la loutre (*lutra vulgaris*). Le mink ou putois des rivières du nord, animal à pieds palmés assez semblable à la marte, et qui, dit-on, a été observé aux bords du lac de Brienz, n'a été signalé nulle part dans la région montagneuse. La loutre est fort difficile à voir, mais ses dégâts ne trahissent que trop sa présence. Elle a deux pieds et demi à trois pieds de longueur, sans compter la queue, qui mesure de un pied à un pied et demi; elle pèse de quinze à vingt-six livres. La loutre a la tête petite, élargie et aplatie; son museau est obtus, ses lèvres fortes, sa mâchoire très-puissante; elle a le museau garni de poils roides, grisâtres, les yeux bruns; ses oreilles sont courtes et pourvues d'une espèce de soupape qui peut les fermer; ses jambes sont courtes, épaisses et terminées par des pattes palmées. La peau de la loutre est couverte de poils doux et serrés, à travers lesquels l'eau ne saurait pénétrer tant que l'animal est vivant. Le dos brun rouge est garni d'un duvet d'un gris roux; les joues, le ventre et le cou ont des teintes plus claires, et la peau est si épaisse que la morsure du chien ne la traverse point.

La loutre est excessivement sauvage; elle a l'ouïe excellente et le tact très-fin. Dans les endroits les plus solitaires, elle sort parfois de son trou pendant le jour pour s'étendre au soleil; ailleurs, lorsque le bord des rivières est fréquenté, elle ne se hasarde que de nuit à abandonner la retraite profonde qu'elle s'est choisie dans les berges; elle en sort avec précaution, s'approche doucement du bord de l'eau, et n'y entre qu'après avoir longtemps écouté et regardé autour d'elle. La loutre se met alors à nager contre le courant, soit entre deux eaux, soit à la surface, où elle frappe l'eau bruyamment. A chaque instant elle plonge, reparaît, une truite à la bouche, et avale sa proie, tout en se jouant dans le courant. Lorsqu'elle a saisi un poisson de plus grande taille, saumon ou brochet, elle l'entraîne sur la rive malgré la violence avec laquelle il se débat entre ses mâchoires, le dévore, en fermant les yeux, à la manière des chats, et n'en laisse que la tête et les grosses arêtes. Une nuit suffit à la loutre pour capturer plusieurs douzaines de truites dans les ruisseaux peu profonds des montagnes; elle plonge sous chaque grosse pierre et y saisit en toute sûreté les nageurs agiles qui s'y cachent; elle déchire les filets, mange les poissons dont sont amorcés les hameçons, poursuit les écrevisses dans les trous des rives, attrape même les merles d'eau et les musaraignes, et commet en peu de temps de grands dégâts. Tapie près de la rive, elle observe immobile ce qui se passe dans l'eau, s'y précipite à l'instant favorable, saisit un poisson ou le poursuit jusqu'au fond du trou où il a cherché un refuge. Il n'est pas rare que deux loutres s'associent pour pêcher avec plus de fruit; l'une se tient en amont, l'autre en aval, et elles chassent ainsi le poisson de l'une à l'autre. Les poissons de grande taille ne voient pas bien ce qui se passe au-dessous d'eux; aussi c'est d'en bas que la loutre les attaque. En hiver, lorsque les ruisseaux et les lacs sont couverts de glace, les loutres se mettent à l'affût du poisson au bord des trous ou des places dégelées, ce qui permet quelquefois de les apercevoir et de les tirer. Il semble aussi qu'à cette saison les loutres font d'assez grands trajets sur terre pour trouver d'autres endroits plus favorables à leur genre de vie. Lorsqu'elles manquent de poisson, elles attaquent les cochons de lait, les chevreaux, les agneaux, les oies, les canards et les poules. Si la loutre est des plus habiles à chasser pour son compte, elle n'en est que plus difficile à atteindre. Il est rare qu'elle donne dans le piége et se prenne à la trappe. Souvent les chasseurs l'attendent des nuits entières à l'endroit où elle a l'habitude d'entrer dans l'eau, sans réussir même à l'apercevoir. Leurs veilles ont pourtant un résultat, car, lorsque la loutre se sent épiée pendant plusieurs jours de suite, elle change de quartier et se transporte à une demi-lieue ou à une lieue plus loin, le long de la rivière ou du lac. Une bonne charge de grenaille, qui l'atteint à la tête, l'étend sans vie, même lorsqu'elle la reçoit entre deux eaux. Des coups aussi heureux que celui de ce chasseur zuricois qui, de la même décharge, abattit dans la Limmath une loutre femelle et ses deux petits, sont rares dans les fastes de la chasse.

Sans être nulle part commune, la loutre, ce dangereux ennemi du poisson, habite partout dans la région montagneuse au bord des lacs, des rivières et des ruisseaux. Au canton d'Uri, elle remonte la Reuss jusque dans la vallée d'Urseren; dans le pays de Glaris, elle pénètre jusque dans la Schwendi. La voix de la loutre consiste tantôt en un coup de sifflet assez aigu, tantôt, lorsqu'on la tourmente ou la blesse, en un sifflement violent. Elle court assez vite par terre, fait même des sauts de quelques pieds, mais elle nage et plonge avec beaucoup plus d'adresse. La femelle met bas de deux à quatre petits, à des époques indéterminées et même au milieu de l'hiver. Lorsqu'on réussit à lui prendre ses petits, on peut les nourrir et les dresser ainsi que des chiens; ils s'apprivoisent parfaitement, s'attachent à l'homme comme les phoques, et font preuve d'une haute intelligence. Ils obéissent au geste, gardent leur maître, ne quittent pas sa chaise, le défendent des dents et des griffes contre les attaques des chiens et des hommes. Ils sautent à l'eau au commandement, et en ressortent la bouche garnie d'un poisson, qu'ils viennent déposer à vos pieds. Quoique les loutres n'habitent que les eaux douces, celles qui sont apprivoisées pêchent aussi en mer lorsqu'on les y envoie, et, au premier coup de sifflet, elles reviennent à la plage, même de très-loin. La loutre sauvage est, au contraire, extrêmement méchante et indomptable; elle préfère se faire tuer plutôt que de se laisser emporter vivante. D'un coup de dent elle coupe avec facilité les jambes des plus gros chiens. Sa fourrure est très-belle et vaut une vingtaine de francs; sa chair est des plus savoureuses. Dans les cantons catholiques, la chair de la loutre est réputée chair de poisson et peut être mangée pendant le carême.

Les carnassiers terrestres de la zone montagneuse sont peu nombreux; ceux dont la taille est la plus forte n'appartiennent qu'aux genres chien, chat, ours et blaireau. Les petites espèces se rangent dans le groupe assez nombreux des martres. Tous ces carnassiers, de même que les différentes espèces de martres, vivent dans les montagnes; plusieurs d'entre eux sont spéciaux à notre zone et à la région alpine, tandis que d'autres habitent aussi le bas pays.

Quoique très-fréquentes dans notre pays, les espèces du groupe martre, comme tous les carnassiers, ne trahissent leur présence que par leurs dégâts, et ne se laissent apercevoir que rarement, car elles ont toutes des mœurs nocturnes. La plupart vivent partout, dans les rochers comme dans les granges des citadins, dans les forêts de sapins aussi bien que dans les jardins, sous les toits comme au bord des torrents qui sortent des glaciers. La variété de leur séjour, l'étendue de leur domaine sont en rapport avec leur voracité et leur agilité, et leur ruse sait tirer parti de chaque recoin pour s'en faire un abri. Seule la martre proprement dite ne quitte jamais les forêts de sapins. Toutes ces espèces élégantes et gracieuses, à jambes courtes, à corps élancé, ont l'allure légère et sautillante, la vue, l'ouïe et l'odorat excellents, les yeux clairs et intelligents, la fourrure superbe et moelleuse. En même temps ce sont des êtres sauvages, indomptables, faux, sanguinaires et enclins à la colère. Leur fourrure est plus distinguée que leur caractère.

L'un des plus grands et peut-être le plus connu des carnassiers de ce groupe est le putois (*mustela putorius*), qu'on pourchasse vivement et à juste titre partout où il habite. Le putois mesure un pied et demi de longueur sans la queue qui a plus de huit pouces; sa fourrure, d'un beau brun foncé, a le duvet jaunâtre. Ses joues sont blanches, tandis que sa gorge, sa poitrine et sa queue sont presque noires. Pendant le jour, il dort ordinairement dans son gîte, tandis que pendant la nuit il est alerte et beaucoup plus remuant que la martre. Quoiqu'il ait la même marche légère et sautillante, il a l'odorat moins fin, grimpe et saute moins bien, ne monte pas aux arbres; il est aussi moins à craindre et moins sanguinaire que la martre. Lorsqu'il réussit à pénétrer dans un poulailler, il se borne à vider les œufs qu'il y trouve et à emporter quelque poule; on le dit assez rusé pour ne pas commettre de brigandages près de son gîte, et laisser en repos les poules logées dans la même écurie que lui. Pendant l'hiver, il s'établit volontiers près des habitations, dans les maisons, les tas de bois, les granges, les cabinets de jardins, derrière des parois de planches. Il parcourt les champs, pénètre dans les terriers des taupes à la poursuite des rats et des souris, renverse de temps en temps quelque ruche ou déterre un nid de bourdons, dont le miel est pour lui une friandise; d'autres fois il se traîne sur la glace qui borde les ruisseaux et cherche à accrocher quelques poissons, à surprendre un merle d'eau ou un martin-pêcheur; mais c'est toujours la nuit qu'il choisit pour ses chasses. Pendant l'été, le putois est plus capricieux et préfère chasser dans la campagne et dans les bois. Il erre à travers les forêts et les rochers, jusqu'à des niveaux très-élevés, se cache tantôt dans quelque tanière de renard ou de blaireau, tantôt dans une fissure de rocher, une grotte, sous les racines d'un arbre, dans un arbre creux, au bord d'un ruisseau ou d'un étang. Au besoin, il se contente de grenouilles, de lézards, de salamandres, d'orvets, même de couleuvres et de vipères, qu'il dévore sans se soucier de leurs crochets et de leur venin, car les blessures qu'elles lui font ne lui sont pas plus fatales qu'au hérisson. Le putois cherche surtout à découvrir des nids d'oiseaux, dont il mange les œufs et les petits, ainsi que les perdrix et les coqs de bruyère qu'il surprend pendant leur sommeil. Quant aux fruits et aux substances végétales, il ne les goûte pas. Au mois d'avril, la femelle met bas quatre à six petits, qui, comme ceux de tous les animaux nocturnes, restent aveugles pendant quelque temps. Les jeunes putois ne sont pas très-difficiles à apprivoiser, ils s'habituent à revenir à la maison et peuvent même être dressés pour la chasse. Leur ardeur est telle qu'ils attaquent le renard au fond de son terrier et lui sautent courageusement à la gorge. Les vieux putois sont en revanche des animaux désagréables, très-sauvages, qui, lorsqu'on les irrite, laissent échapper de leurs glandes anales un liquide dont l'odeur est affreuse, et sont sans cesse à mordre, à égratigner, à pousser des sifflements, à grogner ou à japper. Ils ont la vie si dure qu'ils continuent à courir avec une charge de grosse grenaille dans le corps. C'est pourquoi la meilleure manière de s'en emparer consiste à leur tendre des trappes et des piéges à rats, qu'on amorce avec un œuf ou un poisson rôti. La chair du putois est, de même que celle des autres espèces du genre, parfaitement immangeable, sa peau vaut à peu près deux francs.

La fouine (*mustela foina*) ressemble au putois par sa taille, ses formes et son genre de vie, mais elle est beaucoup plus cruelle, plus féroce, plus rusée, ce qui la rend d'autant plus dangereuse. C'est un vrai carnassier des mieux organisés, dont l'odorat est excellent, qui grimpe et bondit parfaitement, court très-vite et nage admirablement. Ses dents et ses griffes sont acérées, et la finesse de son oreille ne le cède en rien à celle de son œil, qui, dans l'obscurité, brille d'une lueur bleuâtre. Dans le Jura, on a tué une fouine blanche, à longs poils, dont les yeux étaient rosés. La fouine vit au milieu de nous, sans que rien décèle son existence. Elle habite les carrières, les écuries, les tours et les maisons. Pendant l'été, elle préfère les montagnes et même l'alpe, et trouve un abri dans les crevasses des rochers, les étables ou les huttes abandonnées. C'est de là qu'elle part, pour se traîner pendant la nuit, au milieu des buissons, des broussailles et des forêts, le dos plié en cercle. Elle s'accroche aux aspérités des murs et des rochers, et grimpe à la recherche de sa proie. Lorsqu'elle se laisse tomber, sa longue queue velue lui sert de balancier et la dirige dans sa chute, de sorte qu'elle se remet tout de suite sur ses jambes, se secoue et continue à courir. La fouine ne mange des souris et des grenouilles que lorsqu'elle est affamée; elle préfère à tout autre aliment la volaille, les perdrix et les œufs, dont elle sait adroitement vider le contenu. Dans les vallées, elle recherche avec avidité le miel, les raisins et les fruits à noyaux, et pénètre souvent dans les basses-cours, où elle fait un affreux carnage parmi les oies, les canards et les poules. Elle leur coupe la tête, en suce le sang, et emporte dans son gîte une de ses nombreuses victimes. Partout où la fouine peut introduire sa tête triangulaire et aplatie, partout son corps la suit. Prise jeune, elle s'apprivoise assez facilement, suit son maître dans la campagne, sait le retrouver dans la forêt, et laisse en repos les oiseaux de la basse-cour.

On ne sait pas encore positivement à quoi tient l'odeur musquée des excréments des diverses espèces de martres; plusieurs d'entre elles ont sous la queue des glandes anales qui sécrètent un liquide très-odorant. Selon les uns, ces glandes seraient plus volumineuses chez les femelles; selon d'autres, elles seraient surtout développées chez les mâles. Si cette dernière opinion est fondée, elle ne l'est pas au moins dans tous les cas, car nous avons possédé pendant plusieurs années une fouine mâle magnifique, dont les déjections n'avaient nullement l'odeur de musc, pas plus que l'animal lui-même, lorsqu'on le rendait furieux en l'irritant. L'autopsie qui en fut faite prouva que ces glandes n'étaient presque pas développées; mais le genre de vie, la qualité de la nourriture et l'isolement peuvent exercer une grande influence sur cette sécrétion. Notre fouine dormait habituellement pendant le jour et ne reprenait sa vivacité que la nuit; elle était assez apprivoisée pour venir saisir, en grimpant autour du corps et du bras, la viande que nous tenions dans la main, et pendant le jour elle circulait dans notre cabinet, sans essayer de s'enfuir par la fenêtre ouverte. Cette fouine préférait à toute autre nourriture le lait et la viande crue, elle ne touchait pas aux crapauds, aux grenouilles et aux tritons, se précipitait sur les souris et les taupes mortes qu'on lui jetait, leur donnait un coup de dent à la nuque, les traînait dans un coin de sa cage et les cachait dans le foin, après les avoir mordues çà et là, puis cessait de s'en occuper. Elle ouvrait les œufs, en suçait le contenu, et savait se maintenir très-propre. Elle aimait et connaissait son maître, mais elle était extrêmement passionnée et irascible. Un jour elle mordit avec violence le bras d'une petite fille qui, effrayée en la voyant s'approcher de sa chaise, s'était mise à pleurer. Une autre fois, sa cage ayant été placée sur un char et traînée à quelque distance, la fouine perdit toute espèce de connaissance, elle devint comme folle, et finit par se coucher sur le flanc en poussant des cris affreux. Lorsqu'on lui administrait une correction, elle se mettait à donner des coups de griffe, à grogner et à crier; un rien la mettait en fureur. Les fouines ont la vie plus dure que les putois. On en cite une qui courut après avoir reçu huit grains de grenaille dans la tête, et un plus grand nombre dans la poitrine, qui vécut encore plus de trois heures, et dut être assommée à coups de bâton. La fourrure de la fouine est d'un beau brun marron avec un duvet grisâtre et une tache blanche à la gorge et sous le cou. Elle a deux fois plus de valeur que celle du putois.

La martre (*mustela martes*) a la taille un peu plus forte que la fouine et lui ressemble par la couleur, mais elle a le poil plus brillant, plus fin, plus touffu, et porte sous la gorge une tache qui est jaune au lieu d'être blanche. Dans le canton des Grisons on a tué deux martres parfaitement blanches, dont la gorge était jaune clair. Elle n'habite que les forêts, s'établit dans des nids d'écureuils ou de corneilles abandonnés, dans des arbres creux, ou des crevasses de rochers. Dans les endroits déserts, elle chasse de jour, et, avide de proie, elle saute d'arbre en arbre avec autant d'adresse que de précaution. Dès qu'il s'agit de grimper, elle s'en tire mieux que l'écureuil lui-même.

Ainsi que les espèces précédentes, la martre tient beaucoup des chats, et toutes ses habitudes rappellent celles du lynx et du chat sauvage. En hiver, elle laisse sur la neige molle des empreintes dont la grandeur est double de celles de l'écureuil, et qui ont tantôt la disposition suivante : . . . . tantôt cette autre : . . . : . . : . . : La plante des pieds de la martre est très-velue et ses doigts ne laissent pas une empreinte nette. Lorsque le chien la fait lever, elle gagne tout de suite le fourré par grands bonds et grimpe sur un sapin élevé. Souvent elle se tapit sur une branche ou regagne son nid, d'où elle regarde tranquillement le chasseur de ses grands yeux brillants, de sorte que s'il l'a manquée du premier coup, il a le temps de recharger son arme et de l'abattre du second. La martre habite toutes les forêts de la Suisse; on la trouve dans la vallée du lac de Joux, et, en général, dans toute l'étendue du Jura, mais elle n'est nulle part très-commune, et ne monte presque jamais dans les hautes Alpes. Souvent nous avons été surpris en remarquant ses traces sur la neige dans les montagnes basses de l'Appenzell. Elle se nourrit à peu près comme la fouine, attaque même de jeunes lièvres, qu'elle saisit à la gorge ou à la nuque, et nuit beaucoup à la multiplication du gibier. La peau de la marte vaut une douzaine de francs et plus. Dans l'Amérique du Nord elle est si commune que pendant l'année 1835 il en a été expédié seulement en Angleterre 160,000 peaux.

L'hermine (*mustela erminea*) est plus commune dans nos montagnes que la fouine et la marte. Moins grand qu'elles, ce charmant petit animal a le dos fauve, le ventre blanc jaunâtre, les lèvres et la gorge blanches et l'extrémité de la queue noire. Pendant l'hiver, l'hermine devient parfaitement blanche comme le lagopède et le lièvre des Alpes, et ne conserve de noir que le bout de la queue. Elle l'emporte sur les espèces voisines par son courage, son agilité, la flexibilité étonnante de son corps et la rapidité de sa course. L'hermine habite plutôt la campagne que les maisons, et, quoiqu'elle se mette en chasse surtout pendant les belles nuits du printemps, il n'est pas rare de l'observer dans les champs, autour des murs et des rochers. Ses allures dénotent chez elle une vivacité égale à celle du lézard; comme lui, elle montre la tête à travers les trous des murs, puis la retire pour reparaître un instant après à quelque autre ouverture. Quoique vivant du même régime que la marte et le putois et tout aussi carnassière, l'hermine a dans tout son être quelque chose de plus aimable et de plus familier qui inspire la confiance, tandis que ses congénères ont toujours un regard faux et méchant. Sa fourrure d'hiver, relevée par la touffe de poils noirs qui termine la queue, avait autrefois une grande valeur, qui a diminué depuis, parce que le blanc si pur de l'hermine finit par devenir jaune et laid. Pendant l'été, l'hermine s'élève au-dessus de la limite des forêts, et s'aventure même jusque sur les glaciers. L'utilité de l'hermine n'est pas assez appréciée; ce petit animal détruit les souris par centaines, et les poursuit même dans leurs passages souterrains. Souvent les chasseurs de souris trouvent ce dangereux concurrent pris à leurs piéges.

La belette (*mustela vulgaris*) est plus rare; ce petit carnassier, aussi mignon qu'agile, offre à peu près la même extension verticale que l'hermine; il lui ressemble par la couleur, mais ne porte pas de touffe noire au bout de la queue. Ses dimensions, six à sept pouces de longueur sur un pouce et demi de hauteur, égalent à peine la moitié de celles de la marte; son corps est aussi plus cylindrique. La belette vit dans les trous des taupes et des rats, dans les décombres et les vieux murs, dans les canaux souterrains qui servent au desséchement des jardins et des prairies. Pendant l'hiver elle habite les granges, tandis qu'en été elle se retire dans les fentes des rochers. En hiver, la belette ne blanchit pas comme l'hermine, tout au plus devient-elle d'un brun grisâtre, quoique sur le Saint-Gothard et dans le nord de l'Europe on en ait rencontré de blanches, et dont la queue même avait pris cette couleur. Il est fort probable que ces individus ne quittent jamais les hautes Alpes et ne descendent pas dans les vallées pendant l'hiver. Malgré sa petite taille, la belette est fort utile; aucun carnassier ne détruit plus de souris : aussi devrait-on la protéger partout où existent dans les Alpes des pâturages dévastés par ces rongeurs. Elle s'insinue dans leurs trous, les y poursuit et en fait un affreux carnage; elle ose attaquer le hamster, dont la taille est trois fois plus forte, les rats, les lézards, les orvets, les couleuvres et même les vipères, qu'elle cherche à saisir à la nuque. Lorsqu'elle a manqué son coup et reçu quelque blessure empoisonnée, la belette ne tarde pas à périr. Elle emporte au-dessous de son cou les œufs qu'elle réussit à découvrir. Brave jusqu'à la folie, elle assaille les pigeons, les poules et même des animaux de taille plus forte, qu'elle ne parvient à vaincre que grâce à la violence et à la fureur de ses attaques. En été, on voit les belettes, tantôt isolées, tantôt par petites troupes, bondir dans les prairies, les pâturages et les rocailles. Au moindre bruit, elles se cachent sous terre ou derrière les pierres pour reparaître un instant après. Dans le canton d'Unterwald, on prétend avoir observé des groupes de plus de cent belettes. L'autour et la buse en font souvent leur profit; la cigogne l'avale tout entière. Prise au nid, la belette s'apprivoise facilement et devient très-amusante; elle s'endort dans la main des dames ou dans leur panier, sautille du matin au soir, et aime à caresser ses maîtres. Malheureusement elle exhale, comme l'hermine, une odeur désagréable qui rappelle celle de l'ail. La peau de la belette a peu de valeur.

Toutes les espèces de martes pullulent rapidement; elles s'apparient au mois de février. C'est le moment où les martes et les putois poussent des cris affreux et se livrent à des mouvements violents. Les femelles mettent bas de quatre à sept petits. La marte fait même une seconde nichée aussi nombreuse. Toutes les espèces du genre ont grand soin de leur progéniture, et, à la moindre apparence de danger, elles emportent leurs petits, soit dans la gueule, soit sur le dos. Les espèces de petite taille sont beaucoup plus utiles que nuisibles; quant à celles dont la taille est considérable, elles sont plutôt nuisibles, car, pendant l'été, elles ne chassent pas aux souris et préfèrent attaquer les oiseaux.

Le chat sauvage est plus dangereux encore pour le gibier; mais heureusement ce carnassier est de tous le plus rare en Suisse. Il vit aussi dans les forêts de la plaine, quoiqu'il préfère habiter les bois des montagnes. Le lynx les fréquente également; mais, de même que les loups et les ours, il hante plutôt les parties basses de la zone alpine. Le loup et l'ours sont sédentaires dans le Jura et s'y reproduisent chaque année. Aux Grisons, au Valais, dans le canton de Berne et le Tessin, ces carnassiers fréquentent surtout la zone alpine et y ont toujours leur repaire. En revanche, quoiqu'on le rencontre dans les hautes vallées des Alpes, le blaireau semble être plus commun dans la zone montagneuse que partout ailleurs. C'est là que son terrier est toujours situé. Nous ferons son histoire à propos des animaux particuliers à la montagne. Quant au renard, le plus commun de nos carnassiers, nous le mentionnerons avec les animaux des Alpes, en même temps que le loup, bien qu'il habite indifféremment la plaine, la montagne et les hautes régions. Il est difficile de savoir où il est le plus abondant. D'après des observations exactes, beaucoup de renards des montagnes passent l'été à la limite supérieure des forêts et même sur les sommités, et sont remplacés dans les montagnes par des renards venus des vallées et de la plaine.

Plusieurs carnassiers restent engourdis pendant l'hiver, et cela paraît d'autant plus singulier que les espèces carnivores passent pour avoir le sang le plus chaud parmi les mammifères, tandis que les espèces qui s'engourdissent en hiver semblent avoir le sang le plus froid. Cependant les carnassiers hibernants (ours, hérisson, blaireau, chauve-souris) sont tous des animaux à tempérament froid, des êtres paresseux et indolents, et, du reste, aucun d'eux ne demeure engourdi d'une manière continue pendant tout l'hiver. C'est le cas seulement de la marmotte, rongeur que la faim et le froid qui règne dans les hautes régions feraient indubitablement périr, s'il ne passait pas l'hiver caché au fond de son terrier dans un état de léthargie très-voisin de la mort.

Les animaux qui appartiennent au groupe des loirs, savoir, dans nos montagnes, le loir, le lérot et le muscardin, ne tombent pas dans cet état léthargique profond, et ne dorment pas continuellement pendant l'hiver. Ils se réveillent, absorbent de la nourriture et se rendorment, même au printemps, lorsque, après avoir été vivaces pendant quelque temps, ils souffrent des retours du froid; en juillet même, leur engourdissement peut recommencer.

Le loir est un animal nocturne à tempérament froid, et, de tous les mammifères, c'est lui qui a le sang à la plus basse température. Parmi les trois espèces citées, le muscardin s'assoupit le plus facilement, et cependant il est en même temps le plus vif dans les mouvements et le plus agile, de sorte que l'engourdissement hibernal ne peut être mis en rapport de cause à effet ni avec la température du sang, ni avec le genre de nourriture, ni avec la vivacité plus ou moins grande des animaux. On ne peut pas davantage admettre que chez les loirs cet état provienne de l'impossibilité de se nourrir. L'écureuil, qui leur ressemble beaucoup, ne dort que fort peu pendant l'hiver, et se montre à chaque instant dans les sapins. Les souris des champs ne s'engourdissent même pas du tout, trouvant bien le moyen de se nourrir en hiver.

Les plus nombreux de tous les rongeurs sont incontestablement les rats, car les musaraignes qui, au premier abord, semblent appartenir à cette famille, sont en réalité des insectivores, c'est-à-dire des carnivores. Les rats, ces animaux agiles et assez intelligents que chacun connaît, et que, dans les villes et dans les champs, dans la plaine et sur les montagnes, on considère comme un fléau, sont même les plus abondants de tous les mammifères. Il est heureux que le nombre de leurs ennemis soit considérable, et qu'ils servent de nourriture à une quantité de reptiles, d'oiseaux et de quadrupèdes ; il n'est pas jusqu'à l'insatiable brochet, parmi les poissons, qui ne réussisse de temps en temps à happer quelque rat. Les grandes espèces n'appartiennent pas, on le conçoit, à une région aussi peu fertile que la montagne, et restent confinées dans les vallées et dans la plaine. C'est le cas du surmulot, ce singulier rat originaire d'Orient, qui s'introduisit en Europe en 1730, apparut, il y a une quarantaine d'années, dans les cantons septentrionaux et orientaux de la Suisse, et pénétra ensuite jusque dans le pays de Vaud. Il en est de même du rat ordinaire, qui disparaît devant ce redoutable concurrent. La souris, ce joli petit rongeur plein de vivacité, suit partout l'homme et partage avec lui tous ses aliments. Elle pénètre souvent dans les forêts, où elle se nourrit de faînes, de baies et d'animaux morts, mais reprend toujours ses quartiers d'hiver dans les habitations. Chaque année, la femelle met bas de quinze à trente-deux petits, en trois, quatre ou cinq portées; cette nombreuse progéniture est redoutable, car on ne saurait dire à quoi les souris peuvent être utiles.

Le mulot (*mus sylvaticus*), rongeur de même taille, à dos brun rougeâtre et à ventre blanc, vit souvent en grand nombre dans les bois et les champs des montagnes, tandis qu'il n'existe pas sur d'autres points. Ces petites bêtes se creusent dans la terre des galeries peu profondes, qui aboutissent à une excavation divisée en deux chambres : l'une, qui sert de magasin, renferme différents aliments, tels que racines, noix, grains de blé et semences, tandis que l'autre sert de retraite et de séjour aux mulots. Pendant l'hiver, ils vivent de leurs provisions, ou se mettent en quête dans les champs, lorsque la neige ne couvre pas le sol. Le mulot niche deux ou trois fois par an, il met bas chaque fois de huit à douze petits, et devient souvent un fléau pour les récoltes.

La *scheermaus* ou campagnol[1] (*hypudæus terrestris*), espèce de taille beaucoup plus forte, très-commune dans les jardins et les prairies, est pour le moins aussi dangereuse et dévastatrice. Elle remplit ses magasins d'oignons, de racines, de noix, et va jusqu'à ronger les racines des jeunes arbres, au point de les faire sécher. Dans le Tessin, on a tenté de se débarrasser des campagnols en les exorcisant. La femelle produit de douze à vingt-cinq petits par an.

Nous avons déjà dit, à propos des taupes, qu'on les confond souvent avec les campagnols, qui ont aussi l'habitude d'amonceler la terre à l'entrée de leurs galeries. Le campagnol est connu sous des noms différents selon les localités. Le rat d'eau (*hypudæus amphibus*), espèce très-voisine et longtemps confondue avec le campagnol, n'a jamais été observée en deçà des Alpes, quoiqu'elle soit très-commune en Allemagne. En revanche, le petit campagnol (*hypudæus arvalis*) est très-commun en Suisse, dans la plaine comme dans les montagnes. Il a le dos d'un roux grisâtre, la gorge et le ventre gris clair, les dents incisives larges et jaunes. Sa longueur, jusqu'à l'origine de la

[1] Les campagnols (*hypudæus*) ont la queue légèrement velue et plus courte que le corps, les oreilles presque cachées dans les poils et les doigts munis d'ongles. Les souris (*mus*) ont la queue nue aussi longue que le corps, de petites oreilles nues et saillantes et les doigts dépourvus d'ongles.

queue, est de trois ou quatre pouces; sa queue a un pouce et un tiers. Cette espèce habite de préférence les champs cultivés ou semés de trèfle, mais elle vit aussi dans les prairies, les pâturages bien exposés, dans les bois et les jardins; elle se creuse des souterrains formés de plusieurs excavations, destinées, les unes à contenir des provisions, les autres à recevoir les déjections et les troisièmes à servir de gîte. Les provisions des campagnols consistent en grains, en épis, en noisettes, glands et baies; ils se jettent aussi sur les cadavres d'animaux. Les campagnols ne courent pas très-vite, mais fouillent le sol et nagent fort bien. Les femelles mettent bas de quinze à trente petits, en plusieurs portées. Nous aurons plus tard à nous occuper des rapports de cette espèce avec une espèce de Sibérie, et avec la souris de neige de nos hautes régions.

Le rat à bandes noires (*mus agrarius*), espèce qui a été observée quelquefois au Valais, ne pénètre pas dans les montagnes. Des variétés blanches, grises et tachetées de la plupart des espèces indiquées ont été observées dans notre pays, et, de toutes, c'est la souris ordinaire blanche, à yeux rosés, qui paraît la plus commune.

Les plus jolis de nos rongeurs sont les écureuils; ces singes de nos forêts sont des êtres fort amusants, qui vivent partout, dans les bois de la plaine et dans ceux des montagnes, jusqu'à la limite supérieure des forêts de sapins; ils sont rares dans les districts où le climat est âpre, tandis qu'ils abondent dans les forêts plus tempérées, à l'époque de la maturité des cônes de pins. Dans le canton des Grisons, ils accompagnent les aroles, dont ils rongent les noix, jusqu'aux limites de la végétation arborescente. La variété noire, à ventre blanc, y est aussi commune que la variété rousse, ainsi que cela a lieu dans beaucoup d'autres localités, tandis qu'ailleurs cette variété foncée est extrêmement rare. On a déjà observé çà et là, quoique peu fréquemment, la variété blanche, à yeux roses. En vieillissant, beaucoup d'écureuils deviennent d'un gris argenté.

Outre les renards, les lièvres sont l'objet ordinaire de la

chasse dans la région montagneuse; la rapidité de leur course, leur prudence et surtout leur grande reproductivité les ont seules préservés jusqu'à présent d'une extinction complète. Cependant ils sont plus communs dans la plaine, car ils préfèrent les contrées plus douces et mieux exposées, qui leur fournissent une nourriture abondante. Les lièvres de montagne sont dans la règle plus grands, plus forts et souvent plus foncés que les lièvres des champs. Le lièvre variable ne se montre qu'en hiver à la limite supérieure des forêts, et semble y prendre la place du lièvre ordinaire; cependant il occupe seul certaines vallées enfermées au milieu des montagnes, à des niveaux fort inférieurs à ceux où il se tient d'habitude, et il y remplace complétement le lièvre brun. Ce dernier paraît n'exister dans tout le canton d'Uri que dans les forêts du Sellisberg. Des lièvres bruns isolés ont été observés çà et là sur les Alpes, à des hauteurs de 4 à 5000 pieds, et semblent y habiter au moins pendant la belle saison.

Lorsqu'à ces hauteurs on rencontre un lièvre brun, c'est à coup sûr un lièvre qui a été poursuivi; car, une fois chassé, ce rongeur gravit la montagne dans sa fuite. En été, il est impossible de constater dans les campagnes la présence des lièvres; mais, à la première neige, on s'aperçoit qu'ils y sont souvent très-nombreux. Cet animal, qui semble être des plus stupides, comprend admirablement l'art de dissimuler sa présence, se tapit souvent des journées entières dans les broussailles, et laisse passer le chasseur à côté de lui, sans faire un seul mouvement qui puisse le trahir. Dès qu'il flaire l'approche du chien, il prend la fuite et se dirige au galop vers les hauteurs, car il sait parfaitement qu'il sera découvert.

Nos montagnes sont très-pauvres en espèces et en individus sauvages du groupe des ruminants. Le daim et le cerf (ce dernier depuis trente ans) y ont perdu leur droit de bourgeoisie, et doivent être considérés comme extirpés. Le bouquetin, qui anciennement habitait aussi le pied des Alpes, a disparu et s'est retiré sur quelques massifs alpins beaucoup plus élevés.

La région montagneuse est habitée par un petit nombre de chamois des forêts[1], dont la plupart vivent dans les forêts alpines. Quant aux chamois des crêtes, on ne les rencontre qu'à la limite de la zone des neiges éternelles. Il y a cependant certaines montagnes, formant la base des grands massifs, dont les forêts sauvages, rapides et entrecoupées de rochers, sont habitées en toute saison par les chamois. C'est le cas dans plusieurs chaînes des Grisons, dans les Franches Montagnes, au canton de Glaris et au canton d'Appenzell, où les forêts de Hutten, de Seealp et du Laseyer nourrissent des chamois, qui s'égarent parfois jusqu'à Teufen et à Umæschen. Autrefois ces animaux abondaient dans les bois de Sax, de Verdenberg et du pays de Gaster. Sur le Laseyer, portion boisée et hérissée de rochers de l'Alpensiegel, à une altitude de 3200', vit, depuis plus de douze ans, un chamois mâle, de très-grande taille, à large dos et à tête grisâtre. Les empreintes de pas qu'il laisse sur la neige ne sont guère plus petites que celles d'un bœuf, et sont aussi distantes que celles d'un cerf six cors (20 pouces). Comme tous les vieux chamois mâles, il est très-prudent et sait si bien se cacher, qu'il s'est dérobé jusqu'ici à toutes les poursuites. Sa ruse lui tient lieu de course rapide. Lorsqu'il a été chassé pendant une heure, son allure commence à se ralentir, mais il échappe au chasseur et aux chiens, en pénétrant dans un labyrinthe de rochers et d'escarpements, où il se sent parfaitement en sûreté. Parfois ce vieux bouc, connu de tous, se montre isolé; il passe gravement près des bûcherons et des bergers, sans témoigner de crainte. En automne, il n'est pas rare de le voir traverser la forêt ou paître sur quelque versant dénudé, en compagnie de quatre à six femelles et jeunes chamois.

Les chevreuils sont encore plus disséminés que les chamois

[1] Les chasseurs distinguent deux variétés de chamois : les *Waldthiere*, qui vivent exclusivement dans les forêts, et les *Grätthiere*, qui ne quittent pas les crêtes et les sommités dénudées des hautes régions.

dans les forêts de la Suisse; cependant elles abritent çà et là quelque petit troupeau de ces agiles herbivores. Dans certains districts, par exemple dans le canton de Glaris, les chevreuils ont disparu avant les cerfs; dans d'autres, comme dans le Jura, ils se sont maintenus dans les bois des montagnes plutôt que dans les forêts de la plaine. Avant la première révolution française, on chassait encore le chevreuil en beaucoup d'endroits; jusqu'en 1830, cette chasse a continué dans certains districts, maintenant elle a cessé d'être possible. Depuis une dizaine d'années peut-être, il ne se reproduit plus chez nous, et, de même que les cerfs, n'y apparaît qu'en fugitif. En 1851, on tua dans les montagnes voisines d'Ems et de Reichenau un fort beau chevreuil mâle. Au mois de décembre de la même année, un autre individu fut abattu près de Wolfshalden, sur les montagnes d'Appenzell. Les bêtes fauves ne peuvent nous arriver d'Allemagne qu'en traversant le Rhin à la nage, et il n'y a qu'une poursuite opiniâtre qui puisse forcer à cette extrémité les chevreuils, animaux paisibles qui ne sont rien moins que courageux. Il y a quelque temps qu'un chasseur zuricois eut la chance de traverser de sa balle la poitrine de deux chevreuils qui trottaient côte à côte. Souvent dans notre pays, on garde dans des enclos des chevreuils apprivoisés, qui y deviennent très-doux et très-familiers. Les vieux mâles de cette espèce ont, de même que les vieux chamois, la mauvaise habitude de se précipiter tête baissée sur les passants, à certaines époques de l'année. Nous citerons encore comme fait exceptionnel, la capture d'un beau cerf huit cors, qui errait depuis longtemps dans le Jura, et qui fut tué le 13 février 1851, dans le canton de Soleure, où ce bel animal n'avait plus été observé depuis longtemps. Ce cerf était énormément lourd, portait des traces d'anciennes blessures, et avait deux vieilles balles dans le corps; on conserve son bois au Schlossberg. Pendant l'automne de l'année 1854, un autre cerf huit cors, pesant plus de 400 livres, fut abattu près de Rheinfeld. Welden rapporte que les cerfs et les chevreuils habitent encore les vallées qui descendent du massif du mont Rose, mais nous avons lieu de douter de cette assertion[1].

Nous venons ainsi de terminer l'esquisse de la faune si riche et si complexe des animaux des montagnes. Cependant, quelque riche qu'elle soit, on aurait tort de se figurer que la montagne fourmille d'animaux vertébrés. Beaucoup sont nocturnes, ou vivent sous terre ou dans l'eau et manquent au paysage. Les autres ont des endroits de prédilection, et s'accumulent sur certains points où ils sont nombreux, tandis que c'est en vain qu'on cherche leur présence dans d'autres localités. A l'approche de l'homme, ils rentrent dans leurs fourrés, disparaissent derrière les rochers, s'enferment dans leurs terriers, à l'exception pourtant d'un certain nombre d'oiseaux, qui, parmi tous, paraissent être les plus nombreux des habitants de la montagne. Cependant il ne manque pas de districts où les oiseaux mêmes sont très-peu abondants, et où aucun animal supérieur ne vient rompre par sa présence la solitude aride de cette nature déserte et glacée.

Nous ajoutons à ce coup d'œil général l'histoire spéciale de quelques-uns des animaux les plus intéressants qui habitent la région montagneuse.

[2] En 1855 et 1856, plusieurs chevreuils ont été tués dans le Jura vaudois, aux environs de Sainte-Croix.

(*Note du traducteur.*)

MONOGRAPHIES ET DESCRIPTIONS PARTICULIÈRES.

I. LES ABEILLES DANS LES MONTAGNES.

Abeilles sauvages. — Éducation des abeilles. — Le meilleur miel. — Existence pénible de ces insectes.

Chacun de nous connaît et aime les mouches à miel, ces insectes travailleurs dont les mœurs sont si singulières. Leurs travaux intelligents, la constitution de leur société, leurs combats et leurs excursions, leurs métamorphoses, leur vie de famille, peuvent n'avoir pas encore été étudiées dans tous les détails, mais depuis longtemps les amis de la nature n'en admirent pas moins l'instinct, l'activité, l'art et l'ordre dont font preuve ces insectes dans tous les actes de leur vie compliquée. Si c'était librement et guidées par l'intelligence et l'affection que les abeilles exécutassent tout ce qu'un instinct immuable et dominateur les force à faire, elles occuperaient sans doute la place la plus élevée au milieu de tout le règne animal; mais ce que nous admirons dans les abeilles, c'est la sagesse de la puissance créatrice qui se manifeste dans leurs actes, plutôt que leur propre sagesse. Néanmoins, de même que certaines espèces de fourmis, elles occupent encore un rang élevé dans la série animale, et donnent des preuves d'intelligence, de jugement, de courage et de volonté libre, qualités qui, chez elles, sont accompagnées d'une grande perfection des sens, l'odorat, l'ouïe, le goût et la vue.

Les abeilles n'habitent nos montagnes qu'à l'état domestique, c'est-à-dire qu'on ne les rencontre que là où l'homme les surveille et les soigne. Lorsqu'un jeune essaim s'échappe et s'abat dans les forêts, il y périt dès l'automne ou l'hiver, à moins qu'on ne le chasse avec peine de l'arbre creux où il s'était établi, et qu'on ne le fasse rentrer dans une ruche. On a rarement observé dans notre pays des abeilles sauvages qui vécussent et prospérassent en liberté. Au reste, le nombre des hyménoptères voisins des abeilles qui récoltent du miel, est considérable dans les montagnes de la Suisse. Les anthophores, les osmies, les andrènes, les nomades, les mégachiles, les abeilles parfumées qui, dès les premiers jours du printemps, tourbillonnent en foule autour des chatons des saules, et cachent leur miel dans la terre, les eucères et les abeilles qui, comme le coucou parmi les oiseaux, déposent leurs œufs dans les nids d'autres abeilles, pour être débarrassées des soins à donner à leur progéniture, toutes bourdonnent par millions sur les montagnes, et couvrent les fleurs et les boutons de leurs laborieuses phalanges. Ces abeilles s'élèvent généralement plus haut dans les montagnes que les vraies mouches à miel, qui ne pénètrent qu'accidentellement dans la zone alpine, mais ne peuvent s'y perpétuer.

Outre les fleurs nécessaires à leur existence, il faut aux abeilles une atmosphère chaude et calme; c'est pourquoi la plaine et les vallées basses leur sont surtout favorables. L'âpre souffle de la montagne les entraîne et les emporte quelquefois jusque sur les glaciers, où elles périssent, comme celles qui ont été observées sur le glacier de Trift; le froid les paralyse. C'est avec un sentiment pénible qu'on observe souvent sur les Alpes des abeilles grelottantes et à demi engourdies, qui meurent de faim sur quelque pierre. Au delà de 6 à 7000', il est rare d'en remarquer, et quand c'est le cas, elles ne paraissent pas être en quête de miel. A 3000 pieds au-dessous de ce niveau, elles voltigent joyeuses et pleines de vie au milieu des fleurs de toute sorte qui émaillent les pâturages et les pentes exposées au soleil; les pattes couvertes de pollen, elles volent de corolle en corolle, s'enivrant au fond de chaque calice d'un nectar parfumé. Le soir, elles rentrent dans la ruche, l'estomac rempli de miel et les pattes enduites de cire, et des sœurs empressées accourent pour les aider à se débarrasser de leur précieuse récolte.

L'élève des abeilles est moins florissante dans la région montagneuse qu'à des niveaux inférieurs. Cependant quelques vallées des Alpes rhétiennes et valaisannes font exception ; le curé de Randa, village situé très-haut dans le val de Saint-Nicolas (4160'), en élève avec succès. A ces hauteurs, l'hiver est trop long et trop rude, et la saison de la récolte du miel trop irrégulière et trop souvent interrompue pour que les abeilles puissent réussir partout.

Pour parer à ces inconvénients, les habitants de ces vallées mettent en pratique une méthode d'apiculture très-ingénieuse, qui consiste à transporter leurs ruches d'un endroit à un autre, selon les saisons. Ils les gardent dans la vallée pendant l'hiver, et au printemps les abeilles y trouvent un miel abondant dans les fleurs des tilleuls, des érables et des mille plantes qui fleurissent dans les prairies. Après la fenaison, ils montent les ruches dans des vallées supérieures, mais bien abritées, et où les fleurs abonderont longtemps encore. Le temps pendant lequel les abeilles récoltent leur miel, peut être ainsi, sans grande peine, prolongé de un à deux mois. En automne, on fait redescendre dans la vallée des ruches gorgées de miel, qui pèsent souvent de 60 à 80 livres.

Dans toute la Suisse, on préfère le miel de montagne à celui qui a été recueilli dans la plaine. Il est plus limpide, plus fin de goût et plus riche en sucre, parce que dans les montagnes il croît plus de plantes à fleurs parfumées et fortement odorantes. Les fleurs n'étant pas aussi richement abreuvées de suc à ces hauteurs que dans les vallées, il se pourrait que le nectar en dût être plus soigneusement recueilli et élaboré pour être transformé en miel. Le miel des montagnes des Grisons, de Glaris, d'Appenzell, de Berne et du Valais passe pour le plus exquis ; celui de Medels, de Panix et de Tavetsch aux Grisons, de même que celui du Haut-Valais, est tantôt blanc jaunâtre, tantôt blanc, et son goût est délicieux. Dans le rayon, il est naturellement liquide comme tout autre miel, mais il ne tarde pas à se figer, et devient si solide et si sec qu'on le conserve en morceaux que les Valaisans transportent au marché dans des sacs.

Malheureusement les abeilles qui s'aventurent dans les montagnes, où elles font souvent des excursions immenses, n'ont pas seulement à y lutter contre le vent, le froid et le mauvais temps; un grand nombre d'oiseaux insectivores les poursuivent; d'autres insectes, et en particulier une guêpe qui a reçu le nom d'*apivore*, les surprennent et les tuent pendant qu'elles sont occupées à explorer l'intérieur des fleurs.

Les insectes carnassiers, parmi lesquels certaines espèces de guêpes se font remarquer par leur voracité, peuvent être très-utiles pour empêcher la propagation excessive des articulés nuisibles, si nombreux en espèces et en individus, mais ils ne laissent pas d'être très-dangereux pour les abeilles.

Nos cultivateurs d'abeilles ne se distinguent guère par leur activité, leur aptitude et l'entente de leur métier; il n'en est parmi eux qu'un petit nombre qui sachent soigner et traiter convenablement les abeilles; aussi notre apiculture est-elle fort peu avancée, ses produits et son importance peu considérables. Il y aurait encore beaucoup à faire pour l'amélioration des ruches, la récolte du miel et la conservation des essaims, que, par une coutume barbare, on fait périr en certains endroits. Il est très-rare de rencontrer des amateurs d'abeilles soigneux et prudents qui sachent travailler à la fois dans leur intérêt propre et dans celui de leurs protégées.

II. LA TRUITE DE RIVIÈRE.

Truite saumonée, saumon argenté, ombre-chevalier et truite des lacs. — Taille et couleurs de la truite de rivière. — Ses mœurs et son extension. — Émigrations des truites. — Consommation et pêche de la truite. — Les pêcheurs.

Les naturalistes ont moins d'occasions que les amateurs de pêche d'étudier la truite de rivière, cet hôte charmant de nos ruisseaux que l'honorable commune de Vallorbe (située dans une des vallées du Jura les plus abondantes en truites) n'a pas dédaigné de choisir pour armoiries. Les mœurs de ce poisson, son genre de vie et ses affinités avec d'autres espèces voisines, les ont cependant fort occupés.

La truite de rivière appartient à la famille des salmones, poissons carnassiers, dont la Suisse possède plusieurs espèces, savoir, en première ligne, le saumon (*salmo salar*), qui abandonne en été les mers polaires pour remonter les rivières et les ruisseaux, pèse de cinq à vingt livres, voire même cinquante, et a la chair d'un jaune orangé; puis la truite saumonée (*salmo trutta*) ou truite des lacs, qui a les yeux noirs, l'iris argenté, le dos gris avec des reflets verts, le ventre argenté et les flancs tachetés de noir. Ce poisson des lacs a la chair rougeâtre en été, et blanche en hiver, à la cuisson elle devient jaune. Cette espèce de truite pèse de cinq à quarante livres, elle n'habite pas seulement, comme le saumon, les rivières et les ruisseaux, mais vit dans les lacs et particulièrement dans tous les grands lacs de la Suisse, où elle est assez abondante. Dans le lac de Genève, cette truite pèse ordinairement de dix à douze livres, et n'atteint que rarement le poids de trente livres. A partir du mois de septembre, elle entre dans le Rhône pour y frayer. A ce moment, lorsque les eaux ne sont pas trop hautes, on la prend au pont de Saint-Maurice et à Lavey au moyen de nasses ou nançoirs. Le saumon argenté (*salmo lacustris*) a un poids qui varie de cinq à quarante-huit livres. Il remplace dans le lac de Constance et le Rhin supérieur jusqu'au delà de Trons, la truite saumonée et le saumon que la chute du Rhin empêche de remonter au delà de Schaffhouse. Ce poisson, qui s'appelle aux bords du Rhin *Rheinlanke*, et sur les rives de l'Ill *Illlanke*, semble habiter aussi d'autres lacs et d'autres rivières en Suisse et à l'étranger. Les truites de quarante-cinq livres (?) qu'on prend dans le lac de Sils (Haute-Engadine), pourraient bien appartenir à cette espèce.

L'ombre-chevalier (*salmo salvelinus*) n'a ordinairement que de cinq à huit pouces de longueur, et pèse une demi-livre ou une livre tout au plus. Il a le dos d'un gris olivâtre, les flancs plus clairs, quelquefois tachetés d'orange en hiver, le ventre jaune d'or et les nageoires pectorales et ventrales orange. Ce poisson habite presque tous les lacs de la Suisse, et vit même dans la mer à de grandes profondeurs; il remonte, en suivant les ruisseaux, dans les lacs des Alpes; à ce titre, il appartient au groupe des poissons de notre région, et on lui donne souvent le nom de *truite des Alpes*. La chair de l'ombre-chevalier est extrêmement délicate et savoureuse, mais on ne l'apprécie pas dans nos montagnes, où on le confond souvent avec la truite de ruisseau. En revanche, aux bords des lacs de Zug, de Bienne et de Neuchâtel, l'ombre-chevalier a une grande réputation. On a pris dernièrement dans le lac de Zug un ombre de cinq livres. Dans le Léman, il existe des ombres-chevaliers de sept et même de dix livres, et les pêcheurs en distinguent trois variétés, dont l'une est grise, la seconde blanche et la troisième rouge; c'est la plus délicate. Le point le plus élevé qu'atteigne ce beau poisson, est probablement le Lago Cavloccio, lac situé dans le haut de la vallée de Muretto, dans le district de la Maira. Il y jouit de la réputation d'un excellent poisson et se vend dans la contrée. L'ombre-chevalier prend très-vite de l'odeur, ce qui empêche de l'expédier loin des eaux qu'il habite.

La truite de rivière (*salmo fario*), le plus abondant des poissons dans les eaux des montagnes, se rapproche de l'ombre-chevalier par sa taille et l'excellence de sa chair. Il n'y a pas d'enfant qui ne connaisse la truite, et cependant rien n'est plus difficile que d'en donner une description, car sa taille et ses couleurs varient avec les lieux qu'elle habite. Les femelles sont ordinairement plus courtes et plus trapues que les mâles. En moyenne, la longueur de la truite de ruisseau varie de trois à six pouces, et son poids de trois à quinze onces, mais on en observe souvent dont le poids atteint jusqu'à deux, quatre et même six et dix livres. Au delà commence le mythe, et si les Appenzellois sont convaincus qu'il existe dans leur lac de Seealp (3052'), au pied du Sentis, auquel ils attribuent une profondeur immense, des truites aussi longues que des sapins, ils ne nous donnent encore qu'un faible aperçu de leur crédulité extraordinaire en fait d'histoire naturelle. Il paraît même difficile à croire qu'on ait pris dans ce lac des truites de rivière du poids de quinze livres; car on n'y pêche pour ainsi dire pas, et on n'y prend, à notre connaissance, que des poissons pesant d'une demi-livre à deux livres.

Rien n'est plus embarrassant que d'indiquer la couleur de la truite : c'est un vrai caméléon parmi les poissons. Souvent elle a le dos vert olive marqué de taches noires, les flancs d'un jaune verdâtre pointillé de rouge et brillants de reflets dorés, le ventre blanchâtre, les nageoires ventrales d'un jaune vif, les dorsales pointillées et bordées de teintes plus claires; d'autres truites ont des teintes plus foncées, des ponctuations noires, rouges ou blanches, comme celles qui proviennent des lacs alpins. L'iris présente aussi des formes et des teintes variables. Tantôt ce sont les nuances dorées, orangées ou argentées qui dominent sur les flancs de ce poisson, et qui lui ont valu les noms de truite blanche, noire, argentée ou dorée, de truite de forêts, de marais, etc., sans qu'il soit possible de distinguer et de caractériser scientifiquement ces innombrables et brillantes variétés. Ordinairement les truites ont le dos foncé, les flancs plus clairs et tachetés, et le ventre pâle.

Les pêcheurs croient que ces variétés de teintes dépendent surtout de la nature de l'eau dans laquelle vivent les truites, et qu'elles sont assez constantes dans les mêmes eaux. Ainsi toutes les truites du torrent d'Engelberg sont tachetées de bleu, tandis que celles qui vivent dans l'Erlenbach, ruisseau qui s'y jette, sont marquées de points rouges. Plus les eaux sont pures, moins les nuances des truites sont foncées. Il en est de même de la couleur de la chair; elle est rougeâtre ou jaunâtre chez les truites à teintes claires et à taches jaunes ou rouges; ordinairement elle est blanche et ne change point par la cuisson. On a démontré expérimentalement que des truites à chair blanche prennent une chair rouge dans des eaux qui renferment une proportion moindre d'oxigène. Saussure rapporte que les petites truites à teintes pâles du lac de Genève se couvrent de points rouges lorsqu'elles entrent dans certains ruisseaux qui se déversent dans le Rhône; dans d'autres, elles deviennent d'un noir verdâtre, tandis qu'ailleurs elles restent blanches. Dans les viviers, certaines truites ne tardent pas à prendre des taches brunes, d'autres changent de couleur, deviennent brunes d'un côté; souvent il se forme sur leur dos des bandes transversales foncées qui disparaissent dès que le poisson est replongé dans l'eau courante du ruisseau. On a déjà observé des truites presque incolores, des truites brunes ou violettes à reflets cuivrés; en un mot, ce qu'il y a de varié et de capricieux dans les nuances des truites suffirait pour désespérer l'observateur le plus patient. En outre, il faut distinguer deux choses dans l'appréciation des couleurs des truites, la nuance du fond et la disposition des bandes ou des taches diversement colorées qui en rompent l'uniformité de teinte. La nuance du fond varie suivant les circonstances, tandis que la forme des dessins superposés a quelque chose de plus constant. La saison et l'âge du poisson contribuent autant que les propriétés chimiques de l'eau dans laquelle il vit, à faire varier sa couleur. De même que les oiseaux, les truites ont à une certaine époque des couleurs plus vives qu'à l'ordinaire, et en particulier des marbrures distinctes;

leurs teintes changent avec les mouvements et les positions qu'elles ont lorsqu'on les regarde; enfin, elles changent brusquement comme celles des serpents lorsqu'on les effraie ou les irrite. Agassiz admet que la coloration fondamentale et constante des poissons provient de reflets lumineux produits par les écailles minces, tandis que c'est la présence dans la peau de gouttelettes huileuses diversement colorées, ou de molécules de pigment diversement groupées, qui détermine les changements périodiques ou brusques que nous venons de signaler dans les nuances des truites.

Il y a dans la bouche largement fendue des truites trois rangées de dents pointues et serrées. Leur langue porte six à huit dents isolées, de même que leur palais, leur vomer et leurs os pharyngiens. Toutes ces dents sont disposées de manière à retenir la proie plutôt qu'à la broyer. Le genre de vie des truites est loin d'être dévoilé. On sait qu'elles vivent de mouches, de vers, de sangsues, d'œufs de poissons, de vérons, de charboisseaux, de limaçons, de musaraignes, de grenouilles et d'écrevisses, et que dans les viviers on peut les nourrir de foie de bœuf, mais on ne sait pas positivement pourquoi elles sortent des lacs et entrent dans les ruisseaux, ni jusqu'où elles y pénètrent. Les truites paraissent détester l'eau trouble qui sort des glaciers, et se plaisent dans l'eau limpide et froide des sources. Dès qu'au mois de mars les neiges et les glaces commencent à fondre et à troubler l'eau des ruisseaux, les truites les abandonnent pour se réfugier dans les lacs. Ainsi elles descendent des torrents qui se jettent dans le Rhône, et suivent cette rivière jusque dans le lac de Genève : c'est ce qui explique comment, au-dessous du hameau de Neubrück, on pêche en abondance des truites qui descendent des vallées de Saas et de Saint-Nicolas. Ces poissons passent l'été dans le lac Léman, et remontent le Rhône en automne, pour frayer dans les torrents latéraux. On croit que c'est, de même, la fonte des glaces polaires qui, au printemps, chasse les saumons, ces poissons si voisins des truites, de la mer dans les fleuves.

A ces observations on peut en opposer d'autres. Ainsi les truites abondent dans les lacs alpins qui ne sont alimentés que par des glaciers; elles vivent aussi fort bien dans des torrents qui roulent des eaux provenant de la fonte des neiges ou de l'écoulement des glaciers. Cependant elles préfèrent les eaux douces et courantes, et s'accommodent difficilement des eaux dures, tuffeuses et stagnantes[1].

De même que l'ombre-chevalier, la truite de ruisseau n'appartient pas seulement à la région montagneuse, elle s'élève fort au-dessus de ses limites. On ne l'observe cependant pas à des niveaux supérieurs à 6500', car, à cette altitude, la surface des lacs est couverte de glace pendant presque toute l'année. La truite habite encore, sur le Saint-Gothard, le joli lac Luzendro d'où s'écoule la Reuss, 6409'; elle vit dans beaucoup de lacs alpins en Savoie et dans les Grisons. On la trouve dans le Murgsee, à la limite de la végétation des sapins, dans l'Alpsee, petit lac caché au pied du Stockhorn, et en général dans presque tous les lacs alpins compris entre 4000' et 6500' et situés sur les revers septentrionaux et méridionaux des Alpes. Cependant, chose singulière, elle n'habite presque que les lacs d'où sort un ruisseau superficiel, et manque en général dans ceux qui s'écoulent par des canaux souterrains. Les truites et les autres poissons qui ont été introduits dans le lac du grand Saint-Bernard, 7500', n'y ont jamais prospéré. On se demande comment les truites ont pu parvenir dans ces lacs élevés, qui sont presque toujours séparés du cours inférieur des torrents par de hautes cascades, et l'on ne se l'explique qu'en admettant qu'elles y ont été transportées de main d'homme, comme cela a eu lieu au lac d'Oberblegi, à 4420'. Sans doute la truite est un poisson

[1] La truite de rivière n'habite pas les lacs jurassiques de Neuchâtel et de Bienne. Elle ne quitte pas les rivières, telles que l'Orbe et l'Areuse, même à l'époque de la fonte des neiges. Lorsque ces rivières, grossies par des pluies, charrient des eaux troubles, c'est alors surtout que les truites y abondent et sont disposées à mordre à l'hameçon amorcé de vers de terre.

(*Note du traducteur.*)

très-vif et très-vigoureux, et il est facile de s'assurer de la puissance de son élan, en la voyant sauter par de beaux jours d'été à la surface de l'eau. Steinmüller assure avoir observé lui-même sur la Murtschenalp une truite qui cherchait à remonter une cascade assez élevée, et qui y parvint après quelques tentatives infructueuses. Cependant il y a, dans les montagnes, beaucoup de lacs, habités par des truites, où il est impossible qu'elles soient remontées de la vallée par des manœuvres semblables. Il faut donc admettre qu'avant la réformation les habitants des montagnes, voulant se ménager des ressources pour le carême, ont puissamment contribué à l'extension de la truite en déposant ses œufs dans les lacs et les étangs.

Ce qu'il y a de plus positif, et en même temps de plus agréable à constater, c'est que la truite de ruisseau, qu'elle soit grise ou brune, pointillée de rouge ou de noir ou de blanc, est toujours bien venue sur les tables comme un des poissons les plus distingués et les plus savoureux. Dans toute la Suisse, les étrangers et les habitants du pays la regardent comme une friandise, et bénissent l'abondance avec laquelle la nature l'a répandue dans nos eaux. Nous n'avons pas encore essayé d'établir d'après des données exactes le chiffre de la consommation de la truite; mais nous ne croyons pas nous tromper en affirmant que dans les nombreuses pensions du canton d'Appenzell, où la truite apparaît chaque jour sur les tables d'hôte, la consommation de ce poisson est plus considérable que partout ailleurs, et qu'elle peut y atteindre cinquante quintaux par an. C'est au moyen d'hameçons ou de filets qu'on prend dans les ruisseaux de ce petit pays un nombre aussi considérable de truites, dont le poids ne s'y élève jamais au-dessus de 6 onces. Souvent aussi on en fait de riches captures en laissant écouler l'eau des ruisseaux des moulins; nous avons assisté un jour à une pêche où, en quelques heures, on prit par ce moyen quatre-vingt-deux livres de ces petites truites.

Les truites ont dû être jadis excessivement abondantes dans les lacs de la Haute-Engadine. D'après une ordonnance de l'évêque, les pêcheurs avaient à lui livrer chaque vendredi, du milieu de mai à la Saint-Michel, 500 poissons dont chacun devait avoir un empan de la tête à la queue; en outre, les pêcheurs de Silvaplana et de Sils avaient à livrer annuellement 4500 poissons de même taille. Un tribut aussi élevé n'empêchait pas ces pêcheurs d'expédier en Italie des masses considérables de truites salées.

Les truites fraient en octobre et novembre jusqu'à Noël; pendant ce temps, de même que les brochets, elles perdent leur vivacité et se laissent prendre à la main, mais leur chair est alors moins bonne. Elles sortent des lacs, pénètrent dans les ruisseaux, recherchent des fonds de sable ou de gravier, et, comme les saumons, y creusent à l'aide de leur museau des enfoncements dans lesquels elles déposent des œufs orangés, de la grosseur de graines de chanvre. A d'autres époques, les truites sont très-sauvages. Souvent on les voit se jouer dans les eaux profondes et transparentes, ou, lorsque le soleil luit, sauter hors de l'eau dans les ruisseaux peu profonds, mais dès qu'on approche de la rive elles disparaissent. D'autres fois, elles restent immobiles au milieu d'un courant rapide, à l'affût d'un petit poisson ou d'un insecte aquatique, et se maintiennent au même endroit à l'aide des mouvements vigoureux et presque imperceptibles de leurs nageoires.

Les Anglais pêchent aux truites en se servant d'insectes artificiels de soie ou de crin qu'ils font sautiller sur l'eau, et sur lesquels ces poissons se précipitent. Lorsqu'on veut les conserver dans des étangs, il faut que ces réservoirs soient abondamment alimentés d'eau courante et limpide, et qu'ils aient un fond de gravier semé de grosses pierres et ombragé. On y nourrit les truites de petits poissons, de foie de bœuf ou de galettes formées de farine d'orge et de sang. Elles peuvent se passer de nourriture pendant des mois entiers. La pêche de la truite était anciennement et en beaucoup d'endroits un droit régalien maintenu par des peines sévères; aujourd'hui, en Suisse, elle est permise à chacun pendant une partie de l'année, si ce n'est pendant l'année tout entière. Malgré la liberté de la pêche, les pêcheurs au filet et à la ligne vivent misérablement de leur pénible et ennuyeux métier. Avant l'orage, au moment où les truites sautent à la surface de l'eau, la pêche à la ligne est le plus productive, car c'est le moment où le poisson mord le plus volontiers à l'hameçon. On a remarqué que nos pêcheurs ont un certain esprit de caste. Ils s'expriment par monosyllabes, sont silencieux et endurcis contre le mauvais temps et l'âpreté du climat. Ils sont excellents observateurs, ont une patience à toute épreuve et une connaissance parfaite des localités et des mœurs du poisson. Semblables sous ce point de vue aux chasseurs, ils ne changeraient pas leur métier contre tout autre, malgré ce qu'il a de pénible et de précaire. Ils ont malheureusement des concurrents dangereux dans les brochets, les ombres d'Auvergne, les merles d'eau, les musaraignes, qui vivent d'œufs de truites, et surtout dans les loutres, qui font partout d'affreux dégâts au milieu de ces poissons; ceux-ci d'ailleurs s'entredétruisent et se nourrissent de leurs propres œufs.

La pêche de l'ombre-chevalier est plus difficile. Dès que ce poisson a atteint l'âge de deux à trois ans, il s'enfonce dans les profondeurs des lacs, et vit à dix et même à quarante toises au-dessous de la surface. Dans le lac de Zug, au pied du Rigi, on prétend que les ombres se tiennent à plus de cent toises de profondeur[1]. C'est au moyen de filets et de lignes dormantes qu'on cherche à les prendre. Souvent aussi les pêcheurs remplissent de pierres et de cailloux de vieux bateaux qu'ils coulent à fond sur plusieurs points. Au bout de quelques semaines ces cailloux se couvrent de vase, et les ombres-chevaliers viennent y déposer leurs œufs dans les mois d'octobre et de novembre. Chaque pêcheur a marqué d'avance la place du bateau à l'aide d'un morceau de bois flottant fixé par une ficelle à une des grosses pierres coulées à fond. Au moment propice, il fait

[1] C'est aussi dans les parties les plus profondes du lac de Neuchâtel, dont la profondeur maximum est de 440', qu'on pêche les ombres-chevaliers.

descendre ses lignes amorcées avec des œufs de grosses truites. Les ombres qui se tiennent au fond, mordent aux hameçons, que les pêcheurs retirent rapidement, dès qu'ils les sentent saisis. L'ombre arrive à la surface le ventre gonflé, et ne tarderait pas à périr, si l'on n'avait la précaution de lui introduire un petit morceau de bois au débouché de l'intestin[1], de manière à faire cesser ce gonflement. Cette dilatation de la vessie natatoire sert au poisson à monter rapidement à la surface; mais elle n'est pas toujours volontaire, et l'on a observé des truites saumonées, probablement malades, qui flottaient à la surface sans pouvoir redescendre. Des truites de vingt-sept livres ont été capturées de cette manière[2].

III. LES COULEUVRES DANS LES MONTAGNES.

Serpents fabuleux. — Les couleuvres dans la Suisse méridionale et sur le revers septentrional des Alpes. — Mœurs et extension de la couleuvre à collier.

La Suisse est heureusement fort pauvre en serpents venimeux et non venimeux, reptiles qui abondent dans les pays méridionaux. Souvent nous avons voyagé des semaines entières et au moment le plus chaud de l'année, de montagne en montagne, sans

[1] Probablement de façon à lui crever la vessie natatoire, dilatée par les gaz dont l'expansion n'est plus arrêtée par la pression de l'eau.

[2] Nous avons nous-même observé sur le lac de Neuchâtel de fort grosses truites encore vivantes qui, le ventre dilaté, se débattaient à la surface, sans réussir à s'enfoncer. Il est fort probable que, lorsqu'une truite s'acharne à poursuivre un petit poisson, et remonte rapidement d'une grande profondeur vers la surface, elle ne peut plus résister, par la pression de ses muscles abdominaux, à la dilatation rapide des gaz contenus dans sa vessie natatoire; ils augmentent son volume et la forcent à flotter le ventre en l'air.

Note du traducteur.

rencontrer un seul de ces animaux. Malgré cela, nos montagnards racontent des histoires étonnantes à propos de serpents, et, s'il fallait les croire, on ne serait pas sûr de sa vie dans certaines localités. L'imagination exaltée de l'homme lui fait voir partout des êtres fantastiques, et il s'habitue à ne considérer comme intéressant et remarquable que ce qui revêt ce caractère. Il préfère laisser errer son imagination plutôt que de pénétrer par l'observation dans l'économie intime de la nature, qui ne le touche guère, parce qu'il ne peut la comprendre dans son ensemble.

Anciennement donc, la Suisse fourmillait de serpents monstrueux et épouvantables, de dragons, etc., qui avalaient les pauvres paysans comme des morceaux de sucre, et dévoraient des troupeaux entiers. Ils n'habitaient pas seulement le Trou-du-Dragon et le Pilate; toutes les vallées et les gorges des montagnes en renfermaient. La terreur et la superstition, ces soutiens de l'ignorance, leur prêtaient tantôt des ailes, des griffes et des queues écailleuses, tantôt des yeux et une gueule d'où sortaient des torrents de feu; la légende, fortifiée par ces éléments mythologiques, alla jusqu'à mettre en scène des chevaliers, comme Arnold Struthan, luttant contre ces monstres.

Les naturalistes ne sont point parvenus à découvrir dans notre pays des squelettes ou des traces certaines de grands serpents qui auraient vécu à une époque historique. Assurément même ce résultat ne sera jamais atteint, mais nos paysans n'en persisteront pas moins à être convaincus qu'il existe encore aujourd'hui des serpents de six pieds de long, portant sur leurs têtes des couronnes d'or, ou munis de pattes distinctes. La répulsion qu'éprouve l'homme à la vue du serpent ne lui permet que rarement de les considérer avec attention, de sorte que son imagination frappée a bientôt fait d'une couleuvre de quatre pieds de long un reptile monstrueux de plus de dix pieds. Des empreintes et des ossements fossiles prouvent positivement qu'à des époques géologiques anciennes, il existait aussi en Suisse de gigantesques reptiles aux formes les plus étranges, mais ils ont disparu avec la création actuelle[1]. Dans son *Historia naturalis Helvetiæ curiosa*, ouvrage du dix-septième siècle, Wagner raconte encore une quantité d'histoires soi-disant certaines, relatives à des dragons; il va jusqu'à les distinguer en dragons ailés, en dragons apodes et dragons munis de pieds. Ainsi on en aurait tué un près de Berthoud, un autre près de Sax, un troisième près de Sargans; d'autres auraient été abattus sur le Gamserberg, sur le Kamor (ce dernier avait des jambes d'un pied de haut), près de Sennwald, etc. Il va sans dire que chaque fois l'auteur décrit en détail l'aspect affreux du monstre. Dans l'Oberland bernois et dans le Jura on trouve partout répandue la croyance qu'il existe des serpents à pattes (*Stottenwürmer*), c'est-à-dire des serpents épais, longs de trois à six pieds, porteurs de deux pattes courtes; ces animaux n'apparaissent qu'après de longues sécheresses, à l'approche de la pluie. Beaucoup de personnes respectables et dignes de foi assurent avoir observé elles-mêmes ces êtres étranges. Il y a plus, un paysan soleurois trouva en 1828, dans un marais desséché, le cadavre d'un de ces animaux; il le mit de côté pour le faire voir au professeur Hugi, mais, en attendant, les corbeaux eurent le temps d'en dévorer la chair. Le squelette fut apporté à Soleure, où l'on ne fut pas assez savant pour se tirer de cette difficulté; de là il parvint à Heidelberg, mais dès lors on n'en a plus entendu parler, et l'on ne sait rien de son sort.

Parmi les quelques espèces de serpents que nous possédons, il n'y a de venimeux que les vipères. Les couleuvres sont des

[1] M. Gressly, le célèbre géologue jurassien, vient de découvrir dans les terrains triasiques de Bâle-Campagne des ossements fossiles qui ont dû appartenir au *Belosaurus Plieningeri*, animal voisin des crocodiles, lequel devait avoir, toute proportion gardée, 70 pieds de longueur au moins; la phalange terminale d'un des doigts a quatre pouces de longueur. Cet animal est assurément le plus gigantesque des reptiles fossiles connus jusqu'à ce jour. Cette découverte est d'autant plus intéressante que le terrain, dans lequel ces ossements ont été trouvés, n'avait fourni jusqu'à présent que des débris insignifiants de reptiles terrestres.

(*Note du traducteur.*)

reptiles inoffensifs, bienfaisants et dépourvus de venin, qui ne sucent pas plus le lait des vaches qu'elles ne mordent dangereusement l'homme. L'orvet, appelé *le borgne* dans le canton de Vaud, n'est pas moins inoffensif et forme le passage des serpents aux lézards. On le rencontre sur les montagnes jusqu'à la limite supérieure des forêts.

Les couleuvres se font remarquer par leurs belles couleurs, et montent aussi haut, si ce n'est davantage. Les parties méridionales de la Suisse, le Tessin et le Valais, dont la faune a déjà quelque chose d'italien, nourrissent sur les collines et les montagnes trois espèces de couleuvres qui n'ont pas encore été observées au nord du Saint-Gothard, savoir : la couleuvre à taches carrées (*coluber tesselatus*), serpent d'un brun jaunâtre ou d'un vert grisâtre, long de trois pieds, qui ressemble beaucoup à la vipère rouge, avec laquelle on le confond souvent, quoiqu'il s'en distingue facilement; il a de grandes plaques sur la tête, tandis que nos serpents venimeux, les deux espèces de vipères, ne portent jamais d'écussons ou de larges plaques sur leur tête cordiforme et aplatie, mais de nombreuses petites écailles. Cette couleuvre, qui vit de préférence dans le voisinage de l'eau, présente des variétés; l'une est foncée, l'autre, presque noire, est couverte d'écailles rhomboïdales lisses, et vit en assez grand nombre sur certaines montagnes du Tessin. La couleuvre verte et jaune (*coluber atrovirens*) et la couleuvre fauve (*coluber flavescens*), deux jolies espèces tachetées, qui ont été aussi signalées dans le district vaudois d'Aigle, sont plus rares que la précédente. La première n'atteint pas plus de trois pieds et demi; elle a le dos vert foncé, marqué de taches jaune clair, et le ventre vert jaunâtre; elle habite aussi l'Allemagne et semble être la plus rare de nos couleuvres indigènes. L'autre, le plus grand de nos serpents, atteint souvent plus de cinq pieds de longueur, et habite hors de la Suisse des latitudes plus septentrionales, telles que Schlangenbad, où elle est très-commune. Elle a le dos uniformément coloré en brun jaunâtre et le ventre jaune pâle.

Il n'existe au nord du Saint-Gothard que deux espèces de couleuvres. L'une, la couleuvre lisse (*coluber austriacus*), vit dans les buissons et les vieux murs ; elle est de couleur lie de vin, porte sur le dos deux rangs de taches brunes, et a le ventre blanchâtre marbré de brun. Deux taches plus grandes, de couleur rouge brun, ornent la partie postérieure de la tête. Cette espèce atteint deux pieds; elle est très-irritable, mord avec violence, mais sans que sa morsure soit dangereuse. Elle vit surtout de lézards, met bas des petits vivants, et habite la plaine plutôt que les montagnes. L'autre, la couleuvre à collier (*coluber natrix*) vit partout dans les marais, les buissons et les prairies de la plaine, sur les pentes rocailleuses des montagnes jusqu'à la limite des forêts.

Autant que nous pouvons conclure des observations que l'on a faites sur les couleuvres, toutes ces espèces ont à peu près le même genre de vie ; elles se nourrissent exclusivement de substances animales, aiment l'eau et le soleil, nagent et plongent bien (la couleuvre lisse serait la seule qui craignît l'eau), et passent l'hiver engourdies dans les terriers des taupes ou des musaraignes, dans des tas de fumier, sous des pierres ou dans des trous. Différentes en cela des orvets, qui mettent bas des petits vivants, la plupart des couleuvres se reproduisent en pondant des œufs.

Jeune, la couleuvre à collier est grise comme de l'acier ; plus tard elle devient olivâtre et se couvre de taches noires ; son iris étroit est jaune d'or, sa longueur atteint trois ou quatre pieds ; on prétend même avoir observé des couleuvres de six pieds. Le caractère distinctif de l'espèce consiste en deux taches jaunes, situées en arrière d'une tête triangulaire, à laquelle s'attache un cou plus mince. Cette couleuvre vit paisiblement dans les forêts humides, dans les hautes herbes et les buissons qui s'élèvent au bord des ruisseaux, des lacs et des étangs. Souvent elle se jette à l'eau, épie les tritons, les crapauds et les grenouilles, s'élance sur eux et les poursuit, même assez loin, en nageant la tête hors de l'eau, à l'aide des mouvements ondulatoires de son corps effilé, ou en plongeant à plusieurs reprises dans la vase du fond. Dans les bois, la couleuvre à collier réussit à grimper le long du tronc des jeunes arbres, pourvu qu'elle puisse les entourer de ses replis, car ce n'est qu'en appliquant fortement les extrémités de ses côtes aux inégalités de l'écorce qu'elle parvient à trouver un point d'appui suffisant. Ce serpent vit d'insectes de toute espèce, de souris, de vers et de reptiles; il réussit quelquefois à happer un petit oiseau ou un petit poisson, mais sa nourriture de prédilection consiste en grosses grenouilles, dont il peut avaler successivement jusqu'à six et même dix. La couleuvre saisit l'agile sauteuse par les pattes de derrière, les avale malgré leurs mouvements convulsifs, et finit au bout d'une demi-heure par engloutir lentement le reste du corps de sa proie. Une fois rassasiée, elle ne tarde pas à tomber dans un état léthargique, qui peut durer plusieurs jours, et pendant lequel la digestion s'opère; elle semble être alors insensible et ne pas se douter du danger; aussi cherche-t-elle à se cacher dans quelque retraite pour y passer en sûreté ces jours d'assoupissement. La couleuvre à collier s'apparie dans les mois d'avril et de mai; c'est le moment où elle répand une détestable odeur d'ail; cinq mois après, elle cherche à déposer ses œufs dans un endroit humide et chaud, dans du terreau, dans des monceaux de fumier, sous une couche, dans quelque écurie, où maint paysan étonné les a pris pour des œufs de coqs. Ces œufs ont la grosseur de ceux du moineau, ils sont jaunâtres, entourés d'une pellicule parcheminée et réunis par des filaments visqueux en chapelets de vingt à trente. Ils ne contiennent pas d'albumine autour du jaune. Au moment de la ponte, les petits sont déjà assez développés dans l'intérieur de l'œuf; ils y restent encore trois semaines, et en sortent longs de six pouces, prêts à se nourrir d'insectes. Ils ne croissent que lentement, atteignent à peine au bout de deux ans une longueur de seize pouces, et paraissent arriver à un âge très-avancé, car on a conservé des couleuvres en captivité pendant dix à douze ans. Captif, ce serpent ne tarde pas à s'apprivoiser; il s'accoutume à la présence de l'homme, donne des preuves d'une certaine intelligence et aime à boire de l'eau mélangée avec du lait. En liberté, la couleuvre s'enfuit lorsqu'on s'en approche. Saisie, elle entre en furie, se dresse, se met à siffler, et semble vouloir se précipiter sur son ennemi, mais elle est fort aise de le voir s'enfuir et de n'avoir pas besoin de le mordre. Sa morsure est innocente, cela va sans dire, puisqu'elle n'a pas de dents venimeuses, mais la liqueur jaune qu'elle laisse échapper par l'anus a une affreuse odeur de bouc. Pendant l'été, la couleuvre change de peau toutes les quatre ou cinq semaines. Elle perd sa vivacité et son appétit, devient lourde et paresseuse, et finit par se dégager, de la tête à la queue, de sa vieille peau, qui ressemble à une portion d'intestin desséché. Après avoir fait peau neuve, les couleuvres sont plus vivement colorées, fort belles; c'est le moment où leurs yeux brillent du plus vif éclat; elles paraissent alors très-sensibles à l'impression du froid et de l'humidité, car c'est l'époque où elles recherchent les endroits bien exposés au soleil. On dédaigne à tort la chair de couleuvre; elle a un goût excellent, et il n'est pas facile de distinguer au goût une longue couleuvre un peu grasse d'une anguille. Au temps de Gessner, quelques couleuvres s'égarèrent dans les sources de Baden, et quoiqu'elles ne pussent vivre longtemps dans des eaux si chaudes, elles firent presque tomber en discrédit ces thermes célèbres.

IV. LE MERLE D'EAU (*cinclus aquaticus*).

Aspect des ruisseaux dans les montagnes. — Leurs rives et leur lit. — Le merle d'eau et ses plongeons. — Sa manière de nicher, son chant, son genre de mort.

C'est au milieu d'un paysage sévère, entre d'étroits pâturages arides et rocailleux, ou des forêts de sapins au feuillage obscur, que murmurent ces ruisseaux dont les ondes transparentes adoucissent l'aspect stérile et désert des vallées. Rien n'est plus varié que le caractère de ces ruisseaux, et, quoique tous roulent des eaux limpides sur leur lit de cailloux, il n'en est aucun qui ressemble à l'autre. Chacun d'eux a un aspect particulier qu'il doit en partie à son entourage, au paysage, dont il est lui-même l'élément le plus vivant. Parmi ces milliers de petits ruisseaux, il n'y en a pas un qui n'ait ses charmes. Les torrents dévastateurs et furieux qui transforment leurs alentours en champs de pierres, au milieu desquels ils ne coulent pendant l'été que comme un petit filet d'eau, ont souvent un cours des plus pittoresques. Au milieu de leur large lit jonché de graviers, ils se divisent en plusieurs bras qui se séparent, forment des îles, de petits lacs aux eaux transparentes, entourent de leurs vagues clapotantes de petits continents couverts d'aulnes et de saules; puis ces bras se rejoignent, et le torrent s'enfuit en bouillonnant vers le fond fertile de la vallée.

Les ruisseaux des forêts, dont les rives sont solides et permanentes et les eaux moins tumultueuses, ont quelque chose de plus gracieux. Ils sont ordinairement alimentés par des réservoirs supérieurs, de sorte que leur cours est plus régulier et plus constant. Ce sont les vrais ruisseaux à truites; la constance de leur niveau et la limpidité habituelle de leurs eaux en font le séjour d'un grand nombre d'animaux aquatiques. Leur lit est interrompu par des pierres et des blocs de toute taille, mais ces obstacles au cours de l'eau ne sont pas des masses grises et dénudées. Ce sont des parties intégrantes et indispensables du ruisseau. Les pierres immergées sont à demi couvertes de plantes aquatiques vertes, dont les longs filaments d'un vert obscur obéissent en se balançant aux mouvements capricieux de l'onde. Des thyms, des campanules ont pris racine sur les blocs qui s'élèvent au milieu de l'eau, des lichens aux couleurs variées, des mousses tapissent leurs flancs d'étranges broderies, tandis que des traquets et des bergeronnettes sautillent de l'un à l'autre, et que des libellules aux ailes bleues tournoient ou voltigent au-dessus d'eux. L'onde de ces ruisseaux est si claire qu'on aperçoit distinctement chaque caillou arrondi, chaque grain de sable arrêté au fond de leur lit. Leurs rives sont plantées de buissons de toute espèce ou garnies de grosses pierres moussues. Des saules, des troënes, des frênes ou des aulnes inclinent leurs branches basses sur les vagues doucement agitées, et couvrent l'eau de leur dôme verdoyant.

Partout où deux grosses pierres s'appuient l'une à l'autre, elles arrêtent le cours de l'eau, et il se forme en avant des remous, au fond desquels l'eau est à peine en mouvement, tandis qu'elle bouillonne et s'enfuit sans cesse à la surface. Dans les ruisseaux il existe une quantité de ces endroits où l'eau est moins agitée; çà et là la rotation rapide de l'onde creuse un bassin profond, bassin qui se forme immédiatement au bord de la rive, lorsqu'une grosse pierre en détourne le courant et le rejette vers le milieu du ruisseau. C'est dans ces remous que les truites aiment à se jouer, et que l'hameçon et le filet font de nombreux prisonniers au milieu de ces alertes nageurs.

Tout est poétique, gracieux et beau au bord d'un de ces limpides ruisseaux des montagnes, dont l'eau s'écoule en murmurant, soit que ses ondes froides glissent, en hiver, entre de brillants glaçons sous des buissons givrés, ou tombent en cascatelles entre des blocs neigés, soit que les myosotis à la corolle d'azur annoncent le printemps, que l'églantier de la rive balance ses roses sur le cristal liquide, ou que l'érable voisin abandonne au courant ses feuilles déjà jaunies par l'automne.

Le ruisseau a ses amis qui l'aiment, se fixent sur ses bords ou viennent y passer l'été. Les vers, les limaçons, les écrevisses, les araignées, les punaises, les mouches, les cousins, les guêpes, les scarabées, les papillons, les demoiselles, sont attirés auprès du ruisseau; puis les tristes salamandres, les tritons, les grenouilles, les crapauds, les couleuvres, les loutres, quelque putois, un renard, un chat et une quantité d'oiseaux s'établissent à proximité dans les buissons voisins. C'est là que se rassemblent les alcyons, ces superbes oiseaux; mais, malgré leur soyeux plumage bleu d'azur et vert doré, ce sont des hôtes mélancoliques, qui restent tristement perchés sur les buissons du rivage, et épient des heures entières les sangsues et les petits poissons.

Parmi tous les oiseaux qui habitent le bord des ruisseaux, les merles d'eau sont, avec les bergeronnettes, les plus vifs et les plus charmants. Ils ont presque la taille du merle, la tête et la nuque d'un brun terreux, le dos gris brun, la poitrine blanche et le ventre brun foncé. Ils sont toujours en mouvement et balancent continuellement leur queue. Leurs petits ont le dos gris ardoisé et le ventre blanc couvert de plumes finement bordées de brun. Jamais ils ne quittent le voisinage de leur ruisseau, si bien que, sur un parcours d'une demi-lieue, on peut en tirer une douzaine, revenir le lendemain et retrouver tous les survivants aux mêmes endroits. Ils vivent par paires et se contentent d'un territoire beaucoup moins considérable que celui qu'usurpe pour lui seul le martin-pêcheur. Lorsqu'on les effraie, ils s'envolent en rasant l'eau, puis s'arrêtent à une trentaine de pas, plongent dans l'eau ou se posent sur la rive. Rien dans la conformation de ces oiseaux ne trahit leurs mœurs aquatiques; leurs pattes ne sont pas allongées ni leurs doigts unis par une membrane, leur bec n'est pas long et pointu, et cependant ils ne se contentent pas d'entrer dans l'eau, ils y plongent souvent, et parcourent même d'assez longs espaces entre deux eaux, en se servant de leurs ailes comme de rames.

Un observateur prétend avoir reconnu que ces oiseaux marchent sous l'eau les ailes baissées, de manière à entourer une masse d'air en forme de vessie, ainsi que certains coléoptères aquatiques, qui ont la faculté de maintenir au-dessous d'eux des bulles d'air qui brillent dans l'eau. Nous avouons n'avoir jamais rien observé de pareil, et nous ne pouvons nous figurer comment une de ces bulles d'air formée par hasard pourrait se maintenir en contact avec un oiseau qui aime à remonter les courants les plus rapides, car le mouvement de l'eau entraînerait immédiatement toute masse d'air semblable. Il est vrai qu'en sortant de l'eau, les plumes du cincle ne sont pas mouillées, mais l'épaisseur de la couche de plumes serrées qui les recouvre et leur enduit graisseux rendent compte du fait. En outre, le merle ne reste sous l'eau qu'une minute ou deux tout au plus, car un oiseau vigoureux ne peut retenir plus longtemps sa respiration.

Les manœuvres de ce petit oiseau toujours agité sont fort amusantes à observer. Il se dresse et élève sa poitrine blanche, puis il lève la queue et laisse passer une vague sur sa tête et son dos, s'envole pour se poser sur une pierre voisine, court sur la rive, rase comme une flèche la surface de l'eau, ou s'y élance du bord comme le ferait une grenouille. Son chant, qui dure tout l'hiver, le fait aimer de chacun. Les berges sont couvertes de neige, les rives du ruisseau sont garnies d'une croûte solide et transparente, des stalactites glacées sont suspendues aux blocs, et le merle d'eau, par le froid le plus vif, n'en chante pas moins, de sa voix forte, sonore et joyeuse, quelques jolies strophes, puis il disparaît sous les vagues glacées, en faisant preuve d'une adresse à plonger unique de la part d'un oiseau destiné à vivre sur terre. L'eau et les chants, voilà ses deux éléments. Il vit, niche, chasse et chante au bord de l'eau; c'est là qu'il se réjouit de son existence, et qu'un soir, lorsqu'il est malade ou vieilli, lorsqu'il a cessé de chanter et de plonger, une vague bien connue lui ouvre doucement son sein et l'entraîne lentement dans le courant. Mais, hélas! peu de ces jolis et gentils petits oiseaux meurent de cette mort naturelle! Nous n'avons jamais vu le merle d'eau poursuivi par un ennemi; il n'en est pas moins certain que la cresserelle ou l'autour en ravit souvent, et que, pendant la nuit, le renard, la martre, le chat, l'hermine et même la loutre savent découvrir et arracher notre pauvre oiseau à sa retraite, cachée sous quelque pierre.

Mais ce compagnon de la vague ne prévoit pas son triste destin. Sa joie est inaltérable, son activité incessante. Il va chercher au fond du lit du ruisseau, sous le cristal liquide, l'insecte aquatique ou la larve, happe au vol les mouches et les cousins qui bourdonnent près de lui, attaque même les petits chabois-seaux et les petites truites, dont il mange les œufs; c'est au moins ce qu'assurent tous les pêcheurs. Il ne craint pas l'homme qui passe sur la rive, et il lui montre sa poitrine blanche; aussi devient-il souvent la victime du chasseur, car sa chair a un excellent goût. Lorsque ce pauvre oiseau se sent poursuivi, il s'envole dans quelque buisson au bord de l'eau, et y reste posé sans bouger, croyant y être en sûreté. Blessé, il cherche à échapper au chasseur en plongeant et en courant sous l'eau.

Le merle d'eau est expert en fait de plongeons, et aime l'eau à la folie. Il plonge dans les courants les plus rapides, et affronte même les remous des cascades par le froid comme par le chaud. Il aime le voisinage des chutes d'eau et des cascades qui se forment sur les digues des moulins. Il sait parfaitement dérober son nid aux regards, soit dans les augets d'une vieille roue, soit dans une fente de rocher, soit sous un pont ou une passerelle, dans un trou du rivage ou sous les racines de quelque arbre voisin du ruisseau. Ce nid est arrondi et soigneusement construit à l'aide de mousse, de brins d'herbe ou de feuilles. L'ouverture en est dissimulée par des feuilles, et le nid, caché sous des fougères et toujours abrité en dessus, renferme six petits œufs blancs. Le merle d'eau niche deux fois, au printemps et en été, mais l'époque de la ponte n'est pas très-régulière, car on a déjà observé dans son nid, au commencement de janvier, des petits récemment éclos. A peine sont-ils âgés de quelques jours que déjà ils se lancent à l'eau, et se mettent à plonger avec autant de courage et de plaisir que leurs parents. En France, on regarde les merles d'eau comme des chantres nocturnes qui rivalisent avec les rossignols, et sous ce rapport on les tient en haute estime. Nous avons beaucoup étudié ces petits oiseaux, mais nous n'avons jamais pu constater cette particularité, et nous la regardons comme aussi apocryphe que l'existence d'une race de merles d'eau dont la poitrine est constamment noire.

Ces charmants oiseaux, aussi inséparables du ruisseau que le moineau l'est de la grange, habitent dans toute l'étendue de la région montagneuse et remontent assez haut dans les Alpes. En hiver, ils se rapprochent de sources vives, souvent fort distantes du ruisseau. En général, on les rencontre partout où il existe des truites. Pris jeunes, ces oiseaux mangent les mouches et les vers de farine qu'on leur présente, et s'accoutument peu à peu au régime des rossignols; ils ne tardent pas à s'apprivoiser et à devenir familiers, tandis que les vieux restent farouches, et ne se décident que difficilement à prendre de la nourriture.

V. LA GÉLINOTTE.

Son extension, sa nourriture, sa manière de nicher. — Ses ennemis. — Excellence de sa chair.

La gélinotte habite dans les Alpes la partie inférieure et moyenne de la région des forêts; elle est rare dans la plaine et sur les avant-monts. Ce joli oiseau accompagne souvent le coq de bruyère, vit dans les mêmes localités, et ne s'élève qu'exceptionnellement à des hauteurs plus considérables. Ainsi, on le rencontre en hiver dans le bois d'Andermatt, mais il en disparaît en été, ce qui semblerait démontrer que dans cette saison il se rend dans les forêts les plus élevées. Il habite aussi le Jura, où il arrive peut-être des Alpes du Valais et des environs d'Aigle[1]. Il n'est pas rare de l'y trouver dans la zon des collines.

[1] La gélinotte est un oiseau sédentaire et assez commun dans le Jura; elle s'y reproduit et rien ne prouve qu'elle y arrive des Alpes.

(*Note du traducteur.*)

Nous avons surtout observé la gélinotte sur les pentes méridionales des montagnes couvertes d'épaisses forêts et peu fréquentées, dans des endroits pierreux où croissent des genévriers, des buissons de coudrier et d'aulne, entremêlés de sapins et de boulcaux. Elle court très-vite au milieu des longues herbes et des arbrisseaux. Sa taille est un peu plus forte que celle de la perdrix, oiseau qui n'habite pas les montagnes et remplace la gélinotte dans la plaine. Elle a l'œil brun et brillant, surmonté d'un demi-cercle d'une peau nue et rugueuse, de couleur rouge; son bec est noir, et ses pattes, assez faibles, sont couvertes de plumes. Elle a le plumage tacheté de roux, de blanc et de noir, les pattes grises, la queue gris perle, teintée de noir et terminée par une barre transversale noire et blanche. Le mâle est un peu plus grand que la femelle, ses couleurs sont plus claires et plus vives, mais il s'en distingue par la touffe de plumes qu'il porte sur la tête et par une gorge noire, bordée de blanc.

Les gélinottes vivent par paires, dans un état de monogamie qui ne les empêche pas de se séparer quelquefois; ce n'est qu'en automne qu'elles se réunissent et voltigent par petites troupes. Elles se tiennent sur la terre et sous les buissons plus volontiers que sur les arbres, mais préfèrent passer la nuit perchées plutôt que tapies sur le sol. Lorsqu'on les chasse au chien d'arrêt, elles prennent le vol et vont se poser sur quelque sapin voisin, près du tronc, à une hauteur moyenne et au milieu du feuillage le plus touffu. En hiver, elles grattent la neige et y creusent souvent de longues galeries couvertes, pour arriver aux endroits où elles trouvent de la nourriture.

Il est probablement peu de nos lecteurs qui, en se promenant, aient vu une gélinotte en liberté dans les forêts, où elles sont pourtant assez communes. Cet oiseau est extrêmement sauvage; il reste immobile et si bien caché qu'on ne l'aperçoit que par hasard, lorsque, le cou tendu, il court de buisson en buisson, ou, comme c'est le cas au printemps et en automne, lorsqu'il est tapi sur une branche : il faut alors un œil exercé pour le distinguer. La femelle porte sa crête abaissée sur la tête, le mâle la dresse souvent, en même temps qu'il ébouriffe les plumes de son cou et de ses oreilles, ce qui lui donne un air étrange. Les gélinottes ne prennent le vol que lorsqu'elles y sont forcées, elles courent et sautent parfaitement; effrayées, elles partent comme un trait, mais d'un vol lourd, bruyant et peu soutenu. Leur cri consiste en un sifflet retentissant; au printemps, le mâle fait entendre le matin et le soir son cri mélancolique et prolongé, tihi-titittiti-tih, en même temps qu'il hérisse les plumes de sa tête.

Pendant l'été, les gélinottes vivent d'insectes, de vers et de limaçons qu'elles découvrent en grattant le sol; en d'autres saisons, elles se nourrissent de bourgeons de fleurs et de pointes de feuilles, d'airelles, de baies de sureau, de mûres, des fruits du sorbier et du rosier sauvage, et de graines que leur timidité leur fait plutôt chercher par terre que détacher des branches.

Au printemps, chaque paire choisit son quartier sans s'éloigner beaucoup des autres membres de la nichée de l'année précédente. Au mois de mai, la gélinotte femelle se construit sous un coudrier ou près d'une pierre un nid grossier et bien caché, dans lequel elle pond de huit à quinze œufs roux, pointillés de brun et de la grosseur d'œufs de pigeons. Après trois semaines d'incubation, il s'en échappe de petits poussins très-alertes, qui ne tardent pas à apprendre à si bien se cacher qu'il est presque impossible de les découvrir. Pendant la nuit et lorsqu'il pleut, les poussins trouvent un abri et une douce chaleur sous les ailes de leur mère, mais au bout de peu de temps ils la suivent d'un vol bruyant sur une branche d'arbre et s'y posent à ses côtés. C'est le moment où le mâle, qui avait vécu isolé pendant la durée de l'incubation, rejoint la famille et lui témoigne toute l'affection d'un père.

Les martres, les hermines, les corbeaux, les buses, les corneilles et les renards sont de dangereux ennemis pour les gélinottes, et diminuent bien plus que les chasseurs le nombre naturellement assez restreint de ces jolis gallinacés. Leur chasse exige beaucoup d'attention, de prudence et de patience; au printemps elle est plus facile, parce qu'on peut les attirer à portée de fusil en imitant leur cri d'appel.

Les gélinottes, de même que les grands et les petits tétras, sont assez rares en Allemagne. Dans l'Europe septentrionale et en Asie elles sont plus communes. D'après des données empruntées au directeur des chasses de Suède, cent mille gélinottes et un nombre égal de coqs de bruyère et de petits tétras paraissent annuellement au marché de Stockholm.

C'est avec raison que les gastronomes mettent la gélinotte au premier rang parmi tous les gibiers, car, lorsqu'elle a été tuée en automne, sa chair blanche est des plus délicates et aussi saine que savoureuse. Cette viande a quelque chose de plus tendre, de plus riche et de plus fondant que celle du faisan, de la poularde et même de la caille, et elle vaut décidement mieux que celle de la perdrix, de la bécassine et du pluvier. Les anciens déjà tenaient en grande estime cet excellent rôt.

Pris tout jeunes, les petits de la gélinotte sont difficiles à élever. De vieux individus s'habituent facilement à manger le pain, l'avoine et les baies, mais cherchent toujours à s'envoler ou à s'échapper par quelque ouverture de la basse-cour.

VI. LES COQS DE BRUYÈRE.

Forêts réservées. — Vie dans les forêts. — Extension et description du coq de bruyère. — Son chant au printemps. — Manière de le chasser. — Valeur de sa chair. — Le coq de bruyère dans d'autres pays. — Chasseurs bernois.

La nature, qui dans nos Alpes ne peint qu'à grands traits, a entouré la base des hautes montagnes et couvert les avant-monts d'une large ceinture d'épaisses forêts de sapins entremêlés çà et là de hêtres énormes. Lorsque du fond de quelque vallée profonde la montagne s'élève en assises verticales, ces bois aux couleurs sombres font un effet des plus pittoresques. Ils arrivent jusqu'au bord extrême des escarpements que couronnent leurs buissons, forment des dômes au-dessus des cascades des ruisseaux qui les sillonnent, bordent de leur verdure les talus d'éboulement, et s'étendent, au milieu des pâturages verdoyants, comme de larges rubans obscurs qui entourent les cimes grisâtres des montagnes. Prudents comme ils le sont, les montagnards se gardent d'éclaircir ces vieilles et épaisses forêts, qui protégent leurs cabanes contre les avalanches et les éboulements de rochers. Aussi le plus souvent nul ne peut toucher à ces forêts qui appartiennent à l'État ou aux communes (au Tessin *sacri* ou *favra*).

Les forêts près desquelles s'élèvent des villages ou des fermes, perdent presque entièrement leur caractère et leur aspect romantique. Le pauvre y pénètre et en emporte les branches sèches. Des spéculateurs y déterrent les souches des églantiers et des cormiers, y coupent les buissons d'épines noires, y récoltent de la mousse et des fougères, y éclaircissent les buissons. Les vaches écrasent sous leur sabot la jeune pousse que les chèvres viennent encore ronger et détruire. Des chasseurs en herbe, avides de tout gibier, tirent les écureuils et les oiseaux chanteurs, tandis que les gamins des environs tendent leurs lacets aux grives et aux merles. Alors la forêt attristée et dépouillée revêt son manteau de veuve, le gibier s'enfuit de ces lieux profanés, et la forêt se transforme en une vulgaire plantation d'arbres, où de temps en temps quelque honnête bourgeois vient encore se promener, mais sans y retrouver la solitude animée des vrais bois. A l'ombre de ceux-ci se font entendre jour et nuit des bruits étranges et des murmures lointains. Les hibous et les chouettes voltigent le soir au-dessus des taillis où se sont retirés les fauvettes et les pinsons, le renard erre avec ses petits sur le tapis moussu ; le lever et le coucher du soleil sont salués par de joyeux concerts.

La gélinotte siffle son ti-ti, le pic fait résonner les troncs sous les coups de son bec, tandis que l'écureuil et la martre aux yeux de feu sautent de branche en branche, au-dessus des levrauts accroupis dans l'herbe.

C'est dans ces bois solitaires de la zone montagneuse, qui s'étendent aussi dans la partie inférieure de la région alpine, qu'aiment à vivre les coqs de bruyère. Ces oiseaux sont très-rares dans les bois du bas pays; ils habitent les cantons forestiers. On les trouve sur la route du Saint-Gothard jusqu'à Wasen, sur les montagnes du Simmenthal et de Grindelwald, dans le Tessin et le Valais, aux environs de Schwanznau dans l'Emmenthal bernois, dans l'Entlibuch (3760'), dans les franches montagnes du canton de Glaris. Dans le pays de Schwitz, le coq de bruyère habite le val de Væggi, et les forêts de sapins voisines d'Einsiedlen; dans le canton de Saint-Gall, les Alpes de Grabs, les Churfirsten et la forêt de Krætzern; dans l'Appenzell, la Schwægalp et le Hafenwald. On trouve encore dans beaucoup de forêts aux Grisons et dans le Jura[1] cet oiseau, le plus beau et le plus noble des gibiers, l'ornement, voire même la perle de nos forêts. Dans plusieurs des endroits précités, le nombre en a considérablement diminué, et il est près de disparaître. Le grand tétras n'est nulle part commun, parce que les chasseurs sont trop alléchés par une proie si précieuse. Un chasseur appenzellois distingué apporte chaque année au marché six poules et deux ou trois coqs de bruyère,

[1] Au canton de Vaud, les coqs de bruyère n'habitent que le Jura et n'existent pas dans les Alpes. Le tétras à queue fourchue n'habite que les Alpes, tandis que les gélinottes vivent sur l'une et l'autre des chaînes.

Les coqs de bruyère sont encore abondants dans les forêts de sapins qui couvrent Chaumont, le mont de Boudry et les environs du Creux-du-Vent dans le canton de Neuchâtel, ce qui provient peut-être de ce qu'on n'y a pas l'habitude de les chasser au printemps, vu l'absence de chasseurs de profession, et les difficultés qu'éprouvent les chasseurs amateurs à se transporter de nuit sur les lieux, pour entendre chanter le coq à trois heures du matin.

(Note du traducteur.)

et cela dans l'espace de quelques semaines. L'extinction de ce gibier n'est pourtant pas à craindre, parce que sa reproductivité est assez forte, et qu'il faut pour l'atteindre beaucoup de prudence et une connaissance exacte de ses habitudes. Le dernier coq de bruyère tué dans les environs de Saint-Gall fut abattu sur le grand sapin, et on cite, comme un fait exceptionnel, la capture d'un coq de bruyère qui eut lieu en 1851, près de Frauenfeld.

Le coq de bruyère paraît préférer à tout autre séjour les bois de sapins, surtout s'il y trouve des buissons de ronces, des myrtilles, de la bruyère, et des clairières gazonnées, arrosées par de petits ruisseaux. Oiseau matinal, il affectionne les forêts exposées au levant, que viennent dorer les premiers rayons de l'aurore, et pendant l'hiver il ne quitte que rarement l'endroit qu'il habite; cependant, dans l'Emmenthal, on l'a déjà vu chercher dans des fenils un refuge contre le mauvais temps.

Le coq de bruyère mâle est un superbe animal; adulte, il atteint la taille d'un dindon, il a trois pieds et même quarante pouces de longueur, quatre à cinq pieds d'envergure et pèse de neuf à douze livres. Certains individus atteignent un poids de quinze à dix-huit livres. Le coq de bruyère est fortement bâti, trapu, et son plumage est assez épais et serré pour ne pas être traversé par la petite grenaille.

Si l'on excepte l'outarde, très-rare dans notre pays, il y a peu d'oiseaux indigènes dont la taille surpasse celle du grand tétras. Son allure est majestueuse, les teintes de son plumage superbes, son bec crochu, semblable à celui d'un oiseau de proie, est d'un blanc jaunâtre, son œil brun est entouré d'un cercle de peau nue et rugueuse, d'un beau rouge écarlate. Ses plumes sont blanches à l'origine de l'aile, presque noires et comme saupoudrées de poussière grise sur le reste du corps; la tête, la gorge et la poitrine brillent de reflets métalliques verts, les couvertures des ailes et les cuisses ont une teinte brune couleur chocolat, caractérisée surtout en automne, lorsque la mue est achevée. La queue est noire, tachetée de blanc jusqu'aux pennes médianes. Les ongles noirs sont courts, mais tranchants.

La poule de bruyère est beaucoup plus petite, elle pèse de trois à six livres, et sa coloration est complétement différente. Le fond de son plumage est fauve, il est semé de taches noires et blanches rapprochées, la gorge et la poitrine sont rousses, le ventre est tacheté de blanc, de noir et de roux, la queue est brune, traversée de raies noires; tout cela la fait ressembler beaucoup à la femelle du tétras à queue fourchue.

On rencontre le coq de bruyère sur le sol ou perché sur de grands arbres. Son caractère phlegmatique donne à sa marche un certain cachet de gravité; son dos recourbé, son cou arqué et pendant le font ressembler au coq d'Inde, mais il est fort difficile de surprendre dans cette attitude ce bel oiseau aussi prudent qu'insociable, car sa vue est des plus perçantes et son ouïe extrêmement fine. Quelque silencieux que soit le chasseur qui s'en approche en marchant sur la mousse, il suffit qu'une tige de fougère desséchée craque sous son pied, ou que le buisson qu'il frôle bruisse légèrement, pour que le coq s'envole avec de bruyants battements d'ailes. Cependant ce vol, qui a toujours lieu en ligne droite et dont le bruit s'entend encore d'assez loin, ne se soutient pas longtemps. Un oiseau aussi lourd ne peut le supporter et ne tarde pas à se reposer sur quelque vieil arbre. Les femelles, plus sociables, sont ordinairement à terre, grattent le sol et gloussent sur tous les tons leur back-back.

Le cri du coq de bruyère est singulier et ne peut être rendu par des mots. Les chasseurs lui ont donné un nom particulier (*balzen*), et ne l'entendent en général qu'au printemps. Après le coucher du soleil, le coq se perche sur son arbre, ordinairement un grand sapin ou un hêtre branchu, auquel il reste fidèle pendant des années lorsqu'on le laisse en repos. A l'époque où le hêtre pousse son feuillage, le tétras crie ou plutôt chante, avec de courtes interruptions, depuis les premières lueurs de l'aube jusqu'au lever du soleil. Perché sur une branche basse et solide, il fait gonfler les longues plumes de sa gorge, étale sa queue en forme de roue, laisse pendre ses ailes, hérisse ses plumes, piétine sa branche, et roule ses yeux, comme s'il était ivre, de la façon la plus comique; en même temps il glousse d'abord lentement, puis de plus en plus vite, et finit par un forté suprême, qu'il fait suivre d'une quantité de petites notes vibrantes, dont la dernière est plus longtemps filée par le coq qui, les yeux fermés, est alors plongé dans une espèce d'extase.

Le vrai chasseur, qui ne veut pas devoir son succès au hasard, mais atteindre sa victime selon les règles de l'art, doit connaître parfaitement toutes les modulations de ce solo singulier, car c'est pendant qu'il dure que l'oiseau doit être abattu. A trois heures du matin il est à son poste, écoute et s'approche à quelques cents pas de l'arbre d'où retentit le cri du coq. Pendant la finale de son chant, le tétras est tellement entraîné par sa musique qu'il ne voit ni n'entend. L'instant qui suit le forté est pour le chasseur aux aguets le signal de s'approcher; il s'élance par bonds et s'arrête dès que cesse ce cri qui ressemble au bruit de la pierre sur l'acier sonore de la faux; immobile, il attend la reprise du chant, car l'oiseau entend alors parfaitement, s'envole au moindre bruit suspect, cesse de chanter ce jour-là et est perdu pour le chasseur. Si ce dernier est assez prudent et assez adroit pour ne s'approcher que pendant la finale et se tenir parfaitement immobile au moment de l'intervalle, il peut, pendant l'extase de l'oiseau, faire feu sur lui, le manquer même, sans l'effaroucher, car il est alors absolument sourd. C'est ce qui arrive d'autant plus souvent que les teintes foncées du coq, la pâle lumière de l'aube, ne permettent pas au chasseur de le bien viser. Ce chant du coq, si souvent mortel pour lui, est son chant d'amour; ses poules, car il est polygame, se tiennent à quelque distance dans l'herbe et les buissons, et lui répondent par leur doux back-back. Il n'est pas rare qu'un jeune coq, attiré par le bruit, ne vienne interrompre ce concert pour livrer au vieux un combat furieux, pendant lequel, de même que les cerfs au moment du rut, les deux champions, aveuglés par la rage, cessent de voir et d'entendre, et fondent furieux sur d'autres animaux et même sur le spectateur.

Après l'époque où le coq chante, il se remet à vivre en solitaire sur son arbre ou dans le voisinage, pendant que la femelle creuse sous quelque buisson ou sous la bruyère d'une clairière un enfoncement assez spacieux qu'elle garnit de branches légères, et où elle dépose de cinq à quatorze œufs roux, pointillés de brun, de la taille et de la forme des œufs de poule; elle les couve avec le même zèle. Au bout de quatre semaines, il en sort des poussins qu'elle dresse à la chasse des insectes. Elle fouille devant eux les fourmilières de la forêt, leur en présente les larves, les protége et les défend au péril de sa vie. Adultes, les coqs de bruyère mangent les aiguilles des sapins, les feuilles des myrtilles et des renoncules vénéneuses, les éventails des fougères, toute espèce d'herbes, de châtons, de bourgeons, de baies et d'insectes, auxquels s'ajoutent, pour faciliter la digestion, de petites pierres et des coquilles d'hélix. Au printemps, les mâles ne se nourrissent guère que de feuilles de sapin, dont on trouve des poignées dans leur gésier. Il en est de même pendant l'hiver, alors qu'ils restent des semaines sur le même arbre, où ils tondent des branches entières. Cette nourriture grossière rend dure et résineuse la chair des mâles, qui est déjà naturellement tenace (Athénée la comparait jadis à celle de l'autruche), de sorte que, si on la rôtit simplement, elle reste presque immangeable. Lorsqu'on met le coq de bruyère en venaison et qu'on le cuit ensuite avec précaution, il devient meilleur.

La poule ne mange que rarement des feuilles de sapin et préfère une nourriture plus délicate, qui consiste en bourgeons encore tendres, blés verts, herbes, baies, mouches, fourmis, araignées, chenilles, scarabées, larves et vermisseaux ; sa chair tendre, délicate et succulente ne sert que trop souvent à assouvir la faim de singuliers convives, indignes de l'apprécier. Je veux bien croire que le vieux coq, qui est très-défiant et vit surtout sur les arbres, a peu de chose à redouter de nos animaux de proie. Seuls, parmi les oiseaux, l'aigle royal et le grand-duc pourraient lui inspirer quelque crainte; en revanche, la poule, qui couve par terre, est exposée aux attaques d'une légion d'ennemis, parmi lesquels le renard, qui est partout abondant dans les vieilles forêts désertes, s'attaque indifféremment à la mère, aux petits et aux œufs. Puis ce sont les martres, les putois, les hermines, les chats sauvages, les lynx, auxquels viennent se joindre les faucons, les corbeaux et les autours.

Le coq de bruyère, ce noble gibier, habite, outre les forêts de nos montagnes, celles de toute l'Europe moyenne et septentrionale, ainsi que de l'Asie du Nord. Il est commun dans les forêts de la Thuringe et du Harz, mais surtout très-abondant dans les bois touffus de la Livonie et de l'Esthonie, aux bords du Jenisey et de l'Obi; les paysans pénètrent pendant la nuit dans les forêts avec des torches allumées, et l'assomment à coups de bâton lorsqu'il s'envole effrayé. En Allemagne, le grand tétras est de tous les gibiers emplumés le plus recherché, et les lois sur la chasse le rangent avec le cerf, le chevreuil et le sanglier parmi les gibiers de haute chasse. Jadis les seigneurs seuls allaient à l'affût du coq au printemps, et ne le tuaient qu'à balle. Aujourd'hui encore dans beaucoup d'endroits on le protége, on n'abat jamais de femelles, et on ne tire que les vieux mâles. L'empereur d'Autriche actuel tue chaque printemps de sa propre main, dans les forêts de Styrie, trois à quatre douzaines de ces beaux oiseaux.

Les vieux mâles solitaires, qui ne chantent plus, sont si défiants qu'on ne peut presque pas les atteindre. Les poules, au contraire, se laissent souvent prendre sur leurs œufs, et, lorsqu'elles ont pris la fuite, elles ne tardent pas à y revenir. Un chasseur de geais trouva une fois, sous une racine de sapin, neuf œufs de poule de bruyère, et les fit couver par une poule ordinaire; mais il ne put élever au delà de leur onzième semaine les petits tétras, qui eurent toujours peur du gloussement de leur mère adoptive. Au canton de Berne, un paysan nourrit un jeune coq de bruyère exclusivement de pommes de terre, et le rendit si familier qu'il accourait à son appel. Dans l'Oberland bernois, la chasse aux tétras a lieu, jusqu'à ces dernières années, d'une façon très-singulière. Le chasseur s'affuble d'une chemise blanche, et, les pieds dans la neige, attend le cri du coq. Pendant que ce dernier chante, fait la roue et se trémousse sur une branche ou sur la neige, le chasseur marche droit à lui, et reste immobile pendant les pauses; le coq le regarde fixement dès qu'il l'aperçoit, et continue son manége jusqu'au moment où, frappé, il tombe sur le sol avec un bruit sourd qui s'entend de fort loin. Les coqs pris jeunes et apprivoisés chantent à toute heure et en toute saison.

Lorsque Kreutzberg s'arrêta en 1853 à Saint-Gall avec sa grande ménagerie, un habitant du Voralberg lui apporta un coq de bruyère vivant, le seul qu'il eût pu élever, d'une couvée de six œufs qu'il avait confiés au printemps à une poule domestique. Ce superbe oiseau restait immobile sur son juchoir entre de criards aras et des cacatoès babillards, et semblait écouter avec un grand intérêt, mais sans terreur aucune, les rugissements des lions, des hyènes et des panthères. Plus tard, placé dans la cage d'une grue africaine, il se laissait stoïquement pincer et secouer au cou par l'ardent méridional, son compagnon de captivité.

VII. LE GRAND-DUC.

Lieux qu'il habite. — Sa vie nocturne. — Ses ennemis. — Manière de le chasser.

Le grand-duc (*strix bubo*) est sans aucun doute l'un des habitants les plus remarquables et les plus beaux de nos forêts. C'est un oiseau imposant, étrange et extrêmement singulier. Parmi les voyageurs qui traversent nos montagnes, il en est peu qui l'aient aperçu, quoique beaucoup aient entendu sa voix. Cet oiseau n'habite que les endroits les plus déserts et les plus écartés, et se tient de préférence dans les gorges des montagnes à parois verticales, dans les fourrés impénétrables, ou dans ces tours en ruines, cachées sous l'ombre de grands arbres, qui sont si nombreuses dans le canton des Grisons. Pendant le jour, il ne prend le vol que lorsqu'il est surpris, reste tapi au plus épais du feuillage des vieux arbres touffus ou dans les fissures des rochers, de sorte qu'il est très-difficile à découvrir. Cet oiseau, qui vit dans les forêts inférieures et moyennes de nos montagnes, ne s'élève que rarement jusqu'à leur limite supérieure, il habite toute l'étendue de la Suisse et même le monde entier, mais nulle part il n'est commun. Dans le canton d'Uri, on le rencontre encore au-dessus de la vallée d'Urseren.

Son cri caverneux et rauque, pouhou-pouhou-pouhoue, interrompu de temps en temps par un hui strident, produit sur celui qui l'entend une profonde impression de terreur. Au mois d'avril, au moment où les grands-ducs se recherchent, ce cri a quelque chose de plus sauvage encore et ressemble aux clameurs enrouées d'un homme ivre. Dans le canton d'Appenzell, on l'entend souvent pendant la nuit sortir du fond de gorges sauvages ou retentir dans les escarpements du Kasten, du Kurzenberg et à la Schwendi, et il ne faut pas s'étonner si cet affreux concert a pu donner lieu à des légendes et être attribué au sabbat des sorcières ou aux esprits des chasseurs noirs. Le rugissement du lion, les cris de rage du loup affamé ne sont pas plus effrayants que ce cri du hibou qu'il accompagne des claquements de son bec. Au crépuscule, les grands-ducs se mettent en chasse; leur vol est bas, calme, silencieux et lent. Ils poursuivent les souris, les serpents, les grenouilles et autres reptiles, attaquent les gélinottes, les coqs de bruyère, les canards sauvages, les lièvres, les geais et surtout les corneilles, qu'ils surprennent la nuit sur les arbres, et même sur les toits. Ils avalent les petits animaux tout entiers, et, s'ils sont trop grands, ils leur broient la tête et les gros os entre les mandibules puissantes de leur bec, avant de les manger. Lorsqu'il a fait sa proie d'un oiseau de forte taille, le grand-duc lui arrache la tête et les plus longues plumes, le déchire et l'avale par morceaux, sans se soucier des os, qu'il rejette plus tard entourés des plumes ou des poils. On a même découvert dans l'estomac d'un de ces oiseaux de proie un morceau de hérisson garni encore de ses pointes. En hiver, le grand-duc vit aussi d'animaux morts.

Le grand-duc est le plus grand de nos hibous; il mesure deux pieds de longueur, et cinq à six pieds d'envergure. Son plumage est soyeux, léger, de couleur brun clair et strié de mouchetures noires. Il a le bec noir, crochu et à demi caché à la base au milieu d'une touffe de poils. Son œil très-grand a la pupille d'un noir profond et l'iris jaune d'ambre; il est pourvu d'une large paupière clignotante. Les pattes sont courtes, vigoureuses et couvertes de plumes serrées qui descendent jusqu'à de grandes griffes brunes pointues. C'est à tort qu'on a cru que le grand-duc ne voyait pas de jour; il distingue parfaitement les objets, et ne ferme les yeux que lorsqu'ils sont frappés subitement par une lumière trop vive. Pendant le jour sa prudence est extrême, de sorte qu'il est très-difficile à atteindre. Contrairement à la plupart des autres oiseaux de proie nocturnes, il mange aussi de jour, surtout en captivité, s'élance du fond de sa cage sur les petits oiseaux qu'on lui présente et les dévore. Il ne boit presque jamais.

La tête large et arrondie de ce bel oiseau, ses grands yeux étincelants lui donnent un air fantastique qu'augmente encore l'étrangeté de ses gestes; il tourne la tête et le cou, fait claquer son bec, cligne des paupières et trépigne des pieds. Lorsqu'il hérisse ses plumes légères, il semble avoir la taille d'un aigle royal; mais, plumé, son corps n'est guère plus gros que celui d'un corbeau. Lorsqu'on l'irrite, il dresse ses plumes, fait rouler ses yeux, claque du bec et se précipite furieux sur son ennemi. Ses allures calmes et son air indolent le font passer à tort pour lâche et craintif; au fait, c'est un rapace courageux et puissant, qui attaque le chasseur qui lui ravit ses petits, et, selon Haller et Wagner, il lutte avec succès contre l'aigle royal. Il est toujours vainqueur lorsqu'il se bat contre de gros corbeaux, oiseaux qui osent s'attaquer à l'aigle.

Si, pendant la nuit, le grand-duc surprend les oiseaux des forêts, ils sont de jour ses ennemis mortels. Parviennent-ils à l'apercevoir, aussitôt geais et corneilles se rassemblent autour de lui comme des furies, mais se contentent de l'étourdir de cris affreux sans oser l'attaquer; il est rare qu'un de ces oiseaux se hasarde à lui donner un coup de bec. C'est de cette manière que les corneilles indiquent souvent au chasseur la présence du hibou; elles ont l'odorat si fin à l'égard de ce rapace nocturne, qu'elles le sentent au fond du sac dans lequel on le porte au poste à feu, et se mettent aussitôt à l'insulter de leurs cris.

Le grand-duc pond au printemps deux ou trois œufs blancs, poreux et arrondis; il les dépose soit dans un grand nid de trois pieds de diamètre, garni de foin et de mousse, soit dans une simple crevasse de rocher. Ses petits ressemblent à des flocons de laine, sont couverts d'un duvet fin, léger et pointillé, et crient continuellement. Le grand-duc niche volontiers au même endroit, de sorte qu'on peut lui ravir ses petits chaque année, lorsqu'on connaît la localité où se trouve le nid. Lorsqu'on les soigne convenablement, on réussit à élever en captivité les petits ducs. Ils mangent toute espèce de viande, préfèrent la chair des corneilles à toute autre, et peuvent se gorger de nourriture, ce qui leur permet de jeûner ensuite quatre ou cinq semaines. Quoiqu'ils ne dédaignent pas la viande d'animaux morts, celle qui contient des vers paraît leur être nuisible, à en juger par le fait qu'il sortit des vers de la bouche, des yeux et des oreilles d'un grand-duc qui était tombé malade après avoir été nourri de viande en putréfaction. De même que tous les autres oiseaux de proie, les ducs sont tourmentés par des insectes parasites et des vers intestinaux.

En Suisse, l'oiseau qui nous occupe est sans emploi; des spéculateurs errants le portent quelquefois enfermé dans une caisse et le font voir moyennant finance. En Allemagne, au contraire, il sert à la chasse des corneilles. On le lie par les pattes sur un bloc de bois, et le chasseur se cache à proximité dans une hutte basse, couverte de branches et percée d'embrasures. Au bout de quelque temps, les corneilles, les corbeaux, les pies, les éperviers, les busards, les faucons, les autours et autres oiseaux du voisinage se rassemblent autour du prisonnier et viennent s'exposer aux coups du chasseur.

Ce curieux rapace a reçu dans chaque endroit un nom différent. On le connaît en Allemagne et en Suisse sous plus de trente dénominations diverses. Les Tessinois l'appellent poliment *gran-dugo*, mais ne le pourchassent pas moins comme tout être de race aristocratique avec une animosité républicaine.

VIII. LES LOIRS ET LEUR GENRE DE VIE.

Genre de vie des loirs. — Élève des loirs. — Le lérot. — Le muscardin. — Abaissement de la température de leur sang. — Particularités qu'ils présentent pendant leur sommeil hivernal. — Causes de ce sommeil.

Le genre loir, qui comprend de jolis petits animaux fort gracieux, ne compte dans notre région que trois espèces : le loir, le lérot et le muscardin. Ils ne sont nulle part communs, ne se montrent que rarement et sont inconnus, si ce n'est de nom, de la grande masse du public. Ces animaux opèrent la transition des souris aux écureuils, et se distinguent par certaines particularités propres à chacun de ces deux types. Leur caractère commun consiste dans un sommeil hivernal souvent interrompu ; tous ont une allure sautillante, de longues oreilles et une queue velue terminée par une touffe de poils.

Le plus grand de nos loirs est le loir proprement dit (*myoxus glis*). Il ressemble parfaitement à un petit écureuil trapu, qui aurait le dos gris cendré, le ventre blanc et le pelage très-fin et très-doux. Ses yeux sont grands, entourés de noir, et les poils de sa moustache longs et noirs.

Dans les forêts de chênes et de hêtres, où les broussailles sont abondantes, ces petits animaux grimpent et sautillent de branche en branche, le soir ou pendant les nuits claires, car ils ne sortent pas volontiers de leurs cachettes pendant le jour. Ils vivent, comme les écureuils, de fruits, de noix, de faînes, et quelquefois d'œufs et même d'oiseaux au nid. Ils accumulent des provisions dans l'arbre creux où ils passent l'hiver endormis, de sorte qu'après chacun de leurs sommeils, ils trouvent de la nourriture à leur portée. C'est là aussi qu'au mois de juillet la femelle met bas trois à cinq petits.

Le loir est plus répandu dans les montagnes du Tessin que partout ailleurs, et y habite de préférence les forêts de châtaigniers. Il est rare au nord des Alpes, et, lorsqu'il y existe, c'est dans la région montagneuse; ainsi, on le trouve dans la vallée du Rhin, dans le canton de Glaris, dans le Jura. Dans beaucoup d'autres endroits sa présence n'a pas encore été observée. Au Tessin, sa chair est très-estimée; chez nous on ne l'utilise pas. La méchanceté du loir, son caractère sauvage, le besoin qu'il éprouve de mordre, rendent infructueuses toutes les tentatives qu'on fait pour l'apprivoiser.

Malgré leur petite taille, les loirs se défendent bravement et avec opiniâtreté contre leurs ennemis, les différentes espèces de martres, et savent se servir à l'occasion de leurs fortes griffes et de leurs dents tranchantes. Ils passent les sept mois d'hiver dans un sommeil qui s'interrompt de temps en temps pendant quelques jours; ce sommeil de sept mois leur a valu leur nom allemand de *Siebenschlæfer*. C'est l'époque où ils sont le plus gras, ainsi que Martial le fait observer :

«O hiver! nous te passons endormis, et c'est dans les mois où le sommeil seul nous nourrit que notre corps regorge d'une graisse délicieuse.»

Les anciens Romains s'intéressaient beaucoup au loir, et regardaient sa chair comme un fin morceau. Ils en élevaient de nombreux couples dans des enclos plantés de jeunes chênes, et emprisonnaient les vieux dans des pots de terre où ils les nourrissaient de noix, de glands et de châtaignes, pour les tuer ensuite lorsqu'ils s'étaient engraissés. La mode allemande n'a pas encore poussé jusque-là son esprit d'imitation.

Le lérot (*myoxus nitela*) est encore plus rare, et n'a été signalé jusqu'à présent que dans les zones montagneuses et alpines. Il ressemble beaucoup au loir, mais il est un peu plus petit; il a le dos gris brun, le ventre blanc et porte un trait noir qui s'étend de la lèvre à l'épaule, en passant au-dessus de l'œil et de l'oreille. Sa queue velue et noire se termine par une pointe blanche. Son genre de vie est le même que celui du loir; il est aussi méchant et enclin à mordre, met bas deux fois par an de quatre à six petits, et laisse deviner la présence de son nid par l'odeur insupportable qui s'en exhale. Souvent des lérots ont été pris vivants sur les flancs du Saint-Gothard et dans la vallée d'Urseren, mais on n'a jamais réussi à les apprivoiser. Le lérot habite aussi la Haute-Engadine et plusieurs cantons montagneux, mais il passe partout pour rare.

Le muscardin (*myoxus muscardinus*) est un petit animal plus joli et plus aimable que le précédent; il est à peine aussi gros qu'une souris, a le dos orange et le ventre gris sale; sa longue queue velue est terminée par une touffe de poils. Semblable à un écureuil en miniature, le muscardin circule avec autant de vivacité que de prestesse au milieu des taillis et des coudriers de la région montagneuse inférieure et de la région des collines, et il n'est pas rare de l'observer dans les bois bas et les haies touffues de noisetiers. Il se nourrit de noix et de semences, mange comme l'écureuil assis sur ses pattes de derrière, et met bas au mois d'août quatre petits aveugles. C'est le moment où son nid exhale une odeur de musc prononcée. Les jeunes muscardins ne tardent pas à s'apprivoiser et à devenir familiers; on les garde en cage. Quant aux vieux, ils ne perdent pas complétement leur timidité, mais ils sont doux et inoffensifs.

Lorsqu'on fait émonder des haies de noisetiers, on trouve souvent dans les cavités des vieilles souches de fortes provisions de noisettes et parfois les petits animaux qui les ont faites. Saisit-on l'un d'eux, un coup de dent le remet en liberté, et il rejoint comme un trait ses camarades effarouchés. En automne les choses se passent autrement, les muscardins sont déjà engourdis dans leur nid, et roulés en boules, la tête rapprochée de la queue. Ce nid, tressé de feuilles, de mousse et de crin, est très-chaud et a la forme d'un four. Lorsqu'on en retire les habitants, ils font entendre un léger sifflement qui prouve qu'ils ont parfaitement le sentiment de ce qui leur arrive.

Le professeur Mangili et d'autres ont fait des recherches extrêmement curieuses sur le sommeil hivernal des muscardins. D'après ces expériences, ce sommeil différerait complétement de celui des marmottes et des hamsters, et les phénomènes qui le distinguent ne seraient pas les mêmes chez tous les représentants de la famille des loirs. Le muscardin paraît être le plus disposé à s'engourdir. Un individu captif de cette espèce, engourdi et comme mort à une température de 1° au-dessus de zéro, ne faisait en 42 minutes que 147 inspirations irrégulières. Le thermomètre s'abaissa à 1° au-dessous de zéro, le petit rongeur se réveilla, se débarrassa de sa fiente et se mit à manger. Puis la température s'étant relevée, il se rendormit; à 5° sa respiration devint moins fréquente qu'à 1°, et plus le sommeil dura, plus elle diminua de fréquence, au point qu'on observa une interruption de 27 minutes entre deux inspirations successives. Le thermomètre étant monté à 10°, il ne respira que 47 fois en 34 minutes. Sous l'influence de la chaleur solaire, les mouvements respiratoires reprirent le rhythme et la régularité qu'ils ont dans le sommeil ordinaire. Plus tard, par un froid de 20° au-dessous de zéro, le muscardin respira 32 fois par minute, mais ses inspirations étaient peu profondes (le contraire arrive à la marmotte), et tourna, sans se réveiller, son dos du côté d'où soufflait le vent. Au mois de mai, même par une chaleur de 15°, le petit animal obéissait chaque matin à un besoin pressant de sommeil; on l'exposa un jour à un froid artificiel de 10°, et il mourut subitement comme frappé d'apoplexie, car tous ses vaisseaux étaient gonflés et dilatés par du sang.

L'étude des phénomènes offerts par le sommeil du loir a fourni les mêmes résultats, avec cette différence que le loir dort moins et seulement à des températures basses. Chaque fois qu'il se réveille, il se débarrasse de ses excréments, commence à manger et retombe dans son état de torpeur. Un loir se mit à dormir à une température de 4°; le thermomètre n'indiquait que 3 1/2°, comme température propre de l'animal, chiffre qui ne semble pas pouvoir s'abaisser davantage chez un mammifère; le hérisson engourdi a cependant le sang tellement refroidi qu'il n'indique plus que 3° au thermomètre. La chaleur continuant à diminuer, le loir, dont il est question, revint à lui, mangea et se rendormit. A 6° au-dessus de zéro, il respira rapidement et sans interruption. Pendant le mois de juillet, il retomba pour plusieurs jours dans cet état léthargique, et respira lentement et à de courts intervalles.

Pendant leur sommeil, ces animaux témoignent de la douleur qu'on leur fait éprouver, par des grognements, de petits sifflements ou des mouvements convulsifs. L'accélération des mouvements respiratoires, lorsqu'il fait froid, semble être destinée à la production d'une chaleur animale plus considérable; le réveil pourrait bien être produit souvent par la faim.

En quittant ces intéressants hivernants, nous ne pouvons nous dissimuler tout ce qu'ont d'incomplet les connaissances scientifiques que nous possédons à leur égard. Sans doute, parmi les êtres organisés, chaque famille occupe une place déterminée et nécessaire dans le système mystérieux, mais admirablement conçu de la nature. La tâche sublime que se propose le naturaliste consiste justement à déterminer la signification de chaque être, mais souvent on peut à peine la pressentir. Le sommeil hivernal de la marmotte est facile à comprendre si l'on tient compte des conditions climatériques dans lesquelles elle est destinée à vivre; celui de ces rongeurs qui habitent des niveaux de beaucoup inférieurs, n'est pas seulement énigmatique dans son but et ses causes, il n'est même pas encore complétement étudié.

IX. LES ÉCUREUILS ET LES LIÈVRES.

Les chasseurs en herbe et le gibier. — Description de l'écureuil. — Possibilité d'apprivoiser les lièvres. — Lièvres des champs et des montagnes. — Caractère et mœurs des lièvres. — La chasse. — Métis de lièvres, etc.

Lorsqu'un jeune Nemrod, riche d'avenir, vient de faire son premier coup de maître en abattant sur un cerisier couvert de moineaux, à cinq pas de distance et au moyen d'une double charge, un ou deux de ces parasites, il essuie soigneusement son fusil, puis, à demi satisfait et à demi honteux, il empoche les restes mutilés de ses victimes en rêvant à de plus nobles gibiers. Il va jusqu'à espérer qu'un lynx égaré ou qu'un chamois bien dodu pourraient ne pas lui échapper, et il se prépare à se diriger le dimanche suivant de grand matin vers la forêt pour faire passer de la vie à la mort, par la poudre et le plomb, peut-être un lièvre ou au moins un écureuil. Hélas! cette affreuse loi martiale ne sévit que trop dans nos forêts. Lorsque dans chaque village les cloches sonnent à pleine volée et que le dimanche vient comme une rosée bienfaisante verser dans les cœurs attristés son calme et ses joies, on n'entend dans les bois que des feux de peloton dirigés sur les pics, les merles, les écureuils si gracieux dans leurs ébats, de sorte que le bon Dieu doit se trouver peu satisfait de cette manière païenne de célébrer son culte par un carnage de ses plus jolies créatures, pour lesquelles chaque samedi est régulièrement suivi d'un jour de souffrance. Quoi de plus honteux et de plus pitoyable que de voir de grands fainéants ne savoir employer le jour du Seigneur qu'à un cruel amusement qui exige si peu de bravoure et de noblesse, et pour lequel il suffit à un lourdaud d'être brutal et d'avoir quelque argent! Le tir à la cible dans l'après-midi du dimanche est tout autre chose, et c'est avec un vif plaisir que nous nous souvenons des beaux jours où, la carabine étincelante sur l'épaule, le sac à munitions au côté, nous nous dirigions vers le tir des enfants pour lutter d'adresse et disputer le prix à nos camarades, parmi lesquels aucun n'avait encore confirmé le vœu de son baptême, car après cette solennité l'enfant avait sa place marquée au tir des hommes. Dans certains cantons, chaque localité de quelque importance a une place de tir spécialement destinée aux jeunes garçons, et l'ordre et la discipline y sont sévèrement maintenus. Les sociétés de petits carabiniers s'invitent mutuellement les jours de fête patronale, et la carabine sur l'épaule les jeunes tireurs se dirigent en joyeuses colonnes vers la ville où a lieu la fête et luttent de toutes leurs forces pour enlever les premiers prix à la société qui fait les honneurs de la fête. Ceci soit dit en passant; c'est peu sur ce sujet, mais nos paroles sortent du cœur.

La plupart de nos lecteurs ont déjà observé dans la forêt des écureuils accroupis sur les branches des sapins et occupés à en grignoter les semences aplaties, qu'ils savent adroitement extraire du cône ligneux que retiennent leurs pattes de devant. Ils ont alors la queue relevée comme un panache, sur les oreilles des pinceaux de poils roides, et sont sans cesse à fixer leur œil brillant sur tous les objets qui les entourent.

L'écureuil est le singe de nos bois; tout aussi agile et amusant par ses gambades que l'habitant quadrumane des forêts des tropiques, il est moins hardi et moins méchant que lui. L'écureuil ne se retire dans son nid que lorsque le temps est affreux ou la chaleur du milieu du jour trop accablante. Il est toujours occupé, sautille de branche en branche, s'élance d'un arbre sur un autre, en faisant des bonds de plus de dix pieds, ou, si le danger l'y contraint, se laisse tomber sur le sol du sommet de sapins de 60 pieds de haut, sans se faire de mal, grâce à ses quatre pattes écartées et à sa queue horizontale, qui lui servent de parachute.

L'écureuil est encore assez commun dans nos forêts à tous les niveaux. Il fréquente de préférence les bois des vallées remplis de buissons de coudrier, ou, dans les montagnes, ceux où croissent les aroles, dont il aime beaucoup les cônes. L'écureuil se construit de nombreux nids arrondis à l'aide de branches sèches, de feuilles et de mousse; il les place du côté opposé à celui d'où vient le vent, et, lorsqu'il pleut, il en bouche l'ouverture. La longueur de ses pattes postérieures rend sa marche sautillante; en revanche, il grimpe et nage parfaitement. Ce n'est que blessé ou pendant des ouragans qu'il se réfugie à terre et cherche à se cacher dans quelque trou.

Les écureuils aiment beaucoup les noix, les noisettes, les bourgeons et les amandes que renferment les noyaux; celles de la pêche, qui sont amères, les font rapidement périr. Ils ont bien vite rongé les noyaux les plus épais et les plus durs, et font pour l'hiver de grandes provisions de noix qu'ils cachent si bien, qu'il leur est quelquefois impossible de les retrouver. En captivité, s'ils n'ont rien à ronger, leurs dents se croisent et s'allongent de plus d'un pouce, de sorte qu'ils ne peuvent plus manger. Un observateur attentif a découvert que les écureuils reconnaissent à l'odeur la présence des truffes, et les déterrent en fouillant le sol au pied des chênes; ils aiment aussi certains champignons et les bolets. Chose singulière, ils poursuivent les petits oiseaux, dévorent les œufs, les petits et leurs parents, et réussissent même à s'emparer de grives adultes.

En mars et en juin, la femelle met bas, dans un nid bien chaud, de trois à sept petits aveugles qu'elle soigne avec beaucoup d'attachement. Craint-elle quelque danger, aussitôt elle emporte dans son museau ces petits êtres qui ressemblent à des souris, et les dépose dans un nid plus éloigné. Les jeunes écureuils pris à cette époque peuvent être apprivoisés; quant aux vieux, ils ne peuvent jamais l'être complétement. En automne, la chair de l'écureuil est assez délicate; sa peau n'a pas de valeur. Outre les chasseurs, l'écureuil a pour ennemis la martre, qui grimpe plus vite que lui, les hibous et les buses;

il cherche à leur échapper en tournant très-vite autour du tronc des arbres.

Dans les hivers rigoureux, le sort des écureuils peut devenir assez triste. Ils s'endorment dans leurs nids pendant quelques jours, mais réveillés, si la neige les empêche de parvenir à leurs provisions, ils meurent de faim. Dans le nord de l'Allemagne, en Suède et en Russie, les écureuils passent au gris pendant l'hiver. Leurs poils s'allongent, leur fourrure s'épaissit et acquiert alors, sous le nom de petit gris, une valeur assez grande. Dans notre pays, les écureuils bruns on noirs ne grisonnent en hiver que partiellement.

Disons maintenant quelque chose des lièvres, ces pauvres animaux sur lesquels nos chasseurs du dimanche aiment à brûler leur poudre, des lièvres, dont la timidité et l'instinct de famille ont passé en proverbe, de ces coureurs à longues pattes qui ne vivent que de végétaux et dévorent leurs petits, qui ont l'air le plus stupide du monde et réussissent cependant à narguer et à tromper par leurs ruses le chasseur exercé et son chien plus perfide encore. Nos chasseurs, les Thurgoviens en particulier, sont passionnés pour la chasse du lièvre. Ils doivent s'y fatiguer énormément, mais ils n'en parlent guère qu'une fois par an, accoudés derrière leurs cruches de bière : lorsqu'ils ont tiré et, *nota bene,* atteint un de ces malheureux êtres à longues oreilles, ils le jouent et le rejouent plusieurs fois, ce qui leur revient moins cher que de le tuer. En général, le chasseur thurgovien se distingue des juifs, des Turcs et des Russes, en ce qu'il ne considère pas le lièvre comme un animal immonde, et dit, en vrai classique avec Martial : *Inter quadrupedes gloria prima lepus*, ce qui signifie que de tous les gibiers à quatre pattes, c'est le civet qui mérite la couronne civique!

Lorsqu'on les prend jeunes et qu'on donne des soins à leur éducation, on peut détruire chez les lièvres le penchant naturel à la timidité. Le poëte Cowper avait réussi à apprivoiser des lièvres qui sautaient sur sa poitrine, s'y endormaient, le caressaient, le suivaient dans la campagne et revenaient volontairement à la maison. Ils avaient conquis une autorité complète sur le chat, et mangeaient au même plat qu'un lévrier.

On sait que le lièvre commun s'est répandu dans tout notre hémisphère. Nos lièvres de montagne, qui remontent jusque dans la région alpine, sont plus grands, plus foncés et plus pesants que les lièvres des champs; leur cou est aussi plus blanc et leur poids s'élève jusqu'à douze livres. Cependant ils ne constituent pas une espèce particulière, tandis que le lièvre blanc ou le lièvre variable qui vit spécialement dans les hautes Alpes, à partir des points que l'autre cesse d'habiter, appartient réellement à une autre espèce. Tous les lièvres font entendre un certain grognement lorsqu'ils se sentent en danger, au moment où on les saisit. Dans ce cas, le lièvre ordinaire devient méchant, il secoue sa tête, égratigne de ses pattes de devant, cherche à s'échapper, et mord même avec violence. Malgré la lâcheté naturelle à sa race, la hase défend quelquefois avec le courage du désespoir, contre les atteintes des corbeaux et des autours, les jeunes levrauts, qui ont des ennemis innombrables dans les renards, les chouettes, les aigles, les hermines, les chats, les martres, les putois, les lynx et les chiens. Nous avons observé longtemps une pie qui tourmentait un petit levraut; elle cherchait à le saisir, se précipitait sur lui, lui laissait faire quelques pas, puis s'élançait de nouveau. Elle aurait fini sans doute par faire périr le pauvre petit animal, si nous ne l'avions délivré en tirant son bourreau. Le vieux lièvre mâle est ennemi juré de ses descendants; en captivité au moins, il les étrangle souvent, ou, comme on l'a remarqué, les maltraite en leur donnant des coups de patte au museau, ce qui leur fait pousser des cris de douleur.

Ordinairement les lièvres des montagnes passent la journée cachés dans un buisson, où ils dorment les yeux ouverts. C'est de grand matin ou tard vers le soir qu'ils vont chercher leur pâture. Ils ont leur gîte dans un buisson, sous une pierre, dans un trou, ou en hiver dans un simple enfoncement de la neige. Avant d'y rentrer, ils cherchent à tromper le chasseur en embrouillant leur piste et en faisant des contremarches savamment calculées; puis, d'un bond prodigieux, ils s'élancent et retombent au gîte. On sait qu'un lièvre chassé et fatigué emploie quelquefois ce moyen pour réveiller et faire partir un autre lièvre au gîte, qui entraîne alors la meute à sa suite.

La vue du lièvre est fort mauvaise; aussi court-il quelquefois directement sur le chasseur. En revanche, son odorat est assez bon et son ouïe extrêmement fine. Sa timidité le fait passer pour plus stupide qu'il ne l'est réellement. Un de nos amis fut dernièrement témoin du fait suivant: Un lièvre, depuis longtemps chassé, se précipita avec tant de violence sur un petit chien qui le poursuivait, que les deux animaux roulèrent étourdis l'un sur l'autre. Lorsque le lièvre remonte une pente, les chiens ne peuvent le suivre; mais lorsqu'il est forcé de fuir à la descente, ses longues pattes de derrière le gênent et lui font souvent perdre l'équilibre; c'est pourquoi le lièvre ne regagne la plaine qu'en suivant obliquement la pente des montagnes.

La hase porte un mois; du mois de mars au mois de septembre elle fait quatre nichées: la première fois elle met bas un ou deux petits; la seconde et la troisième fois, trois ou cinq, et la quatrième fois, derechef un ou deux; en tout dix ou quatorze pendant l'année. On a constaté quelquefois chez les lièvres des exemples de superfétation, c'est-à-dire l'existence simultanée dans l'intérieur du corps de la femelle de petits arrivés presque à terme et d'embryons à peine formés. Des monstruosités de formes curieuses ne sont pas rares chez les lièvres, non plus que chez les lapins, mais les lièvres cornus dont parlent les anciens ouvrages d'histoire naturelle doivent incontestablement prendre place dans la faune de la fable. L'amour maternel n'est pas en général la vertu principale de la hase. A l'approche du danger, elle abandonne ses petits ou les défend tout au plus quelques instants contre les attaques de petits oiseaux de proie. Elle ne les soigne pas longtemps, les allaite deux ou trois semaines, puis soucieuse d'un nouvel accroissement de famille, elle abandonne à son propre instinct une progéniture qui se développe très-rapidement. Rien n'est plus joli qu'une nichée de petits levrauts encore au nid. Il est facile de les élever en les nourrissant de lait et de pain, mais la plupart périssent plus tard. Des lièvres pris jeunes et apprivoisés s'unissent aux lapins; nous avons nous-mêmes fait cette expérience, dont le résultat a été la naissance de métis qui à leur tour furent féconds. On sait que les vieux lièvres ne boivent jamais d'eau, les sucs des plantes suffisent pour étancher leur soif.

Dans tous les cantons montagneux, on aime beaucoup à chasser le lièvre, tantôt au moyen de chiens, tantôt sans leur secours. Cette chasse, entreprise par un chasseur sans chien, n'est guère productive que lorsqu'il est tombé de la nouvelle neige, à la faveur de laquelle on peut trouver le gîte. Avant le moment où les chiens commencent à donner de la voix, le lièvre, qui a déjà senti leur approche, se réveille et prend doucement la fuite; le chien ne tarde pas à trouver la piste fraîche, et commence la poursuite, en aboyant par intervalles. Le chasseur, qui connaît les localités, se met à l'affût près du lancé, et, s'il est assez patient pour l'attendre, le lièvre arrivera sans aucun doute à sa portée, car, après avoir été chassé par les chiens à plus d'une lieue dans la montagne, cet animal revient toujours près de son gîte.

Souvent la meute suit le lièvre à des distances incroyables. Nous avons vu un lièvre, parti des buissons du bas des montagnes, remonter sur un alpage distant de plus de deux lieues; puis, poursuivi, redescendre dans la vallée et gravir de nouveau une alpe opposée, où nous le trouvâmes blotti sous un petit sapin. Un chien basset s'élança alors à sa poursuite, le suivit à la descente, et finit par le serrer de si près et à si bien culbuter avec lui, qu'il fut impossible de le tirer. Vers le soir, ce lièvre était rentré au gîte d'où il avait été chassé le matin. Souvent un lièvre, harcelé par les chiens, descend une montagne, traverse la vallée et son ruisseau, remonte la pente opposée pendant plusieurs lieues, circule sur deux ou trois alpes, et revient de lui-même retrouver vers le soir son quartier, pourvu qu'il soit né dans les environs.

X. LES BLAIREAUX.

Les chasseurs. — Genre de vie des blaireaux. — Un blaireau au soleil. — Manière de leur faire la chasse. — Une aventure de chasse.

Lorsque, à l'aube d'un jour d'automne, le chasseur, caché dans la forêt, attend immobile et silencieux le tétras à queue fourchue ou le coq de bruyère, il entend quelquefois bruire près de lui les branches sèches, et voit tout à coup sortir d'un buisson un animal informe, grisâtre, semblable à un porc, qui s'avance d'un pas lourd, en grognant d'une voix sourde. C'est un blaireau qui revient de son excursion nocturne et se présente ainsi au coup de la manière la plus favorable. Mais, au moindre bruit, sa marche devient si rapide qu'il a déjà disparu dans le fourré avant que le chasseur l'ait couché en joue. Dès qu'il est rentré dans son terrier, le rôle du fusil cesse, car le défiant animal n'en ressortira qu'au milieu de l'obscurité de la nuit suivante.

Il est rare dans notre pays que les chasseurs aillent à la chasse du blaireau; cela provient de ce que cette chasse est très-difficile, et de ce que le blaireau, quoique répandu dans toute la Suisse, n'est nulle part commun, car la moitié des terriers qu'il s'est creusés, sont inhabités ou servent de retraite aux renards et à leurs pareils. Quelquefois on prend les blaireaux au moyen de poches filochées, de trappes ou de pinces, et surtout de chiens bassets. Dans le canton de Glaris, où le blaireau s'élève assez haut dans les Alpes, les chasseurs s'en rendent maîtres par des procédés barbares. Ils insinuent dans son terrier une longue perche à l'extrémité de laquelle est fixé un double tire-bouchon; ils la font tourner, percent la bête, la retirent lentement et, une fois dehors, l'assomment non sans peine en la frappant sur le museau. Cette capture est pour eux d'un assez grand rapport. La peau de l'animal, très-résistante, est imperméable. Sa viande ressemble à celle du porc, elle a un goût terreux, mais devient un mets excellent après avoir séjourné dans l'eau courante; malgré cela, on ne la consomme pas partout. Quant à la graisse (5 à 10 livres), qui en automne a plus de trois doigts d'épaisseur sur le dos du blaireau, elle se vend assez bien aux pharmaciens. Les soies roides servent à la fabrication des pinceaux grossiers et des brosses.

Le blaireau est un être étrange, de deux pieds et demi de longueur, qui a le ventre noir et un trait de même couleur au-dessus des yeux; il habite le voisinage des vignes et des champs, la lisière des bois, et s'élève très-haut dans les montagnes de la Suisse orientale. A l'aide d'ongles forts et crochus il se creuse sur les pentes exposées au midi un terrier commode, qu'il tapisse de mousse tendre et de feuillage, et qu'il munit de quatre à huit issues et ouvertures destinées à la ventilation. Le blaireau vit solitaire dans cette demeure souterraine, comme un être stupide, frileux, paresseux, craintif et mélancolique. Sa femelle met bas en janvier de trois à cinq petits aveugles; elle a dans le voisinage son terrier particulier. La nourriture des blaireaux consiste ordinairement en substances végétales, telles que racines, prunes, truffes, pommes de terre, carottes, glands, semences de hêtre, baies; exceptionnellement en insectes, scarabées, sauterelles, souris, vers de terre, limaces, orvets, couleuvres, œufs et oiseaux. Ils aiment à dévorer les vipères, dont le venin est sur eux sans action. En automne, ils commettent de grands dégâts dans les vignobles, en détachant à l'aide de leurs pattes les rameaux chargés de raisins, auxquels ils ne peuvent atteindre, et ils ne sont pas moins dangereux pour les champs de maïs qu'ils dévastent en quelques heures, en y rongeant des masses d'épis, alors qu'ils sont encore doux et succulents. C'est à la fin de l'automne qu'ils commencent à rassembler les matériaux de leurs nids, et à traîner dans leur souterrain la mousse qu'ils ont détachée en abondance des rochers et du sol environnant. Pendant l'hiver, les blaireaux dorment, comme les ours, d'un sommeil interrompu et ne s'engourdissent pas. Ils sont pelotonnés au fond du terrier, et ont la tête entre les pattes de derrière, mais ils ne se nourrissent pas, comme on l'a prétendu, de l'huile fétide qui remplit une glande située en cet endroit de leur corps. C'est le moment où chez nous on les déterre et les assomme, opération sévèrement défendue dans plusieurs cantons.

Le blaireau est encore assez abondant dans les forêts des montagnes qui séparent la vallée du Rhin de l'Appenzell, et les habitants de ces contrées vendent chaque année un nombre assez considérable de peaux de blaireaux fraîches. On le trouve aussi dans le Jura et le Jorat.

De tous ses ennemis, c'est le renard que le blaireau déteste le plus cordialement, car le rusé compère vient souvent le troubler dans son repos en déposant dans les débouchés du terrier sa fiente fétide. Le blaireau, qui pousse jusqu'à la pédanterie l'amour de la propreté, préfère abandonner une demeure commode et chaude, plutôt que d'avoir l'odorat péniblement affecté par les déjections de cet infâme maître renard. Il sort en grognant de sa demeure souterraine, et se met, toujours grognant, à en creuser une autre, pendant que le renard s'installe commodément avec les siens dans le premier nid encore chaud.

Il est assez facile de se procurer de jeunes blaireaux, en les retirant au printemps du fond de leur demeure souterraine; on peut les élever et les apprivoiser sans grande peine, mais ces élèves ne font ni plaisir ni honneur à leurs maîtres, car ils conservent avec opiniâtreté leur caractère indolent et des habitudes analogues à celles des porcs. En tant qu'animaux nocturnes, il est très-difficile de les habituer à agir pendant le jour. Ceux qui ont été pris vieux restent immobiles et font tout au plus entendre un grognement de colère, lorsqu'on les irrite et les frappe, ou qu'on approche de leur bouche leurs aliments préférés, des fruits sucrés. Ils ne recouvrent leur vivacité qu'à l'approche de la nuit et la conservent jusqu'au matin. Les blaireaux paraissent avoir beaucoup de goût pour l'eau; lorsqu'ils en ont été privés pendant quelques jours, ils en boivent, dit-on, jusqu'à périr. En buvant, ils remuent les mâchoires comme les porcs. Ils mordent avec violence à l'aide de leurs dents tranchantes. La faiblesse de leur intelligence les rend incapables d'être dressés en vue de quoi que ce soit. Ils ne déploient quelque talent que dans la construction de leur habitation souterraine, qui se fait remarquer par sa propreté, sa commodité et sa bonne ventilation. Aucun autre carnassier ne construit son terrier avec autant de soin. Les diverses espèces d'ours, dans le genre desquels on place ordinairement le blaireau, sont sous ce rapport fort en arrière de lui.

Les blaireaux occupent au milieu des autres animaux une position toute spéciale, car ils se distinguent aussi nettement des porcs que des marmottes, animaux auxquels ils ressemblent sous certains rapports. Le peu de développement de leurs facultés ne leur permet guère de varier leur nourriture, et lorsqu'ils réussissent à attraper une souris, c'est plutôt grâce à leur patience qu'à leur ruse. Leur égoïsme est à la hauteur du talent avec lequel ils creusent le sol, car ils ne souffrent pas même dans leur terrier la présence de leur propre femelle. Leur timidité qui les fait s'effrayer de leur ombre, donne la mesure de leur stupidité. Un jeune blaireau, surpris sur la montagne, ne pensa pas à fuir; il se tapit effrayé sur le sol, comme s'il devait échapper aux regards, mais il mordit avec fureur le bâton destiné à le mettre en fuite.

Les mœurs nocturnes du blaireau, son aversion pour la lumière, la rudesse de son poil, la ténacité de sa peau et la ténacité plus considérable encore de sa vie, caractérisent cet animal égoïste et abruti. N'y aurait-t-il point, comme à propos de toute individualité animale, un parallèle saisissant à établir entre le caractère de certains personnages et celui du blaireau?

Quoi qu'il en soit, le blaireau ne craint pas autant le jour qu'on le suppose. Il craint plutôt les hommes, et ne passe la journée dans son terrier que pour ne pas être dérangé. Un chasseur qui eut le rare bonheur d'observer longtemps et commodément un blaireau en liberté nous a fourni à cet égard des renseignements qui pourront servir à redresser quelques erreurs. Il fit de fréquentes visites à un terrier qui s'ouvrait au bord d'une crevasse, de manière à laisser pénétrer dans son intérieur les regards d'un observateur placé sur le revers opposé. Ce terrier était fréquenté; la terre nouvelle, déposée devant l'ouverture, était si unie et tellement battue, qu'il était impossible de remarquer des traces qui eussent pu faire conclure à la présence de petits dans l'intérieur.

Lorsque le vent était favorable, le chasseur rampait sur le bord opposé et se glissait à proximité du trou, d'où il ne tardait pas à voir sortir un vieux blaireau qui, tout en s'étendant en grognant, semblait se trouver fort bien au soleil. Le fait se répéta, et chaque fois que de jour le chasseur observa le terrier, il en vit le propriétaire couché au soleil, passer son temps dans une douce quiétude et un far niente complet. Tantôt, il regardait autour de lui, fixait son regard avec plus d'attention sur certains objets, puis se balançait sur ses pattes de devant à la manière des ours. De temps en temps son repos était subitement troublé par ses parasites, que quelques coups de griffes et de dents remettaient bientôt à l'ordre. Satisfait de sa vengeance, le blaireau s'étendait alors au soleil avec une recrudescence de bonheur, se plaçait aussi commodément que possible, tournant vers la chaleur tantôt son large dos, tantôt son ventre rebondi. Puis ce passe-temps paraissait l'ennuyer, il levait le nez, se tournait de tous côtés en flairant, et ne trouvant rien, des velléités de prudence le faisaient rentrer dans sa demeure. Dans une autre occasion, il se réchauffa sur sa terrasse, trotta à quelque distance pour se débarrasser des résidus de la nourriture prise la nuit précédente, revint sur ses pas, puis, conformément à ses instincts de prudence et de propreté, il retourna au même endroit et se mit à couvrir de terre ses déjections, afin qu'elles ne pussent pas le trahir. En revenant lentement, il flaira le sol sans s'arrêter à paître, recommença à s'étendre et à s'amuser au soleil, et enfin, lorsque l'ombre des arbres voisins vint l'atteindre, il rentra péniblement et comme à regret dans son terrier, pour y dormir probablement quelques heures et se préparer aux fatigues de la nuit.

Il n'est peut-être pas d'être plus occupé de lui-même, plus égoïste, défiant et hypocondre que cet animal. On reconnaît facilement les empreintes de ses pas, à leur largeur, aux ongles longs et au peu d'allongement du pas; lorsqu'il marche lentement, voici la disposition de ses empreintes : : : : : : lorsqu'il court et fuit, elles deviennent . ˙ ˙ . . . ˙ ˙ . . ˙ ˙ .

Nous l'avons déjà dit, la chasse au blaireau n'est pas très-florissante en Suisse, car en général, dans les contrées où ces animaux abondent, les chasseurs sont peu au fait de la manière de les chasser. Au printemps et en été, c'est à la tombée de la nuit que le blaireau se met en mouvement; en automne, lorsqu'il est très-gras, il ne sort guère avant minuit. Si un chasseur ou un chien s'est arrêté pendant le jour au débouché du terrier, le blaireau y reste tranquillement pendant deux ou trois jours. De nuit, on peut faire chasser le blaireau par un chien courant ou un basset, et, muni d'une sourdine, le percer à l'aide d'une fourchette *ad hoc*, lorsqu'il a été saisi et arrêté par le chien. Avant l'aube, on peut l'attendre et le tuer au moment où il va rentrer dans son boyau, ou, s'il est chassé par les chiens, le prendre dans des sacs, dont on a préalablement garni le débouché des galeries par lesquelles il regagne sa cavité. Le mode le plus sûr de s'en emparer consiste à le faire chasser dans le terrier même par des chiens bassets qui finissent par le pousser et l'acculer dans une galerie sans issue, d'où il ne peut s'échapper. Alors on en élargit l'ouverture ou même on l'excave; on en retire la bête au moyen d'une pince ou d'un crochet et on l'assomme. Souvent le blaireau poursuivi bouche derrière lui sa galerie au moyen de terre et s'isole ainsi, de sorte que les chiens ne peuvent le saisir. Quand les terriers sont creusés sous de grosses pierres, sous des blocs erratiques, on ne peut les ouvrir, et c'est le cas de se servir de trappes. Si l'on ne met pas en jeu les procédés indiqués, on ne peut tirer le blaireau que grâce à un heureux hasard.

Un chasseur appenzellois de Gais nous a raconté une de ses chasses qui aurait été assez amusante pour des spectateurs. Accompagné de son domestique, il eut la chance de découvrir la retraite d'un blaireau, mais il n'avait dans ce moment à sa disposition ni chien ni outils. Il se fit attacher une corde à la jambe, rampa péniblement dans le souterrain, saisit le blaireau et, après avoir donné un signal, se fit retirer par son domestique à l'aide de la corde. Pendant cette opération, une pointe de rocher qui faisait saillie dans le terrier avait écorché profondément et tracé le long du dos du chasseur un sillon d'où le sang ruisselait. Mais qu'importe à notre Appenzellois exalté par son succès! Il a aperçu une seconde proie au fond du souterrain: « Il faut que j'y rentre, dit-il à son valet en se recouchant, arrange-moi de façon, à ce que cette maudite pierre s'engage dans la blessure qu'elle m'a faite, afin que je ne m'abîme pas trop.» Puis, pendant que le domestique s'acquittait de sa tâche, notre chasseur rampa derechef dans le tortueux canal, et en ressortit, comme précédemment, un blaireau à la main; il l'assomma, et alors seulement il fit panser son dos déchiré.

XI. LES CHATS SAUVAGES.

Chats domestiques et chats sauvages. — Origine des premiers, extension des seconds. — Mœurs et genre de vie des chats sauvages. — Leurs combats contre les chiens et les chasseurs.

Dans les pays chauds, les espèces félines appartenant aux groupes des panthères, des tigres et des lions, sont si nombreuses qu'elles y constituent à la fois les plus communs et les plus dangereux carnassiers. Notre pays, infiniment plus pauvre en types animaux, ne supporterait pas plus longtemps la présence de ces féroces rapaces, qu'ils ne s'accommoderaient eux-mêmes des progrès de notre agriculture. Dans les pays froids, c'est aux ours et aux espèces canines qu'appartiennent les plus importants et les plus grands carnassiers; les chats ne sont représentés dans notre pays que par le lynx et le chat sauvage, deux espèces anciennement très-communes, devenues aujourd'hui des raretés. Gessner, dans son *Histoire des animaux*, s'exprime ainsi à leur propos : «On prend en Suisse beaucoup de chats sauvages dans les forêts et les buissons, quelquefois aussi près des eaux; ils ressemblent beaucoup à ceux qui vivent dans les maisons, mais ils sont plus gros, ont le poil plus long et plus touffu et sont gris et bruns. On les chasse avec des chiens et on les tue à coups d'arquebuses, lorsqu'ils sautent sur les arbres. Les paysans entourent aussi l'arbre, forcent le chat à en descendre et le tuent à coups de bâtons.» De nos jours, beaucoup de chasseurs émérites n'ont jamais vu de chats sauvages. Cependant il ne se passe guère d'année sans qu'on en tue sur un point ou sur un autre. Dernièrement il en a été tiré plusieurs, parmi lesquels un mâle de quinze livres, dans le canton de Zurich. Le chat sauvage n'est rien moins que rare dans le Jura, surtout dans les districts de Nyon et de Cossonay. Dans l'Argovie, il en est de même au Bötzberg et dans la vallée de Beten. Dans la Suisse orientale et les cantons forestiers, le chat sauvage est moins connu; il se montre encore de temps en temps dans quelques vallées valaisannes et bernoises, comme celle de Grindenwald, ainsi que dans les Grisons; au Tessin, le chat domestique redevenu sauvage paraît être la seule espèce connue.

Le vrai chat sauvage (*felis catus*) est un animal repoussant, dont l'aspect est presque effrayant. Sa taille surpasse toujours, quelquefois même du double, celle du chat domestique, et atteint ordinairement les proportions du renard. Il a la tête moins aplatie, les intestins plus courts et la couleur plus constante que le chat de maison. Son poil est plus fin et plus allongé et sa queue très-touffue est égale en épaisseur dans toute sa longueur. Le chat sauvage est roux ou gris jaunâtre; il porte sur le dos une raie irrégulière noire, d'où partent d'autres raies noires, nombreuses et non moins irrégulières, qui descendent sur les flancs du dos vers le ventre qui est gris ou blanchâtre. La queue est d'un gris roussâtre interrompu par des anneaux noirs et terminée par une pointe de même couleur; le bord de la gueule et la plante des pieds sont noirs. La tache blanchâtre que le chat sauvage porte sous la gorge et sa queue annelée de noir le feront toujours distinguer de l'autre espèce; sa moustache est aussi plus forte, son regard plus perçant et sa mâchoire plus vigoureuse.

On ne sait pas encore, quoique cela ne soit pas improbable, si le chat domestique descend du chat sauvage. Les naturalistes modernes ne sont point d'accord sur ce point. Nous penchons à considérer le chat sauvage comme la souche primitive du chat ordinaire, par la raison que tout ce qu'il y a d'essentiel dans leur organisation est conforme dans les deux types, et qu'il est impossible d'attribuer positivement d'autre origine à notre chat, qui, il faut l'avouer, vit aussi dans le Midi et a été retrouvé embaumé en Égypte. C'est en Orient, et non pas chez nous, qu'on retrouve la souche de la plupart de nos animaux domestiques; aussi a-t-on voulu voir dans le petit chat de Nubie l'ancêtre du nôtre. Mais cette espèce est encore loin d'être suffisamment étudiée, et paraît différer de l'espèce domestique autant que le chat sauvage. On sait assez combien une domesticité de plus de mille ans et le changement de nourriture modifient le type chez les animaux. Nous accordons moins d'importance pour la solution de cette question à l'opinion de ceux qui prétendent que des chats sauvages apprivoisés finissent par ne plus se distinguer des chats domestiques, et que ces derniers, redevenus sauvages, deviennent identiques aux chats sauvages après trois générations. La rareté d'observations de ce genre en rend le résultat peu positif et d'autant moins concluant qu'il est très-difficile d'admettre qu'un chat sauvage en captivité se soit apparié avec un autre chat sauvage dans des conditions analogues. S'il y a eu accouplement, c'est probablement avec un chat domestique, de sorte que les métis, nés dans ces circonstances, ont pu facilement revenir au type domestique.

Le genre de vie du chat sauvage ressemble à celui du lynx, dont il a les mœurs. Il aime les forêts les plus solitaires, semées de rochers, il habite le creux des chênes, les crevasses, les terriers abandonnés des blaireaux et des renards, le bord des ruisseaux et des lacs, où il déploie toute sa ruse à épier et à surprendre les poissons et les oiseaux aquatiques. Sur les arbres, dans les buissons, il poursuit les petits oiseaux et les écureuils, et fait souvent un grand carnage parmi les gélinottes. Veut-il attaquer des animaux de taille plus forte, comme des lièvres et des marmottes, c'est en leur sautant sur le dos et en leur déchirant les artères du cou. Lorsqu'il a manqué son saut, il ne les poursuit pas, car, comme la plupart des espèces félines, il ne court pas bien et a l'odorat peu développé. Le chat sauvage ne dédaigne pas les animaux morts, ni les souris et les rats, et dévore tous les animaux à sang chaud dont il peut se rendre maître. On a trouvé les restes de vingt-six souris dans l'estomac d'un individu de cette espèce. Jamais il n'attaque l'homme, lorsqu'il n'est pas provoqué.

A l'ordinaire, le chat sauvage passe toute la journée tapi sur une branche, attend sa proie au passage, et cherche à l'atteindre d'un bond. C'est dans cette position que le chasseur l'aperçoit, fixant tranquillement sur lui, comme la martre ou le lynx, ses yeux étincelants. Prends garde, chasseur, et ajuste bien ta bête! Si l'animal n'est que blessé, il se dresse, et le poil hérissé, le dos recourbé, la queue relevée, il s'approche du chasseur, en faisant entendre cette espèce de sifflement particulier aux chats, et s'élance sur lui comme un furieux. Il enfonce si profondément dans la chair et particulièrement dans la poitrine ses ongles tranchants qu'on peut à peine les dégager; ces blessures ne guérissent que difficilement. Le chat sauvage craint si peu les chiens, qu'il descend volontairement de l'arbre et les attaque avant l'arrivée du chasseur. Une lutte terrible s'engage alors. Le chat exaspéré trace de ses ongles de profonds sillons dans la chair de ses adversaires, et cherche à les atteindre aux yeux ; il se défend avec une rage opiniâtre, tant qu'il lui reste une étincelle de vie, et sa défense est longue, car peu d'animaux ont la vie aussi tenace. Dans le Jura, un chat sauvage mâle, couché sur le dos, tint tête à trois chiens, et resta maître du champ de bataille. Il avait enfoncé ses griffes dans le museau de deux d'entre eux, pendant qu'il tenait en respect le troisième en lui serrant la gorge dans ses puissantes mâchoires. Ce mode de défense, qui exigeait un courage extraordinaire et une adresse inconcevable, témoignait en même temps de l'extrême prudence de l'animal, car c'était le seul qui pût le mettre à l'abri des morsures des chiens. Le chasseur accourut à temps pour sauver d'une mort certaine ses chiens dangereusement blessés, et, d'un coup de fusil bien dirigé, il perça le chat sauvage de part en part.

Les mœurs de ce redoutable carnassier n'ont été que peu observées, car il sait parfaitement se cacher. Les adultes ne se laissent jamais apprivoiser. Comme les chats domestiques, ils se recherchent au printemps, et poussent alors des cris affreux; la femelle met bas cinq ou six petits, les nourrit, les cache et joue avec eux comme nos chattes. Quant aux petits, on prétend qu'ils sont faciles à apprivoiser, et se comportent comme d'autres chats.

La fourrure du chat sauvage est, ainsi que celle de la loutre, très-électrique, et vaut le double de celle du chat domestique. Elle est très-épaisse en hiver, mais les poils s'en détachent facilement. Cet animal, devenu fort rare dans ces dernières années, manque dans beaucoup de grands musées. Il y a quelque temps que nous en avons examiné un fort bel exemplaire tué dans la contrée de Sæckingen, et c'est à cette occasion que nous avons appris que ces animaux n'étaient pas rares dans la Forêt-Noire. Il pesait plus de seize livres. Anciennement les chats sauvages avaient une grande réputation comme gibiér, aujourd'hui c'est à peine si l'on y touche. Les chats redevenus sauvages sont loin d'êtres rares dans les grandes forêts et jusque dans les Alpes. Ils vivent aussi d'oiseaux et de souris, sont craintifs, sauvages et méchants. Pendant l'hiver, ils s'établissent dans des huttes abandonnées ou dans les fenils des montagnes et font une guerre acharnée aux souris, de sorte que leur utilité l'emporte de beaucoup sur le dommage qu'ils causent. Les montagnards, pour lesquels la diminution des souris est bien plus importante que l'abondance des oiseaux, protégent en général ces chats. A l'époque où la truite fraie, ils commettent cependant de grands dégâts dans les ruisseaux.

On ne sait pas encore si les vrais chats sauvages peuvent être atteints de la rage; leur rareté et la rareté plus grande encore de cette maladie retarderont longtemps la solution de cette question. Cependant il est probable qu'ils sont sous l'influence des mêmes circonstances que les chats domestiques, dont la morsure est loin d'être aussi dangereuse que celle de chiens enragés, car, d'aprés toutes les observations faites jusqu'à présent, la morsure de chats enragés n'est pas suivie de l'invasion de la maladie chez l'homme.

DEUXIÈME PARTIE.

LA RÉGION ALPINE

(4000' à 7000' au-dessus du niveau de la mer).

CHAPITRE PREMIER.

CARACTÈRES GÉNÉRAUX DE LA RÉGION ALPINE.

Hauteur et étendue de cette zone. — Sommités avancées. — Vallées transversales aboutissant aux cols. — Passages et hospices. — Leur importance relativement aux animaux. — Vallées profondes des Alpes occidentales et septentrionales. — Soulèvement en masse de la Rhétie. — Les plus hautes vallées cultivées de l'Europe. — Engadine-Avers. — Vallées alpines supérieures et inférieures. — Température des sommités et des hautes vallées. — L'hiver dans les Alpes. — Le printemps. — Glaces suspendues aux rochers. — Éboulement de glaciers. — Caractère des avalanches. — Origine et dégâts des avalanches d'hiver; tourbillons qui les accompagnent; ouragans extraordinaires qu'elles produisent. — Avalanches de fond. — Ponts de neige. — Neige compacte et durcie. — Importance des avalanches pour la végétation et pour les animaux. — Obstacles qu'on leur oppose. — L'eau dans les Alpes. — Lit des rivières. — La plus haute cascade de la zone alpine. — Lacs habités et déserts des hautes Alpes. — Les lacs d'Europe les plus élevés. — Nombre de ces petits lacs. — Leurs sources et leurs écoulements invisibles. — Les animaux de ces lacs. — Lacs des Alpes rhétiques et leurs poissons. — Coulées de boue. — Grottes à cristaux. — Lapias.

Entre les prairies, les forêts de sapins et les futaies de la région montagneuse, et le labyrinthe désert de glaciers et de rochers de la zone des neiges éternelles, s'étend la région alpine, vaste territoire qui entoure comme une ceinture les massifs alpins, entre 4000' et 7000' ou 8000', selon le niveau admis pour la limite des neiges, ou selon qu'il s'agit des revers méridionaux ou septentrionaux de la chaîne. L'extension horizontale de la région alpine est déjà beaucoup moins considérable que celle de la région montagneuse, qui, dans le Jura et dans d'autres chaînons et rameaux, constituait à elle seule les inégalités du relief, tandis que la zone alpine est toujours intimement liée aux grandes chaînes des Alpes et en rapport avec leurs massifs ou leurs arêtes. Sans doute, dans le Jura quelques sommets atteignent le niveau de la région alpine, mais cette surélévation de quelques crêts[1] n'apparaît plus que comme un fait fortuit, dès que l'on considère le Jura dans son ensemble et qu'on voit le soulèvement en masse : la forme *plateau* y prédominer tellement sur l'accident *sommet*. Les plantes et les animaux du Jura n'ont par conséquent que fort peu de chose du caractère vraiment alpin.

Les Alpes proprement dites sont ces chaînes puissantes qui, à partir du Mont-Blanc et des bords du Léman, suivent les deux rives du Rhône, envoient au nord et au midi des rameaux importants, semblent se confondre ou se souder au Saint-Gothard, puis s'écartent de nouveau pour se diriger d'une part vers l'Ortelès, en se ramifiant d'une manière étrange, d'autre part vers le bassin du lac de Constance par les Alpes d'Uri, de Glaris et d'Appenzell, chaînes que le Rhéticon fait communiquer avec celle qui tend à l'Ortelès. Les chaînons qui se détachent de la chaîne principale s'avancent fort avant dans les cantons de Fribourg, de Berne, de Lucerne et de Schwitz, et y supportent des sommités élevées. En admettant, pour limites d'extension verticale de la région alpine, 4000' et 7000' de hauteur absolue,

[1] On appelle dans le Jura *crêts*, ces arêtes de rochers, escarpés d'un côté, à pentes plus douces et couvertes de pâturages ou de forêts de l'autre, qui forment toujours les points culminants des chaînes et sont caractéristiques pour l'orographie du Jura. (*Note du traducteur.*)

presque tous ces avant-monts y restent compris, et les points culminants de bon nombre d'entre eux n'en atteignent pas le niveau supérieur. En revanche, dans la grande chaîne la région alpine ne forme qu'une bande intermédiaire, qui atteint un peu plus de la moitié de la hauteur des colosses dont les pyramides s'élèvent au-dessus d'elle. Cependant, dans cette chaîne même, beaucoup de rameaux, d'arêtes, de flanquements, appartiennent tout entiers à cette zone. Presque tous les cols les plus importants, les passages et les grandes routes qui traversent les Alpes s'y trouvent compris, de même que les vallées cultivées les plus élevées de l'Europe.

Quoique plus pauvre en êtres organisés que la région montagneuse, la zone alpine a une faune et une flore d'autant plus remarquables qu'elles diffèrent davantage de celles du bas pays. Son importance pour l'histoire naturelle est aussi plus grande que celle de la région des neiges, dans laquelle la vie organique va s'éteignant et qui n'offre plus aux investigations de la science que des corps bruts et des phénomènes que ne complique pas la vie. C'est dans la zone alpine qu'existent le plus grand nombre des plantes et des animaux spéciaux, caractéristiques des hautes montagnes. L'homme y vit encore avec eux dans des rapports d'intimité. L'Alpe lui offre une abondance relative de sites attrayants, des trésors de toute nature, et tout en restant libre, originale dans ses aspects, elle n'est pas rebelle à toute culture. Ce que l'Alpe produit, est de sa part don volontaire; l'homme ne peut lui arracher grand'chose, et lorsqu'il tente d'augmenter sa fécondité, elle est assez patiente pour se laisser charger de chaînes légères, assez forte pour les briser dès qu'elle en est fatiguée.

Les ramifications de la chaîne centrale se groupent encore vers le nord en massifs assez imposants, et présentent çà et là des sommets qui s'élèvent fort au-dessus de la région montagneuse, et se dressent en avant des hautes Alpes comme les tours isolées qui défendent les abords d'une forteresse. Dans les Alpes centrales, les sommités et les arêtes de même hauteur se perdent et passent inaperçues au milieu des massifs plus colossaux, tandis que la plupart de ces postes avancés ont grande réputation et sont très-fréquentés à cause de la vue admirable dont on jouit de leur sommet, vue qui embrasse à la fois la plaine qu'ils dominent et les hautes Alpes qu'ils précèdent.

Les plus connues de ces cimes sont : le Moléson (6172'), la Berra (5300'), la dent de Brenlaire (7268'), la Hochmatt (6637'), dans le canton de Fribourg ; le Stockhorn (6770'), le Gantrisch (6737'), le Niesen (7280'), le Rothhorn de Brienz (7238'), la Hohgant (6770'), dans l'Oberland bernois ; la Schafmatt (5800') et le Pilate (6565'), dans le canton de Lucerne ; le Stanzerhorn (5847'), dans le canton d'Unterwalden ; le Rigi (les mesures varient entre 5479' et 5555'), dans celui de Schwitz. Dans la ramification septentrionale de la chaîne centrale, qui du Gothard se dirige vers le lac de Constance, les massifs sont moins puissants, les vallées transversales sont plus larges et les cols plus abaissés, tout l'édifice est plus léger. A partir des Alpes glaronnaises, cette chaîne perd, en se prolongeant vers le nord, son caractère de haute alpe, et ses cimes isolées, telles que la Rautispitz (7031'), le Glærnisch antérieur (6581'), le Schilt (7375'), les Churfirsten (7830'), le Speer (6220'), le Sæntis (les hauteurs observées varient entre 7709' et 7594'), le haut Kasten (5538'), ne dépassent plus la région alpine ou ne s'élèvent que de fort peu au-dessus d'elle. Aussi, dans cette zone, la variété d'aspects est-elle admirable, car tantôt elle s'enfonce au milieu des massifs les plus élevés et les plus compliqués, tantôt elle s'étale sur les sommets isolés des avant-monts et sur les ramifications surbaissées et terminales de la grande chaîne.

Dans cette région, certaines vallées transversales ont une importance particulière. Ces coupures entaillées dans des chaînes uniformément exhaussées mettent en communication les pays qu'elles séparent. Le nombre de ces vallées est très-grand, et leur importance dépend de la hauteur de la chaîne qu'elles coupent. La plupart d'entre elles ne servent qu'à mettre en relation les deux vallées les plus rapprochées. Tels sont, par exemple, les passages du col de Coux (6250') et du col de Champ (6270'), qui conduisent de la vallée inférieure du Rhône dans celle de la Drance; le col de Balme (6776'), qui conduit dans la vallée de Chamounix; le col de la Fenêtre (8160'), par lequel on pénètre en Piémont; celui du Pillon (5180'), qui fait communiquer la vallée de la Sarine avec le bassin du Léman. Beaucoup de ces cols ne sont fréquentés que par des contrebandiers ou des déserteurs. La chaîne du Mont-Rose est mal partagée en fait de passages; la plupart de ceux qu'elle possède sont plus élevés que la limite de notre zone, mais n'en sont que plus intéressants; ce sont : le col du Cervin (10,416'), le glacier d'Arolla (7830'), la Porte-Blanche, le Monte-Moro (8396'), etc., passages qui, la plupart, ne sont que des sentiers qui suivent des glaciers très-difficiles, et dont le dernier était jadis fort pratiqué par des chevaux et des mulets chargés. La chaîne à laquelle appartient la Jungfrau est traversée par plusieurs passages, qui conduisent du canton de Berne dans celui du Valais; tels sont le Grimsel (6696'), le Gemmi (7086'), le Ravyl (6970'), le Sanetsch (6440') et beaucoup d'autres moins connus. De la vallée de la Reuss le Susten (6980') conduit dans l'Oberland bernois, le passage des Surènes (7170') et la Schœneg (6380') dans la vallée d'Engelberg; le passage de l'Oberalp (6350') et celui de la Petite-Croix (7000') dans l'Oberland grison. La Storeg (6280') réunit la vallée d'Engelberg à la vallée d'Obwald. Les nombreuses vallées creusées entre les ramifications des Alpes rhétiques communiquent les unes avec les autres par un grand nombre de passages, parmi lesquels les plus fréquentés sont : la Maloya (5830'), l'Albula (7238'), la Strela (7000'), la Scaletta (8067'), le Julier (7621'), le Septimer (hospice 7147'), la Fluela (7400') et la Bernina (7040'). Au nord, les sentiers difficiles du Segna (8100') et du Panix (7462') conduisent, au delà de la frontière, dans la vallée du Sernf, la Porte suisse (6680') et le Druserthor (7339') dans le Montafun. A l'est et au sud un grand nombre de passages moins importants se dirigent vers le Tyrol, la Valteline, le comté de Kleven et le canton du Tessin. Quelques-unes de ces voies de communication atteignent déjà la région des neiges, tels sont le Kistenpass (8500') et le Sandgrathpass (8720'), qui ne peuvent être traversés que fort avant dans l'été. Tout en contribuant à animer la nature dans les Alpes, ces passages ne la modifient pas sensiblement. Les voyageurs et les animaux domestiques y apparaissent souvent, mais ce ne sont d'habitude que des chemins de mulets tracés sans art, souvent rapides, dangereux même, des sentiers étroits qui circulent au fond des cols. La civilisation passe et repasse à la hâte dans ces artères, sans déposer beaucoup d'éléments de vie dans le massif des Alpes.

Les grandes routes carossables et européennes donnent aux vallées qu'elles suivent quelque chose de plus caractéristique. Rempli d'étonnement, le voyageur compte les ponts qui s'élancent hardiment au-dessus d'abîmes mugissants, les tunnels et les galeries qui traversent les rochers, il poursuit du regard les zig-zags et le tracé sinueux de ces belles routes larges et bien garanties, il découvre sur les points les plus sauvages, les plus voisins des neiges éternelles, cachés entre des parois de rochers, dans une solitude immense, ces hospices protecteurs, dernier asile de l'homme dans la région alpine et même au-dessus. Ces hospices sont des bâtiments construits simplement, mais très-solidement, habités pour la plupart pendant toute l'année; ils s'élèvent aux points culminants des passages principaux et même de second ordre, et fournissent au passant, moyennant une offrande volontaire ou une mince rétribution, la couche et les rafraîchissements nécessaires. La tendance de l'époque moderne à chercher partout les voies de communication les plus directes de peuple à peuple, a transformé en magnifiques routes postales les anciens passages incommodes que suivait jadis haletant et aiguillonné par son maître le mulet pesamment chargé. Ce ne sont pas tant les cols les plus bas que les lignes les plus courtes entre de grandes villes, ou les lignes qui traversent des vallées populeuses qu'on a ainsi choisies pour en faire de grandes artères de circulation. Quatre d'entre elles mettent en rapport le nord et le sud de l'Europe, et, puissantes comme la pensée, surmontent les obstacles gigantesques que leur opposait la configuration terrestre. La route du Simplon, œuvre éternelle du Premier Consul (1802-1806), dont l'altitude maximum atteint 6218′, conduit de la vallée supérieure du Rhône dans le val Vedro, en passant entre le Simplon et le Mæderhorn. L'ancien passage du Saint-Gothard n'est pas moins célèbre. A son point culminant (les hauteurs indiquées varient entre 6388′ et 6347′) s'élevait un hospice dès le treizième siècle. L'ancien chemin a été transformé en une belle route, qui remonte lentement et avec difficulté la vallée de la Reuss, pour redescendre d'autant plus rapidement dans la vallée bien plus basse de la Leventine. En 1851, 7000 personnes ont été hébergées à l'hospice. Entre 1818 et 1820, la route du Splugen, qui peut rivaliser avec les précédentes, remplaça un ancien chemin de mulets, déjà fort fréquenté à l'époque des Romains et des Lombards. A partir de la vallée de Rheinwald, elle s'élève encore de 1900′, et traverse, à un niveau de 6510′, le col qui sépare le Tambo du Soretto. Une route jumelle, celle du Bernardin, a été restaurée en 1823, et a remplacé un ancien passage, pratiqué depuis les temps les plus reculés, qui conduisait de la même haute vallée en Italie, à travers le Vogelberg. Ces deux passages sont les limites méridionales de la nationalité allemande, en même temps que de l'Église réformée à l'est du Saint-Gothard. Citons encore deux passages fort anciens, très-fréquentés jadis, avant que les nouvelles routes les eussent relégués au second plan : l'un, le grand Saint-Bernard (hospice 7668′, col 7674′), conduit de la vallée de la Dranse dans celle d'Aoste; l'autre, le Luckmanier (5948′), passe entre des sommités couvertes de glaciers sans nom et en partie inconnues, et met en communication le val de Medels avec celui de Blegno. Une voie ferrée traversera un jour ce col, l'un des plus commodes pour le passage des Alpes.

En Asie, en Afrique, dans l'Amérique du Nord, les cols élevés et les sources des grands fleuves ont toujours été réputés lieux saints, et ont été le théâtre de fêtes religieuses, célébrées par es tribus indigènes. En Suisse, les autochtones et plus tard les Romains célébraient un culte à la source des rivières, sur le Luckmanier, peut-être sur le Bernardin, et sans aucun doute sur le Gaint-Gothard et le grand Saint-Bernard, le mont Peninus ou *mons Jovis* des Romains, où l'on a découvert les ruines d'un temple, des fragments de sculptures et des médailles et plaques votives en quantité. Deux antiques colonnes de signification inconnue, qui se dressent encore aujourd'hui à 7000′ sur le Juliers, semblent indiquer aussi que ce lieu était jadis consacré au culte. L'époque chrétienne y éleva à son tour des chapelles et des hospices, où l'on continue à aller en pèlerinage et où les montagnards célèbrent encore des fêtes religieuses. Ces passages n'ont pas seulement de l'importance au point de vue de l'humanité, de la religion et du commerce ; les animaux même en profitent. Chaque année, il y passe des milliers de bœufs, dirigés sur les marchés d'Italie, et les troupeaux de moutons bergamasques qui viennent paître en été sur les Alpes grisonnes. Les chevaux et les mulets s'accommodent de ce rude climat, et y deviennent robustes et vigoureux. C'est surtout pour les troupes innombrables d'oiseaux de passage qui les traversent deux fois par an en allant au sud ou au nord, que ces dépressions de la chaîne sont les bienvenues, et là-même où ils n'osent plus s'aventurer, eux si légers, l'homme, suivi de ses animaux domestiques, circule encore, témoin ce dangereux glacier du col du Cervin, où, à une altitude de 10,416′, les Valaisans passent en octobre et novembre avec leurs bestiaux et leurs mulets, lorsque les crevasses du glacier se sont recouvertes d'une neige assez dure pour les supporter.

Ces routes élevées deviennent ainsi les artères dans lesquelles, pendant toute la durée de l'année, il s'opère une circulation d'hommes et d'animaux. Sur des passages même de second ordre ce mouvement n'est pas interrompu par l'hiver. Au Grimsel, les Valaisans échangent pendant toute l'année leurs vins, leurs eaux-de-vie et le riz qui arrive d'Italie, à travers le glacier de Gries ou le Simplon, contre le fromage des vallées du Hasli.

Les hospices et les passages sont ainsi les stations extraordinaires d'une vie et d'un mouvement étrangers à la montagne. Ils sont dominés de tous côtés par des dômes glacés, des parois verticales impraticables, où le chamois même craint de s'égarer. Beaucoup sont sans nom, le regard pénétrant et scrutateur du géologue n'a pas saisi les lois de leur confuse architecture, étudié leurs minéraux, recueilli les chétifs organismes qui y végètent encore; cependant des files bruyantes de chariots passent à leurs pieds, et le bruit du cor, les tintements des clochettes, les accents variés des langues humaines s'élèvent jusqu'à eux. Qu'importe à ces colosses! Le front inaccessible, couronné de diamants, ils continuent à rêver en leur rêve cent fois séculaire des cataclysmes, des éruptions qui les firent jaillir du sein mystérieux du globe, des flots qui se brisaient à leurs pieds, des coquillages et des brillants poissons qui s'ébattaient autour d'eux et se retiraient dans leurs crevasses. Ils se souviennent du lent écoulement des eaux, des buissons fleuris et des palmiers des tropiques qui vinrent alors se balancer sur leurs cimes, des châtaigniers et des tilleuls qui couvrirent ensuite leurs flancs et disparurent sous le souffle puissant des ouragans, entraînant avec eux la terre végétale. Puis la vie se retira lentement vers les vallées; une neige inconnue recouvrit ces monts de son épais linceul, et s'amoncela de plus en plus à mesure que les hivers s'allongèrent et que les étés se raccourcirent, jusqu'à ce qu'enfin neiges, glaces, frimas et ouragans en prirent définitivement possession. Dans leur sein peut-être brille, au milieu de la poudre durcie des mondes plus anciens, la veine d'or que ronge çà et là le filet d'eau vive, les cristaux et les pierres précieuses qui tapissent leurs grottes; mais à l'extérieur ils sont morts, et chaque siècle les ensevelit plus profondément sous la glace, et fait ébouler mille fragments de leurs flancs dénudés.

Le premier coup d'œil jeté sur l'ensemble des Alpes fait saisir une différence remarquable dans leur structure à l'est et à l'ouest du Saint-Gothard. Les Alpes occidentales s'élèvent brusquement au-dessus de la plaine; leurs cimes et leurs coupoles sont plus imposantes, leurs vallées plus profondes que celles des Alpes rhétiques, dont la base tout entière est soulevée. Tout le pays y est formé de chaînes ramifiées et interrompues à caractère alpin; les vallées sont très élevées, les montagnes qui les séparent sont moins profondément entaillées, et les sommets, quelque considérable que soit leur hauteur absolue, ne sont pas aussi escarpés, ne s'élancent pas aussi hardiment vers la nue que ceux des Alpes occidentales, et s'abaissent plus mollement en gradins arrondis. Les passages remontent rarement aux flancs de terrasses escarpées, et ne sont souvent que le point où confluent deux hautes vallées peu inclinées.

Les principales vallées du Valais et de l'Oberland bernois atteignent à peine la limite de la région montagneuse; la vallée du Rhône ne touche à la zone alpine qu'à son extrémité supérieure; il en est de même des vallées de Saas et de Zermatt, qui s'enfoncent cependant au milieu des sommets glacés de la chaîne du Mont-Rose. Les plus élevées des grandes vallées bernoises sont encore plus basses. Parmi celles qui s'appuient au massif imposant de la Jungfrau, la vallée de Lauterbrunnen atteint à peine la région montagneuse; celle de Grindelwald ne la dépasse pas, et le Hasli supérieur seul s'élève un peu au delà de sa limite alpine. Ces vallées à fond relativement très-bas existent aussi dans le Tessin, dans les cantons d'Uri, d'Unterwald, de Schwitz, de Glaris, de Saint-Gall et d'Appenzell. La vallée de la Reuss ne pénètre dans la région alpine qu'au delà du Pont-du-Diable.

Il en est autrement des vallées rhétiques. Les extrémités septentrionales, méridionales et orientales du canton des Grisons sont les seules qui n'appartiennent plus à la région montagneuse; une grande partie d'entre elles sont complétement alpines, comme les vallées de Tavetsch, de Rheinwald, le Davos supérieur, celles d'Avers, de Vrin, la Haute-Engadine et la partie supérieure de beaucoup d'autres : aussi sont-elles les plus hautes vallées cultivées de l'Europe, très-remarquables et uniques dans leur genre. L'étranger qui arrive des plaines du nord ou du midi s'attend à peine à rencontrer encore des vallées à une altitude de plus de 5000'; il pense ne plus rencontrer à ces hauteurs que des cabanes de bergers, de misérables et derniers vestiges de la lutte incessante que l'homme soutient contre l'âpreté du climat et la stérilité du sol. Mais grand est son étonnement lorsqu'il remonte le long de l'Inn, une grande vallée de dix-huit lieues de longueur et d'une demi-lieue de largeur, dans laquelle débouchent vingt et une vallées latérales, et qui, sur une étendue de 22 milles carrés, nourrit une population de plus de onze mille âmes, répartie dans 28 villages; une vallée, dont l'extrémité inférieure (le pont de Martin) est déjà à 3840', et qui par conséquent appartient sur presque toute sa longueur à la région alpine. Dans ces villages, les huttes du pauvre n'attristent point le regard; de grandes et belles maisons, souvent des palais, entourés de balcons et de grands escaliers aux riches balustrades de fer sculpté, s'alignent au bord de belles routes, sur lesquelles roulent d'élégantes calèches, et sont habités par une population vigoureuse et intelligente qui jouit d'une heureuse aisance et parle l'un des trois dialectes de la langue romane usités aux Grisons. Le florissant village de Samaden, dont les habitants se font remarquer par leur aisance et leur culture, est à 5421'; à Campfer (5659'), on sème encore du blé, à Sils (5558'), les jardins fournissent du lin et des légumes, et cependant ces localités sont à plus de 2000' au-dessus du Broken, la sommité la plus élevée du Harz et à 600' au-dessus du Schneekoppe, point culminant et dénudé du Riesengebirg. L'Engadine, cette haute vallée si singulière, n'est cependant rien moins que fertile. D'infatigables labeurs, des soins de tous les jours peuvent seuls arracher au sol, à la limite des forêts, quelque chétive moisson. La végétation arborescente cesse dès le fond de la vallée, et en certains endroits on arrive presque sans monter aux glaciers éternels de la Bernina.

Des contrastes aussi tranchés font l'effet d'une illusion. Autour de ces jolies maisons et de leurs enclos croissent les fleurs des Alpes; au delà du premier gradin de la montagne voisine, toute végétation apparente cesse, et un peu plus loin, les pics argentés des hautes Alpes s'élancent dans l'azur profond du ciel. Le val d'Avers est peut-être la plus haute vallée de l'Europe qui renferme des villages[1]. Son chef-lieu, Cresta, est à 6055', et le hameau le plus élevé de ce vallon de cinq lieues de longueur, Juf, est à 6730'. Sur ces hauteurs, séparée du reste du monde par d'inextricables labyrinthes de rochers et d'immenses glaciers, dans un vallon charmant et verdoyant qui s'élève de toutes parts vers des montagnes sauvages, vit une petite population protestante et allemande de 350 âmes. Elle habite seize groupes de maisons, qu'elle protége contre les avalanches au moyen de pieux; elle ne connaît ni printemps ni automne, mais nourrit, pendant un été fort court, du produit de ses pâturages plus de 2000 pièces de gros bétail et 3000 moutons bergamasques. Les habitants de Juf cultivent avec grand'peine quelques légumes, et en sont réduits, pour tout combustible, comme ceux de Stalla (5559'), au fumier desséché de leurs chèvres et de leurs moutons. Dans le voisinage, la montagne recèle des carrières d'un fort beau marbre et des minerais abondants.

Bien qu'elles soient encore habitables, il ne faut pas se représenter ces hautes vallées alpines, à l'exception peut-être de l'Engadine, comme peuplées et attrayantes. Plus élevées que la limite des forêts, elles ont un aspect sévère et monotone, qu'adoucit en été la délicate verdure de leurs pâturages et le bétail qui y vague en liberté. Souvent la couche végétale y est déchirée par de petits éboulements de terre et de rochers, et jonchée de gros cailloux. Les torrents sortis des glaciers voisins charrient

[1] Les Alpes renferment encore des vallées désertes à plus de 8000'. La plus haute vallée de l'Europe est probablement l'effrayante vallée du Roththal, longue d'une lieue, et située par 9000' à l'occident et au pied de la Jungfrau. Les habitants des vallées inférieures croient qu'elle est habitée par les esprits des anciens chevaliers qui y font le sabbat au milieu des éclats de la foudre et à la lueur des éclairs. A peine un chévrier, plus rarement un chasseur de chamois, s'y aventurent-ils au milieu d'un chaos de rochers qu'ébranlent chaque jour les avalanches et les éboulements de glaciers.

des pierres et du limon, et roulent en mugissant au milieu de leurs lits obstrués par des blocs. Les parties supérieures de ces vallées sont rarement des gorges étroites et profondément encaissées. Ce sont plutôt des cirques assez larges, dont les côtés remontent doucement à droite et à gauche vers les champs de neige, tandis que leur fond est fermé par quelques coupoles glacées, ou se continue presque sans transition par quelque autre vallée élevée. Les vallées inférieures de notre région sont bien plus pittoresques et plus romantiques. De sombres forêts, vieilles comme les monts qu'elles tapissent, semées de troncs desséchés, vont s'élevant sur leurs flancs. Des rochers verticaux et escarpés se dressent comme des tours du fond de la vallée; le torrent, dont le limon du glacier blanchit les eaux, bondit sur des blocs de granit et de marbre; le sentier s'enfonce dans des gorges effrayantes, au fond desquelles l'eau mugit ou serpente le long de parois stériles et escarpées. Pendant des heures entières, le voyageur foule des décombres sans fin, suit le torrent au fond du ravin et cherche inutilement une place où pourrait s'étaler quelque étroite prairie. Puis la physionomie du paysage change plus vite qu'on ne s'y attend; les montagnes s'écartent, s'éloignent, leurs pentes adoucies se couvrent d'un verdoyant tapis, les bois de sapins et les taillis reprennent leur place, et dans le fond tranquille et silencieux du bassin se cachent de jolis hameaux ou villages. Les hautes vallées des Alpes situées au nord et à l'ouest du Saint-Gothard sont en général peu étendues, âpres, jonchées de rocs éboulés, stériles, et ont un aspect triste et désert; seuls la vallée d'Urseren et le Maienthal sont fertiles et ont dans leur aspect quelque chose de plus doux, de plus gai et de plus souriant. En revanche, le val de Saas, le val supérieur d'Urbach, celui du Schæchen, de Maderan, le val de Fæhlern, nous offrent l'image de jardins détruits par les forces de la nature, et semblent avoir été le théâtre des luttes héroïques des éléments, qui ont laissé après eux le sol de la prairie bouleversé comme un chaos. En général, hors des Alpes rhétiques, les vallées alpines sont fort peu importantes et développées. De la profondeur des coupures qui isolent les massifs, il résulte que toutes les grandes vallées restent beaucoup au-dessous de la zone alpine. Dans les Grisons, au contraire, le soulèvement en plateau du territoire tout entier a élevé jusqu'à cette zone une quantité de grandes et de petites vallées. Hors des Alpes rhétiques, le cachet alpin apparaît plutôt dans les monts eux-mêmes, dans les hauts pâturages qui s'y appuient, dans les surfaces jonchées d'arêtes et de blocs de rochers, tandis que dans les Grisons ce cachet alpin s'est imprimé à de grands territoires qui comprennent des vallées, des forêts, des villages, des passages, des rochers, des prairies et des pâturages.

La douceur du climat, sa chaleur et par suite le niveau plus élevé qu'atteint la végétation sont une conséquence de ces traits du relief des Grisons. Les hautes vallées y deviennent des calorifères. L'air qui y est abrité et comme renfermé, s'y échauffe rapidement par l'action solaire, monte vers les hauteurs et leur communique son calorique. L'air chaud qui s'élève des vallées plus profondes des cantons de Berne, Valais, Glaris et Appenzell, a le temps de se refroidir avant d'atteindre la région alpine; puis la hauteur relativement beaucoup plus considérable des sommités expose davantage leurs flancs à l'action des vents, en même temps qu'elle les prive de ces hautes vallées larges qui réfléchissent la chaleur comme des miroirs. Cette différence capitale dans la structure des Alpes influe naturellement beaucoup sur la flore et la faune; elle fait que dans les Alpes rhétiques, les différentes zones sont encore habitées et richement pourvues de végétaux à des niveaux plus élevés qu'ailleurs. Là où l'homme cultive encore à 6000' des pommes de terre et du chanvre, les animaux trouvent aussi plus facilement les aliments qui leur sont nécessaires. Et pourtant dans toute cette zone l'hiver est bien long, l'été bien court, les froids âpres et fréquents. Que de fois la neige vient couvrir les pauvres champs de pommes de terre et leurs tubercules à demi-mûrs pour ne disparaître que six ou sept mois après! La partie supérieure de notre région est à peine dépouillée de neige pendant trois mois et pendant ce temps elle n'est pas à l'abri des tourmentes passagères accompagnées de chute de neige; quant à la partie inférieure, elle a quatre mois d'été, surtout sur les versants exposés au midi, et cinq mois dans certaines vallées des Grisons très-favorisées, si l'on veut compter comme été le temps pendant lequel la neige n'est point permanente. La température des lieux est, cela se comprend, en relation avec ces phénomènes. Les habitants de la plaine se figurent en général qu'il fait plus froid en hiver et moins chaud en été dans les hautes régions, que ce n'est réellement le cas. A l'hospice du Saint-Gothard, où l'hiver dure huit à neuf mois; des observations exactes et longtemps continuées accusent pendant ces sept mois un froid moyen de cinq degrés Réaumur, et du mois de juin à celui de septembre, une chaleur moyenne de cinq degrés à peu près. La température moyenne de l'année y est de — 0°,932 R., celle du mois d'août, de + 10°,720 R., celle du mois de février, de — 12° R. Par des froids extraordinaires, le thermomètre descend rarement au-dessous de — 19° R. Au grand Saint-Bernard, dont l'altitude est plus considérable, il descend à — 22 et même à — 27° R. A Bevers, dans la Haute-Engadine, dix ans d'observations ont donné, comme maximum de température, + 22°,6 R.; mais on a vu aussi le thermomètre y descendre à — 28° R., ce qui constitue bien un froid inexplicable et sibérien. L'observation y a confirmé le fait que depuis la fin de l'automne au jour le plus court et même plus tard, la température est plus élevée sur ces hauteurs qu'à des niveaux inférieurs, à partir de cette époque, l'inverse a lieu. Les changements de température sont souvent extraordinairement brusques dans toute la région alpine. Les jours d'été y sont quelquefois assez chauds pour que les rayons du soleil y jaunissent la tendre verdure des pâturages, alors que le matin même le givre faisait étinceler les arbres qui bordent le ruisseau. En revanche, pendant l'hiver les variations diurnes du thermomètre sont dans la zone alpine beaucoup moins considérables que dans la région montagneuse inférieure et dans celle des collines. Au Saint-Bernard, elles ne vont guère au delà de 5 à 8° R. La température de la neige est très-variable et dépend, jusqu'à une assez grande profondeur, de celle de l'air atmosphérique. Au milieu de grands champs de neige bien brillants, la réflexion de la lumière élève souvent en hiver la température ambiante à un degré insupportable, et, à des niveaux de 7000 à 8000′, au soleil, le thermomètre atteint souvent 30° C. Celui qui, à cette époque, reste longtemps dans les hautes régions, a beaucoup à souffrir, quelque soin qu'il prenne de se garantir le visage. Le soleil du glacier éblouit et irrite l'œil, le visage se tuméfie, devient brûlant, rouge brun, et la peau même finit par se gercer. Lorsqu'il fait froid, la marche y est assez facile, mais par un temps clair, elle est souvent très-pénible et même douloureuse, parce que, à chaque instant, la croûte de neige durcie cède sous le pied, qui s'enfonce dans la neige tendre qui se trouve au-dessous. Comme compensation, on a devant soi le majestueux aspect d'un monde nouveau, noyé dans une atmosphère d'une limpidité extrême, car la transparence parfaite de l'air fait apparaître sur l'azur profond du ciel les plus fines découpures des montagnes avec une netteté incroyable.

Si déjà dans la région montagneuse la succession des saisons est brusque, elle l'est encore davantage dans l'Alpe, où le föhn est aussi le messager du printemps, la condition de l'été. Les hivers y sont silencieux, quoique près des routes et des villages on entende encore les grelots des traîneaux et les claquements du fouet. Chaque jour les convois des traîneaux de la poste et ceux qui transportent des marchandises circulent sur les grandes voies de communication, et des troupes de cantonniers, enveloppés jusqu'aux dents, sont péniblement occupés à les maintenir ouvertes et praticables. Dans les parties désertes des Alpes, la vie se réduit à un minimum. Des masses de neiges gisent lourdement sur les pâturages, les ravins et les forêts, et recouvrent crevasses, rochers et cabanes, de sorte que la caractère du paysage disparait et fait place à des ondulations blanches et brillantes, sous lesquelles sont ensevelis les buissons, les lits des torrents, les rochers. Les animaux d'un ordre inférieur sont cachés sous terre et sommeillent en attendant le printemps; de même les souris, les marmottes, les ours et les blaireaux confient à la chaleur de leurs terriers et de leurs réduits la conservation d'une existence menacée par la faim et le froid. Les autres carnassiers et beaucoup d'oiseaux errants descendent dans la région montagneuse et font des pointes jusque dans la plaine. Les bouquetins et les chamois se cachent dans les forêts supérieures. Le lièvre blanc reste à la limite des forêts, en compagnie des lagopèdes, des corbeaux, des corneilles, des aigles, des læmmergeier et des pics-bois ou d'autres petits oiseaux; ces quelques représentants du monde animal sont loin d'être assez nombreux pour troubler la solitude de ces immenses champs de neige.

Au mois d'avril, le printemps commence à opposer à l'hiver son soleil, ses pluies et ses vents, mais ce qu'il a gagné en huit jours de luttes, une seule nuit de tourmente le lui fait perdre. Ce n'est qu'au mois de mai que le printemps finit par l'emporter, et dès ce moment ses progrès deviennent étonnants. Le föhn et les pluies chaudes qui l'accompagnent, font apparaître en quelques jours dans la région subalpine une végétation riante et fraîche; les sapins et les aroles se dépouillent de leur manteau de neige; les bourgeons, les chatons, les feuilles se développent peu à peu jusqu'à la limite des forêts. Mais au delà, l'hiver persiste plus lontemps, et ce n'est qu'à regret qu'il cède à l'année quelques mois d'été. De même que plus bas, le föhn y est la condition de la vie et de l'été. « Le bon Dieu et son soleil ne peuvent faire fondre la neige si le föhn ne s'en mêle, » disent les montagnards. Sans le vent du midi, les trois quarts peut-être de la Suisse ne seraient qu'un pays de glaciers inhabitable, comme une partie de l'Amérique du sud, où il ne souffle pas de vents chauds, de sorte que les glaciers y descendent jusqu'à la mer par une latitude égale à celle où Locarno s'étale au milieu des vignes, des châtaigners et des champs de maïs.

Les nuages concourent aussi à rendre l'été possible dans nos Alpes, en empêchant que l'eau due à la fonte de la neige pendant le jour ne se congèle de nuit, de sorte qu'on dit communément qu'ils mangent la neige. Dans la région alpine, le printemps est encore la saison la plus bruyante de l'année; le tonnerre des avalanches, les craquements des glaciers, le mugissement des eaux, les cris des oiseaux, le bourdonnement des insectes, les chants joyeux des hommes, s'y font entendre, mais peut-être avec moins de variété que plus bas dans la montagne. La fonte des glaces formées pendant l'hiver aux flancs des parois de rochers est accompagnée de phénomènes singuliers. Ces glaces semblent des murs, des pilastres appliqués aux murs de rochers et surmontés de créneaux, de flèches, d'arbres glacés; elles se fondent peu à peu sous l'action du vent, du soleil et de la pluie, et tombent alors avec mille craquements au fond des vallées et sur les routes, avec une violence telle, que, comme des coins de fer, les pointes de glace s'enfoncent à plusieurs pouces dans le macadam; des fragments de la grosseur d'une pomme percent même les planches qu'ils rencontrent et ricochent comme des boulets. Pour éviter des accidents sur les routes qui suivent le pied des escarpements, on fait dégringoler ces glaces des hauteurs inaccessibles qu'elles couronnent, en leur tirant des balles de carabine. Sur les points déserts, l'éboulement des glaces qui recouvrent les rochers d'où s'écoulent des sources, dévaste les forêts situées à leur pied, et finit, au bout de quelques années, par y entailler de larges ravins. Lorsque l'exposition des terrasses est favorable à la formation de ces masses de glace capricieusement amoncelées, elles s'en éboulent pendant toute la durée du printemps, se reforment par les temps froids et pendant la nuit, et recouvrent de nouveaux blocs les anciens qui n'ont pas eu le temps de se résoudre en eau. Les eaux qui coulent du rocher pendant le jour, se fraient une voie au milieu de cette masse chaotique, et la détachent peu à peu du sol sur lequel elle repose; puis un vent chaud ou une averse violente vient ébranler le tout et le mettre en mouvement, de sorte que ces blocs de glace se précipitent comme des avalanches au travers des forêts et des pâturages, où leurs débris, entaillés et creusés en tous sens par la fonte, gisent encore tristement pendant l'été au milieu des tapis de verdure.

Les grands éboulements de glaciers sont des phénomènes différents, heureusement très-rares, qui sont dus à la chute d'une portion de glacier tout entière. Le village de Randa, dans la vallée valaisanne de Saint-Nicolas, a souffert à plusieurs reprises des conséquences terribles de phénomènes de ce genre. En 1636, la majeure partie du glacier qui descend du Weisshorn s'écroula, tomba au fond de la vallée, et causa la destruction presque complète de ce village. Pendant les cent dernières années, ce phénomène se répéta à deux reprises. Le 29 décembre 1819, une masse de glace, évaluée à 360 millions de pieds cubes, se détacha du glacier et se précipita au fond de la vallée, en déterminant un courant atmosphérique assez violent pour renverser des chalets et en entraîner les toits jusque dans la forêt qui domine le village à l'est. Au moment où, à l'aube du jour, la masse de glace d'un poids aussi gigantesque se mit en mouvement avec une immense détonation, une lumière éblouissante éclaira au loin la vallée et fut suivie d'une obscurité profonde, et bientôt après d'un effroyable coup de vent. Le glacier de Gietroz, dans la vallée supérieure de Bagne, causa en 1818 des dévastations de même nature; ses débris accumulés au fond de la vallée, fort étroite en cet endroit, s'élevèrent à plus de 100 pieds au-dessus du lit de la Dranse dont ils arrêtèrent l'écoulement, de sorte qu'en peu de temps la vallée rocailleuse de Torembec fut transformée en un lac. Plus tard, la digue de glace s'écroula, le lac se vida tout d'un coup, et les eaux firent d'affreux ravages dans les parties inférieures de la vallée. Sur des points où les glaciers sont très-inclinés, leur marche et leur fonte rapides amènent de petits éboulements partiels, très-fréquents sur les pentes de la Jungfrau, et qu'on peut observer aussi pendant l'été au glacier inférieur de Grindelwald, sur la surface rocheuse qui forme comme un îlot noir au milieu du cirque d'en haut.

Un des phénomènes les plus grandioses que puissent offrir les Alpes, consiste dans la formation d'avalanches, courants de neige énormes, dont la course bruyante est aussi majestueuse que leur effet est terrible. Elles se forment périodiquement; elles ont leurs points de départs et leurs couloirs habituels, et leurs masses de neige en mouvement viennent se briser ou s'arrêter dans des endroits déterminés. Dans une grande partie des Alpes, les avalanches débarrassent des surfaces considérables des neiges amoncelées en hiver, et le phénomène a lieu avec une régularité telle, qu'il peut être prévu à une semaine, à un jour près. Des observateurs attentifs prédisent souvent, et sans se tromper, l'heure où l'avalanche s'ébranlera. L'aspect de ces courants de neige est fort différent. Tantôt ce ne sont que de petits éboulements qui entraînent au fond d'un ravin la neige qui couvrait des rochers inclinés; tantôt c'est la chute des amas de neige que le vent a accumulés contre la paroi d'un rocher, un jour qu'il neigeait avec violence. Ces masses, qui ne reposent pas sur une base solide, et dont la direction du vent a seule déterminé l'accumulation sur tel ou tel point, finissent par tomber n'importe où, sans causer de grands dégâts et sans descendre bien loin. Néanmoins sur le Bernardin une de ces chutes de neige entraîna dans l'abîme les traîneaux de la poste et fit treize victimes. Dans certaines conditions, elles peuvent devenir le point de départ de véritables avalanches, qui sont d'autant plus dangereuses qu'elles descendent par de nouveaux couloirs. La forme et la pente des montagnes, l'accumulation des neiges sur certains points, la température et une foule de circonstances en apparence sans grande importance déterminent le mouvement et la formation de ces courants de neige. L'escarpement des terrasses, les parois de rochers presque verticales, les pentes trop inclinées, empêchent le dépôt de grandes quantités de neige et les avalanches qui en seraient la suite.

En revanche, les pentes de 30 à 35°, régulièrement inclinées sur de grandes surfaces, vers le ravin de quelque ruisseau, se débarrassent périodiquement de leurs neiges par des avalanches, qui sont ordinairement des avalanches de fond plutôt que des avalanches poudreuses. Ces dernières sont plus dangereuses, plus énergiques dans leurs effets, plus irrégulières dans leur apparition. Elles n'ont lieu qu'en hiver et au commencement du printemps, lorsque, sur une couche d'ancienne neige dure et gelée, il est tombé beaucoup de neige fraîche, pulvérulente et sans consistance. Si la pente est forte, rien ne fixe cette neige nouvelle à l'ancienne; le pas d'un chamois, d'un lièvre, un peu de neige qui roule d'une branche d'arbuste et forme une pelote, le moindre ébranlement de l'air met en mouvement le nouveau champ de neige tout entier. Il commence à glisser d'abord lentement et par saccades, puis il entraîne les neiges dures sur lesquelles il repose; sa surface en mouvement se crevasse, se boursoufle; l'atmosphère s'ébranle et le courant d'air détermine dans le voisinage de nouveaux éboulements partiels. La vitesse du courant de neige principal augmente et devient effrayante; il se précipite avec un bruit de tonnerre vers la partie inférieure, atteint la région des forêts comme un torrent déjà élargi et gonflé, entraîne des pierres, des buissons, et pénètre dans la forêt, qui gémit sous son poids. D'immenses nuages de neige s'élèvent du torrent mugissant et le voilent tout entier, les arbres craquent et se brisent, les rochers tremblent, et le retentissement de cet orage en mouvement se propage de montagne en montagne; puis, après une détonation suprême, effrayante, indicible, on n'entend plus que le silence. Une trombe d'air a accompagné l'avalanche dans sa majestueuse descente, et quand le spectateur relève la tête, encore tremblant, il voit devant lui un sillon nouveau large de quelques centaines de pas, qui sur deux ou trois lieues de longueur a entamé les pâturages, la forêt, la prairie et vient se terminer au fond de la vallée. La forêt traversée s'agite encore au souffle mourant de la trombe épuisée, tandis que dans le lit de l'avalanche roulent et se détachent quelques flots attardés. Observées de la vallée, rien n'est plus pittoresque que ces catastrophes, dont on distingue rarement le point de départ. Le torrent neigeux s'élargit, chaque instant accroît sa puissance, il bouillonne, tombe en cascade des parois de rochers, il se divise pour se rejoindre, il reçoit des affluents, et devient un fleuve étincelant, rapide comme une flèche; la forêt voisine qui plie et se brise sous le poids de la trombe, le fracas qui l'accompagne, tout cela forme un ensemble dont il est impossible de décrire la majesté. Au bout de quelques minutes de cette course insensée, l'avalanche, née dans les hautes Alpes, gît immobile et brisée au fond de la vallée; elle a parcouru quatre à cinq mille pieds dans sa chute orageuse.

Les habitants de la plaine se font rarement une idée juste de la violence des courants atmosphériques qui accompagnent ces avalanches poudreuses. L'ouragan souffle par bourrasques jusqu'à quelques centaines de pas à droite et à gauche du courant de neige, passe avec une rapidité effrayante sur les débris de l'avalanche, vient rebondir contre les escarpements de l'autre côté de la vallée, ou s'épuise à la suivre en ébranlant les fenêtres et les portes et en emportant les cheminées à plus d'une demi-lieue de distance. Souvent ces trombes déracinent ou brisent, des deux côtés de l'avalanche, un ou deux mille des arbres les plus vieux et les plus beaux; elles emportent hommes et bêtes et les précipitent dans la vallée, où elles brisent encore, à de grandes distances, les noyers, les pommiers, les érables, renversent sur le flanc les voitures chargées, et démolissent les chalets. Cependant ce courant d'air n'agite l'atmosphère que sur une largeur peu considérable et nettement limitée. Au delà pas une feuille ne bouge. Ces avalanches sont des événements qui fondent comme un orage sur la vie monotone des montagnards. Tantôt des hameaux entiers sont plongés dans l'obscurité, et leurs habitants, ensevelis sous d'énormes masses de neige, périssent suffoqués ou étouffés sans s'être réveillés. Tantôt la trombe enlève le chalet et le fait tournoyer comme une carte dans les airs, pendant que ses habitants se tirent sains et saufs de la neige où le coup de vent les a lancés. Des chalets remplis de foin ont déjà été emportés et jetés à plus de 500 pas de l'autre côté de la vallée, sans avoir été démolis par leur chute. Dans chaque vallée, des traditions anciennes et modernes parlent de gens ensevelis sous l'avalanche et merveilleusement sauvés. Il va sans dire que les animaux près desquels l'avalanche ou la trombe passe, deviennent ses jouets; de petits oiseaux, des corbeaux même, sont entraînés dans le tourbillon. Les avalanches emportent peu de chamois, quoiqu'il ne soit pas impossible d'en trouver des squelettes au milieu de la neige que les avalanches ont entraînée au fond des vallées, où ses masses résistent longtemps à l'action du soleil. On dit que la prudence de ces animaux leur fait éviter les endroits dangereux à l'époque où les neiges se détachent; mais ce qui les préserve de la mort, c'est plutôt l'habitude qu'ils ont d'éviter les pentes des montagnes exposées au sud. Le vent entraîne aussi vers le bas-fond de grandes quantités de cette neige pulvérulente qui a une puissance de pénétration extraordinaire. Elle s'introduit par les plus petites fentes dans les maisons, et s'insinue si profondément dans le tissu des vêtements de laine, qu'on ne peut la faire disparaître en les brossant.

Les avalanches de fond ont lieu plus tard que les précédentes, ordinairement au printemps ou au commencement de l'été. Sur les revers orientaux des montagnes, les plus importantes se détachent régulièrement entre dix heures et midi; sur les pentes exposées au sud, c'est entre midi et deux heures; sur celles qui regardent le couchant, le phénomène a lieu entre trois et six heures du soir, et se prolonge sur les revers septentrionaux jusqu'à la nuit. Dans les hauteurs, le föhn ou la chaleur solaire détachent du sol des champs de neige de plusieurs milliers de pieds carrés; les petits ruisseaux formés par la fonte coulent entre le sol et la neige et amollissent si bien la base de celle-ci, que le moindre ébranlement met en mouvement simultané des surfaces considérables de ces champs de neige. Ceux qui se trouvent au-dessous et sont déjà détachés du sol humide sont entraînés à leur tour; cette neige se tasse, se forme en pelote, à chaque bond elle en entraîne de nouvelle, emmène aussi de la terre végétale, du gravier, des pierres, des blocs, et descend vers les vallées comme un torrent, mais en masses compactes, qui tombent des escarpements ou suivent des ravins et des couloirs permanents. Ces neiges, plus humides que les neiges récentes, s'agglomèrent par leur mouvement, se durcissent en se roulant en boules, et ne forment pas de ces nuages neigeux qui, dans les avalanches poudreuses, remplissent l'atmosphère de millions de petits cristaux et la rendent comme lumineuse; elles ne provoquent pas non plus une rupture d'équilibre atmosphérique aussi considérable, et ne sont dangereuses que sur leur trajet où elles entraînent la terre végétale. Elles tracent rarement des sillons dans les forêts élevées. Ordinairement ces avalanches ressemblent moins à une boule de neige colossale qu'à un mur de neige en mouvement, haut comme une maison. Des milliers d'œufs, d'insectes, de larves, de vermisseaux, de semences de plantes qui s'étaient logés pendant l'été et l'automne dans le lit de l'avalanche, sont ainsi subitement entraînés à travers une ou deux régions vers la vallée, où ils ne laissent pas que de se développer. Les débris de neiges se fondent très-lentement dans le bassin qui les a reçus et sur les pâturages où ils forment des amas de 30 à 40 pieds de hauteur; souvent cette fonte n'est complète qu'en juillet; les années suivantes des colonies de plantes alpines couvrent le sol dans ces endroits où le courant de neige a apporté leurs graines. Souvent des amas de cette neige obstruent le lit du ruisseau; il se forme au-dessus un petit lac, qui finit par s'écouler tout d'un coup en inondant la vallée, lorsque ses eaux ont pénétré et amolli la digue de neige de 50 à 60 pieds d'épaisseur qui les retenait. Si la température reste froide ou que le fond de la vallée soit ombragé, il n'est pas rare que la masse de neige sous-minée par le ruisseau subsiste toute l'année comme un pont de neige naturel qu'on peut traverser sans danger, et qui ne s'écroule qu'au printemps suivant. La neige que ces avalanches entraînent au fond des vallées acquiert une dureté extraordinaire. Elle forme une masse tellement compacte et pétrie, qu'elle devient aussi dure que du ciment. Sur le Splugen, un montagnard qu'une avalanche avait entraîné avec elle sans l'étouffer, ne put, en se cramponnant de toutes ses forces, retirer de la neige son manteau qui y était à demi engagé. On comprend facilement pourquoi la fonte de ces débris d'avalanches est si lente; mais ce dont il est moins facile de se rendre raison, c'est que ceux qui sont ensevelis sous cette neige entendent parfaitement, du fond de leur tombeau, chaque parole prononcée par ceux qui les cherchent, tandis que, malgré tous leurs efforts, ils ne peuvent faire retentir à la surface, à travers quelques pieds de neige seulement, les éclats de leur voix. Si cette neige conduit mal le son, elle conserve d'autant mieux la substance animale. Dans le Tyrol, on trouva au fond d'une avalanche, qui ne fondit tout à fait qu'au bout de deux ans, un chamois et ses petits dont la chair était encore mangeable.

Indépendamment de ces grandes avalanches du mois de janvier à celui d'avril, il se détache dans toutes les Alpes d'innombrables petites avalanches poudreuses, qui, ressemblant à des voiles suspendus aux parois des rochers, tombent sur les pentes pour rebondir plus loin, former une seconde cascade, et s'arrêter au fond de quelque ravin ou entonnoir. Certains couloirs servent pendant tout le printemps de lit à ces avalanches continuelles. Sur les flancs de la Jungfrau, du Rothstock d'Uri, du Glärnisch, et, en général, de toutes les cimes pyramidales qui s'élèvent presque verticalement au-dessus de vallées profondes, on observe de ces éboulements partiels qui ne parcourent qu'un ou deux mille pieds, en tombant d'étage en étage. Nous avons déjà observé simultanément une demi-douzaine de ces cascades retentissantes aux flancs de la même montagne et par un jour tiède de printemps. On peut en voir pendant une heure plus d'une quinzaine, dont chacune a son allure et son aspect particuliers. Le bruit continuel qui les accompagne ressemble aux roulements lointains du tonnerre, et de toutes parts aux bords des escarpements il flotte des nuées blanches, qui semblent disparaître dans l'air lorsque leur réceptacle est caché par quelque mouvement de terrain. Ces mugissements lointains des monts, ces rubans argentés qui s'agitent sur les parois des rochers et annoncent l'arrivée du printemps, sont un spectacle si réjouissant, si particulier à la patrie, que dans les pays étrangers les enfants de la vallée ne peuvent s'accoutumer à voir le printemps faire son œuvre silencieusement

Rien n'est plus favorable au développement de la végétation printanière sur les hauteurs que cette rapide disparition d'innombrables millions de quintaux de neige. Il est difficile de se faire une juste idée du volume de ces masses glacées, dont la fonte lente durerait jusque fort avant dans l'été, si elles n'étaient pas entraînées par les avalanches. Sur les pentes ombragées et tournées au nord, la neige ne disparaîtrait pas, et il se formerait de petits glaciers qui s'accroîtraient chaque année, tandis que, grâce aux avalanches, le montagnard y récolte péniblement, il est vrai, ses bottes de foin. Lorsqu'une avalanche de fond a fait glisser vers la vallée une portion de champ de neige, le soleil et la pluie commencent à attaquer dans tous les sens ce qui en reste, à partir de l'endroit subitement dépouillé. Le sol se réchauffe, et les champs de neige voisins fondus, à la base, par sa chaleur et, à la surface, par la pluie et le föhn, ne tardent pas à suivre les précédents ou à disparaître sur place. Ces surfaces dénudées sont aussi les premières qui offrent quelque nourriture aux corbeaux, aux corneilles, aux lagopèdes, aux tétras à queue fourchue et aux petits oiseaux insectivores, qui y rencontrent des vers, des larves, des insectes, de sorte que, peu de jours après que le sol a été mis à nu, il s'est déjà développé une vie considérable dans ces oasis foncées, où s'agitent les mouches, les punaises, les cousins et les araignées chasseresses, pendant que tous les alentours sont encore ensevelis sous une couche épaisse de neige, et que les habitants des vallées ne se doutent pas de cette apparition prématurée du printemps et de la vie sur les hauts plateaux.

Nous penchons à considérer les avalanches comme des phénomènes d'une haute utilité dans les Alpes. Quelque considérables que puissent être leurs ravages, c'est d'elles que dépend la possibilité de la végétation sur de vastes espaces des hautes chaînes. Les petites avalanches les plus fréquentes n'ont à l'ordinaire aucune action fâcheuse; parmi les avalanches considérables un petit nombre seulement, celles qui se fraient de nouvelles voies, deviennent dévastatrices. Les moyens que les montagnards emploient pour s'en garantir sont, il est vrai, insuffisants. Ainsi ces vieilles forêts aux troncs à demi desséchés ou pourris par l'âge, qui s'élèvent souvent à côté du couloir par où descend l'avalanche, tendent à disparaître parce qu'elles sont mal aménagées et mal entretenues. Au Valais, dans quelques hautes vallées, on a l'habitude singulière de clouer les avalanches au commencement du printemps en enfonçant des pieux à la source des courants de neige, sur les pentes escarpées d'où les neiges se détachent au moment de leur fonte, et l'on empêche la descente du champ de neige tout entier. Quelque impétueuse et irrésistible que devienne une avalanche, elle peut être arrêtée à son point de départ par d'aussi faibles obstacles. Déjà on a remarqué que des avalanches périodiques ont fait défaut, lorsque, pendant l'été précédent, les faucheurs n'ont pas pu tondre certaines pentes herbeuses : les longs chaumes secs, pris dans la neige, l'ont empêchée de glisser et de déterminer par sa chute le mouvement des masses plus considérables qui couvrent les pentes inférieures.

Les pins, dont les troncs percent et retiennent comme mille bras de vastes surfaces neigées, sont encore plus utiles et rendent presque impossibles les avalanches de fond. Dans beaucoup de vallées des Alpes rhétiques très-exposées aux avalanches, les habitants du pays protégent leurs demeures par deux remparts de pierre ou de terre qui se réunissent sous un angle aigu, dans la direction que suivent les neiges dans leur descente; le courant de neige se divise en frappant cet éperon, et passe des deux côtés de la maison sans l'endommager. Souvent les avalanches poudreuses franchissent cet obstacle et passent en bondissant au-dessus du toit. C'est ainsi qu'est protégée l'église de Davos, de même que beaucoup de maisons dans le val Bedretto, dans le Mayenthal et ailleurs. Quant aux chalets destinés à servir d'écuries, on les entoure d'un rempart de neige qu'on arrose souvent, de manière à le transformer en une glace qui résiste à la fonte jusqu'au moment où tout danger a cessé. Les grandes routes récemment ouvertes traversent sous des galeries les endroits trop exposés aux éboulements de neige, ou sont protégées par des toits que soutiennent des piliers, et dont la pente fait suite à celle du terrain où glisse la neige. Le vrai préservatif contre les avalanches, le reboisement des pentes dénudées, qui réussirait sur une foule de points, est malheureusement négligé. Les endroits exposés aux avalanches et réputés les plus dangereux sont les Schöllenen, près du Pont-du-Diable, le val Tremola, la Luga, près de Davos, le passage du Platifer, près de Daziogrande, et d'autres localités encore. L'homme oppose chaque jour avec plus de succès, et sans jamais se rebuter, son opiniâtre résistance à l'action des forces de la nature. Il bâtit hardiment ses demeures à côté du couloir où passent mugissantes ces terribles coulées de neige, et lorsqu'elles viennent à être emportées comme le seraient des fourmilières, il s'entête à les reconstruire exactement à la même place. Au Valais, dans la vallée de Lötschen, presque chaque printemps, les chapelles de Lugein et de Koppistein sont rasées par les avalanches, mais les montagnards de Ferden et de Kippel n'en rebâtissent pas moins ces pieux petits édifices aux mêmes endroits, sans jamais se lasser.

Les eaux jouent un rôle très-important dans la nature et l'aspect du paysage alpin, et contribuent aussi bien que les animaux et les plantes à l'animer à leur manière. L'eau est l'âme de la vallée; sans eau le vallon le plus verdoyant, la plaine la plus fertile sont jusqu'à un certain point sans attrait et sans vie. Outre les mille teintes et les reflets magiques qu'un large ruisseau ou un petit lac apportent dans la couleur et les tons du paysage, ils y introduisent un petit monde d'animaux et de plantes, qui viennent contraster vivement avec des formes terrestres qui finiraient par devenir monotones. Notre zone est particulièrement riche en courants d'eau; ses vallées sont sans doute trop courtes pour alimenter des fleuves, trop étroites pour servir de réservoirs à de grands bassins; néanmoins elle est la patrie et le point de départ de nos plus grands fleuves, et renferme une quantité de sources des plus variées. Le Tessin, le Rhin, la Reuss, l'Aar et le Rhône en sortent autour du massif du Saint-Gothard. La Linth descend de la Sandalp, l'Inn du Septimer, la Sarine du Sanetsch, l'Emme du Rothhorn, la Landquart, qui parcourt la vallée grisonne du Prettigau, s'échappe du glacier de Selvretta; en un mot, tous les grands fleuves et les principaux de leurs affluents sortent des Alpes. Leurs sources sont fort différentes. Tantôt ces fleuves nouveau-nés s'écoulent de quelque marais tourbeux, tantôt ils sont le déversoir d'un petit lac alpin ou d'un grand glacier; souvent ils ne proviennent que des eaux accumulées qui suintent des parois des rochers, ou bien ils jaillissent du sol déjà puissants et sont, dès leur source, de fort beaux ruisseaux. Leurs affluents sont innombrables. Dans les Alpes rhétiques seulement 370 glaciers envoient leurs eaux au Rhin, 66 à l'Inn et 25 à l'Adige et au Pô. Celui qui a parcouru les Alpes au printemps et a vu de tous les champs de neige, de tous les rochers, de tous les ravins s'écouler en cascatelles des ruisseaux de toute grandeur, peut se faire une idée de l'énorme masse d'eau que l'immense territoire des Alpes envoie dans les plaines, où elle contribue si puissamment à augmenter la fertilité du sol et à faciliter le commerce. C'est par les pluies chaudes et lorsque souffle le föhn que cet écoulement est le plus considérable. De toutes parts jaillissent de nouveaux ruisseaux. De petits courants, dont les eaux transparentes gazouillent à l'ordinaire sur un lit de gravier, deviennent des torrents boueux et mugissants; la surface des glaciers est parcourue par des centaines de ruisseaux qui glissent rapides dans leurs couloirs bleus. Le vent brûlant du sud, qui fatigue l'homme et les animaux, fait circuler la vie chez les plantes et détermine dans le monde des eaux une excessive agitation. On se représente que de millions de mètres cubes d'eau le Rhin emmène par minute des hautes Alpes, lorsqu'on sait qu'à l'époque de la fonte des neiges, sur la surface de trente-trois lieues carrées du lac de Constance, l'élévation du niveau, qui atteint en moyenne huit à dix pieds, est allée en 1770 à vingt et vingt-quatre pieds. Il est difficile d'indiquer la vraie source de beaucoup de rivières, parce qu'elles résultent de la rencontre de plusieurs ruisseaux à peu près de même force, et qu'aucun d'entre eux n'étant plus puissant que les autres, ne peut être regardé comme l'origine du fleuve. Le Rhin antérieur, par exemple, est formé par plusieurs torrents dont chacun porte le nom de Rhin, accompagné d'une épithète locale. Les sources de ce fleuve célèbre, dont la longueur atteint 190 milles allemands et qui reçoit sur son trajet 12,283 rivières et ruisseaux, sont toutes dans la région alpine. Une branche du Rhin antérieur sort du lac Toma (7240'), et une autre jaillit au pied du Krispalt (6710'); le Rhin moyen s'échappe du lac de Skur (6670'), et le Rhin postérieur provient du glacier de Rheinwald (5760').

On prend toujours pour source d'une rivière le ruisseau qui s'échappe du sol, plutôt que les eaux qui s'écoulent des glaciers. Les trois filets d'eau qui forment le Rhône à leur confluent, reçoivent du glacier du Rhône deux courants qui sortent de la voûte de glace avec au moins vingt fois plus d'eau que n'en renferment ces petits ruisseaux eux-mêmes, dont les sources sont dans la prairie, derrière l'hôtel du Glacier, et ont une température de 12° R. Ils n'en sont pas moins les sources du Rhône, et méritent ce titre puisque leurs eaux sont des eaux de source. Le mépris qu'ont les montagnards pour les eaux des glaciers les leur a fait nommer eaux sauvages, parce qu'elles sont troubles, froides, dures, et qu'elles passent pour malsaines. En revanche, ils ont beaucoup de respect pour les eaux vives de source qui sont limpides, pures et assez chaudes pour que pendant l'hiver même la végétation se développe sur leurs bords ; ils les nomment *eaux vivantes*. Néanmoins beaucoup de grandes rivières ne proviennent que de ces eaux de glacier si méprisées, et l'Inn est même le seul vrai ruisseau qui, après avoir coulé longtemps dans la zone alpine, y devienne un fleuve.

L'Aar est formé par le confluent (6270') des torrents qui sortent des glaciers supérieurs et inférieurs de l'Aar avec une grande abondance. Elle traverse assez paisiblement l'Aarboden, vallée à fond plat, absolument déserte, couverte de galets, qui renferme à peine quelques buissons et quelques arbres rabougris ; puis elle entre dans une gorge étroite au-dessous de l'hospice du Grimsel, y bondit de roc en roc, atteint le Rœterisboden (4880'), puis les chalets de la Handeck, où elle forme une jolie cascade avant sa réunion à l'Erlenbach (4260'). Au moment où ils se confondent, les deux torrents s'élancent entre des rochers de granit dans un abîme de plus de cent pieds de profondeur, et forment la célèbre cascade de la Handeck, la seule considérable dans toute la région alpine ; elle n'est même considérable qu'en été, car pendant l'hiver elle est remplacée par un pauvre petit ruisseau, qui coule à peine entre les pilastres de glace attachés au granit. Peu après cet admirable *salto mortale*, l'Aar sort de la région alpine.

Les autres cascades de cette zone, à l'exception peut-être de la magnifique chute de la Dranse, haute de cinquante pieds, qui existe au-dessous de Fionin (4700'), dans la vallée de Bagne, ne sont pas très-puissantes, parce qu'elles sont trop rapprochées des rivières qui les forment ; en revanche, elles sont très-nombreuses et souvent d'une hardiesse étonnante[1]. Dans toutes les

[1] La plus grande cascade des Alpes centrales est celle de la Tozza ou Toccia (4280'), dans la partie supérieure de la vallée piémontaise de Formazza. Elle est alimentée par le glacier de Gries ; près de la chapelle *sulla frua*, elle se précipite en trois bras et sur 80 pieds de largeur d'une paroi de rochers très-escarpée, haute de 500 pieds, du bas de laquelle montent sans cesse d'immenses nuages d'une poussière aqueuse étincelante. Quant à la masse d'eau, la chute de la Tozza

hautes régions, on observe de ces colonnes vacillantes d'écume suspendues aux rochers, et on entend des ruisseaux nouveau-nés bruire dans leurs lits de rochers en tombant d'étage en étage. Ces cascatelles de la région alpine sont presque innombrables.

Les lacs alpins aux eaux d'un vert émeraude, bleues ou blanchâtres, qu'une main créatrice a semés à profusion sur les Alpes, sont presque aussi nombreux que les cascades, et ne sont pas moins attrayants. Ce ne sont que de petits bassins, ordinairement ovales, dont le fond de rocher est très-inégal. Au-dessous de la limite des forêts, des sapins au feuillage sombre ou des groupes d'aroles couronnent encore leurs bords. Le miroir du lac est tantôt encadré par des parois escarpées, au-dessus desquelles se dressent sans transition des cimes hardies; tantôt, moins pittoresque, le lac se termine par quelque prairie marécageuse. Les Alpes se peignent sur la surface immobile de ces miroirs en teintes transparentes avec leurs pentes verdoyantes, leurs gorges sombres, leurs neiges éblouissantes, et leurs gradins immenses taillés dans le roc. Il semble que ces lacs glauques soient les yeux par lesquels le génie des Alpes regarde son domaine; lorsque tard dans l'été le voyageur, assis sur le gazon déjà jauni d'un de leurs promontoires, écoute le tintement voilé des clochettes du troupeau qui regagne la vallée, et les échos lointains des chants mélancoliques de leurs bergers, il peut lui sembler que ce génie a dans ses joies et dans ses tristesses une voix pour s'exprimer.

Les plus élevés de ces réservoirs sont ordinairement alimentés par des champs de neige ou des glaciers; leurs bords sont dénudés et sans arbres. Quelques maigres saules, des chèvrefeuilles, des rosages des Alpes, des aulnes rabougris, s'y soutiennent tout au plus, lorsqu'ils ne gisent pas absolument morts entre des parois de rochers ou des talus d'éboulement couverts

ne le cède qu'à celle du Rhin, mais sa hauteur est au moins sept fois plus considérable.

de schistes gris, qui donnent au lac un aspect sombre des plus sévères. Ses eaux d'un vert obscur, que ne ride à l'ordinaire aucun souffle de vent, cadrent parfaitement avec la froide solitude empreinte dans tout ce paysage rocailleux. Jamais bateau ou radeau n'y a flotté, jamais nénufar n'y a étalé ses larges feuilles, jamais poisson n'a erré dans leurs glauques profondeurs; aucun oiseau aquatique, pas même une grenouille, n'apparaît immobile sur les pierres de la rive. Pendant la majeure partie de l'année, ces petits lacs sont couverts de glace et de neige, et tels d'entre eux, dont la profondeur n'est pas grande, gèlent jusqu'au fond. Le printemps et l'été ont beaucoup à faire pour leur rendre leur liquidité; des dalles et des blocs de glace y flottent encore lorsque déjà les rosages des Alpes sur les rochers voisins abandonnent au vent leurs corolles épanouies. Çà et là une avalanche tardive les comble à demi de masses de neige, ou une gelée du printemps recouvre d'un tapis transparent leur surface à peine débarrassée de sa glace d'hiver.

Un des plus élevés de ces lacs, celui qui occupe le sommet du col du Saint-Bernard (7368'), immédiatement au pied du fameux hospice, a un quart de lieue de tour et n'est libre que pendant quelques mois; en 1816 il est resté gelé toute l'année. Pendant l'été, des violettes doubles, dont la seconde se développe aux dépens du calice de la première, émaillent ses bords. Pas un animal ne vit dans ses eaux ou sur ses bords mélancoliques. Dans son voisinage, les petits lacs du col de la Fenêtre (8250') et ceux qui existent à l'orient du passage des Ravins (8228'), sont peut-être les étangs les plus élevés de l'Europe et restent souvent gelés plusieurs années de suite. Dans la vallée valaisanne d'Orsières, on rencontre aussi de ces lacs en miniature; celui d'Orsières est alimenté par le glacier du même nom; à peu de distance s'élève une des plus hautes chapelles des Alpes (8385'), où se fait chaque année un grand pèlerinage. Une autre chapelle, érigée en l'honneur de Notre-Dame-des-Neiges sur les bords du petit lac Noir, au pied du

Cervin (6270'), est aussi pour les habitants de la vallée de Zermatt le terme d'un pèlerinage important. Le lac de Mattmarck (6714'), sur le passage du Monte-Moro, a été coupé en deux pendant les années 1817 et 1818 par l'avancement rapide du glacier du Schwarzberg, ce qui a provoqué l'exhaussement de l'eau dans la portion supérieure; dans cette période d'accroissement, ce glacier a abandonné sur la rive orientale de ce petit lac un grand nombre de blocs, dont un a soixante pieds d'élévation et pèse au moins deux cent mille quintaux. Notons encore le lac du pied de l'Illhorn (7170'), celui d'Hochbach (7696'), celui du sentier de la Chèvre dans le haut de la vallée de Binnen (7619'). Le lac d'Aletsch est au bord du glacier du même nom, qui forme d'un côté une falaise de glace de cinquante pieds d'élévation; il y flotte presque toujours des îles de glace; avant qu'on leur eût creusé un déversoir vers le torrent de Viesch, ses eaux, en passant sous la glace, faisaient quelquefois de brusques et désastreuses invasions du côté de Naters, de sorte que les bergers des alpages voisins étaient tenus de surveiller continuellement le niveau de ses eaux. Le Brodelsee (8004') est situé près du glacier de Gries. Le lac du passage des Ravins (7100') reste à demi comblé par la neige des avalanches jusque fort avant dans l'été; le lac de Daube (6791'), sur la Gemmi, a quinze minutes de longueur et huit de largeur; il est alimenté d'eau grise et trouble par le glacier de Læmmern, reste gelé pendant dix mois de l'année et remplit le fond d'une triste vallée, absolument déserte, où des rochers éboulés et des dalles calcaires érodées en tout sens laissent à peine à la flore des hautes Alpes quelque espace pour s'étaler dans tout son prestige. Les eaux de ce lac ne renferment ni animaux ni plantes[1]. Il ne paraît pas avoir d'écoulement, et ses rives sauvages ne sont fréquentées que par des troupes de

[1] J'ai vu dans les Alpes peu de lacs aussi troubles et aussi sévèrement encadrés. Au moment où je le visitai en juillet 1856, un échassier de la taille d'un chevalier courait sur ses bords et partit à mon approche.

(*Note du traducteur.*)

choquards. Sur le Faulhorn (7228′), on cite le lac des Sorcières, qui, au milieu de juillet, est encore couvert d'une couche épaisse et spongieuse de longs cristaux aciculaires de glace. Le petit lac, long de vingt minutes et large de dix, qui existe dans la vallée d'Œschinen et s'écoule dans la Kander, se fait remarquer par les cascades et les forêts qui l'encadrent. Dans l'Oberland bernois, on trouve le Wildsee, au pied du Schwarzhorn, le Titersee, au sud du Sidelhorn (7450′), le lac des morts, sur le Grimsel, où abondent des grenouilles, des gyrins, des rotifères (*stephanoceros glacialis*) (7708′), les petits lacs de Trützi, près du Geschenenhorn (7973′), ceux des Windgelle et du val d'Etzli; le lac d'Oberalp (6170′), long d'une lieue, nourrit encore de jolies truites. Dans le canton d'Uri, chose extrêmement curieuse, il ne se forme jamais sur les lacs du Saint-Gothard une couche de glace de plus de quelques pouces d'épaisseur: aussi nourrissent-ils également de ces poissons. Parmi ces lacs, le plus connu, celui de Luzendro (6230′), long d'une demi-lieue, est l'une des sources de la Reuss.

Dans le canton de Glaris, on trouve le lac d'Oberblegi (4420′), le Bergseeli (6755), le Kuhbodenseeli (6000′), le Muttensee (7579′), qui a une demi-lieue de tour et gît presque toute l'année enseveli sous la neige et la glace, le lac de Spanegg (4488′), dans lequel les perches et les ablettes introduites en 1750 se sont conservées jusqu'à présent. Le Murgsee (4790′) est situé dans le canton de Saint-Gall, le Wildsee, au pied du Säntis. Il existe encore une foule d'autres de ces lacs en miniature. On peut s'en faire une idée par le canton d'Uri qui, malgré l'exiguité de son territoire, en compte plus de quarante, parmi lesquels plusieurs ne renferment pas de poissons et ont une altitude de 7000′. Beaucoup de ces bassins n'ont pas d'écoulement apparent. Leurs eaux disparaissent par des entonnoirs, dont l'existence est quelquefois indiquée par un léger mouvement giratoire de la surface; elles suivent plus ou moins longtemps des canaux creusés dans l'intérieur de la montagne et viennent jaillir souvent fort loin à la surface du sol. D'autres de ces lacs ne reçoivent pas d'affluents et sont alimentés par des sources souterraines. Ces deux circonstances augmentent le mystère qui plane au-dessus de leurs eaux calmes, et donnent lieu aux légendes fantastiques qui courent chez les montagnards à propos de ces lacs. Beaucoup de ces réservoirs sont inconnus des habitants mêmes des vallées voisines. Quelques-uns étaient l'objet du culte des anciens Celtes, qui avaient pour ces hautes eaux calmes et désertes un respect particulier, et c'est ordinairement à cet ancien culte oublié que se rattachent celles des légendes qui ne sont pas encore perdues.

Ces lacs de la région alpine supérieure et de la région des neiges recueillent pendant les quelques semaines où ils sont libres tous les filets d'eau qui y arrivent des environs, et les laissent s'échapper par une ouverture unique. Ils sont ordinairement déserts, et les tentatives qu'on a faites pour leur empoissonnement ont échoué à cause de la rigueur et de la longueur de l'hiver dans ces régions élevées. Les lacs des parties moyennes et inférieures de la région alpine sont les réservoirs où les eaux troubles des torrents déposent leur limon et le gravier qu'elles charrient. Jusqu'à la limite des sapins, tous ceux qui ont un écoulement visible sont empoissonnés presque exclusivement de truites, de chaboisseaux et de vérons, et nourrissent proportionnellement un bien plus grand nombre de représentants des autres groupes de la faune des eaux douces. Au-dessus de 6300 à 6500′, on ne trouve plus de poissons que dans quelques lacs, mais ils y abondent et y sont exquis. Chose singulière, souvent de deux lacs voisins situés au même niveau, l'un renferme du poisson et l'autre n'en a pas. Les oiseaux aquatiques n'y apparaissent qu'exceptionnellement. C'est tantôt une petite troupe de canards sauvages, une paire de poules d'eau. Dans les Grisons, on a tiré une fois un cygne sauvage sur un de ces petits lacs, et en 1830, sur celui de Saint-Maurice, on a tué un plongeon imbrin, oiseau du Grönland et de l'Islande, qui passe assez fréquemment l'hiver sur les grands lacs de la Suisse, dont le niveau est très-inférieur.

Au bord du lac du Saint-Bernard, des bécasseaux (*tringa*) ont déjà été observés ; sur le mont Cenis (11,058′), on a signalé des hirondelles de mer, et à la dent d'Oche, en Savoie, la foulque rousse (*fulica chloropus*), tous oiseaux dont la présence était accidentelle et temporaire. La faune de la vallée d'Urseren, si riche en échassiers et en palmipèdes, est plutôt celle de la région montagneuse ; car, malgré son niveau plus élevé de quelques centaines de pieds, cette vallée a encore le caractère montagneux. La faune de la Haute-Engadine, plus haute de 1500 pieds que la vallée d'Urseren, ressemble singulièrement à celle de cette dernière vallée.

C'est aux Grisons qu'il y a le plus de ces petits lacs alpins ; la surélévation générale du sol et d'innombrables glaciers favorisent beaucoup leur formation, qui a lieu, pour ainsi dire, dans le fond de chaque haute vallée. Dans le bassin du Rhin, au milieu des granits du sauvage Badus, dort le lac de Toma (7240′), d'où s'échappe l'une des sources du Rhin antérieur ; nous y joignons les lacs de glaciers appelés Lago Dim, Scur (6670′), Fozero et Insla ; les trois petits lacs de l'Heidigalp, au-dessus du village de Splügen, renferment beaucoup de truites saumonées et de truites de rivière qui pèsent plus d'une demi-livre. C'est ensuite le lac Calendari, sur l'alpe de Scbams, qui, dit-on, annonce l'approche de l'orage par un mugissement sourd ; le Luschersee, au-dessus de Tschappina, sans affluent ou écoulement appréciable, dont les crues, les baisses et les mouvements giratoires de l'eau sur certains points ne sont pas encore bien expliqués ; les célèbres lacs à truites de Vaz et de l'Albula (6249′) ; le lac de Davos (4805′), long d'une demi-lieue, si abondant en truites saumonées et de rivière que les anciens seigneurs en retiraient à chaque carême plus de mille pièces ; les lacs poissonneux de Schœlli, au-dessus d'Erosa (5926′) ; dans la chaîne du Rhéticon, le lac limpide de Patnauer, qui a trois quarts de lieue de circonférence, nourrit des chaboisseaux et des vérons, et a été en vain empoissonné de truites ; le Schottensee, d'où sort la Schlappina ; le lac Jöri (7711′) ; sur le Bernardin repose à 6584′ le petit lac Mœsola.

Dans le bassin de l'Inn, quatre grands lacs liés par cette rivière occupent le gradin le plus élevé de l'Engadine, et méritent de fixer l'attention. Le plus élevé et le plus grand d'entre eux, le lac de Sils (5600'), a une lieue et demie de longueur sur trois quarts de lieue de largeur; c'est le plus important des lacs alpins. Tous les quatre sont extrêmement pittoresques; de superbes aroles, des mélèzes au feuillage plus clair, s'élèvent sur les bords de leur onde limpide, qui reflète, comme un cristal liquide, les cimes et les glaciers voisins. Pendant l'hiver, ces lacs gèlent complétement; les traîneaux y glissent à l'envi, et, par de beaux jours, on y entend les claquements du fouet et les tintements métalliques des grelots. La solidité de la glace se constate par les traces des renards, car, lorsqu'ils s'y sont hasardés, elle peut supporter hommes et chevaux. Les truites de ces lacs sont célèbres, et pèsent jusqu'à quarante et quarante-cinq livres. Comme les truites de rivière n'atteignent jamais la moitié de ce poids, ces poissons pourraient être des saumons argentés (*salmo lacustris*), ou peut-être des truites saumonées (*salmo trutta*), qui, par conséquent, atteindraient dans ces lacs le maximum de leur extension verticale en Europe. C'est le cas pour les lottes extraordinaires, de six à douze livres, qu'on pêche dans le lac de Saint-Maurice (5580'). Cette espèce est aussi très-abondante et excellente dans le lac Noir, près de Davos, et ce sont probablement dans la région alpine les seules localités où vivent ces poissons. Dans le voisinage des quatres grands lacs de l'Engadine, on cite en outre beaucoup de petits lacs alpins, en partie poissonneux, en partie inhabités. Les truites abondent dans celui de la Bernina (6865'). Nous ne mentionnerons pas les autres petits lacs des Alpes rhétiques; les chiffres indiqués suffisent pour établir que dans cette partie des Alpes le poisson habite à des niveaux fort élevés, mais il ne s'élève jamais au-dessus de la limite supérieure des aroles.

Il paraît certain qu'à des époques anciennes, le nombre de ces bassins aux eaux bleues était bien plus considérable dans les

Alpes que de nos jours. Chaque fond de vallée, chaque enfoncement sur les montagnes était rempli d'eau, et jouait son rôle dans le vaste système d'écluses des hautes montagnes. A la longue les ruisseaux qui sortaient de ces réservoirs firent des coupures dans les digues qui retenaient les eaux; elles s'écoulèrent et les réservoirs se desséchèrent complétement ou partiellement. Les matériaux que les ruisseaux entraînent chaque année des hauteurs dans ces bassins où ils les déposent, contribuent aussi à en diminuer l'étendue. Ce phénomène n'est sensible que dans les lacs peu profonds; ceux dont la profondeur est considérable, qui sont creusés dans le roc et n'ont pas de prairies marécageuses sur leurs rives, ne subissent de changements appréciables qu'après des siècles. La température de ces lacs, dont le nombre est d'au moins mille, est basse, mais diffère dans les divers bassins. C'est elle qui détermine leur congélation précoce ou tardive, l'épaisseur de la croûte glacée qui s'y forme, et par suite la nature des animaux et des plantes qui peuvent y subsister. Les lacs dont l'altitude n'est que de 4500′, mais qui touchent à des glaciers, charrient des blocs de glace, gèlent de bonne heure et assez profondément; on n'y découvre aucune trace d'êtres vivants, pas même une grenouille ou une punaise d'eau. D'autres, situés à 2000′ plus haut, hébergent encore de superbes poissons et retentissent au printemps du coassement des grenouilles. En automne, les poissons des ruisseaux qui alimentent ces lacs, viennent probablement s'y réfugier. Les ruisseaux gèlent complétement, tandis que dans la profondeur les eaux du lac se conservent assez chaudes pour que le poisson puisse y vivre. Ces émigrations présumées des poissons, leur retraite vers les lacs, n'ont pas encore été observées d'une manière positive.

Les courants ou avalanches de boue sont un phénomène extrêmement rare, déjà signalé à plusieurs reprises et sur plusieurs points dans les hautes Alpes. En 1673, un torrent d'une boue argileuse bleuâtre descendit du Septimer, et inonda, en le détruisant en partie, le village de Casaccia (4730′); en 1835, pendant l'automne, un autre courant boueux, descendu de la Dent du Midi et large de 900 pieds, se précipita dans la vallée du Rhône; en 1797, dans le village de Schwanden, au bord du lac de Brientz, trente-sept maisons furent emportées par un violent courant de boue mêlée à du schiste, qui rendit l'eau du lac trouble pendant des mois. Les mamelons coniques de Felsberg, au-dessus de Coire, qu'on appelle en romanche *tombel de chiavals* (tombes de chevaux), et ceux qui s'élèvent dans la vallée du Rhône, près de Sierre, sont très-probablement les restes d'immenses courants boueux descendus des montagnes à des époques antéhistoriques. Des masses énormes de pierres et de terre descendent aussi quelquefois des glaciers et des gorges; en 1793, Surlegg, au bord du lac Silvaplana, a été ainsi enseveli.

Notre région recèle un grand nombre d'objets ou de phénomènes curieux propres aux montagnes, tels que cavernes à stalactites, fontaines intermittentes, couches remplies de pétrifications, carrières de marbre, d'albâtre, rochers singulièrement colorés, sources minérales, etc. La Baretto balma, petite caverne sèche et éclairée, creusée dans un rocher isolé des Alpes de Varaina, a acquis une certaine célébrité parce qu'elle est toujours comme époussetée et ne conserve dans son intérieur ni mousse ni feuilles qui puissent la salir. Rien n'y peut entrer, disent les montagnards. Parmi les grottes à cristaux, celles du Zinkenberg, au bord du glacier de l'Aar, sont renommées. Ces cavités extraordinaires sont traversées par un petit ruisseau et ont fourni plus de cent quintaux de cristaux, parmi lesquels des échantillons pesant de sept à douze quintaux, conservés aujourd'hui à Berne et à Paris. Au-dessus de Naters, au Valais, il existe une autre de ces grottes, dont on a retiré cinquante quintaux de cristaux et des blocs de sept à quatorze quintaux.

Les sources minérales abondent dans les Alpes; près de Schuols, dans la Basse-Engadine, il coule plus de vingt sources salifères, acidules ou sulfureuses, aussi riches en principes actifs que beaucoup d'autres plus célèbres, et qui sont fort peu utilisées. La source alcaline de Tarasp, très-chargée d'acide carbonique, surpasse de beaucoup en activité les sources célèbres de Carlsbad et d'Eger, mais l'établissement laisse à désirer au point de vue du comfort. Parmi toutes les sources minérales qui jaillissent du sol dans les marais, au fond des crevasses ou sur les sommets dénudés des montagnes, celle de Saint-Maurice (5580'), que Paracelse prônait jadis comme la première eau acidule de l'Europe, et celle du Bernardin sont les seules que des établissements convenables mettent à la portée des malades qui y accourent du nord et du sud. L'Engadine, surtout dans sa partie inférieure, est particulièrement favorisée au point de vue des minéraux.

Au-dessus de Tarasp, on trouve du fer sulfaté ; près de Schuols, du soufre, souvent du gypse, du marbre, du porphyre, du fer spéculaire, de la serpentine. Les nombreuses grottes du voisinage sont tapissées d'efflorescences minérales abondantes. Dans l'une d'entre elles, par exemple, au-dessus de Schuols, des concrétions stalactiformes de sulfate de magnésie, aussi longues que le doigt, sont suspendues à la voûte ; au-dessus de Vulpena, des incrustations considérables de sulfate de fer tapissent les rochers entre lesquels coule le Scarlbach. On peut y observer un phénomène plus intéressant encore, celui des moufettes, que l'on croyait jusqu'à présent n'exister que dans des terrains d'origine volcanique. L'une de ces fuites de gaz existe près de Schuols dans un enfoncement bourbeux, au-dessus de la source acidule connue sous le nom de *source de vin;* une autre jaillit dans un champ qui se fait remarquer par sa stérilité. Ce sont des ouvertures d'un demi-pied de diamètre, dirigées obliquement vers l'intérieur d'un terrain de transport, et d'où s'échappent continuellement de grandes quantités de gaz acide carbonique mélangé à de l'azote et à de l'hydrogène sulfuré. Des insectes en grand nombre, des souris et même des oiseaux, surpris par les effluves mortelles qui sortent de ces ouvertures, gisent morts alentour. Ces gaz ne forment au-dessus du sol qu'une couche d'un demi-pied d'épaisseur, leur odeur est piquante, et provoque de violents accès de toux chez ceux qui se baissent pour les respirer. Des chiens et des poules maintenus dans cette atmosphère sont pris de violentes convulsions et meurent très-vite. Il est difficile de savoir de quelle profondeur arrivent ces gaz, et comment ils se combinent à l'eau qui s'en imprégne et vient sourdre dans le voisinage à l'état d'eau minérale.

Les habitants du pays assurent que si les ouvertures de ces moufettes venaient à être bouchées, tous les champs des environs seraient frappés de stérilité. A notre connaissance, il n'y a en Suisse qu'une seule autre source de ces gaz méphitiques dans une grotte près de Mittelsultz, au-dessus de Mettau (Argovie). L'atmosphère y est aussi mortelle pour les animaux. Depuis une quinzaine d'années, la montagne brûlante d'Oberried, dans le canton de Fribourg, est devenue célèbre. Au milieu d'une forêt, sur une pente éboulée, il y a une carrière de gypse, des fentes et des cavités de laquelle s'échappe en abondance du gaz des mines; il s'enflamme lorsqu'on l'allume et continue à brûler jusqu'à ce que le vent ou la pluie viennent l'éteindre.

Les glaciers ne sont pas sans importance dans la région alpine; ils l'atteignent souvent, y pénètrent et y couvrent de grandes surfaces. Comme leur patrie, leur point de départ et le territoire de leur plus grand développement appartiennent à la région des neiges, nous traiterons plus tard des phénomènes remarquables qu'ils présentent à l'observateur.

Les couches calcaires superficielles érodées par les eaux qui s'étendent sur de grandes surfaces dans la zone alpine et ressemblent à des glaciers crevassés et fortement tourmentés, donnent dans certains endroits au paysage quelque chose d'étrange et de triste au delà de toute expression. Ces lapiaz (c'est le nom roman de ces couches calcaires sillonnées de crevasses et dénudées), n'existent pas uniquement dans la région alpine. Sur certains points, comme au pied de la Frohnalp, près de Brunnen, et de la montagne qui domine Seeven, les lapiaz se montrent dès le fond de la vallée, mais ils y sont nivelés par d'épais dépôts d'humus et cachés par des buissons et des forêts. En tout cas, c'est dans la région alpine qu'ils sont les plus vastes et les plus apparents. L'aspect de ces lapiaz est fort différent, et il est très-difficile de les décrire. Ce sont à l'ordinaire de vastes nappes de rochers dénudés, plus ou moins inclinés, que le temps a érodés, rongés et déchirés en tous sens; tantôt elles ressemblent à une surface de roches, où un puissant burin aurait tracé de profonds sillons étrangement enchevêtrés, tantôt à d'innombrables arêtes tranchantes qui peuvent être très-rapprochées ou s'éloigner à un pied, à un mètre, et même davantage, de façon à laisser entre elles, soit de simples couloirs, soit des excavations en forme de puits, soit des canaux tortueux et profondément encaissés. Ces lapiaz, qui n'existent nulle part dans les terrains formés de roches cristallines, apparaissent partout dans les terrains calcaires, et sont particulièrement fréquents et considérables dans le calcaire à hippurites, dont les assises puissantes recèlent des dépôts abondants de coquilles fossiles d'hippurites. Dans le Jura, près de Bienne, près de Bevaix, au Marchairu et ailleurs, les lapiaz sont aussi très-développés et bien caractérisés.

L'origine de ces sillons peut s'expliquer par le mode de désagrégation de la roche, non moins que par sa position, sa stratification et les solutions de continuité qu'elle présentait primitivement. La surface rocheuse, complétement dénudée à l'origine, pouvait être compacte ou bien former déjà des plans inclinés, des inégalités de surface, des déchirures dues à l'action du soulèvement. La nudité absolue du rocher l'exposait à être attaqué sur toute sa surface par les agents atmosphériques, qui provoquent chimiquement et mécaniquement la décomposition des roches. Chaque goutte de pluie qui, du point où elle est tombée s'écoule le long de la pente, entraîne avec elle quelque parcelle du rocher. Cette parcelle est infiniment petite sans doute; mais les gouttes suivantes s'écoulent par la même voie, et, après des siècles, elles se sont creusé, dans les parties les plus tendres de la roche, des gouttières, qui deviennent plus profondes à mesure qu'elles confluent. Dès que les eaux de pluie et de neige ont suffisamment érodé la roche, la gelée, le dégel, le frottement des matières charriées commencent à agir et à transformer lentement les petits sillons primitifs, à peine apparents, en crevasses, en couloirs, en puits, dont les formes dépendent essentiellement de la nature de la formation calcaire qui est le théâtre de ces phénomènes. Dans les calcaires verts, cristallins et quarzeux, l'érosion est souvent telle, que le rocher se décompose en prismes hexagonaux, en alvéoles de pierre. Dans les formations où existent des veines de spath calcaire, des pétrifications et des pyrites, il se forme des enfoncements linéaires ou irrégulièrement arrondis, qui finissent par donner lieu à l'érosion labyrinthiforme. Dans tous les cas, les parties les plus tendres et les plus terreuses de la roche sont les premières entraînées, lavées ou perforées, tandis que les portions les plus dures, les concrétions siliceuses, les fragments de coquilles, de mollusques résistent plus longtemps. Souvent une vaste étendue de rochers ne consiste plus qu'en une espèce de squelette gigantesque, formé de cloisons amincies et enchevêtrées, entre lesquelles on placerait, sur certains points, une maison, tandis qu'ailleurs on introduirait à peine la main. L'eau a totalement enlevé les parties molles, comparables à la chair, qui existaient primitivement dans les lacunes de ce squelette d'une montagne.

Jusqu'à un niveau de 5000', les lapiaz sont encore en partie cachés par des rhododendrons et des genévriers, ou çà et là couverts de gazon et semés de fleurs. Dans certaines positions favorables, les détritus de la roche supérieure ont pu remplir les cavités et y former de l'humus. Plus haut, les lapiaz sont absolument dénudés; ce n'est partout que rocher fissuré en tous sens, sans trace de source ou même de petit ruisseau, résultant de la fonte des neiges amoncelées pendant l'hiver dans les fissures. Ces dernières absorbent complétement toutes les eaux atmosphériques ou celles qui proviennent de la fonte, et les conduisent par le plus court chemin à l'entonnoir où elles s'engouffrent. Sur beaucoup d'alpes calcaires (ainsi à Schwitz sur le Karrenalp, dans la vallée de Vägi au Rädertenstock), ces entonnoirs sont très-nombreux. Leur diamètre, souvent très-petit, peut atteindre plusieurs centaines de pieds, et au fond ils présentent un trou qui s'ouvre parfois dans des crevasses profondes.

Si les lapiaz sont desséchés, si leurs crevasses, leurs entonnoirs, leurs enfoncements cratériformes absorbent les eaux avec une telle facilité, la base des montagnes qui les supportent doit être d'autant plus riche en sources. A leur pied, en effet, saillissent des sources permanentes ou des sources temporaires très-abondantes. Le grand entonnoir de l'alpe du Räderten absorbe toutes les eaux de pluie et de neige de la contrée, elles descendent par des crevasses dans un grand réservoir souterrain, auquel on peut parvenir en suivant le couloir de la grotte appelée *trou du chien*. Par de fortes pluies, ou lorsque la fonte des neiges est rapide, l'eau tombe en mugissant dans la grotte par une fente, et se précipite avec violence dans la vallée. Souvent les lapiaz sont en communication avec les soupiraux naturels que nous avons déjà décrits.

Les lapiaz les plus considérables et les plus connus existent sur le Faulhorn, la Gemmi, les Ravins, le Sanetsch, la Tour d'Ay, le Brunig, au Kaiserstock, au Wellenstock, au Rigidalstock, dans les montagnes de la vallée de Väggi, au Vindgelle, dans les montagnes de la vallée de la Muotta, aux Churfirsten, au Sentis, et sur d'autres points des Alpes. Il en existe aussi aux endroits désignés du Jura.

L'action des lapiaz sur les plantes et les animaux est à peu près la même que celle des glaciers. Ce ne sont pas des localités favorables au développement organique. Pendant l'été, les calcaires blancs reflètent les rayons solaires et rendent intolérable la chaleur, que ne modèrent ni arbres ni ruisseaux. Le touriste, le chasseur de chamois, le pâtre, évitent ces surfaces désolées, où la marche est difficile et dangereuse. Les bergers ferment au moyen de clôtures les pâturages adjacents, afin que pendant les temps de brouillard ou d'orage, le bétail ne puisse s'égarer au milieu de ce dédale. Parmi les oiseaux, les choquards et les accenteurs hantent les lapiaz; souvent aussi les lagopèdes courent sur leurs rochers et se cachent volontiers dans leurs enfoncements inaccessibles. Les marmottes s'établissent aussi dans les parties inférieures des lapiaz, et en utilisent les couloirs pour la construction de leurs terriers. Pendant l'été, les renards viennent y chercher un refuge, ou les parcourent en tapinois et y font la chasse aux oiseaux.

CHAPITRE II.

LES PLANTES ALPINES.

Pâturages dans les Alpes. — Limite de la végétation arborescente dans les différentes parties des Alpes. — Recul de cette limite à des niveaux inférieurs. — Les sapins isolés et leur âge. — Les mélèzes et les aroles. — Histoire naturelle des cèdres des Alpes. — Formes naines et rabougries. — Les pins. — Caractère des fleurs des Alpes. — Leur abondance; richesse de leur coloration. — Roses des Alpes. — Plantes fourragères célèbres. — Altitude des limites de culture de certains végétaux. — Comparaison avec les phénomènes du même genre dans les Indes et l'Himalaya.

L'étude des êtres organisés de nos hautes montagnes va nous faire trouver des charmes nouveaux à ces régions dont toutes les productions portent le cachet alpin. Le tapis végétal, quoique composé d'un nombre d'espèces moins considérable que dans la montagne et dans les vallées, n'a cependant rien perdu de son attrait, de son éclat et de son épaisseur. Les nouveaux types de plantes qui remplacent ceux de la plaine compensent leur moindre variété par leur beauté, leur parfum, la vigueur et les teintes particulières de leur coloris. C'est la patrie de ces délicieux pâturages alpins, couverts d'un gazon court, serré, verdoyant, parsemé de fleurs et abondamment fourni des plantes les plus savoureuses, pâturages qui servent de séjour pendant l'été à des milliers de troupeaux. C'est là que s'étalent ces pentes herbeuses qui retentissent du bruit des clochettes et des roulades des bergers; chèvres et chamois y paissent côte à côte; la marmotte y prend ses ébats et effraie les couples timides des lagopèdes; le lämmergeier y enlève dans ses serres le lièvre des Alpes. Mais à côté de ces pâturages parfumés s'étendent d'immenses nappes de lapiaz et des terrains dévastés qu'ont couverts les cailloux entraînés par les torrents. Au-dessus et au-dessous, des parois escarpées dont les hauteurs s'estiment par milliers de pieds, s'étagent les unes sur les autres et bordent des terrasses, qui s'élèvent en gradins vers les sommets qu'elles supportent. Des ruisseaux qui roulent des eaux glacées y murmurent dans leurs lits profondément encaissés. Des bassins nivelés et pierreux, abandonnés par les glaciers, s'allongent tristement au milieu de ces plateaux de verdure.

Nulle part la nature n'offre des contrastes plus tranchés ; nulle part elle n'a semé avec plus de profusion ses créations les plus gracieuses et ses plus sombres horreurs ; nulle part les hommes, successivement sous l'impression d'une douce quiétude ou d'émotions saisissantes, ne tournent plus humblement leurs regards vers l'auteur de cette grande nature et ne sentent plus intimement sa présence. Les habitants des plaines croient souvent que la région montagneuse passe par des transitions insensibles à la région alpine ; ils se figurent la chaîne des Alpes comme une réunion de montagnes coniques, boisées à la base, tapissées vers les sommets de pâturages verdoyants, et dont les plus élevées seules seraient couvertes de neige vers leurs cimes. Cette forme adoucie des montagnes est très-rare, et ne se présente que çà et là dans les avant-monts ou les rameaux secondaires des chaînes ; ordinairement et spécialement dans les montagnes calcaires, les pâturages de la région montagneuse sont déjà sur des gradins escarpés, entre des parois de rochers et des abîmes. Au-dessus d'eux s'étagent de nouveaux gradins plus ou moins inclinés, couverts encore de forêts, de petites surfaces gazonnées ou de talus d'éboulement très-rapides. Ce n'est qu'après avoir escaladé ces terrasses superposées qu'on arrive enfin aux pâturages alpins, qui se prolongent jusqu'à la limite de la végétation, et sont d'autant plus étendus que leur pente est plus faible. Les sommités, même celles qui n'atteignent pas 8000′ d'altitude, se terminent très-rarement par des pointes vertes. Elles sont plutôt couronnées de coupoles rocheuses ou de pitons escarpés, qui ne portent sur leurs flancs que quelques rares surfaces couvertes d'herbes. En général, il règne une variété infinie dans la répartition du gris, du vert, des pâturages et des bandes herbeuses, des rochers, des gorges, des forêts et des ruisseaux; la forme des montagnes et la déclivité de leurs pentes ne varient pas moins. Il n'est pas rare de rencontrer dans les Alpes des massifs colossaux dont la base a plusieurs milles carrés de superficie, et sur les flancs immenses desquels il est impossible de signaler une place gazonnée assez étendue pour mériter le nom de pâturage. Ces colosses ne s'élèvent pas, comme on pourrait le croire, au milieu d'autres coupoles, au-dessus de plateaux alpins ou de hautes vallées; ils s'élancent presque verticalement et tout d'un jet au-dessus des vallées inférieures, jusqu'à 6000 ou 7000' de hauteur relative. Ces montagnes ont un aspect imposant, mais le regard ne s'y arrête pas volontiers. Il n'y a sur ces pyramides calcaires, larges et hautes de quelques lieues, ni forêt, si petite qu'elle soit, ni pentes verdoyantes, ni chalets. Partout des parois grises s'étagent les unes au-dessus des autres, séparées par des couloirs d'avalanches ou des ravins profondément encaissés. La couleur grise est la seule qui colore leurs flancs décharnés, avec toutes ses nuances intermédiaires qui passent du noir au brun, au jaune et au blanc. Naturellement cette forme des montagnes ne les rend pas habitables pour des animaux supérieurs en grand nombre, car la présence de ceux-ci dépend toujours de la richesse de la végétation. Les renards eux-mêmes, cette lèpre de la montagne, y sont rares. Quelques perdrix, quelques grimpereaux et hirondelles, des accenteurs, des faucons, quelques familles de chamois, sont les seuls occupants de ces immenses pentes rocheuses. Malgré des escarpements à donner le vertige, les chamois savent circuler de terrasse en terrasse, et trouver leur chemin au milieu des plis et des crevasses dont est sillonné le large manteau de la montagne; ils vivent assez tranquillement sur les arêtes inaccessibles, et ne paraissent pas les abandonner pendant l'hiver, car ils trouvent quelque abri pendant cette saison dans certaines crevasses ou cavernes, et une maigre nourriture aux endroits toujours balayés par le vent, où la neige ne peut prendre pied. Malgré la prudence de ces chamois, les éboulements de pierres et les avalanches en entraînent souvent quelques-uns dans l'abîme.

Quand on embrasse d'un seul coup d'œil toute l'étendue de la ceinture qui enlace les Alpes entre 4000 et 7000′, on la trouve divisée par la végétation en deux moitiés très-distinctes. En s'élevant dans la région alpine depuis sa limite inférieure, où elle touche à la région montagneuse, on voit disparaître, à peu près au milieu, les forêts de quelque importance et même les arbres isolés; des individus rabougris, puis des buissons, des arbustes nains les remplacent et cessent eux-mêmes de végéter à des niveaux inférieurs à 7000′. Cette ligne, qui indique la limite de la végétation des arbres, a une importance considérable pour l'existence des animaux qui est intimement liée à celle des forêts et des buissons. Il est très-difficile d'indiquer d'une manière absolue son niveau, non-seulement parce qu'à des époques anciennes il s'élevait bien plus haut qu'aujourd'hui, mais parce qu'il varie dans les différentes chaînes et sur les pentes tournées au nord et au midi. Les vents dominants, la fertilité ou la stérilité du sol, les éboulements de rochers ou de terre, les avalanches, les torrents, la profondeur des vallées voisines, la latitude, n'ont pas moins d'importance pour la détermination de cette limite supérieure des forêts. On peut, sans se tromper, la placer en général entre 5000 et 6000′, en ne tenant pas compte des arbres isolés et rabougris qui s'élèvent encore au-dessus.

De même que le Liban, jadis si bien boisé, ne porte plus sur ses sommets que quelques-uns de ses cèdres renommés, la forêt a aussi disparu dans les Alpes et a fait place à des glaciers ou à des déserts rocailleux, même dans des montagnes de hauteur moyenne. Le Valle di Peccia (*peccia* en roman signifie sapin), au-dessus de Lavizarro, vallée jadis remplie de sapins, produit à peine aujourd'hui le bois de chauffage indispensable à un petit nombre d'habitants. Sur d'autres points, il n'est pas rare de traverser de grandes surfaces couvertes de troncs desséchés de sapins et de mélèzes, qui se dressent, blanchis par le temps, sans qu'on puisse s'expliquer la cause d'un phénomène aussi surprenant[1]. Quant à la possibilité d'une recrue, il ne peut plus en être question. Sur une ancienne carte de la Suisse, on voit figurée à la source de l'Aar une grande forêt; elle indique aussi des défrichements dans le Rheinwald, près des sources du Rhin inférieur, où jadis nichaient une grande quantité de pies, tandis qu'aujourd'hui les nids d'hirondelles y sont inhabités.

Des glaciers azurés remplissent actuellement des vallées qui anciennement étaient couvertes de forêts ou de pâturages précieux. Dans la partie supérieure du val d'Avers, on brûle le crottin desséché des moutons et des chèvres, et certaine prophétie que fit un habitant du pays alors que des forêts épaisses tapissaient encore les pentes de la vallée, se trouve aujourd'hui littéralement réalisée. Voyant combien les montagnards mésusaient du combustible, il s'écria : « Le jour viendra, où il faudra faire deux lieues vers le bas de la vallée pour trouver seulement les verges d'un balai. » Sur le sommet de la Stella, que gravissent à peine aujourd'hui les chasseurs de chamois et sur lequel nous avons trouvé en juillet plus de dix pieds de neige, il s'élevait encore au temps de Scheuchzer, un tronc de pin desséché de plus d'un pied et demi de diamètre. Sprecher appelle pays boisé la Tschappina (5050'), localité aujourd'hui déserte et dénudée. Il fait dériver de *sylva rhœta* (forêt rhétique) le nom de la Selveretta, montagne actuellement couverte de glaciers. De vieux aroles, des pins et des mélèzes de grande taille se dressent en-

[1] A l'extrémité du glacier de Findelen, près de Zermatt, des centaines de troncs d'aroles de plus de quatre pieds de diamètre se dressent desséchés et bizarrement contournés sur d'anciennes moraines atteintes aujourd'hui par le glacier. Nous croyons que cet avancement des glaciers, en abaissant la température moyenne des vallées qu'ils atteignent, arrête la végétation des aroles, les fait périr et les empêche de repousser.

(*Note du traducteur.*)

core çà et là isolés (par exemple, à l'extrémité du glacier de l'Aar, à Tschuggen, sur la Fluela), tristes et derniers représentants de forêts disparues. On rencontre de grosses racines à des hauteurs où ne végètent plus même des buissons, comme sur les cols du Splugen et du Juliers. Le petit bois qui domine Andermatt est le seul reste des hautes forêts de la vallée d'Urseren, aujourd'hui dépourvue de toute végétation qui mérite le nom d'arborescente. Sur les hauteurs du Sanetsch, près du glacier de Valsorey, dans l'Entremont et dans beaucoup de localités des Alpes valaisannes, on rencontrait encore récemment des débris de grands arbres bien au-dessus de la limite actuelle des forêts. Sur le passage qui conduit d'Engelberg à la vallée de Brienz, se dresse encore (par 6100') sur l'alpe d'Engstlen, complétement dénudée, un gros tronc solitaire appelé l'arole des mendiants. Pendant la construction de la nouvelle route du Simplon, on retira de terre, sur le sommet du passage où les forêts ont depuis longtemps disparu, de fortes racines de mélèze.

Quelle peut être la cause de ce dépérissement constaté dans tous les immenses districts forestiers des Alpes? Sans aucun doute, il a sa raison d'être dans les habitudes absurdes et barbares des vachers et des bergers, dans l'emploi excessif du bois destiné au chauffage, aux constructions et à l'exploitation des mines, dans la légèreté avec laquelle on vend à des spéculateurs étrangers les plus grandes et les plus belles forêts[1]; les

[1] Cela a lieu en grand dans les Grisons : en 1853, une commune de ce canton a vendu à des spéculateurs étrangers pour trente mille francs environ une forêt, dont une estimation faite par des experts après la vente, a fixé la valeur réelle à 750,000 fr.! La commune de Zernez, dans l'Engadine, possède d'immenses forêts d'aroles, de mélèzes et de pins. Il y a environ trente ans que, voulant gagner du terrain pour la culture des céréales, elle offrit gratis de grandes surfaces de forêts à ceux qui s'engageraient à les avoir défrichées au bout d'un certain nombre d'années. Ne trouvant point d'amateurs, elle eut recours à un moyen énergique et fit incendier ses forêts. Aujourd'hui des spéculateurs y coupent chaque année des milliers de cordes de bois, qu'ils font flotter à destination d'Inspruck.

avalanches et les trombes qu'elles déterminent, brisent en quelques minutes des milliers d'arbres; les débordements des torrents, les éboulements de terre et de rochers, la chute des glaces, les incendies, d'innombrables troupeaux de vaches, de moutons et surtout de chèvres détruisent comme à l'envi les anciennes forêts et empêchent qu'il n'en repousse de nouvelles. Ajoutons à ces causes de déboisement l'incroyable indifférence qui existe partout dans les Alpes à l'égard du reboisement, et, en général, à l'égard d'un aménagement quelconque des forêts. Lorsque des bois tout entiers ont été abattus, les éboulements de neige, la pluie, le vent, les ruisseaux, emportent peu à peu la terre végétale; la couche d'humus est si mince dans les clairières que la recrue qui pourrait à la rigueur s'y développer serait bientôt brûlée par le soleil, écrasée sous la neige ou enlevée par les vents d'orage. La pauvre couche de terre végétale est abandonnée aux caprices de tous les éléments. Pendant l'été, la chaleur la dessèche jusqu'au fond, et alors les pluies violentes entraînent cette croûte crevassée. De grandes surfaces, jadis couvertes de forêts magnifiques, sont devenues ainsi stériles ou tout au plus propres à nourrir quelques buissons. Cela n'a pas seulement une influence fâcheuse sur le point directement frappé de stérilité; tout le voisinage s'en ressent d'une manière défavorable, car c'est la présence des forêts qui détermine en partie la douceur du climat, la chute de la pluie, l'abondance des sources, la fertilité du sol. Les forêts protégent la contrée contre les avalanches, et les régions inférieures contre les inondations. En un mot, c'est d'elles que dépend en grande partie la possibilité de la culture et du séjour dans les hautes vallées et la sécurité des pentes inférieures.

Quelques naturalistes croient que ce dépérissement des forêts est une conséquence naturelle de l'abaissement que subit la température moyenne dans toutes les Alpes, abaissement qui depuis quatre-vingts à cent ans a provoqué la formation de beaucoup de nouveaux glaciers, en même temps que la cessation de la culture de la vigne et des arbres fruitiers dans des localités où ces cultures ont positivement existé. Admettant une espèce de rotation périodique dans la température générale, ils démontrent par l'éloignement d'anciennes moraines des glaciers qui les ont jadis déposées que dans des époques antérieures la température était encore plus basse qu'aujourd'hui, et ils croient que nous sommes arrivés à la fin d'une époque de refroidissement. Il est sans doute suffisamment établi que des changements dans la température atmosphérique peuvent avoir lieu par suite d'importantes modifications telluriques. Sous ce rapport, la grande extension antéhistorique des glaciers peut provenir de révolutions considérables arrivées à la surface du continent africain. Quant à un nouveau refroidissement de nos latitudes, il ne peut guère en être question, et cet abaissement de la limite des forêts paraît être motivé par les circonstances locales que nous venons d'énumérer.

Nous avons admis 5000 à 6000' d'altitude absolue comme limite moyenne de l'extension verticale des forêts dans les Alpes suisses. Ceci n'implique nullement que les flancs de toutes les vallées et toutes les chaînes soient en réalité tapissées de forêts jusqu'à ce niveau, ou même que le développement des forêts y soit partout possible. Les coupes faites sur de vastes espaces ont déjà provoqué sur beaucoup de points la stérilité du sol; l'escarpement des pentes, l'âpreté des vents, le manque de chaleur solaire, la mauvaise qualité du terrain, ont eu pour effet, dans beaucoup de localités des Alpes et en particulier sur les revers septentrionaux, d'arrêter la croissance des forêts à quelques mille pieds au-dessous de leur limite naturelle. Dans le massif du Sentis, sur l'alpe de Meglis (4592'), les bergers cherchent le bois dont ils ont besoin à des distances de plusieurs lieues, et l'apportent sur leur dos. Le sommet du Kamor (5292') est bien plus élevé que les dernières forêts; sur beaucoup de montagnes dans l'Appenzell les bois ne dépassent pas 4000'. Les forêts restent à plus de 2000' au-dessous des rochers du sommet du Mythen près de Schwitz (4470'). Les sommets du Righi (5550'), du Pilate et de beaucoup d'autres chaînes basses sont dénudés. Le revers méridional des montagnes qui bordent le lac de Brienz cesse d'être couvert de bois à 5000', et les sapins s'y dessèchent dès qu'ils ont atteint quelques pieds de hauteur. Ces arbres, qui dans le Jura commencent à apparaître à 2200' (sur le revers nord un peu au-dessous), n'atteignent que rabougris 4600' au Chasseral, et à 5000' il n'en existe plus dans le Jura, de sorte que la limite de la végétation des arbres peut être fixée pour cette chaîne à 4600'. Dans la vallée de Wæggi, les forêts ne s'élèvent pas au-dessus de 4000'. Dans le canton de Glaris, les sapins rouges montent à 5000' sur les revers nord, et à 5800' sur les pentes exposées au midi, et encore ne s'élèvent-ils si haut que sur des montagnes isolées qui ne servent pas de contreforts aux hautes Alpes. Sur la Sandalp, dans le Klönthal et le Sernfthal les sapins atteignent à peine 5000'. Nulle part dans les Alpes, les forêts ne montent si haut qu'aux Grisons; elles y atteignent en moyenne 6500', et même 7000', quoique sur certains points elles s'arrêtent déjà plus bas, ainsi à Parpan, 5669', au Valserberg, 6100'. Dans le Tessin, leur limite est à 5000'. Au Valais, on l'a fixée à 6300', et le sapin s'y élève çà et là à 6420'. Dans le canton de Berne, Kasthofer admet que le sapin rouge cesse de végéter à 6200' et le sapin blanc à 5000'. Pour la Suisse prise dans son ensemble, une hauteur absolue de 5500' peut être considérée comme la limite de la végétation arborescente. Dans le midi, elle s'élève un peu plus haut. Dans le Tyrol, le sapin dépasse rarement 5200'. Dans les Pyrénées, on ne le rencontre que très-haut, et il manque à l'Europe méridionale et dans le Caucase.

Les forêts de la région alpine ont un autre aspect que celles de la région montagneuse. Elles sont plus clairsemées, ne s'étendent pas en aussi vastes nappes et se décomposent, à mesure qu'elles s'élèvent, en fractions séparées et interrompues par des couloirs d'avalanches, des lits de torrents, des escarpements et des talus d'éboulements. Néanmoins elles sont encore extrêmement pittoresques, surtout dans les endroits où d'énormes blocs calcaires, granitiques ou dolomitiques, tapissés de longues mousses et de buissons, se dressent sous leur voûte sombre. Ailleurs leur aspect est désolé ; ce ne sont, comme à l'extrémité du glacier de Zmutt, que des troncs à demi desséchés de mélèzes et d'aroles, rompus par les avalanches ou tordus et inclinés par la pression du glacier. Souvent dans certaines localités, où les pentes sont exposées en plein au souffle de vents violents, la végétation des arbres reste stationnaire et la forêt cesse de prospérer. Nous en connaissons qui depuis soixante à soixante-dix ans ne se sont pas élevés de quatre pieds, tandis que dans le voisinage leur accroissement est régulier.

Les bois feuillus s'arrêtent plus bas que les sapins. Dans beaucoup d'endroits, ils tendent à être remplacés par des mélèzes et une espèce de conifère particulière aux Alpes, l'arole ou pin cembre. La taille des arbres ne diminue pas sensiblement à mesure qu'ils s'élèvent. Les derniers sapins mesurent encore 50 à 60 pieds en longueur, mais leurs troncs sont moins élancés, plus coniques que ceux des sapins inférieurs, et leurs branches plus pendantes. Sur des pentes très-inclinées, il est fort rare de les voir s'élever perpendiculairement dès la base. Le poids de la couche de neige que l'arbre empêche de glisser et qui atteint souvent l'épaisseur de cinq à six pieds, fait fléchir la jeune plante, de sorte qu'après avoir été ainsi courbée, elle ne commence à croître verticalement que lorsqu'elle s'est élevée au-dessus des atteintes de la couche de neige. Plus haut apparaissent encore des arbres rabougris, au milieu desquels se dressent solitaires quelques troncs énormes de sapins, de mélèzes ou d'aroles. Sur les pentes exposées au nord, les forêts de sapins ont déjà à 4500' un aspect décrépit et maladif, le tapis de buissons et de verdure leur manque, et les troncs sont en partie couverts de mousse, desséchés ou brisés.

Dans la plupart des forêts, des sapins énormes, qu'on nomme au pays de Vaud les *gogants*, élèvent leurs cimes bien au-dessus des autres. Leurs branches très-inclinées et touffues commencent déjà à se détacher du tronc à cinq ou six pieds de sa base, et s'élèvent jusqu'au sommet en formant une superbe pyramide d'un vert foncé. Des lichens séculaires, verdâtres, longs de plusieurs mètres, dernière ressource des chamois affamés par un long hiver, pendent de leurs branches épaisses. Souvent la foudre a brisé la cime, sillonné et déchiré le tronc, mais les vigoureux rameaux qui s'en détachent se sont redressés et continuent à s'élever comme une seconde génération d'arbres enracinés sur le tronc primitif. Chèvres, moutons, vaches, lièvres, tétras et passants cherchent, pendant les averses et les tourmentes, un abri sous leurs branches protectrices. Les chats sauvages et les lynx aiment à se cacher dans leur épais feuillage. Le renard creuse son terrier entre leurs racines, l'ours même trouve à s'y loger; le pic tridactyle frappe de son bec et perfore leur rugueuse écorce, pendant que le merle à plastron et le tétras à queue fourchue trouvent une cachette assurée au milieu du fouillis d'aiguilles de leurs rameaux. Souvent ces gogants atteignent une hauteur de 100′ à 130′, et ont à deux pieds au-dessus du sol un diamètre de quatre à cinq pieds. Or, comme au bout de cent ans un sapin n'a que quinze pouces de diamètre, et vingt à vingt-quatre pouces au bout de cent cinquante ans, il faut nécessairement estimer à quatre ou cinq siècles l'âge de ces énormes sapins. Et pourtant les plus grands et les plus beaux d'entre ceux qui croissent dans nos forêts n'ont que la taille d'enfants, si on les compare à certains de leurs congénères exotiques, à l'*araucaria excelsa* du Brésil, qui s'élève à 240′, aux sapins de Lambert de l'Amérique septentrionale, qui atteignent 220′, aux pins de Veymouth du New-Hampshire, de 250′, ou à la *sequoia gigantea* de la Nouvelle Californie, qui se dresse à plus de 280′, a plus grande hauteur à laquelle atteignent les arbres et parmi eux les conifères seulement.

Dans les montagnes, les arbres croissent lentement à cause du peu d'épaisseur de la terre végétale, de la longueur du froid de l'hiver et de la brièveté de l'été. Leur bois est en revanche plus compacte, plus dur, plus blanc et plus élastique que celui des arbres qui ont crû plus bas. Lorsque le sol est fertile et riche, les arbres croissent rapidement, même dans les montagnes, mais leur bois prend une fibre grossière, il reste tendre, cassant, la pourriture l'attaque facilement au cœur. On a trouvé qu'au bord du lac de Thoune, il faut à un sapin quarante ans, 2000′ plus haut, sur le Beatenberg, soixante ans, et 1000′ plus haut, quatre-vingts ans pour atteindre un diamètre de seize pouces. Avec le hêtre, presque tous les bois feuillus s'arrêtent à la base de la région alpine; l'érable, quoique enfant de la montagne, ne monte pas au delà de 5000′ sur les pentes méridionales des Alpes glaronnaises; aux Grisons, il ne dépasse pas 4600′, et au canton de Berne 4300′; exceptionnellement on l'y rencontre encore à 5000′; en revanche, dans l'Engadine, le tremble atteint comme arbre 5200′, comme buisson 5400′; le bouleau monte à 6000′ dans le val d'Albigna, et s'élève, en se rabougrissant, jusqu'à la limite des neiges. L'aulne arrive à 6000′ dans le Scarlthal et accompagne les mélèzes; dans les Alpes occidentales, il reste à des niveaux inférieurs. Le sorbier sauvage, qui sous la zone subarctique accompagne le bouleau nain jusqu'à la limite septentrionale de la végétation, s'arrête en général dans les Alpes au-dessous de 5000′. Près de Casaccia, on le rencontre encore à peu de distance du sommet de la Maloya à 5700′. Le saule à feuilles de laurier et d'autres espèces de saules ne sont plus à ces hauteurs que des arbrisseaux.

Les vrais arbres de l'alpe sont les conifères, végétaux dont la vitalité est aussi tenace que leur aspect est modeste. Dans les Alpes occidentales et septentrionales les sapins rouges forment le noyau des forêts, et nous avons déjà indiqué leur élévation. Dans les Grisons, au contraire, où le sapin rouge prospère encore à 6200′, comme dans l'Oberland bernois, et même à 7000′, dans le Münsterthal, les mélèzes, les pins et les aroles constituent avec lui les forêts les plus élevées. Dans la région montagneuse, ce sont les sapins qui prédominent; dans les Alpes, les mélèzes rivalisent en nombre avec eux. Dans le Jura, les mélèzes sont rares et s'élèvent jusqu'à 5500′; dans le canton de Glaris, ils constituent avec les sapins les forêts jusqu'à 6000′; dans l'Engadine, ils arrivent à 6700′, et sont plus répandus que les sapins. A la partie supérieure de la région alpine jusqu'à la région des neiges, ce sont les pins qui l'emportent, surtout dans les parties méridionales et orientales des Grisons. Les mélèzes, qui de tous les conifères produisent la meilleure térébenthine, forment de superbes forêts entre 4000' et 7000', et se dressent encore à la Fluela, au Roseg et à la Bernina au milieu du tapis de verdure formé par la *linnea borealis*. Sur le flanc méridional de la vallée de Saint-Maurice, ils montent jusqu'à 6983'; près de Scarl et sur l'alpe de Remus, jusqu'à 7150; sur le revers méridional de l'Albula, à 6560'; dans le val Fettan, à 6620'; à la Scaletta, à 6630'; dans d'autres endroits de l'Engadine, à 7250', et même à 7360' sur le penchant méridional des Alpes. Dans le canton de Berne, les mélèzes ne dépassent pas 6200'; dans le Valais, ils atteignent sans distinction d'exposition 6650'. C'est même sur les hauteurs que les mélèzes prospèrent le mieux et acquièrent les dimensions les plus considérables; ils y croissent lentement et s'y dressent perpendiculairement. Plus bas, ils croissent au contraire trop vite, sont moins vigoureux et s'inclinent sous l'effort du vent. Au-dessus du hameau d'Imfeld, dans le Binnenthal, par 5000', on trouve des mélèzes de six à sept pieds de diamètre, tandis qu'à des niveaux inférieurs dans le Jura, ils n'ont que douze à quinze pieds de tour. Ces patriarches de la forêt s'élèvent isolés au milieu des prés, et semblent les débris d'un monde étrange et déjà oublié.

Le pin ordinaire (*pinus silvestris*), le moins répandu de tous les conifères, ne forme pas souvent des forêts de quelque étendue, et, quand cela a lieu, elles recouvrent des terrains d'alluvion. Plus capricieux que ses congénères, il manque souvent sur des montagnes entières, ou n'atteint pas la région alpine, tandis qu'en d'autres endroits, il se dresse encore plein de vigueur à plus de 6000'. Dans les Alpes rhétiques, il atteint en moyenne 5500', et existe disséminé dans les forêts d'aroles jusqu'à 6000'. De grands sapins blancs de six à sept pieds de diamètre couronnent encore la Dôle (5000') dans le Jura, mais à ce niveau ils ne forment plus de forêts dans les Grisons. Ce sapin est quelquefois isolé et gigantesque, comme les sapins rouges surnommés gogants. L'arole (*pinus cembra*) est encore au-dessus de 7000' le dernier représentant de la végétation arborescente, et, dans la haute Engadine, ses fruits mûrissent à côté et même au-dessus des glaciers. Il ne prospère pas au-dessous de la région alpine ; à Soglio cependant, dans la Bergaglia, ce cèdre des hautes Alpes se dresse à côté du châtaignier, l'ornement des plaines de l'heureuse Italie.

L'arole est un arbre magnifique de 50 à 80 pieds de hauteur. De son tronc gris et rugueux se détachent des branches horizontales portant, à leur extrémité seulement, des touffes de feuillage, qui se recourbent pour se dresser comme les candélabres des lustres. Ce feuillage est formé de feuilles en aiguilles longues de deux à trois pouces. Très-haut dans les Alpes s'élèvent encore des aroles qui ont plus de douze pieds de tour au-dessus de la racine et sont âgés d'au moins six cents ans. Leurs troncs creux à demi brisés, presque desséchés, opposent à l'orage quelques branches couvertes de verdure et qui produisent des fleurs et des pignons. Ces cônes cachent sous leurs écailles durcies trente ou quarante petites noix triangulaires, qui renferment une amande huileuse d'un goût exquis. Malheureusement, pour se procurer ces cônes, les montagnards maltraitent parfois horriblement les arbres auxquels ils sont suspendus. Les aroles sont résineux ; leur bois léger est presque imputrescible, il a la fibre fine, une odeur aromatique, et sa couleur blanche ne tarde pas à devenir rougeâtre. Les mélèzes préfèrent les terrains secs, tandis que les aroles acquièrent toute leur vigueur sur des terrains frais et même humides. Ils ne craignent pas le voisinage des glaciers, endurent les froids les plus vifs et les plus persistants, aiment les filets d'eau qui suintent des rochers, et résistent à l'ouragan, grâce à leurs puissantes racines qui se prolongent loin du tronc. Dans la plus grande partie de la Suisse, cet arbre précieux, le cèdre de nos montagnes, est tout à fait inconnu, parce que les limites de son extension horizontale sont assez étroites.

L'arole se rencontre isolé ou par petits groupes aux Diablerets, au passage du Pillon, dans les forêts de Morcles, dans la vallée des Ormonds et à la croix des Arpilles, localités vaudoises, dans les vallées de Gentel et d'Engstelen, au Grimsel, sur le col qui sépare Lauterbrunnen et Grindelwald, près du glacier de Trift. L'antique forêt d'aroles au Tschuggen dépérit et meurt, sans que les habitants du voisinage essaient de la renouveler, parce qu'ils affirment, non sans raison, que ces grandes forêts empêchent la fonte des neiges, refroidissent le climat, et rendent marécageux le fond des vallées. Sur ces hauteurs, ils n'ont, du reste, que faire de beaucoup de bois. L'arole existe dans les montagnes qui dominent Louèche, au-dessus de Zermatt, sur le Riffelberg. Dans le canton de Glaris, on le rencontre au-dessus du petit lac du Viggis, au Murtschenstock, au bord du lac de Murg, où il atteint 6000'. C'est un des arbres les plus rares et les plus rapprochés des neiges dans le canton de Glaris. Nulle part l'arole n'est plus beau, plus abondant que dans les Alpes grisonnes, où il forme souvent d'immenses forêts qu'on ne traverse point en un jour tout entier. Dans la plus grande partie des Alpes suisses cet arbre n'apparaît pas même isolé; mais on le trouve, du reste, çà et là dans toute l'étendue de la chaîne, depuis le Dauphiné jusqu'aux Karpathes, où il ne dépasse pas 4800'. En Sibérie et dans l'Altaï, entre 4000 et 6500', l'arole atteint 100 à 120 pieds d'élévation. Cet arbre croît très-lentement; il préfère les pentes exposées au nord, et reste faible et délicat jusqu'à sa sixième année. Un arole de six pieds et demi de haut, dont l'écorce était encore parfaitement lisse, était âgé de soixante-dix ans. Un autre, dont le diamètre était d'un pied et sept pouces, présentait 350 lignes d'accroissement annuel. Cependant l'estimation de l'âge des arbres, basée sur le nombre de ces lignes, n'est pas toujours exacte, et l'âge de mille ans, attribué d'après cette méthode à certains aroles, pourrait être exagéré. C'est de cet accroissement extrêmement lent de l'arole que provient l'extrême dureté et l'imputrescibilité de ce beau bois, dont l'odeur balsamique fait fuir les teignes. Les points les plus élevés où croissent des aroles sont: la Frela, au-dessus de Livino

(7389'), le revers septentrional du passage de la vallée de Munster (7527'), la Bernina (7569'), et le Stelvio, où ils atteignent même 7883'. Ces derniers vestiges de grandes forêts se dressent tristement isolés ou par petits groupes, sont tout décrépits et n'ont pas même de buissons à leur pied. Plus haut cependant, le sol tourbeux renferme sans doute encore les restes des troncs des anciennes forêts. Presque toutes les tentatives faites pour acclimater l'arole dans la plaine sont restées sans résultats. Un quart d'heure de soleil tue les plus vigoureux semis. Ainsi, tandis que le cèdre du Liban réussit admirablement dans les cantons de Genève et de Vaud, où il en existe déjà dont la hauteur atteint cinquante-cinq pieds et le diamètre deux pieds, nos cèdres indigènes ne peuvent presque pas s'acclimater dans les forêts de la plaine. Ceux qui ont été plantés dans le jardin botanique de Zurich ont cependant prospéré sans soins particuliers.

Le genévrier ordinaire accompagne les arbres jusqu'à leur limite supérieure. Le genévrier des Alpes (*juniperus nana*) s'élève dans les Grisons à 7000'; il abonde dans la zone des arbres nains, et, vrai buisson cosmopolite, il existe en Sibérie comme au Labrador, et revêt encore à 9000' les flancs des sierras espagnoles. La sabine (*juniperus sabina*) n'est pas rare dans la vallée de Saint-Nicolas, mais ne remonte pas aussi haut vers les sommets. Il est facile d'apprécier l'importance de ces limites d'altitude de la végétation arborescente au point de vue des animaux supérieurs et inférieurs.

Au-dessus des sapins, à côté des mélèzes et des aroles, les arbres nains ou rabougris sont les derniers représentants de la végétation; ils atteignent souvent la région des neiges, et sont beaucoup plus abondants sur les revers germaniques que sur les revers italiens de la chaîne des Alpes. Parmi ces formes réduites, deux ont de l'importance; l'aulne des Alpes (*alnus viridis*) s'élève de quatre à dix pieds et tapisse souvent les pentes des hautes montagnes jusqu'à 7000' de hauteur absolue. Dans toutes les Alpes où n'existent ni mélèzes ni aroles, il fournit, avec deux espèces de pins de montagne, le *pinus humilis*, qui est commun, et le *pinus pumilio*, qui est plus rare, tout le combustible nécessaire aux vachers; dans le canton de Glaris, sa limite dépasse de 200 pieds celle de l'arole. L'histoire naturelle de ces deux espèces de pins n'est pas parfaitement éclaircie; le *pinus humilis* n'est pas une variété rabougrie ou réduite du pin ordinaire, puisqu'il s'acclimate et se propage dans le bas pays en conservant des caractères assez tranchés pour le faire distinguer du pin sylvestre. L'aspect de ces petits pins est très-remarquable et fort pittoresque. Leurs troncs brun rouge, longs de dix à trente pieds, restent couchés sur le sol, et ne se relèvent qu'à leur extrémité, qui forme des pyramides de six à quinze pieds, de sorte que la longueur totale de cet arbuste peut être évaluée de quarante à quarante-cinq pieds. Ses branches s'allongent de tous côtés à partir du tronc, et portent de longues touffes de feuilles aciculées, d'un vert foncé, et de petits cônes brun rouge. Partout où, sur le granit, sur le calcaire, il s'est formé une couche de terre végétale, partout où des racines peuvent trouver quelque nourriture dans les fentes du rocher, partout ce joli arbuste rampant étale sa belle verdure, et cache heureusement les pentes escarpées sous son manteau de verdure. Souvent, fixé au faîte des parois de rochers, il forme à ces murailles grises une bordure verte, et se balance suspendu au-dessus du sombre abîme.

Le pin de montagne constitue dans la basse Engadine des forêts entières et très-étendues, seul ou associé à quelques pins sylvestres et à des aroles. C'est là qu'il atteint son plus beau développement; aussi y rencontre-t-on des individus de cette espèce de cinquante pieds de haut, dont l'âge est d'au moins cent cinquante ans. Néanmoins, leur tronc reste toujours faible, et au bout de cinquante ans, il n'a guère plus de trois pouces de diamètre. C'est un excellent combustible, qu'on flotte jusqu'à Inspruck. On en exploite chaque année au moins six mille cordes dans les forêts d'Ofen.

Les pins de montagne, les pins des Alpes et les aulnes verts ne sont pas seulement d'importants combustibles, ils protégent encore les flancs des montagnes, ils empêchent la formation des avalanches, servent d'abri et de nourriture aux animaux, et provoquent autour d'eux le développement d'une riche florule de plantes alpines. Les buissons s'accrochent à leurs troncs et remontent, même sans eux, les escarpements et les ravins jusqu'au delà des limites de la région alpine. Parmi ces arbustes, on distingue quelques espèces de saules, l'aulne blanc, la sabine et le néflier des Alpes, plus rarement le sureau à grappes, les chèvrefeuilles noirs et bleus, le groseillier des Alpes et le rhododendron. Dans les Alpes de Glaris, les genévriers nains forment à 7100′ la limite supérieure de la végétation des arbres.

Nous l'avons déjà fait observer, cette limite détermine dans la flore de la région alpine une modification profonde. Partout où les forêts existent, la végétation ne porte pas encore le cachet alpin, car dans les forêts les plantes de la plaine sont beaucoup plus nombreuses que celles qui sont particulières à l'alpe. Au delà des derniers bouquets d'arbres, l'inverse ne tarde pas à se produire. Les fleurs de la plaine disparaissent presque complétement et n'entrent plus dans la flore que pour un quart, et plus haut, près de la limite de la région des neiges, pour un septième seulement; enfin, près de la ligne des neiges éternelles, les fleurs du bas pays ont toutes disparu, et quelques algues et champignons sont à ces hauteurs les derniers représentants de la plaine. Au-dessus des forêts, le rapport entre le nombre des plantes phanérogomes et des cryptogames se modifie également tout à coup. Dans la plaine et dans les forêts de l'alpe, le nombre d'espèces de ces deux grandes divisions botaniques était à peu près le même, mais avec les forêts disparaissent beaucoup de cryptogames, tels que les fougères, les champignons, toutes les mousses et les lichens qui croissent sur les troncs d'arbres. Il en résulte que dans la partie supérieure de la région alpine les phanérogames l'emportent de beaucoup sur les cryptogames. Plus près de la région des neiges, l'équilibre se rétablit. Puis, les cryptogames dominent à leur tour, et les mousses et les lichens, déjà communs dans l'alpe, finissent par recouvrir presque seuls tout l'espace où l'absence de la neige permet encore le développement de cette chétive végétation. Au-dessus des forêts, les phanérogames sont presque exclusivement des plantes vivaces, et il ne peut en être autrement, car il suffirait d'un hiver plus long et plus froid que les hivers ordinaires pour empêcher la formation des graines, et faire disparaître entièrement et pour longtemps du tapis végétal toutes les espèces de plantes annuelles. Les plantes vivaces peuvent se propager par des rejets et attendre les étés favorables, pendant lesquels leurs graines mûrissent et reproduisent l'espèce sur des points éloignés. Sur les montagnes élevées et mal exposées, comme il se passe souvent des années avant le retour de ces étés chauds, la plante est réduite à se propager de proche en proche par des rejets, de sorte que chaque espèce finit par vivre en groupes compactes, et recouvrir seule de grands espaces. En tenant compte de ce fait, il est facile de comprendre combien un été chaud ou froid a d'influence sur le tapis végétal dans les Alpes, dont l'aspect varie et se modifie chaque année dans le même endroit.

Plus on s'élève au delà des forêts, plus on voit les végétaux diminuer de hauteur; leur substance se condense, et la vie et la circulation des sucs se concentrent sur un espace plus restreint. Les arbrisseaux deviennent des demi-arbrisseaux, les nombreuses espèces de saules se rabougrissent, ne forment plus que de petits buissons imperceptibles, et puis disparaissent. Les plantes herbacées s'atténuent; les graminées, dont la hauteur atteignait deux ou trois pieds dans la plaine, ne s'élèvent plus qu'à un pied, et enfin à quelques pouces. Tout, dans cet air froid se contracte, se rapproche du sol, dont la température supérieure à celle de l'air est plus favorable à la vie. Chaque plante étend ses feuilles à la surface de la terre végétale au lieu de les laisser s'allonger librement en plein air et en pleine lumière. Il semble que le poids de la neige d'hiver a écrasé les plantes et les a forcées de se coller au sol. Les feuilles elles-mêmes se rétrécissent, mais acquièrent plus de consistance et de rigidité que dans la plaine; souvent elles se couvrent d'une couche de poils veloutée, qui les protége contre l'âpreté de l'air. En revanche, pendant le peu de jours chauds nécessaires à leur développement, les fleurs nourries des sucs de l'excellent terreau de la montagne s'épanouissent très-vite, étalent leurs corolles et deviennent plus grandes que dans la plaine. L'intensité de la lumière, la pureté de l'air, la diminution de la pression atmosphérique, doivent avoir une grande influence sur ce phénomène. Les plantes alpines ont en outre des couleurs plus foncées, plus fraîches, plus vives; au blanc et au jaune des plantes du bas pays viennent se joindre dans l'alpe le bleu indigo le plus éclatant, le rouge le plus ardent, le rose tendre, le brun, qui, en se fonçant, finit par passer au noir; quant au blanc et au jaune, ils apparaissent avec les tons les plus purs et les plus éblouissants. Ce renforcèment des couleurs, qui transforme les nuances pâles des plantes de la plaine en teintes plus vives et plus pures, s'observe aussi dans les régions polaires. Non-seulement les plantes s'y colorent plus vivement, mais sous l'influence d'une lumière non interrompue et du soleil de minuit, leurs couleurs changent complétement, et telle fleur blanche ou d'un violet pâle y passe au pourpre foncé.

Dans les Alpes, la plupart des espèces végétales vivent en société, rapprochées et par groupes compactes; aussi, au milieu du vert si frais des pâturages, ces groupes de fleurs serrées et aux vives couleurs font-ils un effet magique et délicieux. Les pâturages des Alpes sont justement célèbres, et cette richesse de couleurs en fait un digne pendant de l'éclatante végétation des tropiques. La célébrité de la flore des Alpes tient encore à l'abondance des plantes et des fleurs parfumées qui y croissent, depuis la brillante auricule jusqu'à la mousse au parfum de violette (*bissus colithes*) qui tapisse les rochers.

La flore alpine compte proportionnellement beaucoup plus d'espèces aromatiques que celle du bas pays; l'absence de végétaux narcotiques, le petit nombre de plantes âcres et vénéneuses, les caractères tranchés des espèces, la prédominance du goût amer et des principes astringents chez beaucoup de plantes alpines, l'exiguité de leur taille, sont autant de particularités de cette flore, dans laquelle la nature semble avoir négligé la tige et le feuillage pour arriver plus vite et plus sûrement à assurer la reproduction de l'espèce en développant le plus possible la fleur et le fruit. Les familles de plantes phanérogames qui sont le plus richement représentées en espèces dans la région alpine sont, outre les graminées, les cypéracées et les juncacées, les orchidées, les liliacées, les composées, les salicinées, les polygonées, les primulacées, les labiées, les ombellifères, les gentianées, les scrophulariées, les renonculacées, les crucifères, les alsinées, les papilionacées, les silenées, les rosacées et les saxifragées.

De toutes les fleurs des Alpes, la plus délicieuse, celle qui a été le plus souvent et le plus justement admirée et célébrée, celle qui mérite de porter le titre de reine, c'est la rose des Alpes. Rien de plus charmant comme ces buissons qui tapissent de leurs feuilles vertes comme celles du buis des rochers tout entiers et des pentes gazonnées, et d'où s'échappent à profusion d'élégantes corolles cramoisies et des touffes de boutons bruns. Le voyageur salue avec bonheur le premier buisson de rosage des Alpes qu'il rencontre près du sentier, et, malgré la fatigue qui ralentit sa marche, il s'élance vers ces rochers au haut desquels les petites roses se balancent au vent et lui souhaitent la bienvenue dans la nature alpestre. Toujours gracieuses, elles accompagnent sa marche pénible au milieu des labyrinthes de blocs éboulés, contrastant par la vivacité de leurs couleurs avec les teintes grises et sombres de ces débris des sommets. Toujours nouvelles, elles décorent de mille manières les paysages si variés de leur patrie, inclinent leurs corolles pourprées au-dessus de l'écume du torrent, couvrent des pentes entières d'un tapis carminé, que réfléchit le miroir d'un petit lac, ou bien apparaissent disséminées au milieu de la flore multicolore du pâturage. Leurs touffes arrêtent le pied du malheureux qui glisse vers l'abîme; dans les jours froids et brumeux, elles alimentent de leurs tiges le feu qui réchauffe les bergers, et pendant l'hiver leurs bourgeons préservent de la faim les poules de neige transies qui viennent s'y abriter. Le botaniste trouve dans ce joli buisson la mesure du développement progressif de la végétation de l'alpe. A 4000′, les capsules brunes du rhododendron renferment déjà des graines à demi-mûres; à 5000′, ce ne sont que touffes couvertes de fleurs épanouies; à 6000′, la première fleur de la pyramide de boutons s'entr'ouvre seule au sommet, tandis que 500′ plus haut, ces boutons commencent à peine à brunir, incertains qu'ils sont si l'été durera assez pour les faire épanouir. L'aspect qu'offre la rose des Alpes varie beaucoup dans les différentes chaînes. Nulle part ses buissons ne sont plus touffus, ses corolles plus grandes et plus vivement colorées que sur les montagnes cristallines des Grisons. Le rhododendron cilié y apparaît déjà à 2000′, il abonde à 4000′ et s'élève rarement au-dessus de 7000′. Le rhododendron ferrugineux se développe à profusion à 5000′, il monte à 7600′, et croît rarement dans le Jura et dans les Alpes centrales au-dessous de 3000′. On trouve dans l'Appenzell et dans quelques vallées du Valais et du canton de Vaud (près des Teichons, dans le val d'Erin) une variété parfaitement blanche de cette dernière espèce.

La charmante reine de la flore alpine est entourée d'une cour brillante, au milieu de laquelle nulle autre fleur n'ose lui disputer le premier rang, quelque brillante, quelque riche que soit la corolle de ces filles de la montagne. Parmi celles-ci, les gentianes de toutes formes et de toutes couleurs parent les gazons, et plusieurs d'entre elles sont exclusivement alpines. La gentiane pourpre, la gentiane ponctuée, la gentiane jaune, élèvent orgueilleusement leurs touffes brillantes de fleurs au-dessus des végétaux plus bas qui les entourent, tandis que la gentiane à grandes fleurs, la bavaroise et la printannière, émaillent de millions de corolles bleues le gazon récemment reverdi. Dès que la neige disparaît sur les plus hauts pâturages, les corolles lilas et finement découpées de la délicieuse soldanelle des Alpes (*soldanella alpina et Clusii*) se penchent au bord du glacier ou, impatientes de jouir du soleil, traversent la couche de neige et s'ouvrent au-dessus. A côté d'elles, toujours humides de rosée, les grassettes blanches, bleues et jaunes, et les périanthes multicolores du crocus s'épanouissent à l'envi. Des primevères parfumées d'un jaune intense, de charmants saxifrages, recouvrent des rochers entiers; des silènes roses, blancs et rouge foncé, et des mœhringies d'un blanc pur forment, au milieu du gazon, des groupes colorés et visibles de fort loin. De superbes anémones de toute espèce, des globulaires blanches et bleues, de vigoureuses renoncules, des alsinées blanches, des véroniques bleues et rouges, des achillées aux senteurs musquées, des seneçons, des potentilles, le thym parfumé, la délicieuse joubarbe à fleurs rouges, l'aster bleu des Alpes, de charmants dryades, des pédiculaires parasites aux feuilles finement découpées, les ails aux âcres senteurs, qui couvrent souvent de vastes étendues de gravier, de délicates violettes, des orchidées aux mille couleurs, et parmi elles la nigritelle à odeur de vanille (*nigritella angustifolia*), les jolis daphnés non moins odorants, les armoises aromatiques, les campanules et les hieraciums aux touffes pesantes, l'ancolie bleue des Alpes, les tussilages multicolores, les papilionacées aux nuances variées, les épilobes des Alpes, les myosotis bleus des Alpes aux feuilles argentées, les primevères si jolies et si nombreuses, les linaires et les raiponcés bleus, le petit pavot orange des Alpes, les délicieuses aretia, les singulières gnaphales, les guirlandes et les touffes vertes et épaisses des azalées, toutes émaillent le pâturage, attirent les regards et sont les préférées dans la flore de l'alpe.

Chacune de ces plantes a sa saison, son rôle et ses endroits de prédilection. Les unes décorent des rochers nus, d'autres croissent au bord de l'eau blanche qui s'écoule du glacier, près des ruisseaux, sur les rivages des lacs alpins; il en est qui s'élèvent sur les éboulements, dans les forêts, au milieu des buissons; d'autres s'épanouissent à côté du glacier ou sur les flancs des ravins encombrés de neige; elles entourent les chalets, parent les pâturages, ou s'établissent sur la couche mince d'humus qui couvre le roc. Chacune trouve le terrain et la place qui lui conviennent, et y étale toutes les grâces que lui a départies la nature.

Les Alpes ne sont pas seulement ornées de plantes à fleurs brillantes ou parfumées; il y croît un grand nombre de plantes fourragères excellentes, qui ont une valeur fortifiante que sont loin de posséder celles de la plaine, et qui font donner aux vaches beaucoup plus de lait. Ce sont ces herbes qui communiquent au foin des Alpes, récolté dans des endroits bien exposés, une valeur alimentaire double de celle du foin de la vallée. Parmi les plantes fourragères les plus célèbres, les plus aromatiques et les plus nutritives des Alpes, on cite une ombellifère, le *meum mutellina* (dans l'Engadine *matun*), le plantain des Alpes (*plantago alpina*), l'alchémille des Alpes, différentes espèces de trèfles et d'astragales, le nard raide (*nardus stricta*), appelé aux Grisons *soppa*, qui rend le lait plus gras, le poa des Alpes, la fétuque naine (*festuca pumila*), la carline acaule, des achillées et particulièrement l'*achillea moschata*, appelée aux Grisons *iva*, etc.

Ces végétaux sont mangés par les vaches alors qu'ils sont encore très-jeunes, de sorte qu'ils leur font donner beaucoup de lait. Dans les endroits où les troupeaux ne peuvent pas paître, dans les enclos fumés où le fourrage peut arriver au terme de sa croissance, comme sur le Saint-Gothard, on ne fauche jamais avant le 25 août. Nous avons même vu, dans une vallée de la Bernina, récolter du foin au mois de septembre

Outre ces plantes favorites du bétail, on trouve dans les Alpes des plantes vénéneuses, des aconits (parmi lesquels l'aconit napel présente souvent des fleurs tachetées de blanc et rarement d'un blanc pur), quelques espèces d'anémones et de renoncules, des ellébores très-abondants, qui avec les patiences (*rumex alpinus*) occupent une grande partie du sol le plus fertile et l'accaparent à l'exclusion des plantes utiles.

D'innombrables crucifères toujours vertes tapissent de vastes surfaces, et le framboisier se couvre encore dans la région subalpine de ses baies roses et parfumées.

Des demi-arbrisseaux, moins remarquables par la beauté de leurs fleurs que par le beau vert et l'épaisseur de leur feuillage, couvrent souvent des pentes entières et se joignent aux mousses pour former un tapis épais et élastique, qui invite le voyageur au repos. Tels sont les petits buissons de myrtilles ordinaires et de myrtilles ponctuées (ces dernières jusqu'à 7500'), les touffes de bruyères, les busseroles, les camarines à fruits noirs, les ronces des rochers. Celui qui s'est assis sur ces moelleux divans de verdure, soit pour admirer les cimes embrasées et la vallée qui se perd au milieu du hâle lointain, soit pour attendre sans bruit l'approche du chamois, celui-là n'oubliera jamais ces haltes délicieuses.

Le caractère de la végétation alpine n'est pas exactement le même dans toutes les parties de la chaîne; il se modifie fréquemment, tant pour l'altitude qu'atteignent les différentes plantes que pour la composition du tapis végétal et la prédominance de certaines espèces. Dans les Alpes rhétiques où il y a peu de bois feuillu et où les buissons n'abondent pas, les différentes espèces de saules sont très-répandues, et la prédominance des mélèzes et des aroles sur les autres conifères communique à la végétation un aspect tout particulier. Les plantes herbacées indigènes y sont déjà entremêlées de beaucoup de végétaux étrangers, de sorte que la flore y opère une transition intéressante entre celle du nord et celle du midi de l'Europe. L'analogie avec cette dernière flore est encore plus prononcée au Tessin et au Valais.

Au sein de la région alpine, l'agriculture n'a quelque importance que dans d'heureuses vallées rhétiques, où ses produits dédommagent encore le paysan de ses labeurs. Dans les Alpes occidentales et septentrionales, on ne trouve aucune agriculture, ou du moins elle est restreinte à quelques localités. Ainsi au fond de la vallée de Zermatt, à 4190', il n'y a plus d'arbres fruitiers, mais on cultive des légumes dans le jardin de la cure, des pois et du grain sur les pentes; les pommes de terre et les haricots y souffrent souvent de la gelée. Dans le canton de Glaris, les pommes de terre réussissent, sur les pentes bien exposées, jusqu'à 4500'; et, pendant des étés chauds, ces tubercules arrivent encore à maturité par 5100' sur le Weisberg. C'est le cas aussi à la Handeck, dans l'Oberland bernois, à 4420'. L'orge, le lin, le chanvre, les choux, les poisettes, les haricots, les poireaux et le persil montent dans le canton de Glaris à 4500'; à 4000', certains cerisiers, dont la limite s'arrête à 3500', s'y couvrent encore, quoique rarement, de fruits mûrs. La limite de culture de tous ces végétaux y est au moins de 500' plus basse que dans les Grisons, pourtant si rapprochés. Dans le Jura, les cultures cessent dans toute la région subalpine, et sur Tête-de-Rang, le point le plus élevé du Jura neuchâtelois (4380'), non-seulement les cultures, les forêts et les buissons ont disparu, mais les végétaux herbacés sont eux-mêmes très-réduits. En revanche, on cultive encore sur la Gemmi (6428') les carottes, les épinards, les salades et les oignons, et sur le Grimsel, dans le jardin de l'hospice (5880'), il croît des salades, de la ciboule et d'excellentes carottes blanches. Il va sans dire que ces cultures n'y réussissent pas égalment bien toutes les années.

Aux Grisons, le soulèvement en plateau, l'élévation générale du pays et la température plus élevée des hautes vallées qui en est la conséquence, permettent aux forêts d'aroles et de mélèzes d'atteindre plus de 7000', de sorte que la culture des céréales est possible à des niveaux supérieurs à ceux où elle s'arrête ailleurs. Sur les Alpes du Tessin qui sont dénudées et froides, les cultures cessent bien plus bas, mais dans les Grisons mêmes, elles paraissent s'être élevées jadis plus haut, car dans beaucoup d'endroits où, au siècle passé, on cultivait diverses plantes potagères, on ne rencontre plus aujourd'hui de vestiges de champs. A Sils, dans l'Engadine (5630'), on semait jadis du blé, et il n'y croît plus que du lin et des carottes; c'est près de Campfer (5800') que la culture des céréales atteint aux Grisons son niveau le plus élevé; près de Scarl (6040'), elle réussit encore en quelques endroits. Sans doute, de toutes les céréales, l'orge, qui a le moins besoin de chaleur[1], atteint seule ces hauteurs extraordinaires, au niveau desquelles on ne rencontre sur toutes les autres chaînes d'Europe que des plantes alpines et rarement des arbres. Aux Grisons, l'avoine ne dépasse pas 5300'; le blé d'été monte près de Luz et de Selva à 5000'; à Fettan, à 5500'; à Davos, les pommes de terre sont cultivées jusqu'à 5700', mais restent en moyenne au-dessous de 5400'. Entre 5300 et 5600', dans la Haute-Engadine, on cultive avec succès dans les jardins, la salade, le céleri, les épinards, le persil, les salsifis, les radis, les carottes, les choux-raves et le lin; les salades et les carottes montent même à 6500'. Les choux à tête n'y deviennent pas gros, il faut l'avouer. Ces maxima sont extraordinaires; mais si, sur une carte, on suit vers le nord les lignes indiquant les limites d'extension horizontale de certains végétaux, on voit qu'elles atteignent les lignes isothermes d'une température inférieure encore. En Suisse, la température moyenne, à la limite d'élévation de la culture des céréales, est de + 5°,25 C. (elle est probablement plus basse dans les Grisons), tandis qu'en Laponie, selon M. de Humboldt, elle est de — 1°,0 C. A la limite supérieure des conifères, la température moyenne est en Suisse de + 1°,1 C., et en Laponie elle descend à — 3° C. Sous les tropiques, où le climat est beaucoup plus constant, l'extension horizontale des végétaux s'arrête à des isothermes d'une température plus élevée que cela n'a lieu dans des pays

[1] Les recherches de M. Boussingault ont prouvé que chaque plante a besoin, pour achever son développement, d'une quantité de chaleur qui reste identique pour chaque espèce, bien qu'elle puisse se répartir sur un nombre variable de jours. Ainsi, le froment d'hiver, par une température moyenne de 10°,7 R., mûrit en 149 jours, ou emploie, si l'on veut, 1595° R. Le blé d'hiver, qui mûrit en 137 jours par 10°,6, n'exige donc que 1450° de chaleur; le froment d'été exige 120 jours par 15°,1 R. en moyenne, soit 1812°; le blé d'été, 110 jours par 13°,8 R., soit 1797°; l'avoine, 110 jours par 13°,7, soit 1507°; l'orge d'été n'exige pour arriver à maturité que 100 jours par 13°,8 R., soit 1380° R. de chaleur totale.

septentrionaux. Cela tient à ce que la possibilité de la végétation ne dépend pas uniquement de la température moyenne de l'année ; elle dépend surtout aussi de la manière dont cette température est répartie sur les mois, les jours et les heures de la journée. Les températures extrêmes semblent jusqu'à un certain point convenir aux céréales, qui se développent avec une rapidité extraordinaire, dès que la saison favorable a commencé. Cependant le principe suivant est toujours applicable : plus le niveau où végète une plante est élevé, plus est grand l'intervalle entre la floraison et la maturité du fruit. Tandis qu'entre 2000 et 3000′, ce laps de temps est pour les cerisiers de 69 jours, pour l'orge de 47, il est de 83 jours pour les cerisiers quand ils existent encore entre 4000 et 5000′, de 51 jours seulement pour l'orge dans les Grisons, là où elle croît encore à 4400′.

Nulle part, en Europe, les végétaux cultivés ne s'élèvent à des hauteurs aussi considérables au-dessus du niveau de la mer. En Allemagne, ils s'arrêtent beaucoup au-dessous. Dans la Forêt-Noire et dans les Vosges, la culture des céréales ne dépasse pas 2300′, dans le Harz, 1800′. Les arbres fruitiers, les tilleuls, les chênes et les érables ne montent pas plus haut, et les sapins cessent à 3000′. Dans la chaîne scandinave, dont la base est très-large et dont les sommets ne sont pas fort élevés (le plus haut, le Scageltœltied, atteint à peine 8000′), le voisinage de la côte et la haute latitude abaissent la limite des neiges éternelles à 3000 ou 4000′ au-dessous de son niveau dans les Alpes suisses. La région des chênes et des hêtres n'y existe pas, et, de même que chez nous, ce sont les conifères qui s'élèvent le plus. Les bouleaux, et parmi eux le bouleau nain (*betula nana*) qui parvient au 71e degré, y indiquent la limite de la végétation arborescente. Les céréales y prospèrent encore avec une température moyenne de 0°, et elles s'élèvent aussi haut que les conifères, tandis que dans les Andes de l'Amérique du Sud, les céréales cessent de croître dès que la température moyenne tombe à 10°, en sorte qu'il semble que leur existence dépende en

Suède de la température moyenne du milieu de l'été, et en Amérique de la température moyenne de l'année entière.

Au point de vue de l'altitude, la culture du blé s'arrête à 2000′ dans la Norvége méridionale, par le 60e degré; en Laponie, par le 67e, elle cesse à 880′. La végétation trouve des conditions beaucoup plus favorables dans les hautes Alpes de l'Asie et de l'Amérique. Sur le revers oriental de la Cordillère du Pérou, les forêts atteignent en moyenne 8500′, niveau où les céréales et le maïs ne prospèrent plus. Dans les sierras de l'ouest, le seigle est encore très-beau à 10,800; les pommes de terre et la guinoa y croissent à 10,000′, bien au-dessus de la limite des forêts, au lieu desquelles des agaves et des cactus revêtent les pentes des montagnes sous le 12e degré de latitude sud. Dans des vallées étroites et bien protégées, les pêchers, qui chez nous périclitent à 2000′, sont communs au-dessus de 10,000′, ainsi que les amandiers; les raisins, les figues et les citrons y croissent en pleine terre pour peu qu'on les soigne. Sous l'équateur, où la limite des neiges est indiquée à 16,000′, les bois feuillus atteignent 9500′, les conifères 11,400′, la rose des Alpes 13,300′, et les dernières plantes alpines 15,200′; entre 14,000 et 14,400′, on trouve encore des plantes aromatiques à tiges courtes et à grandes fleurs, telles que des calcéolaires, des saxifrages, des culcitiées, des sidées, des mimulées, des lupins et d'autres. Dans l'Himalaya[1], où abondent les cèdres, la limite des neiges est à 15,000′ sur le revers tourné vers le plateau thibétain, et à 18 ou 19,000′ sur les sommités du centre de la chaîne. Les dernières habitations y sont à 8914′ sur les revers

[1] Dans la vallée de Bunipa, au Népaul, où le beau cèdre Deodara monte à 11,000′, on trouve encore, d'après des observations récentes, à 5000′, le palmier de Martius, malgré la pauvreté de l'Himalaya en arbres de cette famille. Dans les Andes tropicales, on rencontre, au milieu des chênes et des noyers, des formes alpines de palmiers, parmi lesquels on cite surtout le beau palmier à cire, entre 6000 et 9000′, dans des endroits où, pendant la nuit, la température s'abaisse souvent à + 5°, et ne s'élève pas en moyenne à plus de 11°. Au-dessus de 13,000′, on rencontre encore trois espèces de palmiers.

méridionaux; la limite des forêts y atteint 11,000'; celle des arbres nains, 12,200'. Dans l'intérieur de l'Himalaya, les cultures montent à 10,700' et les grands arbres à 12,200'. Mais c'est sur les plateaux de cette chaîne géante que les conditions d'existence des végétaux paraissent être les plus favorables; les derniers villages s'y élèvent à 12,200', les dernières cultures, à 12,700', et les arbres nains, à 16,000'. Certaines espèces de rhododendrons y parviennent à une hauteur inouïe, et, près des neiges éternelles, des gentianes, des parnassia, des svertia, des pivoines et des tulipes portent encore de grandes fleurs aux brillantes couleurs.

CHAPITRE III.

LES ANIMAUX INFÉRIEURS DANS LES ALPES.

Modifications de structure déterminées par l'élévation. — Vers mollusques et crustacés des Alpes. — Arachnides. — Insectes. — Bourdons. — Papillons. — Coléoptères. — Signification et rôle des insectes. — Variation dans la proportion des insectes carnivores et herbivores. — La grenouille des Alpes. — Les serpents. — Le lézard à ventre rouge. — Le lézard de montagne.

La limite supérieure des forêts prend une haute importance, si on la considère dans ses rapports avec la faune de l'alpe : de même qu'au-dessus d'elle la végétation revêt décidement le caractère alpin, la faune change aussi de physionomie. En même temps que les forêts, une quantité de plantes et d'animaux restent en arrière, et, à mesure que le niveau s'élève, les localités où les animaux et les plantes peuvent subsister, diminuent en nombre et en superficie. C'est surtout sur les vers et les mollusques que porte cette diminution. Le nombre des espèces et des individus se réduit, sans que beaucoup de types nouveaux et alpins viennent remplacer ceux qui disparaissent, de sorte que les vers et les mollusques des hautes régions sont en général des espèces du bas pays qui ont suivi les forêts et se sont même élevées au-dessus. Le ver de terre ordinaire, cet annelé cosmopolite, habite aussi les hautes Alpes jusqu'à la limite des neiges (dans les Alpes septentrionales jusqu'à 8000'), et trouve pendant l'été une nourriture substantielle dans le terreau fertile de l'alpe, qui est rempli de matières organiques en décomposition; pendant l'hiver, il se retire et s'engourdit au fond des trous qu'il s'est creusés. La sangsue des chevaux (*hæmopsis vorax*) habite, quoique rarement, les eaux stagnantes jusqu'à 4500', de même que le long ver noir filiforme (*gordius aquaticus*) qui ressemble à un crin; les vers intestinaux parviennent même, par l'intermédiaire des marmottes et des chamois, jusqu'aux hautes régions. Quant aux mollusques, quelques escargots rampent encore sur les troncs d'arbres, et se cachent dans l'herbe humide ou dans les mares fangeuses. Réduits tout au plus au tiers des espèces de la montagne, ils ne comptent plus parmi eux de colimaçons des jardins. La grande hélice vigneronne y apparaît pourtant comme variété alpine. L'escargot le plus commun des hautes Alpes septentrionales est la *vitrina diaphanea variet. glacialis*, qui dans la plaine ne se montre qu'en automne et au commencement de l'hiver, et disparaît au printemps. Dans le canton de Glaris, elle atteint 7500'; la *vitrina pellucida* s'arrête à 6000', l'*achatina lubrica*, à 6500'; le *limneus ovatus* et surtout le *pisidium fontinale*, très-communs dans les ruisseaux et les petits lacs, ne dépassent pas 6800'; la petite *helix arbustorum alpicola* monte à 6870—7000'; dans les Alpes centrales, l'*helix sylvatica alpicola* et le *bulimus montanus* ne dépassent pas beaucoup les forêts. La grande classe des animaux articulés est moins soumise à cette loi de la diminution des espèces avec les hauteurs. Deux tiers d'entre eux sont des espèces qui habitent la plaine jusqu'à l'alpe, et un tiers seulement est formé, non pas de genres, mais d'espèces particulières à l'alpe. Ces types nouveaux, quoique analogues, appartiennent surtout aux ordres des arachnides, des coléoptères et des papillons, tandis que chez les hyménoptères, les hémiptères et les orthoptères de l'alpe on retrouve surtout des types de la plaine, parmi lesquels apparaissent en plus grand nombre les espèces carnivores. La moitié au moins des araignées de la montagne et de l'alpe sont des araignées carnassières. Parmi les coléoptères qui vivent sur les Alpes, la moitié environ est caractéristique, et parmi ces derniers, la plupart appartiennent à des genres carnivores.

La diminution dans le nombre des individus de chaque espèce, qui est considérable chez les mollusques, affecte surtout, parmi les insectes, les hémiptères et les orthoptères, puis les névroptères et les coléoptères; elle est beaucoup moins prononcée parmi les diptères et les papillons. Les crustacés sont fort peu représentés dans les Alpes. Quant aux araignées, il semble à peine que leur fréquence diminue jusqu'aux plus hautes régions, de sorte que, le nombre d'espèces y étant moindre, il faut nécessairement que les espèces restantes y soient représentées par un nombre d'individus proportionnellement plus considérable que dans la plaine.

Quelque négligée qu'ait été jusqu'à présent en Suisse l'étude de la répartition géographique des animaux inférieurs, nous savons cependant que les articulés des Alpes centrales diffèrent notablement de ceux des Alpes septentrionales. Une quantité d'espèces qui appartiennent plutôt à la faune du Midi, n'existent plus dans ces dernières, tandis que quelques espèces seulement des Alpes du nord manquent à celles du centre.

Sans vouloir décrire en détail les mille types du groupe des articulés, essayons de caractériser ceux de l'alpe.

Certaines espèces de mille-pieds et de cloportes y vivent dans la mousse et sous les pierres. Les cyclopes et les gammares, ces écrevisses longues à peine d'une ligne qui nagent par saccades dans les ruisseaux, s'élèvent jusqu'à la région des neiges. L'écrevisse ordinaire ne quitte pas la montagne, tandis que le gammare verdâtre des ruisseaux habite en grande quantité les eaux des Alpes. Les araignées, dont les nombreuses espèces sont destinées à prévenir la propagation trop considérable des mouches, sont, parmi les insectes, de ceux qui montent le plus haut, jusqu'aux régions glacées où toute vie cesse sur les flancs des cimes.

Les lycoses, qui vivent dans des trous, s'élancent comme des bêtes de proie sur les insectes qui passent à leur portée, ont les jambes vigoureuses, et traînent souvent après elles le sac artistement tissé qui renferme leurs œufs. D'autres, les araignées saltigrades, immobiles sur les murs et les pierres réchauffées par le soleil, guettent leur proie et se précipitent sur elle d'un bond, comme les chats. Il en est qui se cachent sous les pierres ou sous les feuilles, autour desquelles elles filent une trame serrée pour s'en faire une retraite; d'autres espèces vivent silencieuses dans les fleurs et les feuilles, et ne tendent que quelques fils; les araignées sédentaires ou tégénères couvrent en automne les buissons et les haies de leurs toiles, dans le tissu desquelles la rosée accroche des perles étincelantes. Les épeires et les argyronètes qui, entourés d'une bulle d'air, passent des heures entières sous l'eau des ruisseaux, des étangs et des mares à guetter leur proie; les faucheurs ou phalangiens à longues jambes qui se cachent pendant le jour et ne chassent que de nuit; plusieurs chelifères, plusieurs acariens, voilà autant de représentants de familles, dont quelques espèces en d'innombrables individus habitent la région alpine. En général les espèces qui ne filent pas de toile vivent dans des trous et sous des pierres, se montrent plus nombreuses et sont plus souvent particulières à l'alpe. Partout elles poursuivent les mouches et les diptères voisins avec une ardeur sans pareille, et au printemps ou pendant l'été elles en font silencieusement un carnage effroyable; même par des jours d'hiver ces araignées sortent de leurs cachettes, et se mettent à l'affût sur des pierres réchauffées par le pâle soleil de la saison; mais souvent le froid les engourdit et les étend sur la neige à côté des autres insectes qu'il a surpris.

Dans l'alpe comme dans la plaine et la montagne, les insectes apparaissent en nombreuses espèces et par myriades d'individus. Certains ordres cependant ne semblent être organisés que pour vivre dans des climats plus doux. Ainsi, parmi les hémiptères, qui ont des métamorphoses incomplètes, les larves sont sans protection contre le froid, et bien peu d'entre elles peuvent supporter les rigueurs de ce climat des hautes régions. Les pucerons et les psyllides ne dépassent pas les arbres; très-peu de punaises terrestres et aquatiques[1], quelques petites cigales (parmi lesquelles le *jassus abdominalis*, qui monte à 7000′, est particulièrement caractéristique), sautillent gaîment sur des pentes bien sèches, et atteignent les limites supérieures de la région alpine, ainsi que quelques espèces seulement de névroptères, de libellules, de locustiens (le *gomphoceros pedestris*, qui atteint 7000′, est leur principal représentant) et de forficuliens. Les délicates éphémères ne s'élèvent pas aussi haut. En revanche, d'innombrables espèces de diptères tourbillonnent au-dessus des ruisseaux, des flaques d'eau, des étables, des rochers, des fleurs, des buissons, des champignons, des fruits; partout ils sont chez eux. Leurs grandes familles et leurs nombreuses espèces occupent des districts entiers, soit en petits groupes, soit par myriades d'individus, toujours poursuivis et toujours poursuivant. Souvent sur une fleur en ombelle, couverte d'insectes, il est difficile de dire au premier abord, lesquels sont les plus nombreux, ceux qui sucent le miel ou ceux qui mangent les autres.

Les insectes de la région subalpine sont probablement identiques à ceux de la région montagneuse, si ce n'est que certaines espèces y manquent. Au delà des forêts, on rencontre, dans les Alpes du nord, dix fois moins de mouches que dans le bas pays et sur les avant-monts, mais les espèces qui y existent sont extrêmement nombreuses. La mouche de maison habite les chalets le plus élevés. Au bord des ruisseaux tourbillonnent des essaims de cousins (*tipulides*) et d'autres moucherons, jusqu'à 8000′. A ces hauteurs, les chironomes déposent encore leurs larves dans la mousse humide, malgré le froid et

[1] Parmi les punaises terrestres, la *salda littoralis* est, entre 6000 et 7000′, dans les endroits humides des Alpes septentrionales, plus abondante que dans la plaine. Le professeur Heer a trouvé, loin de toute habitation et sur une alpe élevée, la punaise des lits dans le nid d'un bourdon, ce qui a porté ce savant à douter de la prétendue origine indienne de ce détestable parasite.

la neige; ce sont les derniers représentants des diptères. Les taons et les œstres, qui tourmentent les troupeaux, remontent aussi haut qu'eux, et les bouses des vaches sont partout couvertes de beaux scatophages jaunes et velus.

Les insectes les plus intéressants, ceux qui sont doués des instincts les plus admirables, les hyménoptères, vivent dans un rapport si intime avec les arbres, les buissons, les chalets, qu'ils deviennent rares au-dessus des forêts. D'ailleurs ceux qu'on rencontre au delà appartiennent presque tous aux types des régions inférieures; les espèces nouvelles et alpines y sont très-peu nombreuses, et les petites guêpes ichneumones sans ailes (*pezomachus*), qui habitent encore à 7000′, sont du bas pays. En revanche, les forêts de l'alpe sont peuplées de presque tous les hyménoptères de la plaine, qui s'élèvent, bien positivement, au moins jusqu'à la limite supérieure des bois feuillus. Dans les Alpes de Glaris, le docteur Heer a observé autour des chalets et des étables, rendez-vous ordinaire des insectes de ce groupe, quarante espèces d'hyménoptères vespides, savoir, sept tenthredinées, dix-huit guêpes ichneumones, sept crabrons et huit abeilles, de sorte qu'à l'exception des sirex, toutes les principales familles d'hyménoptères y sont représentées. Parmi ceux du groupe des abeilles, les plus fréquents à ces hauteurs sont les bourdons des rochers (*psytyrus*) (7500′), puis les bombus ou bourdons des mousses, des pierres et de terre (7000′) qui y construisent encore leurs rayons et y sont réellement sédentaires. Faisons une étude rapide des mœurs singulières de ces petits animaux.

Les bourdons de terre (*bombus terrestris*) ressemblent beaucoup aux abeilles; ils sont un peu plus grands, noirs, couverts de poils, et ont l'abdomen et le thorax ornés de bandes jaunes. Ils creusent sur les pentes sèches un canal étroit et tortueux qui débouche dans une grande cavité tapissée de propolis et suffisante pour en loger quelques centaines. En automne, les larves se métamorphosent en femelles de grande taille, destinées à pondre à leur tour des œufs de femelles, de mâles et de neutres.

Ces femelles nouvellement écloses s'unissent aux mâles qui proviennent des œufs des petites femelles, puis elles se retirent dans une anfractuosité du terrier et tombent dans une espèce de léthargie, tandis que tous les autres habitants périssent de froid. Au printemps, dès que le sol s'est dépouillé de la neige, elles sortent de leur torpeur, se mettent à construire des alvéoles, à récolter du miel et à pondre des œufs; tout cela va très-vite. Les œufs de la première ponte ne produisent que de petits bourdons travailleurs qui, dès leur éclosion, aident aux femelles à préparer des alvéoles pour la seconde couvée, et, cinq jours après, ils ouvrent les alvéoles et en dégagent les petits qui s'y sont développés en si peu de temps. Les rayons sont jaunâtres, irréguliers, et disposés sans ordre sur des plates-formes. Ils renferment soit des larves, soit du pollen à demi préparé, soit du propolis; le miel est contenu dans de petits godets à parois épaisses, cylindriques, fixés aux rayons supérieurs, et quelquefois, récolté sur des aconits, des renoncules et des ellébores, il est vénéneux. Les chévriers, les enfants qui recueillent les baies de la montagne, les faucheurs, ont souvent payé de leur vie l'imprudence d'avoir goûté à ce miel perfide. Dans le canton d'Uri, trois faucheurs furent empoisonnés pour en avoir mangé, et deux d'entre eux purent seuls être sauvés par un traitement médical.

Les bourdons des mousses (*bombus muscosus*) sont de plus petite taille, d'un jaune sale interrompu par des bandes grises. Ils s'établissent dans les pâturages, creusent des cavités qui débouchent au-dehors par un canal de plus d'un pied, et élèvent au-dessus un cône de mousse, d'herbes et de chaumes. Rien n'est intéressant comme d'observer la manière de construire de ces tristes et laborieux petits êtres. Ils forment une file, du point où ils recueillent leurs matériaux jusqu'à celui où ils construisent. Le dernier bourdon coupe des brins de mousse à l'aide de ses mandibules, les écarte au moyen de ses pattes de devant, les passe sous lui à la seconde paire de pattes, qui les fait parvenir à son tour à la troisième, laquelle les pousse au bourdon suivant. Les brins de mousse vont ainsi de pattes en pattes jusqu'au nid, où d'autres travailleurs les répartissent, les tassent et les accumulent en forme de coupole. Ces bourdons sont assez pacifiques pour qu'on puisse, sans danger d'être piqué, renverser leur édifice et mettre à découvert leur terrier. Il renferme des rayons de la grandeur de la main, entre lesquels circulent les bourdons. Dès qu'ils s'aperçoivent de la destruction des parties protectrices de leur demeure, que peut déterminer aussi un coup de vent, un lagopède qui gratte le sol, le pas rapide d'un lièvre, la chute d'une pierre, ces laborieux insectes se mettent tout de suite et très-tranquillement à réparer le dommage. Si on les trouble encore et qu'on leur enlève une partie des matériaux qu'ils ont péniblement transportés, ils s'accommodent du reste. On peut même leur ôter tous leurs rayons et les voir se mettre immédiatement à les reconstruire. Les bourdons sont souvent tourmentés par des acariens; ils renferment quelquefois à l'intérieur de leur corps des millions de parasites microscopiques qui les font maigrir. Les fourmis leur volent des provisions; les mouches ichneumones dévorent leurs larves; les belettes, les souris et les putois les avalent avec leur miel; et, malgré tous ces ennemis qui les déciment, ceux qui échappent recommencent leur travail sans jamais se décourager.

Certaines fourmis continuent dans la région alpine leur vie militante, leurs incroyables travaux d'art, et y construisent encore leurs mines et leurs palais souterrains. La fourmi brun foncé creuse dans le tronc à demi pourri des vieux saules ses galeries et ses excavations; la fourmi rouge et la fourmi de montagne établissent sous des pierres leurs habitations à mille chambres; la fourmi brune construit ses édifices d'argile; la fourmi géante (*formica herculanea*), qui vit solitaire, erre jusqu'à 8000'. Les cynips disparaissent en grande partie avec les bois feuillus, mais quelques-unes de ces petites guêpes produisent encore, sur les feuilles des saules, les galles, excroissances curieuses à demi animales et à demi végétales; une de ces espèces, encore inconnue, détermine aussi des galles sur les feuilles du rosage des Alpes. Parmi les guêpes qui à ces hauteurs déposent leurs œufs dans le tissu des feuilles et des tiges, la plus fréquente, le *tenthredo spinarum*, atteint 8000′ dans les Grisons, et semble plus commune dans la région alpine qu'au-dessous. Plusieurs espèces de guêpes ichneumones y épient aussi leur proie, font une guerre à mort aux autres insectes et aux araignées, traînent dans leurs retraites les insectes qu'elles viennent de faire mourir, déposent leur œuf sur le corps de la victime, et l'enferment dans quelque trou dont elles obstruent l'ouverture.

Les plus beaux de tous les insectes, les papillons aux mille couleurs, dont la vie est si fragile et les métamorphoses si variées, ces êtres légers, dont les chenilles et les chrysalides semblent être sans défense, habitent aussi les Alpes. Ils y voltigent autour des fleurs, des rochers réchauffés par le soleil et des mares fangeuses, et s'y complaisent à l'air tiède sans plus de souci que dans les vallées. La tourmente en anéantit sans doute des milliers en quelques instants; les vents d'orage y ont plus vite que dans la plaine froissé et déchiré leurs ailes semées de brillantes paillettes; et pourtant entre 5000 et 6000′ au mois de novembre, et même sur les Alpes septentrionales, il n'est pas rare de voir voltiger quelques papillons les jours où souffle le föhn. Les *hipparchia* brunes, qui se balancent souvent en troupes innombrables au-dessus des pâturages, sont pour le voyageur le premier indice qu'il existe sur les hauteurs des espèces différentes de celles du bas pays. Les familles qui, comme celle des papillons de nuit, sont composées d'espèces vivant longtemps à l'état de chenilles et exigeant beaucoup de temps pour leurs métamorphoses, ne peuvent résister aux nuits froides de la région alpine supérieure; en outre, leurs chenilles, comme celles de la plupart des teignes, des tortricides, des géomètres, des phalènes et des bombyx, vivent en général de végétaux en arbre. Pour ces deux causes, ces papillons ne dépassent pas la limite des forêts, tandis que les papillons de jour, dont l'existence est courte et dont les chenilles vivent de végétaux herbacés, s'élèvent très-haut dans les Alpes. Cette circonstance détermine des rapports inverses entre la fréquence des différents types de papillons à des niveaux variables. Dans les régions inférieures, les papillons diurnes constituent à peu près un septième de toutes les espèces et les nocturnes les six autres septièmes. Au-dessus des forêts, les papillons diurnes forment plus de la moitié du nombre total des papillons qui y habitent encore. Leurs chenilles sont velues et vivent probablement dans la terre plutôt qu'à la surface.

Les hautes Alpes possèdent beaucoup de papillons nouveaux et particuliers; un tiers tout au plus de ceux qui les habitent sont des lépidoptères des régions inférieures, mais les individus de chaque espèce y sont très-communs. Parmi les papillons nocturnes et crépusculaires, les plus nombreux y sont ceux de la famille des zygénides, qui volent aussi de jour et proviennent de chenilles velues, dont les métamorphoses sont rapidement terminées. Dans les endroits secs et pierreux, on voit voltiger un grand nombre d'espèces de papillons de jour, parmi lesquels les satyres, les mégères et les curieux damiers semblent être remontés de la plaine pour se mêler aux nombreuses espèces voisines particulières à l'alpe. Dans les buissons habitent encore de nombreuses espèces de pyrales, de tortrix et de teignes, dont les formes sont souvent étranges, les couleurs magnifiques et les reflets métalliques, superbes. Plus haut, ce sont les papillons bruns (*hipparchia*) qui prédominent, confondus avec les petits papillons bleus, les vanesses et les papillons blancs de la plaine. Sous le rapport des lépidoptères, les Alpes n'ont pas encore été suffisamment étudiées, et si elles ne nourrissent pas de papillons très-remarquables par leur beauté, on y trouve un grand nombre de jolies espèces, comme l'*hipparchia* brune à taches blanches et l'*hipparchia* brune à taches noires, papillon qui est le fidèle habitant des hautes Alpes, et y remonte, comme dans les Pyrénées, jusqu'à la région des neiges; ce sont ensuite une quantité d'espèces voisines, une *pontia* blanche tachetée de noir, plusieurs papillons d'un brun orangé, voisins des nacrés, la *zygaena exulans*, délicieux petit papillon des Alpes et de la Laponie, dont les ailes bleu d'acier sont ponctuées de taches rouges. Sa chenille noire, ponctuée de points rouges, vit encore au sommet du Stockhorn (6570'). La *phalæna Sempronii*, qui a été découverte sur le Simplon, habite probablement ailleurs aussi.

Ce n'est que dernièrement que l'attention s'est portée sur les modifications de formes et de couleurs que les différents niveaux déterminent régulièrement chez certaines espèces et variétés. L'exposition des lieux, la température et la saison déterminent déjà chez la même espèce certains changements dans la coloration et la taille, mais l'altitude et la nature géologique du sol ont une influence modificatrice plus profonde encore. La nature de la végétation qui se développe sur les formations granitiques, calcaires, schisteuses ou molassiques, exerce sur les conditions de développement des animaux une action aussi variée que leur séjour dans des marais tourbeux, dans des pâturages ou sur des rochers calcinés par le soleil.

On est loin d'avoir étudié complétement l'influence spécifique de l'alpe sur les formes et les couleurs, et elle doit varier beaucoup selon les localités. En général, en atteignant les hauteurs, les papillons de la plaine deviennent plus petits, et chez les argynnis les ailes de la première paire s'allongent. Quant aux changements de couleurs, on n'a pas encore déterminé la loi qui y préside. Chez certains papillons, les couleurs oranges pâlissent ou se foncent, et les gris du dessous des ailes tendent à brunir. Chez les vanesses, le rouge devient plus vif, chez les *pontia* femelles, le dessus des ailes devient plus foncé, pendant que sur celles de l'*arginnis pales* il se développe des reflets irisés. Les taches blanches se rapetissent sur les ailes des hespéries, dont les couleurs se confondent et se troublent au-dessous. En poussant plus loin ces comparaisons, on finirait par conclure que l'air de l'alpe exerce sur le coloris des papillons et la couleur des fleurs deux influences opposées. La coloration des fleurs s'y renforce, s'y tranche nettement, y devient plus pure et plus vive, tandis que, chez les papillons, les teintes pâlissent et deviennent blafardes et indécises.

Dans la montagne, les coléoptères étaient déjà les plus abondants parmi les insectes, malgré la vie souterraine que mènent beaucoup d'entre eux et la petitesse presque microscopique qui les fait souvent échapper aux investigations. Quoique leur nombre se réduise fortement dans l'alpe, ils y sont encore les plus communs de tous les insectes, et dans les endroits les plus déserts, où on n'aperçoit ni oiseaux, ni papillons, ni mouches, il est facile de recueillir en quelques minutes un certain nombre de coléoptères, en fouillant la mousse et en les cherchant sous les pierres et sous les feuilles radicales des plantes. Mais à quoi peut donc servir cette profusion d'insectes? Parmi les myriades d'invertébrés qui pullulent dans les montagnes, il en est à peine deux ou trois qui puissent nous être directement utiles. Un seul papillon, le bombyx du mûrier, un seul coléoptère, la cantharide, peut-être encore le méloé, nous procurent quelque avantage appréciable, et il est impossible d'en dire autant des six à huit cents espèces de coléoptères, dont chacune est représentée dans les Alpes par une infinité d'individus. Les dommages que causent les insectes sont au contraire énormes, souvent même assez grands pour compromettre l'existence des hommes et vouer à une longue stérilité de vastes surfaces cultivées. Or, la nature ne produit jamais qu'avec sagesse, ce qu'elle réalise a un but déterminé, de sorte que nous sommes forcés d'apprécier d'autant plus l'utilité indirecte de ces animaux, tout en ne prenant pas le mot d'utilité dans son sens restreint. L'utilitarisme, au sens ordinaire, n'est nullement la tendance de la nature; elle crée à son gré, déploie l'immensité de ses forces et ouvre au penseur des horizons sans limites. Nous en sommes déjà arrivés à reconnaître que la nature sait atteindre son but de mille manières, bien que dans les détails nous ne saisissions pas toujours la signification et la nécessité de certaines parties de son œuvre. L'importance des animaux inférieurs ne peut être comprise qu'au point de vue de la création tout entière, et alors les insectes prennent une signification : de leur existence dépend celle d'autres classes du règne animal. Cette signification dans l'admirable organisme de la nature doit être grande, car la puissance créatrice a produit les insectes avec une profusion inouïe (en Allemagne seulement, on compte plus de quatre mille espèces de coléoptères); elle les a doués d'une organisation très-parfaite, et elle a varié leurs types à l'infini.

L'observation des coléoptères de la région alpine a conduit aux résultats suivants, et a déjà fait pressentir quelques-uns des desseins de la nature à leur égard. Les espèces les plus nuisibles à la croissance du gazon s'arrêtent déjà au milieu de la région montagneuse. Celles qui vivent à l'état de larve sous l'écorce des arbres, cessent avec les forêts; le nombre des curculions, qui vivent de feuilles et de fruits, diminue ainsi que celui des hydrophilliens, qui ne sont pas fort abondants dans les lacs à fond souvent tourbeux des Alpes. On en peut dire autant des sylphes et d'autres coléoptères qui vivent de végétaux en décomposition. Les bousiers y sont proportionnellement abondants; quant aux coléoptères carnassiers, et en particulier aux carabiques, ils y sont très-communs. Ainsi les coléoptères herbivores restent sur l'arrière-plan; parmi ceux qui vivent de matières en décomposition, les taxicornes, les bostrychiens (dont nous avons cependant découvert, entre 6000 et 7000′, dans les forêts de mélèzes, d'aroles et de pins, plusieurs espèces et d'innombrables individus), les dermestes disparaissent, à l'exception des bousiers; beaucoup de carnivores sont dans le même cas. Le renversement des rapports numériques, signalé à propos des papillons, se reproduit chez les coléoptères. Dans la plaine, ceux d'entre eux dont les mœurs sont carnassières, constituent à peine le tiers du nombre total des espèces, et les herbivores en forment la moitié. Dans les hautes Alpes, les premiers entrent dans la faune pour deux tiers, pour les trois quarts même dans le voisinage immédiat des neiges, tandis que les herbivores n'y complent que pour un sixième. La conséquence évidente de ces faits c'est que la prédominance des espèces carnivores a pour effet de protéger le tapis végétal, qui est la condition d'existence d'organismes supérieurs; les plus petites plantes, les herbes, les fleurs, le feuillage des arbustes et des arbrisseaux, peuvent ainsi se développer sans être exposés aux atteintes des insectes qui s'en nourrissent. Ces rapports numériques continuent à se modifier à mesure que la richesse de la végétation diminue, et dans un sens singulièrement avantageux au développement végétal; ainsi, dans la plaine le nombre des coléoptères surpasse de beaucoup celui des plantes phanérogames, tandis que dans la région alpine supérieure il s'élève à peine au tiers du nombre des végétaux.

Des modifications d'un autre genre affectent les coléoptères sur les hauteurs. Le voyageur s'étonne de voir dominer chez eux les teintes foncées, comme au reste chez d'autres insectes. Ceux qui vivent dans des cavités, sur les plantes, dans l'eau ou le fumier, se colorent d'autant plus uniformément qu'ils habitent plus haut. Les plus abondants dans les Alpes sont tout noirs ou brun foncé, et les espèces qui dans la plaine se distinguent par la richesse de leurs couleurs, noircissent dans les hautes régions. Une foule de scarabées, verts ou cuivrés, y deviennent d'un noir profond, ou ne conservent que quelques reflets bleu d'acier. Ceux qui étaient vert doré, bruns ou olivâtres, passent au noir ou au noir bleuâtre. Il n'y a pas jusqu'à la *chrysomela alpina* qui de jaune ne devienne noire. A quoi peut tenir ce changement si complet dans les couleurs, qu'on observe également chez les coléoptères de Laponie, tandis que chez les fleurs cette modification a lieu en sens inverse, puisque leurs couleurs deviennent plus vives dans les mêmes circonstances? Les bourgeons et les fleurs vivent en plein air et en pleine lumière. L'air raréfié des cimes favorise l'action plus énergique des rayons solaires sur le tissu végétal, condition de la coloration. Mais les insectes des Alpes vivent la plus grande partie de l'année (à 5000′ sept mois et demi, à 7000′ presque dix mois) dans une obscurité profonde sous la couche de neige, et y subissent en partie leurs métamorphoses. Ils restent ainsi privés de l'influence vivifiante de la lumière pendant une grande partie de leur vie, et portent l'obscure livrée de leur sombre séjour. Une autre particularité des coléoptères alpins consiste dans l'absence des ailes chez les espèces qui sont les plus abondantes dans l'alpe. Des genres qui comptaient encore dans la région des forêts des espèces ailées, ne sont plus représentés dans l'alpe que par des types sans ailes. On ne peut méconnaître le but de cette anomalie; si ces petits êtres pouvaient voler, leur vol capricieux les entraînerait souvent sur les champs de neige ou sur les glaciers, où ils ne tarderaient pas à périr. Cela arrive très-souvent aux papillons, tandis qu'il est bien rare de rencontrer un scarabée sans ailes égaré sur la neige.

A ces hauteurs, la plupart des scarabées, les curculions et les coccinelles mêmes, qui plus bas se logent au milieu des buissons et des herbes, vivent sous des pierres, dans des trous. De même que la fleur, l'animal délaisse l'air froid pour se rapprocher d'une terre plus tiède; les scarabées se groupent comme les fleurs, par familles, en petites sociétés, et cela arrive même aux espèces qui dans le bas pays vivaient isolées et disséminées. Les types de la plaine atteignent la limite supérieure de notre zone, mais ils y arrivent diminués de moitié, et y sont remplacés par des types nouveaux et alpins. Les circonstances locales ont sur la répartition des coléoptères la même influence que sur celle d'autres ordres d'insectes. Tantôt c'est telle famille, tantôt c'est telle tribu qui prédomine et modifie la physionomie de cette faune. Dans les Alpes rhétiques, les coccinelles et les lamellicornes sont moins abondants que dans les Alpes septentrionales, tandis que les curculions le sont davantage. Chose remarquable, les Alpes rhétiques ont plus d'espèces communes avec la Laponie que les Alpes du nord. Sans doute il n'y a encore qu'une fort petite partie des Alpes qui ait été examinée avec la sagacité et le talent que le docteur O. Heer, cet entomologiste si distingué, a apportés à l'étude de quelques parties des chaînes orientales. Dans beaucoup de cantons, on n'a encore rien fait pour la géographie des insectes; cependant il n'est pas douteux que les lois générales de distribution que nous venons d'indiquer ne se confirment partout.

Nous sommes plus avancés à l'égard des vertébrés, et en particulier des reptiles, dont il n'existe probablement plus d'espèce inconnue chez nous, quoique l'étude de leur répartition aux différents niveaux laisse encore à désirer. Les reptiles de notre pays sont des animaux si intéressants, si faciles à découvrir et si peu nombreux que le naturaliste peut sans effort les connaître et les recueillir tous. Malgré cela, l'erpétologie générale en était encore à ses débuts, il y a quelques dizaines d'années.

La grenouille verte s'élève aussi haut que la truite, et habite les petits lacs et les étangs des Alpes; la grenouille brune, qui vit partout en Europe, depuis la Sicile jusqu'à la Laponie, monte plus haut. Nous avons trouvé une fois à la fin d'octobre, par 5200', une grenouille brune qui sautait dans l'herbe, quoique les montagnes eussent été deux fois déjà couvertes de neige. Dans les hautes régions, une nouvelle espèce de grenouille, celle des Alpes (*rana alpina*), vient s'associer à la grenouille brune. Elle a le dos brun, le ventre d'un orange vif, et habite régulièrement les plus élevés des lacs alpins, ceux même qui ne renferment pas de truites. Cette espèce abonde au lac des Morts, sur le Grimsel (6615'), sur le Saint-Gothard, au lac d'Oberalp (6220'), dans lequel les truites sont encore communes. La chair des cuisses de cette espèce alpine surpasse même en délicatesse celle de la grenouille verte. Ces lacs élevés ne dégèlent que pendant quelques semaines; certaines années ils restent glacés, et ils sont toujours alimentés par des eaux de neige très-froides, de sorte que cette grenouille a besoin de plusieurs années pour subir toutes ses transformations. Ses larves passent l'hiver sous une couche épaisse de glace. Dès les premières phases de leur existence, la vie de ces larves est déjà si tenace qu'elles peuvent passer neuf mois enfermées dans un bloc de glace sans le moindre danger. Probablement une sécrétion abondante de mucosités sépare le corps de l'animal de la glace, et lui conserve assez de chaleur pour qu'il continue à vivre. Le crapaud ordinaire, dont on prétend qu'il existe une variété alpine, habite encore au-dessus des forêts, jusqu'à 6200', les trous et la mousse humide. La faculté qu'il possède de supporter sans inconvénient un jeûne de plusieurs mois, favorise son extension à des hauteurs où les insectes sont rares. La salamandre noire vit dans les mêmes localités humides, en société ou isolée. Ses petits subissent leurs transformations à l'intérieur du corps maternel, et en sortent vivants et déjà développés. C'est un animal vraiment alpin, qui vit entre 2000 et 7000'. Les montagnards le prennent pour baromètre, et assurent que lorsque par un temps sec les salamandres noires sortent dès le matin et en assez grand nombre de leurs cachettes, il pleut régulièrement avant le coucher du soleil.

Sur les hauteurs, le joli triton de Wurfbein (*triton Wurfbeinii*) habite les mares et les flaques d'eau vaseuse, tandis que les congénères restent dans la plaine et ne dépassent pas la zone montagneuse. On peut en dire autant de la plupart des serpents. La fréquence de la couleuvre à collier diminue beaucoup dans les Alpes, quoiqu'il s'y en rencontre quelquefois de fort grandes. Il n'est pas encore positivement démontré que les couleuvres plutôt méridionales du Tessin et du Valais (celle à taches carrées, la verte et jaune, et la fauve) s'élèvent au delà de la région montagneuse; quant à la couleuvre lisse, on la rencontre encore çà et là dans les Alpes bernoises, par exemple sur le chemin du Grimsel.

La vipère rouge, ainsi que nous l'avons déjà fait remarquer, habite le Jura et les montagnes méridionales de la Suisse; la vipère ordinaire vit, au contraire, dans les Alpes centrales et dans une partie des chaînes septentrionales, où elle s'élève jusqu'à la région alpine. Jamais la vipère rouge ne monte à des niveaux élevés; dans le midi, elle y est remplacée par la vipère ordinaire, dont une variété, noire chez les femelles, habite certains districts des Alpes.

Les Alpes ont aussi leurs espèces particulières de lézards. Le lézard commun disparaît avec les forêts; le lézard à ventre rouge (*zootoca pyrrhogastra*) habite depuis la plaine jusqu'à la limite des neiges éternelles. C'est probablement de tous les reptiles celui qui en Europe monte le plus haut. Il n'est pas rare entre 7000 et 8000'; on l'a même pris au-dessus de Spada longa, à une altitude de 9134', dans une localité où pendant plus de dix mois il doit être enseveli sous la neige, et où, pendant un été très-court, il doit avoir beaucoup de peine à se procurer les mouches, araignées et scarabées dont il fait sa nourriture. Cependant le climat de ces hauteurs semble mieux convenir à ces lézards que celui de la plaine, car l'un d'entre eux, pris à 7900' et apporté des Alpes dans le bas pays, refusa constamment de prendre de la nourriture. Ce lézard, véritable habitant de l'alpe, a cinq à six pouces de longueur; il est plus élancé que le lézard commun, a le dos brun noisette, interrompu de stries et de ponctuations noires, la gorge bleuâtre; les mâles ont le ventre d'un vert bleu, pointillé de noir, les femelles l'ont d'un orange vif. Quelques minutes après la ponte des œufs, qui a lieu en juillet, les petits s'en échappent en brisant la coque. Cela peut déjà arriver avant la ponte de l'œuf, de sorte que ces lézards ont été appelés vivipares. On les a observés le plus souvent dans les cantons primitifs et les Alpes glaronnaises.

Le lézard de montagne (*zootoca montana*), autre reptile particulier à notre région, a la tête petite, le dos gris verdâtre, pointillé de noir et de blanc, et le ventre de même nuance que le dos; les femelles, qui l'ont plutôt jaunâtre, ne sont évidemment pas des variétés de l'espèce précédente. Cette espèce manque sur beaucoup de montagnes; ailleurs elle est assez commune, et a une extension verticale considérable. Souvent nous l'avons prise sur les collines des environs de Saint-Gall et dans les montagnes de l'Appenzell. Ce lézard s'apprivoise assez facilement; il prend les mouches qu'on lui offre, et, comme un vrai zootoca, il met au jour de jolis petits lézards noirâtres, parfaitement conformés et longs de quinze lignes. Malgré la petitesse de sa taille, ce lézard est courageux et saisit avec violence entre ses mâchoires la couleuvre qui cherche à l'étouffer dans ses replis. Comme la vipère ordinaire, il y a aussi de ce lézard une variété noire très-rare, qui a été signalée à la Wengernalp et au Saint-Gothard. Cette variété, qui n'apparaît jamais dans la plaine, passe pour la plus rare de la Suisse.

Il résulte de ce qui précède que les reptiles sont peu nombreux dans les Alpes, et que parmi eux les grenouilles se présentent seules en grande quantité. Les reptiles ne contribuent guère à animer le paysage, mais, venimeux ou non, ce sont des animaux fort intéressants.

CHAPITRE IV.

LES ANIMAUX SUPÉRIEURS DANS LES ALPES.

Répartition des oiseaux dans cette zone. — Les cols et les oiseaux de passage. — Coup d'œil général sur les oiseaux des Alpes. — Le merle à collier. — La bergeronnette grise. — L'accenteur des Alpes. — Les pit-pits. — Le venturon. — Les hirondelles de rocher. — Les martinets à ventre blanc. — Les tichodromes. — Oiseaux de proie. — Coup d'œil général sur les mammifères. — Pauvreté de cette région. — La musuraigne des Alpes sur le Saint-Gothard. — Le chamois. — Les grands carnassiers.

Dans les Alpes comme dans la plaine, les oiseaux sont les plus abondants de tous les animaux vertébrés. Ils sont beaucoup moins dépendants des localités ; doués d'une forte vitalité qui leur fait braver impunément les changements de température, ils habitent dans toutes les ramifications de la chaîne des Alpes, et y sont représentés par un nombre d'espèces et une quantité d'individus qui, tout en paraissant considérables si on les compare aux autres vertébrés, suffisent à peine à peupler et à animer l'immense étendue de la région alpine.

Un grand nombre d'oiseaux ne dépassent pas la limite des forêts, et beaucoup d'entre eux restent en deçà des bois feuillus. Le nombre des espèces qui se nourrissent de graines, de baies et d'autres substances végétales, diminue rapidement, pendant que les insectivores et les rapaces atteignent la région des neiges. La région subalpine nourrit à peine la moitié des espèces qui sont encore indigènes dans la région montagneuse, et dans la région alpine, au delà des forêts, il ne s'en trouve plus qu'un quart. Cette diminution porte surtout sur les espèces de passage. Dans la faune de la plaine, les oiseaux de passage comptent pour deux tiers; dans la montagne, ils forment à peine la moitié du nombre total; dans la région subalpine, le tiers tout au plus, et enfin dans l'alpe, les oiseaux de passage sont quatre fois moins nombreux que les oiseaux sédentaires. Malgré cela, les Alpes sont à certaines époques plus fréquentées par les oiseaux que toute autre région du plateau suisse, et elles abritent alors une quantité immense d'oiseaux appartenant même aux types les plus délicats du bas pays. Je veux parler de leurs passages au printemps et en automne. Malheureusement ce phénomène singulier, si important à différents points de vue pour l'histoire naturelle des oiseaux, n'a pas encore été étudié avec assez d'exactitude.

Le passage des oiseaux n'a lieu que dans quelques parties des hautes montagnes, et, à notre connaissance, il n'a été constaté que sur certains cols surbaissés des Alpes rhétiques, au Splugen, à la Bernina, et particulièrement au Saint-Gothard. Le Simplon et le grand Saint-Bernard sont moins fréquentés par les oiseaux; certaines espèces, dit-on, passent même par le col du Cervin; mais nous avons lieu d'en douter, à cause de la grande hauteur de ce col, et de l'existence à sa droite et à sa gauche d'entailles plus profondes dans la chaîne pennine. Les oiseaux des vallées qui y aboutissent, seraient les seuls à le choisir. Les Alpes bernoises et valaisannes sont trop élevées et trop larges pour que les oiseaux puissent les traverser commodément, et elles n'ont pas de cols assez bas pour attirer les oiseaux voyageurs des contrées éloignées. Les dépressions des Alpes rhétiques servent de passage à un grand nombre d'oiseaux de l'Allemagne occidentale, et probablement à beaucoup de ceux du Nord et de la Suède; sous ce rapport encore, ce sont de grandes voies de communication européenne. La plupart des oiseaux de la Suisse occidentale ne traversent pas les Alpes, mais les contournent en suivant la vallée du Rhône. Ceux qui reviennent de Sicile, de Sardaigne et d'Afrique pour rentrer en Allemagne, suivent d'abord la vallée du Pô, puis les uns traversent les Alpes du sud au nord, tandis que les autres continuent leur route, arrivent dans la vallée inférieure du Rhône et la remontent jusqu'au bassin du Léman, dans lequel se rassemblent du nord et du sud un nombre immense d'oiseaux.

La quantité d'oiseaux qui traversent les Alpes est si grande qu'elle ne peut être évaluée que par millions, de sorte qu'à l'époque des passages on serait tenté de croire que partout sur ces routes on est étourdi des cris et du bruit de ces voyageurs emplumés, et que les vallées voisines en sont couvertes. Mais il n'en est rien; quelques traîneaux de poste chargés de voyageurs français font en une heure sur ces hauteurs plus de bruit que les innombrables volées des oiseaux de la Suisse et de l'Allemagne réunis qui y passent presque inaperçus des habitants des vallées et de ceux qui résident sur les cols mêmes. Ce fait serait incompréhensible si l'on ne tenait compte de la manière dont s'exécute le passage. Parmi les oiseaux de passage, les chouettes et les engoulevents ne sont pas les seuls à voler pendant la nuit; beaucoup d'autres, dont le vol n'est pas assez rapide et soutenu, choisissent la nuit pour opérer avec plus de sécurité leur traversée : tels sont les cailles, les bécasses, les becs-fins, les fauvettes, les râles; d'autres ne voyagent que par paires isolées ou un à un, de sorte que le temps employé par les oiseaux d'une même famille pour traverser les Alpes dure souvent vingt jours. Certains oiseaux ont le vol si élevé qu'ils échappent à la vue au-dessus des cols, soit qu'ils y passent par petits groupes, soit par volées immenses. En outre, les oiseaux s'arrêtent le moins possible dans les hautes vallées, et cherchent à sortir de cette froide région aussi vite qu'ils peuvent, avant ou après le milieu du jour. En tenant compte, en outre, de la rapidité du vol qui permet à l'oiseau d'arriver en quelques minutes de la vallée allemande dans la vallée italienne, il est facile de comprendre que le passage frappe peu les yeux; d'autre part, ce vol rapide peut être soutenu très-longtemps, de sorte que des deux côtés de la chaîne, les temps d'arrêts, les stations passent presque inaperçus. Enfin l'époque du passage est fort longue; elle dure de février en mai, et en automne, de la mi-juillet à la fin de novembre. Du fait qu'à ces époques les oiseaux de proie ne sont pas plus abondants qu'à l'ordinaire dans les hautes régions, et ne s'y tiennent pas de préférence sur les cols, on peut déjà conclure que jamais il ne doit y avoir accumulation d'oiseaux. La vitesse du vol des oiseaux, qui dépend de la forme des ailes et de la queue, est sans doute fort différente, mais, à l'exception peut-être de la caille et des espèces voisines, il n'est pas d'oiseau de passage qui, parti du lac de Constance, ne puisse en un jour ou en une nuit atteindre sans difficultés la Lombardie. Les ramiers, les hirondelles, les martinets, les alouettes, les faucons-pèlerins et d'autres excellents voiliers arrivent facilement dans le même espace de temps de la frontière septentrionale de la Suisse au milieu de la campagne de Rome; aussi leur passage au-dessus des Alpes, observé sur un seul point, ne dure-t-il qu'un instant, lors même qu'il a lieu à l'encontre du vent, circonstance que les oiseaux de passage préfèrent à toute autre.

Il peut sembler étonnant que, doués d'une énergie de vol aussi énorme dans le sens horizontal, les oiseaux s'inquiètent beaucoup des hauteurs, ainsi que cela est prouvé, et qu'ils choisissent pour traverser les Alpes les dépressions les plus basses, comme le Saint-Gothard, le Splugen, le Luckmanier et d'autres cols fort fréquentés par ces voyageurs ailés. On croirait que rien ne dût être plus facile à des êtres qui ont le soir leurs étapes en Souabe et le lendemain en Lombardie ou dans les environs de Rome, que de voler par-dessus la Bernina, le mont Rose ou le Finsteraarhorn. Mais, malgré leur puissante circulation sanguine, fort peu d'oiseaux supportent les changements de pression atmosphérique qui surviennent entre 8000 et 10,000'. Leur respiration y devient difficile, et ils s'y fatiguent beaucoup plus vite qu'à 3000 ou 4000' au-dessous. Beaucoup d'entre eux ne peuvent endurer le froid sec qu'au printemps et en automne le soleil ne tempère pas encore sur ces sommités, ni résister aux vents violents ou aux fréquentes tourmentes de neige et de grêle. Sous ce rapport, les différences sont considérables parmi les oiseaux. On a déjà observé des colibris au milieu des neiges de la Terre-de-Feu et à la limite des névés des Cordillères, mais dans les Pyrénées il n'est pas rare de trouver des hirondelles mortes de froid. Les oiseaux des régions montagneuses et alpines sont probablement moins soucieux de l'endroit par lequel ils traversent la chaîne, que les gobe-mouches qui recherchent constamment les cols les plus bas, ou que les oiseaux à vol lent et pesant qui doivent employer au moins un quart d'heure à franchir ces hauteurs désolées.

On sait que chez certaines espèces qui vivent par couples, les mâles, plus impatients et plus forts, se mettent en route quelques jours avant les femelles. Chez d'autres, les femelles seules émigrent, et les mâles passent l'hiver au nord des Alpes. Le terme du voyage varie d'ailleurs beaucoup. Telle espèce s'arrête dans la plaine lombarde, ou dans l'île de Sardaigne, telle autre va en Sicile et au nord de l'Afrique, plutôt en Égypte qu'en Barbarie; d'autres poussent jusqu'au Sénégal et même peut-être jusqu'au plateau inconnu[1] qui occupe le centre du continent africain. Les observations faites à cet égard sont encore très-peu exactes et laissent beaucoup à désirer. Si l'on pouvait étudier avec soin le passage des oiseaux sur les cols, on y verrait probablement des espèces dont la présence n'a pas encore été signalée en Suisse.

Chaque année l'on observe et l'on prend souvent à son passage sur le Saint-Gothard le bec-fin orphée (*sylvia orphea*); il en est de même de la pie-grièche à poitrine rose et de l'hirondelle de cheminée, tandis que les hirondelles de rivage et de rocher semblent prendre une autre route avec les martinets. Beaucoup d'oiseaux du Nord se reposent quelques jours en automne dans

[1] Les voyageurs modernes, Livingston et autres, paraissent avoir atteint cette région jadis parfaitement inconnue et marquée en blanc sur les cartes.

(*Note du traducteur.*)

la plaine suisse avant de continuer leur route au delà des Alpes, et on les y remarque après que les individus de la même espèce qui habitaient le pays l'ont déjà quitté. Les oiseaux des régions glacées, qui passent l'hiver dans le sud, s'arrêtent en grande partie en deçà des Alpes; c'est le cas d'un grand nombre de canards, de mouettes, de plongeons, de grèbes, de grives, de pinsons d'Ardennes, de venturons, de freux, de corneilles mantelées, de jaseurs de Bohême et, dans les années froides, de quelques espèces de proie.

Les premiers oiseaux qui traversent les Alpes au retour du Midi, dès la mi-février, sont les cigognes, les étourneaux et sans doute les pit-pits des buissons, les pinsons, les choucas, les rouges-gorges et les rouges-queues, les bruants, les traquets et les alouettes. Au mois de mars a lieu le passage des faucons pèlerins, des bondrées, des bécasses, des ramiers, des bergeronnettes, des milans noirs et à queue fourchue, des chouettes et de beaucoup d'oiseaux d'eau, de marais et de rivage. Au mois d'avril arrivent les hirondelles de cheminée et de fenêtre, les coucous, les grives et la plupart des oiseaux chanteurs, et au commencement de mai les rossignols, les gobe-mouches, les martinets, les pies-grièches, les rolliers, les cailles, les engoulevents, les loriots, etc.

Dès le mois d'août, les martinets, les coucous, les loriots, les gobe-mouches, les becs-fins des roseaux, les gorges bleues, les becs-fins à poitrine jaune, repassent les Alpes en se dirigeant vers le sud; c'est aussi le cas des cigognes. Le 8 août 1853, 90 à 100 individus de cette espèce s'abattirent sur les toits d'un petit village de Bâle-Campagne et y passèrent la nuit; après avoir pris le matin un copieux déjeuner dans les champs du voisinage, la troupe entière s'éleva très-haut dans les airs, et se dirigea vers le Midi. On n'a jamais observé le passage des cigognes au Saint-Gothard. Comme ces oiseaux ne sont nulle part aussi communs que dans la vallée du Rhin et le canton d'Argovie, il est plus que probable qu'ils sortent de la Suisse par Genève et par les Alpes grisonnes. Chaque année, et particulièrement en automne, on voit à Genève des cigognes noires, jeunes à l'ordinaire, qui ne font que passer, comme les grues, sans y séjourner.

En septembre, tous les oiseaux dont la mue est terminée et dont les petits sont assez forts pour supporter les fatigues du voyage, s'ébranlent et partent dans la direction du sud, ainsi les hirondelles, les bécasseaux, les poules d'eau, beaucoup de becs-fins et d'autres, de sorte que vers la mi-octobre tous les chanteurs insectivores, les bergeronnettes, les traquets, les pies-grièches (à l'exception de la grise, qui passe l'hiver chez nous), les cailles, les grives, les hirondelles, les étourneaux, les alouettes et la plupart des oiseaux de proie qui émigrent, ont effectué leur passage. Quelques oiseaux du Nord et des palmipèdes continuent à se diriger vers le Midi jusqu'au mois de novembre; quelques poules d'eau et bécassines restent en hiver chez nous. L'époque du passage de la même espèce dure tout au plus quinze jours, et c'est à l'ordinaire à l'équinoxe que le plus grand nombre des voyageurs traversent notre pays. Chose remarquable, le passage de certains oiseaux, tels que les grues et les oies sauvages (qui arrivent au nord de la Suisse déjà en septembre), n'a pas lieu toutes les années à travers les Alpes. Cette irrégularité n'atteint guère que le passage d'été, et n'arrive presque jamais lors du passage d'hiver. Les bruyants triangles des oies sauvages ont été rarement aussi nombreux qu'en novembre 1851 : ils se dirigeaient vers le sud-ouest, au-dessus des avant-monts de l'Appenzell.

Le nombre des oiseaux qui habitent été et hiver la région alpine, sans la quitter, doit être fort peu considérable, car pendant l'hiver ils n'y peuvent vivre d'insectes, ils y trouvent peu de nourriture végétale et plus difficilement encore des substances animales. Telle est la raison de l'existence errante de la plupart des oiseaux des Alpes; il n'est pas jusqu'aux aigles et aux lämmergeier qui pendant l'hiver ne descendent jusqu'aux villages des vallées. Pendant l'été, les conditions d'alimentation sont bien plus favorables, surtout dans la partie de la région subalpine qui est encore boisée. On le conçoit facilement après les détails dans lesquels nous sommes déjà entré à propos de la végétation et des insectes de cette partie de l'alpe; aussi un certain nombre d'oiseaux de la plaine et de la montagne habitent-ils pendant tout l'été les hautes forêts, les pâturages et les endroits rocailleux de la contrée.

Les oiseaux s'élèvent à des niveaux très-élevés dans ces vallées privilégiées de la Rhétie, où la végétation elle-même atteint des hauteurs si étonnantes. Dans la Haute-Engadine, on trouve encore des coucous, des huppes, des hirondelles, des moineaux (en nombre moindre qu'autrefois) et des rouges-gorges près de Sils et de Silvaplana, à 5800', tandis qu'ailleurs ces espèces sont loin de monter aussi haut. Çà et là une alouette ou un râle de genêts s'y envole sous le pas du montagnard; les cailles s'élèvent jusqu'à 5800' au-dessus de Campfer; quant aux pies, on les y rencontre encore, mais en petit nombre. Le pic tridactyle, le pic mar et le pic noir perforent encore les troncs des arbres et poussent leur cri dans les forêts d'aroles, de mélèzes et de sapins de notre région. Le premier accompagne les forêts jusqu'à leur limite, les deux autres ne quittent guère les bois de sapins. Çà et là le pic vert est encore très-commun, et à Seevis, dans le Pretigau, il est assez effronté pour creuser de grands trous dans les volets des maisons. Les geais deviennent rares; les casse-noix, au contraire, habitent, partout où on les rencontre, jusqu'à la limite des forêts; c'est le cas dans l'Appenzell, dans l'Oberland bernois et particulièrement dans les Grisons, où les casse-noix abondent et font retentir de leur cri désagréable les forêts qui dominent les glaciers, pendant qu'ils pillent les cônes des aroles et en emportent les amandes par douzaines dans les poches dont sont munies leurs joues[1].

[1] Dans les forêts des environs de Zermatt, j'ai vu, en juillet 1856, les casse-noix couvrant les aroles de leurs bruyantes volées et si peu sauvages qu'on eût pu les abattre par douzaines. La chair de cet oiseau n'est pas mauvaise.

(*Note du traducteur.*)

Pendant l'été, on rencontre çà et là dans l'alpe le tarin, et il y niche; la sitelle, assez commune dans l'Engadine, est plus rare ailleurs; le grimpereau l'est moins, nous l'avons vu à la fin d'octobre dans une forêt à 5000'; le chardonneret (dans la vallée d'Urseren, à 4450'), le pinson, les becs croisés, ne sont pas rares; la mésange huppée, la grande et la petite charbonnière, dans les Grisons, la nonnette de montagne, sont plus communes; les autres mésanges ne remontent qu'accidentellement jusqu'à l'alpe; le rossignol de muraille et le rouge-queue habitent partout dans les Alpes, et sont du petit nombre d'animaux qui suivent l'homme. Souvent on voit perchés sur des pierres, au milieu de la neige, des rouges-queues qui laissent passer le voyageur près d'eux sans s'envoler. En automne, alors que les troupeaux sont déjà redescendus vers les vallées, l'accenteur et le rouge-queue voltigent encore gaîment autour des huttes abandonnées. Le rossignol de murailles a été observé au bord du glacier supérieur de l'Aar. Le troglodyte sautille aussi joyeusement à 7000', au milieu des pins nains, que plus bas dans les buissons des forêts et les haies de la vallée. C'est un des rares oiseaux sédentaires de la plaine qui, en été, montent et nichent aussi haut dans les Alpes; ses émules, les roitelets, l'y abandonnent. Le traquet moteux (*saxicola œnanthe*), toujours inquiet, court sur les prés; le tarier (*saxicola rubetra*) voltige au-dessus des buissons et des pâturages, le traquet pâtre (*saxicola rubicola*) habite aussi çà et là cette région. Ces charmants petits oiseaux y sont d'autant mieux à l'abri que les montagnards croient plus fermement que leurs vaches donneraient du lait rouge sur l'alpe où un de ces petits êtres aurait été immolé. Les pics voltigent encore et nichent parfois dans la région subalpine, il en est de même des corneilles; quant aux corbeaux, quelques couples nichent même au delà. Les chouettes diminuent beaucoup avec les hauteurs; aucune probablement ne dépasse les forêts; çà et là, dans des vallées sauvages et entourées de rochers escarpés, quelque grand-duc, quelque hulotte ou une chouette Tengmalm ont leur retraite dans un vieil arbre. La buse et l'autour planent et chassent encore au-dessus des pâturages; la cresserelle y poursuit les poussins de la poule de neige, et passe dans les Alpes septentrionales pour le plus commun des oiseaux de proie. Nous l'avons vue sur l'alpe d'Astas, à 6650', épier les souris, et, en battant de l'aile, se maintenir immobile au-dessus de leurs trous. Le faucon pèlerin est plus rare; à l'époque de son passage, il erre longtemps au milieu des montagnes des Grisons.

Tous ces oiseaux sont communs à la plaine et aux hautes régions, ils n'ont pas plus le cachet alpin que les coqs de bruyère et les gélinottes, qui ne montent guère au delà du tiers inférieur de la zone alpine et n'existent plus dans la Haute-Engadine. Le tétras à queue fourchue (faisan dans les Alpes vaudoises) est, en revanche, un véritable oiseau alpin qu'on rencontre dans la plupart des Alpes suisses où il est tantôt plus rare, tantôt plus commun que le coq de bruyère; il est très-rare dans le Jura. Ces tétras choisissent pour séjour d'été les vieilles forêts, de préférence leur lisière supérieure, où les derniers sapins, mélèzes et aroles sont flanqués de pins et de bouleaux nains, et où des champs touffus de rosages des Alpes leur offrent des retraites sûres. Pendant l'hiver, ils descendent dans les forêts inférieures et même quelquefois auprès des villages. Dans la montagne, ils se laissent ensevelir sous la neige, ou s'y creusent des trous profonds pour échapper au froid. Ces trous se prolongent par des espèces de souterrains sous le tapis de neige durcie. Lorsque le chasseur vient à marcher sur la couche excavée, il enfonce, et en même temps, les tétras effrayés, s'envolant tous ensemble, le couvrent de neige poudreuse. Avant qu'il ait eu le temps de s'essuyer les yeux et de mettre le fusil à l'épaule, son gibier est hors de portée. Pendant les chaudes journées de l'été, ces tétras prennent leur vol vers les hauts pâturages, mais ne se montrent que rarement par des temps clairs; par la pluie ou le brouillard il est plus facile d'en rencontrer, et ils sont alors moins sauvages, comme c'est le cas de tous les autres gallinacés de la montagne. Nous leur consacrerons plus loin une description particulière.

Les lagopèdes sont de magnifiques oiseaux, assez communs dans les Alpes valaisannes, bernoises, grisonnes et glaronnaises; plus rares dans le reste de la Suisse et le massif appenzellois, on ne les rencontre jamais dans le Jura. Ces gallinacés habitent en été jusqu'à la limite des neiges, et au delà ils vivent de préférence au milieu des terrains rocailleux jonchés de pierres et de blocs, sur des pentes arides couvertes de buissons, dans les lapiaz des hautes chaînes, et particulièrement sur les revers exposés au soleil.

La gent joyeuse des grives, qui donne tant de vie aux forêts, disparaît presque entièrement avec elles. Le merle ordinaire et le merle de roche existent encore çà et là dans l'alpe, mais ils y sont rares. Outre quelques grives[1] qui ont été observées dans les montagnes de Glaris et d'Appenzell, le merle à plastron (*turdus torquatus*) est le seul oiseau de ce groupe qui fréquente les forêts des Alpes jusqu'à leur limite, et descende parfois au-dessous de 3000'. Il a le plumage brun foncé, le bord des plumes blanc, et se distingue par une grande tache blanche, en forme de plastron, qu'il porte sur le haut de la poitrine. La femelle a les teintes moins foncées et le plastron plus étroit et légèrement teinté de brun clair. Ce merle appartient aux plus grands du groupe, et mesure sept pouces de la tête au croupion, et onze de la tête au bout de la queue. Il habite en été des forêts sombres et sauvages, vit dans des massifs d'épais buissons ou perché au sommet d'un grand sapin, et fait entendre sans interruption sa voix peu mélodieuse; quoique très-sauvage, il n'est pas très-prudent; sa nourriture consiste en baies et en insectes, parmi lesquels il recherche les carabes et les larves de mouches qui

[1] D'après J. G. Altmann, il existerait en Suisse une variété blanche de draine. Dans sa *Description des glaciers de la Suisse*, il dit : «J'ai eu moi-même en main une grive blanche de l'espèce appelée en latin *turdus viscivorus*, qui est à l'ordinaire parfaitement brune; elle avait les taches noires que celles-ci portent habituellement sur la poitrine d'un blanc de lait.» Altmann envoya cet oiseau à Réaumur à Paris.

vivent dans les bouses de vaches. Il niche deux fois, et place volontiers son nid sur les branches basses des pins rabougris. Le musée de Berne renferme une variété du merle à plastron dont le corps est irrégulièrement semé de taches blanches. Son chant n'a ni la puissance ni le timbre agréable de celui des autres espèces de grives. Au milieu de septembre, exactement à l'époque du Jeûne fédéral, le merle à plastron descend dans les forêts inférieures, et on y prend une quantité, de même qu'à son passage du printemps dans les vergers des environs de Coire. Le merle à plastron est connu sous différents noms; ses mœurs sont les mêmes que celles du merle noir; il a le même vol, bat comme lui des ailes et de la queue dès que quelque chose le frappe, et court au milieu des buissons en faisant des bonds. En suivant les ruisseaux, le merle d'eau n'arrive jusqu'à l'alpe qu'en peu d'endroits, ainsi à la Bernina, où nous l'avons observé près de l'hospice, à 6340'; la bergeronnette grise y est commune pendant l'été; elle court au bord de l'eau ou sur les pâturages au milieu des vaches, et les accompagne même jusqu'aux derniers chalets.

Indépendamment de ces oiseaux, quelques espèces voisines des alouettes et quelques fringilles entrent comme éléments importants dans la faune de ces régions élevées. L'accenteur des Alpes (*accentor alpinus*) vit partout dans les hautes Alpes par paires ou par petites sociétés et devient souvent la proie de la cresserelle. C'est un joli oiseau de sept à huit pouces de longueur, assez bigarré, qui a le dos gris cendré, tacheté de brun, la gorge d'un beau blanc, pointillée de noir, le ventre blanc nuancé de roux, le croupion d'un gris rougeâtre et les pattes jaunes. Il a son séjour dans les hauts pâturages qui sont semés de pierres ou de graviers amenés par les torrents, et qui s'étagent entre les dernières forêts et les champs de neige, entre 4000 et 6500'. On le rencontre dans toute l'étendue des Alpes suisses et dans les chaînes méridionales jusqu'aux Pyrénées. Cet oiseau agile court en sautillant entre les blocs de rochers et les arbustes; à chaque instant il s'arrête, se baisse, secoue sa queue, ou reste longtemps immobile et perché sur les rochers. Il vit souvent en compagnie du rouge-queue ou dans le voisinage du traquet. De son œil limpide il épie les mouches, les petits scarabées, les petits limaçons, qui font sa nourriture habituelle et à défaut desquels il se contente de semences, de baies et de racines. Pendant l'hiver, l'accenteur quitte les hautes régions, descend sur les avant-monts, dans les vallées et même dans la plaine. Il se rapproche des fenils, cherchant des graines dans le foin et picotant les pépins dans les tas de marc. Dès que la neige a quitté les hauteurs, l'accenteur s'empresse de rejoindre son séjour de prédilection au milieu des rochers déserts, et se met à chanter d'une voix claire des strophes courtes et mélodieuses, qui rappellent assez le chant de l'alouette. Il construit à terre, sous des touffes de rosages des Alpes, un joli nid assez grand, artistement tissu et de forme hémisphérique, et y pond deux fois l'an de trois à cinq petits œufs allongés et d'un bleu verdâtre. Pendant l'automne, on rencontre dans les montagnes des familles nombreuses de ces accenteurs qui fuient d'un vol rapide et onduleux. Ils n'aiment pas à se poser sur les arbres, et savent fort bien se cacher au milieu des pierres, quoiqu'ils soient assez familiers et peu agiles. Il est facile de les tirer ou de les prendre au lacet; en les soignant convenablement et en les nourrissant comme les rossignols, on peut les conserver en cage pendant plusieurs années; leur chant a quelque chose de fort agréable; mais dans les chambres ils ne supportent pas pendant l'hiver une température trop élevée. On connaît l'accenteur des Alpes sous un grand nombre de dénominations, et on l'appelle aussi ortolan ou pégot.

Les pit-pits sont des oiseaux qui tiennent des alouettes par leur forme, leur couleur et la disposition de leurs doigts, et ressemblent, sous d'autres rapports, aux bergeronnettes. Ils sont assez nombreux en espèces, et habitent la région alpine dans toute son étendue. Ils nichent à terre, et ont un chant tremblotant et saccadé, qui s'interrompt souvent par de fréquents piaulements. Comme ils ne vivent que d'insectes, en automne ils sont forcés de partir pour le Midi. Le pit-pit des buissons (*anthus arboreus*), connu à tort sous le nom d'alouette d'arbre, a cinq ou six pouces de longueur, le dos d'un brun grisâtre, teinté de noir, la poitrine couverte de taches noires, les pattes couleur de chair et un long éperon au doigt postérieur; il habite la plaine, la montagne et l'alpe jusqu'aux neiges, mais dans les Grisons on prétend qu'il ne dépasse pas les forêts. A l'ordinaire, il court sur les pâturages, se pose sur les buissons ou au sommet des arbres, abaisse et relève sa queue, et, au moment de commencer à chanter, il s'élève un peu et redescend lentement vers la terre en chantant. L'étendue et la flexibilité de sa voix en font, avec l'accenteur et le venturon, l'un des meilleurs chantres des hautes Alpes. Le pit-pit farlouse (*anthus pratensis*) lui ressemble, mais son dos est olivâtre, un peu plus foncé et couvert de plus grandes taches noires; il est aussi plus rare. La farlouse habite partout dans les montagnes, les prairies humides, les sols tourbeux; elle est un des premiers oiseaux de passage qui y apparaissent au printemps; elle n'aime pas les forêts touffues, les rochers dénudés et les pentes desséchées et pierreuses. Elle court avec facilité sur le gazon dont elle a quelque peine à s'enlever, pour monter en chantant dans les airs; elle redescend ensuite se percher sur un buisson. Cet oiseau, qui balance sa queue à la manière des bergeronnettes, est très-habile à prendre les scarabées, les araignées et les mouches, qui font sa principale nourriture. Avant de partir en automne, les farlouses aiment à se réunir en grandes troupes, dans les pâturages où paissent des troupeaux de brebis, et elles les débarrassent de leurs parasites, ce qui leur a valu le nom d'alouettes des moutons.

Le pit-pit spioncelle (*anthus aquaticus*) est un oiseau plus commun, qui habite partout les Alpes et y niche régulièrement. Il a le dos d'un gris olivâtre, la poitrine blanche, semée de taches gris brun, et porte au-dessus de l'œil un trait fauve. Le pit-pit spioncelle a la voix criarde; il est connu dans chaque canton sous un nom particulier, et aux Grisons, il devient très-commun dans les vallées dès que la neige tombe sur les hauteurs. Cet oiseau mue deux fois, de sorte que la couleur de son plumage change au printemps et en automne. Son chant qu'il fait entendre en voltigeant, ou perché sur une pierre, un buisson, un mélèze, n'a rien de particulier ni de varié, mais il est incessant. Au printemps, dès le mois d'avril, les spioncelles cherchent les places où dans l'alpe la neige a disparu prématurément; ils s'y rendent et ne les quittent plus. Pendant le mois de mai, les mâles chantent tandis que les femelles construisent leurs nids entre les touffes de pins rampants; les retours de froid les font souvent cruellement souffrir. Une chute tardive de neige recouvre le nid occupé par les œufs, chasse la femelle qui les couve, la fait périr ou la force tout au moins à faire plus tard une seconde nichée. Les petits eux-mêmes périssent souvent de froid avant d'avoir poussé leurs plumes, et on a souvent vu le renard les découvrir et les dévorer, pendant que la femelle éplorée voltige autour de lui en poussant des cris. Les pit-pits spioncelles suivent le cours des ruisseaux, et sautillent de pierre en pierre, comme les bergeronnettes, à la recherche de larves et d'insectes aquatiques. Pendant l'été, lorsque le temps devient trop mauvais sur les hauteurs, ils se rassemblent par troupes dans les régions inférieures moins exposées; en automne, ils descendent dans les marais, au bord des lacs et des rivières de la plaine, et se posent souvent sur les fumiers des villages. Quelques-uns passent l'hiver dans notre pays, mais le plus grand nombre se dirige peu à peu vers l'Italie pour y tomber dans les piéges de l'oiseleur. Les pit-pits qui restent en deçà des Alpes, habitent les endroits humides, le bord des canaux d'irrigation ou les fossés destinés à l'écoulement des eaux des vignobles. Ils passent la nuit dans le feuillage desséché des chênes. Quand le froid augmente, ils se réfugient dans les marais des plaines et dans les prairies irriguées. Au printemps, ils se rassemblent et se perchent sur de grands peupliers, d'où ils se dirigent vers les Alpes, les mâles en tête. Jamais les pit-pits spioncelles, pas plus que les autres espèces dont il a été question, ne construisent leur nid sur des arbres; ils le placent à terre sous un buisson, à l'abri d'une pierre, sous laquelle ils peuvent s'introduire, sous une touffe de bruyère et même dans l'enfoncement qu'a creusé dans la terre humide le sabot d'une vache. Dans la basse Allemagne, les spioncelles passent pour des oiseaux rares; en Suède et en Angleterre, ils habitent les falaises du bord de la mer.

Dans toutes les Alpes suisses, on rencontre assez fréquemment un joli petit oiseau très-alerte, d'un jaune verdâtre, connu sous le nom de serin d'Italie; c'est le venturon (*fringilla citrinella*); sa taille est moins forte que celle du serin des Canaries, il a la tête et le cou grisâtres, nuancés de vert, le dos vert foncé, teinté de brun, la queue noirâtre, légèrement fourchue. Tous ceux qui ont visité les Alpes, l'ont vu voltiger dans les buissons, passer sur le pâturage d'un vol rapide et tremblant ou faire quelques pas sur le sol, en poussant son zic-zic. D'autres fois il s'envole du sommet des jeunes sapins, et s'élève un peu en battant de l'aile et en chantant comme le pit-pit des buissons, pour redescendre bientôt et se percher sur le même sapin. Le venturon niche toujours dans les Alpes, de préférence à la limite des bois de sapins; cependant il descend aussi dans les chaînes basses et habite les sommets du Jura. Il sait admirablement cacher dans le feuillage des vieux sapins et des pins mal venus son petit nid artistement tissu, ou le suspend en toute confiance, comme la bergeronnette grise, en dehors et en dedans des chalets. La femelle y dépose quatre à cinq petits œufs d'un vert sale, pointillés de brun, et dès qu'elle s'est mise à couver, son compagnon lui apporte régulièrement sa nourriture. Le mâle et la femelle s'affectionnent beaucoup; après le temps de l'incubation, ils voltigent côte à côte, entourés de leurs petits, souvent en compagnie d'autres couples du voisinage. Le venturon ne vit que de graines, de jeunes bourgeons et de chatons. Il aime beaucoup les graines mal mûres de la dent de lion, et les détache peu de temps après le moment où les fleurs se sont effeuillées, et où leur involucre s'est refermé. Il se pose sur les capitules, son poids les fait fléchir et les couche par terre, de sorte qu'il a toute facilité à en picoter les graines; rassasié, il s'envole le bec rempli du suc visqueux de la plante. La femelle commence à bâtir son nid dès le mois d'avril; au commencement de mai, elle y pond ses œufs à des intervalles d'un jour. Les neiges et les froids qui arrivent tardivement à la fin de mai ou au commencement de juin, font périr une quantité de ces jeunes venturons. Le chant du mâle a quelque analogie avec celui du serin des Canaries, mais il est plus doux et moins persistant; il est très-mélodieux, varié par des accents éclatants, métalliques ou flûtés et des trilles joyeux du genre de ceux des linottes. Son cri d'appel, d'angoisse ou de colère présente, comme c'est le cas chez tous les petits oiseaux, des différences caractéristiques. Quoique toujours en mouvement, le venturon n'est pas sauvage; les paysans le gardent souvent huit à dix ans en cage, et l'y nourrissent de graines de chanvre ou de carottes. En automne et au printemps, il descend en troupes nombreuses sur les montagnes basses, et même jusque dans le voisinage des villes de la plaine; pendant l'hiver, il n'en reste chez nous qu'un petit nombre, les autres disparaissent, mais sans qu'on les observe dans la haute Italie. On ne peut s'expliquer comment cet oiseau des Alpes se trouve également en Provence et au midi de l'Italie pendant l'été, tandis que dans notre pays il ne se rencontre pas dans la plaine. Son proche parent, le pinson de neige, habite aussi l'alpe, mais nous devons plutôt le considérer comme un oiseau de la région des neiges.

La famille des hirondelles a plusieurs représentants intéressants dans les Alpes. Parmi ceux dont il a déjà été question, le martinet est le seul qui niche encore çà et là dans la zone alpine, les autres sont remplacés aux niveaux supérieurs par des espèces alpines, telles que l'hirondelle de rocher, le martinet à ventre blanc et même le tichodrome échelette.

Nos hirondelles de rocher (*hirundo rupestris*) ont été longtemps confondues tantôt avec les hirondelles ordinaires, tantôt avec les hirondelles de rivage, auxquelles elles ressemblent beaucoup. De même taille à peu près, les hirondelles de rocher ont le bec noir, le dos gris souris, le ventre blanc et les flancs teintés de jaunâtre ; leur queue large est peu fourchue. Elles se distinguent spécialement des hirondelles de rivage par les taches blanches ovales de leurs pennes caudales. Partout où elles vivent dans les régions inférieures, elles sont très-nombreuses et volent en compagnie des martinets et des autres hirondelles, mais on ne les y rencontre que dans les endroits dominés par des rochers escarpés, comme à l'entrée du Pretigau, dans les escarpements de la vallée de Domlesch à l'Achsenberg. Cependant elles paraissent atteindre leur maximum de fréquence dans l'alpe, où elles abondent à la Gemmi, au Grimsel, au glacier de l'Aar, aux Surènes. Ces hirondelles y nichent régulièrement dans les fentes des rochers ; elles nourrissent leurs petits déjà grands en leur donnant la becquée en plein vol ; comme toutes les espèces du même genre, elles ont un vol très-rapide qui change subitement de direction. Elles ne s'avancent que rarement vers le nord au delà de la Suisse. Elles abondent dans l'Europe méridionale, en Afrique, jusqu'en Nubie et dans l'Asie occidentale, où elles vivent soit dans la plaine, soit dans les montagnes, par exemple au Liban. L'espèce suivante a pour patrie les mêmes localités et n'apparaît qu'exceptionnellement en Allemagne.

Le martinet à ventre blanc (*cypselus alpinus*) a la taille deux fois aussi forte que l'hirondelle ordinaire, et sa longueur dépasse d'un tiers celle du martinet commun. Il est gris brun en dessus ; il a le ventre blanc, séparé d'une gorge blanche par un collier brun ; il porte trois taches foncées sur les flancs, ses ailes sont longues et minces et sa queue est peu fourchue. Cet oiseau extrêmement inquiet a les mouvements très-rapides, il est sans cesse à voler, souvent à une hauteur énorme, change de direction avec la rapidité de l'éclair, et semble, dans son vol, flotter sur les vagues d'une mer en tourmente. Le martinet à ventre blanc n'est point particulier aux Alpes; il habite les hautes tours dans la plupart des villes de la Suisse occidentale et méridionale, où il arrive dès la fin de mars, et commence à nicher vers la fin de mai; à la fin de septembre il part, et atteint probablement le Sénégal avec les cailles et les hirondelles. Les martinets à ventre blanc annoncent leur arrivée et leur départ, qui a souvent lieu pendant la nuit, par des cris perçants et une grande agitation dans les mouvements. Par de beaux jours, ils ne cessent de fendre l'air de leur vol rapide, et chassent jusque vers la nuit dans les rues des villes. Ces oiseaux ne sont pas moins abondants aux flancs des rochers des Alpes occidentales, dans l'Oberhasli, à la Gemmi, dans les rochers de l'Entlibuch. On les a rarement observés dans la Suisse orientale, si ce n'est dans les montagnes d'Appenzell, où ils fréquentent le Haut-Kasten et l'Alpsiegel. Ils construisent leur nid dans des crevasses de rochers ou dans les trous des vieilles tours, au moyen de chaumes, de plumes, de chiffons, de bribes de papier, de feuilles qu'ils happent au vol, car ce n'est qu'à la dernière extrémité qu'ils se posent à terre. Leur cri ressemble assez à celui de la cresserelle, et ne consiste souvent qu'en un guiriguirigui qu'ils poussent sur toutes sortes de tons.

Le tichodrome échelette (*tichodroma phœnicoptera*) est un des plus beaux oiseaux des Alpes; il a six pouces de longueur, le fond du plumage gris cendré, la tête noire; les plumes de l'aile sont noires et brunes ainsi que les remiges, dont les quatre premières sont marquées de deux taches blanches; il a les couvertures des ailes d'un pourpre rosé. La richesse de ces nuances, avec un bec mince très-allongé et arqué, en fait le colibri des rochers des Alpes. Au printemps, le mâle a la gorge noire, mais après la mue elle devient grisâtre. Le tichodrome a la langue effilée, et, comme les pics, il l'introduit dans les fentes de la roche; ses pattes portent de longs doigts noirs propres à la marche, et dont le postérieur est muni d'un ongle arqué très-allongé. Les ailes entr'ouvertes, ce bel oiseau est sans cesse à grimper contre les escarpements et les parois de rochers. Arrivé au sommet, il prend le vol et redescend pour faire une nouvelle ascension, soit en s'aidant des pattes seules, soit en s'élevant par petits vols saccadés. Il construit son nid dans des crevasses inaccessibles. Le tichodrome habite pendant l'été les hautes Alpes ou les massifs escarpés de rochers ; c'est ainsi qu'on le rencontre à la Gemmi, dans les gorges de la Tamina, sur les sommets rocheux de la Siegelalp et en d'autres endroits. Saussure l'a aussi observé à 10,578', au milieu des glaciers du col du Géant, où il devait avoir de la peine à trouver encore quelques insectes ou quelques larves. Cet oiseau ne grimpe jamais aux arbres ; il s'en tient aux rochers, aux flancs desquels il déploie son agilité étonnante. En automne et en hiver, il descend dans les vallées profondes, dans la plaine même, et choisit pour séjour quelque escarpement, une vieille tour, un mur d'enceinte ou une carrière. C'est ainsi qu'on l'a déjà observé sur les murs du couvent de Saint-Gall, qu'on l'a vu grimper et voltiger autour de la cathédrale de Lausanne, de la collégiale de Neuchâtel et des remparts de Chillon. Il y a dans les Alpes certaines localités qu'il ne quitte jamais, même pendant l'hiver. Nous avons observé, au milieu de janvier, des tichodromes et des accenteurs à 4800', contre les rochers immenses qui couronnent une des sommités de la chaîne du Sentis. Il est vrai que la neige ne s'y fixe jamais, et qu'ils sont en regard du sud-est, de sorte qu'à l'ordinaire la neige ne tient pas au pied de ces escarpements, où l'on trouve encore en décembre des plantes en pleine végétation. Un jour de ce même mois, nous étions à l'affût du chamois dans les rochers de la Siegelalp ; les tichodromes se montraient si peu sauvages qu'ils venaient pour ainsi dire se poser au bout de nos fusils. Ces oiseaux, de même que les martinets à ventre blanc, semblent manquer complétement dans certaines localités des Alpes, de même qu'en Allemagne, mais ils sont communs dans les montagnes de l'Europe méridionale.

C'est au-dessus des forêts et jusqu'au milieu de la région des neiges éternelles qu'habitent les bruyantes légions des choquards et quelquefois des coracias, qui voltigent et tournoient autour des arêtes inaccessibles, ou sautillent, en poussant leurs cris désagréables, sur les corniches couvertes de gazon. Ces oiseaux fréquentant aussi bien la zone des neiges que l'alpe, il en sera question plus tard. Les deux plus grands oiseaux de proie des Alpes, l'aigle royal et le gypaète barbu, sont dans le même cas, et planent partout en maîtres au-dessus des forêts. Cependant ils appartiennent plutôt à la région alpine, parce qu'ils y nichent le plus souvent et qu'ils y trouvent une nourriture plus abondante que sur les sommités éternellement glacées.

Le gypaète barbu est le plus grand des oiseaux de proie européens. Celui qui vit dans nos Alpes paraît constituer une variété particulière dans l'espèce; sa taille est beaucoup plus forte que celle des gypaètes de Sardaigne, d'Afrique et des Pyrénées, et, toute proportion gardée, il est plus vigoureux et plus fortement organisé. Aujourd'hui il a presque disparu de beaucoup de districts qu'il habitait anciennement. Il n'apparaît plus que fort rarement dans les montagnes d'Appenzell, de Glaris, de Schwitz, de Lucerne et d'Unterwald. Il est plus commun dans les Alpes bernoises, où récemment encore il nichait jusque sur le Faulhorn; mais c'est dans le Valais, le Tessin et les Grisons qu'il niche régulièrement. Cet oiseau est un intermédiaire singulier entre l'aigle et le vautour. Il ressemble à l'aigle par la couleur, le plumage, la taille et les instincts carnassiers, mais il n'en a ni la majestueuse sérénité ni le courage. Il tient du vautour par la conformation du bec, par celle des pattes et des ongles qui sont peu développés proportionnellement à la taille, par certaines sécrétions d'odeur infecte et par l'habitude qu'il a de ne pas emporter sa proie dans son aire, mais de la dévorer sur place. Il ne l'attaque pas en face comme l'aigle, mais il cherche à la précipiter dans l'abîme pour l'y briser. Dans les montagnes où il n'est pas habitué à la vue de l'homme, le gypaète est aussi, comme le vautour, d'une hardiesse qui va jusqu'à la stupidité. On ne peut attribuer uniquement aux poursuites auxquelles il est en butte, la rareté et la diminution de ce superbe rapace, qui habitait anciennement la chaîne des Alpes tout entière et même les premiers contreforts de la Forêt Noire. En effet, on tire fort rarement des lämmergeier.

L'aigle royal se balance bien plus souvent dans la nue, au-dessus des sommités les plus élevées de nos montagnes. Dans d'autres pays, il n'est pas rare dans les districts couverts d'épaisses forêts et au bord des grands fleuves; chez nous, son extension verticale ne le cède pas à celle du lämmergeier. Au commencement de l'été, cet aigle niche dans les rochers les plus déserts et les plus inaccessibles des grands massifs. Au milieu de l'été, en automne, il pénètre dans toutes les parties de la région des neiges qui peuvent lui promettre quelque proie, et il exploite dans ses chasses une énorme étendue de terrain. L'hiver force souvent l'aigle royal à faire des excursions dans la région montagneuse et dans les vallées profondes. Le gypaète barbu lui-même descend quelquefois jusqu'aux rives escarpées du lac de Walenstadt; mais il n'y passe que quelques heures, une demi-journée tout au plus. A l'état de liberté, l'aigle royal surpasse le gypaète en vivacité, en hardiesse, si ce n'est en avidité et en voracité; captif, il est plus indomptable et plus sauvage.

Ces deux grands rapaces sont les seuls ds notre zone. De temps en temps, il y monte un faucon-pèlerin, une cresserelle, un autour, une buse, une chouette Tengmalm; l'aigle criard, l'épervier, la chevèche, s'y égarent plus rarement encore. A l'époque du passage, les vallées qui aboutissent aux cols renferment pendant quelques jours, cela va sans dire, un grand nombre d'autres oiseaux que nous avons déjà indiqués en parlant de la vallée d'Urseren et du Saint-Gothard; mais ce sont là des étrangers qui ne peuvent servir à caractériser la vraie faune alpine.

Telle est à peu près la physionomie de la classe des oiseaux dans les Alpes. Ses types les plus élevés appartiennent aux rapaces de grande taille, aux corvides, aux gallinacés et à quelques autres familles moins nombreuses. Les rapaces nocturnes, la plupart des oiseaux de proie diurnes, les oiseaux de marais, les palmipèdes, disparaissent dans l'alpe, malgré la multiplicité de leurs types. De là provient l'aspect désert des Alpes au-dessus des forêts, leur silence, leur solitude imposante, qu'augmente encore la présence de massifs sans végétation, hérissés de rochers désolés.

La classe des mammifères, qui par elle-même est déjà pauvre en espèces, ne peut modifier que fort peu cette impression. La plupart des animaux sauvages qui habitent les Alpes, vivent cachés au fond des forêts, dans les crevasses des rochers, sous terre ou au milieu des buissons. Aussi les grands troupeaux d'animaux domestiques, seuls représentants des êtres vivants à ces hauteurs, font-ils sur le voyageur une impression des plus agréables.

Un certain nombre des animaux de la montagne déjà signalés atteignent l'alpe, s'arrêtant à la limite des forêts ou la dépassant. La chauve-souris ordinaire vit encore à 6000', de même que la taupe, que nous vîmes une fois au mois de décembre courir sur des endroits gazonnés où la neige n'avait pas pris pied. Les blaireaux deviennent rares; mais il y a vingt ans qu'ils habitaient encore les montagnes qui dominent la vallée d'Urseren. Les martres s'élèvent partout à la limite des forêts; la fouine, le putois et même la belette vont au delà, mais ils sont plus communs dans les vallées; quant à l'hermine, elle rôde encore à 8000' au bord des glaciers, et y attaque courageusement les jeunes lièvres variables; elle se cache dans les derniers chalets, où elle trouve à satisfaire sa passion pour le lait et les souris. Elle se fraie une voie à travers les murs, ou creuse la terre pour arriver dans l'endroit où les vachers gardent leur lait dans de grands vases de bois, au bord desquels elle sait se hisser pendant la nuit pour lécher la crême. Les montagnards n'aiment pas beaucoup ces visites, car ils prêtent à l'hermine la mauvaise habitude de salir les vases à lait. En effet, dès qu'en léchant la couche épaisse et compacte de crême qui les recouvre, l'hermine y a fait un trou, elle se met à le boucher consciencieusement avec de la terre, de petites pierres ou des touffes d'herbes. Aussi les vachers font la chasse à l'hermine, et préfèrent héberger dans leurs huttes des souris, qu'ils s'amusent souvent à apprivoiser au point qu'au premier coup de sifflet on voit plusieurs de ces petites bêtes sortir de leur trou et s'approcher. Il n'y a guère de huttes dans les Alpes qui ne soient habitées par la souris ordinaire; mais, du mois de septembre au mois de mai suivant, elle doit y mener une bien triste existence, car, en quittant le chalet, les montagnards n'ont pas l'habitude d'y laisser des provisions.

La fréquence des renards diminue au-dessus de la région montagneuse, mais ces carnassiers n'en restent pas moins dans l'alpe les déprédateurs les plus dangereux et les plus abondants. Les écureuils gris et bruns vivent aussi, mais en petit nombre, sur les hauteurs. Nous parlerons, à propos de la souris des neiges, de deux autres rongeurs alpins du même genre, qui ont été découverts dernièrement dans la vallée d'Urseren (la souris de Nager et la souris brun rouge). Les mulots et les campagnols deviennent rares, à l'exception du campagnol ordinaire, qui, dans la majeure partie des Alpes, vit, niche et fait ses provisions jusqu'à 7000'; dans certaines localités, il ne dépasse pas la région montagneuse. Il en est de même des musaraignes, qu'on retrouve fort rarement au delà des forêts, à l'exception de la musette et de la musaraigne d'eau, qui n'est pas rare dans les ruisseaux et au bord des lacs alpins, où elle trouve avec peine les œufs de poissons, les insectes aquatiques et les sangsues dont elle fait sa nourriture.

On vient de découvrir tout récemment une espèce alpine de ce genre, encore imparfaitement connu. C'est la musaraigne des Alpes (*sorex alpinus, Schinz*) que sa taille rapproche des plus grandes espèces du genre (le corps a trois pouces et la queue deux pouces de longueur). Elle a le museau pointu, très-allongé, le corps mince et élancé; ses petites oreilles sont cachées dans la fourrure, qui est partout de couleur d'ardoise et très fine, de sorte que le poil s'en détache facilement. Nager a découvert cette espèce près du col du Saint-Gothard, au Rossboden, à une hauteur où il ne vit plus que des marmottes. Elle n'a plus été retrouvée en Suisse, mais dernièrement on l'a signalée dans les Alpes bavaroises; cependant il y a tout lieu de croire qu'elle vit en Suisse sur beaucoup d'autres points élevés. C'est un problème que de savoir comment ce petit animal insectivore se nourrit pendant les huit mois d'hiver. Nous avons déjà dit que l'on avait trouvé dans la vallée d'Urseren une variété blanche de la musette (*sorex araneus*), et que le mulot, le muscardin, la loutre et même le hérisson habitent encore cette haute vallée.

Le lièvre ordinaire est rare dans les Alpes, et y est remplacé par le lièvre variable que sa couleur blanche pendant l'hiver et brune pendant l'été contribue à faire échapper aux poursuites. Le lièvre variable habite toute l'étendue de la zone alpine; en été, il remonte jusqu'aux champs de neige et même au delà (jusqu'à 8000'), mais il aime à venir paître çà et là sur les avant-monts jusqu'à la région des collines; dans le canton de Glaris, il descend même dans la vallée à des niveaux auxquels il n'arrive jamais ailleurs. Ce lièvre est partout commun; mais comme il sait fort bien dissimuler sa présence, on ne le remarque que rarement lorsqu'on ne se met pas à sa recherche.

La marmotte, qui vit exclusivement entre 4000 et 8000', est, parmi les animaux des Alpes, un des plus intéressants. Lorsque le bétail arrive dans les pâturages de la région moyenne, les marmottes se retirent dans ceux de la région supérieure. Jadis les marmottes étaient communes dans toutes les hautes montagnes, mais l'habitude de les déterrer pendant leur sommeil d'hiver, de les retirer de leurs terriers au moyen d'instruments analogues aux tire-bouchons ou de les prendre à la trappe, en a considérablement diminué le nombre. Elles ont disparu des Alpes de l'Appenzell, où elles étaient assez communes sur la Meglisalp, par exemple; elles sont devenues rares dans les montagnes de Glaris, de Lucerne, de Berne (à Grindelwald); mais elles sont restées très-communes au Valais, au Tessin et dans les Grisons, où, dès qu'il atteint une certaine hauteur, le touriste entend de toutes parts les sifflements de ces rongeurs, qui, effrayés, disparaissent dans leurs terriers sans s'être montrés.

A côté des marmottes paissent les troupes légères de chamois sur les bandes herbeuses ou sur les ilots de gazon séparés par des escarpements et des plateaux élevés. Ces animaux ne s'aventurent que rarement au milieu de grands pâturages; ils se tiennent toujours dans les buissons, parmi les pierres et les rochers, sur des pentes ou dans des endroits d'où la vue s'étend au loin vers le fond des vallées, et qui offrent dans plusieurs directions une possibilité de fuite, comme c'est ordinairement le cas dans le voisinage de ces labyrinthes de rochers qu'il est impossible de contourner. Souvent de la vallée, on distingue sur les hauteurs des troupeaux de cinq à vingt-cinq chamois qui sont en marche à travers les pâturages, ou bien apparaissent sur les champs de neige comme des points noirs en mouvement. Sur les hauteurs, il est difficile de s'en approcher assez pour les observer commodément. Tant qu'ils voient un homme ou qu'ils ne se sentent pas surveillés, ils ne prennent pas la fuite et se bornent à lever la tête et à suivre attentivement tous les mouvements de leur ennemi; des mouvements désordonnés et étranges de la part d'un chasseur captivent tellement leur attention, que son compagnon, s'il n'a pas encore été vu par les chamois, a le temps d'approcher d'un autre côté ou par derrière et d'arriver à portée de fusil. Cela devient plus difficile quand un certain nombre de chamois sont réunis; ils regardent alors dans toutes les directions, ont le nez en l'air et flairent en tout sens. Les chamois isolés sont à l'ordinaire de vieux boucs; souvent on les voit réunis par familles, et en automne il n'est pas rare d'en observer des troupeaux nombreux. La zone montagneuse est plutôt habitée par les chamois de forêts, tandis que sur l'alpe vivent les chamois des crêtes ou des neiges, qui, sans former une espèce à part, ont le corps plus petit et plus élancé que les précédents. Ces derniers habitent pendant l'été dans le voisinage des champs de neige, ils paissent sur des places gazonnées, à plus de 9000', et, lorsqu'ils sont poursuivis, ils s'élèvent encore bien plus haut. L'opinion souvent répétée que ces animaux vivent de préférence au milieu des neiges et des glaces et même pendant l'hiver sur les cimes des montagnes, est parfaitement erronée. Chaque animal préfère vivre dans les endroits où il trouve en toute sécurité une nourriture abondante, et quant aux chamois, ils n'aiment les glaciers ni en hiver ni en été; ils n'y ont que faire, et pendant la saison froide ils descendent d'eux-mêmes jusque dans les vallées. C'est aussi à tort que certaines gens croient que les chamois des crêtes mangent pendant l'hiver de la terre et des fragments de pierres décomposées. L'habitude qu'ont les chamois de tondre de la dent la mousse courte qui couvre le sol ou de lécher les eaux salées qui suintent des rochers a probablement donné lieu à cette singulière opinion, car des fragments de schiste peuvent pénétrer de cette manière dans leur estomac.

Toutes les hautes Alpes suisses, du Sentis à la Bernina et au Mont-Blanc, nourrissent encore un grand nombre de troupeaux de chamois, quoique depuis cent ans ils aient réellement diminué. La chasse au chamois est difficile, dangereuse, sans grand résultat; elle exige beaucoup de temps, de patience, d'adresse, une connaissance parfaite et des lieux et des habitudes des chamois, de sorte qu'un fort petit nombre de chasseurs méritent réellement le titre de chasseurs de chamois. Le développement de l'industrie dans beaucoup de vallées assure à leurs habitants un travail et un salaire réguliers, et détourne beaucoup d'entre eux de la profession de chasseur. Quant aux amateurs, qui chassent le chamois quelquefois dans l'année, ils ne font pas grand mal à ce beau gibier. Depuis plusieurs années, des districts même fort étendus ne fournissent à la consommation pas plus de trois à quatre chamois par an, de sorte que la reproduction naturelle compense plus que suffisamment une diminution aussi faible. C'est dans les Grisons, le Valais et l'Oberland bernois que cette chasse intéressante est le plus pratiquée, et souvent en hiver les chasseurs y recouvrent leurs habits d'une chemise blanche pour mieux mettre en défaut la prudence des animaux qu'ils poursuivent. Un voyageur moderne, dont la réputation est européenne, raconte naïvement que les chasseurs ont toujours sur eux un gobelet particulier qu'ils vident d'un trait, après l'avoir rempli du sang tiède du chamois qu'ils viennent de tirer. C'est là une mystification, une de ces plaisanteries que de rusés chasseurs s'amusent à débiter aux étrangers qui les accablent de questions. Si jadis cela a pu avoir lieu, si quelque chasseur a bu le sang chaud du chamois dans l'idée de se fortifier contre le vertige, cela n'arrive probablement plus aujourd'hui, et en tous cas cette habitude n'est pas assez générale pour que le chasseur se munisse d'un gobelet *ad hoc.*

Anciennement les bouquetins habitaient avec les chamois la région alpine, aujourd'hui ils sont presque extirpés, et, là où ils existent encore, ils ont été repoussés dans la région des neiges. En Suisse, ils n'habitent plus que le massif du Mont-Rose et ses ramifications, mais ils y sont peut-être plus nombreux qu'on ne le suppose. Les îles rocheuses et les hauts pâturages presque inaccessibles, qui y sont entourés de toutes parts d'immenses glaciers, leur offrent encore un asile assez assuré.

Enfin les antres et les cavernes des plus grands carnassiers de la Suisse se trouvent dans l'alpe. Des poursuites incessantes et couronnées de succès, ainsi que les progrès de l'agriculture, ont successivement expulsé du bas pays et des vallées ces animaux dangereux et les ont contraints à se réfugier dans les hautes forêts et dans les ravins sauvages des Alpes, mais là on n'a pas encore réussi à les exterminer totalement. C'est dans l'alpe que les loups et les loups-cerviers épient les chèvres, les moutons, les chamois et les lièvres; c'est de l'alpe que partent les ours pour faire leurs longues excursions et venir flairer pendant la nuit aux portes des étables. Les loups sont très-rares dans la Suisse orientale, mais ils sont plus communs dans les cantons méridionaux et occidentaux. Quant aux lynx et aux ours, il en existe encore partout dans les hautes chaînes, où ils ne sont rien moins que rares. Au Valais et au Tessin, ces trois carnassiers sont sédentaires ; dans l'Oberland bernois, dans le canton de Fribourg et dans le Jura, il y a encore des ours et des loups ; aux Grisons et dans le canton d'Uri, les ours sont assez communs, mais les loups sont rares; enfin, dans les autres cantons forestiers, à Lucerne, à Glaris, à Saint-Gall et dans l'Appenzell, ces trois espèces de proie ont été récemment détruites, et il n'y arrive que très-rarement des individus isolés, venant des hautes montagnes du voisinage. Ces trois carnassiers, notamment le lynx et le loup, n'étaient pas destinés par la nature à habiter les Alpes, et ils préféreraient vivre dans les parties désertes, boisées et giboyeuses de la plaine, ou sur les collines et les avant-monts. Mais chez nous, où il n'y a de grandes étendues désertes que dans les forêts abruptes et peu accessibles, ou plus haut encore, ces animaux, que leur voracité force à étendre au loin leurs chasses, n'ont su échapper aux poursuites qu'en se réfugiant dans les sombres forêts et dans les gorges sauvages des Alpes. Grâce à leur prudence, ils peuvent y mener une vie difficile, et ils y resteront longtemps encore en sécurité, quoique chaque année quelques-uns d'entre eux cèdent leur bonne fourrure au marchand. L'Hôtel-de-Ville de Davos avec ses gueules de loup, la maison commune d'Hermence, où sont suspendues des têtes d'ours, de loups et de lynx, celle de Louèche-les-Bains, qui abrite sous son toit treize loups empaillés, ouvrant leurs gueules blanchies, ce sont là d'éloquents monuments qui témoignent de la fréquence de ces déprédateurs à l'époque du bon vieux temps.

Si l'alpe est pauvre en animaux, si elle paraît déserte à celui qui la visite, elle n'en héberge pas moins les quadrupèdes et les oiseaux les plus intéressants de toute la Suisse, puisqu'elle est la patrie des ours, des gypaètes, des loups, des chamois, des aigles, des marmottes, des vipères, des lynx, etc., sur les mœurs et le genre de vie desquels nous allons donner plus de détails dans les monographies de chacun de ces animaux. En tout cas, sous le rapport de la faune, notre région alpine est plus riche que la région correspondante en Scandinavie, car, outre les rennes, les ours, les lynx, les gloutons, les loups et les renards, cette dernière ne nourrit que des lagopédes, des gélinottes et des bruants de neige.

MONOGRAPHIES ET DESCRIPTIONS PARTICULIÈRES.

I. LES SERPENTS VENIMEUX DES ALPES.

L'appareil producteur du venin. — Les charmeurs de serpents au Valais. — La vipère. — Ses mœurs et sa manière de mordre. — Moyens curatifs. — Les chasseurs de vipères. — Un singulier cas de mort.

Partout la nature laisse échapper ses bienfaits de sa corne d'abondance; à toutes les latitudes, à toutes les hauteurs, elle sème ses créations avec une profusion admirable; elle conserve avec sagesse et amour les êtres qu'elle a produits, de sorte que le monde nous apparaît dans son ensemble comme un temple de Dieu, parfaitement conçu et entretenu dans tous ses détails. Mais, au milieu de cette harmonie, comment nous rendre compte de l'existence d'êtres, tels que les animaux venimeux et les plantes vénéneuses, qui ne nous paraissent pas seulement inutiles, mais positivement dangereux? Les poisons végétaux, appliqués par la science, peuvent rendre des services, mais le rôle de ces animaux, dont les charlatans seuls prônent les vertus, est plus difficile à deviner au milieu de l'économie générale du globe; on est conduit à dire que leur existence elle-même est nécessaire, et qu'elle ne peut se soutenir que par ces armes redoutables. En effet, cette faculté de donner la mort est une condition de leur vie. Le loup se procure la nourriture par la puissance de sa mâchoire, le lynx par sa prudence et par l'élasticité de ses muscles, la vipère par son venin. Tous les serpents venimeux (dont le nombre en espèces et en individus est assez limité, si on le compare au nombre total des serpents) sont plus lourds et moins agiles que les serpents ordinaires; ils ont la tête large, la queue courte et un tempérament paresseux qui ne les porte pas à poursuivre leur proie, mais plutôt à l'épier et à l'attendre. Leur appareil venimeux, situé de chaque côté de l'occiput, est enveloppé d'un tissu cellulaire glanduleux entouré d'une membrane fibreuse résistante. Le venin que cet appareil sépare de l'organisme, est toujours en petite qnantité; c'est un liquide transparent, verdâtre, inodore, presque sans saveur, légèrement visqueux, dont l'action mortelle dépend beaucoup de l'espèce et de l'âge du serpent, de la saison, de la constitution du blessé et de l'organe mordu. Desséché, le venin devient jaune et perd ses propriétés. Immédiatement au-dessous de la glande en question, il y a de chaque côté une dent venimeuse (rarement deux), crochue, recourbée en arrière, aussi fine et pointue qu'une aiguille et creusée d'un canal qui s'ouvre près de la racine dans le réservoir de la glande et débouche près de la pointe par une ouverture très-fine de laquelle jaillit le venin. Derrière ces deux dents, il y en a quelques-unes en réserve; elles sont incomplétement développées et destinées à remplacer les anciennes lorsque celles-ci tomberont en hiver. Les dents développées peuvent se mouvoir latéralement, de bas en haut ou de haut en bas; elles reposent sur les os ptérigoïdiens qui sont mobiles eux-mêmes, de sorte que l'animal peut à son gré coucher ses crochets, les cacher dans un enfoncement de la gencive ou les dresser par un mouvement rapide de la tête et se mettre en position de combat. Lorsque la vipère veut se servir de ses dents, elle ouvre sa gueule vivement et autant que possible. Ce mouvement et la pression exercée par la dent elle-même sur la glande, fait entrer le venin dans le canal et le fait jaillir par l'ouverture dans la plaie, où il se mêle au sang de l'animal blessé. La glande de nos vipères est si petite et la blessure de leurs dents qui pénètrent à peine à une ligne, si insignifiante que leur morsure ne peut devenir mortelle, à moins d'atteindre un vaisseau sanguin d'un certain diamètre. Parmi les quadrupèdes, le porc, le putois et le hérisson se comportent d'une manière particulière relativement à ce venin. Le hérisson se laisse mordre par la vipère au flanc ou au museau ; il la saisit, lui broie tête, crochets et glandes venimeuses, et l'avale sans se trouver incommodé, tandis que trois ou quatre vipères qui mordent simultanément un cheval ou un bœuf le font périr. Les buses, les geais, peut-être même les corbeaux, détruisent beaucoup de vipères. Quelques coups de bec leur suffisent pour fendre la tête du serpent qu'ils avalent ensuite. L'aigle criard, l'un des plus grands destructeurs de serpents, ne visite qu'exceptionnellement les localités fréquentées par la vipère ordinaire. La plupart des animaux supérieurs éprouvent instinctivement de l'effroi à la vue de ce dangereux reptile. Heureusement il n'est pas très-commun chez nous, quoiqu'il joue un grand rôle dans les récits des paysans, qui lui attribuent des facultés mystérieuses.

La légende veut que les vipères aient été si abondantes dans la partie supérieure de la vallée de Saint-Nicolas que les habitants furent forcés d'avoir recours à un charmeur de serpents. Au bruit de son sifflet apparut un serpent blanc, auprès duquel les vipères se rassemblèrent ; puis le charmeur se mit à parcourir la contrée suivi du serpent blanc, autour duquel le nombre des vipères allait toujours croissant ; il arriva ainsi au delà des limites de la commune de Zermatt et attira la troupe de serpents dans un trou où ils furent tous brûlés. Là-dessus l'enchanteur donna le conseil de se garder désormais de détruire tous ces serpents, parce qu'ils enlevaient, dit-il, au sol une substance dangereuse et purifiaient ainsi l'atmosphère. De pareils contes courent aussi ailleurs.

Parmi nos lecteurs, il en est probablement peu qui aient vu des vipères vivantes ; encore moins auront-ils entendu parler de morts causées par leur morsure. La Suisse ne possède que deux serpents dangereux : l'un, roux tacheté de noir, long de trois pieds, est la vipère rouge ou de Redi, qui habite le Jura et la Suisse occidentale et méridionale; l'autre, la vipère commune, appartient réellement à la montagne, car on ne la rencontre pas dans la plaine; tout au plus habite-t-elle déjà la chaîne de l'Albis. Dans toute l'Allemagne, au contraire, elle est aussi commune dans le bas pays que sur les montagnes, et elle abonde dans l'alpe de Souabe.

La vipère ordinaire est presque partout indigène dans les Alpes de la chaîne centrale, mais elle n'y est pas uniformément répartie, car elle manque souvent dans de grands districts, tandis qu'elle est fort commune sur d'autres points. On la trouve toujours jusqu'à 6000′ dans les Alpes des Grisons, de Glaris, du Tessin, sur le Grimsel et le Saint-Gothard. Très-souvent elle ne se montre qu'au-dessus de la limite des bois feuillus, et monte dans le canton de Glaris jusqu'à 7600′. Sur l'alpe Fliss, dans le haut Toggenbourg, elle passe pour être commune au pied d'une certaine paroi de rochers; elle l'est davantage sur plusieurs montagnes glaronnaises, mais elle ne paraît être nulle part plus fréquente que dans la Haute-Engadine. Ce serpent habite les pentes rocailleuses exposées au midi, et aime à s'étendre au soleil sur des pierres ou de vieux troncs d'arbres. Par le froid et la pluie, il reste caché, et il évite de sortir de son trou quand le sol est humide.

La coloration dépend chez les vipères, comme chez la plupart des reptiles, de l'âge, du sexe, de la saison et du lieu qu'elles habitent, mais il est toujours facile de les distinguer au large ruban noir en zigzag qui longe leur dos de la tête à la queue. Ce ruban est formé de taches quadrangulaires qui sont toutes en contact. La couleuvre lisse, qui ressemble assez à la vipère, s'en distingue en ce qu'elle porte sur le dos deux traits formés de taches noires isolées. Les vipères mâles sont brunes, bleuâtres, jaunâtres, grises, mais elles ont toujours une couleur plus nette et plus claire que les femelles dont les teintes sont louches et qui sont nuancées d'un gris sale. Le cou est bien distinct, la gorge blanchâtre, le ventre est tantôt foncé et marbré, tantôt d'un noir bleuâtre taché de blanc. Le sommet de la tête porte deux taches ou lignes noires qui, à première vue, ressemblent à une croix. Le crâne est aplati, triangulaire, couvert de petites écailles et porte au milieu trois petits écussons. Les yeux de la vipère ne sont pas très-perçants, malgré leur feu ; ils sont bruns, dépourvus de paupières et ont l'iris jaune d'or. Gessner, le père de l'histoire naturelle en Suisse, disait déjà que ce reptile a le regard provocateur. Le corps de la vipère est cylindrique, très-bien musclé et plus épais au milieu chez le mâle, tandis que chez la femelle c'est derrière la nuque qu'il est le plus gros. Le bout de la queue est dur et de couleur claire.

La nourriture de prédilection de la vipère consiste en souris; mais elle mange sans doute aussi les jeunes oiseaux au nid, et, en temps de disette, des lézards, des grenouilles et des animaux analogues. L'extensibilité de sa gorge la met quelquefois dans la tentation d'avaler des taupes, mais alors les ligaments de ses mâchoires peuvent se rompre ou son ventre crever. Les dents crochues ne servent pas aux vipères à broyer leur proie, mais à la retenir. Elles craignent l'eau et la fuient comme tous les serpents de nos pays, à l'exception de la couleuvre à collier.

Rien ne semble redoutable dans la vipère ordinaire ; sa taille est petite et n'atteint que deux pieds et trois pouces en longueur; elle a un pouce de diamètre. Son humeur n'est pas aggressive. Lorsqu'on la laisse en repos, elle n'attaque ni l'homme ni les grands animaux, et prend la fuite à leur approche. Seulement, lorsqu'on l'irrite ou la foule du pied, elle s'enroule sur elle-même, se met à siffler, s'élance sur son ennemi et le mord, mais ne le poursuit pas. Lorsque la vipère a besoin de nourriture, elle ne se met pas en chasse, mais elle attend tranquillement l'approche de quelque proie, elle pousse alors un sifflement, lance sa tête en avant, enfonce ses crochets et laisse l'animal s'enfuir, mais sans le perdre de vue, car elle connaît parfaitement l'effet de son venin. Les souris périssent presque instantanément, les oiseaux quelques minutes après avoir été mordus, les moutons et les chèvres au bout de quelques heures; quant aux animaux de grande taille, il est rare qu'ils périssent; leur corps enfle, mais ils se remettent après quelques jours. La morsure de la vipère n'a pas grand effet sur les amphibies dont le sang est froid. Lorsqu'elles se battent entre elles, les vipères cherchent à éviter d'être mordues.

En captivité les vipères ne prennent pas de nourriture, et supportent cette abstinence pendant douze à seize mois. Elles tuent les souris qu'on leur présente, mais ne les mangent pas. Lorsqu'elles sont prises, elles rejettent quelquefois au dehors les derniers aliments qu'elles ont consommés, et se laissent mourir de faim. Il ne peut être question d'apprivoiser ce stupide animal. En liberté, les vipères prennent peu de nourriture, et ce n'est que plusieurs jours après avoir digéré une souris qu'elles se mettent à en épier une nouvelle. Il est facile de prendre les vipères: on leur appuie sur la tête le pied chaussé d'une botte, on les saisit par la queue et on les fait entrer dans une boite; prise de cette manière, la vipère a beau siffler et s'agiter, elle ne peut ramener sa tête à la hauteur de sa queue. Les chasseurs de serpents exercés les prennent à la nuque et les empoignent sans plus de façon. Lorsqu'on porte des bottes, on n'a rien à craindre des vipères. Leurs dents ne traversent pas le cuir, et elles ne peuvent s'élancer assez haut pour atteindre au-dessus de cette chaussure.

Les enfants, les bûcherons, les faucheurs, les chasseurs, les voyageurs et les bergers se laissent quelquefois mordre par les vipères et tombent dangereusement malades. Lorsqu'il ne fait pas chaud, de sorte que le venin n'est pas très-concentré, lorsque l'individu blessé n'a pas le sang agité et que la résorption du poison est peu rapide, lorsque enfin la vipère n'est pas très-vigoureuse, la blessure n'a pas de suites mortelles. Il faut toutefois que le blessé ne perde pas la présence d'esprit, qu'il suce la blessure, enlève la chair mordue, la brûle avec de l'amadou, ou arrête en partie la circulation en liant fortement le membre au-dessus de la morsure. Il faut ensuite cautériser la plaie avec de l'eau forte, de la lessive caustique ou au moins de l'esprit de vin. Il n'y a aucun danger à sucer la plaie, si on a la bouche saine et si on ne fait pas de trop grands efforts, car le venin de la vipère n'a aucune action sur l'estomac, et n'agit que lorsqu'il entre en contact immédiat avec le sang. Si l'on ne peut ni sucer ni enlever au moyen d'un instrument tranchant l'endroit mordu, on doit au moins passer une ligature au-dessus, la serrer fortement, cautériser la plaie avec un charbon ardent et y appliquer ensuite un caustique énergique. L'effet du venin se produit après quelques minutes; il provoque des vertiges, altère le sang et y détermine une espèce de décomposition; le blessé perd ses forces, vomit, est atteint de crampes, avale difficilement et finit par s'évanouir. Le membre blessé enfle considérablement, mais la mort n'arrive qu'au bout de quelques heures, et elle provient toujours d'une circonstance aggravante ou bien d'une négligence. D'autres fois, le blessé reste infirme pendant des années.

Si la vipère donne facilement la mort aux autres animaux, elle a la vie d'autant plus tenace. Plongée dans de l'esprit de vin, elle ne périt qu'au bout de deux heures; dans le vide, elle vit dix-huit à vingt-quatre heures, et, après quinze minutes, la tête coupée d'une vipère mord et empoisonne encore. Cependant le tabac la tue en quelques minutes, et l'acide prussique immédiatement; il doit en être de même de l'éther et du chloroforme.

Pendant l'hiver les vipères se retirent dans de vieux murs, dans des amas de pierres, sous des feuilles sèches ou de la mousse; ou bien elles se cachent dans des arbres creux, s'enfoncent dans des trous de souris, et se mettent à dormir, sans tomber en léthargie. Dès le printemps, elles se recherchent et vivent par couples. Elles changent cinq fois de peau pendant l'été, et en juillet ou en août, elles mettent au jour, comme tous les serpents venimeux, des petits vivants, au nombre de dix à vingt-cinq; ils ont six ou sept pouces de longueur, et sont déjà armés de dents venimeuses, dont l'effet est fort actif. Ces petits rompent les enveloppes de l'œuf, alors qu'il est encore renfermé dans l'oviducte de la mère, et il leur faut sept ans pour acquérir la taille des vieux. Pendant les premiers temps de leur existence, ils se nourrissent de vers et de lézards.

Jadis la vipère ordinaire et la vipère rouge étaient employées en médecine, et les pharmaciens les conservaient vivantes dans des tonneaux de son. On regardait leur graisse comme un médicament actif; quant à leur chair, elle fournit d'excellents bouillons fort nutritifs, qui peuvent être recommandés aux phthisiques. On la mange sans danger, de même que la chair des animaux tués par leur morsure. Ces deux vipères entraient, comme beaucoup d'autres serpents, dans la composition de la fameuse thériaque de Venise.

La chasse aux vipères était jadis si fructueuse que partout où ces animaux habitaient, ils étaient pourchassés. Gessner raconte tout naïvement qu'on déposait des vases de vin dans les haies et les endroits rocailleux; les vipères, alléchées par l'odeur, sortaient de leur retraite, buvaient le vin, s'enivraient et devenaient la proie du chasseur pendant l'état de torpeur et d'indifférence qui fait suite à l'ivresse. En France, le chasseur de vipères se rendait dans les endroits fréquentés par ces reptiles, muni d'un trépied et d'un chaudron sous lequel il allumait un bon feu; il prenait une vipère, la jetait vivante dans le chaudron et l'y rôtissait. L'animal poussait d'affreux sifflements qui en attiraient d'autres de toutes les fentes du terrain, de sorte que le chasseur n'avait plus qu'à les saisir au moyen d'un gant et à les fourrer dans son sac. Un témoin oculaire et digne de foi raconte avoir vu, près de Poitiers, pratiquer cette chasse, dont il nous est difficile de nous rendre compte, et il ajoute que c'était avec un sentiment d'horreur qu'il assistait à cette scène : elle lui rappelait le chaudron des sorcières de Macbeth.

Les Italiens tendent sur le sol des lacets fixés à des branches flexibles; ils attirent les vipères à l'aide d'un appeau particulier; elles se prennent par le cou et se trouvent suspendues en l'air, de sorte qu'on n'a qu'à les saisir au moyen d'une pince et les faire glisser au fond d'un sac. Il y a quelques années à peine qu'on rencontrait à Milan des marchands de vipères, qui en portaient plus de soixante dans une caisse, et les vendaient mortes ou vivantes. Au pied du Jura, un pharmacien s'était créé un parc rempli de vipères rouges, et les expédiait dans toute la Suisse, vivantes et renfermées dans de la sciure de bois, à raison d'un franc cinquante centimes la pièce.

De nos jours, quelques amateurs ou les naturalistes sont seuls à capturer quelques vipères, et leur fréquence ne semble pas avoir augmenté. Ebel et Matthisson prétendent qu'elles étaient si nombreuses sur la montagne de San-Salvador, près de Lugano, que des villages durent y être abandonnés. Mais le docteur Schinz parcourut souvent cette montagne sans en rencontrer une seule, et chargea un Tessinois, célèbre chasseur de serpents, de lui en prendre et de les lui envoyer. Peu de temps après, il reçut une caisse remplie de serpents, qui devaient tous être de l'espèce venimeuse; il l'ouvrit et fut fort surpris d'y trouver une quinzaine d'inoffensives couleuvres à taches carrées. En général, on exagère beaucoup la fréquence et le danger des vipères. Malgré toutes nos recherches, nous n'avons pu trouver d'exemple positif de morsure de vipère qui aurait provoqué la mort dans les temps récents. Dans les localités même qu'elles habitent par centaines, comme les montagnes d'Ofen et la Haute-Engadine, il est extrêmement rare qu'elles blessent bêtes ou gens.

Cependant le docteur Lenz, naturaliste auquel on doit de nombreuses découvertes, fut témoin oculaire d'une mort très-remarquable due à la vipère. Un mauvais sujet, nommé Hörselmann, se vantait de connaître un moyen infaillible de s'exposer sans danger à la morsure de ce serpent. Le docteur Lenz ayant à sa disposition plusieurs vipères destinées à ses expériences, Hörselmann entra chez lui pour lui faire voir le succès de son procédé. Il prétendait connaître parfaitement les vipères, et pour montrer combien peu il les craignait, il voulut plonger la main dans la caisse et en prendre une; sur les instances de Lenz, il parut y renoncer, mais celui-ci s'étant retourné, il saisit une des vipères par le milieu du corps, l'éleva à la hauteur de sa tête et murmura quelques paroles magiques. Le serpent, tout à l'heure fort calme, se mit à regarder l'imprudent avec colère et en agitant sa langue effilée. Malgré cela, notre homme mit rapidement la tête du serpent dans sa bouche et eut l'air de la mordre. Il la retira bien vite, rejeta la bête dans la caisse et cracha trois fois du sang; son visage devint rouge, ses yeux s'injectèrent et il s'écria : Mon secret ne vaut rien, mon livre m'a trompé. Lenz, qui ne savait pas si la chose était sérieuse ou s'il ne s'agissait que d'une comédie, demanda à Hörselmann de lui faire voir sa langue, mais celui-ci ne voulut pas y consentir; il se plaignit, dit qu'il avait eu la langue mordue fort en arrière, et voulut retourner chez lui où il trouverait bien un remède pour se guérir. Il refusa de boire de l'huile, marcha d'un pas assez ferme pour prendre son chapeau, mais il vacilla, tomba et se releva pour retomber encore. Il parla ensuite distinctement, quoique à voix basse; son visage devint de plus en plus foncé, son regard perdit son éclat, il se plaignit de la pesanteur de sa tête et demanda un coussin. On le porta sur une chaise où il pouvait s'appuyer; il y resta calme et dit qu'il avait faim, n'ayant pas pris de nourriture de toute la journée. Il demanda ensuite de l'eau, mais ne la but pas, puis il baissa la tête, se mit à râler et mourut. La scène tout entière n'avait duré que cinquante minutes, et au bout de dix minutes le cadavre était refroidi. Le lendemain, jour de l'autopsie, il y avait déjà des signes de putréfaction. Le front, les yeux, les ailes du nez, la main et la cuisse gauche étaient bleus; la langue paraissait tuméfiée, et au milieu, à l'endroit de la morsure, presque noire; les vaisseaux du cerveau étaient remplis de sang noir, et les poumons étaient d'un bleu plus prononcé qu'à l'ordinaire. Dans ce cas, comme dans d'autres, le passage de la vie à la mort avait ressemblé à un sommeil paisible. Il n'y avait eu ni oppression ni angoisse, mais les forces avaient rapidement diminué, et les mouvements volontaires avaient été influencés dès le début.

Il existe une variété noire de la vipère ordinaire (la soi-disant *vipera prester*) qui n'habite jamais les régions inférieures, et ne vit que dans les Alpes; elle a été observée dans le canton de Glaris, dans l'Oberland vaudois, au Valais, et il est probable qu'on la rencontrerait partout dans la chaîne des Alpes centrales. Pour autant qu'on la connaît, cette vipère est aussi venimeuse que l'autre et ses mœurs sont les mêmes. Elle est commune dans la Rude-Alpe. Tous les exemplaires étudiés jusqu'ici étaient des femelles. Récemment un naturaliste, H. E. Kinck, a été assez favorisé pour obtenir un échantillon de cette variété noire prêt à mettre bas. Les onze petits, dont elle accoucha, ne différaient en rien des petites vipères ordinaires du même âge. Il a constaté que la variété noire n'est qu'une variété constante de certaines femelles de l'espèce commune, qu'elle s'unit aux mâles de cette espèce et qu'elle met bas des vipères ordinaires.

II. LES BARTAVELLES.

Leur histoire naturelle. — Manière de les chasser. — Lieux qu'elles habitent.

La famille des perdrix n'est représentée en Suisse que par la perdrix grise, la bartavelle, la perdrix rouge et la caille; parmi ces quatre espèces, la bartavelle habite seule les hautes régions. La perdrix grise ne vit qu'à la lisière inférieure de la région montagneuse. La perdrix rouge (*perdix rubra*) ressemble beaucoup à la bartavelle, mais elle porte à la gorge un plastron noir beaucoup plus grand, et, dans le Jura, elle ne s'élève guère plus haut que la perdrix grise. La caille vit de préférence dans la plaine, quoiqu'elle hante aussi les prairies herbeuses d'Urseren et d'autres vallées élevées dans les cantons des Grisons, de Berne, d'Unterwalden et du Valais. La bartavelle (*perdix saxatilis*) est réellement un oiseau alpin, qui ne fréquente ni la plaine ni les forêts, et ne vit pas dans le Jura. On la trouve aussi dans les Alpes vaudoises.

De même que tous nos gallinacés sauvages, la bartavelle est un oiseau superbe. De taille plus forte que la perdrix, elle a le bec, les paupières et les pieds rouges. Son dos est gris bleuâtre, ses épaules sont nuancées de teintes purpurines, sa gorge est blanche, bordée de noir; elle porte sur la poitrine des barres transversales rousses, à bords noirs, et des taches d'un beau brun marron. Les quatre pennes médianes de sa queue sont grises, les douze autres sont d'un roux foncé, et ont les reflets du satin. Il est rare d'observer des variétés parfaitement blanches.

La bartavelle est moins sauvage que les autres oiseaux de la même famille. Au printemps elle vit par paires, et, plus tard, par compagnies, sur les revers des chaînes exposées au midi, dans des talus d'éboulement recouverts de buissons, au-dessus des dernières forêts et jusqu'au bord des champs de neige. Son séjour de prédilection est ainsi plus élevé que celui du tétras à queue fourchue et identique à celui du lagopède. La bartavelle accompagne la marmotte; elle est commune aux Grisons, où chacun la chasse, et elle n'est pas rare dans d'autres parties des Alpes.

Elle vit sur des pentes bien exposées, au milieu des pins nains et des buissons de rosage des Alpes, au pied des parois de rochers, dans des ravins au milieu des blocs éboulés et des buissons; elle marche tantôt baissée et le dos recourbé, tantôt avec une certaine dignité, la tête haute et les plumes des côtés de la tête relevées en forme de barette; elle prend rarement le vol, court très-vite, et sait parfaitement se cacher entre les pierres ou sous des touffes d'herbes jusqu'au moment où le danger est passé. La bartavelle ne se pose jamais sur les arbres; à la rigueur elle vient chercher un abri au milieu du feuillage touffu de ces énormes sapins appelés *gogants* au canton de Vaud. Le matin et le soir, surtout au printemps, les bartavelles poussent leur petit cri d'appel. Le mâle ne vit qu'avec une seule compagne;

il est tellement jaloux qu'il lutte jusqu'à la mort contre ses rivaux, et n'aperçoit pas, au milieu de ses fureurs, l'approche du chasseur. Les femelles sont douces, s'apprivoisent facilement et deviennent très-familières avec celui qui en prend soin. Nous ignorons s'il est vrai que le mâle s'unisse aux poules et produise avec elle des hybrides féconds.

Pendant l'été, les bartavelles se nourrissent des bourgeons du rosage des Alpes et d'autres plantes des hautes Alpes, d'araignées, de larves d'insectes, de fourmis, etc.; pendant l'hiver elles descendent des hautes régions sur les pentes inférieures qui sont jonchées de pierres, et se rapprochent des villages des montagnes et même des vallées. Elles se nourrissent alors de graines, de baies de genévrier, de feuilles de pins, et pâturent sur les places gazonnées, où il n'y a pas de neige. En captivité, elles mangent du blé, des légumes, des pommes de terre et même de la viande cuite. Les perdreaux provenant d'œufs couvés par des poules domestiques peuvent être nourris d'œufs hachés, de lait et de millet gonflé dans l'eau, mais ils s'envolent de très-bonne heure, si l'on n'a pas la précaution de leur rogner les ailes.

La bartavelle dépose en juillet de douze à dix-huit œufs, sous un bloc, dans une fente de rocher, ou sous des touffes de rosage des Alpes; ils sont jaunâtres et mouchetés de brun; la mère soigne et protége de son mieux les poussins qui en sortent. Ces petits sont doués, comme leurs parents, d'un talent extraordinaire pour se cacher, et ils ont déjà disparu avant qu'on ait eu le temps de les voir. Si l'on arrive inopinément au milieu d'une famille de dix à vingt-cinq de ces poussins, ils fuient, rapides comme des flèches, dans toutes les directions, sans donner un coup d'aile et en poussant des cris de détresse : *pitchyy-pitchyy*. Ils s'arrêtent à une soixantaine de pas tout au plus, sans qu'il soit possible d'en découvrir un seul au milieu des pierres ou des buissons. Si le chasseur a de la patience et sait imiter au moyen d'un appeau le cri : *chazibiz-chazibiz*, que les bartavelles font entendre par le beau temps matin et soir, et pendant la journée entière lorsqu'il fait du brouillard, toute la famille de perdreaux accourt et se rassemble, de sorte qu'en répétant ce manége, le chasseur finit par tuer la plus grande partie des perdreaux. Aux Grisons, cette chasse se fait au moyen du chien d'arrêt; on y prend aussi les bartavelles avec des lacets ou des trappes, ainsi qu'au Tessin. Ces oiseaux sont si vigoureux qu'on a de la peine à les retenir des deux mains; sans cesse ils se retirent en arrière, et puis cherchent à prendre leur vol en déployant soudain une force considérable.

Malheureusement ce beau gibier est très-exposé aux atteintes des renards, des oiseaux de proie, des hermines et des martes. Les chasseurs qui se contentent de perdrix et de lagopèdes, à défaut de renards ou de marmottes, les déciment encore, et contribuent aussi pour leur part à transformer en désert nos belles Alpes. La bartavelle est un gibier extrêmement fin et savoureux. Les gourmets en apprécient le parfum et l'arrière-goût légèrement amer et aromatique; ils la préfèrent de beaucoup à la perdrix ordinaire ou au lagopède, dont la chair est moins tendre. Aussi le prix d'un de ces oiseaux s'élève-t-il à deux francs et plus.

De même qu'au nord des Alpes le lagopède, qui n'habite jamais le midi, est un oiseau peu rare et devient extrêmement fréquent dans les régions boréales; de même, la bartavelle, qui chez nous vit à côté de lui, se montre au midi de l'Europe, en Asie et en Afrique, le plus commun des gibiers. Elle entre comme élément important dans l'alimentation des habitants de la basse Italie et de la Grèce. En automne, quel que soit leur rang, ils s'en nourrissent presque à l'exclusion de toute autre viande. C'est par milliers qu'on apporte au marché ces oiseaux, qu'on recherche et qu'on vend leurs œufs, dont le goût est exquis. Les mâles, qui sont très-courageux et disposés à se battre, remplacent les coqs de combat dans l'Archipel grec; les femelles y sont apprivoisées, et on les y mène paître comme chez nous les oies ou les dindons.

Ainsi, la bartavelle, qui dans notre pays habite au milieu des champs de neige ou, du moins, au-dessus des forêts, et qui a tout le caractère d'un oiseau alpin, ne se retrouve pas dans les régions froides du Nord, comme on serait en droit de s'y attendre d'après les analogies; mais, chose extraordinaire, ce même oiseau qui chez nous ne se hasarde pas dans la plaine, habite en masse l'île de Candie, la Sicile, les côtes brûlantes de l'Afrique, la Syrie et la Perse.

II. LE TÉTRAS A QUEUE FOURCHUE.

Cantu nascentem lucemque diemque salutans.

Son histoire naturelle. — Le tétras moyen du canton d'Uri et son origine. — Exemple de croisements semblables chez les plantes et les animaux.

Dans les cantons forestiers, les marchands de gibier et les chasseurs mettent souvent en vente, sous le nom de faisan, un bel oiseau qui porte au-dessus de l'œil un rebord saillant rouge écarlate; à l'époque des amours, ce bourrelet se frange et devient aussi épais que le doigt. Cet animal a le plumage d'un beau noir, à reflets métalliques bleus et chatoyants; il a le pli de l'aile blanc, deux bandes brunes aux pennes alaires et une queue superbe, profondément fourchue, dont chaque extrémité se recourbe en dehors et en avant. Ses pattes sont emplumées et d'un gris foncé.

Cet oiseau n'est pas un faisan sauvage (la Suisse n'en possède pas), c'est le tétras ou coq de bruyère à queue fourchue, oiseau de la taille du coq domestique et dont le poids varie de deux à trois livres et demie. La poule est rousse, tachetée de noir; elle porte au-dessus de l'aile une tache blanche et sa queue, moins profondément fourchue, est barrée de noir; elle est plus petite que le coq et pèse rarement plus d'une livre et demie.

Si les autres coqs de bruyère ne montent pas au delà de la région moyenne des forêts, les tétras à queue fourchue se tiennent de préférence dans les forêts supérieures jusqu'à leur limite, lorsqu'ils y trouvent des clairières que couvrent une bruyère épaisse et des myrtilles ou des ronces. Ils aiment mieux les bois feuillus et les forêts d'essences mêlées que les bois plantés uniquement de sapins. Ils n'y sont pas tout à fait sédentaires ; deux fois par an ils se montrent inquiets et volent au loin, sans revenir toujours à leur station habituelle, car ils s'égarent souvent et restent dans d'autres districts. Cet oiseau manque d'intelligence, il a le sens des localités peu développé, et c'est à sa timidité et à sa sauvagerie plutôt qu'à sa prudence et à son instinct qu'il doit d'échapper aux poursuites. Dans le Simmenthal on a fait la remarque qu'à l'approche de l'hiver les tétras émigrent assez régulièrement dans les forêts du Valais, où on les prend et les tire en grande quantité.

Ce petit tétras est tantôt plus commun, tantôt plus rare que le vrai coq de bruyère dans les forêts des montagnes. Il est plus agile, a les mouvements plus rapides que son grand cousin, dont il a conservé le vol bas et bruyant. Il passe sa vie dans les buissons, où il court réuni par petites familles ; devenus vieux, les mâles vivent solitaires. Le district de la Suisse le plus riche en tétras est sans aucun doute le val Minger, sombre vallée couverte d'épaisses forêts et bordée de rochers abruptes, rameau latéral et rarement visité du val de Scarl, dans la Basse-Engadine. Au printemps, on entend de tous côtés chanter les coqs au milieu des pins et des aroles de cette vallée étroite et profondément encaissée, et il se passe souvent des années avant que quelque autre qu'un bûcheron ou un chasseur de chamois vienne troubler leur solitude.

Au moment où les bourgeons des bouleaux commencent à se gonfler, les coqs, qui mènent d'habitude une vie commode et tranquille, prennent des goûts de combat et se précipitent les uns contre les autres, tête baissée, la queue étalée et les ailes pendantes, absolument comme nos coqs domestiques ; souvent ils luttent jusqu'à la mort. Ils chantent dans des endroits déterminés, et ordinairement à terre. Préludant par des sifflements et terminant par des gloussements, ils expriment leur folle extase au moyen de mouvements étranges ; ils hérissent leurs plumes, battent des ailes, bondissent, décrivent des cercles et se démènent comme des possédés. Seulement, pendant tout ce manége, ils ne sont pas aveugles ainsi que les coqs de bruyère, et voient parfaitement. L'époque du chant commence pour les petits tétras alors qu'elle finit pour les grands.

La femelle pond de six à douze œufs jaunâtres, tachetés de brun, de la grosseur d'œufs de poule, dans un enfoncement qu'elle creuse, à l'aide de ses pattes, au plus épais de la bruyère ou sous des buissons touffus. Elle les couve seule pendant trois semaines, et, lorsqu'elle est forcée de les abandonner momentanément pour chercher sa nourriture, elle les couvre soigneusement de mousse et de feuillage. Les petits piaulent comme des poussins ; leur mère les conduit à la pâture peu d'heures après qu'ils sont sortis de la coquille, et, en grattant le sol, elle met à leur portée des petits vers et des œufs de fourmis. Après quelques semaines ils s'envolent avec elle sur les arbres. Plus tard, la famille tout entière aime à rester perchée sur le même arbre. Au printemps suivant, les jeunes coqs se séparent des autres membres de la nichée, et deviennent à leur tour les chefs de nouvelles familles.

Pendant l'hiver, les coqs de bruyère à queue fourchue se nourrissent de bourgeons, particulièrement de ceux du bouleau, de chatons et surtout de baies du genévrier ; ils creusent sous la neige de longs souterrains pour arriver aux bourgeons des myrtilles noires et rouges et des rhododendrons. Au printemps, ils mangent toute espèce de jeunes plantes en quantité, même les boutons de la dangereuse euphorbe. En été, ils détruisent une masse de scarabées, d'araignées, de sauterelles, de fourmis, de limaçons, ils rongent les jeunes feuilles des rhododendrons ou les feuilles en aiguilles des aroles, et mangent des fruits et des baies. En automne, ils s'en tiennent aux graines de légumineuses sauvages, aux semences des conifères et des thyms, aux baies du groseillier des Alpes, aux rameaux des myrtilles, aux baies du sureau nain, aux feuilles de troène et de sorbier. En outre, ils avalent, comme tous les gallinacés, des grains de quarz et de sable pour faciliter la digestion, et ils aiment, ainsi que les cailles et les coqs de bruyère, à se rouler dans le sable ou la poussière.

La chair du petit tétras est beaucoup plus délicate et plus savoureuse que celle du grand. Pratiquée avec prudence, c'est au printemps et en hiver que la chasse en est le plus fructueuse, quoiqu'elle le soit beaucoup moins qu'en Laponie, en Suède et en Russie, où ces oiseaux vivent réunis dans les forêts en troupes de plusieurs milliers d'individus. De bons chasseurs réussissent aussi en automne à attirer les coqs à portée de fusil, en imitant les cris qu'ils poussent au printemps. Quelque sauvages que soient en général ces oiseaux, nous avons vu à plusieurs reprises de jeunes tétras rester perchés sans crainte en face de nous, et ne pas s'envoler au premier coup de fusil. Pris jeunes, ils s'apprivoisent facilement, mais il est impossible de les conserver plus de deux ans. En Suède, on réussit à apprivoiser aussi les coqs de bruyère, mais ils ne deviennent jamais aussi doux et aussi familiers que les petits tétras, et suivent souvent les gens par derrière pour leur donner des coups de bec.

Les paysans et les chasseurs regardent les petits tétras comme d'excellents indicateurs du temps qu'il va faire. S'il doit pleuvoir au printemps, on prétend que, posés à terre ou perchés sur des troncs d'arbre et au sommet des mélèzes, ils continuent à chanter fort avant dans la journée, et s'interrompent pour pousser des cris analogues à ceux des martes.

On a rencontré deux fois au canton d'Uri, une fois dans l'Oberland saint-gallois et une fois au Valais, par conséquent très-rarement, une troisième espèce de tétras, qui ressemble tout autant au grand qu'au petit; on l'a regardée avec raison comme un hybride de ces deux espèces, et on l'a appelée tétras moyen (*tetrao medius*). Le mâle de cette race est plus gros que le coq de bruyère à queue fourchue et plus petit que la poule de bruyère; il ressemble à un petit tétras mâle dont la tête serait plus grande et la queue plus carrément coupée; il a le plumage noir, à reflets bleus, et les plumes des ailes d'un brun foncé. On prétend que dans le nord de l'Europe cet hybride est plus commun, mais il n'en reste pas moins un oiseau accidentel qu'on n'observe jamais que dans les localités où les deux espèces de tétras vivent côte à côte. Des chasseurs ont vu une fois un mâle de cette race s'abattre au milieu de petits tétras en train de chanter, et les chasser de sa présence, après quoi il se mit à chanter lui-même, mais sans approcher des poules, car on sait que les hybrides sont en général inféconds.

Parmi les exemplaires de cette race tirés en Suisse, ceux qui proviennent du canton d'Uri[1] furent envoyés par le docteur Lusser, l'un au musée de Zurich, l'autre à celui de Turin (1824). M. le docteur Depierre possède dans sa collection l'individu tué au Valais, et celui de Saint-Gall est à Berne, au musée Challande. Tous les quatre sont des mâles; ils ont le bec plus fort que le petit tétras, les pattes fortement emplumées, les doigts larges et plus longuement frangés sur les côtés que les deux autres espèces. Le cou, la tête, la poitrine et le ventre sont d'un noir brillant qui, au ventre, est barré de blanc. Les couvertures des ailes sont noires et parsemées de points roux et blancs. Le bas du dos et le croupion sont d'un noir violet, pointillé de blanc et chatoyants; la queue noire, légèrement fourchue, porte deux pennes médianes bordées de blanc. Les pennes alaires sont brunes et ont le bord de la barbe blanc; il y a sur l'aile une tache blanche. Les culottes et les jambes sont noires avec de petits points blancs moins nom-

[1] Le capitaine Vouga de Cortaillod possède dans sa collection d'oiseaux, qui est une des plus belles et des plus complètes de la Suisse, un superbe échantillon mâle du tétras moyen, obtenu dans le canton d'Uri par l'entremise de M. Nager, d'Andermatt. L'exemplaire du musée de Neuchâtel provient du Nord.

(*Note du traducteur.*)

breux à la cuisse. On ne sait rien des mœurs de ce singulier oiseau. Dans le Nord, on prétend avoir rencontré aussi des hybrides femelles des deux tétras, qui ressembleraient beaucoup à la poule de la petite espèce, tout en ayant la taille plus forte; il est probable que dans notre pays ils ont passé inaperçus. Leur voix consiste en un gloussement, far-far-farr. Des tentatives faites dernièrement pour obtenir des hybrides du petit coq de bruyère et de la femelle du faisan, sont restées sans résultat.

L'existence d'hybrides, provenant du croisement d'animaux qui vivent à l'état sauvage, a été longtemps regardée comme très-douteuse, et sa possibilité même a été niée jusque dans les derniers temps par des naturalistes de mérite. Si l'on considère, d'une part, la grande ressemblance des deux espèces de tétras, la transition que réalise réellement entre elles le tétras moyen, et son infécondité probable, et, d'autre part, l'analogie avec d'autres croisements volontaires entre des individus d'espèces voisines, on admettra non-seulement la possibilité, mais la réalité du fait. Dans le Nord, il existe d'ailleurs positivement de nombreux hybrides du coq de bruyère à queue fourchue mâle et du tétras des saules ou de la grouse : ce sont les curieux oiseaux connus sous le nom de petits tétras de neige. De plus, il est suffisamment établi que bouquetins et chèvres, chamois et chèvres, loups et chiens, lièvres ordinaires et lièvres variables produisent souvent des hybrides. Il y a aussi des hybrides d'oiseaux palmipèdes voisins, comme les différentes espèces de canards, et on a même observé, en février 1853, entre des oiseaux de genres différents (*platypus clangula* et *mergus albellus*) des rapprochements accomplis en liberté, et qui ont très-probablement produit un hybride (*anas clangula mergoides?*). Inutile de parler des tentatives infructueuses de rapprochement qu'on observe parmi les oiseaux de basse-cour de genres différents, et des expériences qui ont été faites sur des animaux captifs, tels que le lion et le tigre, et qui ont réellement abouti. On a découvert aussi que dans le règne végétal, et en particulier parmi les plantes des Alpes, cette formation d'hybrides est beaucoup plus fréquente qu'on ne le supposait. Dans la région des neiges on ne connaissait naguère aucun exemple d'hybridation, et on n'en avait observé qu'un ou deux dans la région alpine (entre certaines espèces d'aconits et le *delphinium elatum*); de nos jours on en a trouvé une quantité : l'orchis odorant (*orchis odoratissima*) et la nigritelle (*nigritella angustifolium*) ont pour hybride l'*orchis suavolens;* la nigritelle et l'*orchis conopsea* forment ensemble un autre hybride, l'*orchis nigra conopsea;* la *gentiana lutea* en forme aussi avec les *gentiana purpurea* et *punctata*. Un fait encore plus singulier c'est que les hybrides qui proviennent de fleurs hermaphrodites, sont en général unisexués, c'est-à-dire pourvus uniquement de pistils ou d'étamines.

Les anciens naturalistes ne pouvaient pas arriver à une bonne classification de nos gallinacés, à cause des différences totales du plumage des mâles et des femelles. Gessner nomme la femelle du grand coq de bruyère, *grygallus major*, « et ne peut pas assez dire et raconter combien elle est belle ; » il appelle le tétras à queue fourchue, *urogallus minor*, sa femelle *grygallus minor*, et il croit que les poules des deux tétras « ressemblent au mâle tout en étant moins noires et plus grises. » Nos montagnards n'en savent guère davantage.

IV. L'AIGLE ROYAL.

Description et caractères de cet oiseau de proie. — Sa nourriture et les lieux qu'il habite. — Enlèvement d'enfants. — Chasse à l'aigle. — Les chasseurs d'Elbingen. — L'aigle impérial ne vit pas en Suisse.

Le plus connu, le plus commun et en même temps le plus rapace de tous les aigles des montagnes est l'aigle royal, qui vieux porte aussi le nom d'aigle doré. Quand les habitants des montagnes parlent de l'aigle, ils font allusion à ce grand et bel oiseau brun, vrai type du genre. Essayons de le décrire à grands traits.

Le taille et l'air imposant de l'aigle lui ont valu le titre d'oiseau royal. Il a trois pieds à trois pieds et demi de longueur, et mesure huit pieds les ailes étendues; sa queue arrondie a quatorze pouces, et les ailes n'en atteignent pas le bout, lorsqu'elles sont appliquées au corps. Le mâle, qui est ordinairement un peu plus petit et moins foncé que la femelle, paraît noir à une certaine distance, mais il est proprement brun foncé; il a les pattes et les plumes qui couvrent la base de la queue, brun clair, la partie postérieure du cou brun roux; sa queue est blanche à la base, grise, tachetée de noir au milieu, et terminée par une large bande noire. Plus l'oiseau est vieux, plus son plumage passe au brun; les jeunes sont tout noirs et ont aux pattes du duvet grisâtre. Le bec de l'aigle est bleuâtre, long de deux pouces et courbé dès la base, qui est entourée d'une cire jaune; l'iris est couleur d'or, et chez les aigles très-vieux, couleur de feu. Le tarse, jusqu'à l'origine des doigts, est couvert de petites plumes serrées, raides, courtes et d'un brun pâle, caractère qui distingue l'aigle royal d'autres aigles. Les doigts sont d'un jaune clair; les rugosités qu'ils portent en dessous sont larges et fortes; les ongles noirs sont très-longs, pointus et crochus; celui du doigt postérieur mesure plus de trois pouces. Il est rare que le poids d'un aigle adulte dépasse douze livres.

En Suisse, ce bel aigle habite exclusivement les Alpes, où il se montre plus ou moins dans toutes les chaînes. Dans le reste de l'Europe, au contraire, en Asie et dans l'Amérique du Nord, il habite avec d'autres aigles les grandes forêts du bas pays et les côtes de la mer. Chez nous, ce n'est qu'en hiver, lorsque les marmottes dorment dans leurs terriers, quand les lièvres, les moutons, les chèvres, les chamois, se sont mis à l'abri dans les forêts, ce n'est qu'alors que l'aigle quitte les sommités où repose son aire et se décide à parcourir quelque temps les vallées et le bas pays. Partout dans les Alpes on parle d'aigles pris au piége ou tués à coup de carabine.

L'aigle royal est plus hardi, plus vigoureux et a plus de vivacité que le gypaète barbu, dont il se distingue encore parce qu'il marche en faisant de petits sauts saccadés.

Il plane des heures entières suspendu à des hauteurs prodigieuses, et, semblable à un point noir dans l'azur du ciel, il décrit des spirales immenses, sans donner un coup d'aile. A la fois courageux, très-fort, doué d'une vue perçante et d'un odorat dont la finesse le cède à peine à celui du condor, il est en même temps extrêmement sauvage et prudent; il chasse seul, et ne plane que rarement à côté de sa femelle. Son cri métallique, *pfuhuf* ou *hiæ-hiæ*, retentit au loin et glace de terreur les oiseaux. En se rapprochant de sa proie, il pousse souvent un petit cri, *kik-kak-kak*, et descend lentement vers sa victime, sans la quitter du regard, puis il tombe obliquement sur elle avec la rapidité d'une flèche. Il n'est pas de petit animal qui soit hors de portée de ses griffes. Il fait sa proie des faons de chevreuil, des lièvres, des oies sauvages, des agneaux, des chevreaux, qu'il enlève devant leur étable; les renards, les blaireaux, les chats, les perdrix, les chiens, les outardes, les cigognes, les oiseaux de basse-cour, les rats, les taupes et même les souris lui conviennent, mais il apprécie surtout les lièvres, et, sans se fatiguer, il les apporte à ses petits, à plusieurs lieues de distance. Les meilleures jambes et les ailes les plus rapides ne sauvent de ses atteintes ni mammifère ni oiseau. L'aigle continue sa poursuite, avec autant d'opiniâtreté que de ruse, et finit par fatiguer la perdrix et la bécasse. Souvent il enlève au faucon pélerin son pigeon, à l'autour sa gélinotte. Il revient volontiers partout où il a fait une bonne prise. En hiver, il s'abat sur des cadavres d'animaux. Captif, il supporte facilement l'abstinence pendant quatre à cinq semaines.

L'aigle royal niche sur des rochers inaccessibles, plutôt dans l'intérieur de la chaîne que sur les montagnes avancées; en Allemagne, il choisit de vieilles forêts de chênes ou de pins dans le voisinage des rivières. Dans les montagnes, il se construit sous une anfractuosité de rocher et, dans le bas pays, sur la cime d'un chêne, un nid grossier et aplati, formé d'un amas confus de bâtons, de tiges, de touffes de bruyère et de crins; il y pond trois à quatre œufs blancs, mouchetés de noir. Les vieux aigles apportent à leurs petits toute espèce de gibier, et le déchirent sous leurs yeux, au bord du nid, avant de le leur distribuer. On dit même qu'ils leur apportent des hérons qu'ils ont pris à cinq ou six lieues du nid. Lorsqu'on ne dérange pas les aigles, ils continuent pendant des années à nicher dans la même aire.

On a souvent douté que l'aigle attaque les enfants. Quoique cela arrive très-rarement, il est assez hardi et assez fort pour en être capable; nous en connaissons d'ailleurs au moins un exemple positif. Dans un village des Grisons situé dans la montagne, un aigle se précipita sur un enfant de deux ans et l'emporta. Attiré par les cris, le père de ce pauvre petit être accourut, poursuivit le ravisseur dans les rochers voisins, et comme l'oiseau avait à porter un fardeau assez lourd, le paysan réussit, non sans peine, à l'atteindre et à lui faire lâcher prise. L'enfant, fort maltraité et blessé à l'œil, ne tarda pas à mourir. Longtemps le pauvre père épia le meurtrier de son enfant qui n'avait pas quitté la contrée; enfin il réussit à le prendre dans une trappe à renard. Furieux, le montagnard se précipita sur l'aigle, mais dans sa colère il le saisit avec si peu de précaution que l'oiseau le blessa dangereusement du bec et de sa serre libre. Des voisins accoururent et assommèrent l'aigle, que l'on conserve aujourd'hui empaillé à Winterthur.

Les aigles s'associent souvent pour attaquer à frais communs des moutons et des chèvres, et il est rare que ces animaux leur échappent; ils ne craignent aucun autre oiseau, et nulle bête ne peut les gêner, si ce n'est leurs acariens parasites. Nos chasseurs les tirent à l'affût, à balle ou à grenaille, mais ordinairement ils ne les appâtent pas. En Allemagne, on les prend au moyen de filets et de trappes à renard, qu'on amorce avec de la viande corrompue ou bien avec des animaux vivants.

Les chasseurs s'emparent souvent des aiglons. On cite d'assez nombreux exemples de captures pareilles, dans les cantons d'Appenzell, de Glaris, de Schwitz, dans les Grisons et l'Oberland bernois. Nous connaissons nous-même un chasseur courageux, qui se fit lier à une longue corde et descendit au flanc d'un des rochers qui dominent le lac du Sentis, pour arriver à un nid occupé par de jeunes aigles. Comme le rocher était en surplomb, il fut forcé, pour parvenir jusqu'au nid, de s'accrocher au moyen d'un bâton recourbé; il lia les aiglons, et se fit retirer du précipice. Aux Grisons, nous savons plusieurs exemples d'aires dépouillées, mais nous ne pensons pas que jamais les vieux aigles aient essayé de défendre leur progéniture contre les ravisseurs. Ils étaient bien loin dans ce moment; revenus le soir et trouvant le nid vide, on les a vus dans plusieurs cas repartir sur-le-champ et déserter le pays pour des années. Il est facile d'apprivoiser les aigles pris jeunes; ils sont très-dociles et on peut les dresser à la chasse. Ils vivent plus de trente ans en captivité (on dit même qu'à Vienne un de ces aigles vécut cent quatre ans), mais ils ne peuvent pas souffrir les chiens et ils hérissent les plumes dès qu'ils en voient approcher. Les Tartares dressent parfaitement ces rapaces pour la petite chasse et même pour celle du loup.

Dans l'Oberland bernois, le village d'Eblingen, situé au bord du lac de Brienz, doit une sorte de réputation à ses chasseurs d'aigles.

Ces oiseaux aiment à se rassembler dans un endroit très-sauvage de la montagne situé à une lieue au-dessus du village; ils y reviennent en tout temps, et s'y dirigent même du fond du Valais et des glaciers qui descendent de la Jungfrau. Ils se perchent sur des pointes de rochers inaccessibles d'où ils dominent toute la vallée des lacs; il en est une qu'ils affectionnent même particulièrement, mais où on les tue rarement, parce que les renards peuvent y dévorer les appâts. Les gens d'Eblingen, qui sont connus dans la contrée pour d'excellents chasseurs, savent parfaitement attirer leur gibier, et ont soin que les aigles trouvent toujours de la nourriture dans l'endroit en question. En été même, ils suspendent, à de gros hêtres bien en vue, des pièces de bétail crevées, quoique dans cette saison les aigles, ne manquant pas de nourriture, aient peu envie de se jeter sur des cadavres en putréfaction. Cependant ces précautions font que les aigles ont l'œil sur la contrée, ne l'oublient pas et reviennent y apaiser leur faim dans les mauvais jours.

Pendant l'hiver, les chasseurs d'aigles d'Eblingen appâtent à terre. Ils choisissent des endroits où le terrain est aussi égal que possible, parce que les aigles ne sauraient y prendre le vol sans difficulté, et ils y clouent sur le gazon, au moyen de pieux, des morceaux de viande ou des chats grillés, que les oiseaux de proie aiment beaucoup et flairent de très-loin. Ces endroits sont choisis de manière qu'on puisse les surveiller depuis les fenêtres des maisons situées au bord du lac. Lorsque les chasseurs pensent que le moment est favorable, ils passent des heures à la fenêtre, la lunette braquée sur la montagne. Dès qu'ils voient approcher un aigle, ils prennent leur fusil et grimpent pendant une heure à travers les buissons et au milieu des rochers pour arriver au poste, où leur proie les attend presque toujours, car lorsque l'aigle s'est abattu sur un cadavre, il ne le quitte pas de longtemps, et sa prudence l'abandonne à mesure que la satiété commence. Cette localité n'offre pas au touriste, qui s'égare sur ces hauteurs, un aspect fort attrayant.

Là une chèvre à demi pourrie, suspendue à un arbre, se balance au vent; ici une tête de cheval, ailleurs un chat à demi rongé, lui envoient des émanations infectes.

Les chasseurs de cette contrée passent presque tous les jours à la chasse. Ils affirment que l'aigle vole aussi haut que le gypaète, et qu'à la lunette on en voit souvent planer au-dessus des sommets du Wetterhorn (11,412') et de l'Eiger (12,240'). Lorsqu'ils ne sont pas à l'affût des aigles, ils chassent, au bord du lac, le balbuzard, qui est plus commun.

Nulle part ailleurs en Suisse, on ne chasse l'aigle avec autant de passion et aussi systématiquement qu'à Eblingen; les aigles sont plus rares ailleurs, parce qu'on ne les appâte pas; cependant il serait difficile de trouver dans les Alpes un district qui ne fût pas fréquenté par ces rapaces. Ils sont devenus rares au Sentis, à cause de l'isolement de ce massif, mais ils y sont incomparablement moins rares que le lämmergeier; au Hundstein, au Furglenfirst, dans le Toggenbourg, sur les montagnes de Stein on en trouve encore. Quelques couples d'aigles nichent régulièrement dans les Churfirsten. Certaines parties du Jura en possèdent aussi. Au-dessus de Vietlisbach, une paire d'aigles a niché pendant plusieurs années au fond d'une crevasse de plus de dix pieds de profondeur; la dalle de rocher qui occupait le devant du nid, leur servait de banc pour déchirer leur proie; elle était toujours jonchée de débris de chair et d'ossements, tandis que le nid lui-même n'en contenait jamais. Dans la plaine suisse, on n'observe jamais d'aigles qu'en hiver; aussi, quand on entend parler d'aigles abattus, on peut être sûr, si c'est au printemps, en été ou en automne, qu'ils ont été tirés dans les Alpes, ou, si c'est en hiver, dans la plaine. En février 1853, le juge Abbuel de Därstetten, au canton de Berne, tua un aigle de quatre pieds de longueur et de huit pieds d'envergure; l'ongle du doigt de derrière mesurait cinq pouces (?), et la plus longue des plumes de l'aile, deux pieds. L'animal reçut, avant de tomber, deux coups à grenaille et une balle. Un autre échantillon fut tué, en décembre 1853, dans une forêt du canton de Zurich.

S'il est moins grand que le gypaète, l'aigle royal a l'air plus imposant et plus digne, et tout son être exprime la liberté et l'indépendance. Sa vigueur est extraordinaire. Un de ces oiseaux qui s'était pris à une trappe à renards dans la vallée du Hasli, s'envola avec ce fardeau de huit livres par dessus la montagne, et le lendemain il fut trouvé épuisé dans la vallée d'Urbach où on l'assomma. La perfection des sens, l'adresse et la prudence sont bien plus développés chez l'aigle que chez le lämmergeier, que personne n'a jamais choisi, comme l'aigle, pour emblème de la royauté.

Les chasseurs bernois de l'Oberland affirment avoir déjà tué l'aigle impérial, oiseau assez semblable à l'aigle royal, mais plus petit, et dont le plumage est brun foncé, la nuque couverte de plumes pointues, à bord d'un roux pâle, les épaules tachetées de blanc et les ailes plus allongées. Cette assertion peut être exacte; néanmoins l'aigle impérial n'a jamais été observé en Suisse d'une manière positive, quoiqu'il niche dans le Tyrol, qui n'est pas fort éloigné, et dans l'Allemagne centrale, où chaque année on le tire dans les montagnes de la Bavière et de la Silésie.

V. LE GYPAÈTE BARBU OU LÆMMERGEIER.

Description. — Puissance de digestion extraordinaire. — Genre de vie et habitation du gypaète aux différentes saisons. — Manière de le chasser. — Ruses des renards. — Enfants enlevés par ce vautour. — Dangers de le dénicher. — Gypaètes captifs et apprivoisés.

Plus le voyageur se rapproche des cimes neigées et brillantes des Alpes, plus il voit la végétation de la région moyenne diminuer, et avec elle disparaître les animaux dont elle est la condition d'existence. Quelques coléoptères, mouches, papillons, libellules ou araignées atteignent seuls les sommets; l'observateur aime à étudier leur incessante activité, leurs chasses, leurs poursuites, les limites étroites de leur existence au milieu des rochers déserts. L'accenteur des Alpes et le pinson de neige s'envolent du milieu des pierres qui jonchent le sol, près des taches de neige dont la poussière a déjà souillé la blancheur; le tichodrome aux ailes roses, à demi entr'ouvertes, grimpe encore aux flancs de rochers décharnés; la bergeronnette grise s'approche familièrement du passant et le salue en balançant sa queue, tandis que le rouge-gorge, perché sur quelque bloc, regarde de son œil limpide et sans effroi cette apparition nouvelle. Quant aux quadrupèdes, il est rare d'en apercevoir à ces hauteurs; un œil exercé distingue parfois dans le lointain quelque petit troupeau de chamois, qui paissent tranquillement sur une oasis de gazon perdue au milieu des rochers. Mais le sentier solitaire monte toujours, un lagopède s'envole des derniers buissons et disparaît au loin derrière une arête, autour de laquelle tournoient des volées de choquards, qui font retentir ce désert de leurs accents criards de sinistre augure; puis tout devient solitaire et mort, et le pèlerin se sent seul en face de rochers effrayants et de champs de neige et de glace où la mort et le silence règnent sans partage. Au-dessous de lui, des blocs amoncelés, des pierres et rien que des pierres, semblent les entrailles entr'ouvertes de quelque gigantesque labyrinthe; dans le lointain un voile bleuâtre de vapeurs cache les vallées et les plaines habitées. Ce ne sont de tous côtés que lapiaz, dentelures, arêtes, coupoles, trônes sourcilleux des ouragans; mais silence! haut dans la nue a retenti un long cri, un cri perçant et redoublé, *pfyii-pfyii-pfyii*, un cri dont l'intonation dit presque l'orgueil de celui qui l'a poussé. Le voyageur surpris relève la tête et promène longtemps son regard indécis sur l'azur foncé du ciel; enfin, il découvre un point noir, mobile, qui va grandissant et s'approche en tournoyant : c'est le gypaète. Déjà l'oiseau royal est là, ses ailes puissantes sont étendues, immobiles, et il plane au-dessus de la tête du voyageur, qui entend le bruissement de son vol inquiet; le vautour descend lentement dans l'abîme, comme pour reconnaître qui vient troubler son repos; bientôt impatient de remonter vers la nue, il s'envole en droite ligne au-dessus d'un sommet glacé, disparaît et va faire retentir le cri de son estomac affamé dans les solitudes de quelque autre chaîne lointaine.

Le gypaète barbu ou lämmergeier est le condor des Alpes d'Europe, et, sous le rapport de la taille, il le cède au condor d'Amérique autant que le soulèvement des Alpes le cède en hauteur à celui des Andes[1]. Malgré cela, le gypaète n'en reste pas moins l'oiseau géant, l'oiseau le plus extraordinaire des Alpes, tant pour ses mœurs que pour son organisation. Notre lämmergeier suisse est d'un tiers plus grand que ceux de la Sardaigne, de l'Apennin, des Pyrénées, et il diffère aussi des gypaètes d'Afrique et de Sibérie. Ses griffes, ses pattes, ses ailes et son bec sont plus vigoureux que chez les congénères; toutefois, les observations ne suffisent pas encore pour caractériser scientifiquement ces différences.

Jadis cet oiseau, le plus grand des rapaces d'Europe, habitait toutes les parties des hautes Alpes. La faiblesse de sa reproduction et les poursuites auxquelles l'exposent les dégâts qu'il commet, en ont beaucoup diminué la fréquence. Aujourd'hui il est sédentaire et niche chaque année dans les Alpes du Tessin, du Valais, d'Uri et de Berne, tandis qu'il n'apparaît que rarement et isolé dans les petits cantons, dans l'Entlibuch, dans les Alpes de Glaris, dans les montagnes des Churfirsten, qui bordent

[1] La taille du condor des Cordillères varie beaucoup, car certains exemplaires adultes ne mesurent que huit pieds d'un bout d'une aile à l'autre, tandis que chez d'autres cette distance va jusqu'à quatorze pieds. Notre gypaète vit en permanence entre 4000′ et 10,000′, et s'élève tout au plus à 14,000′. Le condor monte au delà de 22,000′; de tous les animaux, c'est celui qui s'éloigne volontairement le plus de la surface terrestre. De cet empyrée, il descend quelquefois d'un seul vol jusqu'à la côte, de sorte que ses fonctions respiratoires s'effectuent également bien sous une pression barométrique de vingt-huit pouces et sous une pression de douze pouces.

le lac de Wallenstadt au nord, et au Sentis, où une pyramide rocheuse porte encore le nom de Pointe-du-Vautour. Dans le canton d'Unterwald, Michel Sigrist a tué le dernier lämmergeier sur l'Alzell, le 24 septembre 1851. Il y a quelques années, on voyait régulièrement, à certaines époques de l'année, un vieux gypaète perché sur un rocher énorme du glacier de Grindelwald. Impossible de l'atteindre à coups de carabines, tant son gîte était inabordable ; les pâtres du voisinage le connaissaient fort bien et l'avaient surnommé *la vieille femme*.

Au commencement de ce siècle, l'histoire naturelle de cet oiseau extraordinaire était encore fort embrouillée. Buffon lui-même le confondait avec le condor. Steinmuller fut le premier à en donner une monographie exacte et digne de confiance ; à ce titre, ce célèbre observateur de nos animaux suisses a rendu un immense service à la zoologie. Depuis, ses observations ont été complétées par d'autres ; néanmoins, beaucoup de particularités dans les mœurs de cet oiseau sont encore inexpliquées, et l'on rapporte à son sujet bien des histoires qui ne doivent être acceptées qu'avec défiance.

Les habitants des Alpes ont tort d'appeler notre oiseau vautour ; comme nous l'avons déjà fait remarquer, il n'a pas la tête nue, non plus que d'autres caractères des vautours, et il vaudrait mieux l'appeler aigle-vautour (*gypaetos*) : c'est le nom grec qu'il porte en français. Dans cette espèce, comme chez les autres rapaces, les femelles atteignent une taille supérieure à celle des mâles. Un gypaète adulte mesure souvent quatre pieds et demi de longueur, neuf à dix d'envergure, rarement douze. La queue mesure plus d'un pied et demi de longueur, et, quand elle est étalée, trois pieds de largeur. Le poids varie beaucoup : il est à l'ordinaire de douze à seize livres, et peut même s'élever à vingt. L'âge apporte aussi de grandes modifications à la couleur du plumage. Le vieux gypaète a un bec vigoureux, long de six pouces, de couleur de corne, légèrement concave au milieu, et terminé en avant par un grand crochet en forme d'arc. Ce crochet s'allonge tellement avec l'âge que l'oiseau peut en éprouver une certaine gène en mangeant. La tête, aplatie au sommet, est plus large en arrière, porte des plumes courtes, jaunâtres, à tiges noires. Sous la mandibule inférieure du bec, un pinceau de poils noirs et grossiers se dirige en avant. Les narines et la membrane cireuse sont garnies de poils de même aspect. Le gypaète a les yeux conformés d'une manière toute particulière; ils brillent d'un feu rouge et sont entourés d'un rebord charnu et saillant d'un rouge orange. Il est destiné peut-être à protéger l'œil contre l'éclat éblouissant des rayons solaires, qui le frappent obliquement lorsque le gypaète plane au-dessus des neiges. Les plumes du dos sont d'un beau brun foncé et ont la tige et les bords jaunâtres. Le ventre est roux, le bas du dos et le croupion sont gris brun. Les remiges et les pennes caudales très-vigoureuses sont de même couleur en dessus et plus pâles en dessous. Les plumes de la poitrine sont molles et entremêlées de beaucoup de duvet; elles sont d'un jaune orangé, et chez les individus d'âge moyen elles portent des mouchetures jaunes et noires. De longues plumes jaunâtres garnissent les cuisses, et les pattes assez courtes sont aussi couvertes de petites plumes légères. Le gypaète a les doigts gris et les griffes relativement courtes, noires et à bords tranchants. La queue, longue de vingt et un pouces, est arrondie en forme de coin. Les jeunes gypaètes sont beaucoup plus foncés que les vieux et presque noirs; ils ont même la tête très-foncée, tandis que chez les adultes elle est très-claire. Ils n'ont qu'entre les épaules des plumes nuancées de blanc. Les flancs, le ventre et les culottes sont d'un roux obscur. Le jeune lämmergeier n'a le plumage parfait qu'après la troisième mue. La collection du major Challande renferme une série fort intéressante de gypaètes de tous les âges.

La structure intérieure de ce grand oiseau offre certaines particularités intéressantes. Les muscles pectoraux sont extraordinairement volumineux et forts; les os longs, qui sont creux comme chez tous les oiseaux, se remplissent par l'acte respiratoire d'un air plus chaud et par suite plus léger que l'air ambiant, ce qui permet à l'oiseau de s'élever sans grands efforts à des niveaux exceptionnels. Les organes digestifs sont organisés de manière à agir très-énergiquement. L'avaloir, le gésier, qui, lorsqu'il est distendu, pend disgracieusement au devant du cou, l'estomac tubuleux, sont plus grands que d'habitude et ne sont séparés les uns des autres que par de courts rétrécissements. Les parois de l'estomac sont richement fournies de petites glandes qui sécrétent en abondance un suc gastrique corrosif, d'odeur désagréable, qui dissout en peu de temps les os les plus volumineux. Le contenu de l'estomac des gypaètes tués offre certes de quoi étonner le naturaliste, et témoigne d'une voracité et d'une puissance digestive qui est sans pareille chez les oiseaux d'Europe de genres voisins. L'estomac d'un gypaète contenait cinq fragments de côtes de bœufs de deux pouces de largeur et de six à neuf pouces de longueur, une masse de poils pelotonnés[1], et toute la jambe d'une jeune chèvre à partir du genou. Ces os étaient déjà perforés par l'action du suc gastrique, et ceux qui avaient pénétré dans l'intestin étaient fragiles et réduits à leur calcaire. Un autre estomac de gypaète renfermait une côte de renard ayant quinze pouces de long, une queue de renard, la cuisse et la patte d'un lièvre, plusieurs omoplates et une pelote de poils. L'oiseau que disséqua le docteur Schinz avait fait un repas encore plus monstrueux, car son estomac contenait l'os de la hanche d'une vache, un tibia de chamois de six pouces et demi, un morceau de côte de chamois à demi digéré, beaucoup de petits os, de poils et les pattes d'un petit tétras. Tous ces animaux avaient donc dû être successivement saisis et dévorés. Le suc gastrique dissout les os couche après couche; il en extrait la partie nutritive, la gélatine, tandis que la matière calcaire passe à travers l'intestin pour être expulsée au dehors. Par cette disposition, la nature a

[1] On a souvent prétendu que le lämmergeier ne rejette pas les poils des animaux dont il se nourrit; cependant cette pelote paraissait toute prête à être rejetée, et on a vu des gypaètes vivants récemment capturés vomir des touffes de plumes et des poils de chamois.

su limiter sagement les dégâts du gypaète. Si d'aussi féroces appétits devaient être satisfaits au moyen de viande, les gypaètes seraient toujours à demi morts de faim, ou bien leurs chasses incessantes détruiraient peu à peu tout le gibier des Alpes. La puissance digestive de ce suc gastrique est si énergique qu'il dissout complétement la corne des sabots des veaux et des vaches, et qu'il continue d'agir après la mort de l'oiseau. Chez un lämmergeier qui fut tué au moment où il dévorait une proie et trois jours avant de l'examiner, on trouva la dernière nourriture qu'on laissa (une tête de renard avec sa peau, ses poils et ses os) déjà digérée, ce qui prouve que l'action de l'estomac est chimique et ne dépend point du cœur.

La voracité et l'avidité de cet oiseau, l'hyène des airs, est à la hauteur de ses facultés digestives. Il arrive quelquefois, et c'est surtout le cas chez les gypaètes captifs, que l'animal ne peut plus faire descendre les os dans son gésier et dans son œsophage déjà remplis, si bien qu'ils sortent du bec, jusqu'à ce qu'il y ait de la place au-dessous d'eux. Il n'est cependant guère croyable que le gypaète emporte avec lui de gros os dans les airs et qu'il les laisse tomber sur des rochers pour les briser et les engloutir ensuite plus facilement. Il mange aussi volontiers les os que la viande.

Les mœurs du gypaète en liberté ont été peu observées. Il faudrait, pour les étudier, beaucoup de patience, de hardiesse et des circonstances favorables. De là vient l'insuffisance des renseignements que l'on possède à cet égard. Ordinairement cet oiseau prend le vol le matin de bonne heure et se dirige vers l'endroit où il a trouvé sa dernière victime, soit qu'il veuille en dévorer les restes, soit qu'il espère une nouvelle capture. Suspendu dans la nue, il inspecte de son œil étincelant toute la contrée environnante, et l'excessive délicatesse de son odorat lui fait sentir sa proie à de grandes distances. Sous ses ailes étendues il voit s'étaler un monde; les animaux de l'alpe paissent tranquillement sans se douter du danger qui les menace et qui flotte invisible sur leurs têtes : ils devinent plus facilement ce qui se passe à côté et au-dessous d'eux, et ils ne peuvent flairer que les émanations qui montent de bas en haut. Soudain, les ailes ployées, le vautour fond sur eux en ligne oblique ; il n'y a plus de fuite ou d'asile possibles ; ils sont perdus sans ressource, et avant d'avoir eu le temps de penser à fuir, ils suivent palpitants leur ravisseur dans les airs. Cependant le gypaète ne peut emporter que de petits animaux, tels que les renards, les marmottes, les agneaux, les chiens, les blaireaux, les chats, les belettes, les lièvres et les poules ; ses serres et ses ongles ne sont pas assez forts, et n'ont pas la vigueur des ailes et du bec. Il dévore sa proie sur place, ou la transporte sur le rocher qui lui sert habituellement de table, et l'y déchire en lambeaux. Lorsque le lämmergeier voit paître au bord d'un précipice un animal un peu grand, un mouton gras, un vieux chamois ou une chèvre, il se met à décrire au-dessus de lui des cercles étroits, et cherche, en l'inquiétant et en l'effrayant, à le faire fuir du côté de l'escarpement ; puis, dans son vol rapide, il passe auprès de lui comme une flèche, et, le frappant de son aile puissante, il réussit souvent à le pousser dans le précipice. La proie tombe brisée au fond de la gorge, où le vautour descend alors pour s'en repaître. Il commence par lui arracher les yeux et les avaler, puis il lui ouvre le ventre, en dévore les entrailles et finit son repas par les os. D'un coup de bec, il broie le crâne des chats vivants, et les avale ensuite tout entiers. On a souvent vu le gypaète s'attaquer à des chasseurs perchés dans une position critique au sommet d'un pic ou qui rampaient lentement le long d'une corniche étroite ; ceux qui ont couru ce danger assurent que le bruit de ses ailes énormes, la force et la rapidité des coups imprévus qu'elles portent produisent une impression si stupéfiante qu'il est très-difficile de conserver sa présence d'esprit et de rester ferme. Un gypaète cherchait un jour à pousser dans l'abîme un bœuf qui était debout au bord d'une paroi verticale : il continua longtemps son impertinent manége, mais sans succès ; le tranquille quadrupède ne sortit pas de son calme ordinaire, il baissa la tête, s'appuya sur ses jambes comme sur des piliers et attendit tranquillement le moment où, de guerre las et convaincu de son impuissance, le gypaète se retira.

Dès que l'oiseau a fini de chasser, il se perche tranquillement pour le reste de la journée sur son aire ou sur un rocher voisin. Il paraît alors stupide et paresseux, car il y a, pour l'aspect, entre l'aigle et le gypaète la même différence qu'entre la buse et le milan. La large queue et les ailes arrondies de l'aigle donnent à son vol quelque chose de lourd, tandis que posé il a l'air fier et courageux. A terre, le gypaète a l'air pesant, le cou ployé et la tête enfoncée entre les ailes, tandis que, lorsqu'il vole, ses longues ailes étendues et sa queue déployée le font paraître svelte et majestueux. Lorsqu'il n'a pas de petits à pourvoir de nourriture et que rien ne vient le déranger dans son aire, il ne prend plus le vol de toute la journée. Aussi, comme les touristes ne parviennent guère dès les premières heures du jour dans les régions que fréquente le gypaète, il est fort rare qu'ils l'aperçoivent volant dans les airs.

Sans être un oiseau vagabond, le gypaète change de séjour suivant les saisons. Au printemps, il habite la région alpine supérieure et moyenne, et niche sur les cimes déchirées ou aux flancs de parois qui forment sur le nid une saillie en guise de toit. Il n'est pas rare de pouvoir distinguer l'aire, que tous les habitants du pays connaissent fort bien, mais elle est toujours inaccessible, hors de la portée même des meilleures carabines. Le nid est construit simplement, mais très-grand, et jusqu'à présent aucun naturaliste n'a eu l'occasion de l'examiner. A la base du nid, on trouve des branches et des rameaux entrelacés, sur lesquels repose un volumineux amas de paille, de fougères et de tiges desséchées; c'est au milieu de cet amas que se trouve le vrai nid, qui est arrondi, tissu de petites branches, tapissé de mousse et de duvet à l'intérieur et assez vaste pour remplir seul un de ces grands draps qui servent à la récolte du foin. La femelle y dépose de très-bonne heure trois ou tout au plus quatre grands œufs blancs, tachetés de brun, dont deux seulement se développent par l'incubation. Un exemplaire tué au milieu de février portait déjà un œuf parfaitement développé et prêt à être pondu. Souvent les parents ne nourrissent que l'un des deux petits après leur éclosion. Ces jeunes vautours sont couverts de duvet blanchâtre; leur goître informe et leur gros ventre leur donnent un air hideux. L'épaisseur du plumage et la chaleur du corps de leurs parents les mettent à l'abri du froid qui règne à ces hauteurs. Les vieux les nourrissent d'écureuils, de lièvres, d'agneaux et surtout de marmottes et de faons de chamois.

Pendant l'été, les lämmergeier vont s'établir au milieu des régions glacées, et fréquentent les derniers pâturages, où les troupeaux de chamois, de moutons et de chèvres tondent une herbe savoureuse. A cette époque, où ils sont déjà accompagnés de leurs petits, ils semblent ne pas tenir à leur aire habituelle et l'abandonnent souvent. Pendant l'hiver, la solitude qui règne dans les hautes Alpes, les force à chasser dans la région montagneuse, mais jamais ils ne poussent de pointes en plaine comme les aigles le font dans cette saison. Les chamois se sont réfugiés au sein des forêts, ainsi que la plupart des animaux des Alpes qui ne passent pas l'hiver engourdis, et l'on sait que les gypaètes ne chassent pas sous les arbres. Ils sont réduits pour toute nourriture à un renard attardé qui, au point du jour, cherche à regagner sa tanière, à un lièvre chassé, à quelques poules de neige ou corneilles, à quelque martre imprudente.

Lorsqu'ils se perchent, ce qu'ils ne font guère que dans leurs solitudes, c'est comme les condors, sur un gros bloc de rocher. La brièveté de leurs pattes et la longueur de leurs ailes les empêcheraient de s'envoler facilement quand ils sont posés sur un sol aplati. Jamais ils ne se perchent sur des arbres que pour y recueillir les branchages qui entrent dans la construction de leur nid.

Les montagnards croient que le vautour aime la couleur rouge, et ils versent souvent du sang de bœuf sur la neige pour l'attirer à portée de fusil; mais ce qui le tente, c'est probablement moins la couleur que la nourriture qu'il distingue de très-loin. Il s'approche aussi quand on lui présente du renard grillé. Dans le Piémont, on l'appâte avec des chats rôtis, ou bien on dépose un animal mort dans une fosse creusée dans la terre; l'oiseau y descend; rassassié, il ne peut reprendre le vol, et on l'assomme à coups de perches. C'est exactement le procédé qu'emploient les Indiens des Andes pour prendre les condors par douzaines. Il est rare, dans les Alpes, d'approcher assez près du gypaète pour le tirer avec le fusil de chasse; on le prend plus souvent au moyen de lourdes trappes bien fixées au sol. Sa tête est partout mise à prix. Dans les Grisons, l'heureux chasseur parcourt la contrée en faisant voir sa bête et il recueille d'abondantes offrandes. Les bergers lui donnent un peu de laine en reconnaissance du service qu'il leur a rendu en les délivrant de ce dangereux forban qui décimait leurs moutons.

Le gypaète ne réussit pas toujours à emporter sa proie. Nous connaissons, par exemple, un cas des plus remarquables où ce rapace succomba dans une lutte qu'il soutint au milieu des airs contre un quadrupède. Un gypaète avait saisi et emportait un renard aux environs du Trou-du-Dragon, près d'Alpnach. En allongeant le cou, le renard réussit à saisir son ennemi à la gorge et à l'étrangler; le gypaète descendit mourant vers la terre, et maître renard regagna en boitant et tout heureux son terrier, et n'oublia probablement jamais son voyage aérien. Le minéralogiste Gédéon Trœsch, de Bristen, fut témoin d'un fait analogue, sur le glacier de l'Oberalpstock, aux environs duquel vivent encore beaucoup de chamois. Un renard qui traversait le glacier en courant, fut tout à coup saisi par un aigle royal et emporté dans les airs. Mais bientôt le ravisseur se mit à battre des ailes d'une manière inusitée, et ne tarda pas à disparaître derrière une crête. Trœsch l'ayant gravie, fut fort surpris d'y rencontrer le renard qui s'enfuyait à toutes jambes. De l'autre côté de la cime, il assista à l'agonie de l'aigle: il avait la poitrine déchirée. On a vu aussi l'hermine étrangler en l'air l'autour ou la buse qui l'enlevait.

C'est à tort qu'on a émis des doutes sur les enlèvements et les attaques d'enfants attribués aux gypaètes. On en connaît plusieurs exemples. A Hundwyl (Appenzell), un de ces rapaces enleva un enfant sous les yeux des parents et des voisins. Sur la Silberalp (Schwitz), un gypaète se précipita sur un chévrier assis au bord des rochers; il l'attaqua à coups de becs, et, avant que les bergers pussent parvenir sur le théâtre de la lutte, il le poussa dans l'abîme. Dans l'Oberland bernois, les parents d'Anna Zurbuchen, enfant de trois ans, l'avaient emmenée sur la montagne au moment de la fenaison, et l'avaient assise sur le gazon, à peu de distance d'une étable. L'enfant ne tarda pas à s'endormir; le père lui couvrit le visage de son chapeau de paille et s'en alla à son travail. Au bout de peu de temps, revenu avec une charge de foin, il ne retrouva pas sa petite fille et se mit à la chercher inutilement aux alentours. Pendant ce temps, un paysan, Henri Michel, d'Unterseen, suivait un sentier sauvage le long du torrent. A son grand étonnement, il entendit tout à coup crier un enfant. Il s'élança dans la direction d'où provenaient ces cris, et vit un lämmergeier s'envoler d'un sommet voisin et planer quelques instants au-dessus du précipice. Le paysan monta en toute hâte et trouva l'enfant à l'extrême bord de l'abîme. Il n'avait de blessures qu'aux mains et au bras gauche par lequel il avait été saisi, et il avait perdu dans sa course aérienne ses bas, ses souliers et son bonnet. Le point où fut retrouvée la petite fille est à 1400 pas au moins de celui où elle dormait au moment où le gypaète l'enleva. Elle fut dès lors surnommée *Geier-Anni* (Annette au vautour) et son histoire inscrite sur les registres de la paroisse de Habchern. Il y a quelques années que cette personne, devenue très-âgée, vivait encore. A Mürren, au-dessus de la vallée de Lauterbach, on fait voir une pointe de rocher inaccessible qui se dresse vis-à-vis de ce village élevé : c'est là qu'un gypaète emporta, en passant au-dessus de la vallée de Lauterbrunnen, un enfant qu'il avait ravi dans le village. La robe rouge de ce malheureux petit être resta longtemps visible au milieu des pierres. M. Charpentier de Bex a fait connaître un autre événement de ce genre. Le 8 juin 1838, deux petites filles, Joséphine

Delex et Marie Lombard, jouaient sur le gazon au pied du rocher appelé Majoni d'Alesk, en Valais; elles en étaient à vingt toises. Tout à coup Marie revint en pleurs au chalet voisin, et raconta que son amie, enfant de trois ans, très-faible, avait tout à coup disparu dans les buissons. Plus de trente personnes fouillèrent les rochers et les précipices du torrent d'Alesk, et remarquèrent enfin au bord du rocher, au delà de la gorge, un petit bas. Ce ne fut que le 15 août qu'un pâtre, François Favolat, découvrit à une demi-lieue de là, au-dessus du rocher appelé Lato, le cadavre de l'enfant. Il était desséché et ses habits en partie perdus, en partie déchirés. Comme il est impossible que l'enfant ait pu traverser seul le précipice, il avait dû être enlevé par un gypaète ou par un aigle des Alpes, dont une paire nichait dans le voisinage. Du reste, il n'y a pas de vallée des Alpes où l'on ne raconte des histoires de ce genre, anciennes ou modernes; mais il faut reconnaître qu'avec les années elles ont pris un certain parfum mythologique. On ne voit pas ce qui pourrait empêcher le gypaète d'enlever des enfants; s'il est assez hardi pour planer au-dessus du chasseur avec des idées de meurtre, assez fort pour porter à une lieue de distance un chevreau suspendu à ses serres, il n'y aurait chez lui qu'un sentiment d'humanité fort problématique qui pût le retenir. Il est établi que dans les Grisons un gypaète a enlevé un agneau de quinze livres; qu'un autre, sur la Murtschenalp (Glaris), saisit un jeune chien de boucher, et l'emporta sous les yeux des bergers sur un rocher élevé, où il le dévora à son aise. Un chasseur glaronnais surprit un gypaète qui enlevait une chèvre : il la laissa tomber à sa vue. D'un autre côté, il paraît douteux qu'un de ces rapaces ait pu s'envoler avec une trappe de vingt-sept livres suspendue à l'une de ses pattes. Le poids de la trappe aurait dépassé d'un tiers celui de l'oiseau. Lorsqu'il est pris dans une de ces trappes à renards, le gypaète est quelquefois indifférent et s'abandonne lâchement à son sort; d'autres fois il se démène comme un furieux et frappe des ailes, des serres et du bec; on nous a raconté l'histoire d'un chasseur dans la chair duquel un gypaète avait si profondément enfoncé ses ongles, qu'ils durent être coupés et retirés un à un après la mort de l'animal.

En captivité, le lämmergeier peut être souvent craintif et lâche; en liberté il est non-seulement vorace et toujours affamé, mais aussi excessivement audacieux. On raconte que dans les Grisons un de ces oiseaux se précipita sur un chevreau d'un an, et chercha à l'enlever au moment où le propriétaire menait son bétail à l'abreuvoir. L'homme saisit un bâton et s'élança sur l'animal pour défendre son bien. Mais l'oiseau, se retournant, frappa si vigoureusement de l'aile sur le pauvre homme que celui-ci n'eut rien de plus pressé que de prendre la fuite. Alors le vautour victorieux enleva triomphalement le jeune bouc, qui se débattait sous ses serres. Le paysan fut surnommé le *Gyrenmænnli*, le petit homme au vautour. La ténacité de vie du gypaète paraît être très-forte; une aventure arrivée à Gédéo Trœsch, que nous avons déjà nommé, en fournit la preuve. Ayant pris à la trappe un vieux gypaète qui lui avait enlevé plusieurs moutons, il lui asséna trois vigoureux coups de bâton; sur quoi il le lia et l'emporta sur son dos vers la vallée. Chemin faisant, le vautour revint à lui et saisit celui qui le portait; Trœsch eut à lutter longtemps et fut forcé de se coucher sur le dos pour s'en rendre maître. A Amstey, l'oiseau reprit une seconde fois ses sens, se mit à battre des ailes et ne put être étranglé qu'avec beaucoup de peine.

Le gypaète s'attaque rarement à l'homme fait et seulement dans certaines circonstances, quand il s'agit pour lui de défendre sa vie ou ses petits, ou lorsqu'il aperçoit l'homme dans une position critique. Deux lämmergeier se joignent quelquefois pour attaquer en commun les malheureux qui sont suspendus sans défense à des rochers escarpés; le fait est arrivé à Grindelwald. Un seul de ces rapaces a aussi attaqué deux chasseurs endormis ou assis. Cette attaque n'est pas immédiate et directe, car l'oiseau sait qu'il n'est pas assez fort pour la tenter; il cherche à effrayer son adversaire et à le précipiter à coups d'ailes dans l'abîme. Cependant tout fait présumer qu'un grand lämmergeier pourrait, s'il l'osait, venir à bout d'un homme sans armes.

Des observations nombreuses prouvent que notre oiseau est proportionnellement fréquent dans le Rhéticon, entre Saint-Antoine et la Scesaplana, les rochers calcaires de cette contrée enveloppant maint district presque inaccessible. C'est de là qu'il part pour faire des excursions jusque près des villages situés sur les montagnes voisines. Les chasseurs, qui pendant l'été ne peuvent presque jamais l'approcher, profitent de cette circonstance, construisent des huttes de branchage, et appâtent avec des animaux morts. L'oiseau affamé ne tarde pas à en flairer les âcres senteurs, il arrive de très-loin, et commence à décrire d'immenses cercles au-dessus de l'appât. La présence de la hutte lui inspire peu de confiance; mais, enhardi par la solitude et le silence complet qui règne au loin, il s'approche en rétrécissant les tours de sa spirale descendante, et finit par se poser sur le cadavre et l'attaquer à coups de bec. Toutefois il ne cesse d'inspecter à chaque instant les alentours, et même lorsqu'il en est là, il faut encore des circonstances heureuses pour réussir à le tirer. Au mois de septembre 1842, on tua au-dessus de Grion (Vaud), au pied des Diablerets, un superbe gypaète très-vieux. Pendant l'automne de 1852, un autre exemplaire vieux fut tiré aux Grisons, à Schanfigg. Au commencement de 1855, on prit vivants une vieille femelle dans l'Oberland grison et un vieux mâle dans l'Engadine. Quelques gypaètes sont sédentaires dans les murs de rochers de la vallée de Camogask. Au printemps, quand les troupeaux de moutons arrivent à la montagne, ces rapaces remontent la vallée de l'Inn et fréquentent régulièrement pendant quelques jours les environs de Pontresina. Là aussi, des témoins dignes de foi nous ont affirmé que dans une vallée voisine les gypaètes n'avaient pas seulement essayé d'enlever un enfant isolé, mais avaient tenté de le disputer à sa mère, qui le portait sur les bras.

Anciennement, en les appâtant, on tirait des lämmergeier

aux environs d'Ammon sur les Churfirsten. Toute autre chasse, même lorsque le nid est connu, n'offre pas de garantie de succès. Dans le Domleschg, un chasseur découvrit une aire grâce aux cris continuels des deux petits qu'elle renfermait ; comme il était matériellement impossible d'arriver au nid, même d'en haut, à cause de la saillie du roc qui servait de toit, le montagnard se mit à l'affût pour attendre les vieux oiseaux. Il y passa, la carabine à la main, des journées entières. Souvent les gypaètes faisaient des absences de douze heures, malgré les cris lamentables de leurs petits, qui allongeaient le cou hors du nid. Quand la mère venait, elle entrait comme l'éclair dans le nid, la proie entre les serres et en ressortait tout aussi rapidement. Quant au mâle, souvent il s'approchait et planait en criant; mais, flairant la présence d'un ennemi caché, il repartait sans avoir déposé dans le nid la nourriture qu'il apportait. Enfin, le cinquième jour la mère arriva, mais dans sa précipitation, elle laissa tomber hors du nid la pâture dont elle était chargée, voulut la ressaisir dans sa chute, manqua son coup et se posa sur un rocher où la balle l'atteignit. La nourriture qu'elle destinait à ses petits consistait dans la moitié d'un agneau nouveau-né, auquel était suspendue toute la peau de l'arrière-train. Le chasseur ne tira pas grand parti de son gypaète. Il lui arracha les grandes plumes de l'aile, et les donna aux enfants du village qui s'en allèrent quêter des œufs et lui en remirent la moitié.

Quelquefois les courageux montagnards réussissent à s'emparer des jeunes vautours; c'est une tentative aussi périlleuse que difficile, car les gypaètes ne nichent que dans des rochers extrêmement escarpés et de difficile accès ; ils défendent leur progéniture avec autant d'opiniâtreté que de courage. Dans le canton de Glaris, un de ces hommes qui recueillent de la résine dans les forêts, découvrit un nid très-haut dans les rochers. Il y grimpa avec une peine infinie et trouva dans le nid deux petits, qui étaient à se disputer les débris d'un écureuil; il les lia par les pattes, les mit sur son dos et commença sa périlleuse descente. Les cris des petits ne tardèrent pas à attirer leurs parents, et ce fut tout au plus si le paysan put les écarter en brandissant continuellement sa hache au-dessus de sa tête. Pendant quatre heures, il fut poursuivi par ces oiseaux furieux, et atteignit enfin le village de Schwanden, où il put mettre sa prise en sûreté. Le célèbre chasseur de chamois, Joseph Scherrer, d'Ammon, village situé au-dessus du lac de Walenstadt, grimpa à pieds nus et le fusil passé en bandoulière jusqu'à une aire où il supposait qu'il y avait des petits. Avant d'y atteindre, il vit le mâle s'approcher et l'abattit d'un coup de fusil. Scherrer rechargea son arme et continua son ascension. Arrivé près du nid, la femelle se précipita sur lui avec une fureur indicible; elle se cramponna à ses hanches et chercha à lui faire lâcher le rocher en lui donnant de vigoureux coups de bec. Sa position était affreuse. Il devait à la fois se tenir de toutes ses forces aux aspérités du roc et se défendre, sans pouvoir se servir de son fusil. Une présence d'esprit extraordinaire put seule le préserver d'une mort certaine. D'une main il dirigea le canon de sa carabine contre la poitrine du gypaète, de son pied nu il l'arma et fit partir la détente. Le vautour, blessé à mort, roula dans le précipice. Scherrer reçut en prime du bailli de Schænnis pour sa quadruple capture cinq florins et demi. Pendant toute sa vie, il garda au bras les cicatrices des blessures qu'il avait reçues.

Un Sarde qui voulait dénicher avec ses deux frères des gypaètes dans les montagnes d'Eglesias, ne courut pas moins de danger. Ne pouvant grimper le long de la paroi de rocher, il s'y fit descendre d'en haut au moyen d'une corde, et, suspendu au-dessus de l'abîme, il prit les quatre[1] petits que renfermait le nid. Au même instant, les vieux arrivent et l'attaquent comme des furies. Le jeune Sarde les tient à distance en faisant avec un sabre le moulinet au-dessus de sa tête. Tout à coup il éprouve

[1] Si cette indication du *Journal des chasseurs* est exacte, le gypaète de Sardaigne couverait plus d'œufs que le nôtre, dans le nid duquel on n'a jamais trouvé que deux petits.

une secousse, et reconnaît avec terreur que dans la chaleur de la défense il a entamé aux trois quarts la corde à laquelle est suspendue son existence. A chaque instant le reste peut se rompre; chaque mouvement peut le précipiter dans l'abîme. Cependant il fut retiré avec précaution et arriva au sommet sain et sauf. Pendant cette demi-heure d'angoisse horrible, les cheveux de jais de ce jeune homme de vingt-deux ans avaient blanchi complétement.

Dans les pays où d'autres grands oiseaux de proie habitent en même temps que les gypaètes, ces derniers sont souvent pourchassés par les autres. On raconte qu'aux environs de Semlin deux gypaètes furent attaqués par six pygargues et plusieurs vautours ordinaires. Ils se défendirent si vaillamment et enfoncèrent si bien leurs griffes dans le corps des aigles que tous ces oiseaux tombèrent ensemble à terre et furent dispersés à coups de bâton par un berger. Le gypaète le plus maltraité prit son vol vers la forêt, et fondit le lendemain sur un jeune berger de dix ans, sur le corps duquel on le saisit. Dans nos Alpes, ce puissant oiseau n'a d'autres ennemis que l'homme, la faim et ses acariens parasites.

En les nourrissant de viande, il est facile d'élever les petits et de les apprivoiser. Ce n'est qu'après la troisième ou la quatrième mue que leur plumage commence à montrer des teintes claires. Tous les individus qu'on prend vieux sont tantôt sauvages et récalcitrants, tantôt lâches et indolents. Sous ce rapport, les meilleures observations sont dues au professeur Scheitlin. Il posséda longtemps deux vieux lämmergeier qui avaient été pris à la trappe dans les Grisons. On avait disposé une chambre pour l'un d'eux, et on l'avait attaché par une corde à un barreau horizontal, mais chaque fois quelques coups de bec lui suffirent pour la couper. Il essaya d'en faire autant d'une chaîne, et, malgré son insuccès, il continua ses tentatives avec assez de persistance pour qu'on fût forcé de le laisser libre, de crainte qu'il ne s'épuisât. Au début de sa captivité, il hérissait les plumes de sa tête dès qu'on approchait; plus tard il ne le faisait qu'à l'approche d'un étranger. Rarement il blessa quelqu'un. Il observait attentivement tous les objets nouveaux; lorsque son gardien avait changé de vêtement, il ne le reconnaissait qu'à la voix; il lui permettait de le caresser et de lui écarter les ailes. Il n'avait pas un regard pour les marmottes qui couraient dans la même chambre. A l'approche d'un chien, ses plumes se hérissaient et ses yeux devenaient plus grands, mais il n'attaquait point. Les chiens ne le craignaient pas, tandis que les chats en avaient une horrible terreur et bondissaient comme des forcenés dans la chambre. Les pigeons, les corneilles, les pies qu'on lui jetait entre les pattes restaient immobiles et se laissaient lentement saisir par une de ses serres; il les fixait contre son perchoir, et leur arrachait flegmatiquement la tête; puis il leur ouvrait le ventre en allant d'arrière en avant, leur arrachait les pieds et les ailes, et finissait par plumer grossièrement le tronc et par avaler les os. Il aimait la viande crue, et ne s'habitua pas à une autre nourriture. La chair de chamois, ainsi que le foie et la cervelle, lui plaisait fort; jamais il ne touchait à de petits oiseaux et au poisson, et il préférait la chair morte à l'animal vivant. Il mangeait rarement plus d'une livre d'os ou de viande à la fois, et engloutissait de gros fragments d'os, malgré leurs saillies pointues. Pendant toute la journée, ce gypaète restait perché sur son barreau, le bec ouvert, la langue pendante et le cou enfoncé entre les épaules, tout à fait à la manière des vrais vautours. Lorsqu'on le posait à terre, il regardait longtemps son perchoir et ne se décidait qu'avec peine à faire un effort pour y atteindre; enfin il s'envolait lourdement. Lorsqu'on lui fixait une pipe entre les mandibules, il l'y gardait des heures entières sans paraître s'apercevoir de sa présence. Aucun bruit ne faisait d'impression sur lui. L'œil seul avait de la vie; il n'est pas d'animal qui l'ait plus beau et bien peu l'ont aussi magnifique. Cependant l'expression de son regard trahit plutôt la sauvagerie que l'intelligence. Ce gypaète aimait à boire de l'eau et du lait. Tourmenté par des poux, il se laissait frotter d'huile, et semblait apprécier ce bon procédé.

L'autre gypaète, tombé malade, soupirait tout à fait comme un homme et se laissait choyer. Lorsque ses ailes commencèrent à se paralyser, il s'affaissa sur son perchoir, où il était presque couché sur le ventre; puis il vola à terre, se coucha sur le flanc, et continua à soupirer sans pousser un gémissement, jusqu'au moment où il mourut, tranquille et résigné comme le serait un vieillard.

D'autres gypaètes captifs étaient plus vifs, plus vigoureux, plus avides, plus violents. Cette vie dans un petit espace renfermé modifie le caractère de ces animaux, jusqu'à le rendre méconnaissable, et il serait absurde de vouloir conclure du caractère d'un lämmergeier captif et malade à celui de l'oiseau en liberté. Pendant de longues années, on a conservé à Coire un gypaète vivant que quelques grains de grenaille avaient rendu aveugle. Quoiqu'il fût parfaitement libre dans une cour, il n'aimait pas à s'écarter de son perchoir, d'où il frappait l'air de ses grandes ailes. Quand sa nourriture tombait à terre, il descendait avec précaution et tâtait du bout de l'aile, de peur de perdre le perchoir; jamais il n'essaya de s'enfuir[1].

VI. LE LIÈVRE DES ALPES.

Mœurs et changement de couleur de cet animal. — Lieux qu'il habite. — Sa manière de se nourrir. — Chasse. — Croisements.

Le lièvre brun ou gris des montagnes, qui est plus vigoureux que le lièvre de la plaine et dont la taille est plus forte, ne

[1] Les deux superbes lämmergeier vivants qu'on admirait à Berne dans le jardin zoologique créé par M. le major Challande, viennent malheureusement de périr d'épuisement. L'année dernière, la femelle avait pondu un œuf, mais ne l'avait pas couvé. (*Note du traducteur.*)

s'élève pas très-haut dans la région alpine; il y est remplacé par le lièvre blanc, lièvre variable ou lièvre des Alpes (*lepus variabilis*). Cet animal, qui habite aussi les régions septentrionales de l'Europe et de l'Asie, recherche les localités les plus froides des parties de nos Alpes qui sont encore habitables.

Le lièvre des Alpes ou lièvre de neige constitue positivement une espèce particulière, et se distingue de l'autre par la structure de son corps et par ses mœurs. Il est plus vif, plus agile, plus hardi; sa tête est plus arrondie, son front plus arqué, son nez plus court, ses oreilles sont aussi plus courtes et ses joues plus élargies; il a les pattes de derrière plus allongées, la plante des pieds plus velue et les doigts plus séparés, plus mobiles, armés d'ongles longs, très-pointus, crochus et rétractiles; ses yeux ne sont pas rouges comme dans les variétés albines et maladives, appelées lapins blancs, écureuils blancs, souris blanches; ils sont plus foncés même que ceux du lièvre ordinaire. Le lièvre des Alpes est un peu plus petit que le lièvre de montagne, mais de vieux boucs pèsent jusqu'à douze livres; aux Grisons, on en a même tué de quinze livres. Une comparaison exacte, faite entre un lièvre des Alpes parvenu à la moitié du terme de sa croissance et un lièvre ordinaire du même âge, nous a démontré que le premier avait l'air beaucoup plus intelligent, qu'il était plus agile et moins timide que le second. Ses tibias étaient plus fortement arqués, sa tête et son museau plus courts, ses oreilles plus petites et ses tarses postérieurs plus longs que chez le lièvre ordinaire. Ce dernier était plus craintif que son cousin des Alpes et dormait davantage. Les chasseurs des Grisons distinguent deux variétés de lièvres qui deviennent blanches en hiver, et les appellent lièvres des bois et lièvres des montagnes; les premiers, qui ne dépassent pas la limite des forêts, même en été, sont plus grands, tandis que les autres sont plus petits et ont la tête plus grosse.

Au mois de décembre, lorsque toutes les Alpes sont ensevelies sous la neige, le lièvre des Alpes est aussi blanc que la neige qui l'entoure; la pointe de ses oreilles est la seule partie de son corps qui reste noire. Le soleil du printemps apporte au mois de mai d'intéressants changements dans la couleur de son pelage. Son dos commence à devenir gris, et les poils gris isolés deviennent de plus en plus abondants au milieu des poils blancs de ses flancs. Au mois d'avril, il est irrégulièrement tacheté; de jour en jour le gris brun prend le dessus sur le blanc, et, dès le mois de mai, notre lièvre est devenu d'un gris brun uniforme, qui n'est pas nuancé comme chez le lièvre ordinaire; celui-ci a d'ailleurs le poil plus grossier que celui des Alpes. En automne, dès les premières neiges, des poils gris apparaissent parmi les bruns; mais, comme dans les Alpes l'hiver s'établit plus vite que le printemps, ce changement de couleur est plus tôt terminé, et a lieu en quelques semaines, depuis le commencement d'octobre jusqu'au milieu de novembre. Au moment où les chamois prennent un pelage plus foncé, leur compatriote, le lièvre, devient donc blanc. Cette transformation présente plusieurs phénomènes intéressants. Elle n'a pas lieu à une époque déterminée, mais elle dépend de la température, de sorte qu'elle est plus rapide quand l'hiver est précoce ou le printemps hâtif; elle marche de pair avec celles de l'hermine et du lagopède, qui suivent les mêmes lois. La coloration nouvelle qui s'établit en automne dépend sans doute de la mue d'hiver, en ce sens que les poils gris tombent et sont remplacés par de nouveaux poils blancs. Au printemps, les choses ne se passent point ainsi, et la transformation de couleur s'opère dans le même poil; les longs poils de la tête, du cou et du dos deviennent bruns à partir de leur origine, et le duvet fin et moelleux tourne au gris. Pourtant il n'est pas certain qu'il ne s'opère en même temps une mue partielle. Dans son pelage d'été, le lièvre des Alpes se distingue du lièvre ordinaire en ce qu'il est d'un gris olivâtre mêlé de noir, tandis que l'autre est plutôt brun roux avec moins de noir. Chez le premier, le ventre reste blanc, ainsi qu'une partie de l'oreille; chez le second, le dessous du corps est blanc et jaunâtre.

Le lièvre ordinaire apparaît quelquefois sous forme de variété blanche, mais on ne peut confondre celle-ci avec l'espèce des Alpes, parce qu'elle a les yeux roses comme tous les albinos, et reste blanche pendant toute l'année.

On considère le changement de couleurs dont il vient d'être question, comme un présage qui annonce l'arrivée de l'hiver ou du printemps. Le prieur Lamont, au grand Saint-Bernard, partageant cette manière de voir, écrivait le 17 août 1822 : « Nous aurons un hiver très-rude, car le lièvre des Alpes prend son pelage d'hiver. » Pour nous, le changement de coloration n'est que la conséquence du temps qu'il a fait, et le pauvre animal peut se trouver fort mal de ses prétendues prophéties, lorsqu'il arrive de nouveaux froids et de nouvelles neiges, après que son poil d'hiver s'est éclairci. On assure aussi que le lièvre des Alpes naît avec ses dents et qu'elles changent, de sorte que, vieux, il a les incisives jaunes et les molaires noires. Plus il vieillit, plus les poils de sa moustache s'allongent et s'épaississent.

Le lièvre variable habite les régions septentrionales et la chaîne des Alpes, en Savoie, en Suisse, en Tyrol et en Styrie. Dans tous les cantons que couvre cette chaîne ou ses rameaux, on peut être sûr de le rencontrer sur les hauteurs, mais il n'y est pas aussi commun que le lièvre ordinaire dans la plaine. Partout où les forêts s'élèvent très-haut, il est plus fréquent que dans les localités où elles s'arrêtent à des niveaux inférieurs; le Sentis, par exemple, en nourrit fort peu. Le lièvre des Alpes ne peut prospérer dans les districts déboisés où, au lieu de buissons, on ne trouve que des pierres. Les corneilles et les corbeaux s'emparent de ses petits, et les vieux eux-mêmes deviennent la proie des renards et des aigles. Les limites verticales de la région qu'il habite ne sont pas très-distantes. En été, ou en général pendant une grande partie de l'année, il habite entre les derniers sapins et les neiges éternelles, aux mêmes hauteurs que le lagopède et la marmotte, c'est-à-dire entre 5500 et 8000′, mais il pousse ses excursions beaucoup plus haut. Lehmann aperçut un de ces lièvres à 11,000′, au-dessous de la pointe du Wetterhorn. L'hiver le force à descendre un peu plus bas, dans les forêts qui lui servent d'abri et où il trouve quelques places dépourvues de neige; cependant il se risque rarement au-dessous de 3000′, et reprend le plus vite possible le chemin de ses sommités chéries.

Voici à peu près la vie que mène notre animal en été. Il a son gîte entre des pierres, dans une excavation ou sous un pin rampant. Le mâle s'y couche la tête levée et les oreilles redressées, tandis que la hase a la tête appliquée sur les pattes de devant et les oreilles baissées. De très-bonne heure ou même de nuit, mâle et femelle quittent leurs gîtes et vont en pâture; tout en broutant, ils remuent les oreilles, lèvent la tête et flairent de tous côtés pour s'assurer qu'ils n'ont à craindre aucun de leurs nombreux ennemis, renards, aigles, faucons, hommes. Leur nourriture de prédilection consiste en trèfles de diverses espèces, en matricaires, achilléas, violettes, saules nains et en écorce de daphnés. Jamais, même dans les moments de disette, ils ne touchent aux aconits et aux ellébores qui pourraient leur être funestes. Rassasiés, ils se couchent dans l'herbe ou sur une pierre réchauffée par le soleil, et on ne les y découvre pas facilement, parce que leur couleur est à peu près la même que celle du sol. Le lièvre variable ne boit que rarement; le soir venu, il va paître une seconde fois, ou fait en sautillant une petite promenade autour des rochers et à travers le gazon, sans manquer de se dresser de temps en temps sur ses pattes de derrière, puis il rentre dans son gîte. Pendant la nuit, il y est exposé aux atteintes des martres, des putois et des renards; le grand-duc, qui s'en emparerait facilement, n'habite plus ces hauteurs. Les grands oiseaux de proie l'attaquent souvent, et récemment, dans les montagnes d'Appenzell, un aigle qui était perché sur un sapin, enleva et emporta dans les airs, sous les yeux du chasseur, le lièvre qui fuyait devant lui.

Pendant l'hiver, notre lièvre mène une triste existence. Si une neige précoce le surprend avant qu'il ait revêtu sa fourrure épaisse d'hiver, il passe souvent plusieurs jours sous une pierre ou un buisson sans oser sortir, et meurt de froid et de faim. Surpris par la tourmente, il se tapit en plein air; il se laisse souvent ensevelir sous la neige, comme le tétras à queue fourchue et les lagopèdes, et, caché sous une couche dont l'épaisseur peut aller à deux pieds, il n'en sort que lorsque le froid en a durci la surface et qu'elle peut le porter. En attendant, il se creuse une galerie, et mange les feuilles et les racines des plantes vivaces. Puis il se retire dans les forêts, broutant les herbes desséchées et rongeant les écorces. Souvent aussi les lièvres s'approchent des chalets où le montagnard conserve le foin sur les hauteurs. Lorsqu'ils réussissent à s'y introduire par une fente, ils mangent ce qu'ils peuvent, et couvrent le reste de leur crottin. Mais cette ressource ne dure pas longtemps, car on vient chercher le foin pour le conduire dans les vallées. Les lièvres glanent alors sur les chemins les brins tombés des traîneaux, ou bien, se rassemblant pendant la nuit aux endroits où les bûcherons ont donné à manger aux chevaux, ils font leur profit des restes de fourrage. Pendant le temps que l'on est occupé à transporter le foin, les lièvres se cachent bien encore dans les fenils, mais ils ont la prudence de se gîter l'un devant, l'autre derrière le monceau de foin. A l'approche des montagnards, chacun fuit de son côté. On a même observé qu'au lieu de prendre le large, celui qui le premier aperçoit le danger, fait le tour du bâtiment pour réveiller son camarade endormi et s'enfuir avec lui. Dès que le vent a déblayé de neige quelque coin de la montagne, les lièvres regagnent les hautes Alpes.

Le lièvre des Alpes est aussi fécond que le lièvre ordinaire; la base met bas à chaque portée de deux à cinq petits, qui ne sont guère plus gros que des souris et ont une tache blanche au front; le second jour de leur existence ils suivent déjà leur mère en sautillant, et ne tardent pas à manger des herbes tendres. La première nichée a lieu en avril ou en mai, et la seconde en juillet ou en août; on a souvent mis en doute qu'il y ait une troisième nichée ou que la première puisse avoir lieu avant le mois d'avril, mais les chasseurs assurent qu'ils rencontrent continuellement, du mois de mai à celui d'octobre, des levrauts déjà fort gros. La hase porte de trente à trente et un jours, et allaite à peine vingt jours. La plupart de nos chasseurs ont la singulière croyance qu'il y a parmi ces lièvres des individus hermaphrodites capables de se féconder eux-mêmes. Il est presque impossible d'observer la vie des lièvres en famille, parce qu'ils ont l'odorat excessivement fin et que leurs petits savent admirablement se cacher dans les fentes du terrain et les interstices des pierres.

La chasse du lièvre variable offre des difficultés et du profit. Elle est pénible, car on ne peut la faire que lorsque la neige couvre toute la région alpine; mais elle est moins incertaine que celle de tout autre gibier, parce que la piste récente d'un lièvre conduit certainement à son gîte. Quand on a découvert les endroits où le lièvre a remué la neige pour pâturer, et qu'on suit la trace sur la neige, on voit cette trace se croiser en tous sens et former une ligne très-compliquée et interrompue par de nombreux sauts; puis, pendant quelque temps, la piste redevient régulière et unique. Elle décrit ensuite une courbe, se complique de quelques marches et contremarches, généralement moins nombreuses et embrouillées que celles du lièvre brun, et se termine par un cercle qui entoure un buisson, une grosse pierre ou une cavité. C'est là le gîte du lièvre, qui est étendu sur la neige tout de son long, et dort souvent les yeux ouverts en faisant claquer ses mâchoires, ce qui imprime à ses oreilles un tremblement particulier. Si le temps est froid et si un vent glacé souffle sur la montagne, le lièvre se sera mis à l'abri derrière une pierre ou dans un trou qu'il s'est creusé dans la neige. Le chasseur peut alors le tirer facilement, et l'on a vu le lièvre rester gîté après un premier coup de fusil mal dirigé. D'ordinaire cependant, il prend la fuite en toute hâte et par grands bonds, mais il ne va pas très-loin, et il n'est pas difficile de le retrouver. Les craquements et les détonations ne l'effraient guère, habitué qu'il est à en entendre dans la montagne. Ceux qui sont gîtés dans le voisinage, restent parfaitement tranquilles, de sorte que le chasseur en tire souvent trois ou quatre le même jour et toujours au gîte. Jamais, même à l'époque où les lièvres se recherchent, on n'en trouve deux gîtés côte à côte. Les empreintes du lièvre des Alpes ont quelque chose de particulier; elles sont très-larges et disposées deux à deux à de grands intervalles. Le lièvre des Alpes a, comme le chamois, le pied parfaitement approprié au milieu dans lequel il vit. La plante en est large et les doigts plus gros que ceux du lièvre ordinaire; en courant il les écarte encore, de sorte que son pied élargi lui sert de support et l'empêche d'enfoncer dans la neige; sur la glace, ses ongles protractiles lui rendent d'excellents services. Lorsqu'on le chasse au chien courant, il attend pour fuir que le limier soit très-près de lui, et, poursuivi, il se réfugie souvent dans les terriers des marmottes, mais jamais dans ceux des renards.

Le lièvre variable est plus facile à apprivoiser que l'autre; il est plus tranquille, plus familier, mais il ne s'engraisse pas, malgré un régime excellent, et il ne supporte pas longtemps la captivité. Dans la vallée, l'air vif de l'alpe lui fait défaut; en hiver, il y devient blanc aussi. Sa peau a peu de valeur, mais sa chair est très-savoureuse. Le prix de cet animal varie, selon les localités, de 1 fr. 50 c. à 2 fr. Les lièvres variables de Suède, de Russie, de Sibérie et d'Islande paraissent être un peu plus grands que le nôtre; en Sibérie, ils courent le pays en grandes troupes. Le lièvre du Groënland reste blanc pendant toute l'année. Ces deux espèces remplacent le lièvre ordinaire dans les pays où la rigueur du climat empêche ce dernier de subsister.

On a souvent nié la possibilité de croisements entre le lièvre ordinaire et celui des Alpes, et l'existence d'hybrides de ces deux espèces. Des observations exactes prouvent chaque année la réalité du fait. Dans le Sernfthal, où les lièvres blancs descendent plus bas que partout ailleurs, on a tiré en janvier un lièvre qui était roux de la tête aux pattes de devant, et blanc sur le reste du corps ; à Ammon, au-dessus du lac de Walenstadt, une hase mit bas quatre petits, dont deux avaient l'avant-corps et deux autres l'arrière-train blancs et le reste du corps gris brun. Dans l'Emmenthal, un chasseur tua au milieu de l'hiver un lièvre qui avait le front, les pattes de devant et le cou blancs. Dans les montagnes de l'Appenzell, on trouve des lièvres blancs, couverts de taches brunes, et l'on peut se procurer chaque année dans les Grisons des exemplaires qui ont le blanc marqué de taches irrégulièrement disposées, mais toujours bien limitées. On ne sait pas encore si ces hybrides sont féconds.

VII. LES CHAMOIS.

I. HISTOIRE NATURELLE DES CHAMOIS.

Nature, genre de vie et particularités des chamois. — Leur séjour. — Rochers salés. — Puissance musculaire des chamois. — Leur mode de reproduction. — Possibilité de les apprivoiser et d'en obtenir des croisements. — Calculs qui se forment dans leur estomac. — Peu de probabilité que le chamois vienne jamais à disparaître. — Les montagnes franches. — Un chamois albinos.

De tous les animaux de nos hautes montagnes, aucun ne leur donne autant d'attrait que les chamois (*antilope rupicapra*, la seule espèce européenne de l'antilope). Ces jolies chèvres des rochers, à la course rapide, errent par petites troupes dans les parties les plus désertes et les plus solitaires des Alpes ; elles animent de leur présence les arêtes les plus élevées, et traversent comme au vol des champs de glace de plusieurs lieues de longueur. Doux, familiers, sociables et inoffensifs comme ils le sont, les chamois s'associeraient aux troupeaux qui paissent dans les Alpes, et pourraient être apprivoisés et cultivés, si l'homme, qui s'est toujours montré leur ennemi, ne leur inspirait pas une terreur insurmontable. On s'est souvent demandé, si l'on ne pourrait pas transformer le chamois en un animal domestique et utile, au moyen de certains soins et d'une domestication bien conduite. Pendant l'été, le chamois domestiqué vivrait libre dans la montagne comme les chèvres, et il n'exigerait des soins qu'en hiver. Le chamois pourrait aussi bien exister dans les vallées que les bouquetins qui y ont vécu en petits troupeaux et s'y sont souvent propagés pendant plusieurs générations. Si, au lieu de la nourriture peu abondante et de mauvaise qualité à laquelle il est réduit dans la montagne pendant cette saison, il avait une nourriture plus substantielle, il donnerait même sans doute plus de lait et prendrait plus de chair.

Le chamois ressemble beaucoup à la chèvre et particulièrement à la chèvre qui habite les Alpes; il s'en distingue par ses cornes noires et crochues, par des jambes plus longues et plus fortes, par un cou plus allongé, par un corps plus court et plus ramassé. Tout chez le chamois est élastique, son cou même est extensible. Debout sur ses jambes, il peut se dresser et atteindre à six pieds de hauteur, position dans laquelle tout le poids de son corps repose sur les pattes de derrière. Le chamois manque de barbe comme le bouquetin, et il est inconcevable que de nos jours on ose encore dessiner ces animaux avec des barbes de bouc. C'est au printemps que les chamois sont le plus clairs; leur pelage est alors d'un gris blanchâtre; en été, il tourne au roux comme celui du chevreuil; en automne, il devient de plus en plus foncé, et finit par être en décembre d'un gris brun sombre, qui peut même passer au noir. Leur poil ne change pas chaque fois qu'il se colore, et il est probable que la différence de nourriture, l'action de la lumière et d'autres influences atmosphériques motivent seules ces variations dans les nuances. Un large trait brun foncé se dirige vers le museau à partir de chacun des yeux, qui sont grands, noirs, très-saillants et très-expressifs. En hiver, sa fourrure s'épaissit beaucoup. Chez de vieux boucs, les poils grossiers et cassants atteignent deux pouces de longueur, surtout à la tête, au ventre, aux pattes et au milieu du dos. Les pieds du chamois sont plus gros que ceux de la chèvre. Il peut écarter beaucoup ses sabots, qui sont entourés d'un rebord saillant, et cette faculté, développée surtout dans les pattes de devant, lui facilite singulièrement la marche sur la glace ou sur des dalles à bords minces et tranchants. Ses cornes sont trés-dures et leurs pointes sont effilées et tranchantes; c'est une arme excellente qu'il emploie pour se défendre contre les aigles et les gypaètes, et au moyen de laquelle il fend la panse des chiens qui l'attaquent; jamais il ne s'en sert contre l'homme. Chez le mâle, qui est plus grand et a la tête plus grosse que sa chèvre, les cornes sont plus écartées et plus fortes que chez celle-ci. Derrière chaque corne, une ouverture assez grande s'enfonce en spirale dans les os du crâne, mais il ne s'en écoule rien. La femelle du chamois se distingue de la chèvre domestique et de la femelle du bouquetin, qui en est plus voisine, par quatre pis à la mamelle.

Le chamois habite pendant l'été les parties les plus élevées et les moins fréquentées de la haute chaîne centrale de l'Europe (Suisse, Savoie, Vorarlberg, Tyrol, Bavière, Salzbourg, Styrie), ainsi que les Pyrénées (Ysard), les Carpathes et le Caucase, jusqu'à la limite des neiges; mais les régions septentrionales ne le possèdent pas. En été, il ne descend jamais dans les vallées, à moins d'y être poussé par le chasseur. Cependant il y a vingt ans à peine, lorsque les forêts réservées du canton de Glaris étaient encore respectées, on pouvait voir de petites troupes de chamois en sortir le matin, et venir boire au Sernf. Dans les localités où ils sont en butte aux poursuites, les chamois se fixent volontiers près des glaciers. A la pointe du jour ils se mettent à paître en descendant; puis ils restent couchés de neuf à onze heures, à l'ombre des buissons qui couronnent le bord des précipices. Au milieu du jour, ils regagnent lentement les hauteurs en pâturant et se reposent jusqu'à quatre heures, à l'ombre des escarpements, et aussi près que possible des neiges, qu'ils aiment beaucoup. Ils y ruminent tranquillement, puis ils recommencent à paître jusqu'au coucher du soleil.

C'est en automne et au commencement de l'hiver, au moment du rut qu'ils sont surtout gais et alertes. A cette époque, nous avons souvent observé pendant des heures entières des troupeaux et des paires isolées de ces animaux, qui se livraient à des jeux et à des combats simulés. Ils sautent comme des fous sur des arêtes étroites, cherchent à se donner des coups de tête et à se renverser; ils feignent d'attaquer l'un d'eux, et se précipitent tout à coup sur un autre qui est pris à l'improviste; en un mot, ils s'agacent et s'amusent de mille manières. Dès qu'ils aperçoivent une forme humaine, même à une grande distance, la scène change subitement. Tous les animaux de la bande, depuis le plus vieux bouc jusqu'au plus jeune faon, se mettent aux aguets et se préparent à fuir. Lors même que l'observateur reste immobile, c'en est fait de leur belle humeur. Ils remontent lentement vers les hauteurs, s'arrêtent pour examiner chaque bloc, chaque paroi de rocher, et ne perdent pas un instant de vue l'endroit d'où les menace le danger. D'ordinaire, ils ne s'arrêtent que très-haut. Tout le troupeau se serre sur le plus élevé des escarpements; chaque animal sonde du regard les profondeurs, et balance gravement sa tête blanche. En été, il est rare que les chamois qui ont été dérangés sur un pâturage y reparaissent de toute la journée; en automne, quand tout est déjà désert dans l'alpe, au bout d'une heure à peine, on les voit redescendre au galop, et ils recommencent leurs jeux dans leur endroit favori.

Pendant la nuit, les chamois se couchent au milieu des rochers entre de gros blocs, dans des grottes ou sous des dalles en saillie; ils aiment à dormir réunis en petites troupes. Nous avons souvent fait l'observation qu'au milieu de l'été ils recherchent les flancs des montagnes exposés à l'ouest ou au nord, tandis qu'à d'autres époques, ce sont les versants orientaux ou méridionaux qu'ils préfèrent.

Dès qu'en automne la neige a argenté les arides sommités des montagnes et commence à se fixer sur les hauts pâturages, les chamois se retirent peu à peu vers les forêts supérieures, et finissent par s'y confiner pendant l'hiver. Ils choisissent les expositions méridionales, à proximité de pentes rapides et dénudées, où la neige, balayée par le vent à mesure qu'elle tombe, ne peut se fixer. Ils se cachent ordinairement sous un grand sapin touffu, dont les branches basses traînent à terre et protégent contre la neige de longs chaumes desséchés.

On prétend que l'instinct fait préférer aux chamois les forêts qui ne sont pas exposées aux ravages des avalanches. Ils n'évitent cependant pas toujours ce danger, et bon nombre périssent ensevelis sous la neige. Dès que le soleil du printemps a aminci la couche de neige qui couvre les hauteurs, nos animaux se hâtent de quitter leurs retraites et regagnent leurs Alpes chéries, où ils vivent quelque temps moitié sur la neige, moitié sur le gazon.

Sous certains rapports, les poëtes pourraient appeler les chamois les rennes des montagnes, non-seulement à cause de l'inconcevable rapidité de leur course, mais aussi à cause de leur sobriété, de leur utilité et de la ténacité de leur vie.

Les chamois paissent dans des endroits où la chèvre des Alpes, si habile grimpeuse qu'elle soit, ne peut parvenir, sur les petits îlots gazonnés des pics les plus abruptes, le long de ces bancs en saillie, d'un pied de largeur tout au plus, qui suivent les escarpements comme des rubans et s'allongent de coupole en coupole. Ils sont destinés par la nature à profiter du tribut végétal de ces lieux qui sans eux serait perdu, et ils y tondent tout à leur aise des plantes éparses, mais savoureuses et nourrissantes; en automne, devenus gras, ils pèsent soixante, quatre-vingts et même cent livres. Nous connaissons un chasseur glaronnais qui tua sur le Tschingeln un chamois de cent vingt-cinq livres. C'était un gros bouc, célèbre parmi les montagnards, qui l'avaient surnommé le *Rufelibock;* depuis plusieurs années, il descendait assez bas vers la vallée, et défiait tous les piéges des chasseurs; mais le rusé Blæsi finit par être plus fin que le prudent *Rufelibock*. Les jeunes chamois, nés pendant l'été, pèsent déjà de quinze à vingt livres en automne.

Comme tous les animaux des Alpes, les chamois maigrissent beaucoup en hiver, non pas qu'ils manquent de nourriture, car partout dans la montagne ils peuvent en trouver en quantité suffisante, à l'exception peut-être des jours où il est tombé beaucoup de neige, mais cette nourriture a peu de valeur nutritive. Le foin court et desséché sur place est devenu dur, coriace, analogue à la paille, et contraste singulièrement avec les feuilles tendres et succulentes que le chamois trouve à profusion pendant l'été. Il n'est pas certain que les chamois grattent la neige, comme les rennes, pour arriver à la mousse et à l'herbe qu'elle recouvre. Ils préfèrent descendre dans les vallées et paître près des sources où la neige est fondue; ils rongent aussi les filaments de lichens qui pendent le long des sapins, et quelquefois ils restent suspendus aux branches par les cornes, ne peuvent pas se dégager et meurent de faim. Nous nous souvenons d'avoir rencontré un squelette de chamois dans cette position. La même espèce de lichen qui sert de nourriture au gibier, sert au chasseur à bourrer son fusil.

Les chamois aiment beaucoup le sel, comme tous les ruminants, et fréquentent régulièrement les rochers où il en suinte. Parfois ils les lèchent si longtemps que, pris d'une soif ardente, ils courent en furieux se désaltérer dans l'eau la plus rapprochée. Gessner, le respectable père de la zoologie suisse, et Scheuchzer connaissaient parfaitement cette habitude des chamois. Si les chamois lèchent les rochers avec tant d'avidité, dit ce dernier, ce n'est pas uniquement à cause du sel, mais aussi pour en détacher du sable; il leur sert à se débarrasser la bouche du mucilage végétal qui y reste adhérent, ou bien à exciter l'appétit, et en outre il a chez eux, comme chez les oiseaux, un rôle à remplir dans la digestion, leur tenant lieu « d'instruments culinaires. » Les chasseurs font une distinction entre les suintements secs des schistes calcaires et les eaux salées ou acides des marais; ils prétendent aussi que les chamois femelles avec leurs petits visitent seules ces endroits, et uniquement depuis la Saint-Jacques jusqu'au milieu du mois d'août. Quatre ou cinq jours de suite, elles y arrivent de très-loin à la pointe du jour, lèchent avec avidité les rochers pendant une heure et repartent ensuite. Il semble que ce soit de leur part une mesure hygiénique, car on a fait l'observation que tous les chamois tirés près de ces rochers salés étaient fort maigres.

Les chamois vivent, comme les autres animaux de la même famille, par petites sociétés de cinq à dix et même vingt individus. Jadis des troupeaux de soixante chamois n'étaient pas une rareté. Ce sont des animaux alertes, élégants et d'une extrême prudence. Chacun de leurs mouvements trahit une énergie musculaire extraordinaire, et porte le cachet de l'agilité et de la grâce. C'est surtout le cas quand l'animal est attentif à ce qui se passe autour de lui, ou se prépare à faire un bond. Ordinairement, et surtout en captivité, les chamois ont l'air fatigué, leurs jambes fléchissent, et ils semblent les traîner paresseusement, même dans la plaine. Effrayés, tout en eux change comme par enchantement. Ils prennent un air d'audacieuse énergie. Leurs muscles se roidissent, acquièrent l'élasticité de l'acier, et ils fuient comme le vent, en faisant des bonds dont la vigueur et la grâce sont indicibles. Il faut les avoir vus pour se faire une idée de leur rapidité extraordinaire, de la puissance de leurs élans, de la sûreté de leurs sauts et de tous leurs mouvements. Ils bondissent d'un rocher à l'autre, ayant l'abîme sous les pieds; ils se tiennent en équilibre sur des anfractuosités à peine visibles, s'impriment un vigoureux élan à l'aide des jambes de derrière et retombent en toute sécurité sur l'aspérité, de la grosseur du poing, qu'ils avaient en vue. Le bouquetin, étant plus bas sur ses jambes, plus allongé et plus lourd que le chamois, saute beaucoup moins; il n'a pas non plus la vie aussi dure. Le chamois bondit encore sur les rochers ou les glaciers et fuit à plusieurs lieues de distance, lorsque ses intestins s'échappent par une blessure, lorsqu'il a le foie traversé, ou lorsqu'il ne se soutient plus que sur trois jambes; le bouquetin succombe plus vite à des blessures légères.

Sur le Murtschenstock, un chasseur glaronnais avait grièvement blessé un chamois au pied; trois ans de suite, il vit boiter devant lui sa bête mutilée et ne put l'abattre que la quatrième année. Un chasseur de la Levantine avait enlevé à un chamois une des jambes de devant à la hauteur du genou; le chamois prit la fuite et ne fut tué qu'au bout de quatre ans. La blessure s'était cicatrisée et recouverte d'un épiderme épais et corné, et l'invalide sautait aussi facilement et était aussi gras que ses camarades. Lorsqu'un chamois a reçu une blessure grave, il se sépare du troupeau, se retire dans un endroit désert, se couche entre des pierres et lèche sa blessure. Il ne tarde pas à guérir, ou à périr sans profit pour le chasseur. En automne, la couche de graisse oblitère tout de suite la plaie et empêche une hémorrhagie externe.

L'odorat excessivement fin des chamois, leur vue, leur ouïe excellentes et l'instinct des localités, qui est fort développé chez eux, leur font éviter beaucoup de dangers. D'après une observation mille fois confirmée, quand une troupe de chamois veut s'arrêter, ils placent en sentinelle l'un d'entre eux, d'ordinaire une femelle; pendant qu'ils paissent ou s'amusent à se donner des coups de corne, comme les chèvres et les cerfs, la sentinelle, qui broute seule à quelque distance, dresse à chaque instant la tête, flaire et inspecte du regard toute la contrée. Si elle avise quelque danger, elle pousse aussitôt un sifflement, comme la marmotte, et tous les autres prennent la fuite au grand galop, car dans ces occurrences ils ne trottent jamais. On a souvent douté de ce sifflement que pousse le chamois au moment où il flaire quelque émanation suspecte. Notre propre expérience nous a convaincu à diverses reprises qu'on l'entend presque toujours dès qu'une troupe de chamois se voit surprise. C'est un ton clair, vibrant, un peu filé, qui provient probablement des dents incisives, et qui, à notre connaissance, n'est poussé que par la sentinelle, et n'est point répété par les autres chamois, comme cela arrive parmi les marmottes. Schiller a raison de mettre dans la bouche de son chasseur les paroles suivantes : « L'animal a aussi de la raison ; nous le savons bien, nous autres qui chassons les chamois. Pleins de prudence, ils placent dans leurs pâturages une sentinelle avancée, qui tend l'oreille et, par un sifflement aigu, avertit ses compagnons de l'approche du chasseur. »

Dans la Cordillère du Pérou, les mâles des troupeaux de vigognes et de huanacos sifflent aussi pour signaler quelque péril; alors toutes les femelles tendent leur long cou du côté de l'endroit suspect, et se mettent à fuir, d'abord lentement, puis à toute vitesse, de leur galop particulier. Le mâle qui a la garde du troupeau reste toujours à quelques pas en arrière et couvre la retraite, en surveillant continuellement celui dont l'approche a déterminé la fuite du troupeau. Si la sentinelle est toujours un mâle chez ces animaux du Pérou, chez nos chamois c'est sans exception une femelle, une chèvre, comme l'appellent les chasseurs. Ces chèvres sont plus attentives, plus empressées, plus fidèles à remplir leur devoir que les boucs ; aussi tire-t-on beaucoup plus de boucs que de chèvres, les chamois qu'on réussit à prendre et à conserver vivants sont-ils presque toujours des mâles. Ce n'est qu'à grand'peine qu'on réussit à se procurer vivante la femelle du chamois. Il faut ajouter que les vieux mâles vivent ordinairement solitaires, ce qui les expose davantage; or, personne ne s'étonnera que dans les troupeaux les vieilles chèvres soient infiniment plus prudentes que les jeunes boucs.

L'odorat est, sans aucun doute, le sens le plus développé chez les chamois. Quand le chasseur est du côté d'où vient le vent, ils le flairent à des distances énormes, et peu importe qu'il soit au fond de la vallée, ou bien au même niveau, car l'air chaud qui remonte vers les hauteurs leur apporte les émanations d'en bas. Alors ils mettent en jeu toute la pénétration de leurs divers sens. L'œil et l'oreille rivalisent avec le mufle qui aspire l'air par saccades. La vue du chasseur peut seule les calmer. Lorsqu'ils ne font que le sentir sans le voir, ils se démènent en furieux, car ne connaissant ni la distance qui les en sépare, ni la direction dans laquelle il s'approche, ils ne peuvent pas calculer leur fuite. Inquiets, ils courent çà et là, tendent le cou et cherchent à découvrir leur homme. Dès qu'ils y ont réussi, ils s'arrêtent et le considèrent un instant avec un air de curiosité. Si le chasseur reste immobile, les chamois ne bougent pas, mais dès qu'il fait un mouvement, ils prennent la fuite et se retirent en quelque asile qu'ils connaissent dans le voisinage. Il est très-rare qu'un chamois effrayé s'égare sur des arêtes qui aboutissent à un précipice et qui sont trop étroites pour lui permettre de se retourner, de sorte qu'il ne peut ni avancer ni reculer. Dans cette extrémité, il hésite, il mesure rapidement de l'œil la saillie qu'il voudrait atteindre, il se couche pour ainsi dire sur le rocher, et tente de réaliser l'impossible. Il saute dans l'abîme et s'y brise. Jamais un chamois ne reste perché sur une pointe de rocher presque inaccessible, sans faire d'efforts pour se sauver, comme cela arrive souvent aux chèvres, qui attendent en bêlant que le berger vienne, au péril de sa vie, les sortir de cette position sans issue. Le chamois aime mieux faire un saut qui lui sera presque nécessairement fatal. Lorsqu'il arrive à l'extrémité d'une corniche sans issue, il s'arrête un moment en face de l'abîme, se retourne, et, surmontant l'effroi que lui inspire l'homme qui le poursuit, il revient sur ses pas avec la rapidité d'une flèche. Si le chasseur n'est pas bien posté, il a juste le temps de se coucher à plat ventre ou de se coller contre le rocher, pour laisser le chamois bondir à côté ou au-dessus de lui. Si un chamois est forcé de descendre des escarpements presque verticaux, et qu'il n'aperçoive au-dessous de lui aucun promontoire qu'il puisse atteindre, pour amortir sa chute en s'y arrêtant au moins un instant, il s'élance cependant, la tête et le cou en arrière, de façon que tout le poids du corps porte sur l'arrière-train, et il cherche à diminuer la rapidité de la descente en faisant frotter les pieds de derrière contre le rocher. Sa présence d'esprit est telle, que si dans cette chute il aperçoit quelque saillie qui le puisse retenir, il cherche à l'atteindre en ramant avec les pieds dans le vide, en parcourant ainsi dans sa chute une ligne courbe. On le voit, il se passe des miracles dont les savants et le public n'ont pas même l'idée.

Il est difficile de dire positivement quelle distance ces magnifiques animaux peuvent franchir d'un bond. Ils traversent sans peine des crevasses de seize à dix-huit pieds de large[1], font à la descente des sauts de vingt-quatre pieds de profondeur et atteignent d'un bond le sommet de murailles hautes de quatorze pieds, de l'autre côté desquelles ils se trouvent l'instant d'après sur leurs quatre pattes. Ils marchent lentement et avec précaution sur la neige molle, où ils enfoncent, et sur des glaciers dépouillés de neige; aussi c'est là qu'on les chasse le plus facilement. Mais nulle part ils ne cheminent avec plus de prudence que sur les névés ou bien sur la neige fraîche des glaciers qui en recouvre les crevasses d'une couche trompeuse. On les a déjà vus revenir sur leurs pas, dans des endroits où l'homme ne craignait pas d'avancer avec précaution. Même lorsqu'ils reposent, ils s'étendent rarement à plat sur la terre, mais prennent une position qui leur permette de fuir immédiatement. Ils aiment à se coucher au milieu de buissons clairsemés, où ils sont cachés aux regards; ils choisissent toutefois de préférence une terrasse qui, dominée par derrière, soit dégagée sur les côtés et laisse le regard planer librement sur la contrée tout entière.

La nourriture ordinaire des chamois consiste en plantes succulentes de diverses familles, en jeunes branches et en bourgeons du rosage des Alpes, des aulnes verts, des saules, des sapins et des genévriers. Pendant l'hiver les longues tiges des-

[1] Au Mont-Rose on mesura l'espace qu'avait franchi un chamois au-dessus d'un précipice, et on le trouva de vingt et un pieds de France.

séchées de l'herbe dans les hautes forêts peu touffues et dans les endroits dont le vent balaie la neige, suffisent à leur alimentation avec la mousse et les lichens. Au printemps, ils descendent jusque dans les vallées pour y brouter l'herbe nouvelle, mais seulement dans des endroits parfaitement déserts. Ils peuvent jeûner longtemps, mais ne supportent pas la soif.

Il est très-rare d'apercevoir au milieu d'un troupeau de vieux chamois mâles. Ils vivent solitaires et peuvent atteindre l'âge de trente ans ; ils sont alors tout à fait gris. Les jeunes animaux ne se séparent du troupeau qu'au mois de novembre, pour s'apparier. Les boucs se livrent alors des combats terribles, qui continuent jusqu'au milieu de décembre, et qui ont souvent des conséquences fatales pour l'un des champions. Tantôt il est précipité du haut des rochers, tantôt il est blessé à mort par un coup de cornes de son adversaire, qui le frappe vigoureusement de haut en bas. La chèvre suit volontairement le vainqueur, et vit seule avec lui jusqu'au milieu de l'hiver, puis mâle et femelle rejoignent le troupeau. La chèvre porte pendant vingt semaines ; entre la fin d'avril et la fin de mai, elle met bas, sous quelque rocher sec et abrité, un ou rarement deux petits. Elle les allaite plus de six mois ; on voit souvent des chamois de un ou deux ans attachés au pis de leur mère. Le mâle ne s'inquiète pas de sa progéniture. Les petits, qui bêlent comme des chevreaux, ne deviennent adultes et n'acquièrent leurs cornes définitives que dans la troisième année. Peu de moments après leur naissance, ayant été léchés et nettoyés par leur mère, ils la suivent par monts et vaux ; et au bout de douze heures, ils sont déjà assez agiles pour échapper à l'homme qui les poursuit. Si la mère vient à être tuée, les petits retournent auprès de son cadavre et peuvent y être pris vivants ou tués à coups de fusil. Dans l'angoisse, ces chevreaux font entendre un bêlement sourd et ouvrent à demi leur museau, comme le font aussi les vieux chamois, lorsqu'ils sont dans une position désespérée.

Il n'est pas difficile d'apprivoiser de jeunes chamois ; on les nourrit d'abord de lait de chèvre, puis on leur donne des herbes tendres et des légumes, des choux, des carottes et du pain. Leurs allures sont assez semblables à celles de la chèvre; ils aiment à jouer avec des chevreaux, suivent familièrement leur maître, s'accommodent des chiens et acceptent la nourriture présentée par des inconnus. Les cornes commencent à se développer dans le troisième mois; en été, avant d'avoir poussé leur poil d'hiver, qui est noirâtre, ils sont beaucoup moins foncés que les vieux. Ils aiment à avoir dans leur enclos quelques pierres sur lesquelles ils se plaisent à percher. Pendant l'hiver il ne faut pas leur préparer une couche chaude, mais se borner à étendre un peu de foin sous un petit toit ouvert à tous les vents. Des chamois qu'on gardait dans une écurie, se tenaient en hiver près d'une fenêtre ouverte, par laquelle la neige entrait gaîment poussée par le vent. Pris vieux, les chamois restent extrêmement sauvages et font mine de fuir dès qu'on approche. Ceux qui sont en captivité depuis leur jeunesse, ne deviennent ni aussi âgés ni aussi vigoureux que s'ils vivaient en liberté. Souvent leur sauvagerie naturelle reprend le dessus, et ils blessent dangereusement de leurs cornes les personnes qu'ils n'ont pas l'habitude de voir. Les tentatives faites pour obtenir des petits en captivité sont demeurées sans résultats, malgré toute la peine qu'on s'est donnée au Jardin des Plantes de Paris, à Chambéry et ailleurs. La chose n'a positivement réussi que deux fois. M. Lauffer, manufacturier de Chambéry, reçut en 1850 un chamois femelle, qui lui donna en 1852 un bouc; en 1853, cette chèvre mit bas un second petit, qui mourut bientôt après, et en mai 1855, elle mit de nouveau au monde un petit chamois fort alerte et bien portant.

On a réussi plus souvent à faire produire des chèvres domestiques avec des chamois mâles apprivoisés. Les petits sortis de ces croisements n'ont de leur mère que la couleur; ils ont la vigueur d'organisation, le front élevé, la sauvagerie, la timidité, le besoin de grimper et de sauter qui distinguent leur père. Le soir surtout, comme les chamois domestiques, ils ne cessent de bondir. De la possibilité de croiser les chèvres et les chamois il ne faudrait pas conclure, comme on le fait souvent, que notre chèvre descend primitivement du chamois. Quoique les deux espèces vivent souvent confondues sur les montagnes, elles ne s'y unissent jamais. L'organisation tout entière de ces animaux est d'ailleurs fort différente ; il est probable que notre chèvre domestique descend de la chèvre sauvage qui vit par troupes sur les hautes cimes du Caucase et du Taurus, et qui n'a pas été suffisamment observée.

Les grands carnassiers poursuivent les chamois. Dans l'Engadine un ours pourchassa jusque dans un village un chamois, qui se cacha dans un hangar à bois. Pendant l'hiver, quand les chamois se sont réfugiés dans les forêts, les loups-cerviers les épient, et en été, le gypaète et l'aigle royal peuvent leur faire courir quelque danger, car le gypaète enlève les petits, et cherche à précipiter à coups d'ailes dans l'abîme les adultes qui broutent au bord des parois de rochers. Des avalanches surprennent quelquefois et ensevelissent sous la neige des troupeaux entiers ; souvent aussi quelques chamois sont tués isolément par les pierres qui au printemps et en été roulent des sommités à toute heure.

Il n'est pas probable que des chamois meurent de faim pendant l'hiver. Toutefois un chasseur de l'Oberland bernois prétend avoir trouvé au printemps, sous un grand sapin et dans la neige, les corps de cinq chamois qui avaient dû périr faute de nourriture. Sous l'arbre, dit-il, ils avaient foulé la neige, mais en dehors des branches, elle était trop haute et trop épaisse. Ils avaient rongé l'écorce et les feuilles du sapin, mais la neige avait sans doute duré plus longtemps que cette ressource. Abstraction faite de ce renseignement, nous n'avons jamais entendu parler de chamois emprisonnés sous un arbre et périssant de faim. Il est bien vrai qu'ils s'établissent volontiers pendant l'hiver sous les grands sapins, d'où ils partent pour les endroits qui leur fournissent quelque pâture; mais ils travaillent toujours à se maintenir les chemins libres. Lors même qu'une neige de quatre pieds recouvre le sol pendant quelques jours, ils se fraient une voie à une distance d'une douzaine de pas, et ils trouvent partout sous les buissons ou sous les arbres voisins de l'herbe sèche et de la mousse. Puis le froid durcit la neige, et au bout de deux jours au plus elle est assez résistante pour que les chamois y enfoncent peu profondément. Sur certaines montagnes, des troupeaux entiers trouvent d'excellentes provisions dans les meules de foin ; c'est le cas sur les Alpes grisonnes de Vals, de Lugnetz et de Savien, où on a l'habitude de réunir en plein air dans des meules le foin récolté pendant l'été sur les hauteurs. Souvent des familles de chamois s'établissent à proximité de ces magasins et les entament si bien qu'ils y percent des trous assez grands pour les mettre à l'abri durant les tourmentes d'hiver. Au moment où, avant la fonte des neiges, les propriétaires arrivent près de leurs meules percées et excavées, des chamois bien nourris s'en échappent dans toutes les directions et s'enfuient en sifflant. Les chamois n'ont rien à craindre de la soif, car ils lèchent partout les glaçons et plongent souvent leur museau dans la neige. Ils tombent rarement malades; cependant ils peuvent être atteints d'une espèce de gale, et leur foie renferme souvent des trématodes parasites.

On trouve assez fréquemment dans l'estomac des chamois, surtout des vieux boucs, ces boules célèbres appelées bézoards d'Allemagne, qu'on rencontre aussi chez des animaux voisins. Ce sont des masses dont la grosseur varie de celle d'une noisette à celle d'un œuf, et qui sont formées de fibres végétales foncées recouvertes d'un enduit dur, brillant et parfumé; cet enduit est probablement dû à des matières indigestes et résineuses que la digestion a séparées des racines et d'autres matières végétales consommées par les chamois. On a écrit des livres sur les vertus de ces bézoards; ils devaient guérir tous les maux, mettaient même les soldats à l'abri de la balle, et se payaient un louis d'or et plus. Scheuchzer en parle déjà sur un ton ironique : « Tout cela peut bien se dire et s'écrire, témoin

Velschius, qui fait une longue énumération des maladies de l'homme dans lesquelles les bézoards peuvent être utilisés; mais dès qu'il s'agit d'employer réellement ce moyen curatif, les difficultés commencent.»

Dans toutes les parties des Alpes, les chamois sont plus communs qu'on ne le suppose. A la vérité, on ne les aperçoit guère ou même pas du tout en voyageant dans ces montagnes. On peut traverser à plusieurs reprises des districts où plus de vingt chamois sont sédentaires, sans s'apercevoir de leur présence. Souvent, durant des heures, nous avons observé à la lunette avec d'autres chasseurs des terrasses de rochers où nous n'en apercevions pas un seul; dès que le traqueur arrivait à son poste, il en faisait néanmoins apparaître trois ou quatre. Dans un petit bois, où nous n'avions jamais aperçu de chamois et où les montagnards supposaient seulement qu'il pouvait y en avoir, nos traqueurs firent sortir, à notre grand étonnement, sept de ces animaux. Pendant la plus grande partie du jour, les chamois sont couchés derrière des pierres et des buissons, où leur couleur rousse empêche de les remarquer. Dès qu'ils voient une figure humaine, ils restent immobiles sans la perdre de vue, et ne se lèvent que lorsqu'ils remarquent qu'on est à leur recherche. Dans les montagnes bien boisées, une troupe de chamois reste facilement inaperçue et cachée, de sorte que toute société de chasseurs peut s'y tromper et croire la contrée inhabitée. Sans doute, un œil exercé distingue sûrement sur la terre noire et molle des forêts l'empreinte de leur pied, qui est un peu plus large et plus écartée que l'empreinte de la chèvre, et le chasseur ne confond pas davantage les crottins des chamois avec ceux des chèvres.

La crainte qu'on a souvent exprimée de voir d'ici à quelques années les chamois devenir aussi rares que les bouquetins, n'est pas fondée. Nous dirons plutôt que tant que les Alpes existeront, elles nourriront des chamois.

Quand cette chasse serait moins difficile et plus abondante qu'aujourd'hui, quand le nombre des chasseurs augmenterait au lieu de diminuer, le relief accidenté de la région habitée par les chamois suffirait certes pour empêcher qu'ils ne disparussent complétement. Ils sont d'ailleurs protégés jusqu'à un certain point par des lois; puis les femelles, nous l'avons dit, sont rarement tuées; les animaux de proie, qui nuisent à leur reproduction, deviennent de plus en plus rares; enfin, leur prudence extraordinaire, leurs ruses, la rapidité de leur course qui surpasse de beaucoup celle du bouquetin, tout contribue à nous rassurer sur l'avenir de ces antilopes. Les bouquetins qui étaient probablement organisés pour vivre dans la région montagneuse, craignent beaucoup moins l'homme, ils le laissent approcher beaucoup plus près, et jamais ils ne fuient avec la légèreté des chamois. Nous sommes convaincu que les Grisons[1] seulement renferment, sur l'immense superficie de leurs hautes régions, beaucoup plus d'un millier de chamois. Au Sentis, qu'on dit si pauvre en chamois, nous en avons tout récemment compté vingt qui formaient une troupe derrière l'Œhrli, et il est probable qu'il y en avait plus du double ou du triple sur d'autres parties de ce massif. Quelque temps après, en un seul jour de chasse, nous avons compté quarante chamois qui formaient plusieurs petits groupes. Les Churfirsten, le canton de Glaris, les cantons primitifs, le Valais, le Tessin, Berne, les Alpes vaudoises, hébergent une quantité de ces trou-

[1] Pour donner une idée de la richesse de ce pays en fait de chamois, nous citerons quelques faits. En septembre 1852, dans la Bregaglia, le chasseur Pietro Zuan, de Stampa, tua quatre chamois avant son diner. Près de Pontresina, un autre chasseur en tira quatre en une heure, le 22 octobre 1852. Il y a quarante ans, on admettait que les huit chasseurs de la vallée de Scams abattaient chaque année soixante-dix à quatre-vingts chamois. Quand on traverse en automne les Alpes de Lugnetz, de Savien, de Vals, de Schams, de Medels, du Rheinwald, du Prétigau et de l'Engadine, on observe souvent des troupes de cinq à vingt têtes. Le Tessin supérieur est presque aussi riche en chamois, surtout le val Bedretto, où l'excellent chasseur Natal Jory en tua cinq dans la même journée, en automne 1852, et où chaque année, pendant le temps de la chasse, on y en tire trente à trente-cinq.

peaux plus ou moins nombreux. Aussi nous croyons que les lièvres, les renards et les martes, qui vivent tout près de nous, seront extirpés avant les chamois, s'ils doivent jamais l'être. Quand certains chasseurs ont tué dans leur vie 300, 500, 900 ou même 2800 pièces, comme Colani, le roi des chasseurs de l'Engadine, ces chiffres font comprendre indirectement combien doit être grand le nombre des chamois qui vivent encore. Quand même on en tirerait chaque année en Suisse six ou sept cents, chiffre fort exagéré, la fréquence de ces animaux n'en serait pas sensiblement diminuée. Il faut cependant reconnaître que jadis ils étaient encore plus nombreux et moins craintifs que de nos jours, mais c'est précisément pour cela qu'ils ont diminué et se sont retirés dans des régions plus reculées.

Depuis plusieurs siècles, il y a dans le canton de Glaris un district où les chamois sont sous la protection des lois et ne peuvent être chassés. Au quinzième siècle il existait déjà des règlements en vertu desquels la contrée qui s'étend entre la Linth et le Sernf, jusqu'à Frugmatt, était réservée aux chamois et autre gibier des Alpes. Il était défendu d'y chasser et même d'y paraître armé. A cette époque, d'autres contrées montagneuses étaient défendues aux chasseurs, et le gibier put s'y accroître considérablement. Plus tard, huit chasseurs nommés par l'autorité et assermentés avaient seuls le droit d'y tirer, entre la Saint-Jacques et la Saint-Martin, deux chamois, pour chaque citoyen du pays qui se mariait à cette époque. Chaque année le landammann et le landstatthalter, les deux plus grands dignitaires du pays, avaient droit à un chamois, et on en envoyait deux au bourgmestre en charge de Zurich, comme récompense de la peine qu'il se donnait à propos de la taxe du pain. Les chasseurs surveillants n'avaient pas le droit de tuer d'autre gibier dans ces forêts réservées. Dans les dernières années ces sages prescriptions ont souvent été éludées; au canton de Saint-Gall, en suite de nouvelles dispositions législatives, on a réservé récemment, dans les Alpes du Sud, certains districts où la chasse est défendue.

Dans la première édition de cet ouvrage, nous faisions la remarque qu'à notre connaissance on n'avait pas encore observé dans les Alpes suisses de chamois albinos. Depuis, leur présence a été constatée. A la fin de l'année 1853, on a tiré cette variété extraordinairement rare au-dessus de Sculms, petit village des Grisons, situé sur le Heinzenberg entre Bonaduz et Versam. Ce chamois était un albinos d'un blanc de lait, dont les ongles mêmes étaient blancs et les iris roses. C'était une femelle de la taille d'une chèvre, et elle pouvait être âgée d'un an et demi. Ses cornes rondes, qui n'avaient pas fini de croître, avaient plus d'un pouce de longueur et se courbaient à peine. La fourrure de cet animal, proportionnellement assez grand, est épaisse et chaude, surtout au cou qui est fort beau et bien musclé. L'exemplaire a été conservé : il existe au musée Challande à Berne.

On nous annonce du Valais qu'il y a en permanence, dans le massif du Mont-Rose et sur les revers méridionaux de la grande chaîne, une variété particulière de chamois fort remarquable. Pour le moment, il nous est encore impossible d'en rien dire de positif.

II. LA CHASSE AU CHAMOIS EN GÉNÉRAL.

Ce que doit être le chasseur; son caractère; sa physionomie. — Armes à feu. — Chasses à la traque. — Ardeur des chasseurs. — Dangers qu'ils courent et profit de leur chasse. — Un chasseur de chamois de soixante-onze ans encore en activité. — Influence de la chasse sur le caractère du chasseur.

La chasse au chamois qui était un passe-temps impérial à l'époque de Maximilien, l'est redevenue aujourd'hui en Autriche sous François-Joseph. Chez nous, ce n'est pas un plaisir de grands seigneurs, et elle est trop difficile, trop pénible pour être comptée au nombre des passions aristocratiques.

En Suisse, les vrais chasseurs de chamois n'appartiennent pas même à la classe moyenne. Ce sont des gens vigoureux, menant une vie très-frugale, ne s'inquiétant pas du mauvais temps, connaissant parfaitement et dans tous les détails les montagnes qu'ils fréquentent, le genre de vie des chamois et la manière de les chasser. Il faut au chasseur une vue excellente, une tête à l'abri du vertige, un corps solide et endurci, capable de supporter les caprices atmosphériques des régions glacées, beaucoup de courage, et surtout du sang-froid, une intelligence rapide, de la décision, puis de bons poumons et des muscles infatigables. Ce n'est pas tout pour le chasseur d'être un tireur excellent, il faut qu'il soit un grimpeur parfait, plus hardi que la chèvre la plus entreprenante. Les chasseurs de chamois sont souvent forcés de prendre des positions extraordinaires, qui exigent de chaque membre de leur corps une vigueur extrême. C'est tantôt avec les coudes, tantôt avec les dents, avec le dos, le menton, les épaules, qu'ils s'appuient; chaque muscle de leur corps doit pouvoir leur servir de levier ou de pince pour se retenir, pour avancer en rampant ou pour se retourner.

L'équipement du chasseur de chamois consiste d'ordinaire en un vêtement gris et chaud, en laine de couleur naturelle; il porte une casquette ou un chapeau de feutre mou, et un bâton des Alpes de longueur moyenne et bien ferré; celui des chasseurs des Grisons est terminé en haut par une pointe et par un crochet absolument comme les gaffes des flotteurs de bois. Dans sa carnassière il a de la poudre, du plomb, une lunette, du fromage, du beurre, du pain, et quelquefois une gourde remplie de kirschwasser. Pour se réchauffer un peu sur les hauteurs, le chasseur, souvent mal vêtu, emporte avec lui un petit chaudron et un peu de farine grillée et salée. Il peut alors faire son feu le matin et le soir et se préparer une soupe fortifiante. Les parties essentielles de l'équipement sont des souliers de montagne et un bon fusil. Les souliers ont une grande importance, car, dans des positions difficiles, la sécurité du chasseur en dépend, et souvent ils le sauvent, alors qu'il aurait été infailliblement perdu s'il avait porté une chaussure ordinaire. On sait que le sabot des chamois et des bouquetins a le bord tranchant et très-dur, si bien qu'on entend de fort loin le bruit sec de leur marche sur les rochers. A l'aide de la pointe et du bord coupé en biseau, ces animaux s'accrochent solidement à toutes les inégalités de surface, et ils ont le sabot si dur que, malgré leur aversion pour la glace unie, ils peuvent au besoin l'entamer du pied et y marcher ainsi sans glisser. Il faut que les souliers en cuir de bœuf des chasseurs soient taillés sur le même modèle. Les semelles épaisses sont garnies sur les bords de plusieurs rangées serrées de clous à petite tête, qui en rendent le bord dur et résistant; souvent aussi à la pointe et au talon on fixe de petits fers à cheval. Cette garniture donne au pied une sûreté extraordinaire et une base sur laquelle le chasseur peut compter. S'il appuie le pied sur une pierre pointue, la semelle de son soulier ne plie pas comme une semelle ordinaire, et tout le poids du corps pèse sur cette pointe sans que l'équilibre se rompe. Quand le pied vient à se poser sur une pierre polie, une dalle en saillie ou un rebord plus étroit que le pied lui-même, une semelle légère se courberait, le côté non-soutenu fléchirait et le pas perdrait de son assurance; au contraire, le soulier de montagne, à semelle rigide et bien ferrée sur les côtés, ne se déforme pas et ses dents de fer mordent comme un étau toute surface lisse et polie. Le chasseur trouve encore une base solide, lorsque le poids de son corps ne repose que sur le bout ferré ou sur le bord extrême de sa semelle. Avec de pareils souliers, il est inutile de porter des crampons et on ne s'en sert que pour de longues courses sur la glace polie et glissante; si l'on est chaussé de mauvais souliers, les crampons deviennent nécessaires, mais ne remplacent jamais complétement le soulier de montagne. Dans le canton de Schwitz, les chasseurs grimpent souvent pieds nus. Cette méthode a aussi ses avantages, surtout quand les pieds se sont endurcis par l'exercice, et que chaque orteil sait se contourner comme un doigt pour saisir le roc. Mais le pied nu ne repose pas aussi solidement que le lourd soulier ferré; aussi ces chasseurs se frottent-ils la plante avec de la résine dont ils ont toujours sur eux un morceau en réserve. Mais c'est un conte absurde de prétendre qu'ils se font des incisions au pied pour qu'en se figeant leur sang adhère au roc. Le pied nu et enduit de résine a, sur le pied enfermé dans un soulier, l'avantage qu'il peut s'étaler et se resserrer, à peu près comme le chamois élargit son sabot sur des surfaces inclinées et polies; mais, sous d'autres rapports, il repose moins solidement que le pied chaussé, et les blessures, auxquelles il est exposé sur des arêtes pointues, peuvent provoquer une douleur subite et un tressaillement involontaire, qui suffit pour lancer le chasseur dans l'abîme. Le pied nu ne peut pas d'ailleurs se prêter à de longues courses sur les glaciers. Dans certaines parties des montagnes, on se sert avec avantage en hiver de souliers particuliers pour marcher sur la neige. Ce sont des cerceaux ovales et minces recouverts d'un tissu de petites cordes, et qui s'attachent fortement au soulier. Le chasseur, muni de ces semelles, marche sans effort et avec assurance sur la neige molle, et s'y meut plus facilement que le chamois lui-même qui y enfonce à chaque pas. Dès que la neige durcit, ces souliers ne rendent plus de service, d'autant plus qu'ils font trop de bruit.

Tout cela semble insignifiant, et, en effet, on en parle fort peu; mais ces bagatelles nous ont paru trop importantes et trop intéressantes pour être passées sous silence.

Quant au fusil, les chasseurs se servent aujourd'hui de carabines à canon rayé et à petite crosse, ou bien de carabines à deux canons non rayés, dans chacun desquels on coule deux ou trois petites balles. Le chasseur est sûr de son arme à toute portée et connaît à un grain près la charge de poudre nécessaire pour tirer à une distance donnée. Dans le Valais, on voit souvent encore une espèce de fusil qui était généralement en usage autrefois. C'est un fusil dont l'unique canon rayé porte deux platines à la suite l'une de l'autre du même côté. La première balle forcée sur la première charge de poudre sert de culasse à la seconde charge qui correspond exactement à l'ouverture de la cheminée de la platine antérieure. Les deux charges sont ainsi renfermées l'une derrière l'autre dans le même canon, et chacune d'elle communique avec sa propre capsule ou son propre bassinet, si le fusil est encore à silex. On tire d'abord le dernier coup chargé, et s'il rate ou si le chasseur trouve nécessaire de tirer deux balles à la fois, il fait partir la première charge qui pousse devant elle la seconde sans même l'allumer. Ce singulier fusil a l'avantage d'être plus léger qu'une carabine rayée à double canon et de mettre également deux décharges à la disposition du chasseur.

Les nouveaux fusils doubles à canons courts et non rayés ne sont pas employés à la chasse du chamois, parce qu'ils ne portent pas la balle assez loin et avec assez de régularité. Beaucoup de chasseurs ont aussi renoncé à l'emploi des balles coniques. Le tir en est très-sûr et la portée fort grande, mais ces balles ne tuent promptement que lorsqu'elles atteignent le chamois à la tête ou au cœur. Vu leur petitesse, elles peuvent traverser le chamois de part en part sans l'arrêter ; il court pendant quelques heures et échappe au chasseur, surtout en automne, parce que la couche de graisse oblitère la blessure et empêche l'écoulement du sang et la déperdition de forces qui en est la conséquence. Voilà pourquoi les chasseurs préfèrent les forts calibres qui tirent des balles d'une once. Ils chargent toujours leur arme avec le plus grand soin, car un coup raté peut leur faire perdre le fruit des fatigues de plusieurs jours; ils n'entrent pas non plus en chasse avec une vieille charge. Les chasseurs des Grisons sont armés d'une longue carabine rayée double et de calibre moyen, qui porte au-dessus de la mire un long cylindre de laiton.

Une bonne lunette d'approche est le troisième objet important de l'équipement. Le vrai chasseur connaît seul le prix d'une excellente lunette, et il fait souvent des épargnes pendant plusieurs années pour s'en procurer une. Dans la montagne, il a sans cesse recours à cet instrument. A chaque instant il scrute les parois de rochers, les places gazonnées, les pentes couvertes de blocs et de pierres. Il a la démarche réfléchie d'un observateur, et il ne se hasarde pas facilement sur les cimes, à moins d'y avoir aperçu du gibier. Ceci s'applique particulièrement aux Grisons. Ailleurs les chasseurs se servent moins généralement et moins souvent de la lunette.

Le soir ou pendant la nuit, à la lueur des étoiles, le chasseur se met en marche pour atteindre, avant le lever du soleil, le terrain où il se propose de chasser. Il connaît exactement les chemins que prennent les chamois, les endroits où ils aiment à paître, ceux où ils se cachent, les rochers salés qui les attirent et les ruses qu'ils emploient pour échapper à leur ennemi. C'est d'après ces circonstances qu'il se dirige. La chose principale est toujours de rester sous le vent, car le moindre courant d'air qui partant de lui arriverait au chamois, suffirait pour trahir sa présence, même à des distances énormes, et faire fuir le gibier[1].

Nous allons indiquer la manière la plus facile et la plus commode de chasser le chamois, mais elle n'est possible qu'en automne, avant que les chamois aient été chassés et effarouchés. Le chasseur, habillé en pâtre, se rend le soir sur l'alpe, observe les chamois et suit toutes leurs manœuvres; s'il sait son métier, il n'ignore pas combien il faut être prudent avec les chamois de forêts, à qui l'on ne peut guère couper la retraite. Ces chamois des forêts, se trouvant plus souvent à proximité de l'homme que ceux des crêtes, sont aussi plus attentifs et plus soupçonneux, quoique moins sauvages; ils connaissent très-bien leur monde et distinguent de fort loin le chasseur du bûcheron ou du berger. Il faut que le chasseur fasse en sorte de ne pas être reconnu même dans la vallée; aussi envoie-t-il son fusil

[1] Dans la règle cela arrive, mais nous connaissons plusieurs cas où les chamois n'ont fait aucune attention aux émanations que leur apportait le courant d'air. Une fois, un chamois suivit le chasseur, sous le vent duquel il était, pendant plus de mille pas et jusqu'à une distance de cinquante pas tout au plus. Il ne prit la fuite qu'au moment où le chasseur, surpris du bruit qu'il entendait derrière lui, se retourna et porta son fusil à l'épaule.

d'avance à l'endroit où il pense pouvoir commencer la chasse. Il évite de parler à haute voix et de faire du bruit une heure déjà avant d'arriver dans les endroits fréquentés par les chamois. Pour les épier, il parcourt le soir en costume de pâtre et sans fusil les localités où les pâtres[1] l'ont averti que les chamois ont l'habitude de passer la nuit. Dès qu'il en aperçoit un troupeau, il se cache derrière une pierre et il se met à les observer. Les chamois broutent tranquillement et quand ils se sentent en sécurité, ils s'amusent à jouer et à se donner des coups de cornes. Après le coucher du soleil, ils se couchent volontiers dans un enfoncement du pâturage ou dans un ravin semé de pierres, et ils s'y étendent au milieu des blocs. La chèvre qui sert de sentinelle reste seule visible sur un point plus élevé. Sûr du gîte des animaux qu'il convoite, le chasseur regagne lentement la hutte en faisant souvent de grands détours pour rester sous le vent des chamois; il y veille ou il y dort jusqu'à minuit, prend sa carabine, revient près de l'endroit où repose le troupeau, et attend les premières lueurs de l'aube pour s'en rapprocher. S'il a l'avantage du vent, il peut s'avancer avec précaution et arriver sans être vu ou senti, à quarante, à vingt pas même des chamois. Il s'arrète une seconde fois et attend immobile derrière une pierre ou un buisson que le jour se fasse. La sentinelle se lève lentement, elle allonge ses membres engourdis par le repos, et tout le troupeau ne tarde pas à l'imiter. C'est le moment pour le chasseur de choisir sa victime; ordinairement il tire sur un gros bouc, que l'œil exercé distingue

[1] Les pâtres ne donnent d'indications exactes qu'à ceux des chasseurs qu'ils connaissent et avec lesquels ils sont en bonnes relations. Ils s'amusent à induire en erreur les étrangers ou les nouveaux venus, et à leur faire arpenter inutilement la montagne. Quelques-uns ont de l'affection pour les chamois du voisinage et ne les trahissent jamais. — «Gars, entendîmes-nous un père dire à son fils, gars, je ne voudrais pas pour deux louis que tu allasses dire le secret de notre bête » — C'était un vieux bouc qui depuis plusieurs années passait ses nuits sur l'alpe et laissait les pâtres s'approcher de lui à dix pas.

à ses cornes un peu plus grosses et écartées au sommet. Le chamois tombe frappé à mort; tout le troupeau tressaille, il regarde avec une extrême agitation la fumée de la poudre, et puis, aussi rapide que le vent, il prend la fuite dans la direction opposée. Partout où cette méthode peut s'employer, c'est la plus assurée et la plus courte.

Plusieurs chasseurs peuvent s'associer pour la chasse au chamois, et la traque est assez productive, quand il y a du gibier. Deux d'entre eux effarouchent le troupeau dans les pâturages inférieurs, et le poursuivent à la montée, pendant qu'un ou deux autres l'attendent en certains endroits par lesquels il doit nécessairement passer. Les chasseurs connaissent parfaitement la marche des chamois. Souvent ils conviennent dans la vallée de se trouver à heure fixe sur certaines arêtes; et gravissant séparément la montagne à des distances de deux ou trois lieues, ils rencontrent les chamois poursuivis à l'heure indiqué, dans quelque gorge sauvage de la région supérieure.

Dès qu'un chamois se voit poursuivi, il s'arrête, mesure la direction et la distance du danger, et, sans se reposer un instant, il s'enfuit avec ses compagnons vers une contrée qu'il connaît d'avance. Cette fuite dure souvent plusieurs heures sans interruption. Dans le comté de Sax, dans le pays de Gaster et dans l'Entlibuch, on chassait anciennement le chamois au chien courant sur les avant-monts couverts de forêts. Les chasseurs, postés plus haut, entendaient de loin les trépignements de colère de l'animal poursuivi par les chiens, et le tuaient avec des chevrotines chargées dans un simple fusil. Mais de nos jours, les chamois ont quitté ces montagnes basses et se sont retirés dans les hautes Alpes.

Il est plus dangereux de chasser seul le chamois, surtout si on ne se borne pas à l'attendre à l'affût, et à le tirer près de quelque rocher salé, mais qu'on veuille s'en approcher lorsqu'il paît et le poursuivre. Dans les parties escarpées des montagnes, cette poursuite n'est possible qu'à condition d'être toujours suspendu entre la vie et la mort. Un regard jeté vers le précipice quand on marche sur une étroite arête; une pierre qui tombe et qui attire le regard et bientôt le chasseur lui-même au fond de la vallée; un arbrisseau qui se déracine sous le poids du corps, tout devient une occasion de mort, et c'est à peine si une extrême présence d'esprit peut encore vous sauver. Les faucheurs qui recueillent le foin des gazons escarpés et les chasseurs de chamois racontent souvent que tout objet qui en tombant dans l'abîme passe auprès d'un homme placé au bord d'une corniche, exerce sur lui une attraction irrésistible. Il est presque impossible de ne pas suivre la pierre du regard, surtout si elle passe très-près du pied; or celui qui la regarde tomber est infailliblement perdu, et beaucoup de gens ont été victimes de ce vertige. En pareille circonstance, les montagnards tournent immédiatement la tête contre la paroi de rochers, et s'arrêtent un instant avant de continuer leur marche.

Quand le chasseur a réussi avec des peines infinies à pousser les chamois dans un de ces endroits où la fuite cesse d'être possible, il est récompensé et fait une belle chasse, lors même que, sous la conduite d'un bouc résolu, le troupeau revient sur ses pas et s'élance à côté de lui ou par-dessus son corps. Dans les Alpes de Glaris, des Grisons et du Valais, il y a un grand nombre de ces endroits sans issue. Les chasseurs de l'Appenzell ont coutume de poursuivre le chamois depuis le Mesmer vers le Sentis et l'Altenmann : il tombe alors sous les coups des tireurs cachés à mi-chemin, à la Wagenlücke.

Quelquefois le gibier, poursuivi avec trop d'ardeur, entraîne l'homme à des imprudences et l'attire sur des rochers où il ne peut ni avancer ni reculer. Kohl, l'un des rares voyageurs allemands qui aient vraiment étudié les Alpes, en raconte un exemple. Un chasseur de l'Oberland sauta sur la corniche, large d'un pied, que formait une couche de schiste au flanc d'une paroi de rocher et au-dessus d'un précipice de plus de six cents pieds de profondeur. Ce schiste pourri commençant à se briser et menaçant de s'écrouler sous ses pieds, il dut se coucher à plat ventre et glisser avec précaution le long de l'étroit sentier. Devant lui il frappait le schiste de sa hachette, faisait tomber celui qui était fendillé et rampait lentement, craignant sans cesse que le banc ne se brisât sous lui et l'entraînât dans l'abîme. Il travaillait depuis une heure et demie, lorsqu'il vit une ombre mobile flotter sur la paroi ; il se retourna péniblement et aperçut un aigle qui planait au-dessus de lui et avait grande envie de le faire tomber de la corniche. Oubliant le danger de mort dans lequel il se trouvait, notre homme n'eut plus que des pensées de chasseur. Il réussit avec beaucoup de peine à changer de position et à se coucher sur le dos, et au bout d'un quart d'heure il avait dégagé son fusil. Il s'accrocha alors avec l'occiput à une inégalité du rocher, passa sa jambe autour d'une autre saillie et s'y cramponna par le pied, tandis que l'autre moitié de son corps était suspendue sur le vide. Dans cette position extraordinaire, il observa l'aigle pendant quelque temps, mais ce dernier finit par s'envoler au loin, et ce ne fut qu'après trois heures d'un travail désespéré que notre homme arriva au bout de la corniche, ayant les habits, le visage et les bras déchirés.

Poursuivre des chamois sur les glaciers offre aussi ses dangers, mais il est rare que cela arrive, car les chamois préfèrent souvent se laisser tuer, plutôt que de se hasarder sur les glaciers, pour lesquels ils ont autant d'aversion qu'ils ont de goût pour les névés et les champs de neige. Outre ces dificultés générales, la nature du terrain en présente souvent beaucoup de particulières. Aussi l'adage est-il trop vrai, qu'il meurt plus de chasseurs de chamois de mort violente dans la montagne qu'il n'en meurt tranquilles dans leur lit. Tantôt c'est un froid glacial qui surprend le chasseur fatigué et paralyse ses membres; s'il a le malheur de céder à la fatigue et de s'asseoir un instant, c'en est fait, il s'endort pour ne plus se relever. D'autres fois, c'est une pierre roulante, détachée par l'orage, par le dégel, par le pas d'un chamois, qui le blesse ou le lance au sein de l'abîme. Ou bien il entend dans le lointain le tonnerre de l'avalanche, et avant qu'il ait eu le temps de se serrer contre le roc, la terrible fée de la montagne est là, elle enlace ses membres, les brise, puis elle lui fait un linceul des plis de son manteau de neige, et en un clin d'œil elle l'a enseveli pour toujours au fond de la vallée. Nous préférons ne pas raconter plusieurs de ces tristes épisodes qui se sont passés autour de nous. Jamais le chasseur ne court d'aussi grands dangers que lorsqu'il est surpris par le brouillard, à plusieurs lieues au-dessus des derniers chalets, au milieu d'un affreux labyrinthe de crêtes rocheuses, découpées et entaillées. Sur les hauteurs, le brouillard est si épais que l'homme égaré ne distingue rien à six pas de lui, et il n'y a qu'une présence d'esprit parfaite, une connaissance exacte du terrain et une vigueur peu commune qui puissent l'empêcher de glisser dans une crevasse, de tomber d'une corniche ou de faire un faux pas sur des dalles humides, surtout quand au brouillard succède un ouragan accompagné d'une neige épaisse.

Indépendamment de tant de périls, la chasse au chamois est en somme très-pénible depuis que la quantité de gibier a diminué. Souvent le chasseur erre pendant huit ou dix jours dans les hautes régions, sans découvrir avec certitude une piste, ou sans pouvoir arriver à portée de fusil, et pendant ce temps il fait chaque jour une marche forcée, avec une nourriture vraiment insuffisante. S'il a été assez heureux ou assez prudent pour arriver près du gibier, si le vent ou une pierre qui a roulé sous son pied ne l'a pas trahi, si sa longue carabine est déjà appuyée sur une pierre, il faut encore qu'il vise et tire parfaitement juste, sans quoi son chamois blessé lui échappera par la fuite ou roulera mort au fond d'un abîme. On vise toujours à la tête, au cou ou à la poitrine; le coup part, l'animal atteint roule une ou deux fois sur lui-même et reste étendu; ses compagnons demeurent un instant immobiles, la tête levée, ils voient d'où vient le péril, s'enfuient et disparaissent au milieu des rochers; l'heureux chasseur s'approche du chamois qui gît sur le flanc, mais tout à coup, voilà qu'il se relève brusquement, et malgré sa blessure il se met à fuir avec tant de rapidité qu'il semble impossible de l'atteindre. Mais toute espérance n'est pas perdue pour le chasseur habile, qui suivra des jours entiers les traces de sang, certain que le chamois blessé se sera caché dans quelque caverne ou sous un buisson pour lécher ses plaies; souvent en effet on le tue d'un second coup de fusil. Les chamois ont la vie si tenace qu'ils se traînent encore à des distances de plusieurs lieues avec les deux jambes de derrière paralysées; ils sont perdus pour le chasseur, s'il ne réussit pas à suivre leur piste, et ils deviennent le partage de l'aigle ou du gypaète, ainsi que ceux qui tombent au fond des précipices. Lors même que le chasseur peut parvenir jusqu'à ceux-ci en faisant un long détour, leur fourrure est ordinairement déchirée et leur chair corrompue. Par la rupture des intestins, les excréments verts et fortement odorants s'en échappent et imbibent si rapidement toutes les parties du corps que la chair en devient immangeable.

Le chasseur ouvre le chamois qu'il vient d'abattre (le sang de l'animal, même lorsqu'il n'a pas été poursuivi, est alors si chaud qu'involontairement on retire la main), puis il en sort les intestins, sauf le foie qui est très-recherché, et il lie les quatre pieds, en y accrochant la tête par les cornes. Cela fait, il se charge de sa proie et la suspend à sa tête, de façon à en avoir les pieds sur le front. Quelquefois un chasseur porte ainsi deux chamois, c'est-à-dire plus de cent cinquante livres, à plusieurs lieues de distance et par des sentiers dangereux. Ce n'est pas tout: s'il a chassé sur un territoire étranger, il doit dissimuler sa marche et se garantir de la jalousie des chasseurs de la localité. Les Tyroliens et les Grisons, les Savoyards et les Valaisans en viennent souvent aux coups de carabine en pareilles occasions. De Saussure en raconte un exemple. Un Savoyard avait blessé un chamois, que deux Valaisans achevèrent ensuite. Plus rapproché qu'eux de l'animal, et autorisé par son premier coup de fusil, le Savoyard prit la bête et se mit à l'emporter. Les Valaisans qui étaient au-dessous de lui, lui crièrent de la laisser en place, ce qui ne l'empêcha pas de continuer son chemin. Deux balles sifflèrent alors à ses oreilles. L'escarpement du terrain l'empêchait de fuir assez vite, et il ne pouvait pas se défendre parce qu'il avait épuisé ses munitions. Dans cette alternative, il leur laissa le chamois et se retira le cœur plein d'idées de vengeance; mais il avait guetté ses rivaux et il savait dans laquelle des huttes, abandonnées par les bergers, ils comptaient passer la nuit. Il descendit alors chez lui, à plus de deux lieues, chargea sa carabine à deux coups et revint pendant la nuit près de la hutte. A travers une fente, il vit ses ennemis assis près du feu, et il y introduisit doucement son arme pour les tuer tous deux. Mais au moment de presser la détente, il réfléchit que depuis le moment où ils avaient tiré sur lui, ces hommes, n'ayant pu se confesser, se trouvaient en état de péché mortel et seraient éternellement damnés. Cette idée fit sur lui une profonde impression. Il retira son arme, entra dans la hutte et avoua aux Valaisans le danger qu'ils venaient de courir. Ceux-ci touchés le remercièrent, et lui abandonnèrent — la moitié du chamois en litige.

L'animosité ne va pas si loin entre chasseurs suisses de cantons voisins; on force, quand on le peut, celui qui est en défaut à abandonner sa carabine, et elle devient la propriété du chasseur légitime. Cependant, dans beaucoup d'endroits, on va chasser au delà des frontières cantonales, sans y faire grandement attention.

Le profit de la chasse au chamois n'est plus aujourd'hui en rapport avec les périls auxquels elle expose ni avec la peine et le temps qu'elle exige. Un chamois vaut de 12 à 24 francs; la viande de chamois se vend de 60 à 75 centimes la livre; la peau qui, tannée, donne un excellent cuir, doux comme du velours, est estimée entre 6 et 12 francs; les cornes se paient 2 francs. Et pourtant l'ardeur des chasseurs est extrême : l'un d'eux auquel on avait amputé une jambe à Zurich, envoya deux ans après à son médecin la moitié d'un chamois qu'il avait tué lui-même; il ajoutait que la chasse n'allait pas fort avec la jambe de bois, mais qu'il se promettait néanmoins de tuer encore bien d'autres chamois. Ce chasseur déterminé avait soixante et onze ans au moment où il fut amputé.

Nous pourrions citer beaucoup d'autres exemples pour faire voir que la chasse au chamois avec tous ses dangers et toutes les émotions qu'elle procure, peut devenir une passion ardente qui ne laisse de place à aucune autre. Souvenons-nous de ce que disait le guide de Saussure : « Je suis marié depuis peu et très-heureux ; mon père et mon grand'père sont morts à la chasse du chamois, et je suis parfaitement sûr d'y rester à mon tour ; mais si vous vouliez faire ma fortune à condition de renoncer à la chasse, je n'accepterais pas. » Deux ans après ces paroles, l'infortuné se brisait au fond d'un précipice.

On a souvent remarqué que la chasse au chamois exerce une influence réelle sur le caractère du chasseur. Cette lutte continuelle contre le danger, la faim, la soif et le froid, ces longs moments passés à épier et à attendre, cette prudence avec laquelle on prépare le dénouement, la rapidité de décision qu'il faut pour saisir le seul instant favorable, la sagacité indispensable pour suivre une piste, l'étude continuelle des habitudes et de la nature du gibier, cette nécessité de se cacher, d'épier et de tromper le chamois, tout cela doit inévitablement, après dix ou vingt ans de pratique, modifier considérablement le caractère du chasseur. Voilà pourquoi le chasseur de chamois est silencieux, taciturne, mais décidé lorsqu'il agit, et plein d'expression quand il parle ; il est modéré en tout, frugal, patient, économe, et se résigne facilement à toutes les fatalités. Ce sont des natures concentrées qui se suffisent à elles-mêmes, mais qui s'imposent aux autres avec force et commandent le respect. Souvent aussi ce sont des gens secs, froids, qui ne répondent que par monosyllabes et ne disent presque rien, mais toujours des choses de quelque importance.

III. CHASSEURS DE CHAMOIS.

Victimes. — Charles-Joseph Imfanger. — Henri Heitz et David Zwicky. — Un chasseur enfermé sous un glacier. — Thomas Hefti. — Colani. — Rudi. — Les deux chasseurs.

Ce sujet est si fécond qu'il n'en est peut-être pas d'autre à lui comparer. Dans ces déserts hérissés de difficultés, où le chasseur lutte à chaque pas contre le danger, entouré de mille morts, caressant quelquefois des idées de meurtre, il y a si souvent des situations extraordinaires, des heures d'angoisse, que tous les chasseurs un peu âgés savent en raconter quelque trait. Un grand nombre sans doute ne peuvent raconter eux-mêmes les drames dont ils ont été les héros; un des abbés d'Engelberg s'estimait jadis fort heureux quand pendant une année la chasse au chamois ne lui faisait pas perdre plus de cinq des habitants de sa vallée. Aujourd'hui encore il y a plus d'une ou deux victimes par an.

Peu avant Noël 1839, la Suisse apprit avec épouvante que toute une société de chasseurs venait de périr dans les gorges d'Introblen, près du Schwarzhorn valaisan. Sept hommes, trois de Varen et quatre de Louèche-les-Bains, avaient été emportés par une avalanche. L'éboulement de neige passa à quelques pas de l'un d'eux, le plus âgé, un excellent tireur, et l'entraina un instant sans qu'il perdît connaissance. En remuant la tête, il put avoir un peu d'air et réussit à se faire jour et à se dégager. Mais ce ne fut qu'à la fonte qu'on retrouva les corps de ses six compagnons. Celui qui échappa ainsi par un vrai miracle n'a pas chassé depuis. Au mois d'octobre 1852, il périt trois chasseurs de chamois, et parmi eux un guide assez connu, Jean Launer, qui tomba, sur les flancs de la Jungfrau, d'une paroi de rochers de 2000 pieds de hauteur. Les chasseurs qui sont échappés de pareils dangers ne manquent pas de les exagérer dans leurs récits, et ils y mêlent des éléments poétiques, ou plutôt fantastiques, d'une hardiesse incroyable.

Nous rapporterons en toute simplicité et très-brièvement quelques histoires de chasse positives et caractéristiques; car le lecteur préférera sans doute sous ce rapport la pure vérité au roman le plus orné.

Il y a dans le canton d'Uri, au bord du lac de Fluelen, une petite vallée étroite enfermée entre le Bristenstock, l'Urirothstock et le Seelisbergerhorn : c'est l'Isenthal, dont les courageux habitants tinrent bravement tête, en 1798, à la colonne française qui envahissait leur pays. Jusqu'à une époque récente, des ours descendaient parfois du Titlis ou des Alpes bernoises et valaisannes dans cette vallée et y décimaient les troupeaux de moutons, de chèvres et même de bêtes à cornes. Imfanger, un vigoureux chasseur de chamois, mort, la tête blanchie, en 1852, habitait au bord du torrent, près de la scierie, une maison que décoraient des volets bigarrés et un petit balcon richement orné de sculptures en bois. Au mois de juin 1823, un ours s'introduisit dans la vallée et y fit un grand carnage de bétail. Le chasseur se mit à l'affût de la bête, à cinq minutes du village seulement, près d'une petite cascade, et du premier coup il lui envoya si heureusement une balle à travers les reins qu'elle tomba pour ne plus se relever. L'ours pesait trois quintaux. En souvenir de cet heureux coup de fusil, le chasseur a suspendu deux des pattes à une chaîne devant sa maison. Un de ses fils, Charles-Joseph, hérita du père le goût de la chasse. Dès qu'il eut atteint l'âge de quinze ans, Imfanger lui permit de l'accompagner au chamois. C'était par un beau jour d'automne; ils se mirent à gravir le sommet qui s'élève derrière le village, et à parcourir les hauts pâturages qui le couronnent. Ils remarquèrent bientôt un troupeau de douze chamois qui paissaient au-dessous d'eux sur une pente couverte de gazon. Le père donna son fusil à l'enfant, en lui disant : «Tue-moi une de ces bêtes, et quand tu l'auras atteinte, tu remonteras au haut de l'arête et tu me feras signe avec ton bonnet. Je viendrai t'aider à l'emporter ; en attendant je descends de l'autre côté et vais me coucher sur l'herbe. » Il était depuis longtemps aux écoutes et se disait déjà : mon garçon a effarouché les chamois, lorsqu'une détonation retentit dans la montagne. Imfanger pensait que son fils allait paraître sur l'arête et lui faire signe; mais ne le voyant pas arriver, il en était à croire que le jeune homme avait manqué. Soudain un second coup de fusil ébranla les échos. Effrayé, il remonta en courant pour voir l'endroit où paissaient les chamois, mais il rencontra son fils triomphant et heureux de son premier exploit. L'enfant s'était mis sous le vent des chamois, et s'en était approché en rampant au milieu des pierres, sans être aperçu. Arrivé à portée, il visa le plus beau du troupeau et fit feu. L'animal bondit sur place, tourna sur lui-même et s'abattit. Le reste de la troupe avait disparu et l'enfant allait s'élancer sur sa proie en poussant des cris de joie, lorsqu'un jeune chamois qui, dans le premier moment d'effroi, s'était enfui avec les autres, reparut le cou tendu et le nez au vent, et ne remarqua pas le rusé chasseur qui s'était vite caché. Le chamois se rapprocha de sa mère et se mit à lui lécher la blessure. Le jeune Imfanger avait rechargé son arme, une seconde fois une bouffée de fumée sortit du milieu des pierres, les montagnes retentirent et le jeune chamois tomba mort sur le cadavre de sa mère.

Tel fut le coup d'essai de Charles-Joseph, qui devint plus tard, comme son père, un vrai Nemrod, et en est déjà à ses deux cents chamois. Il a tout le caractère du chasseur des Alpes. Laborieux, économe, respecté de chacun, il est menuisier, vit dans une heureuse aisance au milieu de sa nombreuse famille, et ne pense qu'à son travail, à sa femme et à ses enfants. Mais, quand vient le moment de la chasse, qui dure du 1er septembre au 25 novembre, Imfanger est un homme transformé. Toutes ses pensées se portent vers les hauteurs. Pendant la nuit du 1er septembre, il se lève doucement, décroche une carnassière de peau de chamois remplie de quelques maigres provisions, endosse une jaquette de laine grossière, prend sa carabine, met sur sa tête une casquette également de peau de chamois, et se dirige à la lueur des étoiles vers les Alpes, l'objet de ses plus chères pensées. Souvent huit jours s'écoulent sans qu'il reparaisse; puis, quand un soir il revient fatigué, un chamois sur le dos, il passe quelque temps au lit, et le soleil du matin le retrouve au sommet des rochers les plus élevés de la contrée.

Les plus célèbres chasseurs de Glaris furent Henri Heitz, de Glaris, et David Zwicky, de Mollis. Chacun d'eux a tué plus de 1300 chamois. Zwicky était un des gardes choisis par l'autorité pour surveiller les forêts réservées. Chasseur, des cheveux à la plante des pieds, il ne réussissait guère dans une autre occupation. Il a fait des ravages inouis dans le gibier des Alpes, et tué des milliers de lagopèdes, de marmottes, de renards, de lièvres des Alpes, de blaireaux, de coqs de bruyère à queue fourchue et de perdrix. Il possédait une maison, mais le temps le plus affreux ne pouvait l'y retenir, et il passait la plus grande partie de sa vie au milieu de la solitude imposante des hautes régions. Elles étaient devenues sa vraie patrie, chaque sentier, chaque rocher, chaque arbre, sur une très-grande surface, lui étaient familiers. Il connaissait aussi bien les routes suivies par les chamois que les rues de son village. Tous ceux qu'il découvrait avec sa petite lunette étaient perdus; c'est beaucoup dire quand on pense à l'étendue du dédale de rochers, au nombre immense d'asiles inaccessibles dans lesquels un chamois peut échapper aux recherches, au milieu de ces montagnes calcaires si escarpées; et pourtant cette expression est littéralement vraie.

Ordinairement un chamois qui prend la fuite, échappe au chasseur; c'était pour Zwicky le moment de s'en emparer. Sa connaissance extraordinaire du terrain lui permettait de calculer à l'avance l'endroit où l'animal changerait de direction, s'arrêterait pour paître ou se reposer, et il le poursuivait avec une hardiesse et une patience étonnantes, pendant quinze jours de suite, s'il le fallait. Il grimpait au sommet de rochers qu'avant lui personne n'avait escaladés; il attendait son gibier près d'un rocher salé, et le poussait avec prudence dans un de ces endroits sans issue, un de ces piéges à chamois où on leur coupe la retraite. Une fois, sur la même place, il en tua successivement cinq qui n'osaient revenir en arrière. On sait combien il faut être prudent et de sang-froid pour réussir dans ce mode de chasse. Il tuait plus tard un second chamois avec la balle qui en avait déjà atteint un. Le brouillard, la tourmente, la nuit obscure, le surprenaient souvent au milieu de déserts sans chemins tracés ou au-dessus de précipices affreux; mais son courage, sa connaissance des lieux et sa prudence l'avaient toujours heureusement ramené dans la vallée.

David Zwicky, qui n'avait reçu en héritage que 300 francs, s'enrichit à ce métier. A sa mort il possédait 14,000 francs et douze fusils ou carabines de chasse. Pour acquérir ce capital, il avait toujours vécu avec la plus grande économie, et s'était refusé tout comfort, même dans un âge avancé. Il buvait rarement du vin, se nourrissait de pain, de fromage maigre et d'eau pure. Plus sa position s'améliorait, plus il devenait économe. Sa santé était inébranlable et ses os semblaient d'acier. Il avait la réputation d'être le meilleur tireur, le chasseur le plus téméraire, et passait pour un homme pieux, car tous les dimanches, pour peu que ce fût possible, il se rendait à l'église de son village. Pendant le temps où il n'osait ou ne pouvait chasser au chamois, il fabriquait des trappes ou des bardeaux; mais la nuit il allait à l'affût du renard et du blaireau. Il envoyait ses perdrix et ses coqs de bruyère à Zurich, et faisait vendre la viande de ses chamois dans les villages de la vallée. Quant à leurs peaux, il les faisait tanner et teindre en noir ou en jaune et les vendait fort bien aux marchands de bois qui descendent en Hollande avec leurs radeaux.

Un samedi soir, contre ses habitudes, il ne rentra pas à la maison. Soupçonnant un accident, on envoya des gens à sa recherche. Ce fut en vain. Pendant près de neuf mois on n'en eut pas de nouvelles, et on ignora si cet homme vigoureux, âgé de cinquante-sept ans, vivait encore. Par hasard on finit par trouver son squelette assis sur un petit mamelon d'une alpe très-escarpée dans le massif du Wiggis; il avait à côté de lui son fusil double, de l'argent, sa carnassière et sa montre; son mouchoir était attaché autour d'un de ses pieds. Ses os n'étaient pas brisés, mais le pied avait été probablement luxé. Il avait la tête appuyée sur la main et semblait un homme endormi. Les oiseaux de proie, les corbeaux et les renards avaient rongé et transformé en squelette une partie de son corps. Probablement après une chute, le malheureux s'était traîné jusque-là à l'approche du mauvais temps; il avait sans doute tiré des coups de fusil de détresse, mais sans succès, et avait enfin succombé aux souffrances sans nom de la faim et du froid.

C'est dans des circonstances semblables qu'ont péri beaucoup de chasseurs de chamois, et il est rare qu'un chasseur conserve son corps intact jusqu'à un âge avancé.

Un hardi montagnard glaronnais, Gaspard Blumer, un des chasseurs les plus passionnés et les plus téméraires de la vallée, périt aussi misérablement. Blumer était homme à marcher tranquillement au-dessus des abîmes les plus affreux, sur une corniche large comme la main, pourvu qu'il fût attaché par une corde à ses compagnons. Un jour il monta au Glarnisch antérieur, pour pousser des chamois vers deux de ses compagnons de chasse qui montaient par le Klœnthal. Ni chamois ni traqueur n'apparurent. Sa famille, ne le voyant pas revenir, fit en vain parcourir en tout sens la montagne. Ce ne fut que l'été suivant qu'on retrouva son cadavre horriblement brisé et à demi décomposé, au pied d'une immense paroi de rocher du haut de laquelle il était tombé.

Un chasseur bernois glissa dans une crevasse du glacier de Grindelwald. Il arriva, sans se faire de mal, jusqu'au fond, qui heureusement était à sec. Mais que faire dans ce cachot profond, à parois glacées, loin de tout secours? Quand même il aurait eu un couteau de poche pour se tailler des marches dans la glace, comme le fit une fois un Anglais, la profondeur trop considérable eût déjoué ses tentatives. Cependant, étonné de ne pas trouver de l'eau au fond de sa prison, il l'explora en tous sens, et remarqua que la chaleur du sol avait fondu la glace à sa base, et que l'eau qui descendait des parois s'écoulait par divers canaux. Résolu à tout tenter pour sortir de ce tombeau, notre homme s'engagea dans le sombre couloir d'un de ces ruisseaux qui coulaient sous le glacier, il le suivit en rampant avec une peine infinie, et réussit, au bout de longs efforts, à ressortir du glacier par un des bords. C'était au sommet d'une paroi de rochers d'où le ruisseau se précipitait en cascade; ayant encore trouvé moyen de descendre le long de ce rocher, il échappa à la mort.

Thomas Hefti, de Bettschwanden, fut moins heureux en pareille occurrence. Ce chasseur, l'un des plus audacieux de tout le pays, avait déjà été victime d'accidents de peu d'importance, et n'avait tenu aucun compte des pressants avertissements de sa famille. A trente-six ans il avait tiré plus de 300 chamois. « S'il m'arrive malheur, répétait-il, ce ne sera pas dans un endroit périlleux, parce que je suis attentif partout où le danger est sérieux; au reste, ma vie est entre les mains de Dieu. » En juillet, il monta à l'alpe et en revint avec un chamois sur le dos. Il soupa avec sa famille, fit comme de coutume sa prière, et alla se reposer. Longtemps avant l'aube il était en route, et le soir il rapportait heureusement un second chamois. Le jour suivant il alla avec deux campagnons sur les névés de la Sandalp. Il marchait courageusement en avant sur le glacier, couvert ce jour-là d'une couche récente de neige. Tout à coup ses compagnons le virent disparaître dans une crevasse invisible et ils ne comprirent pas les paroles qu'il leur cria en tombant. Le jour suivant on fit des tentatives pour opérer son sauvetage au moyen de gaffes liées les unes à la suite des autres. On descendit dans l'abîme un homme suspendu à une corde, mais il n'en put pas supporter le froid. Le surlendemain, un certain nombre de jeunes gens énergiques se réunirent volontairement pour sauver au moins le corps d'Hefti. On lia deux longues échelles, et, attaché à une corde, l'un d'eux descendit dans la crevasse. A quinze pieds de profondeur, elle était déjà remplie d'une eau au moins aussi profonde. Après de longues recherches, il réussit à accrocher le corps au moyen d'une gaffe et à le retirer à la surface de l'eau glacée; il prit alors dans ses bras ce lourd cadavre, et remonta heureusement l'échelle au grand étonnement de ses camarades. Arrivé au dehors, ce courageux jeune homme avoua qu'il n'aurait pas supporté une minute de plus le froid de ce puits obscur.

Le plus fameux chasseur de chamois des trente premières années de notre siècle fut Jean Marc Colani, qui habitait tantôt Pontresina, tantôt un des chalets de la Bernina. Colani avait accaparé la chasse dans le massif de la Bernina à plusieurs lieues autour de sa demeure, et il avait à sa disposition sur les montagnes voisines environ deux cents chamois à moitié apprivoisés, qui lui donnaient chaque année soixante petits pour remplacer les soixante boucs qu'il tirait dans ce district. Il n'aimait pas à y voir pénétrer des étrangers; s'ils voulaient se joindre à lui, il se jouait d'eux de façon à leur faire perdre l'envie de chasser. Il détestait les Tyroliens, et racontait de terribles histoires sur la manière dont il les avait dégoûtés du gibier des Grisons. Les étrangers et les habitants du pays ajoutaient foi à ces contes. On disait que Colani avait dans sa maison une chambre ornée des armes et des dépouilles de ses victimes; les gens de Bevers et de Camogasc allaient jusqu'à croire qu'il avait fait un pacte avec le démon et qu'il avait bien sur sa conscience une trentaine de vies d'hommes. Il va sans dire qu'avec de pareils bruits il pouvait jouir paisiblement de son district de chasse. Les habitants de la vallée excluaient souvent Jean Marchiet (c'était le nom qu'ils lui donnaient) des tirs à la cible, parce qu'ils étaient persuadés qu'il tirait avec des balles enchantées. Colère et emporté, Colani pouvait être violent jusqu'à la fureur. Ainsi qu'un chef redouté, il dominait dans la montagne. Un jour, il guetta un médecin qui l'avait accusé devant le tribunal de pratiquer illégalement la médecine, et, d'un coup de poing, il lui brisa les lunettes, l'étendant à ses pieds sans connaissance. Nous avons entendu raconter quelques anecdotes peu édifiantes sur sa témérité. Voulant essayer une carabine, il envoya son domestique à une assez grande distance, lui disant de planter en terre un os de cheval ; mais avant que ce fut fait, il le lui fracassa dans la main avec une balle. D'un coup de feu il enleva la pipe qu'un bucheron avait à la bouche. Il était tellement sûr de son coup qu'il fit et gagna le pari d'atteindre à cent pas un écu après l'autre. Un naturaliste connu, M. le docteur Lenz, a chassé en 1837 avec Colani, et nous a laissé sur la dernière expédition de ce roi des chasseurs des détails intéressants, quoique un peu fortement colorés; ils donnent du reste une idée juste de la nature alpestre et de la vie semée de dangers que mène le chasseur dans cette partie peut-être la plus sauvage et la moins explorée de la Suisse.

Le docteur Lenz, accompagné d'un de ses amis, M. A. de Planta, fit une visite à Colani et lui offrit, s'il voulait les accompagner à la chasse, deux écus par jour, autant pour chaque chamois qu'il tirerait en leur présence et quatre écus pour chacun de ceux qu'ils abattraient eux-mêmes; le gibier tué devait en outre lui appartenir. Il accepta. C'était alors un homme de soixante-six ans, trapu, aux épaules larges et à la poitrine robuste. Il avait le visage allongé, les cheveux noirs, le teint brun et le nez crochu. L'expression de ses yeux bruns trahissait l'audace, l'intelligence et la colère. Il vivait de pain, de lait et de fromage, aimait beaucoup la viande de chamois et de marmotte, et ne buvait jamais de vin avant ni pendant ses courses. Quoique d'origine romane, l'italien, le français et l'allemand lui étaient familiers. Il était habile à fabriquer des bandages chirurgicaux, des montres solaires et surtout d'excellentes carabines. Colani disposait de ses voisins sans beaucoup se gêner; il fallait qu'ils laissassent paître dans leurs jardins ses deux chamois apprivoisés. Une femme ne voulant plus le souffrir, les empoisonna; « mais elle-même mourut bientôt, » comme le racontait Colani avec un sourire. Sa fille aussi tirait parfaitement, et elle l'accompagnait souvent à la chasse.

Ce fut en vain qu'on engagea MM. Lenz et Planta à ne pas se

commettre avec cet homme dangereux; ils étaient trop passionnés chasseurs, et ils attendaient trop de cette nouvelle connaissance pour vouloir reculer. Dès le lendemain ils se mirent en route, après que leur guide eut rempli sa carnassière de viande fumée de chamois et de marmotte. A peine entrés dans la montagne, ils aperçurent cinq chamois dans une gorge profonde, au fond de laquelle brillait le glacier de Reseggio; ils se disposaient à faire feu, lorsque Colani les arrêta en disant : «Ce serait fort agréable, sans doute; mais c'est là que je leur apporte du sel, et je ne permets pas qu'on y tire une seule bête.» Puis, voulant voir si ces messieurs savaient tirer, il leur proposa pour but une pierre de la grosseur du poing à la distance de cent cinquante pas. Chacun d'eux l'atteignit.

Partout au bord du glacier sautillaient des marmottes, dont le cri strident retentissait aux oreilles de nos chasseurs. Ne voulant pas perdre leur temps à les poursuivre, ils se mirent à gravir le gigantesque massif de glace, distraits de temps en temps par la vue de petites troupes de chamois qui, immobiles sur leurs rochers ou broutant les pentes gazonnées, ne paraissaient pas s'étonner du fracas que produisait incessamment le glacier par la formation de nouvelles crevasses. Après une heure de marche, ils aperçurent treize chamois groupés à peu de distance de la moraine qu'ils suivaient; mais cette fois encore Colani défendit de tirer; son intention paraissait être de gagner un beau denier en leur faisant faire une promenade plutôt que de leur laisser tirer son gibier. Ils eurent ainsi le beau plaisir de voir défiler à peu de distance une quarantaine de ces animaux sans oser les coucher en joue. Ils s'en revinrent fatigués et sans butin au chalet, où les attendaient leurs provisions. Il s'y trouvait entre autres un tonnelet dont ils essayèrent en vain d'ôter la bonde, même en se servant d'une pierre en guise de marteau. « Je l'arracherai bien, moi! » s'écria Colani, et saisissant entre ses dents de sexagénaire le malencontreux morceau de bois, il souleva le tonneau, lui fit faire un demi-tour et le débonda incontinent.

Le jour suivant, le montagnard conduisit ses compagnons vers le Bruneberg, posta l'un d'eux et se dirigea avec l'autre vers une arête étroite, non sans se donner le malin plaisir de l'attirer de temps à autre vers des endroits périlleux. Une fois qu'ils étaient penchés tous deux par-dessus une paroi de quelques mille pieds, épiant dans le fond les mouvements d'un troupeau de chamois, Lenz entendit tout à coup un bruissement violent, suivi d'un cri perçant de Colani. Effrayé, il retira vivement sa tête penchée sur l'abîme, se retourna et vit au-dessus de lui un lämmergeier énorme qui passait avec la rapidité d'une flèche. Colani avait remarqué l'oiseau au moment où il fondait sur son compagnon, et son cri avait sauvé celui-ci d'une mort certaine; car souvent d'un coup d'aile le gypaète lance dans le vide le chamois, le bœuf et même l'homme qui se hasarde au bord extrême du précipice. Lenz remercia Colani, mais lui rappela en même temps qu'il était venu dans la montagne pour chasser le chamois et non pour servir de pâture aux jeunes lämmergeier, sur quoi le montagnard lui promit de le conduire le lendemain à la Bernina, où le chamois abonde.

Le lendemain, nos intrépides chasseurs apprirent que deux ours venaient d'être signalés dans les Alpes de Camogasc et y avaient déjà dévoré trois moutons; au lieu de donner suite à leur premier projet, ils se décidèrent à poursuivre ces animaux. Une journée entière se passa à en suivre la piste dans des montagnes très-élevées; toutefois la gorge où les ours avaient leur retraite était absolument inabordable. La nuit venue, les chasseurs se rendirent au superbe chalet d'Orlandi; ils avaient vu pendant la journée plusieurs chamois, mais avaient en vain essayé de les surprendre, car partout le sifflement des marmottes les avait trahis.

Le lendemain à quatre heures (c'était le 20 juin), ils gravirent une montagne. Sur le pâturage, qu'un peu de neige recouvrait comme un crêpe, un grand chien à long poil, gardien d'un troupeau de moutons bergamasques, vint les reconnaître et les accompagna vers la hutte construite en pierre sèche. Ils y entrèrent et réveillèrent le pâtre, qui leur souhaita la bienvenue, écarta les cendres du foyer, fit du feu avec de l'arole tortu, et tint ses pieds nus au-dessus de la flamme, avant de les mettre dans ses sabots. Il servit alors à ses hôtes du fromage et du lait de brebis. M. de Planta quitta ici ses compagnons, qui pénétrèrent davantage dans la montagne, malgré un vent violent et des bourrasques de neige. Enfin le soleil se montra radieux, le ciel s'éclaircit et tout présagea un beau jour.

Lenz, impatienté, avertit alors Colani qu'il était décidé à abandonner la partie pour peu qu'il n'arrivât pas à tirer pendant la journée. « J'ai voulu vous conduire à la Bernina, répondit son guide; mais vous avez préféré chasser l'ours; les chamois sont ici fort rares, et surtout très-difficiles à atteindre; cependant, si vous avez le courage de m'accompagner, je veux bien vous en faire voir. » Après une demi-heure de marche, Colani s'arrêta et se mit à observer les alentours : « En voilà cinq! s'écria-t-il, ils se reposeront à neuf heures, de sorte que nous avons encore une demi-heure à attendre; mais le chemin pour parvenir à eux est terrible, je ne l'ai fait qu'une seule fois dans ma vie. »

Colani prit le pas, lia solidement sa carabine sur son dos et se dirigea vers une immense paroi verticale, au flanc de laquelle serpentait une saillie étroite de rochers. Le chemin était vraiment horrible. A chaque pas une terre meuble s'éboulait sous les pieds; de temps en temps la couche en saillie était coupée par des crevasses à travers lesquelles ils voyaient, au fond du gouffre, les sapins de la grosseur du doigt. Lenz, le visage tourné vers le rocher, suivait Colani sans proférer une parole; tout à coup celui-ci, parvenu à un endroit où la corniche, devenue de plus en plus étroite, cessait complétement, s'écria : Attention! il saisit une arête de la roche, se balança un instant au-dessus de l'abîme, prit son élan et atteignit heureusement au delà de l'arête, laissant à son camarade le soin d'en faire autant. Lenz, poussé presque au désespoir, l'imita avec le même bonheur. Colani en parut assez étonné et lui dit naïvement : « Je n'aurais pas cru que nous nous retrouverions ici. Maintenant aux chamois ! nous les avons contournés. » Une demi-heure après, ils arrivaient au sommet de la montagne, sur laquelle ils les avaient vus d'en bas. Ils en découvrirent deux à demi plongés dans des rhododendrons au bord d'un précipice. Palpitant d'émotion, Lenz fit feu par-dessus l'épaule du montagnard; le plus grand des chamois bondit, retomba et roula dans l'abîme. Quant à Colani, placé sur une pierre branlante, il avait tiré sur le petit et l'avait manqué. Lenz se disposait à descendre au fond du précipice pour y chercher sa proie, lorsque le vieux chasseur l'arrêta, en lui disant avec un regard qui trahissait des remords : « Ce qui tombe dans ce gouffre y reste pour toujours ! » Quelques années auparavant, un chasseur grison avait disparu dans le voisinage, sans laisser de traces, et Lenz crut sentir comme une odeur de sang humain qui montait de l'abîme.

Ils descendirent de l'autre côté de la montagne et arrivèrent bientôt au fond d'un ravin entouré de toutes parts de rochers escarpés et rempli de blocs éboulés. Tout à coup Colani, qui marchait en tête, observa quelque chose, il s'arrêta un instant, puis se cacha vivement derrière un bloc, et fit signe à Lenz de l'imiter. « Qu'est-ce donc? » s'écria celui-ci étonné. Mais l'autre ne répondit rien, dirigea sa lunette vers les hauteurs et murmura en serrant convulsivement le poing : « « Malédiction ! malédiction ! » Lenz découvrit enfin bien haut dans les rochers. une petite forme humaine, tandis que Colani, furieux, continuait à proférer mille imprécations. « Je ne connais pas ce gaillard, dit-il enfin ; mais, Dieu merci, il ne nous a pas encore remarqués. Ah ! le voilà qui braque sa lunette de notre côté. » La fureur qui étincelait dans ses yeux, ses mâchoires convulsivement serrées, tout en lui présageait quelque chose de terrible. « Dès que ce chasseur aura passé là, dit-il à demi-voix, nous lui couperons le chemin. » — « Il n'en sera rien, Colani, répondit Lenz avec calme ; je suis venu pour tuer des chamois et non des hommes. »

Cependant l'inconnu avait disparu. Colani se releva brusquement en s'écriant : « Suivez-moi ; dans un quart d'heure il atteindra le sommet que vous voyez là ; nous allons le devancer et y arriver en dix minutes. » Là-dessus ils se mirent à courir à la montée, et en dix minutes ils dévorèrent un espace qui eût exigé une demi-heure de marche. Épuisés, haletants, ils parvinrent au sommet et tombèrent derrière un gros bloc de rocher, prêts à succomber à ces efforts surhumains.

La vue de l'étranger, qui approche rapidement, les ranime. Colani apprête sa carabine et vise l'homme ; mais Lenz saisit l'arme et la détourne en disant d'un ton d'autorité : « Halte, pas de meurtre sous mes yeux ! » Colani lui lance un regard terrible, s'arrête un instant, puis lui tendant la main : « Nous n'allons pas nous brouiller, dit-il. » Pendant ce temps, l'inconnu s'était assis au-dessous d'eux, sur le bord d'un rocher, et braquait sa lunette vers la vallée.

Colani le considérait avec un sourire sinistre : « Je ne connais pas ce garçon-là, de par tous les diables ! dit-il d'une voix étranglée ; mais je vais descendre et lui faire une visite, ne bougez pas et restez prêt à faire feu. » — « Soit, répliqua Lenz, je ne me mêle pas de votre querelle, mais j'abats le premier de vous qui ose porter la main sur moi. » Le fusil armé, Colani se mit à descendre avec la prudence d'un chat qui guette sa proie ; arrivé à trois pas du malheureux étranger, il se démasqua tout à coup et s'élança sur lui le bras levé. Lenz eut un frisson, mais le bras menaçant s'abaissa doucement. Les deux rivaux se regardèrent un instant, Colani appuya son arme contre une pierre et s'assit à côté du chasseur. Lenz respira, il vit l'étranger donner son arme à Colani qui se mit à la considérer avec attention pendant que l'autre ouvrait sa tabatière et en aspirait le contenu. Lenz attendait le moment où son guide, après s'être fait donner la carnassière de l'inconnu, le précipiterait dans l'abîme en traître et par derrière. Il n'en fut rien : les deux chasseurs restèrent en bonne intelligence. L'étranger habitait Bevers. Vigoureux encore, malgré ses soixante-cinq ans, il était lié depuis longtemps avec Colani, sur les domaines duquel il n'osait cependant jamais s'aventurer, car il le savait jaloux et perfide. Ayant appris que le célèbre chasseur s'était dirigé avec des étrangers vers la Bernina, il avait voulu profiter rapidement de son absence pour lui enlever un chamois, et, crainte d'être trahi, il avait poussé la précaution jusqu'à se déguiser.

Après cet épisode, Lenz abandonna la partie, car il avait remarqué que Colani cherchait uniquement à le dégoûter de ses chamois, et il s'imaginait même que le vieux chasseur le verrait sans trop de déplaisir rouler dans quelque crevasse! Il retrouva M. de Planta, quitta l'Engadine le lendemain, et ressentit pendant plus d'un mois des douleurs dans les membres, suite de fatigues aussi violentes.

Quant à Colani, il n'en fut pas quitte à si bon marché; il tomba malade, et mourut au bout de cinq jours. C'est à l'âge de vingt ans que ce chasseur extraordinaire avait usurpé le pouvoir dans son district, et pendant sa carrière il a tué deux mille sept cents chamois, nombre colossal dont aucun autre chasseur ne s'est approché même de loin.

Après la mort de Colani, on fit des razzias parmi son gibier du Roseggio, du Muntpers, de l'Albris et de la Bernina. Néanmoins, ces vastes contrées sont si propices à la propagation des chamois, que dans ces dernières années encore on pouvait y apercevoir successivement en une seule journée plus de cent vingt bêtes. Les bons chasseurs sont rares partout, même dans la Haute-Engadine. Le meilleur et le plus heureux parmi ceux que nous connaissons, un digne successeur de Colani, se nomme Jean Rudi, de Pontresina. C'est un chasseur complet, et en même temps un homme superbe, de plus de six pieds, dont la force musculaire est incroyable et l'œil magnifique.

Tant que la chasse est défendue, Rudi fait son métier de charretier, mais toutes ses pensées n'en sont pas moins absorbées par les chamois; il les observe, s'enquiert des localités où ils viennent paître, découvre les troupeaux et les endroits fréquentés par les vieux boucs, et finit par savoir presque exactement combien il y a de boucs, de bêtes femelles et de jeunes dans le district de plusieurs lieues carrées qu'il étudie. Rudi continue à semer du sel partout où Colani en semait, et il en sème ailleurs encore. Il est méthodique et lent dans ses manières, frugal, patient; sa vue est perçante et il n'a peur de rien. A toutes ces qualités, Rudi joint celle de savoir tirer parti de la connaissance parfaite qu'il possède des localités et des mœurs des chamois. A la chasse il fait un fréquent emploi de la lunette d'approche, et il observe soigneusement la direction du vent. Au moment d'arriver à portée du gibier, on le voit tout à coup s'arrêter, faire volteface ou attendre pendant des heures entières que la direction du vent change ou que les chamois se déplacent. Rudi en veut surtout aux vieux mâles, et, contrairement à ce que font beaucoup de gâte-métier, il se respecte trop pour jamais tirer une femelle qui allaite. Un jour, il revint tout chagrin de la Bernina où il avait tué successivement plusieurs femelles : « Je suis las, disait-il, d'être un boucher de chèvres, et je voudrais avoir affaire à du gibier. » En effet, il se dirigea vers les montagnes de Bévers, et il lui suffit de vingt-quatre heures pour tirer trois mâles. Au mois de septembre 1855, il tira six chamois pendant les dix premiers jours de la chasse, et le onzième, il abattit en vingt minutes, au Piz-Alv, trois chamois sous nos yeux. Nous le vîmes effrayer de ses cris une femelle qui s'approchait avec son chevreau. Rudi tient tellement à ne pas diminuer le gibier de la contrée, qu'après la fin de la chasse, il se rend en secret dans les montagnes de Livigno, sur le sol autrichien, où le gibier est devenu très-abondant depuis le désarmement général du pays; aidé de quelques camarades, il cherche à pousser des chamois et surtout des boucs, au delà de la frontière, vers son territoire de chasse. Jamais il ne détruit complétement un de ses troupeaux. Il tire en moyenne chaque année de trente à quarante chamois. Pour charger plus vite, il se sert d'un instrument inventé par Colani et qui abrége beaucoup l'opération.

L'ami Rudi a eu, cela va sans dire, de nombreuses aventures. Un jour, il fut entraîné par une avalanche avec J. Saraz, son compagnon, excellent chasseur aussi et de plus amateur intelligent d'histoire naturelle. Un tronc d'arbre l'arrêta et l'arracha à la mort. Revenu à lui, Rudi se dégagea, et sa première pensée fut pour son camarade. Un tronc de mélèze, garni de ses branches, apparaissait au milieu des débris de l'avalanche; il s'y dirige, écarte les branches et y trouve son ami qu'il réussit à retirer de la neige en le saisissant par les jambes. Saraz avait à peine repris ses sens, que Rudi s'évanouit par suite de ses contusions, et il serait sans doute mort sur place, si celui qu'il venait de sauver n'avait pas employé tout ce qui lui restait de forces à chercher du secours. Une autre fois, dans les roches du val de Roseggio, Rudi s'apprêtait à détruire le nid d'un aigle, lorsqu'il reçut dans les yeux les excréments calcaires de l'oiseau; ils faillirent le rendre aveugle. Nous préférons garder le silence sur certaines aventures scabreuses qui ont pu se passer à la frontière et qui témoignent du courage et de la présence d'esprit du chasseur grison.

Pour terminer, nous emprunterons au poëte le récit d'une dernière scène de chasse [1].

[1] Je dois à l'obligeance de M. Levier, étudiant à Neuchâtel, la traduction en vers de ce poëme; elle me paraît fort heureuse, le lecteur en jugera.

(*Note du traducteur.*)

Les deux chasseurs de chamois.

Un jour radieux vient d'éclore,
Et, de la plaine et des lacs bleus
Jusqu'à ces hauteurs que l'aurore
Inonde de ses premiers feux,
La nature s'éveille et chante
Son grand hymne au Dieu du matin ;
Le sommet des glaciers s'argente,
Le cor sonne dans le lointain.

Et, saluant l'aube limpide,
Déjà deux chasseurs de chamois
Escaladent, couple intrépide,
Les monts témoins de leurs exploits.
Bien des jours heureux et contraires,
Bien des périls, bien des labeurs,
Ont passé sur ces fronts sévères
Et n'ont fait qu'un de ces deux cœurs.

Ils montent... Le sentier s'abrége
Par des récits, des chants joyeux ;
Déjà, du haut des champs de neige,
Le vallon s'efface à leurs yeux ;
Et, quittant la route commune,
Bientôt ils se serrent la main,
Pour aller tenter la fortune
Chacun en suivant son chemin.

« Le ciel nous aide ! Adieu ! dit Pierre,
Séparons-nous ! J'ai bon espoir !
Et puissions-nous à la chaumière
Nous embrasser contents ce soir ! »
— « Compte sur moi ! s'écria Blaise,
Je viendrai, chargé de butin,
Si toutefois (à Dieu ne plaise !)
Malheur ne m'attend en chemin ! » —

Et, plein d'ardeur, chacun s'élance. —
Les voilà seuls et gravissant,
A côté de l'abîme immense,
Leur sentier étroit et glissant.
Pierre a choisi les froids parages
Où, de roc en roc s'égarant,
Du haut des montagnes sauvages
Roule l'impétueux torrent.

A son tour cherchant aventure,
Blaise, d'un pied léger, gravit
Un escalier que la nature
A découpé dans le granit.
Il touche aux régions glacées
Où le Dons, baigné d'un ciel pur,
De mille aiguilles hérissées
Couronne son front dans l'azur.

Il s'arrête. De roche en roche
Son œil se promène incertain,
Quand, sur la crête la plus proche,
Un chamois apparaît soudain.
Le regard du chasseur rayonne;
Il s'agenouille... son cœur bat...
L'arme s'abaisse, l'écho tonne...
L'animal bondit et s'abat.

Alors, avec un cri de joie,
Le chasseur court à tout hasard
Pour rejoindre et saisir la proie
Qui gît immobile... Trop tard!
Au moment où sa perte est sûre,
Le chamois, soudain se levant,
Paraît oublier sa blessure
Et s'enfuit, prompt comme le vent.

Blaise rugit d'impatience :
« Charge trop faible! » — Et sans retard
Le voilà fougueux qui s'élance
A la poursuite du fuyard.

Bien que mourante, la victime
Court au fond du gouffre béant,
Franchit glacier, écueil, abîme,
Et Blaise suit en maugréant.

Hélas! le vertige l'entraîne
Toujours plus loin et plus avant;
Ses pieds se posent avec peine
Sur la glace et le sol mouvant.
Chaque saut, chaque pas enfante
Des périls mortels, sans recours,
Et, dans sa course haletante,
Il risque aveuglément ses jours.

Tout à coup la pente s'arrête,
Et devant lui, pour tout chemin,
Se présente une étroite arête,
Large à peine comme la main.
Il saute; il l'atteint... Cieux et terre!
Blaise reconnaît éperdu
Qu'il n'a plus un seul pas à faire
Et qu'il est doublement perdu.

Aussi loin que s'étend la vue
Pas la moindre lueur d'espoir!
Devant lui la muraille nue
Et sous ses pieds le gouffre noir:
Partout l'invincible barrière!
Défaillant, pâle de terreur,
Le malheureux dit sa prière
Et remet son âme au Seigneur.

Mais non! tant qu'un souffle de vie
Nous retient encore ici-bas,
Notre cœur d'homme nous convie
A le disputer au trépas!
Le malade, à sa dernière heure,
Ne peut quitter un vain désir,
Et croira, plutôt qu'il ne meure,
Voir un miracle s'accomplir.

Ainsi Blaise. Il se tient solide,
Cramponnant avec désespoir
Sa main contre la pierre humide,
Qu'il étreint de tout son pouvoir.
Il n'ose respirer. L'abîme
Béant, implacable, n'attend
Qu'un mouvement de sa victime
Pour l'engloutir à chaque instant.

Cependant le soleil éclaire
Les flancs du terrible ravin.
Blaise tour à tour pleure, espère,
Blasphème, crie, écoute... En vain !
Au loin l'écho moqueur répète
Ses appels, ses cris déchirants ;
Les aigles passent sur sa tête
Et sous lui grondent les torrents.

— « O mort, si longtemps dédaignée,
Qui maintenant, heure d'effroi !
Allonges ta main décharnée
Du fond des abîmes vers moi,
Je veux souffrir, lutter encore,
Je veux seulement, ô mon Dieu,
Atteindre la prochaine aurore !
Un jour, une nuit, c'est si peu !

« Car si je tarde à reparaître,
Pierre viendra, j'en suis certain ;
Et Dieu l'amènera peut-être
Au bord de ces parois demain !
Mais non ! loin de moi, douce image !
Comment, tandis que l'heure fuit,
Garder ma force et mon courage
Pour passer cette longue nuit ? » —

L'astre baisse ; le jour s'envole ;
Une heure encore il resplendit
Dans sa vaporeuse auréole
Sur le Freiberg et le Tœdi.

Puis tout s'ensevelit dans l'ombre.
Autour de l'horrible prison
Le vent souffle... Un nuage sombre
S'amasse au bout de l'horizon.

Écoutez la voix de l'orage!
De sourds et lointains grondements
Précèdent le concert sauvage,
Et le ciel brille par moments.
Bientôt la foudre plus prochaine
Jette sa sinistre clarté,
Et le tonnerre se déchaîne,
Au loin par les monts répété.

— « Seigneur, terrible est ta colère
Quand l'ouragan écrit ta loi
En éblouissant caractère
Sur le ciel palpitant d'effroi!
Je meurs, mon Dieu! Je désespère!
Oh! tu ne m'as pas délaissé!
Étends sur moi ta main de père!
Pitié, pitié pour l'insensé! » —

Ainsi, d'une voix presque éteinte
Il pleure au milieu de la nuit;
Et, comme touché de sa plainte,
L'orage lentement s'enfuit.
L'azur profond se rassénère,
Les étoiles brillent. Hélas!
Leur clarté soulage sa peine,
Mais n'empêche point son trépas!

. . . .

Enfin, une lueur rosée
Vient illuminer l'Orient,
Et parmi l'or et la rosée
Le jour renaît en souriant.
— « Ah! puisque je revois l'aurore,
Tout me le dit : Dieu permettra

Que je combatte et vive encore,
Et Pierre enfin me trouvera !

« Mais si de ma lutte suprême
Bientôt je ne sors triomphant,
Alors adieu, vous tous que j'aime !
Adieu, ma femme et mon enfant ! » —
Il prie encore, il se lamente,
Et, contre la paroi pressé,
Il attache sa lèvre ardente
Sur le roc amer et glacé.

Mais avec le jour qui redouble
Il sent s'augmenter son tourment,
Devant son regard qui se trouble
Tout pâlit insensiblement.
Déjà son souffle s'embarrasse,
Il jette encore un cri confus :
« Seigneur tout-puissant, grâce ! grâce !
Mon pied glisse... Je n'en puis plus ! » —

Et son corps se penche en arrière,
Quand tout à coup, ô doux émoi !
Un cri retentit : « Tiens bon, frère !
Blaise ! Blaise ! Je suis à toi !
Tiens bon ! » — A cet appel suprême
Soudain son bras s'est raffermi ;
Ses yeux se lèvent... C'est lui-même !
Pierre, son sauveur, son ami ! —

« Pierre ! Pierre ! Ta voix résonne !
Vite ! oh vite ! Dans peu d'instants...
Toute ma force m'abandonne...
Ah ! merci, frère ! Il était temps !
— « Ne crains rien ! Puisque Dieu t'accorde
D'être à cette heure encor debout,
Courage ! et saisis cette corde !
Allons ! et tiens bon jusqu'au bout ! » —

Enfin !... et comme dans un rêve
Blaise a serré le nœud sauveur...

Son corps s'ébranle, se soulève...
Il monte... il monte avec lenteur.
Le voilà tout près !... Il respire...
Plus qu'un instant !... — Il a pris pied !
Ah ! comment peindre son délire,
Et quel jour pour leur amitié !

« Je vois que la nuit fut mauvaise...
Et, grâce à Dieu, je vins à temps !
Tes cheveux blanchis, ô mon Blaise,
Sont témoins d'horribles tourments ! »
— Blaise, longtemps rêveur, s'écrie,
L'œil humide, les bras tendus :
« Prends mon arme ! Car de la vie,
Frère, je ne chasserai plus ! » —

Enfin, après tant de souffrance,
Il se repose : il est sauvé !
Il songe à cette délivrance,
A ce danger qu'il a bravé ;
Il tremble ; il n'y peut croire encore.
Mais bientôt tout cède au plaisir ;
Un vin généreux le restaure,
Et chasse l'affreux souvenir.

Les voilà donc, causant à l'aise
Autour de leur frugal repas ;
Quand tout à coup : « Holà ! dit Blaise,
Pierre, Pierre ! Un chamois là-bas !
Chut ! Il broute... La proie est sûre...
Ami, le vent me semble heureux ;
Oh ! je l'abattrai, je te jure !
Ma carabine ! Je la veux ! » —

(Le vrai nom de Pierre est Manuel Walcher, qui a tué pendant sa vie quatre cent cinquante-huit chamois. Blaise ou Rodolphe Blæsi, de Schwanden, a atteint le chiffre de six cent soixante-quinze ; les journaux viennent de nous annoncer sa mort.)

VIII. LES LYNX.

Limite d'extension verticale des espèces félines. — Genre de vie des lynx. — Manière de les chasser. — Lynx apprivoisés.

C'est aux espèces félines qu'appartiennent dans les pays chauds les plus dangereux et les plus nombreux de tous les carnassiers. On se figure souvent qu'ils ne vivent qu'au milieu des steppes brûlées par le soleil tropical et dans les forêts des plaines basses arrosées par de grands fleuves. C'est une erreur. Beaucoup de chats de grande taille habitent aussi les hautes montagnes et ne semblent pas être fort impressionnés par le froid qui y règne. Le tigre royal pénètre au cœur de l'Asie, en Sibérie même; dans ce siècle, on en a tué au bord de l'Obi et près d'Irkouzk, sur les rives de la Léna. Dans les montagnes du Thibet et dans le Népaul, le tigre monte à 9000', et dans l'Himalaya on peut le rencontrer au bord des glaciers. Parmi les espèces américaines, le cougouar et le *felis jaguarundi* errent jusqu'à la limite des neiges, et se font tuer à 12,000'; au Pérou, le *felis pardalis* vit jusqu'à 9000' dans les régions désertes des Cordillères. Il n'y a donc pas lieu de s'étonner si, dans notre pays, la seule espèce féline de grande taille indigène, le lynx, habite aussi les montagnes; il habiterait sans doute de même les forêts du bas pays comme le chat sauvage, s'il n'y était poursuivi dès qu'il apparaît.

Aujourd'hui, le lynx n'est pas plus commun en Suisse que le chat sauvage; il y a trente ans qu'il n'était pas rare d'en tirer sept à huit par an dans les Grisons seulement; de nos jours, c'est à peine si l'on en tire un par an dans la Suisse tout entière. Les cantons situés au sud-est en hébergent encore le plus grand nombre; puis viennent les hautes forêts des Alpes du Valais, du Tessin, du canton de Berne, et en troisième ligne seulement les forêts d'Uri et celles de Glaris, où le lynx est devenu très-rare. Il n'y a plus de lynx dans le Jura vaudois, où vit encore le chat sauvage ; ils sont si rares dans les Alpes vaudoises des environs de Bex, que depuis quarante ans on n'en a tué que cinq. Celui qui veut chasser le lynx, trouvera à satisfaire ses goûts dans l'Engadine, le Prétigau, les vallées de Domleschg, de Schams, dans la Brégaglia, dans la vallée d'Oberhalbstein; puis, au Valais, dans les vallées de Viége, de Conches, de Bagne, et dans la sombre forêt de la vallée de Tourtemagne, avec ses milliers de mélèzes et de sapins desséchés, et avec ses ravins que n'a jamais foulé un pied d'homme.

Le lynx est beaucoup plus commun dans le nord de l'Europe. En 1835, on en a tué 316 sur les chasses royales de Suède. Dans l'Amérique du Nord, le poste principal de la compagnie américaine de pelleteries dans le Missouri expédie chaque année de 2000 à 4000 peaux de lynx; à la fin du siècle passé, une compagnie anglaise, celle du nord-ouest, fournissait annuellement au commerce 6000 peaux de loup-cervier. Ces fourrures sont d'un beau roux grisâtre, avec des points ou des raies plus foncées et ont un pinceau de poils noirs au bout de la queue (la couleur dépend de l'âge et du sexe.) Cette fourrure est plus belle que celle du chat sauvage.

On prétend que les lynx de Suisse sont plus petits que ceux de Suède, de Pologne, de Russie, de Hongrie; aussi leur peau est-elle moins estimée. Ils ont trois pieds et demi de longueur, deux pieds et demi de hauteur et une queue de huit pouces très-velue ; leur poids varie de 30 à 60 livres. Leurs oreilles pointues et triangulaires sont ornées d'un pinceau de poils roides, leur tête arrondie ressemble à celle du chat, et leurs yeux fort grands brillent comme des escarboucles. Le lynx a la langue rude et hérissée d'aspérités, les moustaches peu fournies, des lèvres blanches, à bord noir, et un ventre blanc à partir du menton. La femelle est de taille un peu plus petite, elle est moins foncée et a la tête moins large que le mâle. Le lynx est un bel animal, mais il tient du chat et a quelque chose qui repousse. Aux Grisons on mange sa chair et la trouve excellente, chose rare pour un carnassier.

Dans les Alpes, dès que la présence d'un lynx est soupçonnée, on fait l'impossible pour s'emparer de ce pillard dangereux et sanguinaire, mais il sait parfaitement se dérober aux recherches. Tant qu'il réussit à trouver sa nourriture dans les forêts et les gorges des hautes montagnes, il n'en sort pas, y vit solitaire avec sa femelle et trahit tout au plus sa présence par des hurlements désagréables qu'on entend de fort loin. Il ne quitte qu'à la dernière extrémité la solitude qu'il s'est choisie, et se met à l'affût sur une branche, où il se tapit et s'étend tout de son long dans le feuillage qui le cache à demi, sans le gêner dans ses bonds. L'œil et l'oreille au guet, il reste des journées entières immobile, les yeux à demi fermés et dans un état de sommeil apparent qui n'en est que plus dangereux, car c'est alors qu'il est le mieux au fait de ce qui se passe autour de lui. Le lynx vit de ruse : il n'a pas l'odorat très-fin, ainsi que tous les chats, et son allure n'est pas assez rapide pour qu'il puisse poursuivre sa proie à la course. Sa patience et l'art avec lequel il sait ramper sans faire de bruit, l'amènent à portée de sa victime. Plus patient que le renard, il est moins fin; moins hardi que le loup, il saute mieux et résiste plus longtemps à la famine; il n'est pas aussi fort que l'ours, mais il est plus observateur et a la vue plus perçante. Sa force réside surtout dans les pattes, les mâchoires et la nuque. Le lynx sait se rendre la chasse facile et il ne choisit ses victimes que lorsque la nourriture abonde. Tout animal qu'il peut atteindre d'un de ses bonds qui manquent rarement le but, est perdu et dévoré. S'il a bondi à faux, il laisse l'animal s'enfuir et retourne se tapir à son poste d'observation, sans que rien trahisse son désappointement. Il n'est pas vorace, mais il aime le sang chaud et cette passion lui fait faire des imprudences. Lorsqu'il n'a rien mangé pendant la journée et qu'il sent l'aiguillon de la faim, il se met en route et fait de grands trajets pendant la nuit. La faim lui donne du courage, le rend plus prudent et développe la puissance de ses sens. S'il trouve un troupeau de chèvres ou de moutons, il s'en approche en se traînant sur le ventre avec des mouvements de serpent, puis il s'enlève d'un bond, tombe sur le dos de sa victime, lui brise la nuque, ou lui coupe la carotide d'un coup de dent, et la tue instantanément. Puis il lèche le sang qui coule de la blessure, ouvre le ventre, dévore les entrailles, ronge une partie de la tête, du cou et des épaules, et laisse le reste sur place. Il n'est pas prouvé qu'il emporte et cache en terre les débris de ses repas, au moins cela n'arrive pas dans les Alpes. Le lynx ne dévore pas les animaux morts et en putréfaction. Sa manière de lacérer la proie éclaire de suite les bergers sur l'espèce du rapace qui décime le troupeau. Souvent il tue successivement trois ou quatre chèvres ou moutons, et lorsqu'il est affamé, il attaque aussi les génisses et les vaches. Le lynx qui fut tué au mois de février 1843, sur l'Axenberg, dans le canton de Schwitz, avait dévoré en quelques semaines quarante chèvres et moutons. En 1814, trois ou quatre lynx détruisirent pendant l'été cent soixante de ces animaux sur les montagnes du Simmenthal. Lorsque le lynx trouve assez de gibier pour assouvir sa faim, il s'en tient aux animaux sauvages et craint de trahir sa présence en s'attaquant aux troupeaux. Il dévore volontiers des chamois; mais, comme ceux-ci ont l'odorat beaucoup plus fin que lui, ils lui échappent d'ordinaire, lors même qu'il cherche à les surprendre près de leurs gîtes ou de leurs rochers salés. Le lynx a moins de peine à capturer des blaireaux, des marmottes, des lièvres, des gélinottes, des lagopèdes, de grands et de petits tétras; affamé, il chasse aussi aux écureuils et aux souris. En Suisse, pendant l'hiver, le lynx est forcé de descendre dans la région inférieure de la montagne et même dans les vallées, et il cherche à s'introduire dans les étables à chèvres et à moutons, en se frayant un chemin souterrain. On raconte qu'un bouc, voyant sortir la tête d'un lynx du trou qu'il venait de creuser, lui appliqua de tels coups de cornes, que le ravisseur resta enterré sans vie dans son souterrain.

Les lynx ne se propagent pas beaucoup. Ils s'accouplent en janvier et en février sans l'affreux cri des autres espèces de chat, et au bout de dix semaines, la femelle met bas, dans quelque grotte bien cachée, ou aussi dans le terrier élargi d'un renard, d'un blaireau, sous une racine ou sous un rocher. Ses petits, au nombre de deux ou trois, sont aveugles. Elle ne tarde pas à leur apporter des souris, des taupes ou de petits oiseaux.

L'occasion de chasser au lynx se présente rarement, car lorsqu'on trouve les restes des animaux qu'il a surpris et à demi dévorés, il est déjà fort loin, et dès qu'il se sent chassé, il prend la fuite et se réfugie dans d'autres contrées. Toutefois, quand par hasard le chasseur arrive à l'improviste en face du lynx, l'animal demeure immobile et peut être tiré avec facilité. Il reste tapi sur sa branche, le regard fixé sur celui qui s'approche, absolument comme le chat sauvage. Si l'on est sans armes, il suffit d'accrocher quelques vêtements à un bâton fiché en terre, et l'on a le temps d'aller chercher son fusil. Le lynx continue à regarder fixement le mannequin, jusqu'au moment où il tombe frappé à mort. Mais il s'agit de le bien viser! S'il n'est que blessé, il s'élance contre son ennemi, lui enfonce ses griffes tranchantes dans la poitrine et le mord sans qu'on puisse lui faire lâcher prise. Quelquefois le lynx commence par fondre sur le chien, et le chasseur a le temps de lui envoyer un second coup de fusil. Le chien ne peut résister à l'attaque du lynx qui est mieux armé et plus agile que lui. Aussi le lynx ne le craint pas. Quand il en rencontre un, il ne se hâte point de battre en retraite et ne monte guère sur un arbre, mais s'enfonce dans quelque crevasse inabordable; il peut, à la rigueur, mettre hors de combat deux ou trois chiens de chasse. Les primes accordées pour la destruction du lynx sont assez élevées. Dans le canton de Fribourg sa tête vaut près de 200 francs, à Glaris 60, et au Tessin 25.

Ses empreintes ressemblent au pas du chat, mais leurs dimensions sont doubles.

Les jeunes lynx s'apprivoisent assez bien pour qu'on puisse les laisser courir en liberté sans crainte de les perdre. Ils finissent par devenir désagréables, par la persistance qu'ils apportent à flairer tous les objets auxquels ils ne sont pas accoutumés. Il est difficile de s'en procurer de jeunes, de sorte que ces animaux sont plus rares dans les ménageries que les ours, les loups et les léopards. Aussi longtemps que la mère vit, elle défend ses petits avec un courage que rien n'ébranle. Les chats détestent autant les lynx que les chiens détestent les loups. Les lynx apprivoisés finissent par mourir d'obésité, et ceux qui vivent en liberté ne paraissent pas dépasser l'âge de quinze ans.

IX. LES RENARDS DANS LA MONTAGNE.

Description. — Manière de les chasser et de les prendre. — Variétés. — Grande fréquence des renards. — Les renards et les chiens. — Renards enragés. — Renards apprivoisés.

Le renard, le cousin-germain du loup et du chien, animal connu de chacun, est le plus commun des carnassiers de nos montagnes. Tenue, coloration, allure, tout chez lui est plus élégant que chez ses congénères; il est aussi plus fin, plus défiant, plus calculateur, plus fécond en ressources que les animaux des races canines. Doué d'une excellente mémoire, surtout locale, il est inventif, patient, résolu, excellent sauteur, il rampe, il nage, il marche sans faire de bruit; bref, il réunit toutes les conditions voulues pour être un filou de mérite; il a même l'humour, la nonchalance blasée, les manières engageantes d'un véritable artiste en escroquerie. Ses mœurs sournoises, la nourriture qu'il préfère, sa manière de chasser, l'organisation de ses yeux, le rapprochent plutôt du chat que du chien, animaux dont il semble être l'intermédiaire. Il a les mauvaises qualités des deux espèces, il est universel en fait de talents et possède une structure si bien appropriée à son caractère, qu'il peut passer pour le mieux doué des animaux libres. Les anciens en faisaient déjà le héros de leurs fables.

Les montagnards distinguent deux espèces de renards, comme ils distinguent deux races de chamois. Le renard des forêts et des vallées inférieures n'a pas de nom particulier, mais on ne le confond pas avec le renard des Alpes, qui habite pendant toute l'année les hautes montagnes, rôde jusqu'au bord des champs de névé et ne descend dans les régions inférieures qu'après de fortes chutes de neige, en janvier. C'est la seule époque de l'année où ces renards des Alpes puissent tomber sous les coups des fusils, car il faut renoncer à les chasser avec succès sur leurs montagnes.

Malgré les chiens, les trappes, les piéges de toute sorte, les renards sont encore extrêmement communs dans les forêts, les vallées, les montagnes et les champs; il semble impossible d'en diminuer le nombre. Leur genre de vie et surtout leurs ruses les mettent à l'abri de toute extinction future. Ils apportent beaucoup de discernement dans la construction de leur terrier; souvent ils ne se le creusent pas eux-mêmes, car ils ont trop d'imagination et de sentiment poétique pour aimer une occupation monotone et pénible. D'habitude, c'est le mélancolique et laborieux blaireau qui est forcé de leur abandonner sa demeure; les ruses de guerre et les miasmes odorants, dont maître renard sait déterminer le dégagement dans les abords du terrier, en chassent le propriétaire; il sort en grognant de la retraite commode qu'il s'était creusée, et immédiatement le renard aux aguets prend possession de cette demeure confortable et chaude. Il est rare que les renards se contentent d'un seul terrier; ils ressemblent sous ce rapport aux écureuils et ont deux ou trois retraites à des niveaux différents dont l'une est ordinairement très-élevée. Ils l'habitent pendant quelque temps lorsqu'ils craignent de chasser dans la plaine, ou lorsqu'ils se doutent que le terrier d'en bas a été découvert par les chasseurs. Dès qu'un renard se sent poursuivi, il se réfugie dans son terrier ou dans celui d'un camarade, non pas en s'y dirigeant en droite ligne, mais en faisant de grands détours pour induire en erreur les chasseurs et les chiens. Quand il est serré de trop près par la meute, le renard trouve bien vite un trou pour se cacher.

Nous avons rarement observé dans les montagnes de ces grands terriers de renards bien construits et formés de différentes chambres communiquant par des couloirs ; nos renards n'ont qu'une grande chambre profondément enfoncée et munie de deux ou trois galeries de sortie reliées entre elles. L'animal habite ordinairement son terrier pendant toute l'année. Au commencement de mai, après une portée de neuf semaines, la femelle y met bas de cinq à neuf petits aveugles, pour lesquels elle a beaucoup d'égards et qu'elle soigne avec amour. Au bout de quelques semaines, elle conduit hors du terrier ces jolies petites bêtes couvertes de duvet jaunâtre, elle joue avec elles, leur apporte de petits oiseaux, des lézards, des grenouilles, des scarabées, des souris, des sauterelles, des vers de terre, et leur enseigne à saisir, à torturer et à manger ces pauvres animaux. Lorsqu'ils ont atteint la taille de petits chats, ils sortent le matin et le soir du terrier, par le beau temps, et attendent à l'entrée le retour de leurs parents. Il est très-rare qu'on puisse observer les jeux d'une famille de renards. La mère est d'une défiance excessive ; au moindre bruit elle prend ses petits dans sa gueule et les reporte au fond du trou. A partir du mois de juillet, les petits vont seuls à la chasse, ils cherchent à atteindre au crépuscule quelque levraut ou quelque écureuil, à prendre au nid quelques jeunes gélinottes ou bartavelles, à escamoter une caille, un roitelet, une souris, pendant que les plus faibles de la nichée se contentent de vers et de grillons. Ils ont déjà toutes les manières des vieux ; leur long museau est sans cesse à flairer par terre, leurs fines oreilles se dressent, leurs petits yeux verts, louches et brillants fouillent le taillis, leur queue, terminée par un panache de poils fins et moelleux, suit doucement leurs pas légers, qui se succèdent sans bruit. Tantôt le jeune chasseur dresse la tête au-dessus de la pierre sur laquelle il appuie ses pattes de devant, tantôt il se fait petit et se tapit sous un buisson pour y attendre le retour des petits oiseaux qui rentrent au nid; ailleurs on voit ce petit être hypocrite près d'une étable : il a l'air tout à fait inoffensif, mais il attend bel et bien les souris que la nuit fera sortir du bâtiment pour aller ronger dans le pré voisin les semences du foin mûr. En automne, les jeunes renards abandonnent tout à fait le terrier paternel, et vivent isolés dans des trous jusqu'au printemps, époque où ils se choisissent une compagne et où on les entend déjà japper pendant les nuits froides des mois de février et de mars. Ce cri enroué paraît être leur cri d'appel : lorsqu'il retentit plus tôt, en décembre et en janvier, les chasseurs annoncent des froids très-vifs. A d'autres époques, le renard ne fait entendre qu'une espèce de grognement prolongé, et quand il est pris à la trappe, un cri méchant et haineux. Il vit comme le loup dans une scrupuleuse monogamie; mais il est plus insociable encore et ne se réunit presque jamais à ses pareils pour chasser en commun.

Maître renard mène dans la plaine une vie plus confortable que dans les montagnes. Les raisins lui sourient sur les ceps, les abricots parfumés et les poires savoureuses lui font dresser le museau. Il y a dans la plaine des basses-cours mal gardées, des ruches gorgées de miel à renverser, beaucoup de lièvres, de perdrix, de cailles, d'alouettes, à surprendre pendant la nuit entre les sillons. Dans les Alpes, la rapine est plus difficile, le gibier est plus rare et se tient sur ses gardes ; en revanche, en novembre, à l'époque du frai, le renard attrape souvent, dans les ruisseaux limpides, quelque truite, ou des écrevisses, qu'il aime beaucoup et attire, dit-on, en plongeant sa queue dans l'eau. Ses habitudes le mettent souvent en conflit avec les pêcheurs et les oiseleurs, car lorsqu'il arrive le premier près d'un filet, le renard, qui a des notions assez larges sur la propriété, fait son profit de tout ce qui s'y trouve. Dans les moments de disette, il se console en faisant la guerre aux scarabées, aux courtilières, aux guêpes, aux abeilles et aux mouches.

Malgré la complaisance de son appétit, le renard n'a pas l'existence facile pendant les hivers rigoureux où il tombe beaucoup de neige, et il est alors forcé de se creuser des galeries de plusieurs mètres de profondeur pour arriver à l'entrée de son terrier. Les renards des Alpes, descendant dans les forêts, viennent faire concurrence à ceux des montagnes et poussent, comme ces derniers, des reconnaissances au fond des vallées. Le matin, on voit à leurs pistes fraîches qu'ils ont rôdé pendant la nuit autour des écuries et dans l'intérieur des villages, où les aboiements des chiens de garde les mettent en fuite. C'est ainsi qu'on peut juger de leur nombre considérable, par exemple, dans le canton d'Appenzell, où les montagnes sont percées d'un nombre infini de terriers. Au milieu de l'hiver, un montagnard y appâtait chaque année les renards à l'aide de chats rôtis et de cadavres d'animaux; il disposait son appât dans une caisse de bois fixée sur un rocher, de façon à ce que les renards affamés n'en pussent arracher qu'un petit morceau à la fois. Au commencement, une ou deux bêtes seulement, plus tard, huit et même onze y venaient chaque nuit. Ils sautaient comme des fous autour de la caisse, la secouaient des dents et cherchaient à la soulever et à la renverser; enfin, l'un d'eux eut l'idée d'arriver en-dessous, en creusant le sol : aussitôt ils se mirent à gratter la terre et ils auraient sans doute atteint leur but, si la caisse n'avait pas été fixée sur une grosse pierre.

Chaque semaine le chasseur en tirait quelques-uns, ce qui rendait les autres plus prudents, sans cependant les empêcher de revenir. Souvent il se passait des scènes atroces : le renard atteint par le coup de fusil ne tombait pas mort, mais s'éloignait blessé en se traînant péniblement. Les autres suivaient le blessé, puis tout à coup ils s'élançaient sur lui et le dévoraient. Chacun en arrachait un débris, et ceux qui n'avaient pas été favorisés, restaient sur la place et cherchaient longtemps dans la neige ensanglantée quelque petit os ou morceau de peau dédaigné par ceux qui avaient emporté les grosses parts. Plus tard, de pareilles scènes se renouvelèrent, même quand un des renards n'avait été que très-légèrement blessé; n'avait-il perdu que quelques gouttes de sang, il devenait la victime de ses farouches congénères ; ce sont bien là des mœurs de loups. Plus tard, le chasseur fit choix d'un renard mort pour appât, mais cela effraya les autres qui s'enfuirent et ne revinrent pas de longtemps ; aussi prétendait-il qu'ils ne dévorent leurs frères que lorsque ceux-ci sont encore chauds. Il se trompait sans doute, car nous avons trouvé nous-même, au milieu des pâturages couverts de neige, des crânes et des os de renards qui avaient évidemment été traînés et rongés par leurs compagnons affamés. Les chèvres qui tombent des rochers deviennent la proie des renards aussi souvent que des corbeaux et des aigles. Ils rongent aussi les cadavres des malheureux entraînés par les avalanches, lorsque la fonte des neiges les amène à la surface. Rien de mort ou de vivant n'échappe à leur dent, pourvu qu'ils soient assez forts pour s'en emparer ; les paysans le savent si bien, qu'ils recouvrent de pierres et d'épines les endroits où ils ont enterré des animaux, afin d'empêcher ces pillards d'en déterrer les restes. Les piquants du hérisson ne le mettent pas à l'abri des ruses de maître renard, qui sait si bien le secouer, le faire rouler, l'asperger de son urine fétide, que le pauvre hérisson finit un instant par se dérouler et offre prise à la dent de son persécuteur. Il est rare qu'il puisse s'emparer de jeunes chamois, parce qu'ils sont très-prudents et suivent avec rapidité leur mère sur les rochers. Il n'en est que plus ardent à chasser les marmottes. Il se cache pendant des jours entiers derrière quelque pierre à portée de l'ouverture de leur terrier. Lorsque le rongeur met le nez dehors, le renard, malgré son avidité, contient son impatience. Il ne bouge pas, fait doucement frétiller sa queue et attend que la marmotte se soit un peu éloignée de son trou ; alors il s'élance, lui coupe la retraite et s'en empare sans peine.

Si l'on a attribué au renard des ruses fort problématiques ou même impossibles, qui l'ont fait considérer comme l'emblème de l'astuce poussée à ses dernières limites, il suffit des traits positivement observés pour le mettre au rang des animaux les plus rusés. Le renard pris à la trappe, ou dangereusement blessé, ne trahit pas sa présence par un seul gémissement, mais il se ronge silencieusement la patte pour se dégager, et s'enfuit sur les trois autres. S'il lui est décidément impossible de s'arracher de l'étreinte des dents de fer qui le retiennent, il fait le mort, reste sans mouvement et réussit quelquefois à sortir de la carnassière où il s'est laissé mettre. Son sang-froid est si grand, qu'à l'instant même où, venant de s'échapper à grand'-peine d'une écurie, il passe dans la cour, on le voit étrangler quelques oies et s'enfuir avec l'une d'entre elles dans la gueule. Une poursuite longue et opiniâtre ne réussit qu'à le rendre plus inventif en fait d'expédients, et lui fait déployer toute son énergie; il parcourt quinze à dix-huit lieues sans s'arrêter, sans perdre un instant sa présence d'esprit, car, tout en fuyant, il tire parti de tous les avantages que peut lui offrir le terrain, lors même qu'il sent derrière lui une meute entière conduite par des piqueurs experts. Il court comme un chat sur les saillies de rocher les plus étroites; il fait, sans se blesser, des sauts énormes; il ne se laisse jamais acculer, de manière à devoir attendre le coup de grâce, immobile et résigné. Sous ce rapport, les renards d'Europe sont beaucoup plus féconds en ressources et plus opiniâtres dans leur fuite que ceux de l'Amérique; aussi a-t-on introduit les nôtres aux États-Unis, afin que les Américains puissent se procurer toutes les jouissances raffinées d'une chasse à l'anglaise.

Celui qui n'est pas au fait de la chasse au renard, et ne connaît pas le pays, y perd son temps, tandis qu'elle est très-profitable quand on sait s'y prendre. Le chasseur doit connaître toutes les tanières fort loin dans la montagne, et il s'assure aux traces laissées sur la neige si elles sont désertes ou habitées. Il se rend le matin, de très-bonne heure, près d'une de ces tanières, se cache à portée de l'ouverture, et tire le renard au moment où celui-ci revient de son excursion nocturne, ou bien, s'il sait que l'animal n'est pas dans son terrier, il met les chiens sur la piste et l'attend comme précédemment à l'ouverture du trou, où il ne tarde pas à venir se réfugier. Si le renard est déjà rentré dans sa demeure souterraine, comme c'est le cas lorsque le temps a été mauvais le jour précédent, ou lorsqu'il a été traqué par les chiens avant l'arrivée du chasseur, on s'assure que le trou est habité et on en mure toutes les ouvertures sauf une seule, où l'on place soit une trappe, soit quelque autre piége. Après de longues réflexions, l'animal finit par se décider à tenter une sortie, mais il ne le fait que forcé par un jeûne d'une semaine peut-être. Lorsqu'il s'est pris vivant dans un traquenard, c'est toujours une affaire épineuse que de l'en faire sortir. Le chasseur le saisit par la queue, le retire vivement de la caisse, lui fait décrire deux ou trois tours et l'assomme aussi vite que possible contre une pierre, avant que l'animal furieux ait eu le temps d'enfoncer ses dents dans la main. Il y a quelque temps qu'un de nos camarades de chasse prit deux renards à la fois dans une trappe de ce genre. Le dernier venu s'était mis à dévorer vivant son compagnon qui était dans l'impossibilité de se retourner et de se défendre, et il lui avait suffi d'une nuit pour le tuer et lui ronger tout l'arrière-train. Belle union dans l'adversité! Poursuivi dans son terrier par un chien basset, le renard ne se décide à l'abandonner qu'après une lutte violente. Tandis que le blaireau ne se défend au fond de son souterrain qu'à coups de griffes et ne mord que rarement, le renard gronde et fait usage de ses mâchoires dès la première attaque du chien. A la fin, poussé à bout, il s'élance en avant, passe sur le corps de son adversaire, et sort si brusquement de son terrier, que le chasseur n'a qu'un instant pour lui lâcher un coup de fusil.

Dans le canton de Glaris, on a généralement l'habitude d'appâter les renards au bord de la Linth, en y déposant en hiver du sang de bœuf, de la chair de chien, des chats grillés. Pendant le jour, corbeaux, corneilles et pies s'attroupent en coassant dans le voisinage de ces débris d'animaux, et avertissent ainsi les renards. La nuit venue, ceux-ci descendent des montagnes vers la rivière, la traversent même à la nage, malgré la violence du courant, pour arriver aux corps morts. Les premières nuits ils sont extrêmement prudents, ne s'approchent qu'avec méfiance, arrachent quelques bouchées et s'enfuient. A la longue, ils s'enhardissent et s'oublient à leur festin, de sorte qu'on peut les tirer depuis les cabanes du voisinage. On a constaté à ce sujet un fait intéressant, c'est qu'avant le nouvel an les renards font leur apparition entre huit et onze heures du soir, tandis qu'après cette époque ils n'arrivent qu'entre minuit et l'aube du jour.

Le renard porte près de la racine de la queue une glande remplie d'un liquide graisseux, qui a une odeur de violette ou de musc; les chasseurs la nomment en effet violette. Il est difficile de s'expliquer l'usage de cette glande, car le reste du corps du renard est loin d'être parfumé à la violette. Sa chair a une odeur si détestable que, fraîche, elle est immangeable; après avoir séjourné quelque temps dans l'eau et s'être faisandée, elle perd plus ou moins ce goût particulier. Les Romains, qui avaient l'habitude d'engraisser le renard avec du raisin, le tenaient pour un excellent rôt. Sa graisse est assez recherchée pour les blessures, et se paie près de six francs la livre. Deux renards des montagnes valurent à un chasseur de notre connaissance six livres et demie de graisse, tandis que quatre autres tués à la même époque ne lui en fournirent qu'une demi-livre. En hiver, la fourrure est touffue et assez fine, elle a du brillant, et vaut cinq à six francs.

Les renards ont la vie très-dure, et nous avons dit que, pris à la trappe, ils se rongent la jambe pour se dégager; ils ont assez de puissance sur eux-mêmes pour se laisser mourir de faim, plutôt que de toucher à un appât dont ils se méfient. Pour les tuer roides, il faut les atteindre avec une bonne charge de grenaille n° 2, tandis qu'il suffit de leur appliquer un coup sec sur le museau pour les assommer. La ténacité de la vie varie extrêmement chez les divers animaux. Une blessure légère démonte le chevreuil, le lièvre, le bouquetin. Le renard, le chamois, la martre, le loup, voire l'écureuil, et puis le chat sauvage et le chat de maison, s'enfuient encore lorsqu'ils ont été grièvement blessés et réussissent souvent à se sauver. Un chasseur avait miné un terrier et saisi le renard par derrière; il lui fendit la cuisse au-dessus du genou et passa dans cette ouverture l'autre jambe de l'animal, ainsi qu'on a l'habitude de le faire pour suspendre les lièvres. Après avoir ainsi traité son animal, le chasseur le retira du boyau souterrain et le jeta par terre avec ces mots : « Bon, tu n'iras plus bien loin. » Mais le renard entendit la chose autrement; d'un bond il fut sur ses trois pattes, prit le galop et disparut en un clin d'œil.

Dans certains cantons de la Suisse, on donne au renard des noms particuliers, qui dépendent de sa coloration; c'est ainsi qu'on distingue les charbonniers, les fauves, les nobles, les musqués, les croisés, animaux qui tous doivent être considérés comme de simples variétés de l'espèce. En Allemagne, on appelle renards rouges ou charbonniers ceux qui sont roux à gorge noire ou noirâtre et dont le bout de la queue est blanc; on en a fait, sous le nom de *canis melanogaster*, une espèce particulière. On donne le nom de renards croisés, à ceux qui, étant fauves, ont des poils noirs sur les reins et les épaules. On cite comme une grande rareté le renard blanc tué près de Muhlehorn, au bord du lac de Walenstadt, et plus tard aux Grisons. Toutes ces variétés se retrouvent dans la plaine suisse.

Dans le canton de Berne, le fisc paie chaque année mille primes au moins pour autant de renards détruits, et on peut admettre qu'il s'en prend plus du double pour lesquels les chasseurs ne réclament pas la prime. Ces chiffres ne paraîtront point extraordinaires, si l'on tient compte du fait que, dans de petites vallées, de simples amateurs, qui ne chassent le renard que de temps à autre par plaisir, tirent chacun de quinze à vingt pièces pendant l'automne et l'hiver. Malgré tout, le renard, ce dangereux ennemi du gibier, augmente plutôt qu'il ne diminue, tandis que le gibier lui-même, les perdrix et les lièvres diminuent partout, et comment s'en étonner, quand on sait avec quelle ruse et quels engins perfectionnés les braconniers chassent durant toute l'année? Ils détruisent beaucoup plus de gibier que les porteurs de permis de chasse.

L'antipathie qu'éprouve le chien pour le loup existe aussi pour le renard. Il le poursuit avec passion et chasse même souvent seul et à ses risques et périls. Un bon chien courant peut toujours se rendre maître d'un renard, mais s'il s'attaque à deux, il ne se retire de la lutte que blessé, ou bien il succombe et sert de pâture à ses adversaires. Quand il a saisi à la nuque le renard blessé, il la lui brise et le laisse sur place sans y toucher, lors même que, imparfaitement dressé, il éventre le lièvre et en ronge les intestins ou la tête. Les montagnards assurent tous que les renards et les chiens s'accouplent en liberté aussi bien qu'en captivité. Les renards viennent souvent rôder la nuit autour des chalets, attirés par une chienne en chaleur, tandis que de bons chiens refusent parfois de poursuivre la femelle du renard lorsqu'elle est dans les mêmes circonstances. Les métis que mettent au jour les chiennes qui ont reçu la visite du renard, tiennent beaucoup du chien, n'ont jamais la férocité des métis du loup et du chien et passent pour aptes à se reproduire à leur tour[1].

Un autre fait démontre que chiens et renards ont dans les montagnes certains rapports d'intimité : lorsque la rage règne parmi les chiens, on rencontre aussi dans la contrée des renards enragés, qui ont peut-être été le point de départ du fléau. La rage transforme d'ailleurs complétement le renard. Ordinairement, lorsqu'il court, il tient la queue haute, et il ne la laisse pendre que pendant qu'il marche au pas, sans pourtant qu'elle traîne à terre. La queue du renard enragé ne cesse de balayer le sol. Maigre, misérable, malade, il erre sans but au milieu des forêts et des champs, se traîne sans intention de rapine

[1] M. Flourens, qui s'est fort occupé expérimentalement de la question des croisements, n'admet pas la possibilité de croisements féconds entre le chien et le renard, animaux qui appartiennent à deux genres différents, car le chien a la pupille ronde et le renard l'a fendue de haut en bas. (*Note du traducteur.*)

autour des fermes, et lorsqu'on l'effarouche, il se retire lentement et comme à regret; il mord les enfants, les chats, les chiens, et n'a plus la vie aussi tenace que lorsqu'il est en bonne santé. Nous avons vu un soir une jeune fille assommer net d'un coup de sa cruche de terre, un renard enragé qui se glissait autour d'une maison. Jamais les renards ne semblent si abondants que lorsqu'ils sont enragés, un instinct secret les pousse alors à descendre des montagnes et à sortir des forêts pour vaguer dans la plaine et les vallées. Cette horrible maladie n'a que trop souvent sévi dans certains cantons. Elle affecte à certaines époques toutes les espèces du genre chien, même les loups, sans qu'il soit possible d'en indiquer positivement l'origine. On l'a attribuée à une faim excessive, à l'action du froid, à l'instinct sexuel non satisfait. Les effets de la morsure d'un chien enragé varient beaucoup. En 1805 et 1806, plus de cinquante personnes furent mordues dans le canton de Zurich, et il n'en mourut qu'une seule, une vieille femme qui avait été blessée à la lèvre supérieure. Toutes les autres furent préservées de la mort et guéries par un traitement qui consistait à scarifier la plaie, à la saupoudrer de poudre de cantharides et à la frictionner avec de l'onguent mercuriel, en même temps qu'on employait la belladone à l'intérieur. De 1813 à 1823, trente-quatre personnes mordues par des chiens enragés, et trente par des chats hydrophobes, furent admises et soignées à l'hôpital de Zurich; aucune ne mourut. La morsure d'un renard enragé détermine encore moins souvent que celle d'un chien l'invasion de l'hydrophobie chez l'homme. En Italie, sur treize individus mordus par un loup enragé, neuf succombèrent avec les symptômes de cette épouvantable affection. Les chevaux qui ont été attaqués par des chiens enragés, ne paraissent pas prendre la maladie. Indépendamment de la rage, les renards peuvent être atteints et décimés par de certaines maladies, telles que la gale épizootique et la consomption.

Le renard s'apprivoise plus facilement que le loup, mais apprivoisé, il n'est ni très-utile ni très-agréable à posséder. Il ne devient jamais familier comme le chien et reste toujours faux et voleur. Lorsqu'il a été pris jeune, il s'habitue à son maître, joue volontiers avec lui, se laisse caresser, bondit, agite la queue et gémit en signe de joie. Il parcourt en toute liberté la maison et la cour et se conduit comme il faut. Tout cela va bien un certain temps, mais un beau soir maître renard disparaît, et s'il revient, c'est toujours de nuit, pour profiter de sa connaissance des lieux et piller son ancien possesseur. Du moins cela nous est arrivé à plusieurs reprises. Un des jeunes renards que nous élevions, avait tellement pris en affection une petite fille, qu'elle pouvait en faire ce qu'elle voulait et qu'il accourait à sa voix au milieu des champs, après avoir déserté le logis depuis plusieurs jours. Les vieux renards ne s'apprivoisent jamais, et d'ailleurs les cris qu'ils poussent pendant la nuit et leur mauvaise odeur les rendent insupportables.

En automne, à l'ouverture de la chasse, quand la fourrure des renards prend une certaine valeur, il est facile d'en rencontrer. De jour même, il n'est pas rare d'en voir un suivre une trace ou parcourir sans se presser les endroits rocailleux et déserts. Ils flanent avec une certaine indifférence et flairent de temps en temps la terre afin d'y découvrir une piste. Au bout de quelques semaines, ils sont déjà devenus plus prudents et marchent avec précaution, en tournant souvent la tête pour voir ce qui se passe derrière eux. Chassés par les chiens, ils ne quittent pas les fourrés, et ce n'est que lorsque la nécessité les y force, qu'ils se lancent en plein champ. On a fait la remarque que des renards restés sur place après le coup de fusil et grièvement blessés, se guérissent souvent rapidement.

La plupart des renards de l'Amérique du Nord et du Sud, de l'Asie, et des bords de la mer Glaciale sont encore peu connus, sauf le renard blanc (*canis lagopus*), qui est bleu grisâtre en été et blanc en hiver. Il vit en grandes troupes en Suède, en Norwége, en Laponie, en Islande, dans les îles Aléoutiennes et les îles de Behring, où il est si commun qu'on le tue par centaines à coups de bâtons.

X. LES LOUPS.

Histoire naturelle du loup. — Ses caractères distinctifs. — Comment il chasse. — Comment on le chasse. — Aventures. — Le loup et le chien. — Métis du loup.

Partout l'homme a trouvé dans le chien domestique un compagnon fidèle et un serviteur dévoué, tandis que les chiens sauvages sont les ennemis naturels de sa personne et des animaux qu'il s'est associés. Les progrès de la civilisation sont, à leur tour, les ennemis irrésistibles de ces dangereux carnassiers, les refoulant chaque jour dans des retraites dont l'étendue ne cesse de diminuer. Les chiens sauvages habitent toutes les latitudes, comme les chiens domestiques, et sont représentés par les diverses espèces de loups, de chacals et de renards. Nos Alpes ne renferment heureusement qu'un loup et un renard, mais c'en est déjà trop.

Depuis le commencement de ce siècle, les loups sont devenus en Suisse une rareté, et l'on ne sait trop si l'on peut encore les compter au nombre des animaux sédentaires, qui se reproduisent chez nous. Nous ne possédons plus de ces forêts immenses, impénétrables, non interrompues, qui sont nécessaires à leur existence permanente et à leurs chasses lointaines. La Bregaglia, la vallée de Poschiavo, l'Engadine avec ses grandes forêts, ses gorges inaccessibles et ses hautes vallées désertes, les Alpes septentrionales du Tessin, les grands massifs du Valais et de l'Oberland bernois, les forêts du Jura aux environs de Porentruy, paraissent cependant être le séjour permanent d'un petit nombre de familles de loups. Ils passent l'été dans une solitude profonde, soit dans la montagne, soit dans l'Alpe, et ne quittent leur retraite qu'en usant de beaucoup de précautions. Les loups ne sont pas des pillards aussi prudents que les renards; ils ne savent pas comme eux passer inaperçus, de sorte que, pour échapper aux poursuites, ils sont forcés de fuir les localités habitées. La louve met bas, en avril, quatre à neuf petits, dans le terrier élargi d'un blaireau ou d'un renard. Ces jolies petites bêtes n'ont pas encore les yeux entr'ouverts, sont couvertes d'un duvet laineux roussâtre et restent cachées et serrées les unes contre les autres dans l'endroit le plus profond du terrier, pendant que le père ou la mère va à la recherche de leur nourriture. Il est rare que leurs parents les quittent ensemble, car ce serait les exposer certainement à périr sous la dent de leurs petits-cousins du voisinage.

Toujours sur ses gardes, l'œil louche et perçant, le vieux loup suit le fourré timidement, bêtement, et se reconnaît de loin à sa maigreur, à ses formes osseuses, à sa démarche insidieuse et irrésolue. Le loup laisse sur la terre humide des empreintes semblables à celles d'un grand chien, mais plus allongées, plus larges, et comme tirées au cordeau. Le loup a quelque chose de repoussant et de désagréable dans ses allures, il est avide, malfaisant, faux, défiant et haïssable en tout; l'odeur affreuse qu'il répand, rend sa présence intolérable; il est la terreur de tous les animaux dont il s'approche. La queue basse, il reste en arrêt devant quelque gélinotte ou bartavelle, il épie les rats, les belettes et les souris, et avale lézards, crapauds, grenouilles, couleuvres et même orvets, à défaut d'autre proie. Il chasse à la course les animaux de grande taille, il les force, ce que les espèces félines ne font jamais. La puanteur qu'il exhale et ses allures stupides effraient à l'ordinaire les animaux, de sorte qu'il est souvent réduit à errer plusieurs nuits de suite, maigre et affamé, au milieu des rochers et loin des endroits habités.

L'hiver exaspère encore la faim déjà presque insatiable du loup; mais, la terre étant couverte de neige, il chasse avec plus de profit et peut suivre la trace. Il surprend alors des lièvres blancs et des renards, malgré leur prudence. Il n'en est pas moins toujours affamé, rôde de forêt en forêt, le regard oblique, les yeux enflammés, dressant ses petites oreilles pointues et tendant à tous les vents son museau allongé; il semble traîner après lui ses jambes de derrière, comme si elles étaient paralysées; pendant les nuits glacées, ses hurlements sinistres retentissent au loin au milieu des pâturages couverts de neige. Le loup ne pousse pas ses pointes à quelques lieues seulement de son fort, il erre sur des chaînes entières, part de l'Engadine, traverse les Alpes de Berne et du Valais, pour descendre dans les plaines du pays de Vaud, ou sort des Vosges et suit les chaînes du Jura sur toute leur étendue. Partout il est la terreur de l'homme et des autres animaux. Dans les hivers très-froids, les cantons de Bâle, de Soleure, d'Argovie, de Zurich, de Fribourg, sont fréquentés par des loups. Aux environs d'Olten, le dernier loup fut tiré en 1808. Dans le canton de Vaud, l'apparition de ces carnassiers est plus commune : on en a tué un en 1849. En 1857, deux jeunes garçons tuèrent un loup près du bourg d'Appenzell et lui enlevèrent ses cinq petits. Ce fut dans le dix-septième siècle que le dernier loup fut abattu dans ce canton. Des loups sortis des montagnes du Tessin et des Grisons s'avancent quelquefois jusque dans les Alpes des petits cantons. Vers 1780, le gouvernement de Glaris mit au prix de quinze louis d'or la tête d'un loup qui faisait un grand carnage de chèvres et de moutons. L'animal ne tarda pas à être tué dans les montagnes de Näfels; il pesait soixante et onze livres.

Quelques familles de loups paraissent habiter en permanence les vallées de Verzasca, de Lavizarra et de Maggia au Tessin; on les aperçoit régulièrement et ils errent jusque près de Bellinzone. Au mois de novembre 1855, une bande tomba, dans le val Misocco, au milieu d'une troupe de chèvres et y fit un grand ravage. Dans les environs de Porentruy, on tire chaque année des louveteaux, nés dans le voisinage, ou venus des forêts françaises.

A la fin du siècle passé, la découverte d'une piste de loup mettait en émoi des paroisses entières, ainsi que le raconte la chronique : « Dès qu'on signale la présence du loup, on sonne le tocsin, chacun prend les armes, et on lui fait la chasse jusqu'à ce qu'il soit tué ou expulsé de la contrée. » On les mettait en fuite plus souvent qu'on ne les tuait, car les loups quittent d'eux-mêmes le pays où ils viennent de commettre des déprédations, comme s'ils avaient le pressentiment du sort qui les y attend. On se servait pour ces chasses de grands filets que le voyageur peut voir encore aujourd'hui dans plusieurs villages et à la maison de ville de Davos, où, jusqu'à ces derniers temps, trente têtes et mâchoires de loups, suspendues sous l'avant-toit, grimaçaient aux passants, et disaient assez combien ces bêtes féroces avaient été communes dans les montagnes du voisinage. Des hivers très-froids, qui forcent les animaux des Alpes à descendre dans les vallées, poussaient les loups jusqu'aux portes des grandes villes, et les récits du temps font mention d'individus dévorés, de chiens de garde étranglés tout près de Zurich et de Schaffhouse, au seizième siècle et même plus tard. Dans le Jura vaudois et spécialement à Vallorbes, la chasse au loup est régulièrement organisée et incombe à une société particulière, qui a ses dignitaires, ses lois et sa juridiction. Le chef partage ses hommes en deux troupes : les hommes armés de fusils se postent immobiles à des endroits désignés ; les autres, munis de gourdins, battent la forêt et traquent la bête. Dès qu'elle est tuée, une fanfare de six trompettes annonce la fin du brigand. Sa peau fait les frais d'une fête à l'auberge ; ceux qui n'ont pas voulu se soumettre aux ordres du chef, sont condamnés à boire de l'eau et chargés de chaînes de paille. Comme l'on ne peut devenir membre de ce club qu'après avoir assisté à trois chasses heureuses, les pères ont l'habitude d'y porter sur les bras leurs petits garçons.

Anciennement, on creusait des fosses pour y prendre les loups au passage, et Gessner raconte qu'un chasseur y fit une fois une triple prise consistant en un loup, un renard et une vieille femme, qui avaient passé la nuit vis-à-vis les uns des autres sans se faire de mal.

Le mouton est la proie de prédilection du loup; aussi ses ennemis les plus acharnés et les plus dangereux sont-ils les chiens de bergers de bonne race. Sans avoir les habitudes des animaux fouisseurs, le loup se creuse quelquefois pendant la nuit un passage souterrain pour arriver dans l'intérieur de l'étable. Il ouvre une gueule qui laisse voir un immense gosier rouge foncé et une formidable bordure de dents blanches et pointues, s'élance sur le plus grand des moutons, et d'une patte le retient à terre pendant qu'il le dévore. La vigueur des muscles de sa nuque, la grosseur des os de sa tête et des vertèbres de son cou, lui permettent d'emporter dans la gueule en courant un mouton ou un chevreuil, et de le tenir assez haut pour qu'il ne traîne pas à terre. Depuis un siècle, les loups n'ont guère attaqué l'homme dans notre pays; ils le fuient plutôt par lâcheté, et il faut qu'ils soient affamés ou grièvement blessés pour s'enhardir à l'assaillir ou à lui tenir tête. C'est ainsi qu'un M. a Marca, de Misocco, sortant de chez lui un soir d'hiver, fut attaqué par un loup affamé. Sans perdre son sang-froid, le Grison, un athlète, lui asséna un coup de poing, qui le fit rouler mort sur la neige. Puis il le prit par la queue, ouvrit la porte de sa maison et le jeta aux pieds de sa femme, qui venait précisément de le mettre en colère. Lorsque le loup est chassé et poursuivi, ce n'est qu'à la dernière extrémité qu'il se défend. Le museau à raz de terre, il fuit les yeux étincelants, la queue pendante et le poil du cou et des épaules hérissé. Lorsqu'il se croit hors de danger, il ralentit sa course, relève la tête, flaire de tous côtés et agite sa queue. Acculé par les chiens, il en met quelques-uns hors de combat et reprend la fuite. Nous ne connaissons pas un seul cas où un loup blessé se soit jeté sur le chasseur, comme l'ours le fait dans ces circonstances. Pour qu'il se décide à s'élancer sur l'homme, il faut, semble-t-il, qu'une faim horrible l'ait rendu comme fou; il est donc beaucoup plus lâche que le lynx ou même que le chat sauvage. On a déjà assommé à coups de bâtons, et presque sans résistance de leur part, des loups qui s'étaient introduits dans des cours ou des écuries. Dans le Nord où ils sont plus communs, et même dans les régions polaires où ils résistent d'une manière presque incroyable aux froids les plus terribles et au manque presque absolu d'aliments, ils paraissent doués de plus de feu et d'énergie.

En 1773, eut lieu à Biasca une chasse au loup fort extraordinaire. Un chasseur avait retrouvé sa trappe à renard détendue et dépouillée, et la neige alentour rougie par le sang d'un animal. Il en conclut qu'un carnassier de forte taille s'y était pris et, en compagnie de quelques courageux camarades, il se mit à suivre la piste. Elle les conduisit à l'entrée d'une grotte, où l'on présumait depuis longtemps qu'habitait un loup. L'étroitesse de l'ouverture fit supposer que l'animal devait se trouver, au fond, dans une position gênée; après quelque hésitation, l'un des montagnards se décida à entrer en rampant dans la grotte muni de deux cordes. Il vit bientôt le loup, qui, la tête au fond du trou, ne pouvait se retourner; il lui passa vivement une corde autour des jambes de derrière, la noua, et battit en retraite aussi vite que possible. Ses compagnons faisant passer la corde au-dessus d'une branche assez élevée d'un sapin voisin, tirèrent de toutes leurs forces : la bête sortit en hurlant et se trouva incontinent suspendue à la branche. Déjà le loup avait relevé la tête et coupé l'une des cordes avec ses dents, lorsque les chasseurs se mirent à le frapper de leurs lourds bâtons et l'assommèrent.

Dans la vallée de Saint-Nicolas (Valais), dès que la présence d'un loup ou d'un ours a été signalée, les montagnards organisent un service de patrouilles. Ils plantent un pieu au milieu du pâturage menacé. Chaque intéressé est tenu de faire la ronde à son tour et de tracer son chiffre sur le pieu pour attester qu'il a fait son service. Celui qui ne remplit pas son devoir, est responsable du dommage qui arrive ce jour-là.

La rareté des loups dans nos montagnes diminue l'importance de leurs déprédations, mais elles sont très-sensibles dans les pays septentrionaux, en Pologne, en Galicie, en Transylvanie (où 771 loups ont été tués en 1854) et en Russie. D'après les renseignements officiels, pendant l'année 1823 les loups ont dévoré, dans la seule province de Livonie, 15,182 moutons, 1807 bœufs et vaches, 1841 chevaux, 3270 agneaux et chevreaux, 4190 porcs, 703 chiens, 1873 oies et poules. En 1820, dix-neuf personnes sont devenues leurs victimes dans le grand-duché de Posen. Les immenses forêts de ces régions leur offrent un asile assuré et leur reproduction y est telle, que ces animaux, qui vivent d'habitude par paires, se réunissent souvent en grandes troupes pour attaquer les troupeaux. C'est à l'époque du rut, en décembre, qu'ils sont le plus terribles; leur hardiesse est alors inouïe. Lorsqu'ils ont des petits, le besoin de nourriture les rend aussi très-dangereux. Les journaux ont rapporté au printemps 1855 un affreux événement survenu à Brodno, en Hongrie. Près de la maison d'un forestier, une louve pleine attaqua successivement et mordit douze personnes, parmi lesquelles cinq succombèrent immédiatement.

On sait que le loup, ce chacal du Nord, aime à suivre les armées en marche, et visite pendant la nuit les champs de bataille pour s'y repaître de cadavres. Le loup qui a une fois goûté de la chair humaine, y prend goût, la préfère à celle des animaux, et se met à fouiller le sol pour arriver aux cadavres. Lorsqu'en 1799 les armées russes, autrichiennes et françaises firent de nos hautes vallées et de nos passages dangereux le théâtre de leurs sanglants combats, des centaines de corps morts pourrirent sans sépulture dans les forêts et au fond des précipices, et, avec les corbeaux et les aigles, on vit apparaître des loups dans des contrées qu'ils n'avaient jamais fréquentées. Dans ces années malheureuses, on en tua un assez grand nombre dans les Grisons et les petits cantons.

Le loup assis à la lisière d'un bois ou trottant sous la futaie, ressemble tellement au chien de boucher par la forme et la couleur de son corps, qu'on peut le confondre avec lui. On est donc porté à croire que ces deux animaux ont le même ancêtre, et pourtant l'expérience a prouvé depuis longtemps qu'ils éprouvent une profonde aversion l'un pour l'autre. Le loup, malgré sa force, évite toujours la rencontre du chien, qui est plus faible. Le chien se met à trembler et à hérisser son poil, dès qu'il flaire l'approche du loup. Seuls ces chiens vigoureux et fidèles qui gardent les troupeaux de moutons bergamasques sur les Alpes de l'Engadine, osent s'élancer sur le loup qui rôde autour du troupeau et engagent avec lui une lutte souvent mortelle. Si le loup reste maître, il dévore son adversaire, mais si celui-ci l'emporte, il méprise le cadavre de son ennemi et l'abandonne aux autres loups, qui ne tardent pas à arriver sur le lieu de la lutte et mangent leur frère, même s'il n'est que blessé. Ce trait peint l'avidité ignoble et toute l'infamie du loup.

Il occupe, quant au caractère, un rang inférieur dans la série animale. Même parmi les carnassiers, c'est un de ceux qui nous répugnent le plus. Il est toujours affamé, se repaît de chair putréfiée et ne le cède à aucun en fait d'astuce et de perfidie, il n'a d'ailleurs aucune trace de la magnanimité du lion, de la bravoure de l'ours blanc, de la bonne humeur de l'ours brun, de la fidélité du chien. Plus lourd que le renard, il est aussi faux et aussi défiant; il est impudent de hardiesse, mais il n'est pas rusé, n'a rien de beau dans tout son être, et passe à juste titre pour l'un des animaux les plus détestables. Avec le chien il n'a qu'une ressemblance extérieure de formes, et l'on ne saurait prétendre qu'il soit le chien sauvage, le chien à l'état primitif. C'est plutôt le chien dégénéré, corrompu, la caricature du chien, car il en a tous les mauvais côtés, sans en posséder les qualités, et à ce titre c'est un animal intéressant, car la nature ne s'amuse pas souvent à parodier ses propres créatures.

Les besoins sociaux du loup, qui ne se retrouvent chez aucun autre carnassier, ne sont qu'apparents et ont pour but unique de satisfaire ses instincts de rapacité sanguinaire. Quand les loups se réunissent en troupes, c'est afin d'attaquer en commun quelque animal trop fort pour tomber sous la dent d'un seul; l'un chasse l'animal et les autres l'attendent au passage ou cherchent à lui couper la retraite. Dès que la proie est dévorée, les associés se séparent. Les loups digèrent très-vite, même les plus gros os, de sorte qu'ils sont toujours affamés et presque insatiables, malgré leur maigreur. Leur curée terminée, ils mangent un peu d'herbe, comme les chiens. La louve n'a qu'une seule bonne qualité, l'amour de sa progéniture. Elle soigne ses petits avec tendresse, les défend avec courage, et parcourt de grandes distances pour les retrouver. Dans le Jura on en tua dont les mamelles contenaient du lait; peu de jours après trois louveteaux furent trouvés morts de faim dans la forêt de Risoux, à quatre lieues de là.

Tous les efforts qu'on a tentés pour apprivoiser et dresser le loup, n'ont rien pu sur cette nature rebelle et indocile. A la première occasion, le loup le mieux dressé reprend le chemin de la forêt, et redevient aussi sanguinaire que l'étaient ses parents. Les soins les plus désintéressés ne peuvent développer chez cet être vil la plus légère étincelle d'affection et de fidélité. Un fait bien curieux, c'est que malgré leur mutuelle antipathie le loup et le chien s'unissent et produisent des métis. Buffon fit enfermer en commun une jeune louve et un jeune mâtin pendant trois ans, sans qu'ils pussent se décider à vivre en bonne intelligence, et le chien finit par étrangler sa compagne, qui ne cessait de le tourmenter; cependant, dans l'île des Paons, un chien d'arrêt blanc s'unit à une louve, qui mit bas trois petits réellement intermédiaires entre les deux espèces. Ces croisements ont lieu quelquefois entre des animaux en liberté. Les métis qui en résultent, peuvent être employés avec avantage comme chiens courants, et hurlent désagréablement au lieu d'aboyer. Les Esquimaux apparient souvent des loups en captivité avec leurs chiens, pour en rendre la race plus grande et plus vigoureuse. De là vient sans doute la ressemblance frappante qu'a le chien des Esquimaux avec le loup, ainsi que ses hurlements sourds et mélancoliques. Le loup n'éprouve pas souvent des changements dans sa coloration; cependant, du temps de Gessner, il existait, dit-on, des loups noirs dans la vallée du Rhin et aux Grisons. Aujourd'hui cette variété noire passe pour n'être pas rare dans les Pyrénées, et on a observé dans les Ardennes une variété blanche. D'après des renseignements que nous venons de recevoir de Hongrie, on y distingue deux races de loups : le loup des forêts est le loup ordinaire à pelage gris roux, très-fréquent dans les Carpathes, la Pologne et la Russie; le loup Pusta ou des roseaux est plus petit, habite la plaine, et, d'après une comparaison exacte des caractères, il semblerait constituer une espèce particulière.

XI. LES OURS.

Une visite nocturne. — Parties de la Suisse habitées par les ours. — Leurs mœurs. — Chasseurs. — Aventures. — Les ours de Berne.

La culture n'ayant pas encore envahi les hautes Alpes rhétiques, et la population y étant clairsemée, elles continuent à être habitées par les aninaux de proie. Au milieu de rochers escarpés et inaccessibles s'ouvrent des gorges étroites et s'étendent des vallons déserts, jonchés de blocs éboulés, où le lynx épie la marmotte, où le gypaète fond sur le jeune chamois et où l'inévitable renard étrangle la perdrix dans son nid, effraie l'accenteur, guette et cherche à happer l'alerte traquet.

Des pâtres avaient l'habitude d'enfermer soigneusement chaque nuit un petit troupeau de chèvres dans une étable isolée sur l'une des alpes les plus sauvages de la chaîne du Rhéticon; ils remarquèrent un matin dans le voisinage de la hutte des fientes extraordinaires, et virent que l'herbe épaisse qui croissait alentour avait été foulée et grossièrement tondue, que la porte était endommagée et rayée de coups de griffes. Les chèvres sortirent pleines d'effroi, mais il n'en manquait pas une. Les pâtres ne reconnurent pas quel était le visiteur nocturne, mais ils soupçonnèrent qu'un loup ou un lynx habitait le voisinage, et firent sans succès des recherches aux environs et dans une forêt de sapins et d'aroles qui s'élevait au-dessous du chalet. Néanmoins ils résolurent de se mettre à l'affût de la bête, et empruntèrent, dans le village le plus rapproché, un vieux mousquet, qui fut nettoyé et chargé avec toutes les précautions d'usage. Pendant le jour suivant les chèvres s'obstinèrent à rester groupées et ne voulurent pas s'éloigner du troupeau de vaches. Ce ne fut qu'à grand'peine qu'on put les faire rentrer le soir dans leur étable. Deux des pâtres se cachèrent alors derrière un rocher, à portée de fusil et prêts, en cas de danger, à réveiller leurs camarades qui couchaient dans le chalet. La première nuit se passa sans incident; il en fut de même de la seconde. Pendant la troisième, l'attention des deux sentinelles commença à se lasser, elles s'endormirent, mais ne tardèrent pas à se réveiller au bruit qui se fit entendre devant l'étable des chèvres. C'était un ours, qui appuyait contre la porte, l'égratignait et tournait autour de la hutte, pour découvrir une ouverture afin de s'y introduire. Dans l'intérieur, les chèvres étaient apparemment éveillées et inquiètes, car on entendait le bruit de leurs clochettes. Nos bergers, peu habitués à de pareilles rencontres, n'étaient guère à leur aise. L'un se glissa vers le chalet pour réveiller ses camarades, tandis que l'autre, tout tremblant, cherchait à mettre son mousquet en état de faire feu. Cependant l'ours revint à la porte, s'appuya de tout son poids contre la serrure et finit par l'enfoncer. Aussitôt les chèvres se précipitèrent, en bêlant, hors de la hutte et se réfugièrent sur les rochers voisins. L'ours sortit le dernier, emportant une chèvre qu'il venait de tuer d'un coup de dent, et il se mit à la dévorer sur place, en l'attaquant par le pis. Les pâtres arrivaient, sur ces entrefaites, armés de pieux et de ces escabeaux à un seul pied, sur lesquels ils ont l'habitude de s'asseoir pour traire leurs vaches; ils avançaient avec précaution. Un d'eux qui, dans sa jeunesse, avait chassé le chamois, prit le fusil des mains tremblantes de la sentinelle et marcha sur l'ours, qui se dressa en poussant un grognement de sinistre augure; il fit feu et lui laboura le côté droit de la poitrine, sur quoi les autres, enhardis, se précipitèrent sur la bête. Elle se défendait à coups de griffes, mais ils finirent par l'assommer. C'était un ours brun, pesant 240 livres.

Sans être communs, les ours sont encore aujourd'hui sédentaires dans les hautes Alpes rhétiques, spécialement dans les vallées de Malench, de Masin, de Misox, de Terzier, dans la Bregaglia, le val de Livrio et celui d'Ambria, ainsi que dans les vallées tessinoises de Blegno et d'Arbedo. Il ne se passe pas d'année, sans qu'on voie ou qu'on tire quelques ours sur les alpes fréquentées par les troupeaux. C'est surtout le cas à la fin de l'automne et au printemps, par des journées chaudes, lorsque le föhn engage les ours à quitter leurs tanières. La rareté de la nourriture à cette époque les force alors à faire de longues excursions, pendant lesquelles on peut les apercevoir. En 1849, on tua, au commencement de septembre, à Zernetz, une ourse de 260 livres, et le 13 octobre, près d'Andeer, un ours mâle de 140 livres. En avril 1851, ce fut un ourson qu'on prit près de Sus. Pendant l'hiver de 1788, six ours, parmi lesquels plusieurs pesaient jusqu'à 400 livres, furent tués dans la Valteline, et au mois d'août 1811, on en détruisit sept dans le canton du Tessin. Partis du canton des Grisons, leur quartier général, des ours isolés parcourent toutes les Alpes méridionales, et la faim ou même la simple gourmandise les entraîne dans le bas pays. C'est ainsi que, dans ce siècle, on en a tué dans le canton de Vaud, dans celui de Valais, où des pattes d'ours sont suspendues à plusieurs chalets et, en nombre assez considérable, dans le canton de Genève. Dans le canton d'Uri, Imfanger, un chasseur de l'Isenthal, s'est acquis une grande célébrité par le courage dont il a fait preuve dans ses chasses à l'ours. En 1823, il a tiré un de ces animaux dont le poids atteignait 300 livres. Le fermier du château de Zernetz en a tué onze de sa propre main. En 1840, un chasseur du val Maderan rencontra deux ours sur le glacier de Brunni, un vieux et un jeune. Cet homme intrépide les coucha en joue, et, profitant d'un moment favorable, il leur envoya une balle qui traversa les deux bêtes. Le jeune ours ne se releva pas, mais le vieux, grièvement blessé aux vertèbres, descendit en toute hâte du glacier, et alla se réfugier dans des crevasses de rochers, où le chasseur perdit sa piste. Cependant le lendemain il le trouva mort dans le fond d'une gorge.

Au canton de Vaud, chose remarquable, les ours sont très-rares dans les Alpes, tandis qu'ils se propagent dans le Jura. Ils paraissent exister aussi dans le canton de Neuchâtel, car le gouvernement y a cru nécessaire d'ordonner le 20 septembre 1855 une battue générale[1] dans les forêts de Boudry, et de proposer une prime de 200 francs. En 1843, des chasseurs de Saint-Cergues (Valais) poursuivirent jusqu'à sa retraite une ourse; ils la tuèrent et enlevèrent un petit encore aveugle qui périt de froid dans leur gibecière. Le fameux chasseur d'ours, Grossillex de Gex, a tué au mois de novembre 1851 et expédié à Genève son neuvième ours; à la même époque, un autre chasseur du même pays tua un vieil ours et un ourson. Peu de

[1] Cette battue n'a pas eu de succès et la prime n'a pas encore été obtenue. Malgré ce qu'en disent les sceptiques, il paraît indubitable que les gorges de la Reuse sont de temps en temps visitées, si ce n'est habitées d'une manière permanente par les ours. Cette profonde vallée, au fond de laquelle mugit la Reuse et que traverse à mi-côte la route de Neuchâtel à Pontarlier, a son revers méridional très-escarpé et couvert d'une grande forêt de sapins très-épaisse, qui s'étend jusqu'au fond du Creux-du-Vent, et qui est dominée par des rochers à pic inaccessibles et creusés de nombreuses cavernes. Les ours ne peuvent trouver un terrain plus favorable pour défier toutes les poursuites.

(*Note du traducteur.*)

temps après, un troisième habitant du pays ayant blessé un jeune ours d'un coup de fusil, réussit, à l'aide de deux compagnons, à s'emparer de l'animal et à l'emmener vivant.

L'année 1852 a été plus mémorable encore dans les fastes de cette chasse. Cinq ours firent simultanément leur apparition dans l'Engadine. Un chasseur de chamois, Filippo Bondigoni, en tua un à Cama au mois de septembre, et au mois d'octobre il abattit, dans le val Grono, une ourse de 200 livres. A la fin du même mois, un forestier de Lostalls, nommé Giesch, s'en allait à la chasse du chamois vers le val d'Arbora, armé d'une carabine à deux coups. Sur l'alpe de Cysterna, il trouva la piste fraîche d'un ours, qu'il découvrit bientôt au milieu d'une pente, au moment où il était en train de grimper sur un sorbier pour se régaler. Le chasseur s'embusqua derrière un érable et fit feu à cent pas. Irrité, l'ours descendit de son arbre en poussant un hurlement, et apercevant l'agresseur, il se mit à lui courir sus. Giesch le laissa arriver à cinquante pas avant de lui lâcher son second coup. L'animal, atteint, culbuta en poussant des cris, et roula à travers des buissons au fond d'un ravin, où on le trouva mourant. C'était donc, en quelques semaines, le troisième ours qu'on porta en triomphe à Grono. En automne 1849, de deux coups de fusil un chasseur de chamois du val Livino fit rouler dans la poussière une ourse de grande taille. Elle se débattait encore, lorsque ses deux petits accoururent et se mirent à la flairer; ils tombèrent à leur tour sous les balles du chasseur, lequel gagna en un quart d'heure plusieurs centaines de florins de prime. En 1853, plusieurs ours périrent encore sous les coups des chasseurs grisons, entre autres deux qui furent tués dans la partie inférieure du val Misocco. Par contre, au mois d'août de la même année, des ours égorgèrent successivement, près de Davos, seize moutons; au mois de septembre, un ours dévora quinze moutons sur une alpe de l'Engadine, et en enleva même plusieurs au beau milieu d'un troupeau de bœufs. En septembre 1855, il s'en est montré de nouveau un nombre considérable dans l'Engadine. En 1856, on a tué, en juin, près de Zernetz, un ourson et sa mère, et, en septembre, sur les hauteurs de Davos, une vieille ourse de 242 livres, avec deux jeunes bêtes, pesant 82 et 67 livres. Elles venaient de se jeter sur un troupeau de moutons. Dans la vallée valaisanne d'Hermence, sur les montagnes de Prolin et de Biod, un ours blessé se précipita, il y a quelques années, sur le chasseur, qui succomba après un affreux combat corps à corps. Cet ours qui est aujourd'hui un ornement du musée de Sion, fut plus tard tué par les compagnons de la victime. Dans les vallées d'Hérins et d'Anniviers, il n'est pas rare de voir les ours descendre des montagnes vers les vignobles des coteaux. En 1830, on y tua plusieurs ours, dont l'un pesait, dit-on, 500 livres; en 1836, une ourse et ses trois petits y tombèrent également sous les balles. En 1834, un ours descendit dans une vigne, près de Sierre, où un jeune homme était à chasser aux oiseaux. Celui-ci fut assez fou pour lui lâcher à bout portant sa charge de petite grenaille, assez heureux pour le tuer roide. Le fait est avéré.

Le district de la Suisse où les ours sont les plus communs, est en définitive la Basse-Engadine avec la vallée latérale du Munsterthal et avec les grandes forêts d'Ofnen. Lorsqu'en septembre 1853 nous visitâmes ces vastes territoires, nous rencontrâmes presque chaque jour des pistes d'ours, et il ne se passa point de semaine, sans que l'ours fût aperçu de plein jour seul ou en société dans quelque vallon isolé. Quelques jours avant notre arrivée dans le val de Scarl, à l'heure de midi, *un vieux diable d'ours* était descendu dans la direction des mines et avait passé entre le bouvier qui nous le raconta et une femme qui venait de Schuls. Ces ours passent l'hiver dans les vallons déserts appelés Minger et Ferrata. En été il s'en trouve aussi dans le val Taffry, le val de Poch, le val Nuna, le val Sampuoir et Fuldera. Ce sont des vallons sombres, étroits et déserts qui s'enfoncent entre de hautes montagnes et ont leurs gorges tapissées de sombres forêts de conifères jusqu'à plus de 7000'. Les ours ne s'y tiennent d'ordinaire que du mois d'avril au mois de novembre, époque où l'abondance de la neige rend ces forêts impraticables et où l'animal se retire dans quelque caverne pour y dormir. Il ne peut être question de l'extinction des ours dans ces contrées. L'escarpement des pentes, les longues excursions de la bête, la difficulté de suivre ses pistes sur un sol sans neige, l'indifférence des habitants et la rareté des chasseurs protégent suffisamment ces carnassiers. Il n'y a pas dans la contrée de chasseurs d'ours proprement dits. Les primes sont peu élevées ; les habitants de Zernetz ne les accordent qu'aux citoyens du canton, et ceux de Schuls les réservent même aux gens de la commune, et pourtant dans l'été de 1855 les ours ne leur ont pas enlevé moins de cinquante moutons. Un vieux chasseur de Scarl, qui s'y connaît, nous disait qu'il doit y avoir au moins trente ours dans ce territoire, et, parmi eux, un vieil individu énorme, à tête et à dos grisonnants.

Les naturalistes n'admettent l'existence que d'une seule espèce d'ours qui habite, au nord de notre continent, toutes les grandes forêts, et, au midi, les forêts des hautes montagnes. En Suisse, les chasseurs distinguent cependant trois espèces d'ours : le grand noir, le grand gris, et le petit brun. Scientifiquement la différence n'est pas même reconnue entre le grand ours noir et le petit ours brun qui serait le plus féroce. Il existe encore une variété grise ou blanche d'ours ; un bel individu de ce type, à oreilles blanches, a été tué à Scanfs. Ajoutons que le musée de Lausanne renferme un fort bel ours, de sept pieds deux pouces de longueur, tué aux environs de Nyon.

Nos ours sont des animaux assez inoffensifs, surtout les noirs, qui, à ce qu'on prétend, se nourrissent plutôt de végétaux que de chair. Pendant l'hiver, ils dorment plus qu'en été, et restent couchés au fond de leurs cavernes, soit dans un simple enfoncement du rocher, soit dans une espèce de grand nid formé de branches, grossièrement tapissé de mousse et parfaitement fermé du côté de l'ouverture. Par les grands froids, ils dorment peut-être quelques jours de suite sans se réveiller, mais ne s'engourdissent point. Bientôt la faim les fait sortir de leur torpeur, quoique en hiver ils n'aient pas besoin d'autant de nourriture qu'en été. Ils sortent alors de leur retraite (comme ils le font d'ailleurs au moindre bruit du dehors), et broutent avec plaisir l'herbe tendre, les blés et les légumes; ils mangent des racines, les fruits du sorbier et d'autres arbrisseaux, ils aiment les fraises et surtout le miel. Les ours descendent souvent en automne dans les vallées, à plusieurs lieues de leur caverne, pour manger des poires et des raisins, mais ils repartent toujours avant l'aube. Ils descendent du Münsterthal et de l'Engadine jusque dans les vignobles de la Valteline et de la vallée de Poschiavo. En général, le régime végétal leur convient. Ils bouleversent parfois les fourmilières et mangent les fourmis, dont l'acide excite leur appétit pour la chair crue. L'ours noir, lorsqu'on ne l'irrite pas et qu'il n'est pas affamé, n'attaque ni l'homme ni le bétail. On n'en peut dire autant du brun, qui tombe inopinément au milieu des troupeaux de chèvres, les effraie et les fait tomber dans des précipices, au fond desquels il descend les dévorer. On assure positivement qu'un ours noir ayant rencontré une fois une petite fille qui cueillait des fraises, vint les manger dans son panier, sans lui faire de mal. On dit même que les cris d'un enfant le mettent en fuite. L'ours fait des excursions de huit à dix lieues, mais il ne quitte pas volontiers la contrée qu'il a choisie pour son séjour; lorsqu'il court, c'est toujours sur ses quatre pattes; à la descente, sa course n'est pas très-rapide. Quand l'ours emporte quelque fardeau vers sa retraite, il marche debout; pour se reposer, il s'assied à la manière des chiens sur ses pattes de derrière.

L'ours n'est à craindre que lorsqu'on a troublé son repos, quand il est blessé, affamé ou qu'il voit ses petits en danger. Il s'avance alors de toute sa hauteur sur son ennemi, l'enlace de ses pattes de devant et cherche à l'étouffer, puis il achève son œuvre à coups de dents. Il est déjà arrivé, à Wangen par exemple, dans le canton de Soleure, qu'un ours attaqué, après avoir arraché des mains du chasseur son fusil ou son épieu, l'a saisi dans ses griffes et a roulé avec lui le long des pentes escarpées de la montagne. Arrivé au bas, sans grand dommage, l'animal se dépêcha de prendre la fuite. Les ours se mettent à l'affût du bétail près de l'abreuvoir; ils ne s'en prennent que très-rarement aux vaches, et, en tout cas, ils ne les attaquent jamais en face. Il leur saute sur le dos, s'accroche à leurs cornes, leur déchire la nuque, jusqu'à ce qu'elles s'affaissent épuisées par la perte du sang. Il effraie les chèvres et les fait tomber des rochers, ou les enlève pendant la nuit dans leurs étables. Lorsque ces agiles quadrupèdes flairent à temps la présence du rodeur nocturne, elles sautent sur le toit de l'étable et réveillent souvent les bergers par le bruit qu'elles font en bêlant. Si parfois un ours attaque un troupeau de génisses, c'est toujours inopinément et par d'épais brouillards. Il déchire le corps de sa victime et en dévore premièrement les reins ou le pis; après qu'il a assouvi sa faim, il emporte ou enterre le reste de sa proie. Dès que le troupeau l'aperçoit, toutes les vaches se rassemblent autour de lui, beuglent, labourent le sol de leurs cornes et l'observent sans terreur. Il se garde alors de tenter une nouvelle attaque et se retire lentement. Quant aux chevaux, il les laisse ordinairement en repos, et s'il lui prend fantaisie de les assaillir, il s'attire souvent des ruades qui le font renoncer à ses mauvais desseins. Les moutons lui sont une proie plus facile. Il y a une quarantaine d'années, les ours enlevèrent à l'aubergiste du Grimsel plus de trente moutons dans un seul été.

Ces rapaces sont excellents grimpeurs: avant de se mettre en chasse, ils se hissent au sommet d'un grand arbre d'où ils inspectent la contrée et cherchent à découvrir une proie, car ils ont l'ouïe et l'odorat excellents. Des ourses qui craignent d'être attaquées, mettent à l'abri leurs petits sur des arbres. C'est ainsi qu'un chasseur qui venait d'en tuer une, entendit du bruit dans un sapin voisin et y découvrit deux oursins qu'il réussit à tirer. Sils n'étaient pas si voraces, et ne faisaient pas de si grands dégâts dans les troupeaux de moutons, ce serait presque dommage de leur faire une chasse acharnée. Il n'est point parmi les carnassiers d'animal aussi amusant, aussi humoristique, aussi plein d'une aimable bonhomie. L'ours a le caractère franc, ouvert, sans ruse ni fausseté. Sa finesse et son imagination sont assez pauvres. La force lui en tient lieu et c'est à elle qu'il se fie. Il est capable de faire sortir une vache d'une écurie par le trou qu'il a fait au toit, et de traîner un cheval au delà d'un torrent profond et encaissé. Il cherche à obtenir directement et par la force brutale, ce que le renard doit à sa finesse, l'aigle à la rapidité de son vol. Non moins lourd que le loup, il n'est ni aussi vorace et féroce, ni aussi vilain et repoussant. Il ne reste pas longtemps en affût et ne cherche point à se dérober devant le chasseur pour l'attaquer par derrière. Il ne se sert pas tout d'abord de sa puissante mâchoire, capable de déchirer tout ce qui tombe à sa portée, mais il cherche à étouffer la proie entre ses pattes et ses bras vigoureux, et ne la mord qu'en cas de besoin, sans paraître prendre grand plaisir à cette chair qui palpite dégouttante de sang; ses appétits sont peu carnassiers, et il mange des végétaux, des châtaignes, du lait, des raisins, du maïs et du miel, aussi volontiers que de la viande.

Tout chez l'ours, son poil noir et frisé, son museau obtus, ses petits yeux bruns et bienveillants, sa queue courte, ses larges pattes, son allure calme, a quelque chose de plus noble, de plus sociable que chez le loup, dont la couleur indécise a déjà un cachet de fausseté. L'ours ne touche pas au cadavre de l'homme, il ne mange pas ses semblables, il ne rôde pas la nuit autour des villages pour enlever un enfant, mais il reste dans la forêt, dans la montagne ou sur l'alpe. Tandis que le loup fait souvent, en automne et en hiver, des excursions de quatre-vingts à cent lieues, l'ours ne s'éloigne jamais à plus de vingt à trente lieues de sa caverne.

Néanmoins, on se fait souvent une fausse idée de la bonté et de la pesanteur de ce noir habitant de nos bois. Malgré son air lourd, il court assez vite, sur un terrain plat, pour atteindre facilement un homme à la course, et il grimpe avec beaucoup d'agilité sur les arbres. En février, la plante de ses pieds devient tendre et il court moins bien. De vieux ours très-pesants ne grimpent sur les arbres que lentement et avec précaution. Au moment du danger, l'ours n'est plus le même et devient furieux et terrible. Un chasseur expérimenté ne tirera jamais un petit lorsque la mère est dans le voisinage, elle le poursuivrait avec des cris horribles et le mettrait en pièces. Lorsqu'il est blessé, l'ours n'est pas moins dangereux. Il ne lâche presque jamais pied, se dresse sur ses pattes de derrière et marche droit sur l'adversaire, même le mieux armé. Il semble le provoquer en duel, l'enserre entre ses pattes, et si dans ce moment suprême il ne reçoit pas un coup de poignard au cœur, il enfonce ses griffes dans les chairs de son ennemi et lutte jusqu'à ce que l'un des deux tombe à terre. Les ours des monts Carpathes se font remarquer par l'opiniâtreté extraordinaire avec laquelle ils poursuivent le chasseur qui les a blessés. Jour et nuit, de forêt en forêt, de rocher en rocher, à travers les ruisseaux, ils suivent sa piste ; ils le guettent des heures entières, le cherchent dans des grottes, dans des cachettes, et la mort seule leur fait abandonner leur poursuite.

Les naturalistes ne sont pas d'accord au sujet de la propagation de ce grand carnassier. Les observations suivantes ont été faites sur les ours qui habitent les fossés de Berne. A l'âge de cinq ans ils peuvent se reproduire. C'est au mois de mai ou de juin qu'ils se recherchent, et en janvier la femelle met bas un petit. La seconde portée produit un, deux et parfois trois petits. Une des ourses de Berne mit bas en 1575, deux petits blancs comme la neige. Nouveau-nés, les petits ours sont aveugles, fort jolis et ont la taille de rats ; ils sont jaune pâle, ont le cou blanc et n'offrent rien du type des ours ; leur voix est déjà forte relativement à leur taille. Au bout de quatre semaines leurs yeux s'ouvrent, leur poil laineux a plus d'un pouce de longueur et ils sont deux fois aussi gros qu'au moment de la naissance. Leurs petits yeux sont profondément enfoncés et leur museau pointu. Pendant qu'elle porte et durant les quelques semaines qui suivent la naissance de ses petits, l'ourse sort rarement de sa retraite et seulement pour boire. Elle mange peu et ne fait que lécher le miel qu'on lui donne sur du pain. Elle garde, réchauffe et allaite sa progéniture avec beaucoup d'affection. L'ours mâle dévorerait sans doute ses petits si l'on n'avait soin de l'en séparer. Dès qu'il s'en approche, la mère se lève sur les pattes de derrière, défend courageusement sa progéniture et cherche à détourner le père de son affreux dessein, en poussant des hurlements et en lui appliquant de vigoureux soufflets. Dans l'état de liberté, le mâle passe cette période probablement séparé de sa femelle et ne la rejoint que plus tard. A quatre mois les oursins ont atteint la taille d'un caniche, ils sont éminemment comiques, grimpent déjà avec agilité et sont sans cesse à jouer et à se rouler ; ils sont cependant très-craintifs. Leur teint jaune défonce de plus en plus et passe au brun et au noir. Les jeunes ours restent avec leur mère jusqu'au moment où elle met bas une seconde fois. Dans la fosse de Berne, en février, au moment où le cerf pousse son bois, la large plante des pieds de l'ours s'amollit, l'épiderme s'exfolie, et la marche lui est presque impossible pendant quelques jours. Il est plus que probable que chez les ours qui vivent en liberté, les choses se passent de la même manière. On ne sait rien de positif sur la durée de leur vie, pas plus que pour les loups. A Berne, un ours a vécu quarante-sept ans, et dans sa trente et unième année, une femelle eut encore un petit.

Les pattes, on le sait, sont un excellent morceau. Les montagnards laissent pendant quelque temps la chair dans l'eau fraîche pour faire disparaître son goût douceâtre, elle ressemble alors à la viande de porc. Une peau vaut de 16 à 20 fr. Dans beaucoup de cantons on accorde de fortes primes aux chasseurs qui tuent un ours ; mais il faudra bien du temps avant que ce carnassier soit complétement extirpé dans les Grisons, et avant que s'éteignent pour toujours ces feux que le voyageur voit briller dans la nuit sur les Alpes de l'Engadine et qu'entretiennent les bergers lorsqu'ils suspectent le voisinage d'un ours ou d'un loup. Dans le Tyrol, cette contrée sœur de la nôtre, les ours ne sont pas très-rares. On en tire chaque année une douzaine, et en 1835, le chiffre s'est élevé à vingt-quatre. Sur toute l'étendue de la monarchie autrichienne, on en tire deux cents chaque année. La Sibérie seulement envoie annuellement cinq mille peaux d'ours sur les marchés chinois. En tout cas, l'ours est beaucoup plus commun chez nous que le loup.

Jadis dans les Grisons, des chasseurs intrépides osaient le combattre corps à corps, ils cherchaient à le saisir à bras le corps et à appuyer leur tête sous la gorge de l'animal jusqu'à ce qu'un compagnon vint les dégager par un coup de fusil tiré à bout portant, ou qu'ils pussent eux-mêmes enfoncer leur poignard dans le flanc de l'animal. Cette chasse si aventureuse valait souvent des blessures mortelles. D'autre part, on raconte que la vue seule de l'ours a fait périr de peur de malheureux timorés. C'est ainsi que dans la vallée de Medels, en 1837, un homme aperçut tout à coup six ours, il prit la fuite si vivement qu'il succomba aux suites de son émotion et de sa course insensée. Un de ces animaux fut tué peu de temps après, et l'on n'entendit plus parler des autres.

Une de ces énormes montagnes déchiquetées qui entourent, comme des murs cyclopéens, le village de Dissentis, fut, en 1838, témoin d'un combat terrible et extraordinaire. Un chasseur, Jean-Clément Riedi, de Dissentis, avait suivi pendant tout un jour les empreintes d'un ours. Le soir il les vit se perdre au bord d'une paroi de rochers fort dangereuse. La bête s'était retirée, sans doute, dans cette gorge presque inaccessible. Le rocher formant à cet endroit une espèce de promontoire, notre chasseur pensa que l'ours l'attendait là derrière pour un duel à mort. Il chercha à l'attirer en poussant des cris, mais en vain. Alors il s'avança, le fusil armé et dirigé en avant. Une fois engagé sur le sentier naturel taillé au flanc de la paroi, il vit que la fuite était impossible pour lui comme pour l'ours. Près de l'angle du rocher, il découvre dans la paroi un trou qui lui paraît être la tanière de l'animal ; il s'avance avec précaution et aperçoit dans l'ombre de la cavité deux yeux étincelants. Une des pattes de la bête sortait du trou et était si rapprochée de lui, qu'il aurait pu la saisir avec la main, le reste du corps de l'énorme animal était caché dans le fond. Riedi se décide à faire feu, mais deux fois son arme rate, sans que les deux yeux immobiles cessent d'être fixés sur lui. Enfin le coup part, et un rugissement affreux fait retentir les rochers. Le chasseur se retira aussi vite que possible pour échapper à l'animal qu'il craignait à chaque instant de voir s'èlancer de son repaire. Il eut le temps de recharger son fusil. Les hurlements ayant cessé, il s'avança de nouveau vers l'antre, mais la patte et les yeux avaient disparu et tout y était sombre ; il écouta : un petit bruit de griffes grattant le rocher se fit entendre, et notre homme, saisi d'une terreur panique, se retira précipitamment et reprit le chemin de la maison. Ce bruit de griffes, ce grattement, indiquait-il les dernières convulsions de l'ours à l'agonie ? Tout le faisait présumer, de sorte que le jour suivant, Riedi se dirigea vers le rocher avec trois autres chasseurs, dont deux ne s'étaient pas même munis d'armes. Ils arrivent au-dessus du rocher et se mettent à descendre en suivant le tronc d'un sapin qui y était accolé, tout près du trou mystérieux. Augustin Biscuolm, de Dissentis, descendait le premier, le fusil en bandoulière. A peine arrivait-il au pied de l'arbre, qu'en deux bonds immenses l'ours se trouva devant lui, le saisit dans ses bras et le jeta à terre. Éperdu, Biscuolm appelle ses compagnons, pendant qu'il lutte contre la bête et roule avec elle. Enfin, il renverse l'ours, se dégage par un suprême effort, saute de côté et décroche son fusil ; mais avant qu'il eût pu ôter le mouchoir qui en couvre la platine, la bête s'est relevée et se précipite la gueule ouverte sur la crosse qu'il lui oppose. Pendant ce temps Riedi était descendu, lui aussi ; il fait feu et atteint l'ours au flanc. L'ours fait quelques pas en arrière pour se précipiter sur les deux chasseurs, mais cet instant suffit à Biscuolm pour armer un fusil et lui lâcher un second coup qui, cette fois, l'étendit sans vie. L'inspection du cadavre démontra que le coup de carabine qu'il avait reçu dans l'antre, lui avait fracassé la mâchoire. Cette blessure et l'hémorrhagie qui en avait été la conséquence, avaient affaibli l'animal et rendu la lutte moins dangereuse. Cependant les deux corps enlacés avaient roulé jusqu'au bord du précipice et il avait fallu un miracle pour les arrêter. Tout ce drame fit sur les quatre chasseurs une impression terrible et ineffaçable.

Aujourd'hui un chasseur isolé ne craint point d'attaquer l'ours, et il faut peu d'art pour s'en approcher, car, lorsqu'il n'est pas en marche ou en train de manger, il vous laisse arriver à vingt pas de lui, sans manifester de crainte ou penser à s'enfuir. Anciennement on organisait des traques, auxquelles se rendaient des populations entières avec tambours et trompettes, et on dirigeait les traqueurs de manière à chasser l'ours vers l'endroit où l'attendaient les chasseurs. On raconte qu'en 1706 une chasse de ce genre eut lieu sur l'alpe de Kammern; trois cents Glaronnais y prirent part, les gens d'Uri ayant demandé la coopération. L'animal fut tué et les Glaronnais en emportèrent deux pattes comme trophée. Ceux d'Uri gardèrent le reste. Au mois d'août 1815, quinze moutons furent dévorés et rongés jusqu'aux os par un ours au pied de l'Eiger, sur une alpe voisine de Grindelwald. On lui fit la chasse, mais comme les traqueurs étaient en trop petit nombre, il s'enfuit sur les hauteurs de la petite Scheidegg. Huit jours après on trouva les cadavres de vingt moutons sur l'Obernberg, au bord du glacier supérieur de Grindelwald, et plus haut ceux de dix autres dont les poumons seuls avaient été dévorés. La piste de l'ours se dirigeait cette fois vers les glaciers du Schreckhorn et s'y perdait.

Les chroniques de tous les cantons montagneux rapportent des histoires dramatiques de chasses à l'ours. Dans le canton de Glaris, où le dernier fut tué en 1816, deux hommes en attaquèrent un sur une alpe. L'animal arracha la hallebarde de l'un d'eux, mais en cet instant l'autre, nommé Vala, fourra son bras dans la gueule de l'animal et lui saisit la langue. Homme et bête roulèrent l'un sur l'autre au fond d'un ravin où d'autres chasseurs percèrent l'ours à coups de pieux.

Jacques Imbach, habitant de l'Entlibuch, attaqua deux ours dans leur repaire. Le plus gros marche sur lui et l'étend par terre. Imbach lui enfonce dans la gorge son bras gauche enveloppé d'une épaisse jaquette de laine, et se met à le frapper à coups de couteau dans les flancs, jusqu'au moment où il réussit à se relever. L'animal furieux l'enlace une seconde fois, ils roulent l'un sur l'autre et Imbach finit par plonger son couteau jusqu'au cœur de la bête. Gaspard Lehner, de Kriens, soutint une lutte plus périlleuse encore contre un ours qui pesait 420 livres ; il fallut huit hommes pour l'emporter.

De nos jours, les ours sont beaucoup plus nombreux dans les forêts impénétrables du nord de l'Europe que dans nos Alpes. Leur existence, qui en Suisse n'est possible qu'à la faveur des gorges sauvages et inaccessibles où ils se sont retirés, y est beaucoup plus facile. En 1835, on en a tué en Suède, dans les chasses royales seulement, 144 exemplaires ; en 1838, ce nombre est descendu à 98. En Transylvanie, des recensements officiels portent à 86 le nombre des ours tués en 1854.

Le récit d'une chasse qui eut lieu en Suède le 17 février 1831, donne des renseignements fort intéressants sur la manière dont l'ours se comporte vis-à-vis de son adversaire étendu à ses pieds. Sa conduite est toute différente dans cette circonstance de celle des autres carnassiers et peut servir par conséquent à le caractériser. Voici le fait. Quatre chasseurs qui avaient dépisté un ours, lui envoyèrent deux balles alors qu'il s'en allait tranquillement. Blessé, il s'arrêta et s'élança sur le plus rapproché des chasseurs qui, surpris par cette brusque attaque, n'eut que le temps de saisir sa carabine et de la lui présenter en travers de la gueule. La crosse se brisa, et l'animal, en secouant la tête, fit voler le canon en l'air. Puis il saisit le chasseur à la figure, le jeta par terre et lui fit à la tête de nombreuses et profondes blessures. Là-dessus il se mit à écouter si l'homme respirait encore, posa gravement la patte sur sa poitrine, retourna le corps et approcha l'oreille de la tête du malheureux. S'apercevant qu'il vivait encore, il le saisit au flanc droit et le secoua jusqu'à ce que les intestins lui sortissent du corps; il en fit autant du côté gauche et lui ouvrit aux reins et au coude plusieurs blessures profondes. Depuis longtemps le chasseur avait perdu connaissance. Enfin, l'un de ses camarades, que la terreur avait glacés, éloigna l'ours à coups de hâche, en même temps qu'un second faisait feu. L'animal se retourna, saisit l'homme à la hâche, l'étendit par terre et se mit à le traiter comme le précédent. L'homme cacha sa figure dans la neige, retint son haleine et fit le mort. L'ours ne tarda pas à le laisser, revint à l'endroit où gisait sa première victime, flaira la neige teinte de sang et s'en alla tranquillement, tout blessé qu'il était. Plus tard, six chasseurs se remirent à sa poursuite. Il n'était pas encore bien loin et allait se précipiter sur l'un des assaillants, quand un jeune homme de dix-huit ans lui envoya dans l'œil une balle qui lui traversa la tête. Il n'en blessa pas moins un des chasseurs à la tête et au bras. Le jeune homme abandonna sa carabine et se mit à frapper de la hache l'ours qui mordait la tête de l'autre chasseur. Au quatrième coup l'ours s'affaissa. Il n'était qu'étourdi et il fallut lui tirer deux balles au cœur pour l'achever. La fourrure de ce terrible animal mâle était d'un noir grisâtre et portait des poils à extrémité blanche.

Les jeunes ours ne sont pas difficiles à apprivoiser. Ils s'habituent promptement à la présence de l'homme, et il suffit par jour de quatre à six livres de pain, selon l'âge de l'animal, pour le maintenir en bonne santé, sans qu'il soit nécessaire de le nourrir de viande. Pendant l'hiver, ils mangent encore moins. Il ne faut se fier qu'à demi à ceux qui vieillissent.

Les parties septentrionales de l'ancien continent ne sont pas exclusivement la patrie de l'ours; l'Amérique du Nord en nourrit quelques espèces particulières, et il en existe d'autres dans les Cordillères, dans l'île de Bornéo et au Bengale. Chacune de ces espèces se distingue de notre ours brun par des caractères tranchés.

TROISIÈME PARTIE.

LA RÉGION DES NEIGES

(7000' à 14,000' au-dessus du niveau de la mer).

CHAPITRE PREMIER.

CARACTÈRE DU SOL DANS LA RÉGION DES NEIGES.

Grandeur et solitude du paysage. — Histoire et traditions qui ont trait à cette zone. — Ses limites verticales et horizontales. — Les grands sommets helvétiques. — Le massif du Mont-Rose, le plus colossal de toute l'Europe. — Les massifs du Finsteraarhorn et de la Bernina. — Les sommets des Andes et de l'Himalaya. — Ascensions de quelques hautes cimes. — L'habitation la plus élevée de l'Europe. — Caractère de ces régions. — Pourquoi l'homme va-t-il les visiter?

Au-dessus des dernières pentes vertes des montagnes, des dernières galeries de rochers et de leurs surfaces grisâtres et massives, s'élèvent des contrées inconnues, pleines de mystères et de merveilles. Sérieuses et tristes comme la mort, sublimes et majestueuses comme l'infini, elles semblent former un lien étrange, un lieu de rapprochement entre le ciel et la terre, où l'homme, accoutumé à une nature chaude et bienveillante, ne se sent plus à sa place, et où, dominé par le sentiment de son impuissance, il n'ose consacrer que quelques heures d'admiration aux plus grandes merveilles qu'il lui soit donné de voir sur cette terre. Aussi, le plus souvent, l'habitant de la plaine ne ressent qu'une superficielle indifférence pour les blancs sommets, les brillants glaciers des hautes chaînes de montagnes. Tout au plus les admire-t-il, quand, éclairés par la lune, ils se détachent mystérieusement contre le ciel foncé d'une belle nuit, ou quand, dans les vapeurs bleuâtres d'une matinée d'été, il les voit s'allumer peu à peu sous les premiers rayons du soleil et étinceler dans sa lumière. Mais quand le charme puissant de ces merveilleux effets est passé et que les sommets reprennent une teinte uniforme et pâle, cette admiration fugitive s'éteint aussi. On se contente de quelque vague notion de l'immensité, de la froideur, de la nudité de la région des neiges, sans soupçonner les grands mouvements primitifs, les lois merveilleuses, les phénomènes fantastiques que présentent ces hauteurs, où le monde animal et le monde végétal luttent avec acharnement contre la famine et la mort. Cette terre inconnue s'étend entre les champs fertiles de nos plaines allemandes et lombardes, et pourtant qui l'a étudiée et dépeinte? Qui la connaît dans toutes ses parties comme elle mérite de l'être? Quelque amateur va passer une semaine d'été sur les champs de neige et de glace dans le voisinage d'un pic célèbre, un savant cheminera gravement à travers ces déserts, auxquels il ne consacre que quelques mois de son existence; mais le reste de l'année ils ne seront visités que par les chasseurs de chamois et par le montagnard qui va y chercher quelques simples ou quelques minéraux. Personne ne connaît encore toutes les masses neigeuses de la Suisse; très-peu d'hommes en ont parcouru une partie un peu considérable, et d'immenses étendues n'y ont encore été foulées par aucun pied humain. Depuis le commencement de ce siècle, les hommes de la science ont fait des efforts prodigieux pour s'en approprier la connaissance, mais ils n'en ont encore franchi que le seuil.

Ces territoires inaccessibles, en apparence sans vie et sans histoire, en dehors et au delà du temps et qui ne semblent en rapport qu'avec les astres ou les nuages, ont subi cependant des changements, des révolutions dont la tradition et la légende ont gardé le souvenir.

Quand les dernières crêtes de ces croupes primitives s'illuminent et s'éteignent à nos regards pendant nos beaux couchers du soleil, nous ne soupçonnons pas quelle variété d'aspect et de formes elles ont présentée depuis le moment où les luttes prodigieuses des éléments les ont fait sortir de l'océan primitif. Ornées plus tard des plantes tropicales que la terre portait sur toute sa surface, ce n'est que lentement que la mort s'en est emparée et a mis fin à toutes leurs métamorphoses. La tradition connaît cependant quelque chose de leur histoire et en parle dans des images très-justes, mais avec quelques anachronismes naïfs. Dans une de ces sagas, par exemple, le Juif errant, qui n'est autre chose que le démon, vient visiter la vallée de Visp, dans le canton du Valais. Il gravit le Mont-Cervin et arrivé au sommet, il découvre une ville enchanteresse cachée sous des vignes et des arbres murmurants. Il lui prédit qu'à son retour elle sera en ruines et couverte de tristes broussailles :

« Et quand je reviendrai pour la troisième fois,
C'est en vain que je vous chercherai, prés fleuris,
Vignes parfumées, vallées verdoyantes ;

« On ne verra plus ici que les déchirures aiguës
Du glacier blanc et vert sombre
S'échelonner tristement contre le ciel.

« Des contre-forts ferment la vallée,
Asile du loup, ennemi des troupeaux ; le vautour
Tournoie dans le ciel bleu au-dessus de son aire.

« L'hiver éternel est assis sur ton seuil.
Sur tes champs glacés où paît le chamois solitaire,
Le soleil lance ses rayons dorés.

« Inaccessible tu demeureras au jeune printemps,
Qui jadis venait visiter tes prairies,
Apportant pour elles sa riche corne d'abondance.

« Il est parti et ne reviendra plus !
Des blancs tapis de tes sommets
L'avalanche se précipite en grondant comme le tonnerre. »

La création des Alpes remonte à des temps antérieurs à toute histoire, à toute vie humaine; elle a duré peut-être pendant des milliers d'années, et les formations primitives, secondaires et tertiaires de ces montagnes sont les hiéroglyphes très-expressifs de leur histoire. Après ces grandes époques créatrices, il y eut encore d'immenses transformations de terrain. Les eaux des bassins supérieurs se frayèrent un chemin à travers leurs digues et se déchargèrent dans les régions plus basses; il se forma aussi de nouvelles vallées par le détachement de grandes parois de rochers qui vinrent encaisser d'autres torrents et leur servir de lit. D'immenses chaînons de montagnes violemment arrachés à leur groupe central par de terribles révolutions ou mis en mouvement par des forces souterraines, formèrent des ramifications nouvelles, tandis que d'autres, soumis à des lois plus paisibles, s'élevaient lentement ou s'enfonçaient graduellement vers les vallées. De nos jours encore, quand on a su trouver un point de vue favorable dans un nœud de montagnes, on peut suivre la marche de ces formations séculaires. Ces grandes révolutions ont cessé, et cependant l'édifice de nos Alpes subit parfois des changements effrayants; mais là où nous ne voyons plus que déserts de glace ou champs de débris, la croyance populaire place encore dans des temps reculés l'existence de riantes métairies et de cultures fertiles[1].

[1] De là vient sans doute que le nom de Blumlisalp (alpe fleurie) appartient si souvent à des glaciers et à des roches nues. Quelque crime saillant, comme l'ingratitude d'une famille envers son père, un adultère, un orgueil monstrueux, sont la cause présumée de cette dévastation. Souvent (dans l'Oberland bernois ou le canton de Glaris) la coupable s'appelle Kathri; on lui donne pour compagnon un petit chien noir, Rin ou Parrin, que l'on entend encore quelquefois aboyer sous les glaciers, pendant que tintent les clochettes des vaches et que la femme maudite chante une strophe lugubre.

La région que nous venons d'atteindre comprend la moindre étendue horizontale et la plus grande surface verticale des Alpes, dont elle embrasse toutes les parties qui dépassent 7000' d'élévation. Son territoire principal s'étend au sud de la Suisse, dans le système des Alpes centrales, puis dans les masses gigantesques qui descendent du Mont-Blanc et du lac de Genève pour encadrer toute la vallée du Rhône. Le nœud central de la chaîne septentrionale des Alpes bernoises est formé par le groupe majestueux du Finsteraarhorn, qui en présente aussi les sommets les plus élevés. Le groupe du Mont-Rose forme le point de jonction de la chaîne méridionale[1]. Des deux bras qui encaissent la vallée de la Reuss, l'un, celui de l'occident, perd déjà sur les bords du lac des Quatre-Cantons la puissance verticale qui le faisait entrer dans notre région, tandis que la branche orientale s'élève en formes imposantes autour de la vallée de la Linth, enceint de ses roches le lac de Wallensée et produit encore dans le mont Sentis un massif de 7700'. Un chaînon méridional du Saint-Gothard entoure de formes moins imposantes, mais çà et là de pyramides grandioses, les deux frontières du Tessin. (Ses points les plus élevés sont la Prosa 9241', le Fieudo 9490'.) A l'orient du Saint-Gothard s'étendent les Alpes rhétiques avec leurs innombrables rameaux tournés vers les systèmes de l'Inn et du Rhin, leurs massifs et leurs groupes divisés à l'infini, qui donnent à nos hautes régions une base imposante. Ici surtout on voit bien clairement qu'on ne peut partager les Alpes centrales en chaînes contiguës; chaque groupe nous apparaît comme une famille ou un individu indépendant, et non point comme le faîte, le couronnement obligé de l'édifice qui l'entoure, puisque les forma-

[1] Il est à peine nécessaire de rappeler ici que nous ne parlons pas du système géologique, mais du *relief* des Alpes, qui offre en effet au coup d'œil général un réseau bien dessiné de chaînes principales et latérales, de ramifications et de points de réunion. Les géologues modernes, par contre, les partagent en six masses principales ou centrales, celles du Mont-Blanc, des Aiguilles-Rouges, du Simplon, du Saint-Gothard, du Finsteraarhorn et de la Selvrette.

tions cristallines de son sol diffèrent essentiellement des couches latérales environnantes.

Vers le nord de la Suisse, le Sentis est le dernier représentant, déjà un peu inférieur lui-même, de la région qui nous occupe; au cœur du pays elle ne nous offre que le Pilate (7100'). Par contre, la chaîne de l'Oberland bernois compte plusieurs points qui s'y rattachent, comme le Rothhorn de Brienz (7260'), le Niesen (7280'), la Dent de Brenleire (7350'). Cependant ces pics ne sont guère que les avant-coureurs de la région des neiges, car leur isolement, leur élévation trop peu considérable, ne permettent pas aux frimas éternels de s'y établir, et ils n'en portent que les premiers vestiges. Leur véritable résidence est dans la profondeur des grands massifs alpins et dans la chaîne centrale des Alpes méridionales. Celle-ci porte un très-grand nombre de sommets entre 7000 à 8500', accompagnés d'un immense haut plateau, vastes débris de grandes plaines primitives, et qui, en été, n'offrent aux regards qu'une nudité complète ou les champs éblouissants des glaciers. Le nombre des cimes qui vont de 8500' jusqu'à 10,000' est aussi très-considérable. Au nord elles s'avançent jusqu'au Rhéticon (Scesaplana, 9136', et Sulzfluh), dans la vallée de la Linth jusqu'au Glarnisch (8895'), dans la chaîne occidentale de la vallée de la Reuss jusqu'au Roth-Stock d'Uri (9027'), et dans les Alpes Bernoises elles accompagnent immédiatement d'ordinaire les plus hauts sommets.

Les pics gigantesques qui s'élèvent de 10,000' à 12,000' sont relativement plus rares, cependant leur nombre est probablement plus grand qu'on ne le suppose. Dans la chaîne bernoise, quelques aiguilles situées dans le voisinage du massif du Finsteraarhorn appartiennent seules à cette catégorie : le Rinderhorn (10,670'), l'Altels (11,187'), au sud de la vallée de Gastern et entouré de précipices effroyables, la Blumlisalp (11,271'), qui, si nous ne nous trompons, n'a point encore été gravie, le Breithorn (11,649'), au fond de la vallée de la Matter, son voisin le Grosshorn (11,583'), le Mittaghorn (11,966'), le Doldenhorn (11,228'), le Gspaltenhorn (10,565'), le Berglistock (11,000), le

Studerhorn (11,181'), l'Oberaarhorn (11,230'), l'Oberaarjoch (10,054'), le Wetterhorn, dont les trois sommets, l'Haslijungfrau (11,452'), le Mittelhorn et le Rosenhorn, ont tous été gravis depuis 1844 et, du moins le plus haut, sans le secours d'échelle, de hache, ni de corde; le Ritzlihorn (10,109'), le Silberhorn (11,800'), le Thierberg (10,286'), le Wildstrubel (10,054'), le Winterberg (10,500'), le Galenstock (11,073'), visité tout dernièrement pour la première fois et sur lequel s'appuie le glacier du Rhône, le Sustenhorn, exploré en premier lieu par G. Studer (10,830'), le Titlis (10,760'), etc.

Dans la chaîne parallèle, qui sépare le Piémont de la vallée du Rhône, il y a environ quarante pics de 10,000 à 12,000', qui ne sont pas tous nommés et mesurés. Nous ne signalerons que le Vélan, un des sommets du grand Saint-Bernard (11,674'), le pic de Théodule (10,667'), le Monte-Leone (10,974'), le Trift ou Zinalhorn (11,240'), la Dent d'Herins (11,271'), les Diablons (11,104'), etc.; à l'ouest, et comme avant-postes, la Dent du Midi (10,107'), les Diablerets (10,008'). Dans la chaîne occidentale de la vallée de la Reuss, entre les sources du Rhin, de la Reuss et de la Linth, on remarque un massif imposant de montagnes, parmi lesquelles notre zone réclame l'Oberalpstock (10,249'), le Spitzliberg (10,522'), le Gletschhorn (10,181'), le Crispalt (10,240'), le Tussistock (10,459'), la superbe arête des Clarides (10,159'), le Scheerhorn (10,147'), le Dœdi à double corne (11,115'), le pic méridional du Piz-Rosein qui compte même, d'après Hegetschweiler, 12,760', et le Bifertenstock 10,360'.

Les Alpes Rhétiques nous offrent aussi de nombreux sommets de 10,000 à 12,000'. Ces géants solitaires s'élèvent en général dans des labyrinthes de glaciers tout à fait inaccessibles, éloignés de toute vallée habitée, de tout passage fréquenté; aussi la plupart de ces cimes remarquables sont restées jusqu'à présent sans noms et sans visiteurs. Autour des sources du Rhin supérieur, nous rencontrons aussi des montagnes inconnues et dépassant les 10,000'; nous citerons celles de ce massif qui ont été nommées : c'est, par exemple, le Zaporthorn (10,220'), le Piz du val Rhein (10,220'), puis, entre le Splugen et le Bernardin, le Tambohorn (10,086'), le Piz d'Aela (10,220'), le Jopperhorn, dans la vallée d'Avers (10,423') et les pics si peu connus du groupe de la Bernina. A ces mêmes régions appartiennent encore le Piz Pisoc (10.579'), le Piz d'Albula (10,535'), le Piz d'Uertsch (10,076'), le Piz Linard (10,516'), le Piz Linguard (10,053'), le Piz Hot (10,001'), le Piz Buin (10,241'), la Cima del Largo (10,473'), etc. Enfin le canton des Grisons compte à lui seul plus de 40 sommets dont la hauteur dépasse 10,000' et un nombre double de pics qui approchent de ce même chiffre.

Mais au-dessus de ces rois des Alpes centrales, il y a quelques têtes plus sublimes encore qui dépassent 12,000'. On les rencontre d'ordinaire au centre de la chaîne, entourées de groupes d'une grandeur moyenne, en sorte qu'elles semblent former le couronnement du colossal édifice des montagnes. La plus grandiose de toutes est le Mont-Rose, formé de gneis et de granit veiné, et composé de 9 sommets distincts, dont le moins élevé compte 13,003', et le plus haut 14,284'; c'est la seconde montagne de l'Europe, et il ne le cède au Mont-Blanc que de quelques centaines de pieds. Les parois formidables de ses glaciers tombent du côté de Macugnaga dans un immense ravin de 9000' de profondeur; il possède des mines d'argent, de cuivre, de fer et des filons d'or à une hauteur de 10,112'. Dans la ramification qu'il projette vers le nord, il forme encore la Cima de Jazzi de 13,240', et les deux Mischabel, dont l'un (11,323') a été gravi en premier lieu par M. Ulrich, tandis que le plus élevé, le Dôme (14,020'), un des plus intéressants pics de l'Europe, est encore inconnu, ainsi que le point culminant du massif, le Tæschhorn (14,032'). Son prolongement occidental forme plusieurs têtes extraordinairement élevées, dont l'une, couleur d'un brun fauve, le Mont-Cervin (13,901'), s'élance du glacier de Zmutt en une seule paroi verticale de 7000'. Entre ces pointes, sur le passage du Mont-Cervin, apparaît comme un débri des anciens âges la fortification très-patriarchale de Saint-Théodule, la plus élevée d'Europe, et qui fut construite, il y a trois cents ans, par les habitants de Tournanche contre les invasions des Valaisans; maintenant elle n'est plus assaillie que par les brouillards qui montent incessamment des entonnoirs profonds formés par les ravins au sud de la chaîne. Après avoir passé quatre heures entières sur les glaces, le voyageur, arrivé au sommet du col, découvre ce petit boulevard haut de dix pieds et percé encore de quelques meurtrières. On peut envisager comme un prolongement du Mont-Rose, au delà du Breithorn (12,012'), la chaîne de sommets qui part de la magnifique Dent d'Erin (12,900'); elle compte une pyramide remarquable, la Dent Blanche (13,421'), la sphère arrondie du Weisshorn (13,895'), entre les vallées de Nicolaï et de Tourtemagne et la Dent de Ferpède (12.500'). Sur la ligne presque uniforme qui relie le Mont-Blanc au Mont-Cervin, le Grand-Combin (13,261') s'élance au-dessus des hauts sommets du grand Saint-Bernard. Enfin, dans cette seule famille nous comptons plus de vingt-quatre sommets dépassant 12,000'; à la région des 13,000' appartiennent, outre ceux que nous venons d'énumérer, le Zinalrothhorn (13,065'), les Jumeaux (13,068'), le Silberbast (13,074'), le Hasenriedhorn (13,340'); puis, allant au delà de 14,000', le Silbersattel du Mont-Rose, le Dôme et le Tæschhorn que nous avons déjà signalés. Si à ce tableau des cimes du Mont-Rose nous comparons le massif du Mont-Blanc, nous découvrons une différence très-sensible. A part son point culminant, nous n'y voyons aucun pic dépassant 14,000' et un seul de 13,019' (les Aiguilles du Géant), puis quatre pointes de 12,000'. Le Mont-Rose, de son côté, compte, avec les Mischabel, six pics de plus de 14,000' et dix de 13,000', en sorte qu'il est définitivement le massif le plus imposant de l'Europe.

Entre le lac de Brienz et le Rhône supérieur, entouré d'immenses mers de glace, s'élève le second système des grandes montagnes suisses; c'est le groupe du Finsteraarhorn, qui possède un très-grand nombre de pointes gigantesques comptant plus de 12,000', et dont le sol est un gneiss schisteux, le granit ne formant dans ces contrées que les crêtes inférieures. Le sommet du Finsteraarhorn proprement dit fut gravi en premier lieu le

10 août 1829 par deux Oberlandais, dirigés par les conseils du savant Hugi; Tralles en porte la hauteur à 13,230′, Eschmann à 13,160′. Le plus haut point du Schreckkorn s'élève à 12,568′, l'inaccessible Eiger, effilé comme une lame, à 12,874′, le Moine 12,666′, la Jungfrau 12,827′, l'Aletschhorn 12,874′, le Viescherhorn 12,268′, le grand Lauteraarhorn, gravi le 8 août 1842 par Escher de la Linth, Girard et Desor, 12,395′, le Gletscherhorn 12,258′, etc., groupe superbe, cent fois exploré déjà et dont les mers de glace recèlent encore bien des sommités inconnues.

Le beau groupe de la Bernina, célèbre par les formations cristallines de ses roches, forme, entre les sources de l'Inn et de l'Adda, une troisième famille de grandes cimes. Elles reposent sur une base plus étroite que celles des Alpes bernoises et sont encore très-peu connues. Un géomètre des Grisons, J. Coaz, tenta heureusement l'ascension de la plus élevée, le 13 septembre 1850, et en fixa la hauteur à 13,508 pieds suisses ou 4052 mètres. Denzler, qui la mesura aussi, lui assigne également 4052 mètres, soit 12,475 pieds français. Des pics de glace d'une transparence remarquable, les Piz Morteratsch, Roseg, Tschierva, Cresta Agiuza, Zupo, Palu, Cambrena, forment autour de ce sommet une ceinture de cimes silencieuses et éthérées.

Quelque considérables que soient ces hauteurs, elles paraissent insignifiantes quand on les compare aux chaînes de l'Asie et de l'Amérique du Sud. Le Chimborazo compte 23,380′ au-dessus de la mer et surplombe de 11,320′ la haute vallée de Tapia; l'Aconcagua n'a pas moins de 21,767′. Dans l'Amérique du Nord, la cime principale des montagnes Rocheuses s'élève à 17,340′, et en Australie la Mowna Roa monte jusqu'à 15,400′. L'Afrique a une chaîne de montagnes qui dépassent 14,000′. Au-dessus de tous ces sommets trônent les grandes coupoles de l'Himalaya; l'une d'elles, le Dhawalagiri, mesuré en 1849 par le docteur Hooker, compte 26,272′, le cône granitique du Kindjindjungen, 28,172′; enfin cette chaîne présente au moins vingt points culminants plus élevés que le Chimborazo.

La dernière plate-forme, le trône de nos grands sommets, est taillée de bien des manières différentes, mais en général ne présente qu'une terrasse de quelques pieds carrés. Presque toujours la dernière croupe est excessivement rapide et difficile à escalader. Une arête très-étroite conduit sur la plate-forme de la Jungfrau, petit triangle de deux pieds de long sur un et demi de large, dont la base est tournée vers la vallée. Quand on y parvint, elle était couverte d'une neige dure et granuleuse[1]. La crête qui la précède, d'une largeur de six à dix pouces, a la forme d'un cône tranché verticalement des deux côtés ; son inclinaison est de 60 à 70 degrés sur une longueur de 20 pieds. Le sommet de la Bernina présente exactement la même conformation, mais sa dernière terrasse doit être plus large et plus spacieuse, puisque Coaz put y bâtir une pyramide de pierres haute de quatre pieds. Le Finsteraarhorn est formé par quatre arêtes rapides, s'élevant des glaciers et se réunissant au sommet en une flèche aiguë, dont la partie orientale plonge verticalement sur le glacier du Finsteraarhorn à 5400′ au-dessous. La pointe consiste en un mélange de masses rocheuses, siénite, gneiss, amphibole, traversées encore par différents filons. La pointe du Dœdi offre un plateau beaucoup plus considérable et plus arrondi. Trois chasseurs de chamois du canton de Glaris en firent les premiers l'ascension, le 10 août 1837, et neuf jours après ils y conduisirent

[1] En 1811, les premiers explorateurs de la Jungfrau (J. R. et H. Meyer d'Arau) trouvèrent la terrasse un peu différente; ils la dépeignent comme un petit plateau de douze pieds de diamètre, arrondi de tous les côtés et séparé par une profonde crevasse des rochers qui y conduisent. A la seconde ascension (le 3 septembre 1812), elle avait déjà beaucoup changé et consistait en une pointe un peu aplatie, assez semblable à sa forme actuelle. Le 10 septembre 1828, à la troisième expédition, composée de six Grindelwaldais, le sommet présentait un plan très-incliné, d'une vingtaine de pieds de large. G. Studer, qui en fit la cinquième ascension en 1842, vérifia l'exactitude des descriptions données par Agassiz dans la quatrième exploration; mais les glaciers d'alentour avaient totalement changé d'aspect. Les ascensions ne peuvent plus avoir lieu que par les hautes terrasses du glacier d'Aletsch, tandis que la première s'est opérée par les crêtes du Roththal, maintenant inaccessibles.

Durler. De 1819 à 1822, le docteur Hegetschweiler avait en vain tenté cette expédition. Trois savants suisses, Ulrich, Siegfried et Studer, l'accomplirent en août 1853, et ils ont eu de nombreux imitateurs. La vue du monde alpestre qui environne ce dôme offre un des plus beaux coups d'œil que l'on puisse imaginer.

L'ascension du Mont-Rose est une victoire alpestre remportée tout récemment. De Saussure l'essaya vainement plusieurs fois. De 1819 à 1823, Zumstein arriva à différentes reprises sur un des sommets, le Gœrnerhorn ou pointe de Zumstein (14,064'); il y fit différentes observations thermométriques et barométriques, et crut pouvoir déclarer complétement inaccessible la pointe principale du Mont-Rose, plus élevée que la sienne de 220'. Vincent et Welden n'atteignirent pas davantage le grand sommet, mais seulement la pyramide Vincent et la pointe Louis. MM. Ulrich et G. Studer obtinrent un plus grand succès en parvenant jusqu'au col qui réunit la pointe nord et le point culminant, à 340' au-dessous de celui-ci. En 1848, leurs guides Maduz et Mathias Taugwald gravirent un des sommets supérieurs, mais d'après leurs récits, où ils le représentent comme n'offrant pas de place suffisante pour se tenir debout, nous devons conclure qu'ils ne sont arrivés que sur la pointe orientale, inférieure à l'autre de quatre toises. Le 22 août 1851, MM. Hermann et Adolphe Schlagintweit, de Berlin, parvinrent jusqu'au même endroit et nous ont raconté cette remarquable excursion. Ils dépeignent le sommet du Mont-Rose comme une arête très-étroite, formée de schiste mêlé de quartz, supportant deux hautes cimes à peu près égales, séparées par quelques dentelures profondes. Comme Maduz et Matthias, ils gravirent heureusement la pointe orientale, malgré ses parois rapides et couvertes de glace; mais la déclivité complétement abrupte de ces dentelures et la nudité des roches leur interdirent l'approche de la pointe occidentale qu'ils jugèrent de 22 pieds plus haute que la leur. Après toutes ces différentes et glorieuses tentatives, le vrai sommet du Mont-Rose demeurait encore inconnu et inaccessible. Ce furent deux Anglais, MM. Smyth, accompagnés de cinq guides, qui y arrivèrent les premiers, le 31 juillet 1855; le 14 août de cette même année, MM. Weilenmann, de Saint-Gall, et Bücher, de Ratisbonne, conduits par Jean et Pierre Taugwald, et accompagnés d'un Allemand, de deux Anglais avec leurs guides, en tout dix personnes, entreprirent la même expédition. Cette société prit par le chemin du glacier de Gœrner et laissant à gauche la mer de glace qui descend entre la pointe Nord et la plus haute cime, ils attaquèrent directement la crête terminale du côté de l'occident. A droite, au fond des abîmes, ils plongeaient sur les plateaux de glace qui s'étalent entre la crête de Lys et la pointe de Parrot. Après trois heures d'une marche pénible sur les pentes de la crête, couvertes tantôt d'une neige fraîche et profonde, tantôt de pierres roulantes, ils arrivèrent enfin heureusement au pied de la pyramide occidentale et la plus haute qui ne surplombait que de 20 à 25 pieds au-dessus de leurs têtes. Mais, à ce moment définitif, l'ascension devenait à peu près impossible. Au pied même de l'aiguille, l'arête n'offrait plus qu'une largeur d'un pied, recouverte encore d'une neige verticalement amoncelée. Jean Taugwald, qui avait conduit les Anglais quinze jours auparavant, tassa cette neige de son pied solide, et alla visiter la paroi méridionale de la cime. Mais la neige glacée qui remplissait là aussi toutes les saillies, toutes les fissures du rocher, défiait l'escalade. Le côté nord n'offrait rien de beaucoup plus engageant, puisqu'il ne présentait pas d'autre voie qu'une espèce de canal ou de cheminée perpendiculaire, montant jusqu'au sommet et profondément encaissée de trois côtés. Au haut du couloir, une roche en saillie rendait les derniers pas très-difficiles, tandis qu'en bas il s'ouvrait sur l'abîme et dans le bleu de l'éther. Pour pénétrer dans cette cheminée, il fallait une force et une agilité surprenantes. Pierre Taugwald y fit entrer Jean, qui la gravit avec une hardiesse extraordinaire et s'élança d'un bond sur la dangereuse saillie. M. Weilenmann, avec le secours de Pierre, s'introduisit ensuite dans le couloir, où Jean lui jeta une corde dont il s'entoura le poignet, et tantôt grimpant, tantôt planant, il atteignit au sommet. C'est ainsi que s'achemina toute la société.

En attaquant directement la grande cime par son revers occidental, ils prirent le chemin opposé à celui qu'avaient tenté MM. Schlagintweit. Ils découvrirent sous la neige la petite pyramide de pierres élevée par les Anglais, où ceux-ci avaient caché une enveloppe avec leurs noms et des rubans de soie rouges et noirs. Pressés les uns contre les autres et rangés en file le long du sommet, ces dix voyageurs y trouvèrent assez d'espace pour jouir pendant une demi-heure de la pureté et de la tranquillité de l'atmosphère, de la chaleur du soleil et d'une vue admirable sur le monde immense qui s'étendait autour d'eux, et dont les lointains nageaient dans la brume. Ils constatèrent aisément qu'ils dominaient la pointe gravie par MM. Schlagintweit et les guides de M. Ulrich, ainsi que les huit autres cimes du Mont-Rose. Au sud de l'arête la température était douce et agréable, mais à l'orient elle devenait si froide que les mains posées sur le rocher se glaçaient à l'instant. Ils n'avaient malheureusement emporté avec eux aucun instrument scientifique[1].

Le Mont-Rose forme une série de neuf sommets réunis par une longue crête qui court du nord au sud. Nous allons rassembler sous les yeux du lecteur les altitudes des différentes cimes du Mont-Rose, très-exactement mesurées par MM. Schlagintweit :

La plus haute cime	14,284'.
La pointe Nord	14,153'.

[1] L'ascension du Mont-Rose est infiniment moins dispendieuse que celle du Mont-Blanc ; grâce à la taxe peu hospitalière fixée par les guides de Chamounix, celle-ci revient à 600 fr. par personne, tandis qu'avec 60 fr. on peut arriver en toute sécurité au sommet du Mont-Rose. Les jouissances pittoresques dont ces montagnes offrent une si grande variété, sont donc mises à la portée de tous, et le Riffel, hôtel situé à 3000' au-dessus de Zermatt, est une des résidences les plus curieuses et les plus intéressantes que les touristes puissent désirer ; on y est au cœur de tous les grands phénomènes alpestres.

(*Note du traducteur.*)

La pointe Zumstein	14,064'.
La coupole du signal. . . .	14,044'.
La pointe de Parrot. . . .	13,663'.
Le pic Saint-Louis	13,350'.
Le Schwarzhorn	13,220'.
La pointe de Balme	13,070'.
La pyramide Vincent. . . .	13,003'.

J. Leuthold et J. Wæhren firent la première ascension du Finsteraarhorn; la seconde fut entreprise treize ans plus tard par Sulzer, de Bâle. La Jungfrau fut gravie en premier lieu, en 1811, par les frères J. R. et H. Mayer, d'Aarau, qui y retournèrent l'année suivante; en 1828, par J. Baumann; le 27 août 1841, par le professeur Agassiz, le professeur Forbes, d'Edimbourg, E. Desor, de Hombourg, et le Français Du Chatelier, sous la direction du guide du Finsteraarhorn, Jacob Leuthold[1].

La région des neiges a donc, dans nos hautes Alpes, une étendue verticale de 7000', et, transportée au niveau de la mer, elle formerait des montagnes très-remarquables. A la hauteur où elle est placée, c'est la région de l'hiver éternel avec quelques fugitives apparitions de printemps, c'est un monde sérieux, souvent effrayant, plein de merveilles, de phénomènes grandioses, de labyrinthes infinis, où l'homme ne rencontre que très-rarement un endroit habitable et où le plus chétif des êtres organiques trouve à peine son aliment. Aussi les plus hauts chalets des Alpes restent en général au-dessous de 6500'; dans les chaînes bernoises, un très-petit nombre d'entre eux montent jusqu'à 7200'. Quelques étables de brebis vont jusqu'à 8100' sur les flancs du Mont-Rose, où l'on trouve encore plus haut, à 10,068', une mine abandonnée. L'auberge du Faulhorn (8261')

[1] L'été de 1842 fut particulièrement favorable aux ascensions; on en fit deux de la Jungfrau, une du Schreckhorn, du Finsteraarhorn, du Scheerhorn, de la Dent du Midi, du Signal, du Mont-Rose, du grand Venediger, dans le Pinzgau, de la Maladetta (10,320'), dans les Pyrénées. Le Mont-Blanc ne fut pas aussi abordable; deux ascensions échouèrent cette année-là.

a joui longtemps de la réputation usurpée d'être l'habitation la plus élevée de l'Europe; elle était cependant inférieure au relai de poste situé sur le col du Stelvio, à 8610'; la hutte que l'on vient d'établir au sommet du passage de Saint-Théodule, 10,416', à la place de la tente hospitalière que l'on y trouvait, offre maintenant, à une hauteur jusqu'alors complétement inhabitée, un abri aux voyageurs qui passent de la vallée de Zermatt dans celle d'Aoste par le col le plus élevé des Alpes.

Le sol de ces régions se compose de croupes déchirées, d'arêtes plus ou moins aiguës, de galeries entrecoupées çà et là par le triste et monotone chaos des vallées d'éboulements. Jamais l'œil ne s'y repose sur de vastes hauts-plateaux, partout le terrain se brise en couloirs remplis de névés, ou forme des cirques de glace. Cet immense territoire de neiges, glaciers, névés qui, surtout depuis 8500', recouvre toute la chaîne des Alpes, s'étend, dans la direction du sud-ouest au nord-est, du Mont-Blanc jusqu'à l'Ortelès et se prolonge, du côté du nord, jusqu'au Glarnisch et à la Scesaplana. Il prend une très-grande largeur autour des trois groupes immenses que nous venons de décrire, le Mont-Rose, le Finsteraarhorn, la Bernina; mais ailleurs il longe souvent des crêtes assez étroites où rarement quelque plateau dénudé, quelque haute cime lui offre une plus vaste étendue. Comme nous l'avons dit, ces régions présentent partout une forte inclinaison; elles se découpent en cimes innombrables qui s'élèvent souvent nues et merveilleuses à 5000' au-dessus de leurs mers de glace, ou forment un gigantesque éventail de sommités autour d'un point central étendu et imposant. Celui qui a souvent visité ces contrées, et qui s'est complétement familiarisé avec elles, n'a vu dans ces régions qui planent au-dessus des nuages rafraîchissants du printemps que les parois fauves et grisâtres des rochers et des contre-forts, des corniches téméraires où une végétation hâtive a jeté quelques fleurs plus ou moins robustes, de hautes vallées d'éboulements, des mers de glace courant sur des pentes effrayantes, des blocs épars, les grandes lignes arquées des moraines, d'étincelantes coupoles de neige, mais partout le froid, l'immobilité, la mort, un monde où, comme le dit le poëte :

> « Cessent les sons harmonieux de la vivante nature,
> Où les eaux grondent sourdement autour de moi
> En s'échappant du glacier.
>
> « Jamais le souffle de mai ne monte jusqu'ici ;
> L'oiseau ne s'y balance sur aucun rameau parfumé,
> La mousse, les lichens sont la seule parure de ces sauvages débris. »

Pourquoi l'homme aime-t-il cependant à monter jusque-là? Quel est le charme mystérieux, inexplicable qui l'entraîne à braver des périls certains, à transporter son existence si fragile, si dépendante des circonstances extérieures, au milieu et au delà de ces déserts de glace, où une hutte, construite le plus souvent de ses propres mains, le protégera seule contre les tempêtes terribles de ces régions et leur température glaciale, pour atteindre ensuite, suspendu entre la vie et la mort, tremblant malgré son courage, respirant à peine d'émotion et d'angoisse, l'étroite plate-forme d'un de ces majestueux trônes de neige? Nous ne pouvons admettre qu'une vanité puérile le pousse à visiter ces résidences nuageuses. Nous le croyons animé, au contraire, par le sentiment de sa puissance intellectuelle qu'il aime à opposer aux terreurs du monde physique, par le charme qu'il trouve à mesurer les facultés infinies de l'intelligence avec les plus grandes difficultés matérielles, et à approfondir, au milieu des dangers, la construction de la terre, le rapport mystérieux de toutes les choses créées, peut-être par le besoin confus de se sentir vraiment le *maître de la terre*, en arrivant sur les plus hauts sommets, à la dernière limite de l'espace qui lui a été donné, et de témoigner ainsi par un acte d'héroïsme désintéressé de sa parenté intime avec le monde infini.

CHAPITRE II.

LIMITE DES NEIGES ET DESTRUCTION DES MONTAGNES.

Région inférieure des neiges. — Ses limites dans les différentes parties des Alpes. Destruction des montagnes et leur destin final. — Les blocs erratiques.

La clarté du couchant
Répand une teinte matte et blafarde
Sur les ruines de nos montagnes,
Comme sur les débris d'un monde.

L'avalanche descend rapide et foudroyante
Des régions élevées du tonnerre ;
L'aigle du milieu des nuages
Fait entendre son cri terrible.

Semblable au sourd retentissement
Qui monte des profondeurs de l'Etna,
Un bruit sinistre ébranle le palais de glace
Près de la source du torrent.

Ici, un triste crépuscule éclaire de sombres contrées
Où jamais ne sourit une fleur,
Là, d'affreux ravins se cachent
Dans l'antique nuit du chaos.

Les terreurs du sépulcre
Entourent comme d'un souffle glaçant
Les blocs hardis du granit,
Qui surplombent sur l'abîme.

Les torrents en fureur grondent
Sous la planche fragile,
Et le souffle du Groënland
Soulève la neige des sentiers escarpés.

La région qui nous occupera dans ce chapitre commence à peu près à 7000′ et s'étend jusqu'à 8500 et 9000′; elle s'arrête là où règnent les neiges éternelles. Ses aspects sont infiniment variés et on ne peut lui assigner de bornes précises; au nord et au couchant elle reste ensevelie presque toute l'année sous la neige, tandis qu'au midi et à l'orient elle se découvre presque toujours, même à 8200′. Dans les étés très-chauds, la ligne des neiges recule partout, excepté lorsqu'il se présente de grands et anciens champs de neige de plusieurs centaines de pieds de profondeur; d'après l'observation d'Agassiz, celui de Mieselen atteint jusqu'à 1300′. L'élévation verticale ne peut pas plus nous servir de mesure exacte que la situation au midi ou au nord. Nous avons déjà remarqué précédemment que les plateaux élevés forment des réservoirs de chaleur, dont l'influence s'étend sur tout leur voisinage; ainsi le versant méridional d'une montagne présente-t-il de profondes vallées, il est clair que la neige y descend beaucoup plus bas que sur le versant septentrional, quand celui-ci n'offre que des plateaux sans accidents. Par exemple, la neige arrive à 4000′ plus bas sur le versant méridional de l'Himalaya que sur le côté du nord, où les plateaux du Thibet entretiennent des vents toujours chauds. Partout dans nos Alpes, le même phénomène se présente sur une moindre échelle. Les vents régnants, surtout le fœhn, la sécheresse ou l'humidité des couches d'air, le voisinage ou l'éloignement des grands champs de glace sont autant de causes de modifications. Les cônes isolés ou les petits massifs qui ne se rattachent pas directement à une grande chaîne, n'entretiennent pas la neige comme ces profonds labyrinthes d'une étendue de plusieurs milles, où circulent des courants d'air glacial et dont la température est toujours froide. La neige est aussi plus stable sur les glaciers et les terrains marécageux que sur les rochers secs de calcaire et de schiste.

On peut établir comme règle générale, qu'à 7000′ la neige ne se trouve en permanence que dans des crevasses ou des endroits situés à l'ombre; à 8000′, les Alpes centrales présentent de vastes champs de neige; à 9000 ou 9500′, les Alpes méridionales sont couvertes de neiges éternelles, sauf quelques crêtes ou faîtes isolés, qui s'en dépouillent pendant quelques semaines d'été; au-dessus de 10,000', à part des parois de rochers verticales, il faut des conditions toutes particulières, la situation la plus favorable, le vent le plus chaud et le soleil le plus ardent pour faire disparaître çà et là quelques fragments de cet épais tapis.

On rencontre dans les Alpes septentrionales des cônes isolés (par exemple le Sentis 7000') qui sont dépouillés de neige pendant deux ou trois mois de l'année; d'autres (comme le Vorder-Glarnisch), qui se relient à des sommets plus élevés, ne la perdent que pendant deux mois au plus; dans les mauvaises années elle y reste toujours. Elle s'établit aussi en permanence, même à 3000' seulement, dans le creux des avalanches ou dans de vastes entonnoirs. Les rochers de l'inaccessible Murtschenstock (7270') sont disposés de telle sorte que la neige n'y fond jamais. Les hautes montagnes de Glaris, d'Uri et de Berne présentent à 8000' des champs de neige éternelle; dans les Alpes méridionales, des passages beaucoup moins élevés, tels que la Gemmi, la Grimsel et le Saint-Bernard, sont dans le même cas. On a aussi remarqué au Saint-Gothard, dans les Alpes rhétiques, qu'il n'y a pas de mois de l'année, même dans les étés les plus chauds, où il ne neige au moins une fois. À l'est, il faut remonter un peu plus haut pour trouver des faits semblables. La crête du Valserberg (7000'), le Löchliberg (7920') et même la pointe du pic Linard (10,580') se dégagent pendant les chaleurs. Si, pour trouver la limite des neiges, on voulait s'élever jusqu'aux régions où elles restent constamment, même dans les étés les plus chauds, il faudrait la fixer dans les Alpes septentrionales de 8000 à 8200', dans les Alpes bernoises à 8300', dans les Alpes des Grisons de 8600 à 9300', au nord du Mont-Rose à 8800', au sud de cette même montagne à 9500' [1].

[1] D'après Schlagintweit, cette limite varie de 2600 à 2700 mètres dans les Alpes septentrionales, de 2730 à 2800 mètres dans les Alpes centrales, et de 2860 à 3100 mètres dans la chaîne du Mont-Blanc.

Mais nous envisageons la région des neiges à un autre point de vue, nous entendons par là l'ensemble des sommités qui présentent d'ordinaire, mais pas invariablement, de grandes masses de neiges. Cette limite s'arrête dans les Alpes de Styrie et de Salzbourg à 8000', au Tyrol à 8200', au-dessus du lac de Côme et dans la Valteline, à 8500', en Savoie, à 8800', au Caucase, à 9970', dans les Apennins, à 9000', dans les Pyrénées, à 8680', dans l'Altaï, à 6650'; sous l'équateur, dans les Cordillères, cette ligne recule jusqu'à 14,860'; du côté nord de l'Himalaya, à 15,740', du côté sud, à 11,780'; dans les montagnes de la Scandinavie elle descend à 5200', en Islande, à 4340', sur l'Hécla, à 2914', au Cap Nord, à 2200', à l'île de Beeren, à 558'. A cette latitude, notre région de montagnes serait du bas jusqu'en haut ensevelie sous la neige. Au pôle, la limite des neiges est au niveau de la mer.

Si la région inférieure était couverte d'un tapis de neige aussi uniforme et aussi permanent que la région supérieure, elle serait à l'abri de la destruction, tandis qu'en paraissant et disparaissant sans cesse, la neige devient un des instruments les plus puissants dont se serve la nature pour ébranler un édifice destiné en apparence à une durée éternelle. Partout notre région présente des traces anciennes ou nouvelles de dissolution et de décadence; mais c'est particulièrement le cas dans la zone qui est privée à la fois du manteau protecteur de la végétation et de celui d'une neige permanente. La température s'y mouvant autour de zéro y amène de continuelles alternatives de gelée et de dégel.

En général, nous sommes loin de nous rendre un compte suffisant de la destruction des Alpes. Nous voyons les torrents charrier des débris, d'énormes décombres descendre jusque dans les vallées, les avalanches entraîner de la terre et des pierres; chaque année nous entendons parler de chutes de rochers et souvent de grands et terribles éboulements, au printemps et en été les rochers se détachent sous nos yeux avec la rapidité d'un feu de peloton; on nous raconte avec consternation l'engloutissement de pâturages entiers, nous contemplons avec surprise de vastes champs de décombres où la destruction de la montagne est écrite en caractères formidables; mais tout cela ne nous fait qu'une faible impression, car nous sommes habitués à envisager ces phénomènes comme accidentels, et nous ne croyons pas qu'ils aient aucune influence sur la durée du grand corps des Alpes. Il est vrai que la vie de bien des générations s'écoule avant qu'un changement sensible se remarque dans l'ensemble. Et cependant, dans le cours de milliers d'années, il y a tels groupes de rochers, tels blocs gigantesques de granit que la main du temps a tellement modifiés, qu'il serait impossible de les reconnaître. Cette action du temps est incessante, quoique mystérieuse et insensible, aussi, nous sommes certain que, même sans le secours d'aucune force plutonique, elle parviendra à dissoudre la chaîne des Alpes et à renverser ses masses imposantes. Dans un avenir infiniment éloigné, elles ne formeront plus qu'une chaîne de collines que couvrira une puissante végétation, car ce que nous appelons destruction n'est en réalité qu'une forme de la vie. En voyant de nos jours le rocher en dissolution fournir une terre admirablement propre à la vie végétale, nous pouvons nous représenter que, dans des temps antérieurs à l'histoire, nos florissantes et populeuses vallées ont été creusées dans le roc par l'action puissante de l'eau [1].

L'eau est en effet le moteur principal de ces révolutions continuelles, quoique mille autres causes, telles que le soleil, l'air, les tempêtes, les torrents, les avalanches, la foudre et le tonnerre, la chaleur et la gelée, les hommes et les animaux, les lichens qui partout absorbent la vie et se fraient un passage à travers tous les obstacles, les forces électriques et galvaniques y contribuent pour leur part. Mais toutes ces influences réunies auraient peu d'action sur les côtes granitiques et les flancs calcaires des hautes sommités, si l'eau ne travaillait à miner leur masse qui semble aussi inattaquable que l'acier; car si l'eau s'écoule lentement,

[1] Citons ici quelques-unes des grandes vallées d'érosion: le Prætigau (Grisons), la vallée de Tourtemagne (Valais), le Simmenthal, sont creusés dans le Flisch; la vallée de Bedretto (Tessin), celle qui s'étend entre Frutigen et Adelboden (Berne), sont produites par la dissolution de la dolomie et du gypse.

jamais elle ne s'arrête. En automne, les nuages, le brouillard, la pluie et la neige produisent une humidité qui pénètre le roc, s'introduit dans les fissures et les veines les plus fines, s'insinue par les crevasses et toutes les petites fentes jusque dans l'intérieur du massif et finit par atteindre sa base au moyen d'une foule de filets d'eau. En hiver, la glace remplit ces canaux et l'œuvre commencée se poursuit d'une autre manière; ce n'est plus l'action pénétrante de l'humidité qni use lentement la pierre, mais un combat énergique entre deux corps également durs. La glace agit comme le feraient des centaines de leviers, elle perce, mine, sépare le rocher et forme mille petites galeries souterraines. Les fontes du printemps ralentissent un peu cette marche progressive, mais l'automne suivant les mêmes faits se reproduisent avec plus de force encore, car à mesure que l'eau et la glace gagnent du terrain, leur action croît en énergie et en rapidité. On a remarqué que le roc primitif résiste moins à la destruction que le calcaire, et que celui-ci à son tour est plus facilement atteint que les formations tertiaires; le schiste argileux et le grès offrent plus que toute autre formation une prise facile aux agents destructeurs. L'eau agit encore au moyen de la neige et surtout des glaciers; on sait que ceux-ci croissent et décroissent sans cesse; ce mouvement continuel et leur marche en avant, qu'accélère leur poids énorme, usent et liment non-seulement leur base, mais les rochers qui les bordent, et d'immenses débris finissent par s'accumuler à leurs pieds. Enfin, les substances chimiques contenues dans l'eau concourent encore à cette œuvre de dissolution.

Si on veut prendre la peine de rassembler tous ces faits et de considérer attentivement toutes les transformations que la main du temps a déjà opérées sur nos montagnes, les divisant, les aplanissant, formant de leurs dépouilles des vallées entières, on comprendra qu'elles pourront un jour cesser d'exister. Elles ne sont pas seules, du reste, à subir ce travail de décomposition, toute la terre participe à ce mouvement.

Un autre phénomène vient encore ajouter une preuve de plus

à toutes celles que nous avons avancées à l'appui de notre thèse : ce sont les blocs erratiques. Il est vrai que leur origine est encore mystérieuse et que la nature semble les avoir créés pour faire le tourment des géologues. Ces blocs se rencontrent dans les plaines de la Suisse, sur le penchant des collines, sur les sommets du Jura, quelquefois jusqu'à 3300'; ils forment de petits groupes de rochers entassés horizontalement ou verticalement, présentant souvent une masse de cent mille pieds cubes. La pierre qui les compose est entièrement différente de celle de la montagne sur laquelle ils reposent. Ce sont des citoyens des hautes régions égarés à plusieurs journées de leur patrie. On les trouve aussi dans l'Amérique centrale, en Angleterre, en Hollande, en Allemagne, en Chine, au Cap de Bonne-Espérance; là, comme chez nous, ils occupent souvent de grands espaces de terrain. Ils se composent de granit, de gneiss, d'amphibole, de porphyre ou de schiste micacé. Leurs formes sont très-variées; on dirait des uns qu'ils viennent de se détacher de la montagne, tant leurs angles sont aigus, d'autres, au contraire, ont les contours tout à fait arrondis, ce qui indique qu'ils ont été exposés à de longs frottements. Les premiers sont quelquefois entièrement dégagés, ou bien ils reposent tantôt sur du gravier non stratifié, tantôt sur de l'argile; les autres sont entourés de gravier stratifié.

Les naturalistes ont expliqué de différentes manières ce voyage merveilleux du sein des hautes montagnes à d'immenses distances. Les uns l'ont attribué à de grandes forces volcaniques, d'autres, à de grandes inondations ou à de prodigieux courants de glace venant, soit de la mer, soit des Alpes. Quelques savants font descendre ces blocs de glaciers antéhistoriques, et placent l'époque de leur migration entre la destruction des anciennes races d'animaux et la création de celles qui existent maintenant. L'étude des moraines a prouvé en effet d'une manière incontestable que les glaciers devaient avoir, bien avant notre ère, une immense étendue; on en trouve la trace jusqu'à Berne, Bremgarten, Sursee, Zurich, Rapperswyl. Il est facile de démontrer l'origine des blocs erratiques, en suivant leur ligne de rayonnement et en considérant les surfaces polies et les roches moutonnées, c'est-à-dire arrondies par le frottement des glaciers sur les flancs des montagnes. On les voit descendre régulièrement le cours de l'Aar, du Rhin, de l'Arve, du Rhône, de la Reuss et de la Linth, portés sur le dos d'immenses glaciers qui devaient alors remplir des vallées de plusieurs mille pieds de profondeur. Cette hypothèse en exige une autre qui n'est pas du tont invraisemblable, à savoir que le désert du Sahara a été autrefois une mer. Cette mer se serait changée en de vastes déserts, d'où provient le sirocco, connu en Suisse sous le nom de fœhn, et nos anciens glaciers auraient cédé à l'influence de ce vent qui est encore de nos jours la condition de la vie dans nos montagnes.

D'autres naturalistes croient que les blocs erratiques n'ont pas tous la même origine ; d'après ceux-ci, les blocs dont la forme est arrondie et qui reposent sur le gravier, auraient été transportés par les torrents, tandis que l'hypothèse que nous avons développée plus haut s'appliquerait à ceux dont les angles sont aigus, qui se trouvent dans le rayonnement des montagnes et reposent sur un détritus de moraine.

Les croyances populaires à l'égard des blocs erratiques nous rappellent ce passage de Faust où Méphistophelès s'écrie :

« J'étais là, lorsque l'abîme s'ouvrit et lança des torrents de flamme, lorsque le marteau de Moloch, entassant rochers sur rochers, porta au loin les débris des montagnes. Leur nouvelle patrie s'étonne encore de posséder des hôtes aussi formidables. Quelle est la force occulte qui les a transportés ? Le philosophe pourra-t-il l'expliquer ? — Non ! — ce mystère dépasse sa compréhension ; en vain recommence-t-il sans cesse à le sonder, il reste impénétrable. Le peuple le comprend et ne veut pas être dérangé dans sa croyance. Pour lui c'est un miracle, et il en fait honneur au diable ; il a baptisé de son nom la pierre merveilleuse et le pont suspendu sur l'abîme. »

CHAPITRE III.

NÉVÉS ET GLACIERS.

Lutte de l'hiver et de l'été dans les hautes régions. — Propriétés des hautes neiges. — Des névés. — Étendue des glaciers, leur limite supérieure et inférieure. — Leurs rapports avec le monde organique. — Formation et développement d'un glacier. — Sa température, couleur, composition chimique. — Ses mouvements. — Les moraines. — Neige rouge. — Des podurelles et de quelques autres productions organiques des glaciers.

Dans la région des collines la fonte des neiges commence avec le mois de mars; en avril, elle s'avance vers les montagnes; en mai et en juin, elle gagne les pentes inférieures et supérieures des Alpes, où la végétation, préparée d'avance et toute prête à éclore, la suit avec une inconcevable rapidité. Pendant le mois de juillet, les rayons ardents du soleil débarrassent aussi les surfaces déchirées des hauts sommets de leur couverture de neige plus profonde et plus tenace; il semble donc qu'en août la fonte devrait s'étendre et pénétrer partout, mais d'autres influences atmosphériques viennent retarder ses progrès. Les plateaux un peu étendus abritent d'énormes masses de neige, à la chaleur succèdent parfois des baisses subites, et tout l'entourage des hauts névés garde une température assez généralement froide; ainsi l'été rencontre pendant ce mois une résistance opiniâtre, mais il parvient cependant à arracher aux frimas la moitié de leur domaine, les plus hautes cimes se dépouillent parfois de leur tapis blanc, et quand la bonne saison est particulièrement chaude, les aiguilles se découvrent entièrement, ou leurs faites neigeux se changent en coupoles de glace d'un bleu mat. Déjà en septembre la lutte change de caractère; le souffle de la vie se retire de semaine en semaine vers les pentes inférieures, jusqu'à ce qu'il s'enfuie même des vallées, sur lesquelles l'hiver fait descendre de la montagne l'enveloppe des frimas.

Sur toutes les croupes il y a de petites saillies rocheuses, constamment visitées par le soleil, où la neige ne tient pas ; sur quelques parois verticales des plus hauts sommets, même du Finsteraarhorn, de l'Eiger, de la Jungfrau, du Wetterhorn, de la Bernina et du Mont-Rose, la neige ne s'établit presque jamais, même en hiver, et seulement quand elle tombe par un vent favorable et humide. Ces parties favorisées, ces petites oasis d'été sont d'une grande importance pour la vie végétale et animale de la région des neiges.

La neige qui tombe sur ces hauteurs est très-différente d'aspect des gros flocons que nous voyons en hiver dans nos plaines. La froideur, la pureté, la sécheresse de l'air, la rendent aussi plus sèche, plus légère, plus fine de grain, et elle paraît surtout sous la forme d'une mince aiguille de glace ou de petites étoiles à trois ou six pointes ; elle tombe en givre, en poussière, en gouttelettes cristallines, presque jamais en larges flocons.

La pluie est très-rare à 9000′, puisqu'en général les nuages pluvieux planent en dessous et qu'on n'y rencontre plus la température moyenne de l'été ; il est vraisemblable qu'il ne pleut jamais à 11,000′. Une masse toujours croissante de neige devrait donc s'amonceler dans les hautes Alpes si la chaleur de l'été n'y opérait chaque année une fonte considérable, à laquelle viennent en aide les avalanches, qui déchargent ces masses vers le bas, et dans le haut les vents violents, qui balaient parfois toutes les crêtes et précipitent la neige muable dans les vallées, ou la transportent dans les gorges profondes des névés. Il faut aussi compter l'évaporation continuelle de la neige, même par la température la plus sèche et la plus froide. Comme les rayons du soleil agissent beaucoup plus énergiquement à cette altitude et sont plus chauds que l'air, ils peuvent travailler et fondre la neige même par une température de 2 à 3° au-dessous de zéro ; elle se recouvre alors (même sur le sommet du Mont-

Blanc) d'une fine et transparente écorce de glace ; après une nouvelle tombée, elle se remplit de feuillets glacés. Sur les surfaces particulièrement favorisées, ce rayonnement opère une fonte plus considérable qui produit une glace compacte et semblable au verre. On a aussi remarqué qu'au delà de 10,000′, il ne tombe plus autant de neige, qu'elle est dans sa plus grande abondance entre 7000 et 8000′, et baisse généralement au-dessus et au-dessous de ce chiffre. On n'a jamais aperçu de traces d'avalanches dans les toutes hautes régions ; il paraît que dans ces sphères élevées les vapeurs rencontrent un air trop sec et trop léger pour se condenser et qu'elles doivent descendre vers une atmosphère plus lourde pour se changer en pluie ou en neige ; cette circonstance est très-favorable aux pâturages des Alpes, qui reçoivent ainsi l'humidité nécessaire.

La haute neige, sèche, légère, cristallisée au moment où elle tombe, change bientôt d'aspect et de propriétés par le travail constant de fonte et de gelée qu'elle subit ; sous l'influence de divers agents atmosphériques, elle passe par une série de métamorphoses qui se rapprochent plus ou moins de la neige ou de la glace. La chaleur du jour ne la rend pas humide, mais sablonneuse, et dans cet état il serait presque impossible de la rouler en pelotte ; la gelée de la nuit réunit de nouveau les grains ; cette opération se répétant incessamment à des degrés divers pendant toute la saison chaude, les tapis des hautes régions deviennent ce que la science appelle des névés, c'est-à-dire une masse compacte et bien pétrie, dont toutes les granulations adhèrent entre elles par un ciment de glace. Quand la température monte, ce ciment se fond sans que les grains durcis se dissolvent le moins du monde ; ils se désagrégent seulement comme des grains de sable, et pendant la nuit se réunissent de nouveau en masses dures comme de l'acier. Cela se voit surtout dans les bassins profonds et dans les gorges.

Cette matière neigeuse et glacée tout ensemble, appelée névé, forme donc l'immense et solide manteau dont les Alpes enveloppent leurs fières cimes et leurs larges croupes au delà de

8000 à 9000'. C'est elle que nous voyons briller de tant d'éclat pendant les belles soirées d'été, car les rayons du soleil, bien plus actifs à ces grandes altitudes, les colorent de reflets beaucoup plus ardents que les tapis inférieurs. La zone des névés descend jusqu'au point où la neige peut subir une fonte régulière, c'est-à-dire jusqu'à la ligne où le glacier commence. Suivant les observations consciencieuses, on pourrait dire héroïques, de Hugi, la matière du névé est toujours blanche, poreuse, un peu spongieuse, et plus légère que la glace à cause de la grande quantité d'air qu'elle contient; mais sa composition chimique n'offre rien de particulier. A mesure que l'on descend, on voit les granulations s'agrandir, prendre une couleur plus bleue et, entre 8000 et 9000', se transformer complétement en masse glaciaire.

Pendant les chaudes journées de l'été, le voyageur arrivé au pied des névés voit couler le long de leur surface blanchâtre une quantité de petits ruisseaux; l'eau qui circule ainsi, provient des neiges fraîchement tombées ou du ciment de glace du névé; elle n'a donc qu'un rapport très-passager avec celui-ci et ne lui porte aucun dommage; ce n'est que par une chaleur très-intense, très-prolongée, qu'il pourrait perdre quelque chose de sa densité générale. Pendant la nuit, l'eau se gèle et les ruisseaux restent suspendus dans leur cours. Le soleil du matin les ranime, mais la masse environnante reste inerte et glacée. Ce n'est qu'en pénétrant peu à peu dans les profondeurs que l'eau change en glacier la croûte inférieure du névé, car au-dessous de la neige grenue qui en forme le premier tapis, nous voyons peu à peu les couches se durcir et former enfin tout près du sol une espèce de glacier bleuâtre. Ces faits se présentent à une altitude de 10,000'; plus haut, de 12,000 à 15,000', la transformation en névé s'opère plus difficilement, grâce à la sécheresse de l'atmosphère, à l'absence presque complète de toute chaleur; à 9000' on retrouve les mêmes phénomènes qu'à 10,000', mais sur des couches moins épaisses, puisque le glacier se montre déjà à peu de pieds de profondeur. A 7600', altitude absolue, le névé disparaît et le glacier se présente dans toute son individualité. D'autre part, comme nous en avons déjà fait l'observation, il se trouve sur les faîtes les plus élevés certains endroits où la chaleur est si forte que la neige fond à la surface; cette eau coule sur les pentes et devient, pendant la nuit, ce qu'on appelle de la haute glace. Mais cette glace ordinaire demeure isolée au milieu de la masse différente qui l'entoure, et n'a rien de commun avec la glace des glaciers.

Celle-ci a été soumise, depuis le commencement de ce siècle, aux investigations les plus assidues; la science n'a rien négligé pour arriver à comprendre ce monde encore inconnu, mais elle n'est parvenue jusqu'à présent à aucun résultat définitif. Cependant, c'est à ses grands travaux que nous devons ce que nous savons de mieux et de plus positif sur la région des neiges et la vraie nature d'un glacier. Jusqu'alors celui-ci n'était guère, même pour le monde savant, qu'un champ de glace permanent et immobile, qui devait tout au plus se fondre en été et s'accroître pendant l'hiver. Aujourd'hui des observations très-intéressantes nous ont fait rencontrer là des phénomènes grandioses, mystérieux et de vrais problèmes, entre autres celui du mouvement manifeste de ces grandes masses. Des entreprises gigantesques ont attiré de ce côté l'attention du public, et des systèmes encore incomplets et plus ou moins heureux cherchent à satisfaire sa curiosité.

Les glaciers sont évidemment le phénomène le plus important de la région des neiges; ils couvrent la plus grande partie de son domaine inférieur et marquent son rôle dans l'histoire naturelle de la terre. Ebel en comptait, dans nos Alpes suisses, environ 400, dont un très-petit nombre seulement n'offrent qu'une lieue de long, tandis que la plupart ont une longueur de six à sept lieues, sur une demi ou même une lieue de large, et 100 à 600', ou même, d'après les nouvelles mesures, 1200 à 1500' de puissance. La surface de nos mers de glace alpestres recouvre environ cinquante milles allemands, c'est-à-dire à peu près autant que les cantons de Thurgovie et de Zurich réunis. Aujourd'hui on connaît en Suisse 608 glaciers anciens et quelques nouveaux, disséminés çà et là, d'une petite étendue, ne dépendant d'aucun névé supérieur et se formant peu à peu d'eux-mêmes, comme la Neige-Bleue du Sentis, le Dreckgletscherli du Faulhorn, dont on a vu l'origine et qui augmente très-rapidement, les grands résidus d'avalanches près de la Binna, au-dessus d'Ausserbin (Valais), dont l'un, établi depuis douze ans, s'est déjà à sa base transformé en glacier. Le Rothelch, sur le Simplon, n'existe que depuis 1732; un autre, sous le Galenhorn, dans la vallée de Saas, depuis 1811; celui de Rosenlaui n'est même point ancien du tout.

Les trois grands massifs de hautes sommités mentionnés plus hauts sont les vrais centres du monde des glaciers, et cela moins en raison de l'élévation prodigieuse de quelques-uns de leurs faîtes, que de la ramification étendue et compliquée et des déchirures gigantesques de leurs chaînes. Une pyramide élancée n'offre aucun point d'appui à un glacier; sa formation exige des hauts plateaux, de larges croupes, des ravins, de petites vallées où la neige s'entasse par couches, où les névés puissent établir leurs magasins en sécurité. Le Mont-Blanc, à l'occident, et le Mont-Ortelès, à l'orient, donnent l'hospitalité à de grandes surfaces glacées; tous deux cependant ne peuvent, pour la grandeur, la variété et la beauté des phénomènes, soutenir la comparaison avec les Alpes suisses. C'est le Mont-Rose qui nourrit les plus immenses glaciers, et le Finsteraarhorn les plus nombreux. Le premier, dont les mers de glace se forment souvent de la réunion de cinq et même de huit glaciers, offre évidemment les plus curieux spectacles de ce monde étonnant. Partant de son sommet, d'immenses surfaces glacées, incommensurables, presque complétement inconnues, s'étendent au loin vers le nord, par delà les pics de Mischabel jusqu'au Balfrin, et, du côté du Mont-Cervin et de la Dent-Blanche, elles descendent et s'enfoncent vers les vallées du Rhône. En suivant vers l'occident la ligne ou les flancs de la haute chaîne, la série des glaciers, à peine interrompue, atteint jusqu'aux pentes du Mont-Blanc; vers le nord-est, elle rejoint le Saint-Gothard, dont le glacier de Griess, long et étroit, confine aux Alpes tessinoises. Les mers de glace du Finsteraarhorn sont moins effrayantes et moins sauvages, mais plus nombreuses encore et plus allongées; elles ont certainement une longueur de vingt lieues; à lui seul, le glacier d'Aletsch compte huit lieues; c'est le plus long de toute la Suisse. Celui de l'Unteraar est le plus grand des Alpes bernoises et celui du Grindelwald descend le plus bas.

Du sommet de la Jungfrau cette immense étendue de névés et de mers de glace offre l'aspect d'un tapis continu, mais infiniment ramifié et dentelé, dont les franges gigantesques pendent des crêtes et des aiguilles dans les vallées de Lauterbrunn, de Grindelwald, de Rosenlaui, d'Urbach et d'Oberhasli, et plus loin dans celles du Rhône, de la Lonza et de la Kander; parvenu au milieu de ce centre puissant, G. Studer en porta l'étendue à soixante lieues carrées. Les Alpes d'Uri, de Glaris, des Grisons ne sont pas moins riches en glaciers. Ainsi le massif de l'Adula, qui entoure les sources du Rhin inférieur, en envoie dans les vallées circonvoisines plus de trente assez importants, dont sept au nord, six au nord-est et cinq à l'ouest. La chaîne de la Bernina, si riche en hautes sommités, a trois groupes de glaciers, dont les mers encore inconnues peuvent bien avoir seize lieues de circonférence. Au milieu de celle du Rosegg, on rencontre une petite île de rochers, recouverte d'un gazon aromatique, que les bergers viennent régulièrement visiter avec leurs troupeaux. Les montagnes de la Selvretta, vers le nord de l'Engadine, possèdent aussi de grands glaciers.

Examinons rapidement la situation des glaciers suisses, que l'on connaît dans le pays sous trois dénominations différentes, suivant les localités qu'ils occupent : glaciers de névés, de vallées, de cols. Leur limite supérieure est difficile à déterminer, puisque la ligne qui sépare le névé du glacier n'a rien de bien tranché et varie suivant les lieux. Si nous plaçons en général la limite inférieure du névé à 8000′, ce sera conséquemment à ce même chiffre que commencera la zone du glacier. Mais dans les montagnes des Grisons, surtout sur le versant méridional, on fait remonter jusqu'à 9000 ou 10,000′ la ligne supérieure des glaciers. De cette hauteur ils parviennent vers le bas à des degrés de profondeur très-différents; ce ne sont pas ceux qui arrivent de plus haut ou de plus loin qui descendent le plus bas, mais ceux qu'abrite le mieux la forme des montagnes ou des vallées environnantes, et qui dépendent des névés les plus riches. De là, des différences énormes entre les bases des glaciers. Celui de l'Unteraar va jusqu'à 5728′, l'Aletsch, jusqu'à 4000′, le Grindelwald, à 3135′, c'est-à-dire jusqu'au milieu de la région des montagnes et à 5200′ au-dessous de la ligne des neiges. Dans les Alpes du canton de Glaris, le Sandfirn, par exemple, ne s'avance que jusqu'à 6000′, le Glariden, à 7000′, tandis que le Tœdi s'allonge jusqu'à 4970′. En y comprenant les névés, le territoire des glaciers s'étend entre les lignes isothermes — 8 et + 5° c.

Le monde des glaciers a donc l'aspect général d'une mer immense surprise et saisie par le froid, qui s'élance çà et là sur les épaules étroites des plus hauts pics, s'étend à son aise sur de vastes hauts plateaux, descend péniblement dans d'étroites vallées, se partage en mille bras de grandeurs différentes et se termine enfin presque toujours au milieu de la fraîche verdure des prairies, où elle semble arrêtée et suspendue par quelque puissance magique. Cette inégale distribution des glaciers a la plus grande influence sur le développement de la vie organique, à laquelle ils sont bien plus funestes que la neige. Celle-ci recouvre et protége de mille manières le germe de la végétation, le souffle de la vie animale : le glacier les tue sans pitié. Il ne réchauffe pas le sol; il sape, il balaie tout tapis végétal; si quelques semences tombent dans son sein; elles périssent souvent bien avant d'arriver jusqu'à la moraine, où elles trouvent une maigre nourriture. Sauf quelques singulières exceptions, tous les êtres organiques le fuient comme leur tombeau; ainsi le bouquetin, le chamois ne s'y hasardent que lorsque tout autre refuge leur est coupé, l'oiseau n'y plane jamais, l'insecte même, si ce n'est le curieux puceron des glaciers, redoute ce sol sans fleurs et éternellement glacé. Toutefois cette influence pernicieuse ne s'étend pas au delà de la place qu'il occupe, et la plante et l'animal peuvent se développer à l'aise sur ses rivages. On croit même, et avec raison, que lorsqu'ils descendent dans de très-basses vallées, l'humidité et la fraîcheur qu'ils y entretiennent agissent favorablement sur la végétation. Il est évident que la présence d'une aussi énorme masse de glace doit abaisser considérablement la température du sol lorsqu'elle s'élève au-dessus de zéro, et cela non-seulement dans son voisinage immédiat, mais jusqu'à un certain éloignement. Ainsi sur le bord du glacier du Grindelwald, le sol n'a plus, à quatre pieds de profondeur, que 1°,36 de chaleur, tandis qu'il a en moyenne 5°,84 R.; un quart de lieue plus loin, il n'est encore remonté qu'à 4°. Le gazon, les plantes, les sapins et les hêtres ne s'en développent pas moins vigoureusement autour de ses flots glacés.

Toutefois les glaciers sont de grands bienfaiteurs de la vie organique, et à d'immenses distances elle dépend de leurs largesses, car ce sont eux qui du premier printemps jusqu'en automne alimentent les grands fleuves de la Suisse et des pays environnants. De chaque glacier s'échappe un torrent d'eau blanchâtre ou verdâtre ou d'un gris sombre, d'une température à peine au-dessus de 1° R., qui est le produit de la fonte de la glace ainsi que des sources avoisinantes et des eaux amassées dans les crevasses des rochers. A la base du glacier, le torrent creuse souvent une voûte et des souterrains de glace de 100 pieds de haut sur 40 à 80 de large, d'où il sort quelquefois en grondant, comme un des bras du Rhin, ou s'élance en cascade argentée sur le flanc de la montagne, comme au Muttenfirn, sur le Hausstock. Arrivé dans son lit, il rassemble tous les petits canaux qui ont coulé plus ou moins longtemps sur la surface du glacier. Quand les eaux circulent sur la glace pure, elles sont toujours à 0°, mais si elles courent dans des lits sablonneux, elles arrivent de — 0°,1 à + 0°,7, et dans la pierre, même après un très-court séjour, à 5—8° R. Dans les grands glaciers, la fonte forme souvent des ruisseaux périodiques extrêmement abondants, qui parfois (car ce pays des merveilles nous en offre constamment d'inattendues) jaillissent tout à coup au milieu d'une mer de glace, tourbillonnent avec fracas et disparaissent à peu de distance dans un entonnoir, qui les engloutit et les conduit jusqu'à l'extrémité inférieure du glacier. Nous y rencontrons aussi des trous ou bassins d'une belle couleur azurée, fermés à leur base, et qui forment de petites lagunes où se ramasse l'eau de fonte. D'autres trous, par contre, restes d'anciennes crevasses, s'enfoncent si bas qu'ils nous donnent la plus grande idée de la profondeur de la masse ; ainsi on en voit, dans le glacier de l'Unteraar, où la sonde pénètre jusqu'à 780'. Le travail de la fonte est naturellement plus actif pendant l'été et l'automne, mais les mois les plus secs de l'hiver ne le suspendent que pour peu de temps ; ainsi, en janvier 1854, les glaciers de Sardaxa et de Selvretta laissèrent leurs lits à sec, mais cela ne s'était pas encore vu de mémoire d'homme et arrive fort rarement.

Comme nous l'avons dit précédemment, l'existence des glaciers est intimement liée à celle des névés, d'où ils tirent principalement, si ce n'est exclusivement, leur nourriture, la neige de l'hiver ne pouvant se changer en glace que dans les années les plus froides. Chaque année la fonte superficielle, appelée *ablation*, les diminue considérablement, et on les verrait reculer, si le mouvement de progression qui part du névé et imprime à la masse une impulsion marquée du haut vers le bas, ne rétablissait constamment l'équilibre. Nous allons en étudier les causes de plus près.

La glace des glaciers diffère de la glace ordinaire par sa structure et sa composition. Au lieu de se composer comme celle-ci d'une masse transparente et homogène, elle présente des couches stratifiées, sillonnées de bandes rubannées bleues et blanches, et, considérée de près, elle n'est qu'une agglomération de grains plus ou moins distincts entre lesquels circulent des fissures capillaires à peine visibles et des bulles d'air à fines cellules rondes ou aplaties. Ces fissures pénètrent de leur réseau délié toute la profondeur du glacier et y introduisent une grande quantité d'eau. Si l'on expose à une température un peu chaude un morceau de cette glace, le réseau capillaire se dessine bientôt plus nettement, les granulations se séparent peu à peu et enfin la pièce solide n'est plus qu'un monceau de grains. Dans la région supérieure du glacier, ceux-ci sont beaucoup plus fins que vers le bas, où ils ont souvent un pouce de diamètre, en sorte qu'à mesure que l'on descend le fleuve de glace, un changement graduel s'opère dans sa masse. Suivant Hugi, il faut en rechercher la cause dans ses rapports intimes avec l'atmosphère, dont il absorbe l'humidité et dans laquelle il dégage les parties gazeuses de sa substance. On peut s'assurer de ce fait, en observant les changements très-sensibles de poids et de circonférence que subit un morceau de glace, d'un pied cube par exemple, que l'on coupe d'un glacier et qu'on laisse exposé à l'influence de l'air. Par une température de + 10 à 15° R., il s'appesantit chaque nuit de 6 onces, et le jour il s'allége d'autant, quoiqu'il augmente de volume ; donc il perd évidemment de jour les substances atmosphériques qu'il a absorbées et s'est assimilées pendant la nuit. Sa surface, d'abord polie, devient inégale et poreuse ; au bout de quinze jours, il est beaucoup plus gros et plus léger de quelques livres. Un autre cube de glace frotté de sirop et préservé ainsi du contact de l'air, ne varia ni de poids ni de volume. Hugi en conclut à un travail continu de l'atmosphère sur la matière du glacier, à un changement et à un développement perpétuels de sa cohésion intérieure et par conséquent au mouvement inévitable de sa masse. Ce mouvement respiratoire du glacier est naturellement plus ou moins suspendu dans le cœur de l'hiver, ainsi que les opérations que nous venons de décrire. Pour nous résumer, la masse glaciaire est une agglomération de grains rangés par couches, traversés par des bulles d'air et un réseau de fissures capillaires excessivement fin, ramifié à l'infini, par lequel l'eau s'infiltre et circule en été jusque dans la profondeur du glacier ; en hiver elle s'y gèle, et lui rend ainsi en volume ce qu'il a perdu par l'évaporation, la fonte de sa surface. Par une température moyenne de 3 à 4°, il diminue par l'ablation de 40 à 45 millimètres et même de 60 à 70 millimètres par jour, en sorte que pendant les quatre mois d'été il perdra 16 pieds, et dans les cas les plus favorables jusqu'à 30 pieds.

Il est difficile d'expliquer et de rattacher à des causes certaines la couleur des glaciers que l'on croyait autrefois provenir des reflets du ciel et de la lumière. En traversant les montagnes, on peut déjà remarquer sur les champs de neige, dans chaque petit enfoncement, une vapeur ou teinte bleuâtre. Les grandes crevasses des glaciers présentent une coloration admirable passant, avec une harmonie qui captive et enchante le regard, du bleu le plus doux à l'azur le plus éclatant, et enfin le plus sombre. Dans d'autres, nous retrouvons toutes les teintes molles et fugitives de l'émeraude, ou les tons plus tristes du gris clair et du gris noir. Un morceau détaché de cette masse brillante reste incolore dans notre main. On a observé en général que, par les changements prompts et marqués de la température, ces couleurs sont plus intenses et varient aussi plus rapidement. On a attribué ce fait à un changement, à un développement particulier des bulles d'air contenues dans le glacier (Hugi), tandis que d'autres savants (Agassiz, Desor, etc.) disent que toutes nos eaux de montagnes, qu'elles proviennent de névés, de neige fondue, de glaciers, de glace, ont naturellement une couleur bleue dont l'intensité peut varier et augmente surtout avec la solidité de sa substance. Dans chaque glacier, il est assez facile de distinguer deux sortes de glace, l'une sèche, remplie de bulles d'air, d'un blanc mat, l'autre, plus compacte, imbibée d'eau et de couleur bleue.

Une autre propriété chimique particulière à la glace des glaciers est son goût prononcé et astringent. L'eau fraîche et pure qui en découle n'est guère potable; sa fadeur augmente la soif, et elle dérange souvent l'estomac. Aussi les bergers établis avec leurs troupeaux sur les oasis de gazon du Zæsenberg et de la Bænisegg portent de grandes pièces de glace au haut des rochers pour les faire fondre au soleil; au bas, ils recueillent l'eau qui en sort et qui, après avoir circulé sur la pierre, est devenue d'une excellente qualité. Pour étancher leur soif, les chasseurs de chamois sèment souvent sur les roches de petits morceaux de glace et vont plus bas lécher l'eau fondue, car il suffit qu'elle ait été en contact avec la pierre, qui lui communique de l'acide carbonique, pour devenir la meilleure et la plus rafraîchissante boisson. Hugi arrivait au même résultat en la faisant fouetter rapidement dans de grands vases, ce qui l'oblige à absorber le carbone de l'air. Grâce à cette propriété de la glace de s'assimiler le carbone, les instruments de fer déposés et oubliés sur un glacier ne s'y oxident point. A la fin du siècle dernier, un esprit spéculatif, le docteur Salchli, sut mettre à profit cette propriété chimique et composa un *esprit de glacier*, qui, sous les auspices du grand Haller, eut du succès pendant quelque temps.

Ce que nous venons de dire de la conformation générale des glaciers nous aidera à comprendre les autres phénomènes qu'ils nous présentent. Nous avons vu qu'ils sont toujours en mouvement, qu'ils se portent incessamment vers leur base; aussi, suivant le degré de rapidité de cette progression, ils s'entr'ouvrent en crevasses plus ou moins grandes, quelquefois immenses, charrient sur leur dos des remparts de débris, rejettent au loin les corps étrangers qui sont tombés sur leurs surfaces et forment souvent, suivant les caprices de la fonte, ou plutôt la diversité infinie de ses lois, des pointes fantastiques, des crochets, des colonnes, des obélisques, des roses glacières, des aiguilles, enfin des figures de tous genres et quelquefois infiniment gracieuses. La descente des glaciers est un fait connu depuis longtemps. Celui de Grindelwald avance chaque année de 25'; la hutte bâtie par Hugi sur le glacier de l'Unteraar fit de 1827 à 1830 un chemin de 2184', et en 1836 elle était arrivée à 4384' de son point de départ; du mois de mai à celui d'août de la même année, elle descendit encore 100' plus bas. Un grand poteau hissé sur un énorme bloc de granit fit en trois ans un voyage de 2944'. On a calculé que chaque année le glacier des Bossons descend de 547'. L'échelle laissée par de Saussure, en

1788, près de l'Aiguille noire arriva, en 1832, dans la zone des Moulins sur la mer de glace, c'est-à-dire que dans le cours de quarante-quatre ans elle avait parcouru avec le glacier un espace de 14,500'. Si l'on en croit les habitants du pays, l'admirable glacier du Gœrner, au Mont-Rose, aurait gagné en vingt ans une demi-lieue de terrain, englouti des champs de céréales, sillonné et bouleversé profondément le sol le long de ses bords; ils disent que sa couleur, naturellement très-belle et très-pure, devient encore plus transparente pendant sa progression, et c'est en général une croyance admise chez les montagnards que les glaciers avancent une fois tous les sept ans. Un grand amas de débris tombé du Erzberghorn sur *le bord* de son glacier, descendit de 4000' en trois ans, tandis qu'un signal planté *au milieu* ne gagna que 3620' pendant le même espace de temps, preuve évidente que si la masse est mobile dans toutes ses parties, elle ne chemine pas toujours également et à la fois et que souvent le milieu, plus profond, plus lourd, descend plus lentement que les bords, moins encombrés et pénétrés déjà de la chaleur du sol environnant. Ailleurs, les observations ont eu des résultats différents, et ont montré le milieu devançant en rapidité les bords du glacier.

Le mouvement général de cette masse, à moitié solide, à moitié liquide, provient sans doute en partie de la pression énorme qu'elle subit d'en haut, et qui la force à descendre, même sur des pentes très-faibles, surtout quand le sol, les pierres, les débris réchauffés en été, la creusent en dessous [1], mais il faut en chercher la cause principale et déterminatrice dans la trans-

[1] En se traînant et en rampant sous les glaciers, Hugi en a toujours trouvé le dessous détrempé et très-poli, et leur température souterraine humide et de 4 à 6° R. Il en a vu d'entièrement creux et qui ne reposaient plus que sur des blocs comme sur des piliers, lesquels doivent naturellement glisser vers le bas avec la masse qu'ils soutiennent; d'autres, par contre, étaient solidement fixés au sol. Il ne faut pas oublier, dans l'examen de toutes ces questions, que tous les glaciers ont, pour ainsi dire, leurs habitudes, leur individualité, dépendant des

formation incessante que la condensation et la dilatation des bulles d'air et de l'eau contenue dans les fissures capillaires opère dans l'agglomération des grains dont se compose la masse glaciaire. Ce travail subi par l'eau circulant ainsi dans l'intérieur du glacier paraît évidemment le mobile principal de sa progression quand on considère qu'il chemine plus vite par le chaud, c'est-à-dire quand l'absorption de l'eau est le plus considérable, et qu'il avance même sur un fond très-peu incliné et auquel il est attaché par sa croûte inférieure. On a calculé à Grindelwald qu'une masse partant du névé mettra vingt ans à descendre tout le glacier et à arriver à sa base, où elle se dissout et s'évapore par la fonte. Il n'y a donc pas plus de glaciers *éternels* que de neiges *éternelles*. La rapidité de la fonte à l'extrémité inférieure dépend naturellement du degré d'élévation au-dessus de la mer, et varie ainsi à l'infini. Au glacier de l'Aar il fond chaque année 80', à celui du Montanvert, 200', aux Bossons, 450'.

La descente d'un fleuve de glace est naturellement retardée ou accélérée par la rapidité de la pente, l'égalité ou les accidents du sol. S'il doit passer une gorge étroite entre deux montagnes, ses flots se presseront, s'accumuleront fièrement contre les rochers, et il acquiert ainsi une profondeur prodigieuse. S'il rencontre une digue, il s'amoncelle à la base, la prend d'assaut et ses aiguilles argentées se dressent bientôt au-dessus du rempart ; là il se brise, se fond ou s'évapore ; mais, s'il est très-considérable, ses débris se rassemblent de l'autre côté du barrage, se rejoignent et reforment sur la terrasse inférieure un second glacier, semblable en tout, même dans la forme et la disposition des assises, à celui dont il vient d'être violemment

circonstances particulières de la localité qu'ils occupent, ce qui diversifie à l'infini les lois qui les régissent, et redouble en même temps l'intérêt qu'ils offrent aux savants et aux curieux. Quand ils atteignent la ligne isotherme supérieure à 0°, ils doivent naturellement se fondre, puisque le sol gagne par la chaleur de l'air ce qu'il perd par le voisinage de la glace. On remarque sous quelques glaciers des sources chaudes qui y creusent de grandes cavités.

séparé et dont il continuera à partager le mouvement progressif. Ces cascades de glaciers se rencontrent par trois ou quatre étages dans nos hautes Alpes.

Nous avons compris que la transformation continuelle du glacier, son mouvement inégal et la tension qui en résulte, joints à la grande inégalité de son lit, produisent le crevassement de sa masse, qui a lieu le plus souvent en sillons allongés et transversaux, quelquefois, mais rarement, en trous arrondis et descendant jusqu'au fond. C'est d'ordinaire par les chaudes journées d'été ou les nuits froides qui leur succèdent que ces crevasses s'entr'ouvrent avec une détonation sourde et un tremblement général du sol environnant. Pendant la nuit, il s'en échappe souvent des craquements extraordinaires, signes certains que le glacier vient de passer sur un sol pierreux et difficile. Les parties creusées en dessous et soutenues par des blocs peuvent aussi perdre tout à coup leur point d'appui et, en s'enfonçant avec fracas, former une *rimaie* à la surface du glacier. Déjà dans la région des névés on remarque un léger crevassement, produit par les couches glaciaires cachées sous la neige. Le mouvement continu agrandit ou change à l'infini les sillons d'un glacier; ils peuvent être retournés, refermés, rouverts encore par l'inégalité de la descente; l'hiver peut remplir et combler quelques-uns des moins profonds; ainsi, le champ de glace changeant, se renouvelant sans cesse, il faut que les guides les plus expérimentés refassent chaque année l'étude de leur terrain, et y promènent la sonde avant d'y conduire les voyageurs.

C'est le jeu des couleurs reflétées par les granulations glaciaires qui produit dans l'intérieur des crevasses ces beaux effets de prisme si généralement admirés. Quelques-unes, fermées à la base, contiennent jusqu'à vingt et trente pieds d'eau. Ces caveaux de glace sont réputés d'une froideur extraordinaire et insupportable; cependant la température n'y descend jamais, en été, au-dessous de — 1/2° R.; pendant l'hiver elle est évidemment plus haute que celle de la surface, et pourtant celui qui en sort croit se retrouver dans une atmosphère plus douce. Sans doute l'air contenu dans ces abîmes a une sécheresse qui produit cette désagréable impression; peut-être aussi se combine-t-il d'une façon particulière avec l'oxygène de l'eau. Quand plusieurs bras de glaciers se rencontrent pour n'en former qu'un, leurs granulations différentes s'assimilent peu à peu, et finissent par se confondre, mais le confluent où chacun d'eux a apporté son système particulier de crevassement, offre au regard un chaos, un labyrinthe de sillons, de déchirures, d'abîmes qui s'entre-croisent, — spectacle des plus curieux et des plus intéressants.

La curiosité des savants et du public a aussi été vivement excitée par ce qu'on racontait de grands blocs de granit, quelquefois de 20,000 pieds cubes, qui, engloutis et ensevelis sous un glacier, avaient été rejetés à sa surface par une puissance mystérieuse. Si les fleuves de glace, arrivés dans un courant plus étroit, s'y entr'ouvrent et s'y déchirent en formes singulières, s'ils élèvent ces tours gigantesques, ces colonnes surmontées, comme on le voit souvent, d'un chapiteau de granit, il arrive fréquemment alors qu'après la destruction de ces obélisques passagers, les blocs roulent au fond des crevasses, s'y cachent sous la neige et la gelée, et que longtemps après on les voit reparaître beaucoup plus bas sur la surface même du glacier. « Le glacier se purge, » disent les montagnards en observant ces faits, et les plus grands naturalistes eux-mêmes lui ont attribué la force plus ou moins occulte de rejeter au dehors tous les corps étrangers qui l'encombrent. Mais ce phénomène, singulier en apparence, provient tout simplement de la fonte de la surface infiniment plus considérable qu'on ne le croit et qui, atteignant peu à peu toutes les couches, doit finir par mettre à nu tous les corps qu'elles contiennent. Il ne faut pas d'ailleurs prendre trop au sérieux cette propreté des glaciers, car les fouilles d'Agassiz, d'Escher, etc., leur ont fait découvrir, quelquefois à la profondeur de plusieurs toises, des pierres, des débris végétaux et presque entre chaque couche de glace un lit très-mince de sable fin. Celui-ci avait sans doute été jeté sur le névé par les vents d'été et, recouvert par la neige de l'hiver, il s'était introduit furtivement dans ce monde étranger. Les feuilles, les insectes, les chamois morts s'enfoncent dans la glace, en y dessinant nettement l'empreinte de leur forme. La dissolution des corps s'y opère très-vite ; peu de temps après la disparition d'un chamois, ses os reviennent tout blanchis à la surface. Un cheval fut englouti dans le glacier de Griess; l'année suivante son squelette, parfaitement nettoyé, reposait sur la glace.

Tout ce qui tombe sur le bord du glacier, les éboulements qu'il polit, les roches dont sa dent aiguë lime quelquefois les durs fossiles, les débris, les arbres, les vieux troncs, il porte tout tranquillement et l'entraîne avec lui sous la forme de grands remparts noirâtres à longues lignes ondulées; ce sont les moraines. Au confluent de deux glaciers, comme celui du Lauteraar et du Finsteraar, ces amoncellements progressifs peuvent atteindre une hauteur de cent pieds sur une largeur de quelques centaines. Quand deux glaciers se rejoignent, deux de leurs moraines se rencontrent, se réunissent, sans toutefois se confondre complétement et descendent avec le milieu de la masse; c'est ce qu'on appelle une moraine centrale ou dorsale; celles des bords sont nommées latérales. A la jonction d'un troisième glacier, le même fait se renouvelle, en sorte qu'en comptant les moraines du centre, on peut en conclure au nombre de bras qui contribuent à la formation d'un glacier ; celui de Zermatt, par exemple, se compose de huit mers de glace descendant des flancs du Mont-Rose. Ce confluent gigantesque est aussi un des chaos les plus complets et les plus merveilleux du monde des Alpes.

Certains débris tombés sur les glaciers y produisent des phénomènes curieux. De grands blocs protégent leur support contre l'influence du soleil, des vents et de la pluie, tandis que leur entourage fond et disparaît; aussi semblent-ils s'élever et grandir, et ils finissent par dominer tout leur voisinage du haut d'une colonne ou d'un obélisque ; c'est ce qu'on appelle *les tables des glaciers.* Les petites pierres, par contre, attirant et absorbant la chaleur plus rapidement que la glace, creusent des empreintes tout autour d'elles, et finalement des trous plus ou moins profonds. D'immenses débris, des moraines tout entières peuvent être englouties et ne reparaître que broyées et triturées à la base du glacier, où elles étalent une couche de limon. Arrivé au bout de son voyage, celui-ci décharge son fardeau et dépose régulièrement sa grande moraine frontale, aussi quand sa base ne varie pas de longtemps, on voit s'y accumuler une digue immense de roches et de pierres; celle du Schwarzberg, par exemple, a plus de 224,000 pieds cubes, et semble une arène gigantesque, où des titans se seraient lancé des projectiles de quelques milliers de quintaux. Le savant y trouve tout improvisé un musée de minéralogie très-commode et très-intéressant, où sont rassemblés des échantillons de toutes les roches environnantes et souvent de contrées inaccessibles.

Le glacier avance-t-il encore, il pousse, il partage ce rempart et en jette de côté les rocs les plus massifs; si au contraire il se retire, ces montagnes de pierres se couvrent peu à peu d'un tapis de gazon et de quelques broussailles. Après des hivers neigeux et des étés humides, il descend jusque dans les prairies, et renverse parfois des chalets et des étables. Si la température lui est contraire, il fond rapidement et remonte vers sa source, laissant à nu un espace quelquefois de 4000'. Sa dernière moraine frontale est la véritable limite du domaine qu'il a jamais occupé, et il faut la chercher souvent à une demi-lieue plus bas que sa base actuelle. Vers la fin du seizième siècle une succession d'hivers neigeux fit descendre tous les glaciers, et celui de Grindelwald vint heurter contre une petite chapelle, dont la cloche refondue orne maintenant l'église de la paroisse. Dans ce siècle-ci, pendant les mauvaises années de 1816 à 1819, les mers de glace acquirent leur plus grande étendue; heureusement, elles reculèrent en 1822 et remirent à découvert plusieurs anciens pâturages; de 1826 à 1830 il y eut une lente croissance; jusqu'en 1833, un temps d'arrêt; en 1836 et 1837, un nouveau progrès; de 1839 à 1842, un mouvement rétrograde; de 1849 à 1851, une descente marquée, que l'on put attribuer surtout à une grande accumulation de neige pendant l'hiver. Du reste, les glaciers n'avancent et ne reculent pas tous en même temps ; ils peuvent même croître d'un côté et diminuer de l'autre.

Sur les glaciers, comme dans les montagnes en général, le son produit des effets très-surprenants. L'homme qu'une avalanche recouvre entend chacune des paroles de ceux qui le cherchent et ne peut leur faire connaître par le plus léger son le lieu où il est englouti. Les personnes tombées dans une crevasse ne perdent pas un des mouvements de leurs compagnons restés en haut, sans être capables de leur faire entendre leurs cris. De semblables phénomènes se passent aussi dans l'atmosphère libre des hautes sommités. Des voyageurs ont entendu des montagnes de l'Entlibuch les détonations des avalanches de la Jungfrau, dont les habitants de Lauterbrunn, au pied même de la dent, n'ont point eu connaissance. Les commandements militaires, prononcés dans les revues qui ont lieu sur la place de Schwytz, résonnent jusqu'au sommet du grand Mythen. Du Vorder-Glarnisch, on distingue le bruit que font les sceaux en cuivre, quand on les fait glisser sur les barres de fer de la grande fontaine de Glaris ; une forte décharge de fusil tirée sur la montagne même ne s'entend pas à une demi-lieue plus bas, et à bout portant, elle ne retentit que comme un coup de fouet.

Il est impossible de préciser la date de l'origine des glaciers ; au dix-septième et au dix-huitième siècle ils se sont beaucoup étendus, mais les traces des anciennes moraines fixent bien plus bas que maintenant les bornes de leur extension primitive. Des recherches très-exactes et point problématiques font descendre de 2000' la base de la région des glaces qui, dans des temps probablement antérieurs à l'histoire, s'étendait du Tœdi jusqu'à Rapperswyl et Zurich, de la Grimsel jusqu'à Berne, du Mont-Blanc jusqu'à Genève.

Avant de quitter ce monde sévère des plus hautes régions, nous jetterons encore un coup d'œil sur quelques productions bizarres qui s'y trouvent, vestiges lointains et plus ou moins douteux de la vie organique. Une des plus intéressantes est la neige rouge que l'on rencontre d'ordinaire au-dessus des glaciers, sur les névés ou sur la limite des deux domaines, et que l'on peut observer dans toutes les parties de la chaîne des Alpes. Quand le vent du sud y souffle avec force, comme cela est arrivé récemment dans l'Uri, l'Oberalp et le Rheinwald, on voit tomber parfois une neige rougeâtre ou plutôt une matière poudreuse, couleur de cannelle, qu'il ne faut pas confondre avec la véritable neige rouge. Les analyses chimiques et microscopiques qu'on en a faites n'y ont pas révélé autre chose qu'une substance inorganique mélangée, semblable à celle qui tomba en grande quantité, par une nuit paisible, le 17 février 1850, sur les sommets autour du Saint-Gothard, et dans laquelle Ehrenberg ne découvrit que des produits inorganiques, du fer, du charbon, de la silice, du calcaire et de l'argile; peut-être s'y trouvait-il un peu de cendre de volcan, lancée jusque dans le courant supérieur des vents alisés, par l'activité du Vésuve, très-forte à cette époque. La quantité de poussière qui recouvrait la montagne fit conjecturer que le météore, voyageant à 10,000′ au-dessus, devait en contenir quelques milliers de quintaux.

La neige rouge proprement dite est un phénomène tout différent et bien plus inexplicable; on la voit s'étendre sur les hauts névés par tapis d'un rouge légèrement rosé ou parfois jaunâtre, et qui, foulés au pied, deviennent aussi pourpres que le sang. On comprit qu'il s'y cachait une vie organique, et on la rattacha d'abord au règne végétal, en l'envisageant tantôt comme un lichen, tantôt comme une algue globuleuse microscopique des espèces inférieures. Des observations nouvelles font supposer maintenant que la plus grande partie de la neige rouge trouvée dans les Alpes bernoises ne contient pas d'organisme végétal, mais qu'elle se compose plutôt de tout petits animalcules avec leurs œufs et dans leurs différentes métamorphoses; ils fuient la neige fraîchement tombée et ne se développent que dans les névés, à quelques lignes au-dessous de la surface, dont ils colorent quelquefois en rouge d'immenses étendues. La chaleur du soleil favorise sensiblement ces existences mystérieuses que les brouillards retiennent dans l'œuf ou dans leurs états inférieurs, et peuvent anéantir en se prolongeant. On a déjà scientifiquement établi différentes formes ou espèces de ces remarquables infusoires, mais l'obscurité qui enveloppe leur histoire, leur germination, leur croissance, n'est pas encore dissipée. On ne les a pas encore vus sur les crêtes terminales de la chaîne, mais toujours sur de vieilles neiges, tantôt tout près de la surface, tantôt à une profondeur de quelques pieds, et on les retrouverait vraisemblablement chaque été au même endroit. C'est Shuttleworth et le prieur Lamont du Saint-Gothard qui les premiers y ont signalé des indices d'une organisation animale; puis Vogt et Rougemont, les ayant observés fréquemment sur le glacier de l'Unteraar, ont cru pouvoir établir en fait que la neige rouge se compose principalement de petits infusoires du genre des *discerœa*, se distinguant par une carapace siliceuse ovale et deux appendices en forme de trompes au moyen desquels ils se meuvent. La *discerœa nivalis* arrivée à son entier développement est ronde comme un œuf et enveloppée d'une carapace claire et transparente, qui serre étroitement le corps de l'animal à chacun de ses mouvements. A son extrémité la plus pointue se dessinent deux lèvres oranges, sur lesquelles paraissent attachées les deux trompes dont nous avons parlé, et qui se déploient et se balancent quand l'infusoire se remue; quand il s'arrête, elles rentrent et deviennent invisibles. Les individus incomplets sont pour la plupart opaques et d'un rouge brun ou bleuâtre. On croit qu'ils peuvent se propager de trois façons: par la division, par le rejeton et peut être aussi par l'œuf. Dans le premier cas, l'animal se partage, comme tous les infusoires inférieurs, en deux, quatre, huit parties, qui, après avoir pris naissance et vie dans une carapace commune, la font crever et se développent librement. Dans le second cas, on voit se former peu à peu autour du corps de la *discerœa* des vésicules transparentes qui grandissent et s'en détachent; d'abord elles sont diaphanes, rondes ou ovales ou en forme de fuseaux, et en tout cas parfaitement immobiles. Leur semence interne se ramasse au milieu et le rejeton se colore; il commence par le jaune paille, puis il s'y marque une petite tache rouge qui grossit, et bientôt la vésicule est devenue un infusoire parfaitement semblable à celui dont elle s'est détachée. La propagation par œufs est passablement incertaine; les petits globules de la neige rouge ont semblé en avoir la forme et parvenir à un mouvement spontané. Vogt envisage comme tout à fait différents d'autres petits globules bruns ou bleuâtres, munis d'appendices coniques et transparents qui donnent à tout l'organisme l'apparence d'une rosette, mais il n'a pas su discerner s'ils se rattachent au règne animal ou végétal. Une troisième forme d'infusoires lui inspire le même doute; c'est une petite touffe brunâtre, jaune ou verte, qui se propage en se divisant diamétralement, et qui ne paraît douée d'aucun mouvement. On la trouve invariablement dans la neige rouge, où vit aussi très-souvent une variété de la *philodina roseola*, aux yeux incolores, assez grand rotifère, remarquable par la rapidité de ses mouvements. Vogt croit que les globules du *protococcus* sont toujours et sans exception des œufs de *discerœa nivalis*. Mais on voit par le vague de ces définitions qu'avant de conclure sur ces organismes bizarres, connus déjà d'Aristote, mélanges compliqués de la vie végétale et animale, il faudra les soumettre encore à des observations microscopiques plus rigoureuses[1].

On rencontre sur le glacier de l'Unteraar et sur ceux du Mont-Blanc une production d'apparence végétale plus douteuse encore, qui pousse sur la vieille glace, mais seulement à l'abri d'une neige fraîchement tombée; elle apparaît dans tout son éclat quand celle-ci est fondue, et Hugi la dépeint comme une masse spongieuse, d'un jaune magnifique, large d'une main, de l'é-

[1] La couleur de la neige rouge provient d'une plante microscopique de la famille des algues unicellulaires et à laquelle on a donné le nom de *chlamidococcus nivalis*. Ce petit végétal, qui dans le jeune âge est vert et forme alors la neige verte souvent observée par les voyageurs, surtout dans les régions arctiques, offre la plus grande ressemblance avec le *chlamidococcus pluvialis* qui colore l'eau en rouge et a donné lieu à la superstition de la pluie de sang.

SCHIMPER.

paisseur d'un pouce, et se fondant en eau au moindre attouchement. Après une existence fort courte, elle se change en une substance terreuse, jaunâtre, qui pompe l'oxygène du glacier, le fond, y creuse un petit fossé où elle s'enfonce et disparaît. On rencontre dans les lieux que nous venons d'indiquer une quantité innombrable de ces petits fossés de trois à vingt pouces de profondeur[1].

On est arrivé à des résultats plus exacts et plus significatifs sur une troisième espèce d'êtres organiques qui peuplent ces régions: ce sont les pucerons des glaciers (*desoria glacialis*), que Desor fut en effet le premier à découvrir au Mont-Rose et qu'il vit ensuite fréquemment sur les glaciers de Grindelwald et de l'Aar. Nicolet les réunit à la remarquable famille des podurelles sauteuses, petits insectes sans ailes et à six pieds, dont le corps ovale, rond ou cylindrique porte six pattes divisées en cinq articles; le cinquième, visible seulement au microscope, est armé d'une double griffe. Du dernier ou de l'avant-dernier segment du corps part un organe flexible, membraneux, fourchu, qui se couche le long du ventre quand l'animal repose, mais qui se déploie vivement comme un ressort, et le lance en avant quand il veut marcher. La tête est nettement séparée du corps, les antennes filiformes à quatre et six articulations, les yeux composés, recouverts d'une simple cornée et enchâssés de façons fort diverses. Le système masticateur se compose de deux mâchoires inférieures et supérieures et de deux lèvres. Dans le genre *desoria*, le corps, à huit segments et couvert de longs poils soyeux, se termine en cône; les antennes, à quatre articles, sont plus longues que la tête, les pieds minces et allongés, la queue partagée en deux tiges fourchues et transversalement plissées; sept yeux se réunissent sur chaque côté de la tête. De quoi et

[1] Cette matière jaune est complétement inorganique; elle forme une poussière jaune, composée en partie de fer hydroxydé, qui, en sa qualité de meilleur conducteur de la chaleur que la glace environnante, fait foudre plus rapidement la glace sur laquelle il repose, et produit les excavations en question.

SCHIMPER.

comment vit ce petit animal de deux millimètres de long? Il est difficile de répondre à cette question, d'autant plus qu'il est très-vorace, comme toutes les podurelles, et pourvu de merveilleux organes digestifs. Quelle nourriture peuvent lui offrir les glaciers, qui pourtant en abritent des quantités innombrables, et où on les voit sauter gaîment par milliers? Tout au plus les maigres substances organiques que l'eau de fonte y entraîne par hasard. Ils aiment surtout le bord des crevasses, les creux humides, mais ils entreprennent aussi de petits voyages dans les fissures capillaires, et circulent dans ces galeries souterraines jusqu'à plusieurs pouces de profondeur. Leurs troupes sautillantes sont quelquefois si nombreuses qu'elles noircissent sur les glaciers d'assez grands espaces.

Ainsi, au milieu des glaces, sans communication aucune avec le dehors, dans une température qui paraît devoir rendre toute existence impossible, nous venons de voir des plantes et des animaux, le travail de la végétation, de la propagation, une victoire remportée par la puissance créatrice sur la matière morte du chaos. Les podurelles, il est vrai, ont la vie très-dure et capable de résister à un long engourdissement des organes. Nicolet a fait l'observation qu'elles supportent aussi une chaleur très-forte et ne succombent qu'à 34° R.; une autre fois, par contre, il les vit geler dans la glace, puis se ranimer si bien aux premiers rayons du soleil qu'elles quittaient en sautant leur tombeau passager.

La découverte de la *desoria nivalis* sur quelques glaciers des Alpes méridionales est toute récente, comme nous venons de le voir; aussi avons-nous été très-surpris en apercevant un animal tout pareil dans une basse vallée du canton d'Appenzell, à Schwandi, où, dans le mois de mars 1854, nous vîmes un nombre infini de ces insectes peupler le bord encore neigeux des ruisseaux. Partout sur notre passage et dans les empreintes assez profondes de nos pas foisonnaient ces petites podurelles, mais elles s'éloignaient rapidement dès que nous voulions nous en emparer. Il nous fut très-difficile de croire que nous avions à faire à de véritables *desoria glacialis*, que jusque-là on n'avait rencontrées qu'au delà de 5000 à 6000' et toujours sur des glaciers ou dans leur voisinage immédiat. Comment un insecte, qui semblait ne pouvoir se passer des neiges éternelles, se propagerait-il si abondamment dans une vallée inférieure et sur de la neige prête à fondre? Nous avons donc supposé au premier moment que notre découverte n'était que la *degeeria nivalis*, qui vit aussi dans les mousses du Jura, et nous en prîmes avec nous quelques centaines d'individus pour les examiner au microscope; l'examen nous prouva que nous possédions réellement l'insecte de Desor, en nous faisant retrouver dans nos échantillons la même distribution des segments du thorax et de l'abdomen, la même longueur des antennes proportionnellement au corps, la bifurcation des tiges de la queue, enfin tous les traits distinctifs du genre. Une légère différence de forme à l'extrémité d'une des tiges qui se terminait très-décidément en aiguille, et la couleur plus verdâtre du corps pouvaient toutefois indiquer une espèce nouvelle, ce qui expliquerait aussi la différence si complète de leur habitation. On ne pourrait croire que ces insectes ou leurs œufs sont descendus des glaciers environnants, portés par les eaux du ruisseau, car ce voyage présenterait des difficultés insurmontables, et depuis on les a rencontrés ailleurs encore et plus loin des hautes régions. Cependant nos observations n'ont pas été assez complètes pour nous permettre d'établir scientifiquement l'existence de cette nouvelle espèce de *desoria*.

CHAPITRE IV.

VÉGÉTATION DE LA RÉGION DES NEIGES.

Caractère du paysage. — Phénomènes météorologiques et atmosphériques. — Influence des saisons sur la vie des plantes et des animaux. — Les oasis. — La flore. — Sa beauté surprenante.

Si nous rassemblons en peu de traits les tableaux que nous avons présentés jusqu'ici, nous verrons une région supérieure couverte de neige, de névés et de glaciers se terminant en bas par des rochers hérissés et déchirés de mille manières ; et une zone moyenne qui offre encore un aspect bien sauvage : des murailles perpendiculaires, des terrasses abruptes forment ses frontières supérieures, mais plus bas la vie végétale se montre de loin en loin, et présente au milieu de cette âpre nature de charmantes oasis. La haute région se dérobe à nos recherches; nous ne savons si sous sa couche de neige et de glace se trouvent de profondes vallées, ou d'immenses plateaux, ou des débris gigantesques; en tout cas, sa monotonie n'en est que peu modifiée. Le changement des saisons n'a pas plus d'influence sur elle; à la hauteur de 12,000' il n'en existe plus; la pluie n'enveloppe plus les pointes argentées, le soleil ne les réchauffe plus. La plainte qu'une femme poëte fait adresser au soleil par cette lugubre région en offre une image bien vraie.

Pourquoi répands-tu des roses sur ma tête glacée?
Tourmentée par les tempêtes, elle ne peut porter la parure du printemps.

Pourquoi brillent tes feux sur ma poitrine d'acier?
O sache que des flammes ne réchauffent pas mon cœur.

Depuis longtemps j'ai renoncé aux joies et aux peines de la vie,
Pour vivre dans la paix glacée des froides hauteurs.

C'est en vain que ton souffle embaumé m'environne;
Le feu de tous les mondes ne pourrait fondre ma glace.

Qu'un faux rayon d'amour n'essaie pas sur moi sa puissance;
Puisque je ne puis y répondre, laisse-moi dans ma froideur et ma mort.

On croit généralement que les jours sont beaucoup plus longs sur les hauts sommets que dans la vallée, et que leurs nuits très-courtes ne sont qu'un crépuscule incertain. Cette idée est fausse, car c'est le contraire qui arrive. A la hauteur de 10,000′, il n'y a ni crépuscule ni aurore. Il fait jour et très-clair tant que le soleil est visible, mais à peine son disque immense a-t-il plongé derrière l'horizon que le monde semble disparaître, et en peu de minutes la nuit est profonde, à moins que l'obscurité ne soit diminuée par le clair de lune. Le jour apparaît aussi soudainement. Sans s'annoncer par cette magnifique coloration des sommets qui fait du lever du soleil dans les montagnes moins élevées un spectacle si splendide, le soleil, d'un rouge de feu, sort comme un spectre des contours indistincts des chaînes éloignées et ne répand à sa première apparition qu'une faible clarté sur cette triste nature. Ce moment est marqué par une lutte pénible entre le jour et l'obscurité, par un va et vient d'ombre et de lumière, dont on a le sentiment sans qu'on puisse rien voir de distinct. Tout d'un coup le combat cesse et le jour paraît. Chose singulière! il semble alors que les vallées rapprochées et même la plaine ont été plus vite éclairées et que la lumière monte d'en bas sur les hauteurs. De Saussure a remarqué dans son voyage au Mont-Blanc qu'il y règne une brume étrange même par le jour le plus clair, et que le soleil n'y a plus ni force ni éclat. La vue du lointain en est singulièrement restreinte. Déjà à 10,000′ on remarque un obscurcissement et un rétrécissement de l'horizon; il flotte dans des teintes verdâtres ou noirâtres, ou se perd dans de légers brouillards qui ne se voient pas plus bas. Au clair de lune, tous les contours sont aussi distincts que par le jour le plus pur; la vue peut même s'étendre plus loin, parce que l'atmosphère est plus dégagée de vapeurs. Un autre phénomène de ces régions c'est le goux, vent terrible et furieux qui règne dans une petite localité, soit dans un névé, soit sur un glacier, tandis que l'air reste tout autour parfaitement tranquille. Il ne dure que peu d'heures, et n'est suivi ni de pluie ni de neige. Ces terribles tempêtes locales n'ont pas encore été bien exactement observées.

D'autres tempêtes plus terribles encore, accompagnées de craquements semblables au tonnerre, ébranlent souvent ces hautes régions; mais elles sont rarement suivies de bourrasques de pluie ou de neige; la neige, qui tombe ici en petite quantité, est absorbée en partie par la sécheresse de l'air et descend en pesante vapeur dans la zone inférieure. Souvent ces faîtes inaccessibles reçoivent tout le jour la lumière du soleil, tandis que plus bas règnent le brouillard, la pluie ou la neige. Ici tout porte en général l'empreinte de l'immobilité, de la fixité; la température même y est moins variable. On se figure ordinairement que les hivers des hauts sommets ne le cèdent en rien à ceux de la Sibérie, mais les observations faites jusqu'ici nous ont appris que les hivers des plaines de la Suisse et du sud de l'Allemagne (pour ne point parler du Nord) sont souvent plus froids, et que le minimum de chaleur n'y est pas sensiblement plus élevé. La condensation de l'humidité atmosphérique et la longueur des jours qui permet aux rochers de se pénétrer de l'influence du soleil adoucissent la rigueur d'un ciel toujours froid. La température la plus basse qui ait été observée jusqu'ici est descendue à Berne à — 30° c., à Innsbruck, à — 31°,2 c., sur le Saint-Gothard, à — 30° c., sur le Saint-Bernard, à — 32°,2 c.; sur ces deux derniers points la plus grande chaleur observée n'a pas dépassé + 19° c., tandis qu'à Berne elle a atteint + 36°,2 c., à Innsbruck, + 37°,5 c.

Dans la région inférieure des neiges, les saisons offrent une apparence de variété. La neige tombe en abondance en hiver, au printemps et en automne; en été, quand la pluie ou le fœhn cesse de régner, une chaleur réelle se fait sentir, la neige se met à fondre et la végétation commence à se développer. En général, janvier et février ont une température plus uniforme dans les hautes régions que dans les régions basses; il en est de même de juillet et d'août. La limite des neiges ne coïncide pas, du reste, avec la ligne isotherme de zéro, mais elle oscille autour de celle de — 4° c. Les observations faites pendant quatorze ans à l'hospice du Saint-Bernard (7668′ au-dessus de la mer) lui assignent une température moyenne de — 1° c.; dans les trois mois d'hiver, de janvier à mars, une moyenne de — 7°,8; en avril, mai et juin, de — 1°,8; en juillet, août et septembre, + 5°,9; en octobre, novembre et décembre, — 0°,3 c. La plus grande froidure de janvier est en moyenne de — 8°,8, et la plus grande chaleur de juillet et d'août, de + 6°,6 c. Sur le Faulhorn (à 8263′ au-dessus de la mer), la température moyenne de l'année est de — 2°,33 c.; en juin, elle s'élève à + 2°,5 c., en juillet, à + 4° c., en août, à + 3°,5 c., en septembre, à + 1°,5 c.; sous la terre, à une profondeur de 1m,30, nous trouvons une chaleur moyenne de + 2°,6 c. D'après cela, on comprendra que, même à 10,000′, des rochers bien exposés au soleil puissent atteindre parfois une température de + 20 à 30° R.

Cependant, sur les hauteurs de 10,200 à 13,200′, les lignes isothermes de température moyenne sont de — 8 à — 14° c.; des observations plus étendues portent la température moyenne de l'été (juillet et août) vers 8,250′, à + 5° c.; vers 9150′, à + 2°,5 c.; vers 10,050′, à 0°; vers 10,950′, à — 2°,5 c.; vers 11,850′, à — 5° c.; et vers 12,750′, à — 7°,5 c. De 10,000 à 10,500′, la température la plus chaude arrive à l'ombre exceptionnellement à + 10 ou + 11° c.; au-dessus de 12,000′ elle atteint tout au plus + 6° c., lorsque le roc est fortement éclairé du soleil. A la seconde ascension de la Jungfrau, le 3 septembre, à deux heures après midi, le thermomètre marquait + 6° R.; à la quatrième, le 28 août, il n'arrivait qu'à — 3° R. Sur le sommet du Sustenhorn (10,618′), le 7 août, à onze heures du matin, le thermomètre indiquait

0° R.; droit au-dessous du sommet dans une place de neige moins abritée + 11° R.; sur une des pointes des Mischabel, à 12,323', on trouvait à midi, le 10 août 1848, fixe + 10° c., libre + 3° c. [1]; à environ 280' au-dessous de la plus haute pointe du Mont-Rose, à 14,004', le thermomètre marquait, le 12 août 1848, à onze heures et demie, 0° fixe et — 2° c. libre; une année plus tard, le même jour, à onze heures, fixe + 9° c., libre + 1°,5 c.; sur la pointe de la Tête-Blanche (glacier du Stockhorn), le 15 août 1849, vers onze heures et quart du matin, à 11,203', fixe + 6° c., libre + 2° c. De Saussure a observé sur le sommet du Mont-Blanc — 2°,3 à l'ombre, et — 1,3 au soleil; le 22 août 1851, les frères Schlagintweit ont trouvé après midi, par un temps très-clair et très-égal et à l'ombre, — 5°,1 c.; à une heure — 4°,8 c. Sur le Chimborazo, à 18,216, le 23 juin 1802, Humboldt vit geler le mercure de son thermomètre, ce qui n'arrive qu'à 32° R.

C'est au commencement d'août que la végétation prend son plus grand élan; la vie animale se développe avec elle et ne lutte pas avec moins d'énergie contre tous les obstacles. Ceux-ci seraient de nature à décourager des plantes moins robustes; tantôt c'est le brouillard ou la gelée, ou la grêle, ou la neige qui viennent attrister la pauvre fleur au milieu même de son épanouissement. Elle courbe un moment la tête et se ranime fraîche et joyeuse aussitôt la bourrasque passée. Comme une âme opprimée se relève toujours en regardant à Dieu, elle ne se laisse jamais abattre, et le premier rayon de soleil lui fait oublier toutes ses misères. C'est charmant de voir ce vert gazon étaler ses fleurs fines et brillantes au milieu d'une nature qui contraste si fort avec elles; d'un côté c'est l'aride rocher et la mer de glace, de l'autre de profonds ravins dont l'aspect semble repousser la vie. Ainsi se passent un ou deux mois. Avec le mois d'août disparaissent le printemps et l'été, au mois de septembre commencent l'automne et l'hiver. Dans les années particulièrement favorables,

[1] Fixe, point de congélation; libre, point d'ébullition.

cette courte existence s'allonge d'un tiers, mais le plus souvent elle est abrégée et même supprimée. Quelquefois la neige ne disparaît que pour une semaine ou deux, d'autres fois il se passe quatre, cinq années de suite pendant lesquelles la pluie, la neige et la grêle se succèdent sans interruption; ce sont des années de deuil et de mort. — Enfin le charme se rompt, le soleil a retrouvé sa force, il parvient à percer l'enveloppe de neige et à vivifier cette nature devenue presque insensible. Ce travail est difficile; le gazon et l'arbrisseau sont desséchés jusqu'à la racine, la larve a perdu le sentiment de la vie, et il faut des efforts incessants pour les arracher à la mort. L'œuvre une fois commencée chemine avec une rapidité surprenante; au bout de peu de jours la semence a germé, l'herbe séche a fait place à la verdure et aux fleurs, les insectes bourdonnent autour des calices entr'ouverts, les papillons se bercent aux rayons du soleil, humant le parfum des fleurs, les araignées, les scarabées, les mites, les infusoires naissent en foule; quelquefois une souris errante, un beau bouquetin ou un agile chamois foulent à leurs pieds cette jeune végétation : ce petit monde travaille, combat, chasse, aime et meurt, résumant ainsi dans sa courte existence toutes les phases de la vie.

Le pèlerin se réjouit à la vue de ces pauvres petites oasis, et le savant ne les découvre pas avec moins de plaisir, car il y rencontre les dernières apparitions du monde organique. Les plantes de ces régions ont une tige très-basse et se cramponnent fortement au sol, d'où elles tirent plus de chaleur que de l'air qu'elles respirent. La pression de la colonne d'air est si légère (à 12,000' elle n'atteint que douze pouces de Paris), que l'humidité de la plante est bien vite absorbée; aussi la lumière et le soleil agissent sur elle avec une grande énergie. Ces effets combinés produiraient encore des résultats plus merveilleux, si des courants d'air froids descendant des glaciers n'abaissaient pas souvent la température. Néanmoins, la végétation commence dès que la neige a disparu et ne s'arrête qu'à son retour. Cette période est de 230 jours sur les premiers plans des montagnes; au pied des

Alpes proprement dites elle dure 200 jours; de 6,000 à 7,000′, 132; de 7,000 à 8,000′, 92; à 10,000′ elle est renfermée toute entière dans le mois d'août.

Les hivers de nos Alpes ne sont pas encore assez longs, et le climat n'y est pas d'une âpreté suffisante pour repousser, même à la plus grande hauteur, toute végétation. Les lichens, qui en sont les derniers représentants, se trouvent jusqu'aux sommets de la Jungfrau et du Finsteraarhorn. La première de ces montagnes en possède même trois espèces, dont l'une n'avait pas encore été découverte. Sur la pointe extrême du Mont-Rose, entre des interstices de rochers, on peut recueillir la *lecidea conglomerata*, la *lecid. geographica var. atrovirens*, ainsi que des fragments de parmélies et d'ombilicaires. Sur le Mont-Blanc (14,809′) croissent encore la *lecid. confluens* et la *parmelia polytropa*, mais surtout la *lecid. geographica*, que Humboldt et Bonpland ont récoltée, en juin 1802, sur des rochers de trachyte au Chimborazzo, à 17,200′; plus haut toute trace de végétation avait disparu. En général les lichens croissent de préférence sur le gneiss et le mica; au-dessus de 11,000′ ils évitent les formations granitiques. Les mousses et les hépatiques suivent immédiatement les lichens; ces plantes s'attachent surtout aux bords des torrents créés par la fonte des neiges. A 8,500′, elles se présentent en abondance, à 9,000′ elles deviennent plus rares et prennent un cachet particulier aux hautes Alpes.

Les phanérogames montent aussi haut, même plus haut encore, et quelques-uns offrent de la ressemblance avec les mousses[1].

[1] Un grand nombre d'espèces de phanérogames s'étendent indifféremment sur toute la zone alpestre; celles de la zone inférieure surtout s'établissent partout où il y a un rayon de soleil et où se trouvent les conditions nécessaires à la vie. Telles sont : le *chrysanthemum Halleri*, qui vit de 2000 à 7600′; le *phleum Michellii*, de 3500 à 7000′; le *lilium bulbiferum*, de 1300 à 6000′; le *phyteuma Halleri*, de 2500 à 7000′; la *soldanella alpina*, dans les montagnes de Glaris, de 1500 à 7500′; la *primula viscosa*, de 4300 à 8000′; la *primula auricula*, qui croît au Wallensée à 1306′, dans les Alpes jusqu'à 7700′; la *tozzia alpina*, de

Les Alpes de Glaris sont particulièrement riches en végétation ; dans la région inférieure des neiges, on ne trouve pas moins de deux cent vingt-huit espèces de phanérogames; au-dessus de 8,500′, on en distingue encore vingt-quatre et jusqu'à trente espèces de cryptogames. A mesure que l'on descend des hautes régions, le nombre et la variété des espèces augmentent avec une rapidité prodigieuse. Les névés des Alpes rhétiques jusqu'à 10,000′ nous offrent deux espèces de saxifrages, une espèce de draba, une graminée, la céraiste et la renoncule des glaciers, le chrysanthème, la fleur brillante de la silène acaule et la gentiane d'un bleu foncé. De 10,000 à 9000′, plus de cinquante espèces en nombreux individus s'ajoutent à celles que nous venons de nommer ; ce sont surtout les composées, les saxifrages, les crucifères, les primulacées, les rosacées, les céraistes et les graminées. De 9000 à 8500′, quarante-cinq espèces différentes se joignent de nouveau à celles-là ; parmi elles une seule espèce ligneuse, la *salix herbacea.* On ne se douterait guère, en voyant de loin ces hauteurs qui semblent si sévères, que cent cinq espèces de phanérogames, appartenant à vingt-trois familles, y vivent librement, couvrant de leurs fleurs toujours gracieuses, souvent magnifiques, de grandes étendues de gazon.

2000 à 6000′; l'*erinus alpinus*, de 1300 à 6000′; la *linaria alpina*, de 1300 à 10,300′; le *galium helveticum*, de 2600 à 6700′; l'*arabis bellidifolia*, de 2200 à 7700′; l'*arabis pumila*, de 3000 à 7700′; la *potentilla caulescens*, de 1300 à 7000′; l'*Hutschinsia alpina*, de 1400 à 8800′. celle-ci se trouve dans les Alpes de Glaris; les *oxitropis montana* et *campestris*, de 1300 à 7400′. D'autres espèces, surtout celles des régions supérieures, parcourent une zone beaucoup moins étendue. D'après Heer, la *draba lapponica* du canton de Glaris ne se rencontre que de 6000 à 8800′; la *viola calcarata*, de 5800 à 7720′; le *cerastium latifolium*, de 7400 à 9000′; la *saxifraga muscoides*, de 6000 à 7800′; la *saxifraga stenopetala*, de 7000 à 7800′; la *saxifraga planifolia*, de 7000 à 8700′; la *saxifraga planifolia*, de 7000 à 8700′; de même la *potentilla frigida*, l'*achillea nana*, de 7000 à 7800′; le *leontopodium umbellatum*, de 6000 à 7000′; la *crepis hyoseridifolia*, de 7000 à 7730′; la *phyteuma globulariæfolium*, de 7000 à 8000′; l'*arenaria biflora*, de 7000 à 8000′.

Les frères Schlagintweit ont trouvé la *cherleria sedoides* à 11,770′ sur le Mont-Rose ; c'est le plus haut phanérogame de la Suisse. Aussitôt après viennent le *chrysanthemum alpinum*, la *saxifraga bryoides*, la *silene acaulis* et la *poa laxa* à 11,176′ sur le glacier du Lyskamm ; la *gentiana imbricata*, les *saxifraga muscoides* et *moschata*, le *senecio uniflorus* et la *poa alpina* à 11,138′ sur le Weissthor. Zumstein a rencontré sur le Nasenkopf l'*Androsace pennina*, tout près de là, le *cerastium latifolium*, le *chrysanthemum alpinum*, la *saxifraga oppositifolia*, le *ranunculus glacialis*, etc. Lors de la grande expédition du Lauteraarhorn, Desor a découvert à plus de 11,000′ le *ranunculus glacialis* abrité contre une arête de rocher ; de Saussure a récolté sur le Mont-Cervin à 10,800′ l'*aretia helvetica*, la *silene acaulis*, le *geum montanum* et la *saxifraga bryoides ;* le professeur Heer a trouvé sur la plus haute pointe du pic Linard, à 10,700′, entre l'Engadine et le Prætigau, deux espèces d'*androsace pennina*, la blanche et la rose, qui viennent aussi à 10,000′ sur le Schreckhorn et à 9,780′ sur le Hausstock. L'*aretia pennina* et le *ranunculus glacialis* croissent en assez grande abondance sur le passage de Saint-Théodule, à 10,416′ ; à 10,322′ on trouve l'*eritrichium nanum*, la *gentiana verna*, la *linaria alpina*, la *saxifraga oppositifolia*, le *thlaspi cepaefolium*, et la *salix herbacea*. Ainsi jusqu'à 11,000′ le Mont-Rose présente plusieurs espèces de phanérogames, parmi lesquelles dominent les saxifrages. La *saxifraga Boussingaulti* s'élève sur le Chimborazo jusqu'à 14,796′, c'est-à-dire à 600′ au-dessus de la limite locale des neiges. Hooker a rencontré sur les passages du Thibet les *gnaphalium*, les *artemisia*, la vergette et la saussurée à 18,500 pieds anglais ; et des buissons de chèvrefeuille et de rhododendron jusqu'à 17,000′ ! Strachey prétend que la limite de la végétation phanérogame s'élève dans les passages du petit Thibet septentrional jusqu'à 19,000′ pieds anglais.

Le nombre des cryptogames dépasse un peu celui des phanérogames dans la région supérieure; plus bas l'équilibre s'établit entre eux. Les principales espèces de phanérogames dont se couvre la région inférieure sont : les synanthérées, les scrophulariées, les primulacées, les gentianées, les polygonées, les campanulées, les renonculacées, les alsinées, les crucifères, les saxifrages, les papillonacées, les rosacées, les graminées et les cypéracées. Les orchidées et les ombellifères s'y trouvent en bien moindre quantité. Les plantes ligneuses y sont aussi assez peu nombreuses; ce sont trois espèces de saules, les myrtilles noires et rouges, la lauréole, la rose des Alpes ferrugineuse, l'azalée, le genévrier nain. Nous remarquons ici une particularité singulière : le réseau jaune pointillé de noir de la *lecidea geographica*, qui ne croît dans le bas que sur la pierre, s'établit ici sur la tige ligneuse de la rose des Alpes, et devient un parasite de plantes. La limite des plantes ligneuses varie beaucoup dans nos Alpes ; au Tyrol et au Salzbourg, cette limite est à 6300′; à Berne et aux Grisons elle arrive à 7000′. Le dernier genévrier se trouve à 8300′ sur la Bernina, le dernier rhododendron à 8880′ sur le Mont-Rose, et un genévrier nain à 10,080′. Les champignons sont rares au-dessus de 8000′; ils ne sont représentés que par quelques ustilages. On croit que l'espèce des algues figure aussi sur ces hauteurs sous la forme du *protococcus nivalis* qui produit la neige rouge.

Nous devons ajouter à toutes ces remarques que les montagnes composées uniquement de calcaire sont beaucoup plus nues que celles où l'argile, la silice et le schiste se mêlent au calcaire. Du reste, la magnificence de ces plantes dédommage de leur rareté, il semble que la nature ait voulu les consoler de leur courte existence, en les revêtant de la plus riche parure. Les scrophulaires, les auricules odoriférantes, la joubarbe rouge de feu, les asters, les différentes espèces de *primula*, ainsi que la *dryas* et la *silene acaulis*, présentent un charmant coup d'œil. Partout où il leur est possible de prospérer, ces fleurs se hâtent de s'établir; puis, lorsqu'elles doivent céder la place aux champignons, aux mousses et aux lichens, ceux-ci leur empruntent leurs brillantes couleurs. La flore des marais tourbeux et celle des régions arctiques ne sont donc pas dépourvues de tout charme; là ces chétifs végétaux que nous regardons à peine dans nos pays plus privilégiés prennent un éclat merveilleux. Le poëte peut dire avec raison :

« Des monts neigeux du pôle arctique jusqu'au brûlant équa-
« teur, ceinture de la terre, il n'est pas d'espace si petit dans
« toute la création qui n'ait son monde végétal. »

CHAPITRE V.

COUP D'ŒIL SUR LA VIE ANIMALE DES HAUTES RÉGIONS.

Conditions de la vie animale dans la région des neiges. — Effets différents de l'atmosphère sur l'homme. — Description des animaux qui habitent cette région. — Passage d'animaux étrangers. — Prolongation de la vie des animaux inférieurs. — Les carnassiers et les herbivores. — Limite de la vie animale variant d'après le climat.

En général, la vie animale ne peut pas s'élever aussi haut que la vie végétale. Supérieure à celle-ci et plus complète à tous égards, il lui faut des conditions plus favorables, un abri plus sûr, un espace plus étendu, des matériaux plus abondants, pour se déployer en liberté et faire usage de ses forces. La nature si pauvre et si froide des hautes montagnes ne lui va pas, elle y souffre et languit. L'homme, le plus parfait des êtres organisés, est aussi celui qui supporte le moins le séjour de ces âpres contrées. Ceux qui ont fait l'ascension du Mont-Blanc et des autres sommets de l'ancien et du nouveau monde se sont plaints d'y avoir éprouvé du malaise, des vertiges, des saignements par le nez, les oreilles et les yeux, et une fatigue subite et insupportable. Ces symptômes ne se manifestent pas toujours en même temps ; Humboldt a été atteint sur le Chimborazo, à 18,216′, par une température de 32° R., de violents saignements par les yeux et le nez ; Chanikoff n'a ressenti qu'un peu d'oppression et de malaise pendant les quelques jours qu'il a passés sur le mont Ararat en 1851, le thermomètre variant de — 10° à + 2° R. Sur l'Himalaya , à 14,500′, Alexandre Gérard a été pris d'un violent mal de tête et d'une fatigue extrême. On n'a pas encore découvert la cause positive de tous ces maux ; il est clair que c'est à la sécheresse de l'atmosphère qu'il faut attribuer la contraction de la peau du visage, qui se fend et se pèle à son rude contact; mais il n'est pas aussi sûr que les autres inconvénients qu'on éprouve sur ces hauteurs proviennent de ce que l'air y est plus léger et renferme moins d'oxygène, car quelques voyageurs n'ont rien ressenti de particulier dans leurs excursions alpestres. Wæhren a été saisi d'un mal subit pendant qu'il bâtissait la pyramide qui domine la pointe du Finsteraarhorn; après avoir accompli ce haut fait, son compagnon et lui redescendirent plus pâles que la mort et sans voix, mais cette indisposition ne dura qu'un instant, et ne se renouvela pas plus tard lorsqu'il tenta de nouvelles entreprises. Zumstein et ceux qui l'accompagnaient furent atteints sur le Mont-Rose, à 14,000', d'une violente envie de dormir et d'une grande apathie, tandis que Weilenmann et ses compagnons, qui arrivèrent encore plus haut, n'éprouvèrent aucune impression quelconque.

Les mêmes remarques s'appliquent aux aérostats. Les Français Barral et Bixio se sont élevés à 7016 mètres, c'est-à-dire à plus de 22,000', sans ressentir aucun malaise, quoiqu'il régnât à cette élévation un froid de — 31°,74 R. Ces faits prouvent qu'il est difficile de déterminer ici quelle est la loi de la nature, puisqu'il faut faire une si grande part à la disposition individuelle et à la force des nerfs. Quoi qu'il en soit, il est certain que l'homme ne trouve plus à 12,000' les conditions nécessaires à sa vie, et qu'il ne peut y prolonger son séjour au delà d'une semaine. Le zèle scientifique a entraîné quelques savants presque au delà des limites possibles, mais ce sont de rares tentatives qui ne trouvent pas beaucoup d'imitateurs. Ainsi Agassiz et ses compagnons ont passé plus de huit jours sur les hauts glaciers, à 8257'; de Saussure et Hugi ont planté leur tente à 10,000'; Zumstein a dressé la sienne à 13,128' sur le Mont-Rose, ce que personne n'avait fait avant lui; il l'avait placée dans une crevasse de glace profonde de dix toises.

Les animaux supérieurs ne peuvent pas plus que l'homme s'établir à une telle élévation; en Europe, du moins, les animaux de l'espèce la plus inférieure peuvent seuls y vivre en permanence. Il en est autrement en Asie; sur l'Himalaya, nous trouvons encore à 14,700′ des villages où on élève des chèvres d'un poil magnifique, et dans les Andes, à 13,000′, des villes peuplées dans lesquelles les hommes et les chiens vivent à leur aise; les chats ne s'y acclimatent plus; de 15,000 à 17,000′ se rencontrent les derniers insectes, et à 20,000′ plane le condor. Chez nous, la vie animale partage à peu près la destinée des plantes phanérogames; trente-deux espèces d'animaux vivent habituellement dans la région des neiges : dix-huit espèces d'insectes, treize d'araignées et une espèce d'escargot, qui ne paraît dans le bas qu'en automne et en hiver et disparaît au printemps. L'escargot (*vitrina diaphana, var. glacialis*) et les insectes ne dépassent pas 9000′; cinq espèces d'araignées vont au delà de 9000 à 10,000′; le faucheur ou charpentier (*opilio glacialis*), indigène dans ces régions, ne les quitte jamais; il ne descend pas plus bas que 7000′ et paraît, comme le dernier représentant de la vie animale, à 11,387′, sur le Piz Linard. Son corps est d'un gris clair, ses jambes et son ventre gris jaune, et il porte sur le dos une tache en forme de lyre. Le mâle est un peu plus petit que la femelle. Près de ce couple, de petits groupes de mites des neiges (*rynchołophus nivalis*, Hr.) se tapissent sous les pierres; ce joli petit animal atteint à peine la longueur d'une ligne, ses jambes sont jaunes, très-longues et minces comme un fil. Heer, qui en a fait le premier la description, l'a trouvé sur la pointe du Pic Levarore dans l'Engadine, à 9580′, et sur l'Umbrail, à 9100′. Trois espèces d'araignées proprement dites vivent aussi haut; la plus nombreuse est la *lycosa blanda*, jolie araignée de terre dont le corps, d'un brun noir, repose sur des jambes très-velues. Elle paraît aussitôt après la fonte des neiges et fait la chasse aux animaux encore engourdis par le sommeil d'hiver. Les femelles traînent après elles des sacs jaune pâle qui contiennent leurs œufs. Welden les a encore rencontrées à 9300′, sur le Mont-Rose.

De 9000 à 8500′, quatre espèces de faucheurs, quatre d'araignées proprement dites, treize de coléoptères, trois de papillons et leurs chenilles, une de poux de bois, une de guêpes et une d'escargots s'ajoutent à celles-là ; à 8600', on rencontre la *nebria Germari*, dont la larve est d'un brun brillant sur le devant du corps, d'un brun noir sur le dos et jaunâtre derrière ; sa longueur est de cinq lignes, tandis que l'insecte lui-même n'en a que quatre ; sa couleur, d'un brun noir, devient rougeâtre aux pattes et aux antennes.

Ces citoyens de la zone glaciale reçoivent de fréquentes visites des habitants des régions inférieures. L'écureuil à ventre rouge se hasarde jusque sur l'Umbrail 9129' ; Hugi a trouvé une souris encore vivante sur le Finsteraarhorn ; Zumstein a vu sur le Mont-Rose beaucoup de mouches et de papillons à demi morts ; d'autres pleins de vie s'élevaient au delà de 14,000'. Près de là Ulrich, attendant son guide qui avait grimpé sur le dôme, reçut la visite d'une corneille. Dürrler fut bien agréablement surpris, en arrivant sur le Tœdi, 11,110', de voir voler devant lui un papillon blanc. Coaz a suivi les traces d'un chamois sur le sommet de la Bernina, 12,474' ; Agassiz a vu s'élever au-dessus de la Jungfrau un faucon voyageur, et Heer a découvert sur le glacier de Palu, à la Bernina, le cadavre d'un pinson. En montant sur le Finsteraarhorn, Rodolphe Mayer remarqua une guêpe qui bourdonnait autour de la *silene acaulis*, un peu plus loin, une souris vivante, beaucoup plus haut encore, des corneilles, des poules de neige ; de 10,000 à 12,000' les papillons nacrés semblaient établis comme chez eux. Le Schneehorn, 10,150', a été aussi témoin d'une de ces gracieuses apparitions ; huit à dix papillons de deux espèces y folâtraient à leur aise, paraissant jouir infiniment de l'air et du soleil et volant de ci de là avec une agilité surprenante. De Saussure a vu passer deux papillons sur le Mont-Blanc. Le gorge-bleue (*sylvia cyanecula*) s'élève jusqu'à 11,000', le pinson des neiges et la fauvette des Alpes ne vont pas moins haut, même le délicat roitelet (*motacilla regulus*) a été vu par Thurwieser à 10,432' sur l'Adlersruhe. Nous aussi, nous avons trouvé beaucoup de diptères morts sous le sommet de la Fibia ; G. Studer découvrit sur le glacier supérieur du

Trift beaucoup de papillons, d'abeilles et d'autres insectes dans un état d'engourdissement.

Il semble, d'après tous les exemples que nous venons de citer, que ces voyages ne sont pas tous forcés; si quelquefois le vent emporte les insectes dans ces contrées inhospitalières, souvent aussi un esprit aventureux les pousse à aller d'eux-mêmes à la découverte. Il en est autrement dans les pays chauds; là, les courants d'air sont tels, que non-seulement des insectes, mais des touffes de gazon sont enlevés jusqu'à 18,000'. On sait que des troupes de demoiselles, de sauterelles, de papillons et même d'araignées sont transportées par le vent au milieu de la mer, à une distance de 370 milles de la terre.

La courte apparition de ces étrangers, dont une mort prompte punit bientôt la curiosité, n'a rien qui nous étonne, mais l'existence des indigènes de ces régions ne s'explique pas aussi facilement. Les mousses et les lichens n'ont besoin pour vivre que d'air et d'humidité; que quelques gouttes d'eau les arrosent, et il n'en faut pas davantage pour qu'ils se raniment. Les phanérogames ont déjà de bien plus grandes difficultés à vaincre; il faut qu'ils résistent à des années sans été, pendant lesquelles ils sont privés d'air et de lumière, ils doivent aussi être vivaces, puisque leurs graines ne parviennent presque jamais à maturité. Mais tous ces obstacles ne sont rien auprès de ceux que rencontre le développement de la vie animale. Les insectes n'ont pas la ressource de puiser leur force au sein de la terre et ils doivent cependant se perpétuer et passer par toutes les phases de la vie. Ces différentes transformations prennent sans doute quelques années, car il est impossible d'admettre que l'insecte accomplisse ici en peu de semaines ce qui demande six à huit mois dans la plaine; probablement il s'élève chaque année d'un degré et se repose pendant les dix à onze mois qui suivent, au bout desquels il monte un nouvel échelon, vivant ainsi presque autant d'années que son confrère des régions inférieures vit de mois.

Il n'est pas moins difficile de se rendre compte de la manière dont ces animaux se nourrissent. Des trente-deux espèces que nous avons nommées, vingt-quatre sont des animaux de proie; les plantes ne leur sont donc d'aucune utilité, au contraire, ce sont eux qui les protégent. De quoi surtout peuvent se nourrir les araignées qui ne chassent que de nuit quand tout est froid et gelé? Impossible de répondre à cette question, et il faut s'en rapporter aux soins de la nature, qui déploie sans doute ici la fécondité inépuisable de ses ressources.

La vie animale dépendant entièrement du climat et des conditions du sol, elle ne s'arrête pas plus que la vie végétale à une limite fixe. Du côté méridional des Alpes, elle s'élève beaucoup plus haut, et les espèces d'animaux, ainsi que celles des plantes, y sont beaucoup plus nombreuses et plus variées. A la même hauteur où le côté nord n'offre plus que vingt-quatre phanérogames, le côté méridional en présente encore cent cinq; dans les Grisons, la vie animale persiste jusqu'à 10,780'; dans le canton de Glaris, elle ne dépasse pas 8880'. Du reste, les mêmes espèces d'animaux et de plantes se retrouvent partout; tandis que dans les vallées et dans les plaines règne en tous genres une diversité infinie, le même système domine partout dans notre zone alpestre et même sur toutes les hautes montagnes du globe. Le Caucase, les Alpes de Sibérie, l'Himalaya, voient fleurir une grande partie de nos plantes alpines. La flore des montagnes du Nouveau-Monde, quoique plus originale, a cependant aussi de grands rapports avec la nôtre. De même les contrées du nord de l'Asie, de l'Amérique et de l'Europe sont peuplées et parées comme nos hautes sommités; nos insectes se retrouvent même au Spitzberg. Là, comme ici, ils luttent avec une énergique persévérance contre les forces qui menacent sans cesse de les anéantir, et quand toute vie visible a cessé, les polygastres à carapace siliceuse peuplent le fond de l'eau, et à 12° du pôle, les coscinodisques et le *boreus hyemalis* vivent dans la glace éternelle.

CHAPITRE VI.

SUITE DU CHAPITRE PRÉCÉDENT.

Quelques détails sur les animaux de la région des neiges. — Prédominance des articulés sur les vertébrés. — Les oiseaux. — Les mammifères.

Nous ne pouvons entrer dans le détail de tous les animaux de la région des neiges, et nous devons nous borner à passer en revue les différentes espèces qui y sont représentées.

Une douzaine de papillons y vivent habituellement; on les voit voltiger sur les fleurs qui embellissent nos oasis et y puiser la nourriture qui suffit à leur courte existence. D'autres moins heureux, portés par le vent jusque sur les plus hauts névés, y tombent épuisés de fatigue et d'inanition et s'y enfoncent doucement. Ils pourraient se soustraire par la fuite à leur triste sort, mais il paraît que l'oxygène contenu dans le névé les retient comme par une sorte d'attraction : ils échappent au secours qu'on veut leur tendre et retournent au névé où ils meurent bientôt. Leur corps se dissout immédiatement et disparaît dans la glace. Des insectes morts placés sur le névé se sont changés en une masse molle, qui s'est aussitôt convertie en poussière. Ces excursions n'ont pas toutes un aussi triste résultat. Il arrive souvent que les vallées et les plaines sont plongées dans la gelée et le brouillard, tandis que le plus beau soleil règne sur les hauteurs. Ainsi, nous avons vu sur le Sentis à 6,740′ deux papillons méduses qui se réjouissaient d'avoir échappé à la mer de vapeurs dont la plaine était couverte. Tandis que toutes les fleurs du bas étaient gelées, quinze espèces de phanérogames brillaient encore ici de tout leur éclat. Le soleil répandait une douce chaleur, l'air était tiède et si transparent qu'à midi nous distinguions les étoiles à l'œil nu. Agassiz a trouvé au commencement de mars, dans le terrible désert de neige du glacier de l'Aar, un *vanessa urticæ*, qui avait l'air aussi heureux que sur une prairie remplie de fleurs; les vallées voisines du Hasli et du Rhône étaient encore en ce moment-là ensevelies sous la neige, aussi s'explique-t-on difficilement l'apparition de ce joli petit papillon. La partie la plus élevée de notre région possède encore trois espèces de papillons qui lui appartiennent bien en propre, puisque la chenille y subit toutes ses transformations. Ce sont des papillons aux couleurs sombres, les *satyres* d'un brun noirâtre, la *noctuelle bordée* dont la chenille vit sur les primevères et les auricules, la *noctuelle gamma* d'un brun de cuivre, qui descend aussi dans la plaine.

Quelques ichneumons représentent ici l'espèce des guêpes; nous y voyons aussi les bourdons des mousses, des pierres et de la terre, quelques abeilles viennent en pèlerinage chercher le miel que leur fournit le pollen des gazons fleuris. La guêpe porte-scie (*tenthredo spinacula*) se trouve dans les Grisons jusqu'à 8,000', peut-être cache-t-elle ses larves dans la galle de la rose des Alpes. La fourmi-géant, qui vit solitaire, se rencontre sur la pointe du Guldenstock, à 7,870'.

Les infusoires vivent en grand nombre dans les neiges, ils y revêtent des formes particulières, comme nous le voyons dans la neige rouge, mais nous ne nous étendrons pas sur le chapitre de ces curieux animaux, qui mériteraient d'être mieux observés. Parmi les mollusques, nous avons déjà signalé la vitrine transparente qui, ainsi que l'*helix alpicola*, se trouve jusqu'à 7,000'; on est étonné de les rencontrer si haut, car leur existence, comme celle des autres escargots, semble exiger une végétation moins pauvre. Le cosmopolite *lombric* est le seul représentant des annélides; quelques millepieds lui tiennent compagnie, puis la mite des neiges et nos araignées déjà nommées, dont la vie est vraiment miraculeuse. Un scorpion bâtard (*obisium sylvaticum*) paraît à 8,000' dans les montagnes de Glaris, il vit aussi dans la plaine, mais il préfère les montagnes. Les ripiphores choisissent d'ordinaire le séjour des bois, cependant quelques espèces s'étendent au delà de cette limite; quelques psylles et quelques grillons, entre autres le *grillus pedestris*, qui se montre dans le Valais et les Grisons à 8,000', ne craignent pas de s'avancer aussi haut; le psoque et le pulsateur se trouvent dans le canton de Glaris jusqu'à 8,800'; il est vrai qu'ils s'abritent sous des pierres. Les mouches, qui forment un corps si nombreux parmi les insectes, disparaissent tout à fait à 8,000', sauf la délicate tipule à plumet qui dépose ses larves dans la mousse humide.

Le nombre de nos coléoptères est beaucoup plus grand; on en rencontre dans les Alpes méridionales jusqu'à 9,000'; dans les Alpes septentrionales, ceux qui dépassent 8,000' sont des coléoptères carnassiers qui vivent dans des trous et sous des pierres. Ils appartiennent à la race des *brachélytres*, des *aphodides* et surtout des *carabes*, et revêtent des formes particulières. Immédiatement au-dessous de 8000' les espèces se multiplient; nous citerons la jolie *chrysamela salicina* qui se voit dans toute la chaîne des Alpes de 6000 à 8000'; elle vit d'ordinaire sur un saule nain (*salix retusa*), son corps, long de deux lignes, est d'un bleu ou d'un vert foncé et très-joliment pointillé; puis la *nebria Escheri*, qui a quatre lignes de long et des jambes et des antennes d'un rouge brun, et qui se rencontre encore, mais rarement, à 8700', dans les Grisons et le canton d'Uri; enfin la *nebria Chevrierii*, de même longueur que la précédente et de couleur rouille, paraît aussi haut sur les montagnes au pied desquelles le Rhin supérieur prend sa source.

Nous voudrions pouvoir donner des renseignements plus étendus sur ces différentes espèces d'articulés, et leur étude serait pour nous d'un intérêt d'autant plus grand qu'ils forment la vraie population indigène des hautes régions, mais ils se dérobent aux recherches par la brièveté de leur vie et le mystère qui l'entoure et par les difficultés que leur sauvage patrie oppose aux investigations.

Les animaux supérieurs ne peuvent braver la rigueur des

hivers et la pauvreté du sol. Les petits lacs ensevelis sous la glace pendant des années consécutives, les ruisseaux qui tantôt se changent en torrents furieux et tantôt se glacent au contact de l'hiver, ne permettent ni aux plantes ni aux poissons de s'établir dans leurs eaux. La grenouille des Alpes elle-même ne dépasse guère la limite des neiges, il en est de même de tous les crapauds; peut-être que la salamandre noire se risque un peu plus haut dans les Alpes méridionales, mais nous ne pouvons la compter parmi les indigènes de cette sphère. Le lézard à ventre rouge et la vipère commune y paraissent quelquefois, sans être non plus des citoyens de notre région.

Les oiseaux s'y acclimatent mieux; leur mobilité, la facilité avec laquelle ils pourvoient à leur subsistance, leur rend ce séjour supportable, cependant nous n'avons découvert aucune espèce d'oiseaux particulière à ces hautes sommités; tous ceux qu'on y rencontre se voient également plus bas, et ils vont en hiver chercher des climats moins rigoureux. Il nous est permis toutefois de les considérer comme nous appartenant, puisqu'ils nichent, couvent et passent ici la plus grande partie de leur vie; nous en comptons douze espèces. Le gypaète et l'aigle royal en font partie[1]. Ils visitent souvent les sommets les plus élevés, s'élançant dans leur vol jusqu'à 14,000 et 15,000'; ils aiment à se retirer en été dans les parties les plus reculées de la zone des neiges, d'où ils partent pour leurs expéditions sanguinaires. Le faucon passe quelquefois même au-dessus de la Jungfrau, mais ce n'est là qu'une des nombreuses pérégrinations de cet

[1] Qu'on nous permette de citer ici quelques-uns des hauts faits de ces terribles oiseaux. Dans le canton d'Uri, une personne qui a été enlevée par un de ces vautours dans son enfance, vit encore aujourd'hui. M. le docteur Zollikofer, de Saint-Gall, a été aussi témoin sur le Sentis d'un enlèvement extraordinaire. Un magnifique aigle royal s'empara d'un jeune bouc, l'enleva dans les airs et le laissa retomber, soit que le poids en fût trop lourd, soit qu'il eût été effrayé par les cris des faucheurs. Le juge de paix fit dresser un procès-verbal de cet événement; il y inséra le nom des témoins et le poids du jeune bouc qui était de 60 livres; jamais jusqu'ici un animal aussi lourd n'avait été enlevé par un oiseau de proie.

oiseau errant; la corneille des Alpes ou le chocard (*pyrrhocorax alpinus*), aux pieds rouges et au bec jaune, est beaucoup plus fidèle à notre région. Quelque part qu'il monte, le voyageur peut être sûr qu'il entendra le croassement de ces grands oiseaux, aux allures si vives et dont l'existence semble attachée à celle de nos montagnes, qu'ils parcourent dans tous les sens. A 9000 et 10,000′ ils couvent ensemble dans les crevasses abritées des rochers. Comme toutes les espèces de corbeaux, ils sont très-prudents, très-timides et par conséquent très-difficiles à atteindre. Si on ne peut s'en approcher sans en être aperçu, il faut renoncer à leur poursuite. Dès que la troupe voit l'ennemi, elle se lève tout entière en poussant des cris moqueurs, décrit dans l'air de vastes courbes et s'enfonce dans les montagnes, où elle ne s'arrête que quand elle se sait tout à fait en sûreté. L'hiver est le meilleur moment pour les chasser; alors le manque de nourriture les force à abandonner leur prévoyance ordinaire, le moindre appât les séduit et on peut même les prendre avec des lacets. Leur gaîté et leur vive intelligence en font des prisonniers très-amusants. Le grand crave noir (*graculus fregilus*), remarquable par l'éclat de ses plumes, son bec et ses pieds rouges, ne se voit pas dans les Alpes du nord et très-rarement dans les Alpes rhétiques et valaisannes. Il s'associe quelquefois aux chocards et s'avance tantôt seul, tantôt en famille, jusqu'aux plus hautes sommités, mais il ne s'y tient pas constamment; il aime à faire des excursions dans les pays habités pour y chercher des insectes et des vers; le moment qu'il choisit de préférence pour ces expéditions, est le bon matin; c'est aussi l'instant dont il faut profiter pour s'en emparer. Il paraît que les craves passent l'hiver dans le midi; on les voit se réunir en octobre sur le Saint-Bernard en nombre immense, dès ce moment ils ont disparu, mais en avril déjà ils sont de retour dans les Grisons.

La bartavelle s'avance tranquillement et sans bruit jusque bien au delà de la limite des neiges. Elle ne se plaît pas sur les glaciers, mais elle aime le voisinage de la neige; n'étant d'humeur ni active ni aventureuse, elle ne va pas chercher au loin sa subsistance, elle la trouve sans peine dans la terre détrempée par la neige et s'empare des coléoptères, des araignées et des lombrics au moment où ils naissent à la vie. Elle couve ordinairement à l'époque où les Alpes commencent à être habitées par les hommes et le bétail; aussi met-elle toute son adresse à garantir sa couvée, et elle réussit admirablement à déjouer tous les piéges. Ce succès lui est bien dû, car la pauvre bête doit souffrir du long et rude hiver qu'elle a à traverser, et sa présence fait un vrai plaisir au voyageur que la curiosité a poussé jusque-là. Le pinson des neiges (*fringilla nivalis*) vit aussi de préférence dans les sites les plus sauvages; il recherche les crevasses des rochers, les toits des cabanes et des hospices; il pénètre partout et contribue pour une grande part à animer cette nature solitaire et sévère, quoique son chant ne soit ni bien harmonieux ni bien expressif. Le pic des murailles se rencontre plus rarement. La fauvette des Alpes qui ne couve pas plus bas que 4000′ dans les Carpathes, le venturon, la bartavelle, le farlouse aquatique, la bergeronnette grise et le corbeau font de fréquentes visites dans ces régions, mais ils n'y résident pas; le corbeau vient aussi s'y repaître des entrailles des chamois laissées par les chasseurs.

Quelque borné que soit ici le monde des oiseaux, c'est encore un des plus nombreux. Les quadrupèdes sont beaucoup plus rares. Une seule souris, la musaraigne des Alpes, passe ici toute l'année; les souris des habitations se trouvent partout où il y a des maisons occupées; mais en hiver elles sont obligées de redescendre. Nous en avons vu une, qui avait sans doute passé l'été dans la hutte du Sentis, se rendre dans la vallée en sautant péniblement par-dessus la neige. Les marmottes vont au delà de 8000′, elles bâtissent leurs demeures d'été sur les vertes pentes qui dominent d'arides vallées. Nous réclamons aussi les bouquetins, quoiqu'ils ne soient point originaires de notre région; primitivement, ils vivaient même moins haut que les chamois, mais ils ont dû fuir devant la persécution, et se réfugier dans ces déserts inaccessibles, où ils sont obligés de défendre leur vie contre l'orage, la faim et des dangers de tous genres. L'aiguille du Bouc, près du Scheerhorn, et la Dent du Bouquetin près de la Dent-Blanche dans le Valais, nous apprennent que leur véritable séjour était autrefois beaucoup moins élevé. Les chamois ne viennent ici que lorsqu'ils y sont poussés par la vivacité de la chasse, mais dès qu'ils le peuvent, ils redescendent bien vite; c'est dans des cas semblables qu'on les voit jusqu'à 12,000 et 13,000'. Quelquefois un beau soleil les attire à 8000 et 9000', mais ils craignent la fraîcheur des nuits, et le même soir on les retrouve 4000 et 5000' plus bas.

Quelques carnassiers viennent ici à la chasse; de temps à autre une belette ou une hermine poursuit des souris, ou un renard guette une poule de neige et une corneille. En hiver, les renards dirigent leurs pérégrinations vers les vallées; en juillet et en août, ils se tournent au contraire du côté des hautes régions et sautent avec la plus grande facilité sur les glaciers les plus abruptes. Le lièvre des Alpes ne se rencontre là que par extraordinaire, soit en fugitif, soit pour chercher une chétive nourriture.

Les animaux de race supérieure apparaissent ici si rarement et le rôle qu'ils y jouent est si mystérieux que nous ne pouvons les faire figurer dans le tableau de ces contrées, où la vie tient une si petite place et où règnent presque sans partage l'immobilité et la mort.

MONOGRAPHIES ET DESCRIPTIONS PARTICULIÈRES.

I. LE PINSON DES NEIGES.

Sa résidence et ses mœurs.

Aux habitants ailés des régions supérieures, les tétras, les craves et les chocards, s'associe un oiseau plus petit qui passe comme eux la plus grande partie de l'année au milieu des glaces : c'est le pinson des neiges, animal gentil et gai, quoique un peu stupide, qui n'aime pas à descendre vers le milieu des montagnes et qu'on ne voit jamais dans la plaine.

Ces pinsons, inconnus à Gessner, pourtant si bien au fait de notre faune (car son pinson des neiges est celui des montagnes, *F. montifringilla*), vivent plus haut que le joli venturon et s'établissent généralement au-dessus de la limite des bois. Aux contrées gazonneuses et riantes des Alpes, ils préfèrent les hautes crêtes stériles entourées de champs de neige, où le vent et le soleil produisent çà et là quelques petites oasis de verdure. Dans ces lieux sauvages la femelle choisit une crevasse ou une corniche bien inaccessible et elle y établit, à l'aide du mâle, un grand nid bien doublé de crins, de laine, de plumes de poule, où elle dépose en mai ou à la fin d'avril, suivant la température, six petits œufs blancs comme du lait et plus gros que ceux du pinson ordinaire. Les parents nourrissent d'abord leurs petits de larves, d'araignées, de vers, et ils les surveillent avec une tendresse jalouse; quand on les leur enlève, ils font entendre des sons plaintifs. Leur plumage est peu différent; celui des petits est moins marqué, et leur bec, d'abord jaune pâle, ne devient noir qu'au printemps suivant. La tête est gris de cendre, le dos teinté de brun, le gosier, grisâtre et tacheté de noir en hiver, prend en été le noir prononcé du charbon, le ventre est gris, la queue blanche, bordée de noir, les plumes des ailes sont brunes, blanches et noires, les pieds de cette dernière couleur. Quand ils ont achevé leur croissance, ils sont plus gros que le pinson commun et se nourrissent surtout de semences et des quelques coléoptères qu'ils rencontrent. Si les parents ont été forcés par la rigueur du froid à nicher plus bas que de coutume, la famille, une fois élevée, regagne bien vite le voisinage des hautes neiges; quand le printemps amène encore quelques tempêtes tardives, ils se réfugient dans les vallées supérieures, où on les voit par grandes troupes, mais ils n'y restent qu'un jour ou deux. Un chasseur raconte qu'une fois en automne il en a vu de grandes nuées voltigeant au-dessus des campagnes de Clèves; ils étaient si affamés et si stupides qu'ils descendaient sur le sol avec ceux de leurs compagnons frappés à mort par le fusil et se laissaient tuer par centaines, sans songer à s'envoler. D'ordinaire on les voit voltiger deux à deux ou par petites troupes sur le bord des hauts rochers qu'ils habitent. Les mâles ont un petit gazouillement insignifiant et peu mélodieux. Vus de loin dans les airs, ils se détachent contre le ciel en essaims blanchâtres et tournoyants, mais ils aiment aussi à descendre sur le sol et y sautillent en sifflant comme le pinson. Dans le canton d'Appenzell, on les trouve sur la Meglisalp, derrière Œhrli, et même sur le grand Kasten; en hiver ils viennent jusqu'à Brülisau. Dans le canton de Glaris, on les voit sur le Mürtschen, le Frohnalpstock et sur presque toutes les montagnes; quelques-uns vont s'abriter pour l'hiver dans la forêt de Britter. On en trouve beaucoup sur le Splügen, où ils servent de rôti aux douaniers autrichiens; ils y nichent dans les bâtiments de l'hospice, comme à la Grimsel, au Simplon et au Saint-Bernard, où ils aiment à voltiger dans les galeries et à se nourrir des grains de riz qu'on leur permet de piquer dans les sacs. Parfois de grands essaims de ces oiseaux suivent, à la piste des chevaux et des mulets, les ornières des chemins de transit pour y chercher l'avoine et le riz qui y tombent. Au Saint-Gothard, on voit une quantité de leurs nids suspendus aux poutres du toit, et l'habitude des lieux les a rendus très-familiers. Dans un enfoncement de muraille à la chapelle des morts nous avons pris un nid rempli encore de ses œufs.

Le pinson se rencontre, en dehors de nos Alpes, dans le nord de l'Asie, dans les Carpathes, les Pyrénées, l'Amérique septentrionale, où on le vend sur le marché des grandes villes comme un mets recherché. Des soins très-assidus peuvent seuls le faire vivre en cage, où il se montre d'abord très-sauvage.

II. LES TÉTRAS DES NEIGES.

Description. — Leurs mœurs. — Chasses.

Les tétras de neige vivent plus haut que tous les autres gallinacés, et au milieu des rochers et des glaces ils offrent encore au chasseur un gibier excellent et au touriste une rencontre agréable et gracieuse; partout sur nos crêtes élevées ils animent le paysage sévère de la région des neiges éternelles. Ils ne sont pas indigènes dans le Jura, et c'est peut-être dans les Grisons qu'on en rencontre les troupes les plus nombreuses; ils y sont connus sous le nom de poules blanches. Ils s'étaient tellement multipliés autrefois dans le canton de Glaris qu'un chasseur pouvait facilement en tirer dix à quinze en un jour; nous les trouvons encore presque sur toutes les montagnes d'Appenzell, et en particulier sur le Sentis, le Messmer, le Siegel et sur le Kamor. Au Saint-Gothard, bien au delà des dernières traces de taupinières et au pied d'un énorme rempart de neige, nous en avons rencontré une grande troupe si familière et si peu craintive que nous en tuâmes un à coups de pierre sans que les autres prissent la fuite. Les montagnes du Tessin, le Pilate, les Alpes bernoises et valaisannes en sont peuplées, et grâce à leur forte propagation ils seront longtemps encore l'ornement de ces contrées. Redoutant le soleil et la lumière, ils nichent au nord, à l'abri des rhododendrons ou de quelques rocailles, et se tapissent au frais sous les petits sapins ou sur les champs de neige. Les chasseurs ont souvent remarqué qu'un de leurs plus grands plaisirs est de se rouler sur la neige, sans doute pour se nettoyer et lisser leur plumage. Il faut en toute saison un coup d'œil exercé pour les apercevoir, car en hiver comme en été ils se confondent par leur couleur avec le sol environnant. Au printemps, c'est deux à deux qu'ils voltigent sur les pierres et les chétifs buissons; dans la saison froide, ils se réunissent en grandes troupes, et, quittant leurs crêtes favorites, enveloppées de frimas, ils descendent ensemble vers les pâturages moins sévères, où ils attendent les premiers rayons du soleil; alors, en même temps que les lièvres et les chamois, ils regagnent leur sauvage patrie.

Ils sont aussi gros qu'un pigeon ordinaire ou qu'une perdrix (13 à 17 pouces), mais beaucoup plus pesants (12 à 16 onces); ils ont le bec fort, épais, bien recourbé, d'un noir brillant, les jambes très-emplumées, et leurs ongles bleus se cachent si bien dans le duvet qu'on dirait des pattes de lièvre. L'œil est brun foncé, surmonté d'un cercle rouge beaucoup plus grand chez le mâle, et qui prend l'épaisseur d'une crête à la saison de l'accouplement.

Ces tétras sont surtout remarquables par le changement que

subit leur plumage à l'entrée des différentes saisons. En hiver il est très-simple : un duvet épais et dur, d'une blancheur éblouissante, les recouvre du bec jusqu'aux pattes; il n'est entremêlé que de quelques fines lignes noires, tracées sur la tige des grandes pennes; les tiges de la queue se détachent sur ce fond de neige par une couleur noir de charbon, relevée d'un bord blanc; du bec à l'œil se dessine chez le mâle une bride de la même couleur. Leur robe d'été est beaucoup plus bigarrée et varie un peu chaque mois; il s'y mêle du grisâtre, du jaune de rouille, délayés de noir et de blanc; les ailes sont rayées de rubans noirs et jaunes. Pendant l'été, le mâle perd ses brides, et la femelle, plus petite, en porte de brunâtres. La parure d'été est rarement très-complète chez le coq; il y reste presque toujours quelques-unes des plumes blanches de l'hiver, qu'il a la sagacité de cacher soigneusement sous les autres, afin de n'être pas reconnu et de se confondre davantage avec la rocaille brunâtre et tachetée au milieu de laquelle il voltige. Il mue deux fois l'an; et toujours en même temps que se renouvelle son plumage, on voit aussi changer le poil de son voisin, le lièvre des Alpes. En automne, à la racine de chaque tuyau tombé pousse une double plume d'édredon pour le protéger contre le froid de l'hiver. Si à la fin d'août on rencontre déjà des tétras blancs, on compte sur un hiver précoce, car le montagnard croit avoir des prophètes infaillibles dans ses hermines, ses lièvres, ses marmottes et ses gallinacés. Le tétras annonce aussi la pluie et la neige par une note monotone, « creu-gueu-gueu-greu », que l'on entend à une demi-lieue de distance.

Malgré leur pesanteur, ces oiseaux ont les mouvements très-rapides; ils courent et volent vite, mais ils ne vont ni bien haut ni bien loin, et redescendent souvent sur le sol; ils aiment surtout à se plonger entre les rhododendrons et à fouiller des creux dans les éboulis. Quand le brouillard est très-épais, ils recherchent quelque sûre retraite à l'abri des hommes et des oiseaux de proie; par la grande chaleur ils sont, au contraire, très-familiers et se laissent approcher jusqu'à dix pas; quand l'air est vif et pur, ils reprennent leur timidité et leur vigilance. Les chasseurs racontent qu'ils se plaisent à se creuser des trous dans la neige, et que souvent ils ont le malheur d'y périr de froid; mais ces récits sont de pures fables, car s'ils fouillent souvent la neige, grâce à la conformation particulière de leurs ongles, c'est pour y chercher quelque nourriture; des observateurs dignes de foi disent aussi que ces oiseaux, surpris par la tempête, se laissent couvrir de neige pendant des jours entiers, et restent complétement immobiles dans cet abri, en ayant soin de s'y ménager un petit soupirail. On a trouvé quelquefois dans les Grisons, sous les branches inférieures des sapins, des tétras étouffés par la neige, mais d'ordinaire, quand ils voient se préparer les affreux tourbillons des hautes Alpes, ils se hâtent de se réfugier dans quelque cavité rocheuse, impénétrable à la tempête.

Ils s'accouplent au mois de mai, en faisant retentir leur solitude d'un cri bruyant et discord; en juin, la poule pond de sept à quinze œufs jaunâtres, pointillés de brun, plus gros que ceux des pigeons; elle les soigne seule et attentivement, après leur avoir improvisé un nid à l'abri des sapelots ou des rosiers des Alpes, dans un petit trou creusé à la hâte et doublé d'un peu de mousse. Longtemps la gentille couvée, au tendre duvet, accompagne la mère et se réfugie sous ses chaudes ailes avec un «pip, pip, pi» semblable à celui de nos poulets. Si un danger approche, la poule donne le signal de la fuite, toute la petite troupe se disperse en un clin d'œil et disparaît sous les pierres; le péril est-il éloigné et la vigilante gardienne se croit-elle en sûreté, elle appelle ses poussins, qui se rassemblent sous ses ailes avec la même rapidité. Leur extrême agilité en rend la chasse très-difficile, quand on désire les prendre vivants. Steinmüller découvrit un jour un nid avec un petit, qui, en se voyant emporté, se mit à pousser des cris lamentables; la mère répondit à cet appel en se lançant désespérée à la tête de l'oiseleur, qui la tua. Welden surprit au Mont-Rose une poule avec neuf petits; le danger qu'elle courait ne la fit point envoler, mais, déployant ses larges ailes, elle en couvrit sa famille et partit rapidement avec elle ; tout en courant, les poussinets se dissimulaient un à un dans quelque petit trou, et lorsque tous furent cachés, leur protectrice songea à sa propre sûreté et prit le large. Le chasseur ne put découvrir la retraite d'un seul de ces intelligents petits oiseaux, et il résolut d'assister à la suite de l'aventure en se blottissant derrière un rocher. Au bout d'un moment, la mère reparut, regarda autour d'elle et, ne découvrant rien, se mit à glousser tout doucement; en quelques minutes les neuf mignonnes petites bêtes reposaient sous ses ailes. On peut, pendant quelque temps, nourrir de mouches les petits, mais ils meurent bientôt en captivité. Une poule domestique ne réussit pas davantage à les élever; les vieux, au contraire, se laissent assez commodément apprivoiser, et nous avons vu un Tyrolien voyageant avec des aigles, des chamois, des marmottes, des tétras, qui paraissaient très-heureux de leur nouvelle condition.

La nourriture des tétras des Alpes est des plus modestes et frugales. Quand ils sont petits, leurs parents vont pour eux à la recherche des insectes, mais plus tard ils se nourrissent de quelques baies qui mûrissent encore sur ces hauteurs, de myrtilles, de mûres, ainsi que des boutons et du feuillage des plantes qui les entourent, les rhododendrons, les bruyères, etc. Ceux qui habitent non les frontières, mais le cœur de la région des neiges, y trouvent çà et là quelques insectes, mais ils vivent surtout des plantes qui fleurissent passagèrement sur une oasis, sur une pente ou sur une corniche bien éclairée, comme les synanthères, les primevères, les gentianes, les saxifrages, les saules, les myrtilles, etc. (*salix retusa*, *dryas octopetala*, *azalea procumbens* et *saxifraga androsacea*). A l'Albula, ils visitent l'hospice été et hiver, pour y chercher dans les fumiers quelques grains d'avoine ou de petits coléoptères. Par le brouillard ils pâturent tout le jour, comme les autres gallinacés ; en hiver, ils fouillent les endroits dépouillés de la neige par le vent pour y trouver quelques brins de gazon ou, à défaut d'autre aliment, ils se jettent sur les piquantes aiguilles des conifères, dont leur estomac est souvent rempli à cette saison.

Nos chasseurs les tirent toute l'année, mais surtout en automne et au commencement de l'hiver, où ils volent par troupes. Il faut un coup bien chargé et accompagné de pesante grenaille pour percer l'épaisseur de leur duvet; si malheureusement un seul grain leur entre dans la tête, ils se roulent sur le sol comme saisis de vertiges et ne cessent que lorsqu'il ne leur reste plus une seule plume et qu'ils tombent mourants de fatigue; aussi le code de chasse du canton de Glaris défend de les attaquer à la mitraille. Dans les Grisons on les prend avec des filets de crins. En hiver ce canton en expédie beaucoup sur les marchés, surtout à Zurich. Leur chair est un peu dure, avec un goût de gibier très-prononcé et passablement amer, mais d'une saveur très-agréable; il est fâcheux que ce soient les renards, les martres, les aigles et les vautours qui en consomment la plus grande partie.

Les chasseurs des Alpes croient distinguer deux espèces de tétras, comme ils le font du reste pour presque tous les autres animaux de leur domaine : ceux qui habitent la frontière des hautes régions, et ceux des pics et des sommets, plus petits et plus blancs que les autres. Il est très-possible que l'extrême froideur des lieux où vivent certains de ces oiseaux contrarie au printemps le complet renouvellement de leurs plumes, sans que pour cela ils forment une race à part. Il en est à peu près de même pour les chamois. L'époque la plus favorable à la chasse est dans les mois de septembre et d'octobre, lorsque l'oiseau, déjà gras, présente en son plumage un mélange du blanc de l'hiver et des teintes variées de l'été, mélange qui le fait distinguer du sol. Le chasseur les met en joue quand ils sont à terre, où son œil exercé découvre facilement leur tête mobile et le cercle rouge de leur paupière. Si on les approche de bien près, ils partent en courant et gagnent le haut de la montagne avec une rapidité extraordinaire, mais généralement cela n'arrive que par les temps de brouillard; d'ordinaire, quand on les surprend, ils s'élèvent du sol brusquement et comme à regret, en poussant des cris rauques et désagréables. Une troupe dérangée dans son repos s'ébranle en tournoyant et se balançant dans les airs à la manière des colombes, et va chercher un lieu plus tranquille qu'elle aime à rencontrer aussi près que possible de son premier établissement; mais, sa vigilance une fois éveillée, il devient très-difficile de la surprendre.

Les tétras de neige habitent aussi les montagnes du Tyrol, du Salzbourg, de la Carinthie, du Piémont et même quelquefois, mais plus rarement, la Forêt-Noire. Ils sont sans doute d'une espèce toute voisine de celle qui peuple les immenses marécages du Nord et descend jusqu'à Drontheim.

III. CHOCARDS ET CRAVES.

Leurs différentes espèces et leurs mœurs.

Nos chaînes de montagnes sont assez riches en corbeaux, mais la diversité des espèces n'est guère reconnue ni observée par les habitants, qui voyant passer sous leurs yeux quelque oiseau noir le baptisent indifféremment du nom de corbeau, de corneille, de crave ou de chocard, sans s'inquiéter de la justesse du terme. Il est naturel qu'on ne se donne pas la peine d'étudier un oiseau qui n'est d'aucun intérêt pour le chasseur; et les petites différences de couleur, de taille, de bec qu'offrent leurs variétés, échappent aisément aux regards peu attentifs. Nous allons les caractériser en quelques traits. Les naturalistes rangent les corbeaux parmi les oiseaux omnivores, parce qu'ils prennent pour nourriture sans préférence tout ce que peuvent leur offrir le monde animal et le monde végétal. Tous ont le bec fort, droit et comprimé, le plumage soyeux, les narines arrondies et une taille assez grande pour attirer facilement l'attention. Les pies et les geais appartiennent à la même famille, et sont les plus beaux corvidés de nos pays, mais leur plumage mélangé ne permet pas de les confondre avec leurs noirs confrères et leur assigne une place à part.

Ceux-ci ne paraissent pas dans les Alpes et la région des neiges, visitées souvent, au contraire, par le corbeau commun (*corvus corax*), le plus grand oiseau du genre, de deux pieds à deux et demi de long, avec une queue en forme de coin et un bec très-fort et très-bombé. Son plumage, du noir le plus foncé, a des reflets métalliques bleuâtres. Il n'est nombreux nulle part, et préfère en général les montagnes de moyenne hauteur, comme le Jura, mais il aime à nicher dans les roches au-dessus de la limite des bois et à faire quelques reconnaissances dans la région des neiges. En automne, il se réunit à quelques compagnons de son espèce, et tournoyant dans les airs en petits escadrons criards, ils sont à la recherche des animaux morts; le reste de l'année, le corbeau vit en solitaire avec sa femelle, qui couve au printemps pendant vingt jours cinq œufs brun tacheté de vert. Tout aliment lui est bon : poulets, levrauts, souris, vers, fumier, mais il préfère les entrailles des animaux tués ou péris dans les champs. Il est facile à apprivoiser et apprend à parler très-distinctement.

La corneille (*corvus corone*) lui ressemble beaucoup par le plumage, la forme de sa queue et le choix de sa nourriture, mais elle est passablement plus petite (un pied à un et demi de long); son bec est aussi moins bombé. On la voit partout, car elle est extrêmement nombreuse, mais elle n'aime guère les Alpes et ne visite jamais la région des neiges. Établis dans nos forêts, le mâle et la femelle couvent en commun pendant dix-huit jours six œufs bleuâtres, pointillés de brun. On les confond souvent en Suisse avec le corbeau; on a tué une fois à Ebnath, dans le Toggenbourg, une corneille complétement blanche. Le même cas s'est présenté dans le Tyrol, où un chasseur ajusta et abattit un de ces oiseaux tout à fait blanc[1], volant au milieu d'une nombreuse troupe de noirs. Pendant l'hiver, il nous arrive du nord de l'Europe et de l'Allemagne septentrionale la corneille mantelée (*corvus cornix*), qui aime à se mêler à nos vols de corneilles, auxquelles elle s'accouple quelquefois et produit alors des petits barbouillés de gris et de noir; nous en avons tué quelques-uns. Elle conduit ses jeunes dans les champs autour des villages pour s'approvisionner de tout ce qu'elle rencontre, ou elle les mène visiter le bord des ruisseaux et des étangs, où les larves aquatiques, les animaux noyés, leur offrent une nourriture à leur goût. La nuit, elle perche sur les hauts murs et les grands arbres. Cet oiseau ne vit chez nous qu'en passage et n'y niche jamais. Sa taille ressemble à celle de notre corneille, mais il s'en distingue par un plumage cendré, sur lequel les ailes, la queue, le bec et le gosier, d'un noir foncé, se dessinent agréablement.

Le freux (*corvus frugilegus*) nous arrive encore plus fréquemment du nord de l'Allemagne; il est de la même taille que les deux espèces précédentes, mais son plumage tout noir a des reflets rougeâtres qui lui sont particuliers, et son bec est pointu. En hiver et en automne, il se montre dans la Suisse orientale, tantôt solitaire et tantôt en vols si nombreux qu'ils dépassent de beaucoup ceux des corneilles, qui à cette saison s'éloignent du pays; dans la Suisse occidentale, on ne les voit jamais qu'en escadrons serrés. Au canton de Vaud, on les prend dans des filets pour les manger; les plumes qui entourent le bec sont souvent usées, parce qu'ils fouillent constamment la terre pour y chercher des racines et des graines, ce qui leur a attiré différents sobriquets populaires. On les confond souvent avec les corneilles et les chocards; ils ne dépassent pas les régions inférieures des montagnes.

Sur les murs et les rochers de la plaine et des hautes vallées

[1] Nous avons déjà dit que l'on rencontre de ces curieux albinos parmi nos grives et nos rouges-gorges; on a vu aussi des hirondelles et des moineaux blancs.

habite le choucas (*corvus monedula*), oiseau d'un pied de long, noir de plumage, à l'exception de la tête et du ventre, qui présentent des teintes cendrées. Au printemps, en été et en automne, il descend en grandes troupes dans les campagnes, en faisant entendre son éternel « yèc, yèc. » Il appartient aux oiseaux de passage, et nous quitte généralement en novembre; cependant un grand nombre préfèrent ne pas s'éloigner et restent en Suisse et en Allemagne, même jusqu'à la hauteur de Saint-Gall (2081'). Ils couvent, en société, dans les arbres creux ou sur les vieilles murailles, six œufs bleu vert, pointillés de brun; ils mangent des fruits de tous genres, des œufs d'oiseaux, des vers, des fourmis, piquent les insectes sur le dos du bétail paissant dans les pâturages et, malgré leur timidité et leur prudence, ne craignent point le voisinage de l'homme. Leur plus grande friandise est l'ail sauvage qu'ils cherchent partout et qui leur donne une odeur très-désagréable; nos petits garçons aiment beaucoup à apprivoiser ceux qu'ils prennent dans le nid.

Le corbeau le plus rare de la Suisse est le chouc (*corvus spermologus*) qui n'a que douze pouces et demi de long; c'est un très-bel oiseau d'un vert sombre à reflets violets, et qui porte un joli croissant foncé de chaque côté de la tête. Sa vraie patrie est l'Espagne et le sud de la France, où on le rencontre dans les tours et les masures. On le voit aussi quelquefois dans le Jura, mais il est probable qu'il n'y niche pas.

Toutes ces espèces appartiennent principalement à la plaine et à la région des collines; des genres analogues, les craves et les chocards, les remplacent plus haut dans les hautes vallées et sur les montagnes.

Le crave (*corvus graculus*), habitant assez rare de nos Alpes, est un bel oiseau de quinze à dix-sept pouces de long, au plumage noir qui prend à la queue des teintes vertes, à la tête et à la gorge des reflets pourpres; le bec rouge vermillon, long de deux pouces et assez recourbé, les pieds couleur brique achèvent de lui donner un aspect remarquable et brillant. Les montagnes neigeuses sont la vraie patrie de ces jolis oiseaux, et cependant ils ne s'y montrent pas en foule. Dans la Suisse orientale ils n'apparaissent qu'à des distances assez éloignées ; autrefois ils étaient établis, mais en petit nombre, sur le Sentis, et ils nichaient aussi dans les hauts clochers des Grisons, à la manière des choucas ; on en voit encore beaucoup aujourd'hui dans l'Oberhalbstein. En octobre, ils quittent cette vallée, pour y revenir en avril. Chaque année, ils se présentent en bandes de quarante à soixante individus à l'hospice du Saint-Bernard, où on les nomme corneilles impériales et où ils ne s'arrêtent que trois jours. Ils nichent dans les montagnes du Faucigny et dans celles de l'Écosse ; on les retrouve au Caucase et en Sibérie[1]. Dans nos Alpes, chaque canton leur donne un nom différent : corbeau des Alpes, corneille, chocard, crave, et dans le Tessin *corvacia alpina.*

Le crave ne descend jamais dans les montagnes au-dessous de la limite des bois, il se tient de 6000 à 8000′ dans la région des neiges, où il tournoie autour des têtes les plus saillantes des groupes de rochers. De là il s'élève à de grandes hauteurs ; Zumstein en a vu voler à 13,000′, au dessus du Mont-Rose ; plus haut encore, à 14,022′, sur la pointe qui porte son nom, une troupe de ces oiseaux s'est rassemblée autour de lui. On ne découvre leurs nids et leurs couvées qu'avec beaucoup de peine, et on n'a sur ces dernières que des renseignements très-vagues ; il est probable qu'ils couvent une première fois en mai et une seconde en août, lorsque l'année est favorable. Ils pondent cinq œufs d'un jaune sâle, tachetés de brun, et les couvent pendant dix-huit jours, au bout desquels les petits brisent leurs coquilles. Le crave s'apprivoise facilement, il s'attache beaucoup à son maître et se contente des débris de sa table, mais il est dangereux de l'associer à d'autres oiseaux, dont il se plaît à détruire les couvées ; il se lie, au contraire, volontiers avec de grands ani-

[1] Je l'ai rencontré dans presque toutes les chaînes de montagnes de l'Espagne, depuis les Pyrénées jusque dans la sierra Nevada ; il est commun au mont Sinaï et dans les hautes régions de l'Abyssinie. SCHIMPER.

maux. Nous avons entendu parler d'un crave devenu si familier qu'il avait la permission d'entrer dans la maison de son maître et d'en sortir en toute liberté; cependant on a dû s'en défaire, parce qu'il enfonçait les vitres avec son bec quand il trouvait la fenêtre fermée au retour de ses excursions. Le crave paraît en Égypte en septembre et en octobre, après les inondations du Nil, et contribue beaucoup à détruire la vermine dans ce pays; on croit qu'il se trouve aussi dans l'île de Candie.

Le chocard (*corvus pyrrhocorax*) fait bien réellement partie de la faune de nos Alpes; il s'attache à nos montagnes, qu'il anime et embellit, et vit de leur vie, comme l'alouette s'identifie avec son champ de blé, la mouette avec la mer, le bruant et le rossignol des murailles avec leur grange et leur prairie, la colombe et le moineau avec le grenier rempli d'une riche moisson; le troglodyte n'est pas plus fidèle au vert bocage, la mésange et le roitelet ne reviennent pas plus invariablement à la forêt de mélèzes, la bergeronnette à son ruisseau, le pinson à son bois de hêtre et l'écureuil à ses pins favoris. Quand tous les autres animaux ont disparu et que le voyageur cherche en vain autour de lui quelque trace de vie, le chocard vient le distraire dans sa solitude; il se réunit par troupes autour de l'étranger, qu'il considère avec curiosité; puis, s'élevant de nouveau dans les airs, il tourne autour des rochers, dont il semble ne s'éloigner qu'avec peine. Il fréquente aussi les prairies, les bois et la neige éternelle. Dürrler en a trouvé sur la mer de glace du Tœdi à 11,110', et le professeur Mayer, à 13,000', sur le Finsteraarhorn; ils dépassent le pinson des neiges et la bartavelle, et leur mélancolique *rapp*, *rapp* est le seul chant qui puisse consoler le voyageur de ne plus entendre les notes joyeuses de la fauvette et du venturon, qui charmaient son oreille à quelques mille pieds plus bas. La vue de ces oiseaux tournoyant sur la neige et autour des rochers est loin d'être indifférente; on aime à les voir planer dans les airs suivant leur humeur capricieuse, ou creuser le glacier à une grande profondeur pour y trouver les insectes gelés qui forment leur nourriture préférée; ils aiment mieux cette chair putréfiée que les insectes vivants qui viennent se poser et périr sur la neige.

Les chocards passent, comme tous les animaux des Alpes, pour prédire le temps. Les premières tombées de la neige en automne et les retours du froid au printemps les chassent de leurs hauteurs; ils se rendent alors en foule dans le bas en poussant des cris rauques; mais dès que la saison est bien établie, ils retournent dans leur patrie, où les grands froids ne les empêchent pas de rester et de voler gaîment au-dessus des plus hautes cimes. Ils ne s'en éloignent que pour aller se nourrir des baies des buissons, seuls fruits dont la récolte leur soit abandonnée. Comme toutes les espèces de corbeaux, ils font main basse sur tout ce qui se mange; en été, ils recherchent surtout les cerises sauvages des hautes montagnes. Ils avalent les mollusques terrestres et les mollusques d'eau avec la coquille (dans le gésier de l'un d'eux on a trouvé treize mollusques terrestres, des hélix pour la plupart, auxquels il ne manquait rien), et dans la saison la plus stérile, ils se contentent des boutons des arbres et des aiguilles des sapins. Ils sont aussi avides de chair putréfiée que les corbeaux ordinaires, et ils poursuivent parfois les animaux vivants comme de vrais carnassiers. Nous vîmes un exemple de cette rapacité dans une chasse à laquelle nous avons assisté en décembre 1853 et qui avait lieu sur le Sentis. A la première détonation du fusil, une troupe de chocards, dont nous n'avions pas vu trace auparavant, se rassemblèrent aussitôt et s'élançant à la poursuite du lièvre que nous venions de tirer, ils ne l'abandonnèrent que quand il eut disparu. Sur cette même montagne, un chasseur qui venait de tuer un chamois voulut, pour s'emparer de sa proie, escalader un rocher d'un accès très-difficile, il ne put achever son entreprise, le pied vint à lui manquer et il roula dans l'abîme; longtemps, la présence continuelle d'un vol de chocards au-dessus du précipice qui l'avait englouti, marqua le lieu de sa chute, et son cadavre ne cessa de leur fournir un festin que lorsqu'il fut entièrement dépouillé. Ils ne se partagent pas leur butin en paix, ils s'arrachent les bouchées, et leur vie est une dispute continuelle; toutefois leur sociabilité n'est pas fondée uniquement sur l'égoïsme; quand l'un d'eux a été tué, toute la troupe se réunit autour du défunt en poussant des gémissements lamentables. S'ils réussissent à s'emparer de petits oiseaux vivants ou d'autres animaux dont la mort est récente, ils commencent par leur fendre le crâne et leur manger la cervelle, qui est pour eux un grand régal. Souvent ils nichent en commun dans les crevasses des sommets les plus inaccessibles, se soustrayant ainsi aux poursuites. Leur nid est grand, plat et formé de tiges de longues herbes. Il contient, au temps de la ponte, cinq œufs de la grosseur des œufs de corneille; la couleur en est gris de cendre avec des taches d'un gris sombre. Les chocards habitent la même grotte pendant plusieurs générations; quelquefois elle est couverte de leurs excréments jusqu'à un pied de profondeur, entre autres celle du Schafloch, près de Thun, et du Daviloch, à l'Itramengrath, au-dessus de Grindelwald. Les bergers ne peuvent guère faire usage de ce guano.

On ne sait si les chocards, si fréquents dans nos Alpes et qui se rencontrent aussi dans les Apennins, se trouvent encore ailleurs; on croit qu'ils se répandent jusque dans le Caucase, la Bohême, la Suède et la Sibérie, mais ces renseignements ne sont pas suffisamment constatés[1]. En Italie, on n'en voit qu'en Toscane, dans les montagnes de Seravezza. Les Alpes du Tyrol et de la Carinthie les comptent aussi parmi leurs habitants.

Le chocard se distingue facilement du crave par la couleur foncée de ses yeux bruns et par l'éclat bleuâtre de son épais plumage. Son bec, au lieu d'être d'un rouge de corail, est jaune citron comme chez le mâle du merle; les pieds, d'un rouge de vermeil et à semelles foncées chez le mâle, sont noirâtres chez les femelles et les jeunes. On connaît aussi des chocards tout à fait blancs, mais ils sont rares; J. G. Altmann en possédait un.

Ces oiseaux sont des prisonniers très-agréables, lorsqu'on les

[1] Je l'ai vu en troupes nombreuses dans les Pyrénées, mais point en Suède n en Norwége. SCHIMPER.

a pris jeunes; leur humeur est très-gaie, et ils s'attachent beaucoup à l'endroit où ils vivent. Cette disposition est dans leur nature, car même en liberté ils ne quittent pas volontiers leur patrie. Ils arrivent quelquefois à un degré singulier de développement; nous avons connu un chocard qui non-seulement se procurait lui-même sa nourriture composée de viande, de pain, de fromage, de fruits (parmi lesquels il recherchait surtout les cerises, les raisins et les figues), mais, son repas achevé, il en enveloppait soigneusement les restes dans un morceau de papier et défendait énergiquement ce précieux paquet contre bêtes ou gens qui auraient cherché à le lui enlever. Le feu exerçait sur lui une étrange fascination; il avalait, sans se faire le moindre mal, des mèches de lampe tout allumées et même de petits morceaux de charbon enlevés du milieu des braises. Il aimait à voir monter la fumée et saisissait toutes les occasions de jeter dans le feu du papier et des chiffons; il s'établissait alors en contemplation devant son ouvrage et paraissait jouir beaucoup au moment où le petit nuage de fumée commençait à s'élever. Les animaux à lui inconnus, entre autres les serpents et les écrevisses, recevaient de sa part le plus mauvais accueil; il les frappait de la queue et des ailes, en poussant des croassements haineux. L'arrivée de personnes étrangères le faisait crier à rendre sourd, tandis qu'il témoignait le plus grand plaisir à l'aspect des habitués de la maison. Mais il avait des grâces particulières pour ses favoris, il volait au devant d'eux, se posait sur leurs mains, leur tête ou leurs épaules, et les regardait avec amitié en faisant entendre un grognement de satisfaction. De grand matin il se rendait dans la chambre de son maître, et s'il le trouvait encore endormi, il se postait doucement sur son oreiller, attendant le réveil dans une immobilité complète, et puis saluant cet événement par des cris de joie. Quand on lui permettait de sortir, il sifflait comme un merle, et il apprit même à siffler toute une marche.

Le singulier penchant des chocards pour le feu a souvent occasionné des incendies; il leur arrive de profiter d'un moment d'inattention pour traîner au milieu de la cuisine les buches allumées du foyer. Ils éprouvent, comme toutes les espèces de corbeaux, un attrait irrésistible pour ce qui brille, et ils se font volontiers voleurs pour satisfaire leur goût. Cette étrange prédilection particulière à cette famille annonce un tempérament vif, une grande finesse et un degré d'intelligence qui la place bien haut parmi les races d'oiseaux. On sait que les corbeaux jouent un grand rôle dans la mythologie du Nord et dans les légendes du moyen âge. C'est par eux que furent trahis et poursuivis les meurtriers de saint Meinrad sur l'Etzel. Ils ne se montrèrent pas moins utiles au commencement de ce siècle à deux jeunes enfants qui passaient en voiture l'Emme grossie par les eaux d'un orage; leur véhicule fut renversé par le courant, et les pauvres enfants auraient été engloutis dans les flots de la rivière, s'ils n'étaient parvenus à s'accrocher à une des roues. Leurs cris retentissaient en vain au milieu de la tempête, lorsque quelques corbeaux, se trouvant alors sur le rivage et comprenant leur danger, s'envolèrent vers une maison de paysans et se mirent à pousser de grands cris accompagnés de battements d'ailes. Les habitants de la chaumière sortirent de chez eux et, suivant la direction du vol des corbeaux, les virent s'arrêter au-dessus de la tête des enfants, qu'on put ainsi facilement délivrer.

IV. LE CAMPAGNOL DES NEIGES.

(*Hypudæus alpinus*, Wag.; *hypudæus nivicola*, Schinz; *arvicola nivalis*, Mart.)

Détails sur le séjour et le genre de vie du campagnol des neiges. — Le campagnol collecteur. — Espèces nouvellement découvertes dans les Alpes.

La souris se trouve jusque dans nos plus hautes régions et ne craint pas les contrées les plus austères; aussi peut-on dire de ce petit animal qu'il est cosmopolite par excellence, car de l'équateur jusqu'au pôle et là même où l'homme ne peut plus vivre, il sert de pâture à un grand nombre d'oiseaux et de quadrupèdes.

Cependant, si plusieurs espèces de souris se rencontrent encore très-fréquemment dans les hautes Alpes, il faut les chercher avec soin pour en découvrir dans la région des neiges. On ne sait si la musaraigne des Alpes arrive aussi haut; la souris des maisons ne se voit que dans les hospices, encore ne s'y soutient-elle qu'avec peine; le campagnol des neiges reste donc seul dans ces misérables contrées, où il mène une vie cachée et mystérieuse et où il représente les derniers vestiges de la vie animale d'un ordre supérieur. Nager l'a découvert le premier en 1841 sur le Saint-Gothard, Martins le vit aussi sur le Faulhorn; il est assez grand, mesurant six pouces jusqu'à la racine de la queue qui est elle-même de deux pouces et demi; son pelage est gris noir et brunâtre sur les côtés. Ses yeux sont très-petits; ses oreilles, petites et rondes, se cachent sous la fourrure; ses jambes sont courtes; ses pieds, assez faibles, quoique pourvus des ongles propres aux rongeurs, ont, ceux de devant, quatre doigts, et ceux de derrière, cinq. La queue, d'un gris bleuâtre, n'a que des poils très-courts et se termine en pinceau effilé. La fourrure est épaisse et moelleuse.

Nous ne savons que peu de choses sur son genre de vie. Il s'établit tantôt dans les Alpes inférieures, tantôt et le plus souvent dans le voisinage des glaciers et jusqu'au fond de la région, où les neiges ne fondent que pendant deux ou trois mois de l'année et où il en tombe de la fraîche au moins une fois par semaine; un brouillard épais et tenace y règne généralement, et la tempête n'y cesse que pour faire place à des vents glacés. En été, la végétation rare mais substantielle des oasis lui offre pourtant une nourriture suffisante; souvent aussi il visite les chalets des pâtres, et prend tout ce qui s'y trouve, sauf de la viande. Il creuse son trou, soit dans la terre, soit dans de vieux murs ou des éboulis. On y trouve du foin et des tuyaux de paille rongés, souvent un nid avec quatre petits, quelquefois des racines de gentiane, d'épervière, de boucage, de bénoite, d'érythrés, etc. En hiver, c'est-à-dire pendant neuf à dix mois, il faut qu'il se contente de ses provisions ou qu'il aille chercher bien loin des racines et de l'herbe fraîche, en se frayant un passage sous la neige.

Ce campagnol se montre dans toute l'étendue des neiges, ainsi que des pâturages; il habite le Saint-Gothard, depuis le pied de la montagne jusqu'à son extrême sommet. On l'a rencontré dans les Alpes de Glaris (sur le Heustock), à 7600', sur le Faulhorn, à 8220'; plus haut encore, sur le Mont-Blanc; nous l'avons vu nous-même sur la Bernina, et Hugi, sur le Finsteraarhorn, à la hauteur prodigieuse de 12,000'. Malgré tant d'occasions d'observer de près cet animal, nous n'avons pu nous assurer s'il habite ces hauteurs d'une manière permanente, ou s'il y vient faire seulement des excursions à travers d'immenses champs de neige et de glace. Ces deux hypothèses sont également étonnantes, et elles supposent, l'une comme l'autre, un principe de vie d'une ténacité extraordinaire.

C'est probablement de ce campagnol qu'il est question dans la relation du voyage que Hugi accomplit en janvier sur les mers de glace de Grindelwald : « Nous cherchions depuis longtemps le chalet de la Stiereggalp, lorsque enfin une élévation sous la neige nous désigna la place. Nous nous mîmes à le déterrer. Il faisait déjà nuit que le toit n'était pas encore découvert, mais ce point une fois atteint, le travail marcha plus vite, bientôt la porte se trouva dégagée, et nous fîmes joyeusement notre entrée. Notre premier exploit fut de tuer sept souris, tandis que vingt autres prenaient la fuite et ne faisaient nullement mine de nous contester la possession de leur palais souterrain. Ces petits animaux avaient cinq pouces de long, leur queue en avait quatre, leur couleur était d'un gris de cendre; leurs pieds de derrière étant d'une longueur disproportionnée avec le reste du corps, ils paraissaient très-élancés; la queue et les oreilles étaient dégarnies de poils, et ces dernières d'une singulière transparence. Je n'avais jamais aperçu cette souris dans aucun musée. Gruner croit que c'est une espèce particulière aux glaciers. Je l'avais déjà rencontrée précédemment sur le point le plus élevé de la Strahleck, à 10,379', sur les plus hauts pâturages du Schreckhorn, et aussi à 12,000', sur le Finsteraarhorn. Les bergers du Zæsenberg prétendent que ces souris se trouvent en grand nombre sur la Dent de Grünwengen. Il paraît qu'elles descendent en hiver vers le pied des mers de glace. » Malheureusement Hugi ne put pas examiner de très-près ces petits campagnols, auxquels il attribue une longueur différente de celle qu'on leur assigne généralement; il ne peut nous expliquer ni leur genre de vie ni leur manière de se nourrir. Nous croyons toutefois, malgré leur queue dégarnie et leurs oreilles transparentes, que c'est la même espèce que notre campagnol des neiges, l'habitant de toute la chaîne des Alpes.

On se demande si ce dernier, qui a été longtemps confondu avec la grande espèce des champs (*hypudæus arvalis*), est le même que le campagnol collecteur de Sibérie, dont il ne paraît différer que d'une manière insignifiante, d'après les observations faites jusqu'ici. Le campagnol collecteur fait aussi des provisions de racines; mais elles sont pillées par les Toungouses et les Kamtschadales, qui choisissent les racines mangeables et se nourrissent ainsi aux dépens des actives souris. Le campagnol collecteur du Kamtschatka entreprend souvent de grands voyages périodiques et, dans l'intervalle, il fait des courses de plusieurs heures, tandis que le campagnol des neiges et celui des champs restent sédentaires. Mais ces habitudes voyageuses viennent peut-être, chez le campagnol du Kamtschatka, de la pauvreté du sol, qui y est excessive; chez nous et en Sibérie il peut se passer de ces migrations. Il en est de même des lièvres : en Russie, ils changent continuellement de place; chez nous, ils sont au contraire de la plus grande fidélité au même coin de pays. Cependant cette facilité de locomotion de la part du campagnol collecteur pourrait jeter quelque jour sur le genre de vie de notre campagnol des neiges, si toutefois ils appartiennent à la même espèce. On pourrait croire, d'après cette donnée, que ce dernier n'habite les hautes cimes que pendant l'été et qu'il surmonte les difficultés de longs voyages au travers des neiges et des glaces avec non moins d'énergie que le campagnol du nord de l'Asie, qui parcourt des centaines de lieues, sans se laisser arrêter ni par les ravins ni par les fleuves. Mais il reste à savoir comment il vivrait pendant l'hiver dans les Alpes inférieures, puisque, ayant passé l'été loin de là, il n'a pas eu le temps de se creuser des habitations et de remplir des magasins. Une comparaison exacte des squelettes des deux espèces résoudrait définitivement la question; jusqu'alors nous envisageons notre campagnol des Alpes comme une espèce à part, mais ayant une grande ressemblance avec celui de la Sibérie, ainsi que notre lièvre des Alpes ressemble à celui du Nord sans lui être identique. On ne peut donc pas encore fixer les bornes du domaine de ce petit animal.

Deux autres espèces découvertes par Nager dans les hautes Alpes rentrent dans les campagnols des champs, mais nous ne sommes pas sûr de la place que la science doit leur assigner dans le système de notre faune. C'est d'abord le campagnol de Nager (*hypudæus Nageri*), qui est épais, fort, long de quatre pouces cinq lignes jusqu'à la racine de la queue, laquelle a deux pouces une ligne; elle est couverte de poils noirs en dessus et gris blanc en dessous et se termine en pinceau. La couleur de la fourrure est d'un brun roussâtre sur le dos, d'un gris de cendre dans les autres parties du corps et blanchâtre sur les pieds. Les oreilles sont rondes, larges, peu proéminentes, les yeux petits, la tête épaisse et les dents incisives de la mâchoire supérieure très-courtes et jaunes; les pieds de devant ont quatre doigts, ceux de derrière, cinq. De nombreux individus de cette espèce ont été pris dans le chalet de l'alpe de l'Hœlzli, qui est au-dessus de la limite des bois; on ne sait rien de son genre de vie.

C'est enfin l'*hypudæus rufescente-fuscus*, dont le pelage est d'un brun roux sur le dos et d'un gris assez décidé sous le ventre; les oreilles sont rondes et cachées sous la fourrure, la tête est petite, le museau aplati, la queue longue de onze lignes, les poils qui la couvrent sont très-rares, bruns en dessus, gris en dessous; le corps tout entier mesure quatre pouces deux lignes jusqu'à la racine de la queue[1].

Pour être bien certain que toutes ces espèces sont nouvelles, il faudrait une description anatomique très-exacte, constatant l'état des côtes, la forme du crâne et des machoires, et les proportions comparatives des squelettes; tant que cette description nous manque, nous risquerons de prendre pour des espèces nouvelles de simples variétés d'espèces déjà connues, car le climat, l'âge, le genre de vie et de nourriture produisent des différences très-sensibles entre les individus, et il est facile de tomber dans de grandes erreurs.

[1] Il existe deux espèces très-semblables à celle de Nager. L'une a été découverte par Wagner dans l'Allgau; elle porte le nom de *hypudæus petrophilus.* Son poil est brun fauve tacheté de blanc sur le dos, blanchâtre sous le ventre, ses ongles et ses moustaches sont de même couleur. L'autre, au poil grisâtre et à la queue blanche, vit dans les Alpes françaises et se nomme *arvicola leucurus* (*Bulletin de l'acad. de Munich*, 1853). Toutes deux ne sont probablement que des variétés de notre campagnol des neiges. Blasius, dont les études infatigables se sont portées récemment sur les différentes formes de souris, croit que l'*hypudæus Nageri* n'est qu'une variété locale de l'*arvicola glareolus*, qui s'en distingue par une couleur de poil plus foncée, et il pense que l'*hypudæus rufescente-fuscus* n'est aussi qu'une variété à poils plus sombres et plus épais de l'*arvicola arvalis.*

V. LES MARMOTTES DES ALPES.

Au premier rayon du soleil la marmotte s'arrache à sa profonde torpeur et vient étendre sur la pierre ses membres engourdis. «Enfin l'hiver est passé, s'écrie-t-elle; voici, de tous côtés les plantes poussent et grandissent. Cher soleil, je me réjouis de te voir. Tu pourrais, il me semble, te dispenser de te lever quand il gèle et quand il neige, et attendre des temps meilleurs ponr paraître à l'horizon.»

Le soleil répond en souriant : «Comment, ma petite amie, tu sors à peine de ton sommeil de cinq mois et tu t'avises de me blâmer? Tu crois que j'ai brillé en vain, parce que mes rayons ne sont point parvenus jusque dans ton antre? Regarde la verdure qui t'entoure; c'est bien moi qui ai tissé, durant l'hiver, ces tapis de fleurs qui t'enchantent. Avoue donc combien ces reproches sont injustes.»

Genre de vie et nourriture des marmottes. — Leurs habitations d'hiver et d'été. — Leur long sommeil d'hiver. — Leurs migrations. — Les marmottes en captivité. — Les espèces différentes de la nôtre.

Si vous vous transportez sur les pentes les plus raides et les plus pierreuses des Alpes, où ne croissent plus ni arbres ni buissons, où la chèvre et le mouton osent à peine poser le pied, ou bien si vous abordez un de ces rochers qui forment des îlots au milieu des mers de glace, vous y entendrez le sifflement des marmottes. Les hautes montagnes des Grisons, d'Uri et de Glarus sont aujourd'hui la patrie principale de ces rongeurs; ils se voient encore, mais plus rarement, dans le Tessin, le Valais et le canton de Berne. Autrefois on les rencontrait aussi en assez grand nombre dans les montagnes d'Appenzell et du Toggenbourg, mais on leur a fait une chasse si acharnée qu'elles y ont complétement disparu. Déjà en l'an 1000 les moines de Saint-Gall connaissaient la marmotte et l'envisageaient comme un gibier délicat; en présence de ce plat ils ajoutaient au *benedicite* ces mots : « Puisse notre bénédiction la rendre grasse. » Ils lui donnaient le nom de *cassus alpinus*, c'est-à-dire chat des Alpes. Les Tessinois la nomment *mure montana*, d'où les Tyroliens ont dérivé *urmenten*, les Savoyards, *marmotta*, les Français, *marmotte*, les habitants de l'Engadine, *montanella*, et peut-être les Allemands, *Murmelthier*. Au commencement du moyen âge on les appelait *murmenti* dans la Suisse allemande.

Tout le monde connaît ces jolis petits animaux qui se jouent en été sur nos hauts pâturages et que les Savoyards portent de ville en ville pour amuser les enfants. Il n'y a pas d'animaux plus intéressants dans nos montagnes, et ils ont déjà si souvent attiré l'attention, qu'il est difficile de dire quelque chose de nouveau à leur sujet. Ils occupent une place à part parmi les rongeurs, dont ils se distinguent par le genre de vie et les habitudes; ils ne peuvent être comparés ni avec la souris et l'écureuil, si vifs et si gracieux, ni avec le lièvre si agile et si circonspect[1]; leurs allures sont beaucoup plus tranquilles. Destinée à passer une grande partie de son existence sous la terre, la marmotte se contente de la nourriture qui se trouve dans son voisinage immédiat, et quand la saison arrive où elle devrait la chercher au loin, la nature prévoyante la met à l'abri du besoin et de

[1] Le savant jésuite Athanase Kircher prétend que la marmotte est née du blaireau et de l'écureuil, comme le tatou de l'hérisson et de la tortue. Là-dessus Altmann donne une verte leçon au révérend auteur de l'*Arca Noë*. Il lui apprend avec le plus grand sérieux que le léopard est un bâtard de la lionne et du tigre ou de la panthère. Il ajoute que la marmotte fait partie, comme le blaireau, de la famille des cochons; quinze jours avant son sommeil elle ne mange plus rien et boit beaucoup d'eau afin de laver ses intestins, de peur qu'ils ne tombent en pourriture. Les anciens naturalistes avaient du reste d'étranges idées sur les croisements des races. Cysat, Wagner et Scheuchzer marient les vaches et les cerfs, et Gessner fait naître une espèce de bucentaure d'une jument et d'un taureau.

tous les dangers qui pourraient l'atteindre, en la plongeant dans un profond sommeil.

La marmotte ne se nourrit pour ainsi dire que de végétaux ; elle recherche surtout des plantes parfumées et fortifiantes, telles que le plantin, les asters, le trèfle, la berce et l'oseille des Alpes, qui sont aussi la nourriture favorite du bétail; peut-être y joint-elle de petits oiseaux et leurs œufs. Quand elle est en captivité, elle ne mange jamais de viande, mais elle prend volontiers toute espèce de choux, de racines et de fruits. On a vu quelquefois des marmottes enfermées ensemble s'attaquer les unes les autres et se mordre au point d'en mourir, mais elles ne se mangent pas. Une marmotte qui vivait dans la même cage qu'une mésange, quatre pintades et une poule d'eau, a abattu la tête de deux de ces oiseaux. Deux de nos rongeurs ont scié les planches qui fermaient une basse-cour et ont coupé les têtes des poules sans goûter au sang répandu. Il est nécessaire de veiller sur elles avec beaucoup de soin, autrement elles ont bien vite percé les planches les plus épaisses; elles savent aussi détacher les vitres du plomb qui les garnit et se sauver lestement par-dessus les toits. Elles aiment à s'asseoir sur leurs jambes de derrière pour manger et boire à l'aise. Une bonne tasse de lait leur fait plaisir; elles la boivent à petits coups, en renversant leur tête à la manière des poules. Du reste, leurs habitudes changent avec le genre de vie. Les marmottes en liberté ont d'autres allures que les marmottes prisonnières.

L'été s'écoule gaiement pour elles. A la pointe du jour, les vieilles sortent de leurs terriers, avancent la tête avec précaution, prêtent l'oreille et guettent de tous côtés pour s'assurer s'il ne se passe rien d'extraordinaire dans le voisinage; elles se hasardent enfin à faire quelques pas et se mettent à déjeuner. Ce repas est promptement expédié; l'herbe verte et surtout les jolies fleurs des Alpes en font les principaux frais, et on les voit disparaître rapidement autour des établissements des marmottes. Les jeunes suivent de près les parents. Dès qu'elles sont toutes rassasiées, elles se rangent en cercle sur une pierre plate, bien exposée au soleil et aussi rapprochée que possible de leur demeure. Alors elles commencent leurs jeux et leurs plaisirs, qui consistent à se peigner, se gratter, à faire leur toilette, à se taquiner les unes les autres et à faire les belles en se dressant sur leurs jambes de derrière. Pendant que les jeunes se livrent ainsi à leur humeur folâtre, les vieilles marmottes font sentinelle, et dès que paraît quelque chose de suspect, un homme, un oiseau de proie ou un renard, fût-ce à des lieues de distance, le sifflet se fait entendre clair, fort, retentissant. Ce son, quoique aigu et perçant, a quelque chose de plaintif et de profond [1]. Le reste de la troupe, n'ayant pas vu l'ennemi, ne répond pas au signal de la sentinelle, mais s'attache à suivre tous les mouvements de celle-ci, restant tant qu'elle reste, fuyant quand elle fuit. Les avertissements se renouvellent de moment en moment; mises ainsi sur leurs garde, toutes les marmottes de la montagne cherchent à découvrir l'ennemi et quand elles y sont parvenues, elles sifflent à leur tour, et bientôt de tous les côtés les vigilantes sentinelles sont à leur poste. Si l'ennemi se cache ou s'arrête, les signaux cessent, mais la surveillance ne se relâche pas. A l'approche du danger, elles se précipitent toutes dans leur demeure et ne se hasardent à sortir de nouveau que quand tout sujet de crainte a disparu. Celles qui n'ont pas vu l'ennemi sont les premières à reparaître. On ne sait pas si les marmottes ont des sentinelles proprement dites, comme les chamois; les chasseurs ne le croient pas. Ils pensent que la petitesse et la couleur grise de ces ani-

[1] Un pâtre tessinois qui passe chaque été dans le voisinage des marmottes nous a assuré que les toutes vieilles ne sifflent jamais. Nous venions à peine de le quitter que nous avons pu nous apercevoir de la justesse de cette remarqne. Près de la hutte du Prosa, nous vîmes à trente pas de nous un de ces animaux d'une grandeur extraordinaire et qui paraissait d'un âge très-avancé. Il était occupé à manger et ne se dérangea point à notre approche; les sifflets et les appels de ses compagnons ne le troublèrent pas davantage; enfin, nous voyan tout près de lui, il se décida à s'éloigner, mais sans grande hâte et sans pousser un son. Peut-être que les marmottes familiarisées avec les lieux habités et la vue des humains perdent l'habitude de siffler.

maux, et plus encore leur vue perçante qui leur fait découvrir un homme à une distance telle que le meilleur télescope nous permettrait seul de le distinguer, les gardent mieux que la plus grande vigilance. Dès que le temps est froid, elles restent des jours entiers dans leurs trous, la nuit elles ne sortent jamais. Aussitôt après le coucher du soleil, tous les lieux de plaisir sont déserts; en automne elles se retirent bien avant ce moment, et la vue d'un ennemi les retient dans leurs demeures pendant tout le reste de la journée.

Le corps de la marmotte est court et ramassé; sa tête plate et grosse est assez expressive, sa lèvre fendue dans le milieu et recouverte d'une barbe épaisse laisse voir les dents qui lui servent à ronger. Celles-ci sont longues d'un pouce et fortement recourbées; la couleur en est blanche chez les jeunes et jaune chez les adultes. Les yeux, d'un noir brillant, sortent un peu de la tête, les oreilles petites et rondes s'aplatissent contre le crâne, les joues couvertes de longs poils sont assez fortes, le cou est court et épais, les pieds ramassés annoncent une forte organisation. La fourrure, épaisse et grossière, est jaune et gris roux sur le large dos, d'un brun de rouille sous le cou et noirâtre sur le crâne. Les poils du nez et du museau sont à moitié noirs, à moitié blancs, ils deviennent jaunâtres sur les joues et sur les pieds de devant, qui servent à creuser; ceux-ci n'ont que quatre doigts, ceux de derrière, plus longs et plus faibles, en ont cinq, et la plante est garnie de semelles qui leur facilitent beaucoup les courses sur les rochers. La queue, couverte d'une fourrure très-épaisse, d'un roux brunâtre, se termine par une grosse touffe noire. La longueur du corps est d'un pied et quart ou et demi, celle de la queue, de six pouces. Les marmottes portent la tête un peu penchée et ne la redressent que quand elles s'asseyent sur leurs jambes de derrière. Les petits la font balancer gaîment en mesure avec la queue, pendant qu'ils se livrent à leurs plaisirs.

Les marmottes établissent leurs habitations d'été sur les oasis de gazon qu'entourent les rochers et les abîmes; elles recherchent le soleil plutôt que l'ombre et évitent toujours l'humidité. Leurs trous sont souvent creusés à trois ou quatre pieds de profondeur, et des galeries d'une ou deux toises, si étroites qu'on a peine à y passer le poing, conduisent à la demeure proprement dite, qui a la forme d'un vaste bassin. L'entrée se trouve quelquefois en plein gazon, mais le plus souvent elle se cache au milieu des rochers ou sous des pierres, où il est impossible de la découvrir. Les galeries vont en montant ou en descendant, elles sont simples, ou divisées en plusieurs embranchements, dans lesquels la terre est si bien pressée et tassée que c'est à peine s'il a fallu en enlever pour les construire. L'accouplement a lieu peu après le sommeil d'hiver, et déjà en juin les petits viennent au monde; il n'en naît pas plus de quatre à la fois. Ceux-ci ne sortent que quand ils sont déjà passablement gros, et ils partagent l'habitation de leurs parents jusqu'à l'année suivante.

Les marmottes n'ont quelquefois qu'une demeure pour les deux saisons; dans ce cas elles la construisent sur le plan des habitations d'hiver, qui sont plus vastes que les résidences d'été. Mais, en général, *elles aiment à passer la belle saison* autant que possible dans les plus hautes prairies, environ à 8000'. C'est là leur séjour préféré, parce qu'elles y sont à l'abri de tout dangereux voisinage. Cependant le moment arrive où il faut le quitter; elles descendent alors dans les pâturages que le berger vient d'abandonner et s'y creusent leurs terriers d'hiver, vaste construction qui contient quelquefois une famille de quinze individus. Avant le milieu d'octobre, qui est l'époque où elles s'enferment définitivement, elles transportent une grande quantité de foin, dont elles tapissent leurs trous, et qui leur sert aussi, avec de la terre et des pierres, à fermer les canaux. Les demeures d'été et celles qui ne sont pas habitées restent ouvertes. L'entrée même des canaux est d'ailleurs toujours libre; ce n'est qu'un ou deux pieds plus bas que se trouve la porte si solidement bâtie. De là les canaux se divisent, l'un n'est qu'un embranchement accessoire creusé sans doute après la construction de la porte pour décharger les matériaux qui n'étaient plus utiles. Cet embranchement existe aussi parfois dans les terriers d'été; alors il n'a évidemment pas cette destination, mais il sert sans doute d'échappatoire aux marmottes poursuivies par le chasseur, ou bien il devait d'abord former l'entrée principale, et la rencontre d'une pierre a forcé à l'abandonner. La grande avenue qui conduit à l'habitation d'hiver a rarement moins de dix pieds de long, à partir de l'entrée, et assez souvent elle a huit à dix mètres. Elle remonte un peu vers l'extrémité et aboutit au terrier, qui ne mesure pas moins de 3 à 6 pieds de diamètre et qui est tapissé d'un foin tendre et sec, renouvelé en partie tous les automnes. La prudente marmotte commence déjà en août ses approvisionnements; elle coupe avec ses dents tranchantes de l'herbe et des plantes, qu'elle fait sécher et qu'elle transporte ensuite chez elle. Bien des gens croient encore, comme Pline, que l'une d'elles se couche sur le dos et se laisse charger de foin par les autres, qui la traînent ensuite dans leur trou en la tirant par la queue; on explique ainsi le triste état de la fourrure de leur dos, qui est en effet très-râpée; mais cela vient uniquement de l'entrée trop étroite des canaux.

On ne trouve jamais de foin dans les trous que les marmottes habitent en été, tandis qu'un homme a de la peine à porter tout ce qu'en contiennent leurs demeures d'hiver. On ne sait pas au juste s'il sert à leur nourriture. Schinz et Rœmer supposent qu'elles l'emploient à cet usage quand un printemps précoce, suivi d'un retour d'hiver, les a réveillées de bonne heure et puis les a laissées sans nourriture fraîche. En captivité, elles mangent de bon appétit dès qu'elles sont sorties de leur sommeil d'hiver. Celui-ci dure six à huit mois, et commence probablement par un sommeil ordinaire, qui prend, en se prolongeant, les caractères de la léthargie. Si un chasseur vient à ouvrir un terrier pendant ce temps-là, il trouve toutes les marmottes plongées dans la torpeur, le corps en peloton, la tête sous la queue, les pieds le long du museau; autour d'elles la température est de 8 à 9° R. Dès le moment où elles ont bouché l'entrée de leur terrier, elles ne mangent plus rien; peu à peu leur respiration cesse presque tout à fait, et la circulation du sang n'étant plus activée par la digestion, le corps se refroidit et se repose. Le réveil a lieu en avril.

Cet intéressant phénomène a été décrit scientifiquement par Buffon, Mangili, Rœder et Schinz, plus récemment par Regnault, de Paris, et Sacc, de Neuchâtel. Ils ont reconnu que ce sommeil a toutes les apparences de la mort et que la vie est tout à fait latente. Il est certain que ce repos est un grand privilége, et on se demande pourquoi tous les animaux de cette classe n'en jouissent pas. Le blaireau a aussi son sommeil d'hiver, mais le glouton, qui lui ressemble tant, n'est pas protégé de cette manière contre les rigueurs de la mauvaise saison. Ce phénomène présente encore d'autres bizarreries; par exemple, Cuvier a remarqué qu'un loir du Sénégal est tombé endormi dès le premier hiver de son séjour en Europe, tandis qu'il ne connaît point ce sommeil dans sa patrie. Humboldt a fait l'observation que certains animaux des tropiques sont sujets à des sommeils d'été. Une température constamment élevée et sèche a donc, comme le très-grand froid, la faculté de diminuer le mouvement de la vie; le crocodile des llanos de Venezuela, les scorpions de l'Orénoque, le gigantesque boa et beaucoup d'espèces de serpents plus petits restent immobiles et sans nourriture pendant des mois.

Chez la marmotte, toutes les fonctions cessent pendant son sommeil; la circulation du sang et le pouls sont si faibles qu'à peine on les distingue, le corps est complétement froid, les membres raides et insensibles. L'estomac ne contient absolument rien, le canal urinaire est vide aussi, mais la vessie est pleine d'urine. Un thermomètre placé dans le corps d'un de ces animaux tué pendant son sommeil d'hiver marquait 7° 1/2 R., le sang était aqueux et en petite quantité; et cependant telle est la ténacité de cette vie à demi éteinte que le cœur battait encore trois heures après la mort, d'abord 16 à 17 fois par minute, puis toujours moins. La tête séparée du corps ne cessa de donner des signes de vie qu'au bout d'une demi-heure. La pauvre marmotte est bien vite gelée, si on l'expose au froid pendant son sommeil, car la respiration si lente ne donne plus aux poumons la chaleur nécessaire à la vie. Le professeur Mangili a calculé qu'une marmotte endormie ne respire pas plus de 71,000 fois en six mois, tandis qu'éveillée, elle respire 72,000 fois en deux jours. Les canaux sanguins subissent aussi des changements pendant cette époque : il n'y a plus qu'une seule artère qui conduise le sang au cerveau et en très-petite quantité, ce qui contribue aussi puissamment à ralentir le mouvement de la vie. Regnault a exposé pendant 117 heures à la pompe pneumatique un animal endormi; la température de son corps était de 12° et celle de l'atmosphère environnante de 8°. Il n'a absorbé qu'un trentième de l'oxygène consommé par une marmotte éveillée, et la moitié de ce trentième s'est retrouvée dans l'acide carbonique qu'il a ensuite exhalé. Placé plus tard sous la cloche pneumatique, il a à peine absorbé, pendant 76 heures de sommeil, 12 grammes d'oxygène; à son réveil, il lui en fallait 6 grammes pour trois quarts d'heure. Ainsi la température de son sang s'est-elle élevée, en cinq heures, de 11 à 33 degrés.

Lorsqu'on tient les marmottes captives dans une chambre chaude, leur vie d'hiver ne diffère pas de celle de l'été; si on les laisse au froid, elles rassemblent tout ce qu'elles trouvent, se font un nid et se mettent à dormir, mais leur sommeil n'est pas aussi profond que dans les Alpes, et il est souvent interrompu. Dès qu'on les ramène au chaud, le pouls s'accélère, l'animal s'éveille, mais reste engourdi pendant une demi-heure; au bout de ce temps, la chaleur s'est répandue dans tout le corps et il a repris toute sa vie. Quelques chasseurs s'imaginent que les marmottes s'éveillent toutes les fois que la lune se renouvelle; d'autres croient qu'elles se retournent d'un autre côté à la pleine et à la nouvelle lune, mais sans s'éveiller. On pense généralement qu'elles sont très-maigres à leur réveil, mais il ne paraît pas que ces faits soient exacts; un chasseur des Grisons en a tué une, en avril, qui était aussi grasse qu'en automne, quoique son estomac fût entièrement vide. L'amaigrissement vient sans doute plus tard, après l'accouplement, quand la maigreur des pâturages ne leur fournit encore qu'une misérable nourriture, qu'elles doivent quelquefois aller chercher fort loin.

Quoiqu'on ait beaucoup écrit sur les marmottes, on ne connaît pas encore bien leur genre de vie; il reste surtout beaucoup à apprendre sur leurs migrations, qui seraient très-intéressantes à observer. Il semble que cette étude serait facile, puisque ces animaux ne voyagent que de jour et dorment toujours pendant la nuit; mais d'un autre côté leur extrême timidité défie toutes les observations, le moindre bruit les fait fuir dans des lieux impénétrables, et ce n'est que par supposition que nous pensons qu'elles suivent le chemin le plus court, c'est-à-dire le creux des ravins et le lit des torrents. On ne sait si elles retrouvent leurs anciennes demeures ou si elles s'en creusent de nouvelles; on se demande si celles qui habitent les plus hautes Alpes n'y passent que quatre à six semaines, ou si elles y restent à dormir pendant les dix à onze mois que dure l'hiver. Une de ces conjectures est aussi difficile à admettre que l'autre; on ne comprend pas comment elles accompliraient de longs voyages au travers des névés et des glaciers d'une immense étendue, et l'on ne s'explique pas comment elles pourraient vivre et se propager en ne restant éveillées que pendant deux mois à peine.

Si on poursuit la marmotte pendant qu'elle est occupée à construire sa demeure, elle se hâte de s'enfoncer plus avant dans la montagne, mais souvent alors le froid la saisit et elle périt avant d'avoir pu se creuser un nouveau terrier. Vouloir les surprendre dans leurs habitations d'été, c'est se donner une peine inutile, car elles creusent plus vite que l'homme. Les familles qui n'ont qu'une demeure pour les deux saisons, font souvent de grandes courses dans les pâturages, cependant chacune d'elles a son territoire particulier et ne souffre pas d'intrus. Si quelque marmotte du voisinage s'avise de se hasarder sur leur domaine, elles se jettent sur elle et lui administrent de vigoureux soufflets qui la font fuir en poussant des cris lamentables.

Dans la plupart des cantons on a eu la sagesse de défendre la chasse des marmottes pendant leur sommeil ; c'est en effet un vrai péché d'attaquer un pauvre petit animal au moment où la nature prend un soin si grand de le protéger. D'ailleurs, si on continuait ce genre de poursuite, elles auraient bientôt entièrement disparu, tandis que la chasse ordinaire leur fait peu de mal, grâce à leur extrême vigilance. Dans les Grisons, les bergers bergamasques en prennent beaucoup au moyen de piéges. Ceux de la vallée de Saas, dans le Valais, n'attaquent ainsi que les vieilles et laissent toujours les jeunes s'en aller la vie sauve.

Souvent l'habitation des marmottes est située de manière à ce qu'elles puissent de là surveiller toute la contrée. Il ne reste alors au chasseur d'autre ressource que de se construire un mur à quelque distance et de s'établir derrière en vedette. L'aspect de cette nouvelle construction est d'abord très-désagréable à nos petits animaux, ils flairent l'ennemi, et pendant quelque temps n'osent sortir pendant le jour, peu à peu ils s'habituent et se hasardent timidement sur les pâturages sans cesser de prendre des précautions infinies; mais leur prévoyance ne saurait leur faire esquiver la balle du chasseur, qui finit toujours par les atteindre. Les jeunes sont plus exposées, car, plus curieuses et plus imprudentes, elles ne peuvent se résoudre à tant de détours.

La chasse aux marmottes est loin d'être facile. Un chasseur peut errer plusieurs jours sur la montagne sans tirer un seul coup, lors même qu'il rencontrerait un terrier à chaque pas et qu'il entendrait sans cesse siffler autour de lui. D'autres fois, plus heureux, il en tue six à huit d'un jour, mais le plus souvent leur vigilance infatigable le met aux abois. S'il réussit à leur couper la retraite, elles se réfugient dans les creux des rochers, en poussant de grands cris, mais ces trous ne sont pas toujours assez vastes pour les abriter, et on peut quelquefois les en arracher en les tirant par la queue, et en prenant bien garde qu'elles ne mordent. Le meilleur moment pour s'en emparer est le point du jour, quand elles sortent pour leur repas du matin.

Que le chasseur ait alors soin de bien viser, car le premier coup les fait toutes disparaître, et si on est avancé dans la saison et que l'ennemi se soit montré ouvertement, la journée est perdue, elles ne paraîtront plus. Il est nécessaire de bien connaître leurs terriers, afin de pouvoir se mettre en embuscade aussi près que possible; autrement, leur vue étant bien plus perçante que celle de l'homme, il ne les atteindrait jamais. On peut recourir à un autre moyen: on se cache derrière des pierres et on siffle de toutes ses forces; alors les marmottes croyant à un signal rentrent toutes précipitamment, et s'approchant à petit bruit de leurs trous, on se jette sur les premières qui osent reparaître. Cette chasse, comme celle des chamois, exige une lunette; on les mène quelquefois l'une et l'autre de front; las de poursuivre notre rusé rongeur, le chasseur l'abandonne pour courir après le chamois. Quelques personnes ont eu la barbarie de poursuivre les marmottes au moyen de chiens dressés à cet usage; ceux-ci les traquent jusque dans leurs trous et on les tue à coups de bâton.

La poursuite des marmottes n'est pas sans dangers. En novembre 1852, deux Genevois, Carlier et son fils, se livraient à cette chasse près du glacier d'Argentières. Le père s'était introduit dans la galerie d'un terrier habité, et il cherchait à s'y frayer un passage lorsque la voûte s'écroula sur lui. Le fils accourut à son secours, et il était déjà parvenu à le dégager à moitié, quand un nouvel éboulement vint les couvrir tous deux. Ils travaillèrent avec ardeur à leur délivrance, mais au bout de deux heures, le pauvre jeune homme, épuisé par la fatigue et le manque d'air, rendit l'esprit. Pendant trois longs jours d'angoisse, le malheureux père resta enseveli dans ce gouffre, sans air, sans lumière, sans nourriture, privé de tout secours et chargé du cadavre de son fils. Enfin ses amis le découvrirent et le déterrèrent, mais peu d'heures après il succomba aux suites de ses terribles souffrances.

Les montagnards s'imaginent que la marmotte peut servir de remède à tous les maux. Ils croient sa chair très-salutaire aux malades ; ils la préparent ordinairement comme le cochon de lait, puis ils la frottent de sel et de salpêtre et la bouillissent, après l'avoir exposée pendant quelques jours à la fumée. Cuite fraîche, la chair de la marmotte a un goût de terrier si prononcé que ceux qui n'y sont pas habitués ne peuvent en manger sans répugnance. Les chasseurs de la basse Engadine nous ont dit que ce gibier a peu d'amateurs. Le peuple prétend que la graisse a la vertu de guérir les coliques, l'asthme et les obstructions, et il se sert de la peau dans les affections rhumatismales. La graisse se vend aux Grisons 1 franc 80 centimes la chopine (un mâle très-fort en donne jusqu'à trois), la peau ne vaut que 90 centimes. Le montagnard attribue encore à ces animaux le don de prédire le temps ; tant qu'ils recueillent leur foin, le temps est à beau fixe ; quand il doit changer, ils font entendre un cri particulier, et s'ils ferment hermétiquement leurs trous, l'hiver sera rude, etc.

L'homme n'est pas le seul ennemi des marmottes. Les renards, les aigles et les vautours leur font aussi la guerre et les emportent dans leurs nids, où on en trouve souvent de tristes débris. Enfin, elles ont quelquefois des vers intestinaux en si grand nombre qu'ils peuvent leur causer la mort.

On n'a connu pendant longtemps que notre seule espèce de marmottes ; maintenant on en a découvert d'autres variétés qui ont à peu près le même genre de vie et le même mode d'habitation. Ce sont : la marmotte du Caucase (*arctomys musicus*), peu connue ; celle de Sibérie (*arctomys bobac*), qu'on voit beaucoup en Pologne et qui s'étend jusqu'au Kamtschatka ; elle est un peu plus petite que la nôtre, sa couleur est gris jaune et elle se bâtit de plus vastes terriers ; celle du Canada (*arctomys empetra*), qui habite toute l'Amérique du nord, depuis la baie d'Hudson jusqu'aux possessions russes de la côte occidentale ; cette espèce grimpe aussi sur les arbres ; celle du Maryland (*arctomys monax*) ; celle de Russie (*arctomys citillus*), qui est brune tachetée de blanc, et de la grosseur d'une fouine. De toutes ces espèces, il n'y a que la nôtre et peut-être celle du Caucase qui vivent exclusivement dans les hautes montagnes. La marmotte blanche (*albinos*), dont J. Finger, de Vienne, possédait un exemplaire, se trouve sans doute dans les Alpes autrichiennes, car elle est inconnue chez nous.

VI. LES BOUQUETINS DES ALPES CENTRALES.

Différents séjours des bouquetins et leur prompte disparition. — Description de l'animal. — Chasse. — Aventure d'un chasseur valaisan. — Mélange des races. — Le bouquetin des Pyrénées. — La *capra hispanica*. — Le bouquetin de Sibérie et d'autres espèces étrangères.

Comme les derniers représentants de la vie animale sont dans les hautes montagnes de l'Asie et de la chaîne des Andes, les gazelles, les antilopes, le lama et les espèces analogues, telles que l'alpaca, le ghuanaco et la vigogne, chez nous ce sont des animaux de cette même classe qui apparaissent sur les confins des régions habitables. Aucun autre quadrupède ne peut les suivre; les aigles et les vautours, qui les dépassent dans leur vol au-dessus des hautes cimes, ont fixé plus bas leur véritable séjour. Les bouquetins se plaisent dans les sites les plus sauvages et la nature semble les avoir organisés d'une manière particulière pour supporter toutes les fatigues et toutes les privations qu'impose une si rude patrie. Agiles et infatigables à la course, rien ne les rebute et ne les effraie, et on les voit gambader gracieusement de pâturages en pâturages, en quête de leur chétive nourriture, sans s'inquiéter des difficultés du voyage. Ce genre se compose d'espèces nombreuses répandues sur toute la terre, à l'exception de la Nouvelle-Hollande; quelques-unes ne vivent pas uniquement dans les hautes montagnes, mais elles se rencontrent dans les forêts, dans les steppes et même dans les déserts de l'Afrique. Notre bouquetin suisse ne quitte jamais les hautes régions dont il forme un des sujets d'étude les plus intéressants.

Quoique cette espèce soit désignée sous le nom de bouquetin européen, elle ne se montre que sur un très-petit nombre de points de notre continent, et celle des Pyrénées en diffère très-sensiblement. La chaîne qui sépare le Valais du Piémont et les montagnes de Savoie où, grâce à l'intervention de Zumstein, la chasse du bouquetin a été sévèrement défendue en 1821, sont de nos jours le refuge principal de ces animaux. Autrefois ils étaient très-nombreux dans les montagnes les plus élevées de l'Allemagne, de la Suisse et de l'Oural, dont ils faisaient l'ornement. Les Romains en prenaient souvent cent ou deux cents en vie qu'ils menaient à Rome pour leurs combats du cirque. Plusieurs motifs expliquent leur prompte disparition : ils ne se multiplient pas beaucoup, et ils sont si peu sauvages que le chasseur est déjà à portée de les atteindre, avant qu'ils aient songé à fuir. La nature même du pays qu'ils habitent les expose à de grands dangers ; les avalanches, les chutes de rochers, le mouvement des glaciers, la destruction d'un grand nombre de leurs anciens pâturages rendent leur existence de plus en plus difficile. Quelques naturalistes croient que le bouquetin était destiné à vivre dans les Alpes inférieures et que la chasse l'a forcé à se réfugier plus haut. Il paraît cependant que du temps de C. Gessner, il occupait déjà son domaine actuel, car ce naturaliste prétend que le plus grand froid est nécessaire à sa vie et que le chaud lui fait perdre la vue. Il est probable que les bouquetins étaient encore très-nombreux en Suisse au quinzième siècle ; le dernier du canton de Glaris fut tué sur le Glarnisch en 1550 et ses cornes se voient encore dans l'Hôtel-de-Ville de Glaris. Dans les Grisons, où il a disparu, on l'apprivoisait souvent autrefois, et les anciennes chroniques racontent que le bailli autrichien du château de Castel devait envoyer de temps à autre des bouquetins vivants au jardin d'Innsbruck. On en rencontrait beaucoup dans les montagnes de l'Engadine supérieure, de Chiavenna, de Vals et du Bregaglia, mais déjà dans le seizième siècle ils avaient tellement diminué qu'en 1612 la chasse fut défendue sous peine d'une amende de 50 couronnes. Il paraît que cette peine ne produisit guère d'effet, car les bouquetins disparurent bientôt complétement, et les Grisons ne le conservèrent que sur leurs armoiries comme symbole de la hardiesse et de la force ; plusieurs familles le font aussi figurer dans leurs armes, honneur qui n'a jamais été rendu au chamois. Au dix-septième siècle, il y avait encore des bouquetins dans les montagnes de Chiavenna. Il y a cent ans, on en voyait assez fréquemment sur le Saint-Gothard; car, vers le milieu du siècle passé le bailli de Steiger en tua un de sa propre main, en se rendant dans les prévôtés italiennes.

Ces animaux se maintinrent plus longtemps dans les Alpes de Berne et au Valais. Dans le Salzbourg et le Tyrol, ils n'existent plus depuis des siècles, malgré la protection des archevêques. Ceux-ci allèrent jusqu'à faire construire sur les plus hautes montagnes des huttes pour des gardes-chasse, mais d'un autre côté ils en envoyaient beaucoup de vivants aux princes, leurs alliés, qui en faisaient le plus bel ornement de leurs parcs. Les Karpathes ont aussi perdu leur trace depuis fort longtemps. Il y a quelques années, ce fut un vrai sujet de réjouissance de voir reparaître dans les Alpes suisses, et surtout sur le Mont-Rose des troupes assez nombreuses de bouquetins ; on en avait tué quarante entre 1770 et 1780, puis pendant cinquante ans ils avaient déserté le pays. On croyait, il y a vingt ans, avoir détruit les derniers sur les Aiguilles-Rouges et sur les Dents des Bouquetins, près de la Dent-Blanche ; et lorsque quelques années plus tard sept de ces animaux se trouvèrent du côté d'Arolla, parmi les débris d'une avalanche, on pensa que la race était complétement extirpée. Grâce sans doute à la défense proclamée dans le Piémont depuis seize ans, on rencontre aujourd'hui sur le Mont-Rose et ses embranchements des familles de huit à dix individus. Il serait fort à désirer qu'on les protégeât par un ban sévère, mais déjà les marchands naturalistes vendent à bas prix à tous les musées des peaux de familles entières, composées du mâle, de la femelle et de plusieurs petits. Les musées et les naturalistes contribuent ainsi pour une grande part à l'extinction définitive d'un des plus intéressants habitants de nos Alpes.

Le bouquetin est un bel et noble animal; sa longueur est de quatre pieds et demi sur deux et demi de haut; il est donc passablement plus grand que le chamois[1]. Ses cornes magnifiques lui donnent un aspect imposant; celles du mâle ont 1 1/2 pied à 2 1/4; elles se recourbent directement en arrière et sont ornées en avant de 12 à 18 nœuds; celles de la femelle n'ont que 1/2 pied et sont beaucoup moins noueuses. En été, la couleur du pelage est d'un jaune fauve, mélangé çà et là de quelques poils blancs et d'autres plus foncés; l'arête du dos est brune, ainsi que le front et le nez; les joues sont d'une teinte plus claire, le poitrail est gris brun, le derrière de la tête est brun foncé mêlé de blanc, le cou gris brun, les cuisses présentent une teinte rouille, tandis que le centre et la partie de derrière sont blancs avec quelques poils noirs; la queue est tout à fait noire. Quelquefois ce vêtement d'été est d'une couleur plus claire que celle que nous venons de décrire. Des images infidèles représentent le bouquetin avec une barbe; en été il n'en a pas, en hiver une petite touffe de poils plus longs et plus raides apparaissent au menton. Un mâle vidé pèse encore de 160 à 200 livres, les cornes de 15 à 18 livres; la chèvre dépasse rarement 100 livres. L'un et l'autre ont le corps très-musculeux et se tiennent droits et fiers : leur tête est petite; chez le mâle, elle est plus courte, le front plus bombé et plus élevé que chez la femelle; les oreilles sont courtes, placées fort en arrière; les

[1] Le plus grand bouquetin que nous ayons mesuré était d'un âge avancé; il avait du bout du nez jusqu'à la racine de la queue 4 pieds 9 pouces; ses cornes à seize nœuds avaient 21 pouces allemands en ligne droite, et 27 pouces en suivant leurs contours. Il paraît, d'après les cornes que nous possédons encore des bouquetins du seizième et du dix-septième siècle, qu'ils étaient alors beaucoup plus grands qu'ils ne le sont aujourd'hui.

yeux brillent d'un éclat très-vif comme ceux du chamois et sont aussi dépourvus de fosses lacrymales. Le crâne du bouc est plus noble, plus arqué que celui de la femelle qui est plus petit, étroit, anguleux. Les lèvres sont pâles, le cou et la nuque d'une force musculaire extraordinaire, ainsi que les jambes cependant très-minces. Les sabots, aussi durs que l'acier, peuvent toutefois s'étendre quand l'animal marche sur un terrain glissant. Tout le corps a une forme un peu cylindrique et moins élancée que celui du chamois, qui est aussi beaucoup plus agile; la queue a cinq à six pouces, elle se tient toute droite, comme chez les chèvres, et se termine par une touffe de poils châtains. Le pelage d'hiver est plus épais, plus sombre et plus long que celui de l'été.

Les anciens naturalistes ont cherché à s'expliquer l'usage des cornes, et ils n'ont pas reculé devant les conclusions les plus étonnantes. Selon Gessner, elles devaient servir de bouclier à l'animal; ainsi quand le bouquetin faisait une chute, il avait soin de tomber sur ses cornes qui préservaient le reste du corps et quand une pierre tombant d'en haut menaçait de l'écraser, ses cornes étaient encore là pour parer le danger. Il prétend que le chamois, poussé à bout par le chasseur et ne se croyant plus en sûreté sur les sommets les plus inaccessibles, se pend au rocher par les cornes; mais ce moyen désespéré ne le sauve pas, son persécuteur arrive jusqu'à lui, le dégage et le précipite au fond de l'abîme. Le bouquetin voulant échapper par une mort volontaire à la main du chasseur, appuie ses cornes contre la cime d'un rocher et tourne tout autour jusqu'à ce qu'elles soient complétement usées, alors, à bout de force et de vie, il s'affaisse et meurt.

Les bouquetins sont assez insensibles au froid. On voit de vieux bouquetins essuyer les orages les plus furieux, en se tenant tranquilles comme des statues et le nez en l'air, comme s'ils considéraient l'horizon. Leurs oreilles gèlent sans qu'ils s'en aperçoivent. L'accouplement a lieu en janvier, souvent après des combats acharnés; à la fin de juin, la femelle met au monde un joli petit au poil laineux et de la grosseur d'un chat. Immédiatement après sa naissance, il est en état de suivre sa mère, et il court après elle en bêlant comme un petit chevreau. A l'approche du danger, les bouquetins se mettent à siffler à la manière des chamois, et s'ils éprouvent une vive frayeur, ils poussent un son semblable à un fort hennissement. D'ordinaire, ils vivent en société, mais quand l'âge arrive, les vieillards de la troupe se retirent dans les pâturages solitaires et y terminent leurs jours dans une entière solitude. Les autres réunissent leurs forces contre l'ennemi commun. Le fameux chasseur valaisan Fournier vit dans une de ses expéditions six chèvres paissant avec leurs six petits dans un haut pâturage; menacé par un aigle qui tournait autour, le troupeau se réfugia à l'abri d'un rocher, sous lequel il se tint blotti, sans cesser de surveiller l'ennemi qu'il ne voyait plus, mais dont il pouvait suivre les mouvements d'après son ombre projetée sur la terre; les pauvres bêtes n'osant se fier entièrement à leur abri, dirigeaient toujours leurs cornes contre lui; enfin le chasseur, après avoir contemplé cet intéressant spectacle, mit l'aigle en fuite.

La nuit, les bouquetins viennent paître dans les forêts en ayant soin de ne pas s'écarter à plus d'un quart de lieue de leur séjour habituel. Au lever du soleil, ils remontent vers les hauteurs, et s'établissent, au milieu du jour, sur des rochers élevés et bien exposés à la chaleur, où ils passent la plus grande partie de la journée à digérer et à dormir d'un sommeil léger; le soir ils redescendent vers les forêts. Leurs habitudes diffèrent donc essentiellement de celles des chamois qui dorment la nuit et prennent leur repas du matin avant le lever du soleil. Les vieux bouquetins deviennent très-phlegmatiques, ils restent des journées entières à la même place sans bouger; c'est ordinairement une saillie de rocher qui leur fournit un abri sûr et une vue étendue. Les femelles et leurs petits préfèrent s'enfoncer bien avant dans la montagne, où elles se nourrissent surtout des armoises, des cypéracées, des baudremoines, sans dédaigner les jeunes pousses des saules, des bouleaux, des myrtilles et des rhododendrons. Les bouquetins, comme les chamois et les chèvres, trouvent un grand plaisir à lécher les rochers qui contiennent du sel. En hiver, ils se retirent dans les forêts où ils ne trouvent d'autre aliment que quelques boutons, des mousses et des lichens dont ils dépouillent les pierres et les sapins. Ils évitent avec soin la rencontre des chamois, tandis qu'ils se rapprochent volontiers des chèvres; dans le Valais, au seizième siècle, on mêlait aux troupeaux de chèvres les jeunes bouquetins apprivoisés et on les envoyait paître ensemble sur la montagne, d'où ils redescendaient sans difficulté et revenaient prendre place à l'écurie.

La force musculaire de ces animaux est prodigieuse. Ils sont capables d'atteindre en trois sauts, et sans s'élancer, à une hauteur de 12 à 15 pieds; en s'arrêtant dans l'intervalle des sauts, ils se tiennent tout à fait fermes sur une surface presque perpendiculaire et il leur suffit du plus petit espace pour se poser. Un jeune bouquetin peut sauter sur la tête d'un homme sans prendre d'élan. On les voit descendre le long des murs qui ne leur offrent d'autre point d'appui que les pierres d'où le mortier s'est un peu détaché. Pris très-jeunes et nourris de lait de chèvre, ils s'élèvent facilement et deviennent d'une gaîté et d'une grâce charmantes; leur humeur change tout à fait dans leur vieillesse, qui est souvent sombre et hargneuse. Un bouquetin élevé à Aigle n'a jamais perdu les heureuses dispositions qu'il avait montrées dans sa jeunesse; devenu grand, il tendait encore la tête pour se faire caresser et restait fidèlement attaché à la chèvre qui l'avait nourri; à l'ouïe de son bêlement, qu'il reconnaissait entre tous, il accourait à sa rencontre. Les femelles restent toujours douces, timides et dociles. M. Nager, d'Andermatt, a fait élever un petit près d'un chalet, où il le laissait paître en liberté; ce gentil animal s'était si fort attaché à son maître, qu'il s'élançait sur sa tête, dès que celui-ci s'approchait de lui. M. Nager a fait tirer près du Mont-Rose quarante bouquetins, qu'il a vendus en grande partie à différents musées. Il en a fait prendre aussi de vivants avec beaucoup de peines et de frais. Au moment où il supposait que les femelles allaient mettre bas, il envoyait des chasseurs qui ne les perdaient pas de vue un instant, et s'emparaient du petit à peine arrivé au monde. Mais ces efforts n'étaient pas toujours payés de succès, la naissance ayant souvent lieu dans un endroit inaccessible et dès que le petit a été léché par sa mère, il est impossible de le prendre à la course. Ce même naturaliste a formé le projet d'établir des bouquetins sur le Saint-Gothard, mais il faudrait l'aider dans cette œuvre trop dispendieuse pour un simple particulier. Il paraît qu'ils sont très-difficiles à dépayser; loin de leurs hauteurs ils prennent des maladies auxquelles ils ne sont pas sujets dans leur vie normale. Un jeune bouquetin apprivoisé est mort, en 1853, d'une maladie des sabots. Le bouquetin n'a pas la vie aussi dure que le chamois; il succombe à une blessure qui n'empêcherait pas celui-ci de courir encore pendant plusieurs heures. Quand il est atteint au milieu de ses compagnons, ceux-ci s'enfuient de tous côtés, laissant le malheureux blessé continuer lentement sa course, la tête penchée en avant, le pas de plus en plus incertain et pénible, jusqu'à ce qu'il tombe anéanti. On ne sait rien de précis sur la durée de la vie du bouquetin, mais il est constitué de manière à pouvoir arriver à vingt ans.

La chasse du bouquetin est un plaisir aussi pénible que dangereux; en Suisse, il y a peu d'amateurs et ce sont tous des Valaisans. L'automne est le moment qu'ils choisissent pour se mettre en campagne, parce que c'est la saison où le gibier est le plus gras; ils se dirigent soit vers le groupe du Mont-Rose soit dans les Alpes du Piémont et de la Savoie. Ici il leur faut un redoublement d'adresse et de prudence pour ne pas rencontrer les chasseurs italiens et ne pas être surpris en contravention de la loi, qui interdit la chasse dans ces deux pays. Assez légèrement approvisionnés, ils doivent parcourir pendant huit à quinze jours les hauteurs les plus inaccessibles et dormir étendus sur le roc, ou même debout en s'attachant pour ne pas rouler dans l'abîme. Le bouquetin est plus difficile à atteindre que tout autre gibier; on ne peut l'attaquer que d'en haut, aussi faut-il que les chasseurs se lèvent de grand matin pour le devancer sur les crêtes les plus élevées, où il se rend de son côté à la pointe du jour. Passer la nuit sans aucun abri et dans le voisinage des neiges, ne se préserver du danger de mourir de froid qu'en se livrant à un violent exercice, il y a déjà de quoi rendre un peu amers les plaisirs de la chasse. Mille autres périls s'ajoutent à celui-là ; une vieille chronique nous raconte qu'un chasseur de chamois et de bouquetins, traversant le glacier de Limmernalp, tomba dans une profonde crevasse. Ses compagnons le croyant perdu sans retour, recommandèrent son âme à Dieu et continuèrent leur marche ; cependant en revenant de leur chasse, ils s'avisèrent d'entreprendre quelque chose pour son salut. Ils coururent au chalet qui était à une demi-lieue de la crevasse, s'emparèrent d'une couverture de lit, la seule ressource qui s'offrit à eux, la coupèrent en longues bandes et revinrent en toute hâte. Pendant ce temps, le malheureux Stœri (c'était le nom du chasseur enfoui dans la crevasse) endurait le plus affreux martyr ; en tombant il s'était insinué dans un étroit couloir entre des parois de glace ; se retenant par les bras sur les bords et enfoncé jusqu'à la poitrine dans l'eau glacée, il se voyait à chaque instant sur le point de périr. « Plongé dans ce profond cachot, dit notre chroniqueur, « l'eau, l'air et la glace conspiraient à la fois contre lui, et menaçaient ou de l'engloutir, ou de l'étouffer, ou de lui retirer son fragile appui. » Enfin, la bienheureuse corde descend jusqu'à lui, il l'attache avec soin autour de son corps et monte lentement. Tout près du but, les courroies se rompent et le malheureux « *candidatus mortis* » retombe dans l'abîme. Le reste de la corde n'atteignait plus jusqu'à lui, et Stœri s'était cassé le bras dans sa chute. Cependant ses compagnons ne l'abandonnent pas à son sort et ils coupent en bandes plus étroites ce qui leur reste de la couverture et la lancent de nouveau. Stœri attache cette faible corde autour de lui, aussi solidement que le permet son bras cassé. L'ascension recommence, et il fait des efforts désespérés pour seconder ses amis. La délivrance s'accomplit enfin. A peine hors de danger, le pauvre chasseur tombe évanoui et il faut le porter jusqu'à sa maison. Toute sa vie il parla avec effroi des moments d'angoisse passés au fond de la crevasse.

Le résultat de la chasse du bouquetin n'est nullement en rapport avec tous les efforts, toutes les peines qu'elle coûte; aussi n'y a-t-il qu'une passion violente qui puisse entraîner à braver de tels dangers. Cette passion, quelque étrange qu'elle paraisse, exerce un pouvoir irrésistible sur ceux qui s'y livrent, et les chasseurs prétendent qu'il n'est pas de sentiment plus délicieux que celui qu'on éprouve à l'aspect du gibier se présentant à portée du fusil; il n'y a pas de peine trop grande pour acheter un pareil moment! Peut-être le chasseur guette-il depuis des semaines cette proie si désirée, dont il n'a encore aperçu que la trace, et l'espoir de l'atteindre lui a fait supporter les fatigues de la journée et le froid des nuits. Enfin l'animal se montre et la vue de son noble port, de sa royale couronne enflamme le chasseur d'un nouveau zèle; il court sur la glace, plonge dans l'abîme, gravit les crêtes les plus abruptes. Tout à coup le bouquetin a disparu; mais il ne doit pas être loin, il est là, sans doute, derrière ce rocher; tournons-le doucement: en effet, le voilà, se balançant sur la cime aride. Le chasseur s'approche, le cœur tremblant d'espérance et de crainte; il vise, le coup retentit dans le silence solennel des montagnes, et le bouquetin gît au pied du rocher, baigné dans son sang.

On voit de beaux bouquetins dans les musées de Zurich, de Saint-Gall, de Neuchâtel et de Berne[1]. Les deux jeunes qui se trouvent dans ce dernier musée ont été tués, en septembre 1820, près du Mont-Cenis, par Alexis de Caillet, natif de Salvent, dans le val d'Aoste. Il a fourni aussi, en 1809, de cette même collection, le vieux bouquetin; il l'avait tiré sur les frontières du Valais et du Piémont. Voici le récit d'une de ses chasses:

«Le 7 août, je passai le grand Saint-Bernard pour me rendre

[1] Le musée de Strasbourg possède seize individus de tout âge et présentant toutes les nuances de couleur, depuis l'isabelle clair jusqu'au brun noir foncé.

SCHIMPER.

sur les montagnes de Cerésolles sur les frontières du Piémont. Pendant un mois entier, je parcourus tous les endroits occupés habituellement par les bouquetins, sans en découvrir une seule trace; enfin, ennuyé de ces échecs, j'abordai les hauts sommets qui séparent la Savoie du Piémont, espérant que là je serais plus heureux, en quoi je ne me trompais pas. Craignant d'affronter seul ces rochers sauvages et d'un accès si dangereux, je m'associai trois autres chasseurs avec lesquels j'arrivai, le 29 septembre, au milieu du domaine des bouquetins, c'est-à-dire sur les crêtes les plus inaccessibles et entourées d'abîmes effrayants. Bientôt nous en aperçûmes cinq, mais au même moment éclata une violente tempête et, en un instant, le terrain autour de nous fut couvert d'un pied de neige. Retourner devenait aussi dangereux que de continuer notre route; aussi, après avoir délibéré assez longtemps sur ce que nous avions à faire, l'ardeur de la chasse et l'espoir de retrouver nos bouquetins, nous décidèrent à marcher en avant. Le seul chemin par lequel il était possible de s'en rapprocher, suivait l'arête d'un immense rocher plongeant perpendiculairement dans un abîme épouvantable, dont nous ne pouvions voir le fond. Ce sentier était à peine assez large pour y poser le pied, et la neige qui venait de tomber le rendait si glissant, qu'il fallait se tenir la moitié du corps et le pied droit suspendus sur l'abîme, pendant que le gauche cherchait un terrain sûr. Nous avancions lentement et déjà nous avions fait un long bout de chemin, lorsque le premier de la troupe fit un faux pas et, perdant l'équilibre, roula au fond du précipice. Le dernier cri du malheureux nous remplit d'horreur et d'effroi et peu s'en fallut que, perdant le sang froid et le courage, nous ne subissions tous le même sort. Le désir de sauver notre vie remonta cependant nos forces abattues; après des peines infinies nous parvînmes à revenir sur nos pas; mais il n'était plus question de la chasse et nous ne pûmes pas davantage retrouver le corps de notre malheureux compagnon.

« Je me promis bien de ne pas attendre si tard une autre année, et, en effet, l'été suivant, je me mis en route, dès le

20 juillet. Les montagnes où j'avais échoué si tristement l'année précédente m'attirèrent de nouveau, et cette fois je me décidai à parcourir seul ces sauvages contrées. Quelques traces de gibier m'engagèrent à escalader un rocher des plus abruptes ; dès le bon matin et muni de quelques légères provisions, j'entrepris cette tâche fatigante et périlleuse, qui ne se trouva achevée qu'à l'entrée de la nuit. Une saillie du rocher m'offrait un abri contre la violence du vent ; je résolus d'y attendre le matin, et en attendant j'avalai mon souper, qui se composait comme de coutume, d'un morceau de pain sec et de quelques gouttes d'eau-de-vie. Je m'endormis sur ce repas et sur mes espérances du lendemain, mais bientôt le froid me réveilla et je ne m'en garantis que par un mouvement continuel, sautant, courant et portant des pierres avec autant de rapidité que le permettaient les bornes étroites de mon domicile.

« Enfin, le jour tant désiré parut ; je pus cesser mes exercices gymnastiques et me livrer à l'occupation beaucoup plus intéressante qui était le but de mon voyage. De nombreuses traces de gibier me remplissaient de nouvelles espérances, mais la journée se passa sans amener aucun résultat, et je rejoignis un peu découragé mon triste gîte. Cette fois-ci je dormis presque jusqu'au jour, et j'eus le chagrin de voir que les bouquetins m'avaient devancé ; ils avaient été tout près de moi et venaient de s'éloigner juste au moment où j'aurais pu les atteindre. Mes provisions étaient presque épuisées, toutefois je ne perdis pas courage et j'attendis tranquillement la tombée de la nuit. Mon attente fut enfin couronnée de succès ; le gibier vint se poster à portée de mon fusil, je tirai, mais mon coup n'avait pas donné la mort. L'animal blessé disparut avec la rapidité de la flèche, et, la nuit ne me permettant pas de le poursuivre, je fus obligé de renvoyer au lendemain la fin de l'aventure. A la pointe du jour, je commençai mes recherches que dirigeaient les traînées de sang ; la pauvre bête ne devait pas être loin. Cependant je ne l'atteignis que vers midi ; elle était couchée au pied d'un rocher et se levait de temps en temps faisant de vains efforts pour reprendre sa course. Je m'approchai en rampant sur le ventre; à ma vue, le bouquetin se redressa vivement, mais une seconde balle venait de l'atteindre et il tomba pour ne plus se relever. Cette proie poursuivie avec tant d'ardeur, était enfin entre mes mains! Toutefois je n'étais pas au bout de mes peines, car je m'étais laissé entraîner sur un terrain défendu et je devais revenir par les chemins les moins fréquentés, me cachant pendant une grande partie du jour dans d'épaisses forêts.»

Le chasseur vide le bouquetin aussitôt qu'il est tué. Il lie ensuite les quatre jambes par les genoux, le jette sur son front, en ayant soin d'attacher fortement sur son dos la tête et les lourdes cornes, afin qu'elles ne le fassent pas trébucher dans sa marche. Puis, il suspend son fusil à son épaule droite et le voilà en route, chargé d'un poids de 200 livres, et courant joyeux, les deux mains appuyées sur son bâton, à travers obstacles et périls. Cette chasse a coûté la vie à bien des hommes et ruiné plus d'une famille; cependant il n'est pas douteux que si, comme nous pouvons le prévoir, les bouquetins expulsés par les chasseurs savoyards du groupe du Mont-Blanc, se rejettent dans les Alpes Valaisannes, le nombre de nos chasseurs n'augmente considérablement. La chair du bouquetin ressemble à celle du mouton, mais elle a un goût plus fort et plus savoureux.

Il est prouvé que les bouquetins s'accouplent aux chèvres aussi bien à l'état libre qu'en captivité et produisent des bâtards féconds. Deux chèvres oubliées pendant un hiver sur les montagnes qui dominent la vallée de Cogne, mirent bas, au printemps, des bâtards de bouquetins, qui furent vendus à Turin. Quelques métis, nés des bouquetins, qu'on tenait autrefois à Berne, furent lancés dans l'Oberland où ils se sont propagés et ont fait naître une race forte, agile, et d'une humeur très-sauvage, ornée de cornes magnifiques. L'un d'eux enleva sur ses cornes et lança loin de lui le grand chien de l'hospice du Saint-Bernard, qui s'en était approché dans les intentions les plus amicales. Ce farouche personnage se trouve maintenant au musée de Berne, où l'on peut remarquer qu'il dépasse de beaucoup la taille de ses parents ; il porte une longue barbe de chèvre et il a laissé une nombreuse postérité. De son vivant et longtemps encore après son empaillement, il répandait une odeur de bouc insupportable. Dans le parc de Hellbrunn (Salzbourg), un jeune bouquetin accouplé à une chèvre, a produit un grand nombre de petits dont la plupart portent le type du père. Près de là, le fameux parc de Blimbach, que possède depuis 1843 une société de gentilhommes autrichiens et qui abonde en gibier de toute espèce, cerfs, daims, chamois, marmottes, blaireaux, coqs de bruyère et tétras à queue fourchue (en 1852, il avait 323 chamois de gibier sédentaire et 169 de gibier mobile), ce parc a été enrichi dernièrement de 9 bouquetins venus, sans doute, du Piémont. On leur a joint 18 chèvres de couleur assez semblable, ce qui fait espérer une race plus propre à la vie sauvage qu'à la vie civilisée. Les bouquetins du jardin de Schœnbrunn ont produit, mêlés à des chèvres, des bâtards qui, à la quatrième génération, sont revenus au type des chèvres.

Nous avons déjà dit que notre bouquetin suisse n'est pas le seul de son espèce ; à la même hauteur, sur les autres montagnes de l'Europe, sur celles de l'Asie, de l'Afrique et de l'Amérique, nous trouvons plusieurs espèces de bouquetins, qui n'ont été découvertes que récemment ; ils ont beaucoup de rapport avec les nôtres et ne sont évidemment que des modifications d'un même type fondamental. Les Andes, si riches en lamas, et la Nouvelle-Hollande, si pauvre en ruminants, sont les seuls pays où l'on n'en ait pas encore rencontré ! Le bouquetin des Pyrénées forme une espèce décidément à part, les cornes sont arrondies en avant, tranchantes en arrière, la coupe transversale est en forme de poire et les côtes irrégulières. Elles se dirigent d'abord en droite ligne, se courbent ensuite en dehors et se terminent en spirale. Les poils de la tête sont brun-noir, ceux du cou et des flancs gris, ceux de la gorge, de la barbe, du dos et des cuisses noirs, ceux du ventre blancs et ceux des oreilles jaunâtres. Les cornes du mâle ont 2 pieds mesurés d'après leur courbe, celles de la femelle qui a, du reste, beaucoup de ressemblance avec la chèvre, n'ont que 5 pouces de haut et 9 de longueur. La vie des bouquetins des Pyrénées n'a pas encore été bien observée. Sur le penchant français de ces montagnes ils ont été tout à fait extirpés, du côté espagnol leur rareté est telle qu'ils menacent de disparaître encore plus tôt que ceux de nos Alpes. Les chasseurs disent qu'ils se tiennent dans la solitude des grandes forêts de pins. Schimper a découvert une seconde espèce de bouquetins dans la sierra Nevada et la sierra de Ronda. C'est une race à part que les Espagnols nomment *Capra montès* et que ce naturaliste a baptisée du nom de *Capra hispanica.* Leurs cornes sont très-grandes et épaisses, se rejoignant presque à la base et remarquables par des nœuds irréguliers et leurs bords tranchants par derrière. Elles partent tout droit du front, se séparent pour décrire un demi-cercle et leur pointe retourne vers leur axe. Le mâle porte une barbe noire, courte et tronquée, son poil est court, de couleur fauve et une bande noire part de derrière la tête et suit le dos. La femelle est plus petite, sans barbe, et ne porte que de petites cornes comme la chèvre des Pyrénées.

Le bouquetin de Sibérie, *Capra Pallasii*, que Pallas a le premier fait connaître et qui se trouve, ainsi que celui des Pyrénées, au musée de Zurich, a des cornes plus longues, plus minces, plus recourbées vers le haut que celles de notre bouquetin. Elles mesurent deux pieds, dix pouces, suivant leur arc ; leurs nœuds sont nombreux et la pointe revient en dedans. Le corps est lourd, le cou très-épais, la tête grosse, les jambes courtes et fortes, et la fourrure est d'une laine fine, moelleuse et frisée. Les boucs répandent une odeur pénétrante et qui disparaît difficilement. Les poils de derrière la tête sont plus longs, plus grossiers et d'une teinte plus claire que les autres, ils forment une espèce de crinière ; les joues et les oreilles sont de même couleur, la barbe est brune, une raie plus foncée suit le dos et les épaules, les flancs sont d'un brun isabelle et le ventre blanc. Ces animaux habitent les montagnes de la Sibérie, de la Tartarie et du Kamtschatka et paraissent mener le même genre de vie que les nôtres.

Le Caucase et les hautes montagnes de l'Asie méridionale tempérée possèdent aussi une espèce de bouquetin particulière, le *Capra caucasica*, qui est de la même taille que notre bouquetin et lui ressemble sous tous les rapports ; la coupe transversale de ses cornes est seulement un peu plus triangulaire et leur courbure plus courte. La tête est grise, les flancs noirâtres, l'arête du dos tout à fait noire, le ventre blanc, et une bande blanche longe les cuisses par derrière.

Les différentes espèces de bouquetins n'ont pas été jusqu'ici déterminées rigoureusement, nous savons seulement que chaque pays a la sienne, variant suivant les climats. L'île de Crête a le *C. cretica*, l'Arabie le *C. arabica*, l'Abyssinie le *C. Walié*, la Barbarie le *C. ornata*, l'Amérique le *C. americana;* les montagnes Rocheuses possèdent un bouquetin tout à fait blanc, aux poils longs, aux cornes d'un demi-pied. On trouve le *C. Iharal*, du côté de l'Hymalaya, qui touche le Népaul, et la chèvre à cornes noueuses, *C. tubericornis*, sur le penchant occidental.

La chèvre à bézoard, du Caucase, *C. œgagrus*, souche de notre race de chèvres, peut aussi être classée parmi ces animaux. La race des chamois est beaucoup moins répandue, elle n'offre pas non plus une aussi grande variété d'espèces. Les Pyrénées et les hautes montagnes de la Perse seules en possèdent deux espèces différentes de la nôtre; la première n'est peut-être même qu'une simple variété qui ne se distingue que par une taille plus élancée et des cornes plus petites; la dernière est peu connue.

LES

ANIMAUX DOMESTIQUES

DES ALPES.

I. LE BÉTAIL DES ALPES.

Effet pittoresque produit dans les montagnes par les grands troupeaux. — Les pâturages. — Le fruitier et ses vaches. — Races étrangères et indigènes. — Importance du bétail en Suisse. — Vie alpestre des troupeaux. — Qualités particulières du bétail des montagnes. — Les troupeaux pendant l'orage. — Superstitions, légendes, vaches ensorcelées. — Les taureaux ; leurs goûts belliqueux. — Beauté des vaches. — Départ pour la montagne et chants des pâtres. — Les marchands de bestiaux. — Le lait et l'éducation des veaux. — Les bœufs du Saint-Gothard.

Dans les immenses et silencieuses étendues de nos hautes montagnes, la vie des animaux domestiques attachés à l'homme par de longs services, est un complément presque indispensable de l'existence indépendante de l'animal sauvage et libre. Elles y forment un contraste intéressant en se partageant ou plutôt en se disputant la possession et la jouissance de ces sommets que la nature semblait devoir toujours réverver à ceux qui lui restent fidèles. Jusques sur les pics les plus inabordables, jusques au bord de ces champs de neige qui se mêlent aux maigres tapis de gazon des pâturages élevés, jusque sur la petite oasis de verdure perdue au milieu des glaces, se poursuit le combat, se dispute la possession de la plante aromatique des Alpes et de ses frêles arbrisseaux. Les herbivores sauvages cédant à la supériorité du nombre et de la force, ne se hasardent plus que de nuit dans les lieux les plus retirés des pâturages, et ils ne reprennent leurs allures indépendantes et libres que quand les hôtes venus des vallées y sont retournés pour l'hiver, ou ne les ont pas encore quittées au printemps. Il est rare qu'il s'établisse entre eux des relations amicales et qu'ils partagent paisiblement le bien commun : le chamois ne se mêle que par hasard au troupeau aventureux des chèvres, jamais on ne verra s'y joindre la défiante marmotte, le blaireau, le fier bouquetin ou le lièvre timide. Il semble que la terreur inspirée par l'homme et sa redoutable arme à feu s'attache aussi en quelque sorte à son inoffensif compagnon, et que celui-ci soit envisagé comme un ennemi par la horde errante des montagnes. La fauvette et la farlouse aquatique sont les seuls à suivre les troupeaux de leur vol insouciant... Les tétras se cachent avec leur finesse habituelle dès qu'ils entendent sur le sol les pas lourds du bétail des chalets. Les animaux carnassiers des Alpes aiment par contre à leur livrer des combats acharnés; le loup et l'ours épient et suivent de loin les troupes sans défiance des chèvres et des moutons, le lynx attend le bœuf près de la source des bois et le vautour avec son audacieuse témérité cherche quelquefois à précipiter dans l'abîme le taureau paissant au bord du précipice. L'homme s'arme pour défendre ses possessions contre ces anciens maîtres du sol alpestre, et il triomphe à juste titre quand cette proie royale et difficile succombe à ses piéges ou à son coup de feu.

Les apparitions si fugitives, si craintives des animaux sauvages seraient bien insuffisantes pour animer et peupler les décorations colossales et presque écrasantes que déploient les immenses lignes des Alpes, et à cet égard les grands troupeaux de bétail relèvent singulièrement le paysage en y associant une vie parfaitement en harmonie avec ses sauvages effets. Il manquerait à nos Alpes le plus grand de leurs charmes si l'on n'y rencontrait la hutte bâtie par l'homme, asile précaire qu'il se choisit précisément au milieu de la nature la plus hostile, la plus indomptable, si l'on n'y voyait s'élever la paisible fumée de son toit, si ses troupeaux ne mugissaient gravement au bord de l'abîme, tandis que ses chants sonores et perçants traversent au loin l'air léger des montagnes. La chèvre capricieuse, bêlante, si légèrement perchée en haut des rocailles, anime les escarpements touffus de rhododendron; le berger qui siffle dans une tige de saule taillée en chalumeau, les clochettes au son clair et joyeux qui tintent au cou du bétail paissant près du glacier, les genisses qui s'ébattent dans le pâturage, la jument au poil luisant, au regard amical et sérieux, le paisible chien de berger faisant sentinelle, le chien de garde debout et vigilant près de la porte toujours ouverte, le porc grognon se roulant voluptueusement au soleil dans la boue grasse du chalet, le chat gris léchant ses pattes et défendant le pain rare du berger contre les envahissements de la souris montagnarde, tout cela nous rappelle la maison que nous venons de quitter, nous rassure dans ce monde étranger et sévère, nous réconcilie avec la nature sauvage qui nous entoure, en nous la montrant pacifiée et familiarisée avec ces scènes de la vie ordinaire. Tu ne sais pas, voyageur des Alpes, quel air de tristesse et d'abandon pèse en automne sur ces contrées élevées, quand l'homme avec son troupeau, son chien, son feu, son pain et son sel, est descendu dans la vallée, quand on passe devant le chalet abandonné et barricadé pour l'hiver, quand la solitude augmente à chaque pas, et qu'il semble que le vieux génie de la montagne soit redevenu le maître absolu de son ancien royaume. Tout souffle humain a cessé, aucun son familier ne se fait plus entendre; le croassement de l'oiseau carnassier, le sifflement de la marmotte qui disparaît dans son trou, le craquement du glacier, le bruit monotone de la cascade, sont les seuls compagnons du voyageur. Les pâturages tondus tout près du sol par la dent du bétail, n'offrent plus que la verdure des plantes vénéneuses soigneusement évitées par le troupeau intelligent. La salamandre noire et le crapaud paresseux reprennent possession des abreuvoirs limoneux qu'ont abandonnés les bœufs, et les derniers papillons voltigent l'aile déchirée et pâlie au-dessus des hauts plateaux où les chœurs infatigables des grenouilles semblent une carricature monotone des savants refrains de la tyrolienne du berger.

Si l'homme veut arriver à cultiver, à s'approprier ces déserts sauvages, il ne peut y parvenir qu'avec le concours de ses fidèles et laborieux animaux domestiques, de son « cher bétail » qui, sur ces hauteurs, joue un beaucoup plus grand rôle dans la société humaine, exerce sur son bonheur, ses idées, son économie domestique et morale, une influence beaucoup plus grande que les événements les plus étonnants du monde politique et civilisé. Le bétail est l'auxiliaire obligé de l'existence du berger; il lui tient de plus près que le champ au laboureur, que le magasin regorgeant de marchandises au négociant. Le bouvier des Alpes vit dans et par son troupeau; c'est sa richesse, son bonheur, son ami, son orgueil, son nourricier, — son tout. Quand il parle de sa famille, il comprend par là la femme, l'enfant et le bétail.

Il est difficile de fixer la limite supérieure du terrain cultivable des Alpes, puisqu'elle varie infiniment suivant les localités. On peut admettre, en général, que les prairies et les champs fertiles montent jusqu'à 4000′ au-dessus de la mer et à 1000′ plus haut sur les flancs des montagnes des Grisons. A cette ligne commencent les pâturages proprement dits, ces pampas de la Suisse, et ils s'élèvent vers les hauteurs aussi loin que le permet la configuration ou la composition du sol; en général, si celles-ci leur étaient moins défavorables, ils pourraient aller beaucoup plus haut. La ligne moyenne supérieure peut être fixée à 6500′, puisqu'au delà le terrain est généralement excessivement accidenté, forme des aiguilles perpendiculaires, des parois abruptes, ou des plateaux recouverts d'éboulis[1]. Ces lieux désolés, de maigre

[1] Quelques pâturages vont exceptionnellement plus haut, par exemple, la Mærjelualp, au-dessous des Viescherhœrner, dont les chalets en pierre sont à 7181,

végétation, sont réservés aux brebis que l'on rencontre d'ordinaire jusqu'à 7000' et même jusqu'à 7800' au-dessus de la mer. Dans les très-bonnes années, il y a çà et là jusqu'à 8500' et au Mont-Rose jusqu'à 9000' quelques coins de verdure où le berger conduit ses moutons pour profiter de ce gazon inespéré.

Il n'est guère probable que la race bovine d'Europe ou tout au moins notre bétail descende de l'Aurochs, animal terrible et indomptable, à l'encolure frisée, aux yeux flamboyants, et d'une force merveilleuse qui, suivant les récits des historiens latins, peuplait, il y a deux mille ans, les forêts marécageuses de l'Helvétie[1] et de la Germanie, alors que les castors élevaient leurs ingénieuses constructions sur les bords de nos fleuves et de nos lacs. Cet animal intéressant et redoutable ne se rencontre plus que dans les forêts infranchissables de Bialoweza en Lithuanie[2]. On voit encore à présent des taureaux qui, par leur

et dont les dernières limites s'appuient beaucoup plus haut sur les glaciers d'Aletsh et de Viesch. Sur le penchant méridional du Mont-Rose les pâturages de bétail vont jusqu'à 7500'.

[1] On voit dans le couvent de Rheinau une coupe venant du cloître de Saint-Gall et formée de la corne d'un de ces Aurochs garnie d'argent ; elle porte cette inscription :

Norbertus donum hoc tibi, Galle, decorum
Huyc ob mercedem Paradysum da fore sedem.

Sur le bord on lit ces vers :

O bone Galle, nos lacrymarum hoc in Valle
Respice, protege Sathanæ a tetro grege!

Les moines employaient ces cornes non-seulement pour leurs libations, mais ils s'en servaient encore pour déposer les saintes reliques et elles figuraient dans les églises. On en voit une à Vienne qui vient de Muri, et à Saint-Gall une qui vient de Rüthi.

[2] Nous n'avons aucun motif de mettre en doute l'existence dans nos contrées de cet Aurochs des Germains, car nous le voyons figurer dans le nom et les armes du canton d'Uri et aussi dans le *liber benedictionum*, composé l'an 1000 après Jésus-Christ, par Ekkehard VI, moine et *magister Scholarum* du couvent de Saint-Gall. Le bénédictin prononce en vers alexandrins de longues bénédictions sur chacun des mets servis sur la table du couvent, et il nous fournit ainsi un tableau complet des ressources de la gastronomie et de l'état de l'agriculture

taille, leur force prodigieuse, leur couleur, leur forme ramassée, ont une ressemblance frappante avec ce bœuf de la vieille Germanie. On élève pour les combats de taureaux dans les haciendas de la Vieille et de la Nouvelle-Espagne, des animaux qui ne le cèdent en rien à l'Aurochs et ceux des Savannes déchirent facilement de leurs cornes le plus terrible jaguar. Mais la crainte et la répugnance que l'Aurochs et le bœuf éprouvent l'un pour l'autre, indiquent entre eux le même genre de parenté qu'entre le loup et le chien et leur squelette est si différent, surtout pour le nombre des vertèbres et la conformation du crâne, qu'il paraît impossible de voir dans l'Aurochs le père de notre bétail. Celui-ci aurait plus de rapport avec une espèce maintenant éteinte et originaire de nos pays, le *bœuf primitif* des naturalistes, dont l'on trouve encore beaucoup d'ossements dans les marais tourbeux d'Allemagne. Toutefois, le bœuf musqué des Esquimaux, le grand buffle du Cap, qui portent tous deux de larges cornes partant du milieu du front, puis le buffle proprement dit, venu des Indes en Grèce et ensuite en Italie où il sert

à cette époque. A côté des différentes espèces de vin, bière et hydromèle, à côté des fruits et des légumes, parmi lesquels figurent déjà la pomme, l'olive, le citron, la figue, la datte, la grenade, le coing, la châtaigne, la pêche, la prune, la cerise, la noix, le chou, le melon, les concombres, la laitue, les lentilles, pois, haricots, épinards, etc.; à côté de seize espèces de pain, arrivent les viandes, tels que le paon, faisan, cygne, oie, canard, grue, caille, tourterelle et autres pigeons, coq, poulet, chapon, tétras, petits oiseaux pris dans des filets; les poissons, tels que le thon, la morue, le saumon, l'esturgeon, le brochet, la lamproie, différentes sortes de truites, le hareng, l'écrevisse, le sterlet, l'anguille, la perche, le silure, etc.; puis le grand gibier, l'ours, le castor (envisagé comme viande blanche), et qui au temps de Conrad Gessner vivait encore dans l'Aar, la Reuss, la Limat; le sanglier, le cerf et sa femelle, le chevreuil, le daim, le lièvre, la marmotte, le chamois, le bouquetin, le cheval sauvage (*equus feralis*), l'Aurochs, le bœuf des bois et le Wisent. Le bœuf des bois est le bœuf ordinaire à grandes cornes vivant dans les forêts à l'état sauvage et que l'on chassait au seizième siècle dans les Vosges. Le Wisent[1] paraît avoir formé une espèce différente des deux autres et maintenant éteinte. Son nom vient de bisam et se changea en celui de bison.

[1] C'est l'Aurochs de la Lithuanie. SCHIMPER.

d'animal domestique, le bison d'Amérique, dont les grands troupeaux de 10,000 à 40,000 têtes, errent dans les immenses plaines du nord, de la baie de Hudson jusqu'à l'Océan septentrional, le zébu, qui est au service de l'homme dans les Indes, la Perse, l'Arabie et toute l'Afrique de l'Atlas jusqu'au Cap, et qui, malgré sa bosse de graisse, ressemble plus à notre bœuf que l'Aurochs, toutes ces différentes espèces ont entre elles les plus grands rapports et peuvent, en s'accouplant, produire des bâtards féconds. Il est vraisemblable cependant que nos pays ont reçu de l'Orient leurs animaux comme leurs habitants, et que le type primitif s'y est diversifié en plusieurs espèces d'après des lois qui nous échappent maintenant.

Nous ne pousserons pas plus loin ces observations, puisque l'existence de ces différentes variétés remonte plus haut que l'histoire, le bœuf figurant comme animal domestique, dans les plus anciennes traditions. Notre race bovine suisse présente elle-même des différences si sensibles que nous ne sommes pas surpris d'apprendre qu'un changement total de climat et de nourriture peut à la longue transformer une espèce, comme nous le voyons en Suède, où notre vache et notre bœuf suisses, nourris principalement de poisson sec, perdent leurs cornes et le tiers de leur taille ordinaire. A peine pouvons-nous parler d'une race suisse, car elle change beaucoup d'aspect dans les différents cantons. Elle se partage tout d'abord en deux catégories bien sensibles : celle des hautes Alpes, des pâturages abrupts, situés au-dessus de la limite des bois, comme dans les cantons d'Uri, d'Unterwald, de Glaris, et une partie de ceux du Valais, des Grisons et d'Appenzell, qui est généralement plus petite que dans les cantons de plaine et les montagnes moins élevées. Mais le commerce si actif des bestiaux, surtout sur quelques grands marchés, le passage des troupeaux conduits en Italie ont tellement croisé et mêlé les races qu'on n'en retrouve le type pur que dans quelques vallées où la préférence du berger pour l'espèce qu'il connait, la préserve du croisement ; il tient à la conserver et n'achète pas volontiers de bétail étranger. C'est ainsi que nous pouvons signaler quelques familles encore assez distinctes. 1o La belle race du Simmenthal, du pays de Saarnen et de la plus grande partie du canton de Fribourg, très-connue et fort recherchée dans les grandes métairies de toute l'Allemagne, de la France et même de la Russie. Cette vache, d'une belle croissance, atteint un poids de 5 à 6 1/2 quintaux; elle a la tête courte, épaisse, semblable à celle du bœuf et sa couleur est d'un beau rouge ou d'un noir brillant mélangé de blanc. Elle est en première ligne pour l'abondance du lait, car son rapport annuel dépasse de 1300 mesures (à 4 livres) celui des vaches anglaises et du Holstein. 2o Le bétail du Grindelwald, de belles formes rondes, a les cornes en fourche et le poil bigarré; il est plus petit que celui du Simmenthal. Le bétail de l'Oberhasli et de Lauterbrunn, moins grand et plus maigre, paraît s'être mêlé à celui du Valais et des petits cantons. L'Emmenthal n'a pas non plus de race particulière et se pourvoit sur les marchés. 3o La souche de l'Entlibuch est en général brunâtre, avec une large raie fauve le long du dos; la taille est belle et tout l'ensemble de l'animal a un aspect plus doux, plus élégant que celui du Simmenthal. Dans les cantons de l'intérieur on trouve : 4o La belle et pesante race brune de Zug et de Schwytz de 4 à 6 quintaux; espèce bien distincte, qui s'acclimatant plus aisément que le bétail du Simmenthal et demandant moins de soins, est très-propre à l'exportation et se transporte jusqu'en Espagne. Les bœufs gras de cette famille atteignent souvent une pesanteur prodigieuse. En 1775 on en a tué un qui pesait 2500 livres et en 1777 un autre de 3000 livres. Les habitants du pays divisent cette race en trois souches différentes: celles du Righi, de la Marche et d'Einsiedlen, où le couvent élève le plus beau bétail. 5o L'ancienne race appenzelloise est moins forte; la tête est petite, les cornes courtes, le corps rond et d'un brun noirâtre, les jambes basses. Dans les espèces plus mêlées, celle de Glaris, d'Uri et d'Unterwald se fait remarquer par une taille petite et bien proportionnée et par l'abondance de son lait, celle du Tessin par sa petitesse et la rousseur de son poil; celle de l'Oberland Saint-

Gallois est d'un bon rapport, et dans le Prætigau, le Schaufigg et le Henzenberg le bétail est beau et fort bien membré. Les vaches de l'Engadine d'une grandeur au-dessus de la moyenne et très-bien bâties ne donnent que médiocrement de lait; la couleur grise domine dans ce pays soit que les teintes claires soient préférées dans les marchés italiens, où l'on conduit les bœufs de cette vallée, soit, comme on nous l'a assuré plusieurs fois que toutes les bêtes à cornes, venues dans l'Engadine, même les plus foncées, finissent au bout de quelques années par prendre un pelage clair, tandis que les chevaux, au contraire, y deviennent plus sombres. En Thurgovie et à Schaffhouse on préfère les vaches de la Souabe, de misérable apparence et qui donnent beaucoup de lait d'une qualité inférieure; elles y sont recherchées parce qu'elles ne demandent que peu de soin. Partout ailleurs, le bétail, acheté plutôt qu'élevé, varie d'une étable à l'autre, aussi à côté des grandes et pesantes bêtes venant du Simmenthal ou de Schwytz, on rencontre des individus tout petits et chétifs. Le canton de Saint-Gall possédait autrefois une bonne souche du haut Toggenbourg, mais il se pourvoit maintenant soit à Appenzell, qui se fournit lui-même au Tyrol et dans les Grisons, soit au Voralberg où l'on trouve l'excellente race de Montafun.

On pourra juger de l'importance que le bétail a pour l'agriculture et la prospérité générale de la Suisse, en jetant un coup d'œil sur les derniers recensements de sa statistique. Appenzell nourrit 12,000 (autrefois 14,000) pièces de bétail, dont le tiers passe l'été dans les Alpes; les Grisons environ 80,000, le Tessin plus de 53,000, Glaris au moins 8000 (autrefois 10,000), Uri 11,350; 54,416 passent l'été dans le canton de Lucerne, 20 à 21,000 dans celui de Schwytz, 14,000 dans l'Unterwald, 9,000 dans l'Entlibuch, 20,000 dans l'Oberland bernois, 175,000 dans tout le canton de Berne, 52,600 dans le Tessin, 80,000 dans le Valais, à Zug 4,767, à Fribourg 34,000, à Schaffhouse près de 10,000, dans le pays de Vaud 73,000. Les Alpes centrales nourrissent 300,000 bêtes à corne, et la Suisse en entier 850,000, dont 475,000 vaches, 85,000 bœufs et 290,000 génisses. A cela il faut ajouter 104,000 chevaux, ânes et mulets, 469,000 brebis, 347,000 chèvres et 311,000 porcs, et si l'on évalue qu'il faut 1 1/2 génisse et 10 chèvres, brebis ou porcs pour représenter la valeur d'une belle pièce de bétail, il en résulte que la Suisse possède un million de pièces de grand bétail, qui représentent pour le pays un capital *d'environ cent cinquante millions de francs.* Dans la plaine ou les montagnes de peu d'élévation, où l'on nourrit le bétail à l'étable et où l'usage de la pâture en commun a disparu, le nombre et le produit des bestiaux ont beaucoup augmenté; dans les Alpes, au contraire, où l'on suit les anciens usages et les vieilles routines et où rien ne compense l'appauvrissement des pâturages, on observe une diminution très-sensible.

Nous n'avons rien de très-réjouissant à raconter sur l'état des troupeaux qui passent l'été dans les Alpes. En général, l'étable est très-mauvaise, quelquefois même il n'y en a pas du tout. Les vaches parcourent leur domaine et en tondent à volonté le gazon aromatique qui n'est ni bien haut ni bien touffu. S'il arrive soudainement au printemps et en automne quelque bourrasque de neige, elles se rassemblent en mugissant devant le chalet, qui leur offre un abri à peine suffisant et où souvent le berger n'a pas une botte de foin à leur donner. Quand la pluie se prolonge plusieurs jours, elles s'enfoncent dans les forêts ou se cachent sous les rochers et perdent ainsi une bonne partie de leur lait. Les mères près de mettre bas, doivent souvent se passer de tout secours humain, et il leur arrive quelquefois de ramener le soir au logis un nouveau-né, au grand étonnement du berger; mais cela ne se passe pas toujours aussi bien. On vient d'ordonner dans quelques cantons la construction de bonnes étables.

Cela suffira pour montrer au lecteur qu'il ne doit pas se représenter sous des couleurs trop idylliques «la vie que les grands bœufs au large front» mènent sur nos poétiques Alpes. Nous avons souvent observé que le fruitier, qui, dans la vallée, a pour ses vaches des soins tout particuliers, arrivé sur la montagne, ne songe plus même à leur procurer un abri, ou un peu de foin, ou tout au moins à éloigner de ses pâturages les grosses pierres et les plantes vénéneuses qui étouffent le gazon[1].

Et pourtant la saison de l'année qu'ils passent dans les Alpes est un beau temps, un temps bien précieux pour nos troupeaux. Si la grande cloche du voyage que l'on suspend au cou de la plus belle vache du village, et qui, au retour, fait entendre au loin sa voix argentine, se met inopinément à tinter par un beau jour de printemps, il y a sensation générale et un mouvement marqué dans tout le bétail. Les vaches se rassemblent avec des bonds et des mugissements joyeux, et semblent attendre le signal du départ. Quand le moment est venu en effet, et que la plus belle bête porte, attachée à un ruban, la clochette bien connue, avec l'ornement obligé d'un grand bouquet entre les cornes, quand le cheval de somme est chargé de la chaudière à fromage et des provisions, et que les bergers en grande tenue roulent dans leur gosier les longs refrains suisses, il faut voir alors l'empressement, la joyeuse humeur avec laquelle ces bons animaux se rangent en ordre de départ et marchent à la file vers le sentier des montagnes. Souvent des vaches, laissées exprès dans la vallée, entreprennent seules et à leurs risques et périls

[1] Nous avons remarqué dans le canton du Valais, au Chatel, des constructions faites par les bergers en l'honneur de leurs troupeaux. Près des chalets ils établissent des parcages avec des murs d'où partent de grandes poutres sur lesquelles s'appuient des galeries de bois circulaires, où les bestiaux se réfugient par le mauvais temps. Nous n'avons pas revu ailleurs ces monuments alpestres. On a aussi l'habitude, dans ces chalets, de battre le beurre avec des roues que l'eau met en mouvement. Dans la Valteline, par contre, les bergers n'ont pas d'étable et attachent pour la nuit leur bétail à de grosses poutres. Il y a, en général, dans l'Engadine, de superbes chalets avec de belles écuries, par exemple à la Bernina, ceux d'Orlandi dans la vallée de Camogasc, sur l'Alpe Nuor, au pied du glacier de Morteratsh, où le chalet vaste et commode, accompagné de grandes étables et d'une cour bien barricadée, fait un effet très-pittoresque au milieu d'une clairière de mélèzes. Dans les villages de cette même vallée (par exemple à Pontresina) il y a partout de belles étables, plâtrées de blanc et tenues aussi proprement que des chambres, et où, pendant l'hiver, les habitants se rassemblent au chaud avec leurs voisins autour de tables bien rabotées.

le voyage lointain et vont rejoindre leurs compagnes. Et en effet, quand le temps est beau, rien n'est plus agréable pour une vache que le séjour des grands pâturages. Le baudremoine, le plantain lui offrent la nourriture la plus aromatique et la plus délicate. Le soleil ne la brûle pas comme dans la vallée, et de détestables insectes ne troublent pas son sommeil de midi. L'air pur et vif y est bien préférable aux chaudes vapeurs de l'écurie, et le mouvement, la liberté de manger à toute heure et de choisir dans le gazon l'herbe préférée, les jeux et les sauts avec « ses compagnes cornues », tout contribue à donner plus de vigueur et de vie à la vache des montagnes. La nourriture de l'étable, si excellente à d'autres égards, lui cause souvent des maladies complétement inconnues dans l'existence toute primitive du chalet.

On pense avec raison que le bétail des hautes montagnes est plus intelligent, plus vif que celui des plaines, car la vie naturelle qu'il y mène est beaucoup plus favorable au développement de son instinct; l'animal chargé presque complétement du soin de sa conservation, devient plus attentif, plus prévoyant; il acquiert de la mémoire et de la vigilance. La vache des Alpes connaît tous les buissons, toutes les flaques d'eau de son domaine; elle sait où elle trouvera le meilleur gazon, elle se souvient de l'heure où elle doit rentrer au chalet pour y donner son lait, elle reconnaît la voix du berger qui l'appelle et s'en approche familièrement; elle distingue le moment où elle recevra son sel de celui où elle va à l'abreuvoir ou bien à l'étable. Elle s'aperçoit aussi de l'approche des orages, connaît fort bien les plantes qui ne lui conviennent pas, dirige et protége son jeune veau et évite avec soin les endroits dangereux. Ceci toutefois ne lui réussit pas toujours : la faim la pousse souvent sur un terrain gras et glissant et pendant qu'elle penche la tête pour prendre l'herbe qui la tente, le sol se met à fuir sous ses pas et l'entraîne vers l'abîme; dès qu'elle s'aperçoit qu'elle ne peut pas se tirer d'affaire toute seule, elle se couche sur le ventre, ferme les yeux et se résigne philosophiquement à son sort, qui la pousse quelquefois jusqu'au fond du redoutable précipice ou la fait échouer à temps contre une racine d'arbre où elle se retient jusqu'à ce que le fruitier la découvre et vienne à son secours. Le bétail peut encore moins prévoir et éviter la chute des pierres ou des quartiers de roc qui en tuent chaque année : le 7 juillet 1854, 3 vaches périrent de cette façon et 22 autres furent blessés du même coup. Mais c'est surtout sur les montagnes que se développe dans nos troupeaux le sentiment de *l'honneur* qui doit revenir au plus fort, car ils maintiennent sévèrement dans leurs rangs une certaine discipline connue et respectée de tous. Ainsi ce n'est pas seulement à la plus belle, mais à la plus forte que revient le droit de porter la grande cloche du voyage et à chaque pérégrination elle prend fièrement en tête du défilé, la première place qu'aucune bête du troupeau n'oserait lui disputer. Après elle, viennent immédiatement les plus fortes têtes qui composent une espèce de garde du corps ou d'état-major de la troupe. Quand une nouvelle vache fait son entrée dans le pâturage du chalet, elle doit subir avec chacune de ses compagnes une espèce de duel à cornes, d'après lequel on lui fixe son rang dans la procession. A force égale, le combat devient souvent singulièrement opiniâtre et long; pendant des heures entières, aucun des deux animaux ne veut céder à l'autre les honneurs du champ de bataille. La première vache, en vertu de ses priviléges, se charge aussi du devoir de conduire le troupeau au pâturage et de le ramener chaque soir au chalet, et l'on a souvent remarqué que si on lui enlève ses fonctions pour les donner à une autre, elle se jette dans une mélancolie presque inguérissable et peut même tomber sérieusement malade. C'est surtout quand il s'agit de prévoir ou de repousser les attaques des animaux sauvages et en particulier des ours encore très-fréquents dans les Alpes méridionales, que notre bétail des montagnes déploie toute la finesse de son instinct et tout son courage. Si un ours s'approche doucement et en sournois, comptant sur ses larges et molles pattes pour n'éveiller aucun bruit, les vaches sentant de loin la venue du meurtrier, se réunissent en mugissant et courent vers le chalet ; ou, si elles sont attachées, elles secouent leurs chaînes avec tant de violence que leurs gardiens ne peuvent manquer de les entendre et d'arriver à leur secours. C'est toujours par derrière que les carnassiers cherchent à commencer l'attaque, parce que même la jeune génisse sait faire usage de ses cornes contre l'agresseur. Si un ours réussit à abattre une vache et à la déchirer, le reste du troupeau, au lieu de se disperser, se réunit soudain autour du ravisseur, contemple son repas sanglant, la tête baissée, les cornes en avant ; il témoigne de son horreur en soufflant dans ses naseaux et en poussant de temps en temps des mugissements étouffés. Aussi l'ours n'aime pas à prolonger un festin aussi peu tranquille et ne s'attaque presque jamais à une seconde vache. Par la pluie ou un épais brouillard, le bétail ne sent plus aussi bien l'approche de l'ennemi, et l'on a vu, en pareil cas, des ours le suivre de très-près, tourner autour des étables, et même tuer et emporter un bœuf, sans que les autres bêtes manifestassent la moindre inquiétude.

Malgré la familiarité et la bonne harmonie qui règnent d'ordinaire entre le pâtre et son troupeau et l'obéissance avec laquelle chacune des vaches répond à l'appel de son nom, il y a pourtant presque chaque été des heures de complète anarchie, où le fruitier n'est plus le maître et ne sait plus comment rétablir son autorité ; nous voulons parler des orages nocturnes, qui sont des heures terribles et funestes pour les habitants de nos hautes montagnes. Le bétail rassemblé pour la nuit autour du chalet, les pâtres fatigués de la chaleur du jour, tout repose et jouit du premier sommeil, quand l'horizon s'éclaire tout à coup et les champs de neige du voisinage paraissent par moments comme inondés d'une lave brûlante. Autour des sommets se ramassent de pesantes nuées noires et du côté du couchant des nuages jaunâtres, déchirés à chaque instant par la foudre, tournoient, disparaissent et reviennent chassés par le vent. Dans la profondeur, la plaine sombre et noire est plongée dans un silence absolu. Les vaches s'éveillent et commencent à s'inquiéter : des bouffées d'un vent chaud balaient les cimes des rochers et agitent doucement les buissons de rhododendrons et les têtes des sapelots. Les eaux des glaciers, s'éveillant, prennent un murmure plus profond; le lointain s'anime, il fait entendre le bruit sourd du tonnerre. Il y a un grand combat dans l'atmosphère, et les sommets des Alpes s'éclairent à chaque minute de reflets plus rougeâtres et plus effrayants. Les vaches se lèvent, se rapprochent les unes des autres; leur conductrice donne le signal en mugissant, et le troupeau se ramasse autour du chalet; une chaleur étouffante pèse sur les hauts plateaux; quelques lourdes gouttes de pluie tombent obliquement sur le toit où dorment encore les bergers. Tout à coup un des nuages les plus rapprochés laisse échapper la foudre, un serpent de feu sillonne le rocher et semble mordre les yeux de son soufre enflammé; une détonation claire et terrible le suit; tous les nuages s'éclairent et tourbillonnent, les coups de tonnerre s'accumulent, le ciel gémit, la cabane chancelle, la montagne tremble, et une grêle épaisse descend sur le pâturage en longues lignes blanchâtres. Les animaux blessés et furieux semblent pris de folie; la queue en l'air, les yeux fermés, ils s'enfuient dans la direction du vent et se dispersent au loin en mugissant; les bergers, à demi nus, réveillés en sursaut, mettant les sceaux à lait sur leur tête pour se préserver des grêlons, se précipitent dans la troupe effrayée, les appelant, criant, « volant » et invoquant la vierge et tous les saints. Mais le bétail éperdu n'entend et ne voit rien; mugissant, gémissant, beuglant dans les tons les plus expressifs et les plus lamentables, il court toujours en aveugle et droit devant lui, sans craindre les abîmes et les précipices; aussi est-ce bien réellement une heure d'effroi et souvent de grand malheur pour le vacher. Il ne sait plus à quel moyen avoir recours et lui-même a grande peine à se guider : tantôt une nuit profonde, tantôt une clarté éblouissante l'environne; les grêlons frappent violemment sur le sceau de bois qui protége sa tête, blessent ses jambes et ses bras nus, et tous les éléments sont dans un si grand désordre qu'il ne sait comment y échapper.

Enfin, il est parvenu à calmer et à réunir une partie de son bétail; le vent a chassé au loin les nuages dangereux, la grêle s'est changée en pluie et les vaches, reprenant le chemin du chalet, s'y rassemblent, plongeant jusqu'aux genoux dans un mélange d'eau, de grêle et de boue; — mais quand on fait le compte du troupeau, il y manque un ou deux des plus beaux animaux. Il nous serait facile de citer des exemples de pareils malheurs; un des derniers se passa sur le pâturage de Werdenberg, où, par l'orage du 1er août 1854, dix vaches et le jeune garçon qui les gardait tombèrent dans un précipice et y furent écrasés. Quand l'orage s'annonce un peu à l'avance, les fruitiers se hâtent de rassembler le troupeau autour d'eux. Le coup d'œil qu'il présente alors est des plus curieux: une fois que la tempête a commencé, les pauvres bêtes tremblent de tout leur corps; les yeux fixes et la tête basse, elles écoutent les bergers, qui vont de l'une à l'autre, flattant, parlant, caressant, les encourageant; et sous le charme de ces paroles, elles supportent sans bouger de la place les coups les plus violents du tonnerre et les grêlons les plus aigus. Il semble que ces bons animaux se croient à l'abri du danger tant qu'ils entendent la voix du fruitier.

Il y a encore pour les troupeaux une autre cause d'anarchie qui est beaucoup moins connue et plus difficile à expliquer. Quand une vache a péri ou a été tuée dans la montagne, si l'on jette à terre le contenu à moitié digéré de son estomac et ses intestins, cet endroit devient bientôt un vrai champ de bataille. Au bout d'un moment on est sûr d'y voir arriver une vache venant peut-être de l'autre bout du pâturage; elle donne tous les signes de la plus grande agitation et de la fureur, elle tourne autour de cette place en mugissant, en frappant le sol du pied, et quelquefois en le remuant de ses cornes et le lançant dans les airs. A ce bruit, tout le troupeau accourt et alors commence un combat, une lutte à cornes dont on ne peut se représenter la violence et l'opiniâtreté, et qui, malgré tous les efforts des gardiens, ne se termine guère sans la mort d'un des combattants ou sans de mauvaises blessures. Lors même que les intestins ont été enterrés sous le sol, les vaches ne passeront jamais près de cet endroit sans témoigner la plus grande agitation. Ces faits se sont répétés chaque fois que la même cause les a produits, aussi cherche-t-on maintenant à les éviter. — Nous mentionnerons en passant les guérisons sympathiques que certains bergers opèrent chez les animaux : on trouve dans le canton d'Appenzell des vachers qui, d'après le témoignage unanime des gens du pays, guérissent par le seul attouchement et sans aucun remède les plus violentes coliques des vaches et des chevaux, et aussi le gonflement auquel les bêtes à cornes sont sujettes ; on les leur amène de très-loin, et après un quart d'heure de tête à tête passé avec eux dans une étable, les animaux malades en sortent parfaitement rétablis. Les voisins soutiennent aussi que jamais un animal ne sera pris de gonflement en la présence d'un de ces vétérinaires alpestres, aussi l'invitent-ils toujours à accompagner leur bétail, quand il entre dans un champ de trèfle.

Il y a dans toute l'antique race des vachers suisses une croyance bien établie en un fait tout à fait surnaturel et qui n'est connu bien évidemment que par tradition; c'est ce qu'ils appellent *l'enlèvement du troupeau*. Ils ne parlent pas volontiers devant les étrangers de ce phénomène malfaisant; mais pourtant il arrive quelquefois, qu'assis le soir devant leur feu, leur petite pipe à la bouche, et rendus communicatifs par quelques gorgées d'eau de cerise, leur liqueur favorite, ils se laissent aller à raconter en quelques mots mystérieux que la nuit, après l'heure du trait, on a vu parfois les vaches de toute une étable témoigner de l'angoisse; puis, soulevées dans les airs par d'immenses bras invisibles, elles étaient, malgré leurs gémissements, emportées sur la montagne la face tournée en arrière. En pareil cas, on n'en retrouve plus trace dans le pâturage et dans toute la contrée, et l'on ne conseillerait à personne de se mettre à leur poursuite. Le lendemain matin on les verra paître tranquillement dans le pâturage. Pour s'opposer à ces enlèvements, les bergers catholiques avaient encore l'habitude, il y a peu de temps, de prononcer chaque soir une ancienne prière ou invocation qui devait conjurer les mauvais esprits. Cette superstition a évidemment la même origine que celle du «chasseur fantôme» qui existe dans l'Entlibuch, dans l'Emmenthal et dans l'Oberland bernois. Celle-ci se transforme, se modifie d'alpe en alpe, et dans quelques chalets on prétend avoir entendu passer la nuit de longs troupeaux-fantômes accompagnés de chants tyroliens et de mugissements extraordinaires et effrayants. Les bergers évitent de rencontrer ces bandes enchantées. Dans chacune de nos alpes, à peu près, il y a une vache ensorcelée et à maléfice; c'est presque toujours une rouge qui est soupçonnée d'entretenir des rapports mystérieux avec le prince des ténèbres. Le taureau d'Uri, d'illustre mémoire, était, au contraire, blanc de lait, aussi fut-il le bienfaiteur de son pays en tuant le dragon redoutable des Surènes.

Chaque grand troupeau des Alpes a un taureau appelé Muni (dans les Grisons il porte la clochette) qui est le chef du pâturage, un vrai *pater patriæ*. Il maintient son droit et ses priviléges avec l'impatience et la jalousie exclusives d'un sultan. Le berger n'ose pas même emmener devant lui une vache loin du pâturage. Dans les endroits fréquentés il n'est permis d'admettre que des animaux doux et paisibles, mais dans les hautes Alpes écartées on tient quelquefois des taureaux très-méchants et très-dangereux. Là on les rencontre avec leur corps ramassé, vigoureux et trapu, leur tête large et frisée, barrant le chemin à l'étranger et le mesurant d'un œil fier et défiant. Si l'on est accompagné d'un chien, le chef du troupeau l'aperçoit de tout loin et s'approche à pas lent avec un beuglement sourd. Il vous considère d'un œil soupçonneux, et pour peu que l'on ait encore quelque accessoire qui lui déplaise, comme un mouchoir rouge ou un bâton, il se précipitera contre l'ennemi supposé, la tête basse, en avant, la queue en l'air, et remuant par intervalle la terre de ses cornes. En pareil cas, on ne doit pas tarder à se réfugier derrière un arbre, un mur ou un chalet, si on a le bonheur d'en rencontrer dans le voisinage; car l'animal irrité suit son adversaire avec une obstination passionnée et guettera pendant des heures l'endroit où il le suppose caché. Ce serait folie que de vouloir se défendre. Des coups de bâton ne mènent à rien et le taureau se laisse hacher sur place plutôt que de céder. Les bergers eux-mêmes ne se montrent que rarement disposés à soutenir de pareilles attaques ; nous en avons rencontré un qui, dans une occasion semblable, saisit le taureau par une des cornes, et, avec un admirable sang-froid, lui plongea dans la gueule son autre main, et lui tournant violemment la langue, le força à se coucher par terre et le mit hors de combat. Depuis lors l'animal dompté n'attaqua plus personne. L'aubergiste du col d'Ofnen, dans l'Engadine, Simi Gruber, bien connu par sa force athlétique et ses chasses à l'ours et au chamois, ne fut pas aussi heureux dans sa lutte contre un des taureaux de son pâturage. Il en avait plusieurs et en redoutait très-particulièrement un qu'il évitait toujours. Un matin qu'il conduisait une vache, en prenant ses précautions contre l'animal qu'il craignait, il se vit attaqué sur le flanc par un taureau qu'il avait toujours envisagé comme paisible et qui, le frappant à l'improviste, le jeta par terre. Il saisit aussi promptement que possible par une oreille l'animal fumant, le prit avec l'autre main par le nez, et le renversa sur le sol en lui imprimant une violente secousse. A peine était-il debout que le taureau, redressé lui-même, le renversait encore. Une seconde manœuvre, semblable à la première, débarrassa pour le moment Gruber de son ennemi, et, profitant de cette seconde de relâche, il gagna son auberge en courant. Le taureau le suivit, se campa devant la porte et n'en bougea plus. Une famille étrangère voulant partir, l'hôte chercha à lui frayer un passage, et se munissant d'un grand pieu, il s'avança vers la porte pour abattre une des cornes de l'animal dangereux. Mais celui-ci échappa au coup par un bond de côté, puis se précipita sur le malheureux aubergiste, le jeta par terre et le lança plusieurs fois dans les airs comme une balle, le recevant sur ses cornes. Quand il le crut mort, il recula de quelques pas, revint auprès de lui, le retourna en le flairant et se croyant sûr de son fait, il reprit le chemin du pâturage. En effet, Gruber paraissait mort, mais il revint à lui, quoiqu'il eût une jambe cassée et plusieurs blessures très-graves.

Il est très-rare que les vaches attaquent l'homme, mais elles témoignent beaucoup d'animosité contre le chien, et se réunissent en troupes pour l'attaquer; en général, il évite le combat, et prend sagement le large, la queue basse et l'œil morne.

On sait combien le fruitier est un appréciateur minutieux et difficile de la beauté de ses vaches; il n'y a point pour cela de programme généralement admis, et le goût se dirige d'après le type le plus recherché dans la vallée. Ainsi le Bernois aime le poil rouge ou bigarré, tandis que le Schwytzois recherche la couleur châtain foncé ; l'habitant du Simmenthal veut à sa vache préférée une tête épaisse et large, celui de l'Entlibuch une tête élégante et fine. L'Appenzellois demande une réunion assez compliquée de traits différents : un poil noir brun, le museau large et blanc, la tête courte et dégagée, sur le front des touffes de poil crépu, des cornes petites, recourbées en avant, un corps arrondi, le fanon partant du menton et pendant jusqu'aux genoux, de fortes veines laitières, une queue mince, un pis carré, des jambes toutes droites. Le poil doit être épais, fin et luisant, et pour couronner cet ensemble de qualités, il faut une raie régulière d'un gris clair, tout le long de l'épine. Une vache qui réunit tous ces avantages *extérieurs*, se paiera un à deux louis d'or plus cher que celle qui n'a que du bon lait avec de vilaines cornes ou un poil indifférent. Le berger a une prédilection réellement extraordinaire pour la beauté de son bétail; il s'acharne avec une vraie passion à l'acquisition d'une belle vache, refusant aussi tous les prix avantageux qu'on lui offrirait pour une de ses bêtes favorites. Plus d'un de ces amateurs alpestres a, de cette façon, gravement compromis sa fortune. Entraîné par ses goûts esthétiques, il néglige souvent l'essentiel, et il ne songe point à s'informer si telle pièce qu'il achète descend d'une bonne souche laitière. Quant à la vache conductrice du troupeau, il demande principalement qu'elle entende bien la pâture, ce qui signifie qu'elle sache précéder les autres et leur indiquer les bonnes places.

Le jour le plus solennel de toute l'année est incontestablement celui du départ pour la montagne; ce départ a lieu d'ordinaire dans le mois de mai et fait époque dans la vie de nos bergers. Plusieurs vallées ou paroisses célèbrent en même temps, avec un plaisir particulier, la fête de leur patron; ainsi les Grindelwaldais celle de sainte Pétronille, les Valaisans celle de leur évêque saint Théodule, qui contraignit une fois le diable à lui apporter par-dessus les Alpes une cloche bénite à Rome, et en l'honneur duquel le col dangereux et élevé de Saint-Théodule a reçu son nom. Chacun des troupeaux qui gagnent les hauteurs a sa sonnerie particulière. Les plus belles vaches portent, comme nous l'avons dit, ces immenses clochettes (appelées *Trichle* dans le pays) qui ont quelquefois plus d'un pied de diamètre et coûtent de 80 à 100 francs. Ce sont les pièces rares des bergers; trois ou quatre dans des tons différents composent une véritable harmonie que le troupeau transporte avec lui à travers les villages des montagnes, les petites clochettes mêlant à ces tons graves leurs voix plus claires et plus légères. Un petit garçon, qui fait l'office d'aide-berger, va en avant dans une chemise bien blanche, de courtes culottes jaunes; les vaches le suivent avec leurs robes bigarrées et entourent le fier taureau; puis viennent quelques chèvres et les veaux et genisses. Le fruitier ferme la marche avec le cheval de somme qui porte les ustensiles du chalet et les lits, le tout recouvert d'une toile cirée aux brillantes couleurs. C'est en ce jour-là que les bergers rivalisent dans le chant du ranz des vaches, chaque district ayant sa manière de le répéter. C'est cet air si particulier par sa haute gaîté, dont le texte le plus ancien ne se retrouve plus que dans quelques vers, et dont la mélodie consiste en des trilles prolongés à l'infini, des sons tantôt filés, tantôt détachés et sauteurs. Il y a encore un autre chant tout particulier à la montagne et qu'on appelle *yoler*; le berger ne prononce aucune parole, n'exprime aucune idée; sa voix roule dans son gosier en sons mélodieux, étranges, qui semblent parfois se perdre dans la profondeur et remontent tout à coup dans les tons les plus élevés et les plus perçants; c'est ainsi qu'il appelle les vaches égarées au loin sur les hauteurs, qu'il salue ses compagnons de l'autre côté de l'abîme, et enfin, qu'il domine dans les montagnes le bruit et l'espace.

Le retour dans la vallée se fait de la même façon que le voyage du printemps, mais il est beaucoup moins gai et moins animé. C'est le signal de la séparation pour le troupeau, qui se débande et diminue le long de la route à mesure que les propriétaires reprennent possession des bêtes qui leur appartiennent; dans la Haute-Engadine elles rentrent dans les étables souterraines qui les protégent contre un long et rude hiver de sept mois. Beaucoup descendent vers la Lombardie. Le marchand de bétail indigène vient acheter les plus beaux animaux pour les conduire sur les marchés de l'Italie, ou bien les acquéreurs étrangers, tessinois et lombards visitent eux-mêmes les vallées et choisissent ce qu'elles possèdent de meilleur. Pour les bêtes à lait, ils prennent d'ordinaire celles qui ont le poil brun foncé, la raie du dos blanche et le pis blanc, parce que les rouges, ayant la peau plus fine, perdent plus facilement leur poil dans le midi et sont plus exposées que les autres aux piqûres des insectes et aux maladies que peut occasionner un changement de climat. Dans le canton d'Appenzell le marchand étranger fixe un certain jour où il convoque au village tous les fruitiers qui lui ont vendu du bétail; là, on règle les comptes et fait bonne chère; puis on ferre les vaches pour le voyage (chaque vache demande huit fers, puisqu'elles ont le sabot fendu), et la caravane se dirige à pas lents vers les passages des Alpes qui conduisent en Italie, s'arrêtant dans les stations où il est de bonne tradition de faire halte. Le Saint-Gothard, le Bernardin, le Splugen, le Lukmanier, sont constamment traversés de septembre en novembre par ces troupeaux voyageurs.

Nous ne ferons que quelques observations sur le laitage des Alpes. Le goût du lait varie souvent d'un chalet à l'autre et dépend beaucoup de l'herbe qui domine dans le pâturage; ainsi là où se rencontrent des plantes de la famille des poireaux, que les vaches aiment beaucoup, le lait et le beurre prennent un goût d'ail fort peu agréable. Sur la montagne de Feuerstein, non loin du Chasseral, il y a de grandes étendues couvertes d'orchidées, qui communiquent au laitage une couleur safran et une odeur d'oignon si marquées, qu'on ne peut en faire ni beurre ni fromage. Dans certaines parties de l'Oberland bernois, le satyrium nigrum teint le lait en bleu et lui donne le parfum de la vanille. C'est généralement le matin, de dix à onze heures et le soir de sept à huit, que le berger appelle ses vaches et les trait, soit dans l'étable, soit à la porte du chalet. Le rapport des vaches varie suivant la race et suivant le moment de la naissance des veaux. Il y en a qui à certaines époques donnent jusqu'à 50 livres de lait par jour; la mesure moyenne du produit d'une bête de bonne race peut s'élever, en y comprenant les moments d'arrêt, jusqu'à 18 1/2 livres par jour. La mesure de lait contient 0,11 de crème; on compte ordinairement que 9 mesures de bon lait doivent en donner une de crème et que celle-ci produit 14 onces de beurre. Pour une livre de fromage maigre il faut quatre mesures de lait écrémé. Dans les Alpes méridionales et occidentales on fait surtout de bons fromages gras, et dans les cantons de Saint-Gall et d'Appenzell on confectionne beaucoup de beurre, du fromage maigre et du *serret* (résidu caillé du fromage). Ce serret fermenté subit dans le canton de Glaris une préparation particulière; assaisonné avec la fleur et la feuille du trèfle mélilote, il devient ce fromage vert appelé *Schabzieger*, que l'on envoie partout, mais particulièrement en Russie, en Hollande et dans l'Amérique septentrionale.

Les vaches arrivent à l'âge de 25 à 40 ans; dans les contrées où domine la vie de l'étable, elles cessent plutôt de porter et par conséquent de produire du lait; aussi en tire-t-on parti en les engraissant. Le traitement vétérinaire de nos montagnes est très-peu rationnel. Si un animal est malade, ou que le berger s'imagine qu'il n'est pas en bon état, il le traite à sa façon ou plutôt selon la tradition, au moyen d'une poudre composée de quatre ou cinq ingrédients différents. Dans les vallées où l'on n'élève pas de bétail, les veaux sont conduits à la boucherie après avoir été nourris de lait pendant six à douze semaines. Si, au contraire, on veut les garder, on leur donne du chaud lait pendant dix à quatorze semaines, puis du lait écrémé et enfin du foin, de l'herbe et de l'eau. En Suisse, le veau ne tète que très-rarement sa mère, c'est le berger qui le nourrit en lui présentant quatre doigts dans un sceau plein de lait. Le pasteur Meier, de Kupferzell, recommanda une méthode nouvelle et que l'on suivit quelque temps avec succès dans les cantons de Berne, de Zurich et de Soleure; on ne donnait du lait au veau que pendant quelques jours et on y substituait un thé composé de toute espèce de graminées.

Au Saint-Gothard on employait naguère les bœufs à divers travaux très-pénibles; ils devaient tirer les traîneaux, et après les fortes chutes de neige, frayer les chemins en y promenant de lourds rouleaux, ou en la foulant aux pieds, jusqu'à ce qu'elle fût tassée. Maintenant les mulets et les chevaux les ont remplacés, mais on voit encore à Nendaz-en-bas (dans le Valais) les vaches et les taureaux employés aux mêmes travaux que le cheval; on les ferre, les scelle, les monte : il est vrai que les pentes sont si rapides qu'on dit, en plaisantant, que les habitants d'un village voisin, Yscrabloz, ferrent jusqu'à leurs poules et leurs poussins. Dans les Grisons on se sert aussi beaucoup du bétail pour tous les travaux de l'agriculture, ainsi que pour le transport du bois, qui a lieu sur des chariots remarquablement primitifs. La viande de vache séchée ou fumée compose un des aliments les plus usités de ce canton; quand elle ne date que d'un an, elle a un très-bon goût, mais on en mange dans la haute Engadine qui remonte à quatre ou cinq ans.

II. LES CHÈVRES DES HAUTES MONTAGNES.

Leur origine et leurs parentés. — Particularités de la chèvre des Alpes. — Les troupeaux. — Leur nourriture et leur produit. — Vie des bergers sur la montagne. — Un berger célèbre. — Les chèvres d'Angora en Suisse. — Les bâtards. — Les prétendus bouquetins du Saint-Bernard.

Nous avons parlé de la parenté qui rapproche la chèvre du bouquetin, parenté beaucoup plus réelle que celle qu'on lui attribue avec le chamois, qui s'en distingue par des différences essentielles. Le chamois n'a que quatre têtons au pis, son cou est beaucoup plus dégagé, son corps plus court, plus ramassé, ses jambes plus longues; ses cornes, enfin, sont bâties d'une toute autre façon. La souche probable de notre race est la chèvre à bézoard (*capra ægagrus*), qui vit dans les montagnes du Caucase et de la Tauride et s'étend peut-être jusqu'aux Indes; elle n'est cependant connue que depuis peu; sa forme est un mélange du bouquetin et de la chèvre, mais ses cornes et son genre de vie la rapprochent davantage de cette dernière. Son poil est gris brun avec une bande noire qui suit l'épine dorsale; ses joues et sa queue sont noires et sa barbe brune.

Les chèvres de la Suisse ne mènent pas toutes le même genre de vie; les unes restent dans l'étable et ne quittent pas la vallée; d'autres partent, chaque matin, en troupes pour les montagnes, où elles trouvent une maigre nourriture et dont elles redescendent le soir; une troisième catégorie passe tout l'été sur les hauteurs. Quelquefois un chamois se joint au troupeau pendant la journée et le suit le soir au village, ce qui s'est vu souvent dans les cantons de Glaris et des Grisons. Les chèvres des montagnes diffèrent très-sensiblement des chèvres domestiques proprement dites; à leur grande taille, à leurs jambes courtes, on voit que celles-ci sont élevées avec soin, et leurs pis, descendant jusqu'à terre, annoncent qu'elles ont beaucoup de lait. Elles ont aussi l'humeur moins active, mais d'autant plus capricieuse; elles se montrent tantôt rusées et méchantes, tantôt caressantes et dociles, et si parfois elles ne s'effraient de rien, dans d'autres occasions elles ont peur de tout. La chèvre domestique de bonne race et bien soignée donne, au printemps et en été, 2 à 2 1/2 mesures de lait. Mais on ne peut impunément faire passer de la vie libre à la vie d'étable la chèvre des montagnes; dans ce cas, elle perd bientôt une bonne partie de son lait, et dépérit rapidement, malgré les soins les plus assidus. La chèvre des montagnes est plus petite et plus grêle; elle a les jambes plus courtes et un aspect plus vif et plus intelligent que sa pareille de la vallée; d'ordinaire, son pelage est gris roussâtre, ou d'un noir brun, parfois jaunâtre et tacheté, rarement blanc ou noir comme celui de la chèvre domestique. Les Appenzellois trouvent que, pour être parfaitement belle, une chèvre doit avoir la tête petite et les jambes tout à fait droites. Celle des montagnes a les cornes plus petites et moins recourbées et son port rappelle le chamois. Nous avons souvent rencontré dans l'Oberland de grands troupeaux de ces bêtes couleur roussâtre, et dans la vallée du Rhône, nous en avons vu un assez grand nombre de fort belle taille, dont la première moitié du corps était brune et le reste d'un blanc de lait. Le pasteur Conrad, d'Andeer, nous apprend qu'on voit, dans la vallée de Schams, des chèvres portant des cornes de chamois; ce sont peut-être des bâtards. Les chèvres à quatre cornes sont rares.

Les boucs des montagnes sont ornés de cornes si grandes, qu'on les prend de loin pour des bouquetins; nous en avons vu, en 1853, dans la basse Engadine, qui en portaient de vraiment magnifiques, mesurant 2 1/2 pieds, en suivant leur courbure. Ces boucs se distinguent par leur humeur entreprenante et téméraire; la pose de leur tête exprime un certain sérieux, mais la vivacité de leur regard annonce qu'ils ne laisseront pas échapper l'occasion d'une malice. Le mouton, de même que le bouquetin, ne se montre d'humeur joyeuse que dans sa jeunesse, tandis que la chèvre garde toute sa vie cette disposition, et, sans être positivement querelleuse, elle provoque volontiers au combat. Une petite scène assez comique s'est passée un jour à la Grimsel. Un Anglais, assis sur un tronc d'arbre, près de l'auberge, s'était assoupi au milieu d'une lecture. Un bouc qui se promenait dans le voisinage, surpris par l'étrange mouvement de sa tête, qui tombe tantôt en avant, tantôt en arrière, ne doute pas que ce ne soit une provocation et se prépare à l'attaque; après avoir prudemment mesuré la distance, il se précipite, les cornes en avant, sur le malheureux fils d'Albion, qui tombe tout étendu les pieds en l'air. Le bouc, étonné et presque effrayé d'une victoire qui lui a coûté si peu, se dresse avec les pieds de devant sur le tronc que sa victime vient de quitter si brusquement, et considère avec la plus grande attention les efforts, accompagnés de cris et de jurements, que fait le pauvre Anglais pour se relever.

La curiosité est un des côtés saillants du caractère de la chèvre; bien supérieure à la vache, à cet égard, elle a ce trait en commun avec le chamois. Comme nous l'avons dit, il arrive quelquefois qu'une chèvre s'égare au milieu de ces derniers et passe avec eux plusieurs mois; cependant elle revient dès l'automne, fort aise, sans doute, de quitter enfin des compagnons si difficiles à suivre dans leurs bonds et dans leurs sauts. Dans l'Appenzell, des chèvres s'égarent quelquefois complétement, et sont obligées de passer l'hiver dans les Alpes, tantôt seules et s'abritant comme elles peuvent, tantôt associées aux chamois, et dans ce cas, elles reparaissent au printemps accompagnées d'un petit.

La chèvre est certainement, parmi les animaux apprivoisés, un des plus vifs et des plus éveillés; son œil brillant, sa tête fine, son corps léger et élancé, son front élevé, annoncent une nature intelligente. Plus sensible que le mouton aux caresses de l'homme, elle n'aime pas, comme celui-là, à marcher docilement avec le troupeau; elle veut aller seule, et, libre, indépendante, errer dans les montagnes au gré de ses caprices. Hardie, opiniâtre dans la colère et douée d'une mémoire fidèle, qui lui rappelle surtout les lieux qu'elle a connus, elle deviendrait, au bout de peu de générations, l'égale du chamois, pour la vivacité, la hardiesse et l'intelligence, si on lui permettait de jouir en plein de la liberté. Ceci s'applique surtout aux chèvres à cornes, beaucoup plus nombreuses dans les montagnes que celles qui en sont dépourvues; on préfère ces dernières dans la vallée. Pour détruire ce bel ornement, on se sert d'un moyen des plus dangereux et des plus cruels. Au moment où les cornes commencent à pousser, on creuse le crâne des jeunes chevreaux et on en arrache jusqu'à la racine. Cet acte barbare est, du reste, généralement désapprouvé par les paysans, qui le qualifient d'indigne coquinerie. Ces troupeaux de chèvres, paissant dans nos pâturages solitaires, tantôt livrées à elles-mêmes, tantôt confiées à la garde d'un jeune garçon à pieds nus, sont d'un effet vraiment pittoresque, qui ajoute beaucoup au charme du paysage. Au lieu de s'enfuir à la vue du voyageur, elles s'en approchent familièrement et le suivraient pendant des lieues, si elles avaient l'espoir d'en obtenir une poignée de sel ou un morceau de pain. A défaut de sel, une pincée de tabac leur fait le plus grand plaisir. Une demi-douzaine de chèvres accompagnent souvent les troupeaux de chevaux ou de bœufs, pour fournir la nourriture des bergers, qui n'en ont pas d'autre; souvent aussi on réunit les chèvres aux troupeaux de vaches, mais plus fréquemment encore on les rassemble en troupes, qu'on conduit dans la montagne. Dans le canton d'Appenzell, on les groupe douze par douze; les paysans pauvres, qui n'en possèdent qu'un petit nombre, mettent ensemble leurs bêtes sous la garde d'un berger commun, qui est mal nourri et mal payé. Steinmüller dit qu'il existe des chèvres à huit tétons; ceux de derrière sont plus gros et donnent plus de lait que ceux de devant. Ce fait mériterait d'être constaté. Nous avons vu une autre bizarrerie: une chèvre, bonne du reste, ne portant qu'un téton.

Quelquefois, entraînés par leur humeur hardie et courageuse, ou attirés par l'appât d'une plante favorite ou de buissons aux feuilles tendres, ces agiles animaux escaladent lestement les pentes les plus abruptes, oubliant qu'il faudra revenir sur leurs pas ; tout à coup ils se trouvent enfermés dans une position dont ils ne peuvent plus sortir, et avant que les bergers les aient découverts, il se passe quelquefois deux ou trois jours pendant lesquels ils sont privés de toute nourriture. Les chevriers déploient pour leur délivrance une habileté surprenante ; ils vont les attacher à une corde et les tirent du haut du rocher. Ainsi ces garçons grimpent sans hésiter là où leur chèvre, au pied léger, ne sait plus se tirer d'affaire. A force de vivre au milieu des montagnes, ils acquièrent un talent vraiment extraordinaire pour escalader les rochers les plus inaccessibles, ils ne connaissent plus le danger et vous offrent comme un jeu de s'élancer sur les pics les plus hardis, se frayant un passage au moyen de replis et crevasses où l'on ne comprend pas que la main ou le pied puisse trouver un point d'appui. Il est rare que les chèvres se tuent en tombant ; cela arrive lorsque, dans le feu de la bataille, elles s'approchent du bord de l'abîme et s'y précipitent sans l'avoir aperçu, ou lorsqu'une avalanche ou une pierre roule inopinément sur elles.

Dans les montagnes rhétiques, les pâturages qui ne peuvent pas être fréquentés par le gros bétail, à cause de leur position isolée et d'un abord difficile, deviennent, en grande partie, le partage des moutons, tandis que les chèvres en prennent possession dans les cantons de Berne, du Valais et du Tessin ; elles ne s'élèvent guère toutefois au delà de 7000′, quoique les chèvres à fine toison de l'Himalaya aillent à 15,000′. Au milieu d'un labyrinthe à perte de vue de décombres et de glaces, où rien n'annonce la présence d'êtres animés, le voyageur aperçoit tout à coup, avec surprise, une hutte de pierre et de mousse, un jeune berger, à moitié sauvage, bruni par le contact du soleil, du vent et de la poussière, et un petit troupeau de chèvres gaies et alertes dispersées de la manière la plus pittoresque, tantôt sur des blocs épars, tantôt sur les oasis qui coupent, comme des bandes, l'aridité du roc, ou bien encore, suspendues aux falaises qui surplombent. Elles s'approchent du voyageur, qu'elles contemplent d'un air hardi et malicieux. Ce sont, en général, de très-jeunes chèvres, qui ne donnent pas de lait, et de jeunes boucs châtrés, dont on se débarrasse, pendant l'été, de la manière la plus économique; les seuls frais qu'on fasse pour eux, pendant les quatre à cinq mois qu'ils passent à errer dans ces sauvages contrées, consistent en quelques poignées de sel, que le berger sème de temps à autre sur les rochers pour les rallier autour de lui.

Nos chevriers mènent une vie tellement misérable, qu'on ne les dirait pas dans le voisinage de pays civilisés. Au printemps, ils montent à la montagne, suivis de leurs troupeaux et couverts pour tout vêtement de quelques pauvres haillons; ils n'ont ni bas, ni souliers, ni veste, ni habit, mais en revanche ils sont pourvus d'une poche pour le sel, d'un chapeau à l'épreuve du temps et d'une provision de pain et de fromage maigre. Ces aliments sont si chétifs et si secs qu'on peut à peine leur donner le nom de nourriture, et cependant ces pauvres bergers n'en ont pas d'autre. Souvent un jeune garçon de la vallée vient renouveler ces provisions tous les mois ou tous les quinze jours, et dans l'intervalle, le frugal chevrier tire le meilleur parti possible de sa triste pitance; son pain devient si sec qu'il se miette dans sa main, et son fromage si dur qu'il n'y mord qu'avec peine. Aucune ressource ne l'aide à conjurer l'ennui; quelquefois, mais c'est rare, quelque occupation utile lui aide à passer le temps (au Valais on a mis les bergers au tricotage), le plus souvent il s'en garantit par une stupeur et un hébétement complets. Quand le temps devient mauvais, il se blottit, tremblant de froid et de faim, au fond de son trou humide et solitaire, qu'il ne peut égayer par un bon feu, et il en sort de temps à autre pour surveiller ses bêtes, dont le sort peut lui faire envie, car elles ne sont pas plus exposées que lui aux rigueurs du climat des Alpes, et elles jouissent de grands avantages qu'il ne possède pas. Vers l'automne, troupeaux et bergers se rendent dans les pâturages moins sévères occupés par les vaches, et quand ceux-ci sont envahis à leur tour par la neige et la gelée, ils descendent dans la vallée, où le chevrier reçoit pour prix de ses peines un salaire d'une exiguité incroyable. Mais, loin de murmurer de son sort, il s'attache tellement, en général, à ce genre de vie sauvage, qu'il ne se soumet plus qu'avec peine à des habitudes civilisées. Il est certain que sa santé et son humeur se maintiennent admirablement au milieu de circonstances qui semblent insupportables. Quelquefois d'autres troupeaux viennent s'établir dans le voisinage, alors le temps se passe entre les bergers de la manière la plus agréable; ils imaginent mille divertissements, mais rien ne les amuse autant que de rivaliser d'adresse en grimpant comme des chamois sur les crêtes les plus aiguës, ou en glissant avec la rapidité de la flèche sur les surfaces polies des rochers.

La jeunesse du fameux Thomas Plater, du Valais, se passa, comme on le sait, de cette manière. Sa biographie écrite pour son fils, dans le style naïf d'autrefois, rapporte quelques scènes remarquables de cette période de sa vie. « A l'âge de six ans environ, dit-il, on me plaça chez un de mes cousins dont je devais garder les chèvres pendant un an. Ce n'était pas un métier facile pour mon âge; la neige tombait quelquefois en si grande abondance que je n'en sortais qu'avec des peines infinies après y avoir laissé mes souliers, et je rentrais pieds nus et grelottant. Je n'avais pas moins de quatre-vingts chèvres sous ma garde, et j'étais encore si petit alors que si je ne me hâtais pas de me retirer après avoir ouvert la porte de l'écurie, les chèvres me renversaient en sortant et me couvraient de contusions. Quand je les conduisais au pâturage, elles couraient au champ de blé et s'y précipitaient les unes après les autres, malgré tous mes efforts pour les chasser; à bout de force, je me mettais à pleurer et à crier, dans l'attente des coups qui ne me manqueraient pas le soir. » Un jour il tomba de si haut que ses compagnons le crurent perdu, mais il n'avait pas le moindre mal;

plus tard, une chèvre, tombant à la même place, mourut du coup. « Une fois, raconte-t-il, mes chèvres s'élancèrent sur un rocher entouré, d'un côté, d'un grand précipice et, de l'autre, de roches immenses élevées de plus de mille toises; le sommet de ce rocher n'avait que quelques pieds de large et je voyais mes bêtes courir de là à la recherche des petits arbrisseaux, dont elles sont si friandes. J'essayai de les suivre et je m'engageai dans ce chemin dangereux, mais je ne pouvais avancer sur cette étroite arète et la crainte de tomber m'empêchait de revenir sur mes pas. Je m'arrètai, et, recommandant mon âme à Dieu, je ne songeai plus qu'à me retenir des pieds et des mains aux petites touffes de plantes qui m'offraient quelque sécurité. Dans cette position j'éprouvais une terrible angoisse qui s'augmenta encore à la vue de vautours qui volaient au-dessus de moi et qui auraient bien pu m'enlever, car je me souvenais d'avoir entendu dire que les vautours enlèvent souvent les enfants et les moutons. Enfin, ma petite blouse gonflée par le vent me fit reconnaître de mon compagnon Thomann, qui me vit de loin et me cria : « Thémeli, attends seulement » ; il grimpe jusqu'à moi, me prend par le bras et, m'entraînant après lui, nous rejoignons mes chèvres. Je ne me souviens plus de tous les détails de la bonne vie que je menais là haut avec elles, je me rappelle seulement que j'ai reçu bien des coups, fait bien des chutes et souffert de la soif, et que mes pieds sans bas et chaussés de sabots étaient souvent cruellement meurtris. Mon repas du matin, que je prenais avant le jour, se composait d'une bouillie de farine d'orge; je partais ensuite, emportant sur mon dos un petit panier qui contenait du fromage et du pain d'orge ; le soir, j'avais un bon lait en quantité suffisante. En été, nous couchions sur le foin, en hiver, sur des sacs de paille remplis de vermine. Tel est le sort des pauvres chevriers chargés de garder les troupeaux des paysans dans les montagnes désertes. »

Les chèvres qui ne donnent pas de lait et les boucs, châtrés ou non, sont parqués dans les pâturages les plus éloignés; on les abandonne à eux-mêmes jusqu'en automne, où l'on vient les chercher, mais souvent alors ils ne sont plus au complet. Quelquefois on leur fait une visite chaque jour ou chaque semaine, muni de quelques poignées de sel, qu'ils viennent attendre à la même place et au même moment avec une vive impatience, et qu'ils se disputent avec acharnement.

Les chèvres ont le sommeil aussi mobile et aussi agité que le bouquetin, et quand on a le malheur de passer la nuit dans une hutte de chevrier, on peut s'en assurer à ses dépens, surtout si, comme c'est souvent le cas, le toit de la hutte touche d'un côté à la terre. Quelques chèvres s'emparent de cette position que les autres ne tardent pas à leur disputer, et le bruit de leur querelle mêlé au retentissement des clochettes vous tient parfaitement éveillé; que, par hasard, un petit troupeau de cochons de lait occupe le bas de la cabane, leurs grognements rempliront les trêves que les chèvres sont quelquefois obligées de s'accorder. Un certain nombre de pâturages sont destinés aux chèvres qui donnent du lait : une petite fromagerie s'établit à côté, on y fabrique des fromages et les fruitiers se nourrissent du petit-lait. Dans l'intervalle de leurs occupations ils récoltent le foin croissant çà et là sur les rochers et qu'eux seuls peuvent utiliser. C'est en août et en septembre qu'ils le ramassent et ils s'en font d'excellents lits, qu'ils transportent peu à peu dans une grange placée un peu plus bas; en hiver, ils le descendent dans la vallée sur des traîneaux. Des pierres détachées par les chamois ou les chèvres viennent souvent tomber sur le malheureux faucheur, déjà exposé à tant d'autres dangers. Un de ces fruitiers nous a raconté que ses propres bêtes le mettaient constamment en péril de mort en roulant sur lui des fragments de rochers. Il nous a confirmé l'observation faite déjà plus d'une fois, que les chèvres paissent en descendant quand le mauvais temps va venir, et qu'elles annoncent le retour du beau temps en broutant de bas en haut. Autrefois les chèvres devenaient souvent la proie des ours, des loups, des lynx ou des vautours et des aigles. Nicolas Servorhard nous raconte dans sa *Délinéation* un trait assez bizarre que ce fait nous rappelle. La scène se passe dans la bruyère de Lenz, aux Grisons, plateau qui, connu autrefois par ses dragons et ses bêtes sauvages, n'est plus célèbre aujourd'hui que par ses tempêtes et ses tourbillons de neige. Un paysan menant sa chèvre par la corde, l'attacha à la porte d'une chapelle située près du village de Lenz; il la laissa là pour on ne sait quelle raison et descendit au village. A peine avait-il quitté sa bête, qu'un loup, qui avait sans doute suivi la trace, sortit tout à coup des broussailles et se jeta sur elle. Heureusement la porte de la chapelle était ouverte, la chèvre s'y réfugia, mais le loup l'y suivit. La pauvre bête, au comble de l'effroi, prend un parti désespéré, elle saute par-dessus son ennemi et s'enfuit en tirant par hasard la porte après elle avec sa corde; le loup enfermé ne peut la poursuivre et tombe bientôt entre les mains du paysan et des voisins. Aujourd'hui, le nombre des bêtes sauvages est si restreint, que les chèvres n'ont plus guère à craindre pour leurs petits que les aigles et d'autres oiseaux de proie, contre lesquels elles savent très-bien les défendre. Le lynx parvient quelquefois à grand'peine et à force de ruses à s'emparer d'un chevreau. De nos jours, les paysans ne craignent plus, comme il y a trois siècles, le terrible et fantastique engoulevent qui tètait les chèvres et les rendait aveugles. Turnerus racontait dans son *Livre sur les oiseaux* qu'un vieux berger, duquel il tenait ce récit, avait vu autrefois plusieurs de ces engoulevents, qui lui avaient fait beaucoup de mal; en une nuit, ils avaient tari et aveuglé six de ses chèvres. « Maintenant, ajouta-t-il, ils sont tous partis pour la basse Allemagne, où ils s'attaquent non-seulement aux chèvres, mais aux moutons. »

L'avidité des chèvres a été longtemps très-nuisible aux forêts, pour lesquelles elles étaient un véritable fléau; une surveillance forestière plus active et des limites précises fixées à leur vagabondage ont supprimé peu à peu ces dégâts. En général, la chèvre préfère la maigre et acide nourriture que lui offrent les jeunes pousses et les rameaux des arbres, à l'herbe grasse des prairies. On a remarqué avec étonnement qu'elle mange avidement et sans en ressentir aucun mal, la vénéneuse euphorbe et le cicutaire. Elle essaie aussi quelquefois le vératre, mais d'ordinaire elle rejette, avant de l'avoir mâché, ce qu'elle en a pris. Il paraît que les feuilles de la capucine l'*Évonymus* et ses glands lui sont nuisibles. C'est au mois d'août, lorsqu'elle paît sur les plus hauts pâturages, que son lait est le meilleur. On en fait des fromages de cinq à dix livres qui ont un excellent goût; on fabrique beaucoup moins de beurre, et celui-ci demande une préparation particulière : il faut d'abord passer le lait, afin de bien séparer la crême; on obtient ainsi un beurre très-blanc, mais qui a un goût de chèvre prononcé et devient immangeable au bout de deux jours; les montagnards le conservent cependant pendant plusieurs années et l'emploient alors comme remède contre les plaies, les contusions et toutes sortes de maux. On sait que le lait de chèvre est très-utile dans bien des cas de maladies internes, et chaque année un grand nombre de malades en font des cures dans nos montagnes. Il est certain que le lait de chèvre est plus gras, plus nutritif et plus fortifiant que celui de la vache, et les pâturages parfumés des hautes régions ajoutent encore à ses qualités naturelles. La chair des jeunes chèvres est assez bonne et on la mange volontiers dans la montagne; celle des vieilles bêtes est coriace et d'un mauvais goût. Cependant les Oberlandais ne craignent pas de l'offrir aux étrangers sous le nom de viande de chamois, et ceux-ci ont la bonne foi de la manger comme telle avec respect. Dans la Suisse orientale on la consomme fumée. On engraisse aussi quelquefois de jeunes boucs, dont la chair est très-grasse et n'a pas le moindre goût de chèvre. Kasthofer a essayé d'acclimater dans l'Oberland les chèvres de Cachemir et d'Angora; il les a mêlées aux chamois et a obtenu des bâtards qui vivent très-bien dans nos climats. Leur laine est belle et fine, mais ils ne rapportent pas de lait, les mères n'ayant plus que ce qu'il faut pour leurs petits; peut-être qu'en continuant à les traire, le lait deviendra plus abondant au bout de plusieurs générations. En attendant, les bâtards de ces deux races sont si vifs, si forts, et rendent tant de laine que ce croisement promet à tous égards de bons résultats. Des exemples incontestables prouvent que notre chèvre indigène s'allie au chamois, nous avons vu aussi que le mélange de la chèvre et du bouquetin produit de grands et beaux individus, mais d'un caractère si méchant que ni homme ni bête n'est à l'abri de leurs attaques. Un de ces bâtards, d'une grandeur extraordinaire, élevé sur le Hausberg, près d'Interlaken, a failli tuer un fruitier; transporté ensuite sur la Grimsel, il ne se lassait pas d'attaquer les voyageurs. Il fait maintenant un des ornements du musée de Berne.

Il y a quelques années, des Valaisans se permirent une singulière mystification; ils transportèrent à Paris des animaux vivants, qu'ils firent passer pour des bouquetins venant du Saint-Bernard. Les naturalistes croyaient y reconnaître, les uns, des bouquetins, les autres, des chèvres à bézoard, tandis qu'en réalité ce n'étaient que des chèvres ordinaires parvenues, dans une vie à demi sauvage, à une taille très-grande et très-belle, et dont les cornes avaient pris un développement magnifique.

III. LES MOUTONS DES HAUTES MONTAGNES.

Souches et races diverses. — Leur vie d'été dans les montagnes. — Les troupeaux bergamasques. — Leurs migrations. — Le *pastore* et ses associés. — L'utilité des troupeaux. — Les fromages et les *serrets*. — Quelques détails sur les cochons qui accompagnent ces troupeaux et sur la manière dont on les nourrit dans les montagnes des Grisons.

On rencontre sur les montagnes rocailleuses de la Sardaigne, de la Corse, de la Crète et de l'Espagne méridionale de grandes troupes de mouflons (*Ovis Musmon,* ibid.), dont la laine est rougeâtre, le museau pâle, le bord des yeux clair, le ventre blanc. Cet animal fort et adroit, presque aussi agile que le bouquetin, et que les chasseurs poursuivent avec ardeur, est le père de notre mouton domestique, chez lequel on retrouve tous les traits d'une nature destinée à la vie libre.

L'éducation des moutons n'a pas chez nous une grande importance, car le morcellement des propriétés ne lui est pas favorable, et ces animaux eux-mêmes, ainsi que les pâturages qui leur sont destinés, sont traités avec négligence. Nos moutons indigènes ont une jolie forme, quoiqu'ils soient petits; leur chair est excellente, mais ils ne donnent qu'une médiocre quantité de laine et de l'espèce la plus grossière (ils en fournissent chaque année trois à quatre livres).

Voici quelles sont les espèces principales qui se trouvent en Suisse :

1° Le mouton ordinaire, venant de Souabe, dont la taille est moyenne, la toison généralement blanche et peu fournie.

2° Le mouton de Flandre ou de Hollande, dont la laine est plus longue et plus fine.

3° Le mouton bergamasque, qui fera le sujet principal de notre chapitre, puisqu'il vit dans les montagnes.

4° Le mouton d'Espagne ou mérinos, qui est petit, a la queue courte, et la laine fine et frisée. Notre climat, même celui des Alpes, lui convient très-bien, il se multiplie abondamment et n'est pas sujet à un grand nombre de maladies; la véritable laine mérinos, longue, fine et soyeuse, se trouve sous une couche supérieure assez sale et qui n'a rien de remarquable. Quelques troupeaux de ces moutons se rencontrent en Suisse, surtout dans la Suisse française, mais il serait à désirer qu'ils y fussent beaucoup plus fréquents. On a essayé d'en élever dans les cantons de Schwitz et des Grisons, mais on y a bientôt renoncé; les paysans, ne sachant pas traiter cette belle laine, n'y trouvaient pas leur avantage, puisque la chair du mérino ne vaut pas celle du mouton ordinaire. Les Grisons nourrissent, outre les bergamasques, 80,000 moutons indigènes. Ceux-ci, qui viennent probablement de la Souabe, sont petits de taille et ne fournissent qu'une laine grossière, mais ils se reproduisent beaucoup; deux fois par an ils donnent naissance à trois ou quatre, cinq et même jusqu'à six petits. Ils sont capables de supporter le climat le plus rude, s'engraissent à peu de frais et leur chair est délicate. Dans le Praetigau, surtout à Seewis et à Parpan, se trouve une race plus grande et à laine plus fine, qui provient, dit-on, du mélange avec les mérinos. Plus bas, dans la partie méridionale des Grisons, on a essayé de mêler le bergamasque au mouton ordinaire, mais on n'est pas arrivé à un très-bon résultat. Dans le canton de Glaris, l'éducation des moutons était autrefois d'une bien plus grande importance qu'aujourd'hui, où il ne suffit plus même à sa consommation, quoiqu'il en nourrisse encore 10,000. Le mouton du pays est plus grand et de vingt livres plus lourd que celui des Grisons; sa laine est épaisse, un peu frisée et de mauvaise qualité, aussi l'élève-t-on plutôt pour la chair; quelques-uns sont pourvus de cornes, les autres n'en ont pas. Le Tessin en possède 24,000, appartenant soit à la race bergamasque, soit à la race indigène, qui est petite et négligée.

Les pâturages inaccessibles au gros bétail deviennent le partage des moutons pour leur séjour d'été; on les fait monter quelquefois jusqu'à 9000', où ils ne trouvent plus que quelques îlots de verdure perdus au milieu de déserts de glaces et de pierres éboulées, et ce voyage ne se fait pas sans difficulté, car il faut les porter sur le dos ou les tirer avec des cordes, comme cela a lieu près du glacier de Viesch. Le berger qui les garde doit surtout les empêcher de s'égarer sur le glacier, où ils deviendraient aveugles, et il ne lui est pas moins expressément recommandé de les ramener dans le bas avant qu'il tombe de la neige, car si le troupeau est surpris par une tourmente, il se couche par terre et se laisse mourir de faim et de froid plutôt que de quitter la place. Chaque soir, le berger répand sur la terre quelques poignées de sel que ses bêtes lèchent pendant la nuit. Quelques troupeaux sans berger se rencontrent aussi dans les solitudes des Alpes; ils sont presque sauvages et leurs petits deviennent souvent la proie des corbeaux, des aigles et des vautours.

Du reste, le mouton est plus exposé qu'aucun de nos bestiaux aux attaques des animaux de proie. Établis sur les montagnes dès le premier printemps, les vautours viennent souvent les visiter, surtout dans les Grisons et plus particulièrement encore dans les vallées du Bernina, où paraissent fréquemment les vautours de Camogasc. Dans le même pays, les ours leur font encore plus de mal et en tuent quelquefois trente en une nuit. L'année 1854 a été signalée par de nombreux dégâts de leur part; quoiqu'un chasseur en eût détruit quatre, une mère et trois petits, pendant l'été, dans la vallée de Münster, ils se montraient en beaucoup d'endroits. Dans la même vallée, quatre ours ont été surpris jouant sur les pâturages; les forêts de Süs en possèdent au moins huit ou dix, et le Poschiavo et le Praetigau sont aussi témoins de leurs tristes exploits.

Dans le canton d'Appenzell et dans d'autres endroits, un petit nombre de moutons accompagnent généralement chaque troupeau de vaches; cependant dans aucune partie de la Suisse allemande ou française on ne se sert de leur lait, leur chair et leur laine sont seules utilisées. Les moutons aiment les hauts pâturages et un temps sec; quand le temps va se gâter, ils ne se dirigent point vers la plaine comme l'autre bétail, au contraire, ils cherchent à gagner les hauteurs, et en automne ils voudraient s'élever sur les sommets neigeux au lieu de redescendre dans la vallée; aussi faut-il constamment les surveiller et employer la violence pour vaincre l'obstination stupide avec laquelle ils poursuivent leur dessein.

Le propriétaire des moutons donne un franc par bête pour son entretien pendant l'été. Le berger est nourri et reçoit en outre un salaire d'un à deux francs par semaine. Toute sa vigilance n'empêche pas qu'il n'arrive chaque année de graves accidents : c'est quelquefois un malheureux coup de foudre qui frappe tout le troupeau serré en une masse compacte, ou bien une frayeur causée par la présence d'un chien étranger qui les porte à se précipiter dans l'abîme à la suite de leur chef, dont ils imitent tous les mouvements, même sans en connaître la cause; sur le Haut-Messmer un orage de grêle amena ainsi la perte de deux cents moutons. Les voleurs de moutons ne sont pas fort à craindre, car l'horreur qu'ils inspirent est égale à celle qu'éprouvent les Lapons pour les ravisseurs et les tueurs de rennes. On raconte encore aujourd'hui dans les montagnes de Zermatt qu'un voleur de mouton fut changé en bélier et qu'il faisait retentir toute la contrée au pied du Matterhorn de bêlements plaintifs et continuels qui ne cessèrent que quand le prêtre l'eut exorcisé[1].

[1] Le Valais est encore peuplé, plus que toute autre contrée de la Suisse, d'animaux enchantés; à Zermatt, on raconte la légende de l'âne dansant; à Vouvry, celle de la vipère volante; sur les pâturages de Zauchet, on voit le taureau géant; à la Soye, le veau doré de l'empereur Maximin; à Sion, le

L'éducation des moutons pourrait être poussée beaucoup plus loin sur nos hautes montagnes et produire des résultats plus utiles; elle aurait besoin aussi d'être améliorée à bien des égards. L'excellent fumier que donnent ces animaux serait du plus heureux effet sur nos maigres pâturages, et les moutons eux-mêmes s'en trouveraient très-bien, car la vie libre et l'herbe fraîche des hautes Alpes leur conviennent beaucoup mieux que la vie d'étable et la nourriture des vallées. D'un autre côté, ces troupeaux causent de grands dommages à la végétation des hauteurs; ils enlèvent le gazon déjà si court, si faible, si éparpillé, et avant que les plantes aient atteint leur floraison ou qu'elles aient pu se resemer, ils les broutent et les coupent tout près de terre. Ils ne font pas moins de dégâts parmi les jeunes arbres des forêts, où ils vont chercher un refuge contre les orages et les tourbillons de neige; avec l'aide des chèvres, ils arrivent à détruire toutes les jeunes pousses sur d'immenses espaces.

Parmi les animaux domestiques qui peuplent nos hautes montagnes, les moutons bergamasques se distinguent par des particularités intéressantes. Ils montent chaque année des vallées de Brescia et des plaines du Tessin méridional dans les Alpes de l'Engadine, où ils passent l'été. Beaucoup plus grands que le mouton ordinaire, ils ont les jambes longues, la toison blanche, et ils portent haut la tête; leur nez est très-bombé, de leur menton à la poitrine s'étend une sorte de fanon et leurs oreilles sont pendantes. Leur bêlement fort et profond se fait entendre à l'approche de la neige, et les mères appellent leurs petits de cette même voix basse et forte. Des observateurs ont remarqué que cette race est d'une humeur très-mélancolique; ils prétendent même que les jeunes agneaux ne sautent jamais gaiement comme ceux des autres variétés.

cheval à trois jambes et la truie aux yeux verts et louches; à Monthey, il existe un bélier merveilleux; à Sierre, un serpent qui garde un trésor. A Saint-Maurice, quand un des chanoines expire, une truite morte vient à la surface du vivier du couvent.

Chaque année, au moment où commence à se développer la végétation des hauts pâturages de l'Engadine, ces immenses caravanes de grands moutons couvrent les routes qui conduisent des campagnes milanaises vers l'Adda et le lac de Côme; elles s'avancent lentement, s'arrêtant en chemin à tout ce qui les tente. Un berger dirige la troupe, un ou deux autres ferment la marche et de grands chiens maigres, couverts de longs poils, leur aident à faire la police. Ces bergers sont originaires des vallées de Seriana et de Brembana, près de Bergame, dans lesquelles on cultive le ver à soie, mais où les vallons les moins favorisés sont destinés à l'éducation des moutons. Ceux-ci appartiennent à un certain nombre de bergers, la plupart parents les uns des autres, qui forment une association et mènent cette vie nomade de père en fils depuis des siècles. Le chef de la société, qu'on appelle *il pastore,* se rend le premier sur les montagnes pour choisir et louer les pâturages, stipuler les traités et tout préparer pour l'arrivée des troupeaux. Les visages de ces hommes sont quelquefois d'une grande beauté; leur teint bruni par le contact de l'air fait ressortir des yeux pleins de feu et des dents d'une blancheur éclatante; un pantalon et une blouse de laine grossière et un chapeau pointu à larges bords composent tout leur costume, mais quelque misérable qu'il soit, du reste, il se distingue toujours par une chemise d'une propreté remarquable; par le froid ou la pluie, ils s'enveloppent d'amples manteaux blancs. De grands et beaux ânes, assez forts pour porter la charge d'un cheval ordinaire, marchent à la suite du troupeau. Les associés font à tour de rôle la garde des bêtes; pendant que les uns s'en acquittent, les autres se chargent des travaux de la vallée. Le *pastore* seul est toujours exempt de la garde; en revanche, c'est lui qui fait le trafic des bestiaux, qui vend les fromages, etc., mais souvent il prend part volontairement aux travaux de ses compagnons. Quand le printemps est chaud, les troupeaux voyagent pendant la nuit, tandis que le retour, dans les froides semaines d'automne, a lieu pendant le jour. Des chiens admirablement dressés savent tenir en respect un grand nombre de moutons, et les bergers, malgré leur sollicitude, se déchargent sur eux d'une grande partie de la besogne. Les mêmes chemins et les mêmes endroits les revoient chaque année, et chaque fois ils donnent quelque argent aux communes qu'ils traversent, pour les dédommager des dégâts que cause le passage des troupeaux.

Chaque propriétaire de moutons paie pour la location du pâturage une somme proportionnée au nombre de ses bêtes. Celles-ci, arrivées sur la montagne, sont divisées en quatre groupes distincts : d'un côté, les mères et leurs agneaux, puis les moutons destinés à la boucherie, puis les béliers et les jeunes brebis, enfin les brebis à lait qui n'ont pas de petits et quelques mâles. On assigne à chaque groupe un district à part; chacun a aussi son chien et son berger, lequel se construit une petite hutte pour lui quand la hutte principale est trop éloignée pour qu'il puisse l'atteindre chaque soir. Celle-ci se compose de trois parties : la cuisine, la chambre à coucher et la laiterie, qui sert aussi de chambre à provisions; une espèce de cour, destinée à réunir les troupeaux, entoure quelquefois cette petite construction. Ces arrangements faits, la vie du berger n'offre plus aucune variété. Les chiens ne perdent pas leurs troupeaux de vue un seul instant, jamais ils ne s'en éloignent, et si un étranger vient à paraître, ils suivent silencieusement le nouveau venu jusqu'à ce qu'il ait quitté le pâturage: qu'il ait le malheur de s'approcher de trop près des moutons, leur fidèle gardien lui saute dessus et le retient ferme jusqu'à l'arrivée du berger. La nourriture de ce dernier est des plus frugales; quoiqu'il ne soit point pauvre, il se contente de sa polenta cuite à l'eau et faite de maïs ou de millet, puis d'un peu de fromage et de *serret* (résidu du fromage) ; il n'est question parmi eux ni de soupe, ni de pain, ni de beurre, et ils ne boivent que de l'eau et du petit-lait. Leur caractère rude et sauvage se montre sur leur figure, dont l'expression est sombre et annonce la défiance; ils ne parlent que par monosyllabes; les chants si connus des autres bergers ne sortent jamais de leurs lèvres. Toute la journée et la moitié de la nuit se passent à s'occuper de leurs moutons, auxquels ils consacrent les soins les plus assidus, les plus ponctuels, et pour lesquels ils déploient souvent un courage extraordinaire. Ils ne les quittent que pour prendre quelques heures de repos sur une couche de foin, qu'ils dressent sur des pieux de bois ; leurs manteaux leur servent de couvertures, et leurs vestes d'oreillers. Grâce, sans doute, à la régularité de leur vie, on voit quelquefois parmi ces bergers des vieillards de quatre-vingts ans. Il ne leur est pas permis de sortir du plan qui leur est tracé ; chacune des divisions que nous avons indiquées ne peut occuper qu'un certain espace, et le vagabondage n'est jamais admis. Tous les actes de la vie sont marqués d'avance. Le troupeau suit docilement son chef, les moutons pressés les uns contre les autres. Un coup de sifflet bref et perçant leur annonce le départ, tandis qu'un son plus profond ou bien un cri imité de leur bêlement les excite pendant la marche. Le moment du repos arrivé, le berger dispose ses bêtes en cercle et en fait lentement le tour, appelant les retardataires par de brèves intonations. Ces dispositions terminées, le troupeau ne bouge plus que le signal du départ n'ait retenti de nouveau ; jamais le berger ne rencontre chez ses bêtes la moindre résistance et il peut les conduire partout où il lui plaît, dans les endroits les plus écartés et sur les plus petits coins de gazon. Comme elles marchent très-pesamment et toujours en rangs serrés, leur passage fait le plus grand tort à cette fragile végétation, qui ne se relève plus sous leurs pas ; elle est quelquefois détruite pour toujours, d'autant plus que cette espèce mange une fois plus que le mouton ordinaire.

Dans les montagnes de l'Engadine, ces moutons sentent souvent le voisinage d'un loup, d'un lynx ou d'un ours, ils se pressent alors les uns contre les autres, et le chien avertit le berger en aboyant de toutes ses forces. Les autres moutons, au contraire, fuient de tous côtés à l'approche du danger. Les chiens bergamasques, malgré tout leur courage, n'aiment pas se mesurer seuls avec un carnassier ; réunis en nombre, ils l'attaquent vaillamment. Ils ne reculent jamais devant aucune fatigue, malgré l'extrême maigreur où les réduisent leur activité continuelle et leur régime composé uniquement de son, d'eau ou de petit-lait.

On attribue la taciturnité de ces moutons aux nombreux ennuis qu'ils endurent ; souvent pendant des jours entiers, ils sont privés de nourriture et exposés à la neige qui tombe en flocons serrés, n'ayant d'autre ressource que leur consolation ordinaire, qui est de se presser les uns contre les autres ou de se blottir sous un rocher en poussant des bêlements sourds et plaintifs.

Les bergers bergamasques tirent un assez bon parti de leurs bêtes. Dès leur arrivée sur la montagne, les bouchers du voisinage viennent acheter les moutons engraissés et ce commerce dure pendant tout l'été. Deux moutons âgés de trois ans et pesant chacun quatre-vingts à quatre-vingt-dix livres se vendent trente-quatre à quarante francs. Les agneaux sont aussi d'un assez bon rapport, car si ces brebis n'en mettent bas qu'un à la fois, il est du moins très-gros. Le revenu de la laine est également considérable ; la tonte a lieu deux fois par an et la toison d'un mouton pèse trois à quatre livres, mais sa laine est inférieure en qualité à celle du mouton ordinaire, qui en fournit beaucoup moins. On se sert de la laine du mouton bergamasque pour fabriquer les draps grossiers dont on fait les uniformes de l'armée autrichienne, et des couvertures de lit, comme cela se voit à Cluson, dans la vallée de Seriana. Sa chair est dure et fade, mais très-grasse. Quand un mouton périt sur la montagne, on le dépouille, on le sale, on le divise en morceaux qu'on sèche à l'air sur des pieux ou sur le toit de la cabane. Cette décoration constante (souvent vingt à trente morceaux sont suspendus ainsi autour de la hutte) n'est pas d'un aspect très-gracieux, mais du moins, grâce à l'air pur des Alpes qui la préserve de toute pourriture, elle ne répand aucune odeur. Cette viande séchée à l'air se vend en Italie au prix élevé de quatre-vingts centimes la livre, ce qui engage les bergers à acheter les moutons ordinaires qui périssent dans le voisinage.

Ces bergers, appelés les Tessini, parce qu'ils passent l'hiver dans les contrées qu'arrose le Tessin, tirent un grand profit du lait de leurs brebis. Traire ces animaux est pour eux une occupation très-pénible; ils commencent par les enfermer dans un enclos, aux portes duquel se tiennent deux bergers qui tirent à eux la brebis au moment où elle veut sortir et la traient avec deux doigts. Le lait se passe à travers un linge. Une bonne brebis ne donne que cinq à six cuillerées de lait par jour. Aussi trois cents de ces bêtes ne fournissent que le quart du lait nécessaire pour remplir la chaudière; les trois autres quarts se composent de lait de vache ou de chèvre. Il n'entre donc qu'une bien petite quantité de lait de brebis dans les fromages de deux livres qu'on vend sous le nom de fromages de brebis; mais c'est peut-être précisément le mélange des laits qui leur donne un excellent goût. Le fromage étant séparé, on obtient la *puina* ou serret doux, qu'on fait dégoutter dans de petits sacs de toile. Ce serret est très-gras et très-doux, et se mange dans les Grisons comme une grande friandise, mais il fermente facilement et n'est plus aussi bon lorsqu'il est salé. Le premier serret séparé, on forme avec le petit-lait aigre et un peu de lait frais, qu'on verse par-dessus, un second serret passablement aigre, dont les bergers et les chiens se nourrissent, ainsi que du dernier petit-lait. Avec le contenu d'une chaudière, on fait six à huit fromages pesant deux livres à deux livres et demie, et douze ou seize serrets d'une demi-livre ou de deux tiers. Cette industrie ne se voit nulle part en Europe que dans les Grisons; malheureusement elle paraît être sur son déclin, parce que, à ce que nous ont assuré les bergers bergamasques eux-mêmes, les brebis rapportent toujours moins de lait. On rencontre aussi beaucoup moins ces couples de beaux et grands ânes dont nous avons parlé. Les bergers les remplacent de nos jours par des ânes fatigués qui ont besoin d'une bonne saison d'été et qu'ils vont chercher dans la Lombardie au nombre d'une à deux douzaines. Ils les montent pour se rendre dans la vallée, quand ils y sont appelés par quelque affaire, et c'est un spectacle singulier que celui de ces nobles et martiales figures affublées de leurs chapeaux pointus et de leurs manteaux blancs, descendant ainsi tranquillement la montagne sur leur joyeuse monture.

Septembre arrive enfin au milieu de ces occupations et de ces fatigues; c'est le moment où le *pastore* paie ponctuellement le prix convenu et où les troupeaux, devenus plus vigoureux, reprennent leur marche; les ânes les suivent, chargés des couvertures de lit et des ustensiles, au-dessus desquels se dresse la chaudière de la polenta, avec la poche qui sert à la remuer. A un jour fixe, ils se retrouvent tous ensemble à Burgofesio, où on les dépouille de leur toison; chaque mouton étant marqué à l'oreille d'après le signe distinctif de son troupeau, il ne se fait pas de mélange. Ils descendent ensuite dans les plaines du Piémont ou dans le voisinage de Brescia, de Crema et du bas Tessin; les bergers y louent de vastes champs, dans lesquels ils établissent leurs troupeaux en suivant les mêmes divisions que sur la montagne, et les chiens recommencent leur garde. Il est très-rare qu'ils passent l'hiver dans une étable. Le gouvernement loue pour une somme considérable l'exploitation du salpêtre que laisse le fumier des moutons, et accorde en retour aux bergers la jouissance de quelques champs et de quelques pâturages. Quelques propriétaires en font autant et acquièrent, par ce procédé, le titre de *patroni* et des serrets en présent. Les moutons bergamasques, étant habitués à la vie la plus dure, sont beaucoup moins sujets aux maladies que ceux de la plaine, vivant dans des écuries où règnent une grande malpropreté et un air étouffé. Leur maladie principale est la rogne, contre laquelle les Tessini, qui mâchent presque tous du tabac, emploient la chique avec succès. Quand ces animaux se cassent une jambe ou se font une plaie, ils se lèchent pendant quelque temps la place malade, et ce traitement, joint à leur saine nature, les guérit avec une rapidité surprenante. 30 à 40,000 moutons bergamasques passent ainsi l'été dans les montagnes des Grisons; ce sont celles de Misocco, de Bregaglia, de Poschiavo, d'Engadine, de Rheinwald, de Stalla et d'Avers qui en nourrissent le plus[1]. Les bergers paient 34 à 36,000 francs de location, ce qui, joint aux frais de voyage et de péage, élèvent leurs dépenses à plus de 50,000 francs. Environ mille moutons passent l'été sur les pâturages du Splugen; leurs bergers se chargent en même temps de l'entretien de cent à cent cinquante chevaux, dont les propriétaires leur paient une somme presque égale aux 400 florins que leur coûte la location de ces pâturages, en sorte que leur bétail est nourri à peu près pour rien. En 1851, les Alpes rhétiques donnèrent asile à 28,521 pièces de bétail étranger; dans ce nombre on comptait 24,191 moutons. Il serait heureux pour le pays que ces invasions diminuassent beaucoup, car les alpes et les forêts, où ces animaux se réfugient dans les mauvais jours, en souffrent extrêmement; d'ailleurs, les Grisons pourraient, en exploitant eux-mêmes leurs montagnes, en tirer un parti bien plus avantageux qu'en en laissant la jouissance à des étrangers. Il paraît, du reste, qu'ils n'y songent guère, car les troupeaux de moutons tyroliens à laine courte et de couleur bigarrée viennent se joindre aux Tessini; nous en avons rencontré dans la basse Engadine et sur l'Ofenberg. Il faudrait, il est vrai, que les bergers des Grisons se soumissent au genre de vie sobre et rude que mènent leurs confrères italiens, et c'est à quoi ils ne sont point disposés, comme nous avons pu nous en convaincre en passant du côté méridional du Panix. Nous avons vu là des bergers nationaux qui ne se font pas faute de mouton bouilli ou séché; aussi les propriétaires des troupeaux qu'ils gardent se plaignent de voir disparaître un grand nombre de leurs bêtes. Les habitants des Grisons ont essayé, comme je l'ai dit, de croiser les bergamasques avec les

[1] Cela se passe ainsi depuis plusieurs siècles. Un décret de 1570 déclare que les bergers bergamasques doivent payer le tribut. Güler écrit qu'en 1507 le roi de France avait confirmé, comme duc du Milanais, le droit des *Vicedomini* dans la Valteline de prélever un mouton sur cent de ceux qui venaient de la Lombardie.

moutons indigènes, mais il n'en est résulté qu'une race à longues jambes, à chair et à laine grossières, qui ne leur faisait pas honneur.

Il y a peu de chose à dire sur le rôle que jouent les prosaïques porcs dans la vie des Alpes, car ils ne quittent presque jamais leur étable, appelée *Trill*, et ne se font remarquer que par l'ennui qu'ils causent aux voyageurs et aux fruitiers, dont ils troublent le sommeil par des concerts barbares.

Chaque troupeau de vaches est suivi d'un certain nombre de cochons, un vieux et un jeune pour quatre vaches. On les nourrit du petit-lait qui reste; il ne les engraisse guère, mais ils n'en deviennent pas moins grands et vigoureux, et l'argent que les fruitiers en retirent est souvent le seul profit que leur rapportent toutes les peines de la saison. Quand on ne fait pas de fromage gras, mais du beurre, on leur donne le lait de beurre, qui leur convient à merveille et les fait prospérer rapidement. La plupart des cochons de Lucerne et de Zug sont blancs; ceux de Schwitz, de Glaris et des Grisons sont plutôt roux, ainsi que ceux du Tessin, dont la petite race de Blegno a une chair très-fine; ceux d'Uri sont tout noirs ou noir tacheté de roux; ceux de l'évêché de Bâle, du Valais et de l'Oberland sont presque tous noirs. C'est dans le canton de Lucerne qu'on élève le plus de porcs. Les montagnes des Grisons en possèdent une race à part, à laquelle on fait suivre le même genre de vie qu'aux chèvres et aux moutons. Comme ceux-ci, on les mène paître en été sur les hauts pâturages, et on ne les nourrit en hiver qu'avec du foin et du regain, sans y ajouter ni petit-lait, ni son, ni pommes de terre, ce qui compose partout ailleurs leur nourriture ordinaire. Ils sont très-petits et d'un poids léger, mais on les engraisse facilement, et leurs jambons sont excellents. Les cochons noirs de la Valteline appartiennent à la race de Lodi, et arrivent au poids énorme de quatre à cinq cents livres; ils offrent donc un grand avantage sur les porcs oberlandais. Les pesants cochons chinois ou anglais se trouvent çà et là dans les Grisons et la plupart des autres cantons, mais ils ne peuvent pas vivre dans les Alpes. Les habitants des Grisons se servent avec succès, pour engraisser leurs porcs, de la rhubarbe des Alpes, *rumex alpinus*, qu'ils cuisent et font réduire dans l'eau. Cette plante croit en abondance dans les Alpes, sur le terrain gras qui entoure les huttes, mais le bétail ne la mangeant pas crue, elle ne peut être utilisée que de cette manière. — Les cochons ne sont mis en contact avec la région des neiges qu'en traversant les hauts passages, où ils sont quelquefois surpris par le froid et la faim. Ils s'en tirent toujours mieux qu'on ne s'y attendrait. Un troupeau assez nombreux de jeunes cochons fut arrêté une fois, sur le passage du Panix, par une tombée de neige, qui les força à passer deux fois vingt-quatre heures sous un rocher, sans aucune nourriture ; cet accident ne causa la mort que de deux de ces animaux.

IV. LES CHEVAUX.

Éducation du cheval en Suisse. — Races diverses. — Les chevaux de somme dans les passages de montagne. — Anes et mulets.

Les chevaux ne restent pas étrangers à la vie animale des hautes Alpes, car ils y remplissent deux rôles différents : tantôt on les rencontre sur les rudes sentiers des cols et passages, au service des montagnards et des voyageurs; tantôt on les voit paissant en grandes troupes dans les pâturages des zones moins élevées. Y a-t-il jamais eu chez nous des chevaux sauvages? Nous avons vu dans la liste que le moine Ekkehard dresse des viandes apportées sur la table du couvent de Saint-Gall, l'an 1000 avant Jésus-Christ, que la chair d'un animal appelé « cheval sauvage » y figurait aussi. Strabon et quelques autres racontent, en effet, que l'on voyait alors des chevaux sauvages dans les Alpes; mais ils avaient disparu au temps de Pline, et plus tard on n'en parle plus. On peut donc croire que ceux que l'on mangeait au couvent étaient seulement retournés à la liberté depuis quelques générations, ainsi que le « bœuf des forêts »; on les chassait sans doute comme le gibier.

La Suisse possède une race de chevaux plus ou moins particulière et qu'il est assez difficile de caractériser : elle se distingue de celles de la Souabe et de l'Allemagne du Nord par une charpente plus forte, le poitrail et le croupion plus larges, plus de force et de persévérance dans le trait. La pesanteur de leurs allures ne les rendant pas propres à la selle, ils n'en sont que meilleurs pour la voiture, surtout la belle race du canton de Fribourg et de l'Emmenthal. Dans cette vallée, ainsi que dans le canton de Schwitz, on est parvenu à élever d'excellents chevaux de selle par le croisement avec des étalons espagnols et allemands. On conduit en France, dans les environs de Lyon, pour le hâlage des bateaux, les vigoureux chevaux de Fribourg, préférés pour ces travaux à ceux de la Bourgogne.

Il y a quelques cantons où l'éducation du cheval prospère et où l'on en élève plus que le pays n'en emploie; c'est surtout celui de Soleure, dont le gouvernement encourage beaucoup ce genre d'industrie; puis ceux de Berne, d'où les beaux coursiers de l'Emmenthal vont en France et à Milan, traîner les plus riches équipages; de Schwitz, où les chevaux du couvent d'Einsiedlen étaient si fameux au seizième siècle qu'ils allaient en Allemagne et en Italie figurer dans les étables des princes et des ducs, et où l'on en rencontre encore avec la belle encolure du cygne; d'Unterwald et enfin de Glaris, où toutefois cette éducation difficile va en déclinant. Autrefois ce dernier canton envoyait annuellement 200 à 300 chevaux à la foire de Lugano, et aujourd'hui il n'y en conduit presque plus. Dans le pays de Saint-Gall, c'est à Gaster, dans les anciennes seigneuries de Sax et de Werdenberg, que l'on élève le cheval; dans le canton d'Appenzell, c'est dans les Rhodes intérieures et sur les montagnes d'Urnæsch; dans les Grisons, au Prætigau, au Rheinwald, à Maienfeld, Zizers, Igis, et entre Reichenau et Tavetsch. Nulle part, du reste, cette industrie ne s'exerce en grand, parce que les pâturages communaux sont généralement trop mauvais pour servir au développement et à l'embellissement de la race. Celle-ci dépend aussi beaucoup, cela va sans dire, de l'espèce de l'étalon.

Dans nos Alpes, on réserve aux chevaux les endroits humides, d'un herbage acide, que le bétail n'aime pas. Ils circulent joyeusement et sans surveillance dans leurs domaines, qui ne doivent pas être situés sur des pentes trop rapides; du reste, on leur enlève les fers de derrière dès qu'ils arrivent sur la montagne. Pendant l'été on se sert très-peu des chevaux dans le canton d'Appenzell, et on leur abandonne tout le terrain vague des hauteurs. Quand le gazon est complétement tondu, ils courent de nuit, quelquefois à plusieurs lieues de distance, regagner leur écurie, et pour cela ils franchissent haies et fossés. Ils aiment extraordinairement la vie indépendante des Alpes : nous avons vu des chevaux, retenus dans la vallée, s'échapper lestement et regagner le pâturage où ils avaient passé un été ; on est même obligé quelquefois de les vendre au loin, parce que le souvenir qu'ils gardent de la montagne est si vif qu'ils profitent de toutes les occasions de s'enfuir pour y retourner. Quelque temps avant de les faire descendre des Alpes, on leur donne journellement un peu de sel, pour rendre le poil plus fin, plus noir et plus luisant, mais on ne les soumet jamais à l'étrille dans la montagne. On compte dans le canton de Glaris qu'un cheval adulte mange quatre bottes de foin par jour, c'est-à-dire autant que quatre vaches, et son entretien coûte pendant l'été environ 25 francs ; les poulains qui tètent ne paient pas. Les chevaux de pesante race ne sont pas propres à la pâture et ne peuvent y être envoyés que tout jeunes. Pendant l'hiver, les chevaux des contrées montagneuses ont la rude besogne de descendre le bois coupé dans les forêts sauvages et rapides. On ne se sert pas du traîneau, mais les grosses poutres sont tout bonnement attachées à un timon, que le cheval traîne courageusement sur son raide sentier, galopant quelquefois par les pentes les plus rapides, et montrant partout une prudence et une force musculaire admirables. On ne leur donne pas d'avoine tant qu'ils sont dans la montagne, car le foin aromatique, menu et fortifiant des hauteurs, qui ne doit même leur être distribué qu'avec mesure, remplace à merveille le grain, et les maintient forts, gras et dispos.

La Suisse emploie encore beaucoup de chevaux au commerce de transit, et, avant que les belles routes de nos Alpes fussent construites, ils étaient les seuls moyens de communication entre les pays limitrophes. Chargés de quatre seaux de beurre ou de fromage, et recouverts d'une toile cirée bigarrée, ils avancent d'un pas lent et sûr sous leur pesant fardeau, le long d'un sentier souvent aussi étroit que la main. Étant habitués dès leur jeune âge aux pentes alpestres, ils accomplissent ces tours d'adresse avec une précision et un sang-froid dont un coursier de la plaine serait incapable. Dans les vallées, leur conducteur se perche encore par-dessus les seaux de beurre et galope en *yolant* à travers les villages.

Il nous reste encore à parler de ces chevaux de montagne, à grosse charpente, qui transportent d'une façon si remarquable les marchandises et la poste à travers les cols les plus fréquentés des Alpes. On sait qu'en hiver toutes ces belles routes sont couvertes de plusieurs toises de neige et que le passage s'opère, en montant et en descendant, par le moyen de courts zigzags tracés dans la neige. Chaque voyageur, bien enveloppé de son manteau, est placé sur un petit traîneau accompagné d'un postillon qui doit guider la frêle machine sur cette route inégale. Avec une force merveilleuse, le cheval retient au-dessus de l'abîme le traîneau toujours près de s'y élancer, et, selon les circonstances, il appuie tantôt sur la droite et tantôt sur la gauche du chemin. Si le véhicule vient à verser, le prudent animal se cramponne dans la neige et attend patiemment qu'hommes et bagages aient repris leur place. Sans lui, sans son intelligence, le passage des montagnes serait impossible en hiver, car sa prudence est aussi remarquable que sa force, sa patience, son courage. Nous avons vu un de ces chevaux dont le traîneau, sorti de son ornière de neige, pendait déjà au-dessus de l'abîme, se coucher du côté de la montagne pour faire contre-poids et attendre tranquillement que le mal fut réparé. Il arrive quelquefois des accidents dans ces expéditions d'hiver, et nous en avons appris un triste exemple dans le Poschiavo. Un homme fort à son aise transportait un jour avec ses douze chevaux du vin de la Valteline par le passage du Bernina. Le voyage se faisait suivant l'usage : le premier quadrupède muni de la cloche, le second du collier à sonnettes, tous portant des musclières de bois et, de chaque côté, des tonneaux plats. A un froid piquant succéda un tourbillon de neige, qui couvrit sentier, bêtes et conducteur. Celui-ci succomba bientôt et on le trouva gelé et raide au milieu de la neige. Les chevaux quittèrent le zigzag et se dirigèrent vers un chalet où ils avaient séjourné pendant l'été. Ils réussirent à le retrouver, franchirent les palissades et enfoncèrent la porte ; la moitié seulement put entrer dans l'intérieur, car les tonneaux s'étant entassés derrière eux, en tombant au seuil, fermèrent le passage au reste de la troupe, qui succomba bientôt au froid et à la neige ; ceux de l'intérieur résistèrent plus longtemps, mais ils finirent d'une manière plus misérable encore et par les tortures de la faim. On vit, quand on les retrouva, qu'ils avaient rongé le cuir de leurs harnais et dévoré la paille qu'ils contiennent.

On n'élève de mulets que dans le Valais et le Tessin, où l'on n'emploie guère de chevaux. Ils servent surtout au passage des montagnes ; leur patience et la sûreté de leur pas les rendent très-utiles. Le col du Gries (7340'), dans la vallée de Formazza, n'est fréquenté, en général, que par des mulets. Les ânes se rencontrent surtout dans la Suisse française et italienne et dans le Tessin, au delà du Cenere. A l'exception des bergamasques, dont nous avons déjà parlé, on en voit peu dans la montagne. Dans le Valais, les habitants font à cet animal déprécié et méconnu l'outrage de le compter parmi les spectres et les épouvantails du pays.

V. LES CHIENS DES MONTAGNES.

Les chiens du chalet. — Les bâtards. — La rage. — Chiens de chasse et gibier des Alpes. — Chiens de berger. — Beloch ou le chien bergamasque. — Les dogues du Saint-Bernard. — Climat et température de l'hospice. — Mort causée par le froid. — Le service de sauvetage. — Activité et fonction des dogues. — Le fidèle Barry.

Nous sommes arrivé au bout de notre galerie de portraits et de tableaux de genre, représentant dans leurs détails et leur ensemble les animaux de nos montagnes suisses et la vie qu'ils y mènent ; il ne nous reste plus, pour terminer nos peintures, qu'à tracer celle du compagnon fidèle de l'homme, qui, montrant partout la même sagacité, la même persévérance, ne l'abandonne ni sous le soleil brûlant de l'équateur, ni dans les solitudes glacées du Nord, et qui partage encore avec lui les hasards et les travaux pénibles de la vie des Alpes.

Nous n'avons point à nous occuper de toutes les races de chiens qui se trouvent en Suisse dans les villes et la plaine, et où l'on pourrait, sans doute, rencontrer aisément tous les genres possibles, depuis les chiens d'Égypte et de Bologne jusqu'au fin levrier et au robuste animal de Terre-Neuve; nous ne parlerons que des chiens de montagne, dont nos Alpes possèdent quelques espèces remarquables et intéressantes.

Dans beaucoup des troupeaux de nos Alpes se voit un chien appelé chien du chalet ou du fruitier, et, en effet, quand le voyageur s'approche de la cabane du pâtre, la première voix qu'il entend est l'aboiement sonore et clair de l'animal qui en garde l'entrée, et auquel se mêle bientôt le grognement doucereux des porcs, qui se roulent en famille dans la boue réchauffée par le soleil. Les bergers aiment cette race du chien-loup, dont la soie est courte, de différentes couleurs, et qui sont également propres à conduire, à garder les troupeaux, ou à faire sentinelle à la porte du maître ; ces animaux vigilants et fidèles l'accompagnent aussi quand il va porter sa charge de lait à la ville ou dans la vallée. On dit qu'ils aiment à s'accoupler avec les renards des montagnes et que leurs bâtards sont faciles à reconnaître à leur gueule noirâtre, leur fin museau et leur tête pointue; il est certain, en tout cas, que les chiens de la montagne prennent souvent de renards enragés cette horrible maladie qui se manifeste par une hydrophobie tantôt furieuse, tantôt tranquille. Le chien malade paraît inquiet, repousse la nourriture, sa voix s'enroue et s'épaissit, sa queue traîne et souvent les jambes de derrière lui refusent leur service. Quelquefois on le voit courir le pays la langue pendante et couverte d'écume, tournant rapidement sur lui-même, ou franchissant en aveugle d'immenses espaces, prêt à mordre tout ce qui s'oppose à sa course; il succombe entre le huitième et le neuvième jour. Cette maladie si fatale, connue déjà chez le renard, provient vraisemblablement de ce que l'animal n'a pu s'accoupler.

On tient peu de chiens de chasse dans les hautes régions, car les tétras et les lièvres des Alpes s'atteignent et se tirent sans leur concours, mais il n'est pas vrai que les chiens soient incapables de poursuivre le chamois et qu'on ne puisse les employer à cette chasse. Ce n'est que sur les glaciers ou dans les hautes roches qu'on ne peut songer à les prendre avec soi; mais dans les Alpes inférieures, où les troupes de chamois trottent dans les forêts, nous en avons employé avec le plus grand succès. Leur rôle varie sans doute suivant les localités. D'ordinaire, les chasseurs se mettent en embuscade dans les endroits par où l'on suppose que les chamois prendront la fuite, et que l'on choisit d'après ce principe connu qu'ils descendent vers la vallée quand la température est froide, mais que d'ordinaire ils s'élancent vers les hauteurs.

Une fois les postes choisis, le piqueur partant du côté opposé et accompagné de la meute, se met à lever doucement le gibier, et ne lance les chiens que sur l'animal lui-même ou sur une piste toute fraîche; les chamois s'aperçoivent-ils de l'approche de leurs persécuteurs, ils les laissent venir assez près, par une sorte de curiosité, puis ils frappent vivement le sol de leurs pieds de devant (mouvement que font aussi les lapins quand ils sentent le chien) et ils prennent lentement le large en choisissant des chemins qu'ils savent impraticables à la meute et où elle devra renoncer à les poursuivre. Quelquefois cependant, emportés par l'ardeur de la chasse, les chiens se laissent entraîner dans des positions dangereuses; ainsi, dans le canton de Glaris, deux excellents levriers s'élancèrent sur une corniche très-étroite, d'où ils ne purent ni redescendre, ni monter plus haut. Enfermés sur cette roche inaccessible à tout secours humain, où l'on ne pouvait ni les tuer, ni les sauver, on entendit pendant huit jours, sur la montagne et dans la vallée, leurs aboiements plaintifs et interrompus; le neuvième jour, un seul hurlait et gémissait encore; le soir tout était tranquille. Le chien est incapable, en effet, d'atteindre le chamois à la piste, mais il peut se rendre fort utile au chasseur, en le lançant dans la direction la plus favorable et en le poursuivant quand il est blessé. On ne doit cependant l'employer qu'avec mesure, puisque ce gibier diminue déjà considérablement, et se montre d'une extrême timidité. Aussi les chiens ont-ils été défendus dans l'Engadine, et le chasseur y tue sans sourciller tous ceux qu'il rencontre à la poursuite du chamois. Ils sont, au contraire, très-propres à la chasse du renard, surtout pour le lancer sous le coup du chasseur placé en embuscade à l'entrée du terrier. Les chiens bassets peuvent aussi s'employer contre les blaireaux et les renards; ils deviennent superflus quand il s'agit des lièvres blancs, qu'un chasseur un peu agile préfère poursuivre et lever lui-même, ainsi que les coqs de bruyère, tétras et autres gallinacés qui se cachent dans les pierres et les éboulis, où le chien d'arrêt a peine à les surprendre. On trouve souvent chez nous de très-bons chiens de chasse; ils ont d'ordinaire le crâne fortement bombé, les yeux obliques, les oreilles pendantes, le train très-fort, la queue à demi-recourbée, le poil court, tantôt foncé, tantôt clair, quelquefois tacheté de brun; leurs descendants bâtards ne sont pas moins excellents. Ils sont assez mal dressés, mais ils brillent par leur persévérance à dépister le gibier; les ravins, les labyrinthes de rochers, rien ne les arrête, et ils courent souvent pendant dix et douze heures sur les traces des lièvres. De bons coureurs dépassent quelquefois le renard et l'égorgent avant l'arrivée de leur maître. Les braques, accoutumés aux plaines, ne valent rien pour la montagne. Les chiens de couleur claire y changent de poil pour l'hiver et deviennent instantanément plus foncés; on voit les jambes, la poitrine et le ventre blancs se grisailler après quelques chasses, comme si on les avait poudrés de cendre, ou bien se noircir et se charbonner, sans que l'on puisse comprendre la cause de ce changement de couleur. Les chasseurs prétendent qu'il a lieu par les grands froids et un ciel serein, mais qu'il annonce infailliblement un adoucissement de la température ou l'approche de la neige et de la pluie.

Nous avons vu un trait fort intéressant de l'incroyable persévérance des chiens de chasse. Le héros de l'histoire, d'origine tellement croisée qu'on ne pouvait remonter à la souche primitive, exercé depuis longtemps à la chasse du renard, partit un dimanche soir à la poursuite d'un de ces animaux dont le terrier devait se trouver dans les forêts d'Ebenalpstock. Nous nous mîmes en route avec le reste de la meute sans plus penser à Phylax, et plusieurs jours se passèrent sans qu'on le revît. Le mercredi, on commença à le chercher et on le découvrit dans le terrier du renard, où deux rochers tournés vers l'intérieur lui avaient permis de s'introduire, mais lui fermaient la sortie. Chien et renard réunis au fond de ce boyau, se mesuraient des yeux en grinçant des dents. On se mit en devoir d'ouvrir un passage au chien, qui, s'élançant du trou, courut s'abreuvoir à une flaque d'eau, et retourna précipitamment dans la tanière tenir « maître renard » en arrêt. Une baguette de coudrier adroitement tournée autour de celui-ci, permit de le tirer de son trou et de l'assommer; de cette façon le chien fut relevé d'une poursuite et d'un jeûne non interrompus de cinq jours et demi; pendant tout ce temps il n'avait sans doute pas cessé un instant de veiller ni de gronder, en dépit d'une forte morsure qui lui partageait le museau. Quatre semaines plus tard, cet animal vraiment héroïque servait à découvrir et à sauver un homme égaré et déjà demi-mort.

On ne retrouve guère le vrai chien de berger que dans les Grisons et parmi les troupeaux bergamasques ; on sait que ces excellents animaux ne reculent ni devant le loup, ni devant l'ours, quand il s'agit de défendre leurs moutons. Nous avons déjà parlé de leur vigilance vraiment extraordinaire, ainsi que de leurs soins et de leur sagacité, mais on nous permettra de raconter encore une petite aventure que le maître de l'animal, qui en fut le héros, ne redit jamais sans émotion et sans reconnaissance.

Le médecin J. Andeer de Guarda (dans l'Engadine) fut appelé une nuit au secours d'une malade. Il faisait un beau clair de lune, mais un froid très-piquant, lorsque le docteur, accompagné de l'exprès, monta sur son traîneau et se mit en voyage, suivi de son chien bergamasque, Beloch, dont il connaissait la prudence et le courage. Le traîneau emportait rapidement nos voyageurs, et ils avaient atteint la gorge de Cotza, lorsque le chien, qui courait toujours à côté du cheval, fit un bond immense par-dessus une haie touffue qui bordait le chemin et derrière laquelle se mouvait un animal qu'ils prirent pour un renard. Ils ne revirent le chien qu'au moment où le véhicule arrivait lentement au haut de la côte de Quartins : là il se plaça devant son maître, se dressant de toute sa hauteur, les poils hérissés, grinçant des dents et hurlant contre un loup, dont les yeux enflammés brillaient à travers le feuillage. Le cheval s'arrêta de frayeur, tandis que le chien et le loup se mesuraient avec des regards furieux. Le médecin et son compagnon s'aperçurent alors qu'ils couraient un danger véritable, et, n'ayant ni l'un ni l'autre d'armes pour se défendre, ils songèrent à s'enfuir au plus vite ; ils fouettèrent leur cheval, et le traîneau vola bientôt sur le chemin avec la rapidité de la flèche, mais le chien et le loup, courant avec la même vitesse, l'un en dedans, l'autre en dehors de la haie, étaient toujours à côté du traîneau ; par moments, la bête affamée prenait son élan et voulait sauter par-dessus la barrière de feuillage ou le mur qui la séparait de sa proie, mais chaque fois le valeureux chien se trouvait à la brèche, prêt à le recevoir avec un vigoureux coup de dent. Cette course effrayante dura une demi-heure et se prolongea jusqu'à l'église de Lavin, où le loup, découragé, retourna dans la montagne avec des hurlements furieux. Les voyageurs, sauvés de cette affreuse position, réveillèrent l'hôtelier du village pour se faire servir quelque rafraîchissement et se fournir d'armes, et ils remarquèrent avec attendrissement que Beloch, toujours inquiet, ne voulut point manger son morceau de pain tranquillement dans l'auberge, mais qu'il le porta dans sa gueule devant le cheval, pour être prêt à le défendre, si le loup recommençait sa chasse.

Nous avons encore à parler de cette race de nos chiens de montagnes qui est connue dans toute l'Europe ; on comprend qu'il s'agit des dogues du grand Saint-Bernard[1].

Ces chiens du *Saint-Bernard* proviennent, suivant quelques personnes, d'un croisement d'un dogue anglais avec un chien d'arrêt espagnol, mais il paraît plutôt qu'ils descendent d'un chien danois, que le comte Mazzini, de Naples, ramena du Nord et qui, en s'accouplant avec un chien de berger bergamasque, devint le père de cette race valeureuse. Les chiens du Saint-Bernard sont de grands animaux remarquables par leur force, leur longue soie, leur museau court et large, leur sagacité et leur fidélité. Pendant bien des générations successives, le type s'est

[1] On garde aussi sur le Saint-Gothard, le Simplon, le Splügen, la Grimsel et la Furca des chiens de Terre-Neuve ou leurs bâtards, qui dépistent admirablement l'homme ; les habitants des hospices assurent partout que ces animaux sentent à une lieue de distance l'approche d'un voyageur, surtout en hiver, et l'annoncent en allant et venant avec inquiétude.

conservé intact et toujours le même, mais il en a tant péri par les avalanches et les dangers de tous genres auxquels ils sont exposés, qu'ils sont près de s'éteindre. Leur patrie est l'hospice du Saint-Bernard, situé sur un col de montagne excessivement triste. L'hiver y règne huit ou neuf mois consécutifs, pendant lesquels le thermomètre descend souvent à 27° R., et même au milieu de l'été, l'eau s'y change chaque soir en glace; durant toute l'année on n'y jouit pas de dix journées tranquilles et exemptes de la sombre apparition des tempêtes, des tourbillons neigeux ou des lugubres brouillards; la température moyenne y est inférieure à celle du cap Nord. Ce n'est qu'en été qu'il y tombe de gros flocons de neige; en hiver on n'y voit que des cristaux de glaces fins et légers, si menus que le vent les fait pénétrer par les plus petites fentes des portes et des fenêtres. La tempête les amoncelle, surtout dans les environs de l'hospice, en murailles mobiles, de 20 à 30 pieds de haut, qui couvrent les sentiers et les ravins et qui sont toujours prêtes à se précipiter en avalanches à la moindre secousse qui ébranle leurs atomes.

Cet antique passage fut connu et pratiqué dès les temps les plus reculés, car, s'il n'a pas servi aux bandes d'Annibal, diverses peuplades anciennes le traversèrent dans son état le plus sauvage, avant qu'Auguste en fît la grande route de ses armées et que l'empereur Constantin y dressa ses pierres milliaires; il fut ainsi tour à tour escaladé et traversé par les Romains sous Cæcinna, les Longobards, les Francs, les Allemands, et on y voit encore de nos jours quelques restes d'un temple qui était consacré à Jupiter Pennin, et en l'honneur duquel les Romains appelaient cette montagne *Mons Jovis*. Quelque fréquenté que ce col ait donc toujours été, ce n'est que dans la belle saison, par le temps le plus serein, qu'on peut le franchir sans inquiétude; par l'orage ou le vent, et en hiver, quand la neige recouvre les crevasses et les ravins, il présente au voyageur étranger des chemins aussi dangereux que fatigants. Chaque année il semble exiger un certain nombre de victimes, comme quelques déesses cruelles de l'antiquité, et on les conserve et les expose dans une morgue particulière. Quelquefois une avalanche engloutit le pèlerin; tantôt il tombe dans une crevasse, tantôt le brouillard l'enveloppe, lui fait perdre sa route, et il meurt de faim et de fatigue dans un endroit désert; il peut aussi succomber au sommeil dont on ne se réveille plus, car tous ceux qui voyagent sur ces hauteurs par un grand froid y éprouvent presque généralement un besoin irrésistible de s'endormir. Le froid, la fatigue, la solitude, la monotonie de la contrée, engourdissent l'activité du cerveau. Le sang s'arrête dans les vaisseaux capillaires, et la circulation se ralentit dans le reste du corps, jusqu'à ce qu'elle cesse entièrement, d'abord dans les membres et enfin dans le cerveau; le malheureux succombe alors, enveloppé d'un sommeil doux et paisible. Une volonté très-énergique peut seule opposer une résistance efficace à cet engourdissement fatal, qui surprend le voyageur dans les positions les plus diverses; ainsi les moines de l'hospice trouvèrent en 1829 un homme au milieu du chemin, droit, le bâton en main, la jambe levée, il paraissait vivre et marcher, et pourtant il était mort et glacé. Un peu plus loin l'oncle de ce voyageur dormait du même sommeil.

Le voyageur se raidit et se glace,
Son souffle se blanchit sur ses lèvres.
Une clochette au son léger et doux
Retentit au loin près du lac alpestre;
Le chemin creux descend une pente rapide;
Entre les aiguilles élancées des roches
Se montre l'ardoise noirâtre du cloître béni,
Ornée de la grande croix blanche.

Sans l'activité chrétienne et le dévouement des moines du Saint-Bernard, ce passage ne serait praticable que quelques semaines de l'année. C'est depuis le huitième siècle déjà qu'ils se consacrent à la sécurité et au salut des voyageurs, dont l'entretien coûte annuellement environ 50,000 francs et se fait toujours gratuitement. Ces grands bâtiments de pierre, où le feu hospitalier ne s'éteint jamais, peuvent recevoir à la fois quelques centaines de personnes et contenir des provisions en rapport avec cette nombreuse population. Mais ce que le couvent offre de plus rare et de plus intéressant, c'est le service de sûreté dont les chiens sont les principaux acteurs. Chaque jour, deux domestiques du cloître visitent les passages les plus dangereux des sentiers, l'un en partant du dernier chalet d'en bas, l'autre en venant du haut. Par les temps d'orage ou d'avalanche, ce nombre est triplé, des religieux se joignent aux «maronniers», accompagnés de chiens, et munis de pelles, de perches, de civières, de sondes et de différentes boissons fortifiantes. On suit sans relâche toute trace suspecte, les signaux retentissent continuellement et l'on observe de près les chiens dressés à connaître la piste de l'homme. Leur instinct leur fait d'ailleurs entreprendre des courses volontaires et souvent fort longues le long des ravins et des abîmes de la montagne. S'ils trouvent un homme gelé, ils retournent vers le cloître en courant avec une rapidité extraordinaire, aboient de toutes leurs forces et conduisent les moines vers le malheureux voyageur. Quand ils rencontrent une avalanche, ils la flairent longtemps pour s'assurer qu'elle n'a recouvert personne, et s'ils remarquent quelque trace humaine, ils la fouillent avec leurs ongles vigoureux, leurs pattes musculeuses, jusqu'à ce qu'ils aient découvert le pèlerin enfoui. S'ils n'y parviennent pas, ils vont chercher du secours à l'hospice. On leur attache d'ordinaire au cou ou sur le dos une petite corbeille d'aliments, une gourde de vin et des couvertures de laine. Le nombre de ceux qu'ils ont sauvé est très-grand et s'enregistre soigneusement dans les annales de l'hospice. Le plus célèbre de ces animaux fut le fameux Barry, dont la fidélité et le courage ont sauvé plus de quarante personnes, et dont le zèle était vraiment extraordinaire. S'il s'annonçait de loin quelque orage ou quelque nuée neigeuse, rien ne pouvait le retenir au couvent, et on le voyait inquiet, aboyant, visiter et refouiller sans cesse les endroits les plus redoutés. Son haut fait le plus ouchant pendant ses douze années de service est bien connu :

Il trouva un jour dans une grotte de glace un enfant égaré, à moitié gelé, et engourdi déjà par ce sommeil qui amène la mort. Il se mit à le lécher, à le réchauffer jusqu'à ce qu'il l'eut éveillé, puis, par ses caresses, il sut lui faire comprendre qu'il devait se mettre sur son dos et s'attacher à son cou. Il entra en triomphe à l'hospice avec son précieux fardeau. On peut voir Barry au Musée de Berne.

Nous empruntons les détails suivants à une communication intéressante du prieur du couvent, M. J. Deleglise, datée du 14 janvier 1856.

« La race de chiens que l'hospice possède depuis de longues années, n'est pas encore entièrement éteinte, mais nous sommes menacés de la perdre bientôt, puisque nous ne possédons plus qu'un mâle et une femelle, dont les petits sont morts chaque fois à leur naissance. Nous espérons remplacer jusqu'à un certain point cette race distinguée, en croisant le chien mâle qui nous reste avec une femelle valaisanne de l'espèce du chien de berger, très-belle et très-intelligente ; je crois aussi qu'un croisement semblable avec un dogue danois donnerait une variété très-propre à l'usage que nous en faisons et au but que le chien remplit chez nous. Les deux terre-neuve que nous avons reçus de Stuttgart se sont fort bien développés, surtout le mâle, qui a commencé avec succès son service de la montagne, mais il est encore trop jeune et trop peu vigoureux pour le faire régulièrement par tous les temps et dans les grandes chutes de neiges.

« Nous ne pourrions fixer d'une manière certaine le nombre de personnes sauvées chaque année par le secours de nos chiens, puisque pendant l'hiver nous les accompagnons chaque jour et qu'il est difficile de savoir toujours si le voyageur secouru aurait péri dans la neige, ou s'il aurait conservé assez de force pour se tirer d'affaire lui-même. Je crois cependant que les chiens préservent chaque année deux ou trois existences de la mort, et moi-même j'aurais infailliblement succombé dans une tourmente, si nos chiens ne m'avaient dépisté d'un quart de lieue et n'étaient accourus à ma rencontre. »

Après avoir considéré dans son apparition la plus noble et la plus utile la vie de l'animal en nos montagnes, nous terminerons définitivement cette série d'esquisses et de portraits, heureux de la voir finir par des traits qui nous la montrent progressant et se développant dans le voisinage et par l'éducation de l'homme.

Des tentatives persévérantes réussiraient, sans doute, à ajouter de nouveaux sujets d'étude à ceux que possèdent déjà nos Alpes, en y transportant et y acclimatant les animaux des pays lointains; ainsi le renne pourrait, pendant l'hiver, trouver dans nos moyennes zones et, en été, dans nos régions supérieures une température et des aliments semblables à ceux de sa patrie. D'autres espèces du genre lama, surtout les vigognes et les alpacas des Cordillères du Sud, s'y établiraient sans doute, mais nous sommes disposés à nous contenter des richesses que nous possédons aujourd'hui. Si nous jetons un coup d'œil en arrière sur la multitude infinie de ces êtres organiques, la perfection des formes animales supérieures, l'ordonnance admirable de ce règne vivant, son harmonie avec la nature des montagnes où nous l'avons vu se mouvoir, notre esprit admirera la grandeur et la sagesse de l'Intelligence à laquelle il rend son culte.

FIN.

INDEX GÉOGRAPHIQUE.

Les villes principales, les grands lacs, les rivières que tout le monde connaît, ne figurent pas dans cet index; il ne reproduit pas non plus toutes les cimes énumérées p. 537-541.

Pour plus de détails, nous renvoyons à l'excellent *Itinéraire en Suisse*, de Joanne, et à la carte de Ziegler.

Les noms entre parenthèses et en italique indiquent le canton ou la province,

V. LES MARMOTTES DES ALPES [1].

Au premier rayon du soleil la marmotte s'arrache à sa profonde torpeur et vient étendre sur la pierre ses membres engourdis. «Enfin l'hiver est passé, s'écrie-t-elle; voici, de tous côtés les plantes poussent et grandissent. Cher soleil, je me réjouis de te voir. Tu pourrais, il me semble, te dispenser de te lever quand il gèle et quand il neige, et attendre des temps meilleurs pour paraître à l'horizon.»

Le soleil répond en souriant : «Comment, ma petite amie, tu sors à peine de ton sommeil de cinq mois et tu t'avises de me blâmer? Tu crois que j'ai brillé en vain, parce que mes rayons ne sont point parvenus jusque dans ton antre? Regarde la verdure qui t'entoure ; c'est bien moi qui ai tissé, durant l'hiver, ces tapis de fleurs qui t'enchantent. Avoue donc combien ces reproches sont injustes.»

Genre de vie et nourriture des marmottes. — Leurs habitations d'hiver et d'été. — Leur long sommeil d'hiver. — Leurs migrations. — Les marmottes en captivité. — Les espèces différentes de la nôtre.

Les hautes montagnes des Grisons, d'Uri et de Glaris sont aujourd'hui la patrie principale des marmottes; elles se voient encore, mais plus rarement, dans le Tessin, le Valais et le canton de Berne. Autrefois on les rencontrait aussi en assez grand nombre dans les montagnes d'Appenzell et du Toggenbourg, mais on leur a fait une chasse si acharnée qu'elles y ont com-

[1] L'excellente gravure qui accompagne ce chapitre nous a été fournie par W. Georgy, qui a passé plusieurs mois, en 1856, dans les montagnes de la Bernina pour y étudier le pays et les animaux; ses observations sur les marmottes nous ont été d'une grande utilité. Le lieu qui sert de cadre à cette jolie scène où nous voyons une marmotte nourrissant son petit, une autre placée en sentinelle et une troisième plus âgée venant visiter sa famille, est l'alpe Ohta; on aperçoit dans le fond le glacier de Rosegg, la pyramide la Sella et le brillant Caputchin.

www.ingramcontent.com/pod-product-compliance
Lightning Source LLC
LaVergne TN
LVHW010113230826
846091LV00001BA/28